Linux

内核模块
开发技术指南

叶常华　王步冉　编著

化学工业出版社
·北　京·

内容简介

《Linux 内核模块开发技术指南》旨在帮助读者快速理解 Linux 内核，并掌握内核模块开发及性能调优的能力。

本书以 Linux 5.10 版本内核为蓝本，通过对内核工作原理的阐释与诸多核心模块的动手实现，详细介绍了内核模块相关基础、并发与互斥、系统调用、内核监控与调试、字符和块设备驱动、外部中断、块 I/O 调度、文件系统、进程调度、网络数据包过滤、安全模块等内容。

本书不仅适合初学者学习 Linux 内核开发的基础知识，也适合有一定基础的开发者深入学习高级主题和前沿技术。

图书在版编目（CIP）数据

Linux 内核模块开发技术指南 ／ 叶常华，王步冉编著.
北京 ： 化学工业出版社，2025.7. -- ISBN 978-7-122
-47928-0

Ⅰ．TP316.85-62

中国国家版本馆 CIP 数据核字第 202518Z0H0 号

责任编辑：张　赛　　　　　　装帧设计：史利平
责任校对：杜杏然

出版发行：化学工业出版社
　　　　　（北京市东城区青年湖南街 13 号　邮政编码 100011）
印　　装：三河市君旺印务有限公司
787mm×1092mm　1/16　印张 27¾　字数 694 千字
2025 年 7 月北京第 1 版第 1 次印刷

购书咨询：010-64518888　　　售后服务：010-64518899
网　　址：http://www.cip.com.cn
凡购买本书，如有缺损质量问题，本社销售中心负责调换。

定　　价：119.00 元　　　　　　　版权所有　违者必究

前　言

在当今的数字化时代，操作系统作为计算机系统的基石，承载着连接硬件与软件、用户与程序的关键使命。在一众主流操作系统中，Linux 凭借其强大而稳定的性能广泛应用于嵌入式、服务器等领域，其内核的设计思想和实现方式值得每一位开发者、系统架构师和计算机科学爱好者深入研究和学习。

由于 Linux 内核开发涉及广泛的知识领域，入门难度较高，而资深开发者也面临着日益复杂的系统需求和性能优化挑战，因此，笔者结合自身开发经验，系统地梳理了 Linux 内核开发所需的知识体系，旨在为读者提供一条清晰高效的学习路径。通过丰富的实践案例，读者可以动手实现相关模块，深入理解其核心原理与技术细节，从而跨越 Linux 内核模块开发的门槛，独立开发 Linux 各类内核模块。

全书共分 16 章，分为三个部分：

第 1 部分包括第 1~2 章，主要介绍 Linux 内核模块的构成以及通过实例完成一些简单的内核模块。

第 2 部分包括第 3~11 章，系统地讲解了内核模块开发基础、并发与互斥、系统调用、监控与调试手段以及驱动的基础知识，并通过大量实例深入浅出地说明各个知识点。

第 3 部分包括第 12~16 章，其中第 12~13 章详细介绍了 Linux 文件系统的构成，并将带领读者动手完成一个完整的文件系统；第 14 章详细描述了进程调度的相关概念以及进程调度机制，并实现了一个简单的进程调度器；第 15 章讲解了网络数据包过滤的原理，通过实现各类数据包过滤模块让读者加深印象；第 16 章介绍了 Linux 安全模块，并给出具体实例。

由于篇幅所限，本书将部分较为基础性的内容放在了配套电子书中，这些章节包括：基础环境的安装、调试工具的补充说明、常用内核接口及示例、系统调用的实现示例、内核源码解析以及计算机网络基础。读者可扫描封底二维码并关注官方公众号，通过回复关键字"Linux 内核模块开发技术指南"获取电子书、源码及相关工具等配书资源的下载链接。

由于作者水平有限，书中难免存在不足之处，望广大读者批评指正。

编著者

目 录

第 4 章　并发与互斥　　　　　　　095

第 5 章　系统调用　　　　　　　　120

第 6 章　监控与调试　　　　　　　141

第 7 章　字符设备驱动　　　175

第 8 章　外部中断　　　191

第 9 章　文件操作　　　206

第 10 章　块设备驱动　　　235

第 16 章　Linux 安全模块　　　　　　　　　　　　　　415

第**1**章
第一个内核模块 Hello,Linux Kernel

想必对于每一个程序员来说，"Hello World"这个程序已经深入人心。本章将完成一个最简单的内核模块"Hello, Linux Kernel"，随着这个模块的完成，读者会对内核模块开发有一个简单的了解。

本章省去了对安装开发环境的描述，若需搭建开发环境，可参考本书配套电子书中的相关内容。本书的配套源码以及相关资源均可以通过网络下载，读者可扫描封底二维码并关注官方公众号，通过回复关键字"Linux 内核模块开发技术指南"获取相关资源的下载链接。

1.1 内核模块的程序构成

应用程序的入口函数一般是 main 函数，但对于 Linux 内核模块来说，并没有这样一个 main 函数。内核模块一般由如下几部分构成：

- 内核模块的加载函数：由 module_init(函数名)来声明，module_init 的参数是加载函数的名称。加载函数将在内核模块被加载时执行，主要用于内核模块的初始化、资源的分配等操作。

- 内核模块的卸载函数：由 module_exit(函数名)来声明，module_exit 的参数是卸载函数的名称。卸载函数在内核模块被卸载时执行，主要用于资源的回收和释放。在执行完卸载函数后，内核模块将从内存从移除。

- 模块许可证声明：由 MODULE_LICENSE(许可证)来声明，MODULE_LICENSE 的参数是需要遵守的许可协议，常见的许可协议有 GPL、BSD 等，具体的协议内容请读者查阅相关资料。

- 模块参数：由 modul_param(参数名,参数类型,访问权限)来声明，模块参数的作用是声明一个用户可配置的参数，可在内核模块加载后改变该参数的值。

- 模块导出符号：由 EXPORT_SYMBOL(符号名)来声明，符号可以是变量，也可以是函数。导出的模块符号可以被另一个内核模块使用。

- 模块作者声明：由 MODULE_AUTHOR(作者名)来声明，标识了内核模块的作者。

- 模块描述：由 MODULE_DESCRIPTION(描述信息)来声明，一般用来对模块做简要介绍。

对于编写 Linux 内核模块，模块许可证声明、模块参数、模块导出符号、模块作者声明以及模块描述不是必需的。

1.1.1 最简单的内核模块

一个最简单的内核模块源码模板 hello.c 如源码 1-1 所示。

源码 1-1　hello.c

```
//hello.c
#include <linux/module.h>
static int hello_init(void)
{
    printk("Hello,Linux Kernel\n");
    return 0;
}
static void hello_exit(void)
{
    printk("Bye!\n");
}
module_init(hello_init);
module_exit(hello_exit);
```

源码包含了如下几部分:

● #include <linux/module.h>中包含的 module.h 头文件是编写内核模块必不可少的头文件。

● hello_init 函数和 hello_exit 函数,并用 module_init(hello_init)来声明加载函数为 hello_init,用 module_exit(hello_exit)来声明卸载函数为 hello_exit。被声明的加载函数返回值为 int 类型,如果返回值为 0 表示成功加载,非 0 表示加载失败,而卸载函数不需要返回值。

● 在 hello_init 和 hello_exit 函数中各有一句 printk 语句用来打印字符串,printk 类似于应用程序的 printf,用于打印调试信息。

有了 hello.c 源文件,还需要一个 Makefile 文件用来编译这个内核模块。最简单的 Makefile 文件的模板如源码 1-2 所示。

源码 1-2　Makefile 模板

```
KERNEL_SRC=内核源码路径
PWD = $(shell pwd)
obj-m += 模块名.o
all:
    make -C $(KERNEL_SRC) M=$(PWD) modules
clean:
    rm -f *.ko *.o *.symvers *.cmd *.cmd.o *.mod* *.order
```

第 1 行的变量 KERNEL_SRC 需要设置为实际的内核源码路径,例如内核源码存放路径如果为/root/linux-5.10.179,则第 1 行需要设置为 KERNEL_SRC=/root/linux-5.10.179;第 3 行的模块名需要和源文件的名称一致,例如源文件的名称为 hello.c,则第 3 行需要设置为 obj-m += hello.o。

hello.c 源文件和 Makefile 编写完成后,将它们放在同一个目录下,然后执行 Make 命令进行编译,如图 1-1 所示。

```
[root@localhost hello]# ls
hello.c Makefile
[root@localhost hello]# make
make -C /root/linux-5.10.179 M=/home/linuxlinux/Desktop/lesson1_hello_world/hello modules
make[1]: Entering directory `/root/linux-5.10.179'
  CC [M]  /home/linuxlinux/Desktop/lesson1_hello_world/hello/hello.o
  MODPOST /home/linuxlinux/Desktop/lesson1_hello_world/hello/Module.symvers
WARNING: modpost: missing MODULE_LICENSE() in /home/linuxlinux/Desktop/lesson1_hello_world/hello/hello.o
  CC [M]  /home/linuxlinux/Desktop/lesson1_hello_world/hello/hello.mod.o
  LD [M]  /home/linuxlinux/Desktop/lesson1_hello_world/hello/hello.ko
make[1]: Leaving directory `/root/linux-5.10.179'
```

图 1-1　编译内核模块

编译完成后，目录下将生成一个 hello.ko 文件（内核模块文件名的后缀是 ko），该文件是编译完成后的内核模块，执行 insmod hello.ko 加载该内核模块（insmod 命令用于加载内核模块，其参数为需要加载的 ko 文件），加载完成后执行 dmesg -c 命令，会打印出"Hello,Linux Kernel"，这个字符串正是在加载函数 hello_init 中调用 printk 函数执行的打印，如图 1-2 所示。

```
[root@localhost hello]# insmod hello.ko
[root@localhost hello]# dmesg -c
[14042.046545] Hello,Linux Kernel
[root@localhost hello]#
```

图 1-2　加载内核模块

可以看出，执行 insmod 命令加载内核模块后，会执行加载函数 hello_init 中的处理逻辑，hello_init 作为加载函数由 module_init 声明。如果在 hello_init 中返回值设置为非 0，则 insmod 执行后内核模块不会加载成功。

命令 dmesg 的作用是查看内核模块调试信息，而-c 选项是查看调试信息后清除缓存，执行该命令后再次执行 dmesg -c 就不会看到相同的调试打印。

模块加载完成后，可以通过 lsmod 命令查看当前已经加载的内核模块，如图 1-3 所示。

```
[root@localhost hello]# lsmod
Module              Size  Used by
hello              16384  0
first_cdev         16384  0
tcp_lp             20480  0
rfcomm             94208  2
xt_CHECKSUM        16384  1
xt_MASQUERADE      20480  3
tun                61440  1
```

图 1-3　查看已加载内核模块

可以看到，lsmod 命令的执行结果中，Module 这一列下面有 hello 这一个模块，表示 hello.ko 已经成功加载。如果要卸载该内核模块，可以执行 rmmod hello 进行卸载，rmmod 命令的作用是卸载内核模块，参数为模块名称。执行了 rmmod 命令后，再执行 dmesg -c 命令，会打印字符串"Bye!"，这个字符串就是在 hello_exit 函数中由 printk 函数打印的字符串。因此可以发现，执行 rmmod 命令时会调用到内核模块的卸载函数，卸载函数由 module_exit 声明。执行 rmmod 命令的过程如图 1-4 所示。

```
[root@localhost hello]# rmmod hello
[root@localhost hello]# dmesg -c
[18451.352722] Bye!
[root@localhost hello]#
```

图 1-4　卸载内核模块

内核模块卸载后，再执行 lsmod 命令，不会再次出现 hello 模块，表示该模块已成功卸载。

1.1.2 许可证协议

上一节编译内核模块时，产生了一个警告信息："missing MODULE_LICENSE"（见图 1-1），这是因为没有设置许可证协议，许可证协议由 MODULE_LICENSE(许可证)来声明，在上一节的 hello.c 源码末尾加上：

```
MODULE_LICENSE("GPL");
```

声明 GPL 许可后，再次编译该模块，不会出现该警告信息。

许可证声明可以选择 GPL、GPL v2、BSD 等，具体的协议内容读者可在互联网上查阅，本书不做详细展开。

1.1.3 模块参数

模块参数由 module_param(参数名,参数类型,访问权限)声明，在内核模块加载后，具有访问权限的用户可以随时读写通过 module_param 声明的模块参数。例如要声明一个模块参数，该参数名称是 num，参数类型是 int 型，访问权限为所有用户具有读权限，可以在文件末尾加入：

```
module_param(num, int, S_IRUGO);
```

S_IRUGO 表示该所有用户具有读权限，访问权限在内核源码中是一些宏，例如源码 1-3 所示。

源码 1-3　访问权限定义

```
#define S_IRUSR 00400                          //本用户可读
#define S_IRGRP 00040                          //用户组可读
#define S_IROTH 00004                          //其他用户可读
#define S_IRUGO (S_IRUSR|S_IRGRP|S_IROTH)      //所有用户可读
```

内核源码以八进制数定义访问权限，访问权限可以是一种或多种权限的组合，例如 S_IRUGO 的值是由本用户可读、用户组可读、其他用户可读按位或运算得到的，表示所有用户可读。

常用的访问权限如表 1-1 所示。

表 1-1　常用的访问权限

读/写权限	值	备注
S_IRUSR	00400	本用户可读
S_IWUSR	00200	本用户可写
S_IXUSR	00100	本用户可执行
S_IRWXU	00700	本用户可读、可写、可执行
S_IRGRP	00040	用户组可读
S_IWGRP	00020	用户组可写

读/写权限	值	备注
S_IXGRP	00010	用户组可执行
S_IRWXG	00070	用户组可读、可写、可执行
S_IROTH	00004	其他用户可读
S_IWOTH	00002	其他用户可写
S_IXOTH	00001	其他用户可执行
S_IRWXO	00007	其他用户可读、可写、可执行
S_IRUGO	00444	所有用户可读
S_IWUGO	00222	所有用户可写
S_IXUGO	00111	所有用户可执行
S_IRWXUGO	00777	所有用户可读、可写、可执行

现在对 hello.c 源文件做改动，增加一个模块参数，参数名为 param，参数类型为 int 型，本用户对该参数具有可读和可写的权限，如源码 1-4 所示。

源码 1-4　修改后的 hello.c

```
#include <linux/module.h>
int param = 0;                              //可访问的参数，类型为 int 型
static int hello_init(void)
{
    printk("Hello,Linux Kernel.param=%d\n", param); //加载模块时打印 param 的值
    return 0;
}
static void hello_exit(void)
{
    printk("Bye!param=%d\n", param);              //卸载模块时打印 param 的值
}
//参数名为 param，类型为 int，本用户可读可写
module_param(param, int, S_IRUSR | S_IWUSR);
module_init(hello_init);
module_exit(hello_exit);
```

重新编译该源码，加载内核模块。可以通过两种方式配置参数 param：

● 在模块加载时配置，加载模块时输入命令：insmod 模块名 参数=xxx（例如 insmod hello.ko param=100）；

● 加载模块后，通过访问文件/sys/modules/<模块名>/parameters/<参数名>进行配置。

首先采用第一种方式，加载模块时输入命令 insmod hello.ko param=100，在加载时将 param 变量设置为 100，如图 1-5 所示。

```
[root@localhost hello_param]# insmod hello.ko param=100
[root@localhost hello_param]# dmesg -c
[28304.328004] Hello,Linux Kernel.param=100
```

图 1-5　加载时设置模块参数

在加载后执行 dmesg -c，可以看到，此时变量 param 值为 100。

采用第二种方式，使用 echo 命令向文件/sys/module/hello/parameters/param 写入一个值，然后使用 cat 命令查看该参数的值是否改变，如图 1-6 所示。

```
[root@localhost hello_param]# echo 200 > /sys/module/hello/parameters/param
[root@localhost hello_param]# cat /sys/module/hello/parameters/param
200
```

图 1-6 访问文件的方式设置模块参数

可以看到，向内核模块的 param 参数写入了值 200，读出来的值也是 200，表示写入成功。然后使用 rmmod 命令卸载该模块，卸载后执行 dmesg -c，发现打印的值也是 200。如图 1-7 所示。

```
[root@localhost hello_param]# rmmod hello
[root@localhost hello_param]# dmesg -c
[28704.155147] Bye!param=200
```

图 1-7 卸载模块

读者可以做一个尝试，在 hello.c 源文件中将 param 的访问权限从 S_IRUSR | S_IWUSR 改为 S_IRUSR，再次编译、加载该模块。再次尝试使用 echo 命令向文件/sys/module/hello/parameters/param 写入一个值，会发现写入失败，因为现在的访问权限只剩下可读权限，不能够写入数据。

1.1.4 模块导出符号

如果有多个内核模块，要让某一个模块中的变量或函数能够在另一个模块中使用，可以在这个模块中将变量或函数的符号导出，这时另一个模块就可以使用这个变量或函数。

模块导出符号由 EXPORT_SYMBOL(符号名)来声明，符号可以是变量，也可以是函数。一个模块中通过 EXPORT_SYMBOL 导出的符号在另一个模块中可以通过 extern 关键字导入。

本节将实现两个内核模块：hello_export 和 hello_import，可以分别创建两个目录来存放各自的源码和 Makefile。在 hello_export 目录下创建源文件 hello_export.c，该源文件和源码 1-4 的 hello.c 几乎是一样的，只是在文件末尾加上 EXPORT_SYMBOL(param)用户导出变量 param，如源码 1-5 所示。

源码 1-5 hello_export.c

```
#include <linux/module.h>
int param = 0;                              //可访问的参数，类型为 int 型
......
//参数名为 param，类型为 int 行，本用户可读可写
module_param(param, int, S_IRUSR | S_IWUSR);
module_init(hello_init);
module_exit(hello_exit);
EXPORT_SYMBOL(param);                        //导出变量 param
```

hello_export 模块的 Makefile 和之前的例子一致，只需要将 Makefile 中的 hello.o 改为 hello_export.o，因为当前源文件的名称为 hello_export.c。

hello_import 模块的源文件 hello_import.c 里的代码和 hello_export.c 相似，但是不需要 EXPORT_SYMBOL(param)，并且需要使用 extern int param 来导入符号 param，如源码 1-6 所示。

源码 1-6　hello_import.c

```
#include <linux/module.h>
extern int param = 0;        //可访问的参数，类型为 int 型
......
module_init(hello_init);
module_exit(hello_exit);
```

同时，在 hello_import 模块的 Makefile 中需要增加一行：

```
KBUILD_EXTRA_SYMBOLS=导出符号模块的路径/Module.symvers
```

这句代码的作用是设置编译时的导出符号文件路径，而导出符号文件在 hello_export 模块编译后生成，存在于 hello_export 目录下，文件名为 Module.symvers。假设内核源码路径为 /root/linux-5.10.179，hello_export 模块的路径为 /home/linuxlinux/hello_export，则 hello_import 的 Makefile 文件如源码 1-7 所示。

源码 1-7　hello_import 模块的 Makefile

```
KERNEL_SRC=/root/linux-5.10.179
KBUILD_EXTRA_SYMBOLS=/home/linuxlinux/hello_export/Module.symvers
PWD = $(shell pwd)
obj-m += hello_import.o
......
```

先编译加载 hello_export 模块，再编译加载 hello_import 模块，执行 dmesg -c 后，hello_import 模块的加载函数会打印出 param 的值，表示 hello_import 模块成功导入了变量 param，如图 1-8 所示。

```
[root@localhost hello_import]# insmod ../hello_export/hello_export.ko
[root@localhost hello_import]# insmod hello_import.ko
[root@localhost hello_import]# dmesg -c
[32909.465686] Hello,Linux Kernel.param=0
[32912.465137] Hello,Linux Kernel.param=0
```

图 1-8　加载模块并查看调试信息

如果要让一个模块的函数在另一个模块中使用，则在导出模块中，EXPORT_SYMBOL 的参数就是将要导出的函数名，而导入模块中使用 extern 来导入这个函数。

1.1.5　模块作者

如果需要在内核模块中声明模块的作者，需要在源文件中使用 MODULE_AUTHOR(作者名)来声明，假设模块的作者名为 linuxlinux，则在源文件中增加一行即可：

```
MODULE_AUTHOR("linuxlinux");
```

1.1.6　描述信息

如果需要对内核模块做简要介绍，可在源文件中使用 MODULE_DESCRIPTION(描述信息)来声明，例如：

```
MODULE_DESCRIPTION("This is my first kernel module");
```

1.2　打印级别

打印级别可用于将不同级别的信息进行分类，例如可将不同级别的打印保存到不同的日志文件中。

当前已经使用了 printk 函数打印了一些调试信息。实际上，printk 函数共有 8 种打印级别，如源码 1-8 所示。

源码 1-8　打印级别定义

```
#define KERN_SOH       "\001"
#define KERN_EMERG     KERN_SOH  "0"    /* 严重级别 */
#define KERN_ALERT     KERN_SOH  "1"    /* 警告级别 */
#define KERN_CRIT      KERN_SOH  "2"    /* 关键级别 */
#define KERN_ERR       KERN_SOH  "3"    /* 错误级别 */
#define KERN_WARNING   KERN_SOH  "4"    /* 提醒级别 */
#define KERN_NOTICE    KERN_SOH  "5"    /* 注意级别 */
#define KERN_INFO      KERN_SOH  "6"    /* 信息级别 */
#define KERN_DEBUG     KERN_SOH  "7"    /* 调试级别 */
```

值越小，打印级别越高。其中 KERN_EMERG 为最高级别，KERN_DEBUG 为最低级别。要声明打印的日志级别，只需将日志级别加在 printk 的字符串参数前，例如：

```
printk(KERN_EMERG"Hello,Linux Kernel\n");
```

这条语句将"Hello,Linux Kernel"字符串的打印级别设置为最高的严重级别。

下面实现一个示例，将 KERN_ERR（错误级别）及以上级别的打印保存到一个文件中，步骤如下。

① 修改 CentOS 的日志记录程序 rsyslog 的配置文件/etc/rsyslog.conf，在其配置文件/etc/rsyslog.conf 的最后增加一行，如图 1-9 所示。

```
#### RULES ####

# Log all kernel messages to the console.
# Logging much else clutters up the screen.
#kern.*                                   /dev/console
kern.err                                  /var/log/hello
```

图 1-9　重定向错误以上级别到/var/log/hello 文件

增加的"kern.err　/var/log/hello"表示将错误以上级别的打印重定向到/var/log/hello 文件

中。完成文件的修改后，输入如下命令重启日志记录程序：

```
systemctl restart rsyslog
```

② 编写一个内核模块，源文件名称假设为 show_print.c，增加不同打印级别的调试打印。
如源码 1-9 所示。

源码 1-9　show_print.c

```
#include <linux/module.h>
static int hello_init(void)
{
    printk(KERN_EMERG"Hello,Linux kernel0\n");
    printk(KERN_ALERT"Hello,Linux kernel1\n");
    printk(KERN_CRIT"Hello,Linux kernel2\n");
    printk(KERN_ERR"Hello,Linux kernel3\n");
    printk(KERN_WARNING"Hello,Linux kernel4\n");
    printk(KERN_NOTICE"Hello,Linux kernel5\n");
    printk(KERN_INFO"Hello,Linux kernel6\n");
    printk(KERN_DEBUG"Hello,Linux kernel7\n");
    return 0;
}
static void hello_exit(void)
{
}

module_init(hello_init);
module_exit(hello_exit);
```

加载函数分别使用不同的日志级别打印出"Hello,Linux kernel0"之类的字符串。源文件
对应的 Makefile 中，obj-m += 模块名.o 这一行改为 obj-m += show_print.o，然后编译并加载
生成的 ko 文件。

加载 ko 文件后，在/var/log 目录下会生成一个 hello 文件，里面的内容就是加载函数中错
误及以上级别的打印，如图 1-10 所示。

```
[root@localhost hello]# cat /var/log/hello
Nov 12 20:23:51 localhost kernel: Hello,Linux kernel0
Nov 12 20:23:51 localhost kernel: Hello,Linux kernel1
Nov 12 20:23:51 localhost kernel: Hello,Linux kernel2
Nov 12 20:23:51 localhost kernel: Hello,Linux kernel3
```

图 1-10　/var/log/hello 文件

1.3　再谈 Hello,Linux Kenel

在第一个内核模块（见源码 1-1）编写的时候，只引入了一个头文件 module.h，该文件
位于内核源码的 include/linux/module.h。在内核模块源码 hello.c 中，引入这个文件使用了
#include <linux/module.h>，可以看出，内核模块包含头文件的根目录是内核源码下的 include
目录。

当前已经用到过的 MODULE_LICENSE、MODULE_AUTHOR、MODULE_DESCRIPTION

都是直接在 module.h 中声明，而其他用到的接口如 printk、module_param、module_init 和 module_exit，这些接口的声明所在的头文件都直接或间接被 module.h 包含，因此引入 module.h 就可以编写一个最简单的内核模块。

要查看由 MODULE_LICENSE 声明的证书，MODULE_AUTHOR 声明的作者以及 MODULE_DESCRIPTION 声明的描述等信息，可以通过 readelf -p .modinfo 内核模块名.ko 来查看。假设一段代码，如源码 1-10 所示。

源码 1-10　hello.c

```
#include <linux/module.h>
static int hello_init(void)
{
    return 0;
}
static void hello_exit(void)
{
}
module_init(hello_init);
module_exit(hello_exit);
MODULE_LICENSE("GPL");
MODULE_AUTHOR("linuxlinux");
MODULE_DESCRIPTION("This is first kernel module");
```

源文件采用了 GPL 协议，作者名为 linuxlinux，同时模块声明为"This is first kernel module"，将模块编译成 ko 文件后，文件名为 hello.ko，执行 readelf -p .modinfo hello.ko 可以查看到这些信息，如图 1-11 所示。

```
[root@localhost hello]# readelf -p .modinfo hello.ko

String dump of section '.modinfo':
  [     0]  description=This is first kernel module
  [    28]  author=linuxlinux
  [    3a]  license=GPL
  [    46]  srcversion=2BB963E18D2445FCFD9453F
  [    69]  depends=
  [    72]  retpoline=Y
  [    7e]  name=hello
  [    89]  vermagic=5.10.179 SMP mod_unload modversions
```

图 1-11　查看模块信息

现在我们已经了解到，使用 module_init 和 module_exit 分别声明内核模块的加载函数和卸载函数。接下来，将描述 module_init 和 module_exit 的原理。

在编译内核模块 hello 的时候，会生成一些临时文件，如图 1-12 所示。

```
[root@localhost hello]# ls
hello.c    hello.mod      hello.mod.o  Makefile        Module.symvers
hello.ko   hello.mod.c    hello.o      modules.order
```

图 1-12　编译内核模块后生成的文件

其中，有一个名为 hello.mod.c 的文件，打开这个文件后，发现里面定义了一个结构体变量 __this_module，这个结构体变量保存了一个名为 init 以及一个名为 exit 的成员，如图 1-13 所示。

```
__visible struct module __this_module
__section(".gnu.linkonce.this_module") = {
        .name = KBUILD_MODNAME,
        .init = init_module,
#ifdef CONFIG_MODULE_UNLOAD
        .exit = cleanup_module,
#endif
        .arch = MODULE_ARCH_INIT,
};
```

图 1-13   __this_module 变量

init 这个成员被赋值为 init_module，exit 被赋值为 cleanup_module。init_module 和 cleanup_
module 这两个变量代表了两个函数。在内核模块加载的时候，实际执行的是__this_module
结构体中的 init 这个成员函数，而内核模块卸载的时候实际执行的是 exit 成员函数。但是，
在 hello.c 声明的加载和卸载函数分别为 hello_init 和 hello_exit。这是如何对应起来的？

module_init 和 module_exit 帮助完成了这项工作。module_init 将声明的加载函数 hello_init
设置了一个别名，这个别名就是 init_module，所以 init_module 和 hello_init 是同一个函数；
同样的 module_exit 将声明的卸载函数 hello_exit 也设置了一个别名，这个别名就是
cleanup_module。因此__this_module 这个变量的 init 成员对应的函数就是 hello_init，exit 成
员对应的函数就是 hello_exit。

1.4   常用数据结构

1.4.1   链表

编写内核模块的时候，链表应该是最常用到并且是最基础的数据结构。链表的结构体定
义在内核源码的 include/linux/types.h 头文件中，如源码 1-11 所示。

源码 1-11   链表的定义

```
struct list_head {
    struct list_head *next, *prev;
};
```

链表结构体的名称是 list_head，其中的成员 next 和 prev 都是指针。next 指向链表的下一
个节点，prev 指向链表的上一个节点。

在 Linux 中，对链表的一般使用方式为：声明一个 list_head 链表头，然后将其他链表节
点依次插入到该链表中，构成了一个双向的循环链表。除了链表头外，其他节点的 list_head
变量一般作为某个结构体的成员变量，这样便将这些结构体变量串联成了一个链表，方便对
这些结构体变量进行遍历和操作。如图 1-14 所示。

关于链表常用的操作接口和使用示例，详见配套电子书第 3.1 节。

1.4.2   哈希链表

哈希链表（hlist）也是一种链表，常用于实现哈希表（或称散列表）。其结构体定义于内
核源码的 include/linux/types.h 头文件中，定义如源码 1-12 所示。

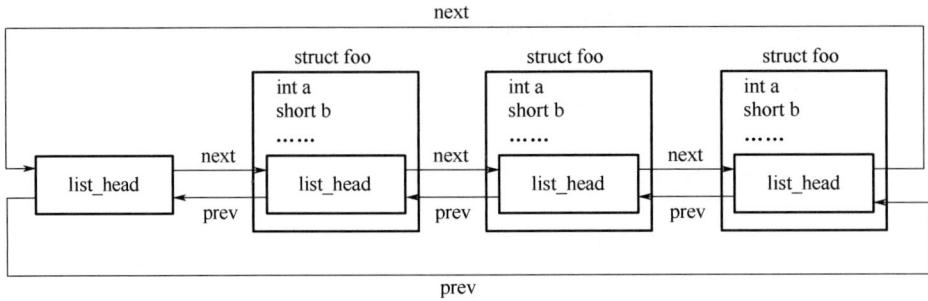

图 1-14　链表的一般用法

源码 1-12　哈希链表结构体

```
struct hlist_head {
    struct hlist_node *first;
};
struct hlist_node {
    struct hlist_node *next, **pprev;
};
```

哈希链表（hlist）使用两种结构体类型来管理，hlist_head 是链表头节点，hlist_node 是链表节点，一条 hlist 由一个 hlist_head 和一个或多个 hlist_node 组成。所有的 hlist_node 依次链接在头节点的后面，hilst 的一般用法如图 1-15 所示。

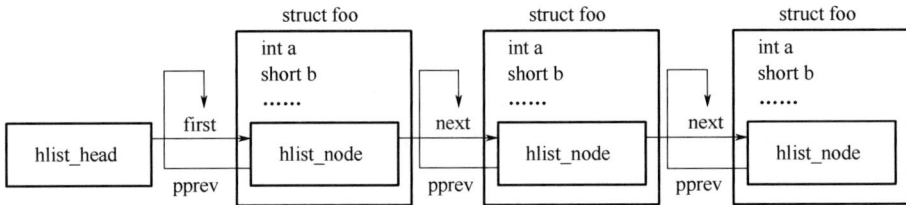

图 1-15　hlist 的一般用法

hlist_head 是链表头，其 first 指针指向链表的第一个 hlist_node，第一个 hlist_node 的 pprev 指向 hlist_head 的 first 指针的地址，而后续的 hlist_node 的 pprev 指向前一个 hlist_node 的 next 指针的地址（pprev 是一个二维指针）。

关于哈希链表常用的操作接口和使用示例，详见配套电子书第 3.2 节。

1.4.3　红黑树

红黑树也是在内核模块中较为常用的一种数据结构，进程调度器、块 I/O 层的调度算法等关键模块都用到了红黑树。

红黑树是一种平衡二叉树，它在每个节点增加了一个颜色标记，该颜色可以是红色，也可以是黑色。红黑树通过一些约束保证从根节点到叶子节点的最长路径不超过最短路径的二倍，这些约束为：

- 每一个节点要么是红色，要么就是黑色；
- 根节点是黑色；

- 所有叶子节点都是黑色，这里的叶子节点指的是最底层的空节点；
- 红色节点的子节点都是黑色，这里暗含了从根节点到每个叶子节点不能包含两个连续红色节点的条件；
- 从任一节点到叶子节点的所有路径都包含相同数目的黑色节点。

红黑树的每一个节点一般包含一个键值，例如在 Linux 进程调度的公平调度器中，该键值是进程的优先级，优先级越高的进程将会放在红黑树的最左边节点（Linux 中，进程优先级越高，对应的键值越小），如图 1-16 所示（实心圆代表黑色节点，空心圆代表红色节点）：

在内核源码中，结构体 rb_node 代表一个红黑树节点，而 rb_root 代表红黑树的根节点，这两个结构体定义于内核源码的 include/linux/rbtree.h 头文件中，如源码 1-13 所示。

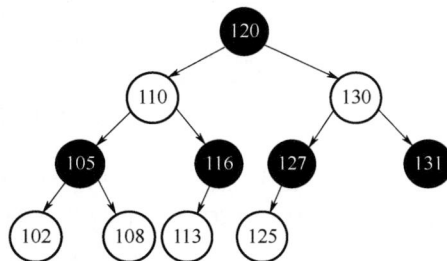

图 1-16　红黑树

源码 1-13　红黑树结构体

```
//红黑树节点
struct rb_node {
    //父节点的地址和颜色，颜色是 RB_BLACK（黑色）或 RB_RED（红色）
    unsigned long  __rb_parent_color;
    struct rb_node *rb_right;        //右子节点
    struct rb_node *rb_left;         //左子节点
} __attribute__((aligned(sizeof(long))));
//红黑树根节点
struct rb_root {
    struct rb_node *rb_node;         //根节点
};
//缓存了最左边节点的红黑树根节点结构体
struct rb_root_cached {
    struct rb_root rb_root;          //根节点
    struct rb_node *rb_leftmost;     //最左边节点
};
//可以通过 rb_first_cached 宏获取红黑树最左边节点
#define rb_first_cached(root) (root)->rb_leftmost
```

每一个红黑树节点（struct rb_node）有一个左子节点和一个右子节点，同时用 __rb_parent_color 变量保存了父节点的地址和颜色，其值是节点地址和颜色相或后的值，根节点的父节点为空。

关于红黑树常用的操作接口和使用示例，详见配套电子书第 3.3 节。

1.4.4　XArray

在 Linux 中，XArray 主要用于文件数据的缓存，它是一个动态可扩展的"数组"。虽然名为"数组"，但是它实际上是一个树形结构，树中的每一个节点有多个子节点，每一个叶子节点保存了多个数据。一个具有两层结构的 XArray 如图 1-17 所示。

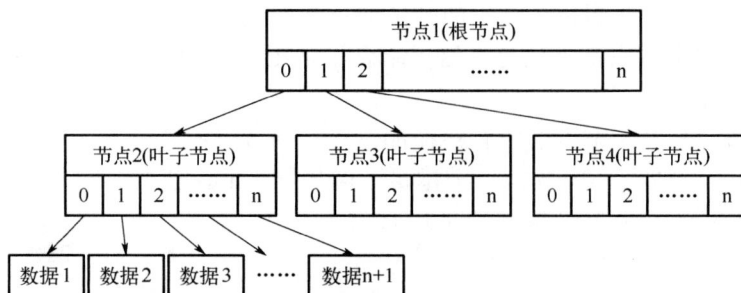

图 1-17 XArray 的组织结构

图 1-17 的根节点保存了 n+1 个叶子节点,每个叶子节点保存了 n+1 个数据,总共可以保存$(n+1) \times (n+1)$个数据。对于每一个数据,都有一个唯一的编号,从 0 开始。例如节点 2 的数据 1 的编号是 0,数据 2 的编号是 1……数据 n+1 的编号是 n;而对于节点 3,第 1 个数据的编号是 n+1,第 2 个数据的编号是 n+2……同理,节点 4 的第 1 个数据的编号是 2n+2,第 2 个数据的编号是 2n+3……

假设用 data[m]来表示编号为 m 的数据,root 表示根节点,node2、node3、node4 分别表示节点 2、节点 3 和节点 4,root[m]表示根节点的第 m+1 个子节点,node2[m]、node3[m]、node4[m]分别表示节点 2、节点 3、节点 4 的第 m+1 个数据。则可以得到以下关系:

```
root[0]=node2, root[1]=node3, root[2]=node4,
node2[m]=data[m], node3[m]=data[m+n+1], node4[m]=data[m+2n+2]
```

如果要插入一个数据到图 1-17 的叶子节点,并且要将这个数据插入到编号为 k 的位置,则可以通过 root[k/(n+1)]计算需要将数据插入到哪一个叶子节点,同时通过 k%(n+1)计算需要将数据插入到叶子节点的哪个位置。例如数据的编号是 n+5(假设 n≥5),则 root[(n+5)/(n+1)]=root[1]=node3,即可以将编号为 n+5 的数据插入到节点 3;同时,node3[(n+5)%(n+1)]=node3[4],表示最终将编号为 n+5 的数据插入到节点 3 的第 5 个数据位置。

同理,数据的查找、删除、修改操作也可以通过上述方式执行,通过这种方式进行数据操作具有较高的效率。实际上,XArray 的数据结构比图 1-17 的描述要复杂一些。接下来的几个小节,将阐述 XArray 相关的数据结构和使用方式。

1.4.4.1 数据结构

XArray 主要包含两个数据结构:struct xarray 和 struct xa_node。其中 struct xarray 保存了 XArray 树形结构的根节点指针,而 struct xa_node 保存了树中每一个节点的属性以及子节点信息。如果 struct xa_node 结构体变量是叶子节点,则该变量保存了数据。这两个结构体定义于内核源码的 include/linux/xarray.h 头文件中,struct xarray 定义如源码 1-14 所示。

源码 1-14 struct xarray 结构体定义

```
struct xarray {
    spinlock_t     xa_lock;        //自旋锁,用于互斥,自旋锁将在第 4.5 节描述
    gfp_t          xa_flags;       //标志信息,不同内核模块有不同的标志定义
    void __rcu *   xa_head;        //保存了树形结构的根节点指针
};
```

对于上述结构体，主要关注成员变量 xa_head，其保存了 XArray 树形结构的根节点。在 XArray 的树形结构中，每个节点对应的结构体类型是 struct xa_node，该结构体定义如源码 1-15 所示。

源码 1-15　struct xa_node 结构体定义

```
struct xa_node {
    unsigned char  shift;          //子节点的最大数量(1<<shift)，以位为单位
    unsigned char  offset;         //在父节点中的序号
    unsigned char  count;          //保存的子节点或数据的总数量
    unsigned char  nr_values;      //保存的数值总数量
    struct xa_node __rcu *parent;  //父节点
    struct xarray  *array;         //属于哪一个 struct xarray 结构体变量
    union {
        struct list_head private_list;  //私有链表，可自定义使用方式
        struct rcu_head  rcu_head;       //用于释放数据时和读操作互斥
    };
    void __rcu *slots[XA_CHUNK_SIZE];   //该数组用于保存数据
    ......
};
```

struct xa_node 的各成员变量解释如下。

● shift：该变量描述了子节点的最大数量，以位为单位，即子节点的最大数量是 1<<shift。如果 shift 的值是 0，表示没有子节点，即该节点是叶子节点，保存的是数据。

● offset：当前节点在父节点中的序号，值从 0 开始，最大值为 XA_CHUNK_SIZE-1。XA_CHUNK_SIZE 的值为 1UL << XA_CHUNK_SHIFT，而 XA_CHUNK_SHIFT 的值为 4 或 6，根据编译内核时的配置决定，默认情况下，XA_CHUNK_SHIFT 的值为 6。

● count：该节点保存的子节点或数据的总数量。

● nr_values：该节点保存的数值数据总数量。对于 XArray，如果叶子节点中保存的数据最低位是 1，则该数据是数值数据。

● parent：该节点的父节点。如果是根节点，则父节点为空指针。

● array：该节点所在的 XArray。

● rcu_head：RCU 机制是 Linux 的一种互斥机制，该变量借助 RCU 机制实现节点的清除操作与读操作互斥。关于 RCU 机制，详见第 4.7 节。

● slots：这是一个数组，共有 XA_CHUNK_SIZE 个数组元素。每个数组元素保存的是子节点或是数据。如果成员变量 shift 的值是 0，则该节点是叶子节点，数组保存的是数据；否则数组保存的是当前节点的子节点。XA_CHUNK_SIZE 的值是 1UL << XA_CHUNK_SHIFT，如果 XA_CHUNK_SHIFT 的值是 4，则 XA_CHUNK_SIZE 为 16。

1.4.4.2　数据的插入、查询和删除

（1）数据的插入操作

XArray 是一种动态扩展的数据结构。创建一个新的 XArray 时，XArray 对应结构体变量 struct xarray（见源码 1-14）中的成员变量 xa_head 为空，XArray 会根据插入的数据动态扩展。

下面以一个例子来说明。

假设 XA_CHUNK_SHIFT 的值为 4，此时 XA_CHUNK_SIZE 的值是 16，此时 XArray 树形结构的每一个节点最多保存 16 个子节点或数据。一开始 XArray 中没有任何数据，struct xarray 的成员变量 xa_head（根节点）为空。如果要插入一个新的数据到 XArray 中，这个新的数据编号为 0，则需要创建一个节点（struct xa_node 结构体变量），将这个节点作为 XArray 的根节点，再将数据保存到节点对应的 struct xa_node 结构体变量的 slots[0]，如图 1-18 所示。

插入完成后，xarray 的成员变量 xa_head 指向一个非空的根节点 xa_node，xa_node 的 slots[0]保存了编号为 0 的数据。此时，xa_node 的成员变量 shift 是 0，表示该节点保存的是数据；成员变量 count 的值是 1，表示总共保存了 1 个数据；该 xa_node 是树的根节点，其父节点 parent 为空。如果再向该 XArray 中插入一个新的数据，假设数据的编号是 15，则数据将会保存在 xa_node 的 slots[15]中，同时，xa_node 的成员变量 count 的值变为 2，如图 1-19 所示。

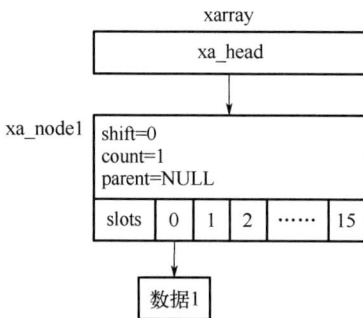

图 1-18　向 XArray 中插入第一个数据　　　　图 1-19　向 XArray 中插入第二个数据

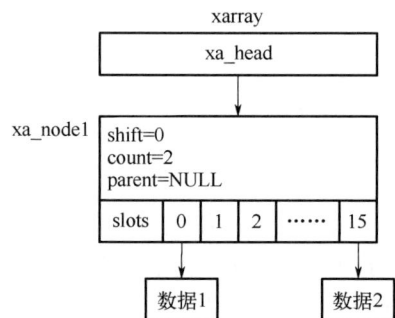

如果要向 XArray 再次插入一个新的数据，假设数据的编号是 40，由于当前的 xa_node 只能容纳编号为 0 到 15 的数据，所以要创建新的节点才能满足需求。在创建新的节点时，首先需要根据插入数据的编号扩展树的层级，由于数据编号是 40，需要再创建一个新的节点 xa_node2，将之前的 xa_node1 作为其子节点，形成一个二层的树形结构，如图 1-20 所示。

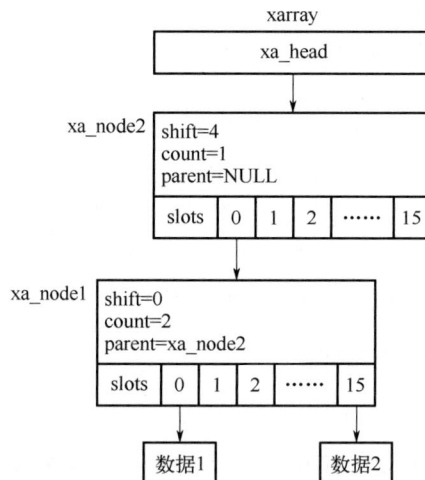

图 1-20　创建新的节点 xa_node2

新的节点 xa_node2 创建后，将其作为 XArray 的根节点。其成员变量 shift 的值是 4，表示其最多可以保存 2^4=16 个子节点；count 的值是 1，表示当前仅有一个子节点 xa_node1。此时 xa_node1 的父节点不再是空指针，而是 xa_node2。

由于一个叶子节点最多可以保存 16 个数据，当前要插入的数据编号是 40，所以应将数据插入编号为 40/16=2 的叶子节点中，这个叶子节点位于根节点 xa_node2 的 slots[2]，当前 slots[2] 没有保存任何节点，因此需要创建一个节点保存在 slots[2]中。节点创建完成后，应将数据保存到该节点对应的 struct xa_node 结构体变量的 slots[40%16]=slots[8]中。如图 1-21 所示。

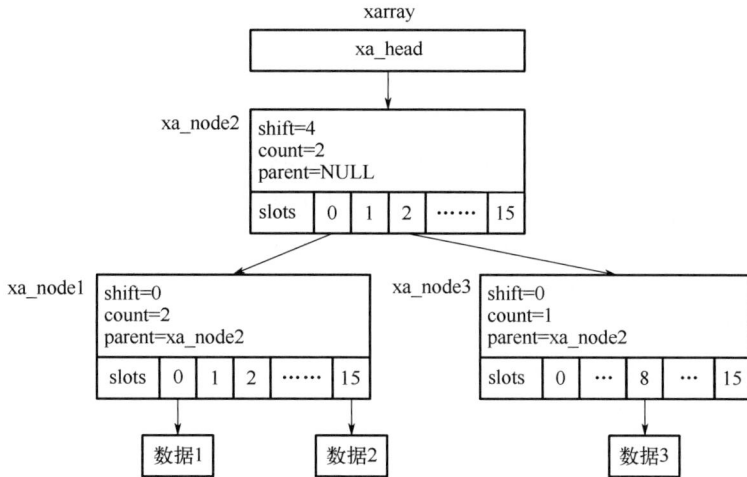

图 1-21　插入编号为 40 的数据

图 1-21 创建了一个节点 xa_node3 作为保存数据的叶子节点，该节点保存在了 xa_node2 的 slots[2]中。由于 xa_node2 又多了一个子节点，所以其成员变量 count 值由 1 变成了 2。xa_node3 的父节点为 xa_node2，同时将新的数据保存在了 xa_node3 的 slots[8]中。

根据以上描述可以看出：xa_node1 中保存的数据编号范围是 0 到 15，xa_node3 中保存的数据编号范围是 32 到 47。如果此时还需要插入一个编号范围在 16 到 31 的数据，则应再创建一个叶子节点，保存在 xa_node2 的 slots[1]中，数据将插入到这个新创建的叶子节点。

（2）数据的查询操作

XArray 的数据插入操作较为繁琐，但是查询效率很高。XArray 的查询操作以数据编号为参数进行查询，以图 1-21 为例：如果要查询编号为 40 的数据，首先根据数据编号获取数据保存在根节点 xa_node2 的哪一个位置，由于一个节点最多保存 16 个子节点或数据，所以数据保存在根节点的 slots[40/16]=slots[2]对应的子节点（即 xa_node3）中。之后根据数据编号获取数据在 xa_node3 中的位置，数据应保存在 xa_node3 的 slots[40%16]=slots[8]中。这样只需要进行两次计算就可查询到数据。

（3）数据的删除操作

如果在 XArray 中删除数据，需要将 struct xa_node 结构体变量的 slots 数组对应项设置为空指针，然后改变节点的属性值（例如将成员变量 count 的值减 1）。如果节点中的所有数据已经清空，则需要删除对应节点。

关于 XArray 常用的操作接口和使用示例，详见配套电子书第 3.4 节。

第 **2** 章
proc 文件

proc 文件系统是一个虚拟文件系统，存在于 Linux 的/proc 目录下，其最初设计用来进行内核调试。通过 proc 文件系统，可以查询或修改 Linux 运行过程中的进程、设备、文件系统、内核模块、网络等信息，这些信息都是由内核模块暴露给用户的。可以通过配置和获取/proc 目录下文件的信息来进行和内核的交互，例如可以使用 cat 命令来查看如下文件：

- /proc/cpuinfo：处理器信息
- /proc/meminfo：内存信息
- /proc/partition：分区信息
- /proc/modules：加载的内核模块信息
- /proc/mounts：挂载的文件系统信息

上述这些文件只是庞大的 proc 文件系统中的一小部分，本章将介绍如何在 proc 文件系统下创建新的目录和文件并对这些文件执行打开、读、写、关闭等操作。

2.1 创建 proc 文件

开发人员可以通过 Linux 内核提供的一组函数来完成对 proc 文件及目录的创建和删除，这些函数的声明位于 Linux 内核源码的 include/linux/proc_fs.h 文件中。因此，要用到 proc 文件的相关操作函数，需要在内核模块中引入该头文件（#include <linux/proc_fs.h>）。创建 proc 文件的接口如下：

```
struct proc_dir_entry *proc_create_data(const char *name, umode_t mode, struct
proc_dir_entry *parent, const struct proc_ops *proc_ops, void *data)
```

函数的第一个参数 name 表示将要创建的文件名称。第二个参数 mode 是文件的访问权限，关于访问权限，在第 1.1.3 节已有描述，详见表 1-1。第三个参数 parent 是将要创建的文件的父目录，是一个 proc_dir_entry 结构体类型的指针，如果为 NULL 表示文件就在/proc 目录下创建。关于 proc_dir_entry 结构体，暂时不需要详细了解。第四个参数 proc_ops 是文件的操作函数集合，包含对文件的读、写、打开、关闭等操作，其结构体类型为 struct proc_ops，该结构体定义在 Linux 内核源码的 include/linux/proc_fs.h 头文件中，定义如源码 2-1 所示。

```
struct proc_ops {
    ......
    //文件打开操作
int      (*proc_open)(struct inode *, struct file *);
    //文件读操作
    ssize_t   (*proc_read)(struct file *, char __user *, size_t, loff_t *);
    //文件的读操作：常用于异步或散布读
    ssize_t   (*proc_read_iter)(struct kiocb *, struct iov_iter *);
    //文件写操作
    ssize_t   (*proc_write)(struct file *, const char __user *, size_t, loff_t *);
    //对文件进行 lseek 系统调用时将执行该函数
    loff_t    (*proc_lseek)(struct file *, loff_t, int);
    //文件关闭时释放资源
    int       (*proc_release)(struct inode *, struct file *);
    //对文件进行轮询操作时执行的函数
    __poll_t  (*proc_poll)(struct file *, struct poll_table_struct *);
    //对文件进行 ioctl 系统调用执行的函数
    long      (*proc_ioctl)(struct file *, unsigned int, unsigned long);
    //对文件进行内存映射时执行的函数
    int       (*proc_mmap)(struct file *, struct vm_area_struct *);
    //获取未映射的内存空间，和 proc_mmap 配合使用
    unsigned long (*proc_get_unmapped_area)(struct file *, unsigned long, unsigned
long,unsigned long, unsigned long);
    };
```

在操作 proc 文件时，Linux 内核将调用 struct proc_ops 结构体变量对应的函数，例如文件被打开、读、写、关闭时，将执行该结构体中的 proc_open、proc_read、proc_write、proc_release 函数。我们可以自己定义这些操作，来完成内核模块和应用程序的交互。例如用户在使用 cat 命令查看 proc 文件时，将会执行 proc 文件的 proc_read 函数，内核模块可以通过 proc_read 函数返回用户需要的数据。关于这些函数及其参数的使用，将在后续章节逐渐了解。

proc_create_data 的最后一个参数 data 是一个私有数据指针，可以根据需求自定义这个私有数据。函数的返回值是一个 proc_dir_entry 类型的指针，如果非空，表示文件创建成功。

如果要删除 proc 文件，可以使用接口：

```
void remove_proc_entry(const char *, struct proc_dir_entry *)
```

该函数的第一个参数是需要删除文件的名称，第二个参数是文件的父目录。

了解了如何创建和删除 proc 文件，我们就可以通过这两个接口完成一个最简单的内核模块，示例程序 proc_file_create.c 如源码 2-2 所示，该例子在加载函数中调用 proc_create_data 创建了一个名为 proc_file 的文件，然后在卸载函数中调用 remove_proc_entry 删除该文件。

源码 2-2　proc_file_create.c

```
#include <linux/module.h>
#include <linux/proc_fs.h>
//打开文件将要执行的函数
static int proc_file_open(struct inode *inode, struct file *file)
```

```
    {
        printk("proc file open\n");
        return 0;
    }
    //读文件将要执行的函数
    static ssize_t proc_file_read(struct file *file, char __user *buf, size_t size,
loff_t *offset)
    {
        printk("proc file read\n");
        return 0;
    }
    //写文件将要执行的函数
    static ssize_t proc_file_write(struct file *file, const char __user *buf, size_t
size, loff_t *offset)
    {
        printk("proc file write\n");
        return 1;
    }
    //关闭文件将要执行的函数
    static int proc_file_release(struct inode *inode, struct file *file)
    {
        printk("proc file release\n");
        return 0;
    }
    //proc文件的操作函数集合，将作为参数传入proc_create_data函数用于创建proc文件
    static struct proc_ops proc_file_ops = {
        //将proc_open成员变量赋值为上面实现的proc_file_open函数
        .proc_open = proc_file_open,
        //将proc_read成员变量赋值为上面实现的proc_file_read函数
        .proc_read = proc_file_read,
        //将proc_write成员变量赋值为上面实现的proc_file_write函数
        .proc_write= proc_file_write,
        //将proc_release成员变量赋值为上面实现的proc_file_release函数
        .proc_release = proc_file_release,
    };
    //内核模块加载函数
    static int proc_file_init(void)
    {
        /*
        *通过proc_create_data创建文件，文件名为proc_file，访问权限为0644（本用户
        *可读可写、用户组和其他用户可读），父目录为空，即该文件就在/proc目录下，操作
        *函数集合为proc_file_ops
        */
        proc_create_data("proc_file", 0644, NULL, &proc_file_ops, NULL);
        return 0;
    }
    //内核模块卸载函数
    static void proc_file_exit(void)
    {
        //删除文件名为proc_file的文件，该文件父目录为空，即就在/proc目录下
        remove_proc_entry("proc_file", NULL);
    }
```

```
module_init(proc_file_init);
module_exit(proc_file_exit);
```

该例子首先创建了四个函数：proc_file_open、proc_file_read、proc_file_write、proc_file_release，分别对应文件的打开、读、写、关闭操作，这四个函数分别赋值给了 struct proc_ops proc_file_ops 的成员变量。

在加载函数 proc_file_init 中，通过 proc_create_data 函数创建了一个 proc 文件，proc_create_data 函数传入的第一个参数是文件名 "proc_file"；第二个参数是访问权限：0644，对应本用户可读可写、用户组和其他用户可读；第三个参数是 NULL（父目录为空），表明文件将创建在/proc 目录下；第四个参数是文件操作集合 proc_file_ops；最后一个参数是 NULL，表示没有私有数据。

卸载函数 proc_file_exit 中调用了 remove_proc_entry 用于删除在加载函数中创建的文件，该函数的第一个参数是文件名 "proc_file"，和加载函数创建的文件名一致；第二个参数是父目录，为 NULL，也和加载函数中 proc_create_data 的第三个参数一致。

编译、加载该内核模块后，在 proc 文件下将新增一个名为 "proc_file" 的文件，执行 cat /proc/proc_file 命令查看 proc_file 文件的内容，无信息输出，然后执行 dmesg -c 命令，会依次打印出："proc file open""proc file read""proc file relase"，如图 2-1 所示。

```
[root@localhost proc_file_create]# insmod proc_file_create.ko
[root@localhost proc_file_create]# cat /proc/proc_file
[root@localhost proc_file_create]# dmesg -c
[50827.051829] proc file open
[50827.051855] proc file read
[50827.051863] proc file release
```

图 2-1　加载模块 proc_file_create

这几句打印分别对应了函数 proc_file_open、proc_file_read 和 proc_file_release。由于 cat 命令对文件的操作是先打开文件，然后读文件，最后关闭文件，因此上述打印和 proc_file_create.c 中 struct proc_ops proc_file_ops 变量的打开、读、关闭操作能一一对应。

如果对文件进行写操作，也能够打印出 proc_file_write 函数中的打印信息，如图 2-2 所示。

```
[root@localhost proc_file_create]# echo 1 > /proc/proc_file
[root@localhost proc_file_create]# dmesg -c
[51109.869912] proc file open
[51109.869927] proc file write
[51109.869928] proc file write
[51109.869930] proc file release
```

图 2-2　写 proc_file 文件

图 2-2 通过 echo 命令向 proc_file 文件写入字符串 "1"，echo 命令对文件的操作是先打开文件，然后写文件，最后关闭文件，因此出现了打开、写和关闭文件的打印。

2.2　文件读写

2.2.1　数据传递接口

上例创建了/proc/proc_file 文件，然而对该文件的读、写操作仅仅做了打印，而并没有发生实际的数据交互。本节在此基础上，增加文件读写时实际的数据交互操作。要实现该功能，需要首先了解两个接口，这两个接口都在内核源码下的 include/linux/uaccess.h 头文件中做了声明（要使用这两个接口，需要引入头文件：#include<linux/uaccess.h>），这两个接口声明如下。

① 内核模块向应用程序传递数据：

```
unsigned long copy_to_user(void __user *to, const void *from, unsigned long n)
```

函数的第一个参数 to 是用户态指针，指向应用程序的数据缓存；第二个参数 from 是内核态指针，指向内核模块的数据缓存；第三个参数 n 是将要传送的数据长度。该函数用于内核模块向给应用程序传递数据，将内核模块指针 from 指向的内存区的 n 个字节长度的数据拷贝给应用程序指针 to 指向的内存区，返回值为 0 表示成功，非 0 表示失败。

② 应用程序向内核传送数据：

```
unsigned long copy_from_user(void *to, const void __user *from, unsigned long n)
```

函数的第一个参数 to 是内核态指针，指向内核模块的数据缓存；第二个参数 from 是用户态指针，指向应用程序的数据缓存；第三个参数 n 将要传送的数据长度。与 copy_to_user 函数相反，该函数用于应用程序将数据传递给内核模块。返回值为 0 表示成功，非 0 表示失败。

2.2.2　实现数据读写

现在将实现一个功能：创建一个 proc 文件，应用程序能够通过 write 系统调用将数据写入该文件，通过 read 系统调用读取到的数据和写入的数据一致。

在 proc_file_create.c 源文件（见源码 2-2）的基础上，修改 proc_file_read 函数和 proc_file_write 函数完成数据的读写操作。源码 2-3 列出了和 proc_file_create.c 不同的部分（本书中，如果一个源文件是基于之前已经展示过的源文件修改而成，则源码中只会列出新增或修改的部分）。

源码 2-3　proc_file_rw.c

```
#include <linux/module.h>
#include <linux/proc_fs.h>
#include <linux/uaccess.h>     //增加 include/linux/uaccess.h 的引用

static char kbuf[128] = {0};      //kbuf 数组用于保存写到文件的数据
......
//读文件将执行的函数
```

```
static ssize_t proc_file_read(struct file *file, char __user *buf, size_t size,
loff_t *offset)
{
    //将 kbuf 的内容拷贝到用户空间展示
    copy_to_user(buf , kbuf , strlen(kbuf));
    return strlen(kbuf);
}
//写文件将要执行的函数
static ssize_t proc_file_write(struct file *file, const char __user *buf, size_t
size, loff_t *offset)
{
    memset(kbuf, 0, sizeof(kbuf));
    //将用户传入的信息拷贝到 kbuf 变量中
    copy_from_user(kbuf , buf, size);
    return size;
}
......
```

该源文件在源码 2-2 的基础上增加了一个数组 char kbuf[128]，用于保存应用程序写入的数据。在 proc_file_read 函数中使用 copy_to_user 将 kbuf 中的数据拷贝到 buf 中，buf 是 proc_file_read 函数传入的参数，指向应用程序的缓存，拷贝的长度是 kbuf 中字符串的长度，返回值是实际拷贝的数据长度。

在 proc_file_write 函数中使用 copy_from_user 将 buf 中的数据拷贝到 kbuf 中。buf 是 proc_file_write 函数传入的参数，指向应用程序缓存，拷贝的长度是 size 字节，size 也是 proc_file_write 函数传入的参数。

应用程序读文件时，会通过 read 系统调用读取数据，read 系统调用原型为：ssize_t read(int fd, void *buf, size_t count)，该函数的第一个参数是文件描述符，第二个参数是数据缓存，第三个参数是想要读取的数据长度，这三个参数分别对应了 proc_file_read 函数中的 file、buf、size 这三个参数。应用程序执行了 read 系统调用后，如果读取的是 proc 文件，Linux 内核会调用 proc 文件对应的操作函数集合的 proc_read 成员函数，该函数在源码 2-2 声明 struct proc_ops proc_file_ops 变量时被赋值为 proc_file_read 函数，因此 Linux 内核最终将执行上面代码实现的 proc_file_read 函数。在执行 proc_file_read 函数时，传入的参数就是文件信息（参数 file）、应用程序缓存（参数 buf）、将要读取的数据长度（参数 size），该函数将返回实际读取到的数据长度。

写文件时也类似，应用程序在调用 write 系统调用时，最终将执行到上面代码实现的 proc_file_write 函数。write 系统调用（函数原型：ssize_t write(int fd, const void *buf, size_t count)）的三个参数分别是文件描述符、应用程序缓存、将要写入的数据长度，对应了 proc_file_write 函数的 file、buf、size 三个参数。

下面通过一个简单的测试程序 test.c 来验证上述代码，测试程序代码如源码 2-4 所示。

源码 2-4　测试程序 test.c

```
#include <stdio.h>
#include <sys/stat.h>
#include <sys/types.h>
```

```
#include <fcntl.h>
#include <unistd.h>
#include <string.h>

int main()
{
    char buf[32] = {0};
    char *str = "hello,proc file!";              //将要写入文件的字符串
    int fd = open("/proc/proc_file", O_RDWR);  //打开/proc/proc_file
    if(fd < 0)
        printf("open file error!\n");
    write(fd, str, strlen(str));                 //向 proc_file 文件写入字符串
    read(fd , buf , 32);                         //读取 proc_file 文件中的数据
    printf("read:%s\n", buf);                    //打印出读取到的数据
    close(fd);
    return 0;
}
```

首先编译、加载内核模块，生成/proc/proc_file 文件，再编译运行测试程序 test.c。编译应用程序 test.c 的命令是 gcc -o test test.c，编译完成后生成可执行文件 test。test.c 首先向/proc/proc_file 文件写入"hello,proc file!"字符串，再从/proc/proc_file 读取数据，最终写入和读取的数据一致，如图 2-3 所示。

```
[root@localhost 3-3_proc_file_rw]# ./test
read:hello,proc file!
```

图 2-3　测试程序执行结果

2.3　创建目录

目前已经在/proc 目录下创建了文件，并对文件进行了读写，下面我们将在/proc 目录下创建新的目录，此时将会用到内核提供的创建目录接口 proc_mkdir，proc_mkdir 的声明在内核源码的 include/linux/proc_fs.h 中，声明如下：

```
struct proc_dir_entry *proc_mkdir(const char *name, struct proc_dir_entry *parent)
```

第一个参数 name 为将要创建的目录名；第二个参数 parent 为将要创建的目录的父目录。函数返回值是一个 proc_dir_entry 类型的指针，表示创建的目录，如果非空，表示文件创建成功。

下面将实现一个功能，在/proc 目录下创建一个新的目录 proc_dir，然后再在新创建的目录下创建文件 proc_file。为了完成这个功能，在之前示例程序 proc_file_rw.c（见源码 2-3）的基础上，只需修改加载和卸载函数，源码 proc_create_dir.c 如源码 2-5 所示（源码列出了 proc_create_dir.c 和 proc_file_rw.c 的不同部分）。

源码 2-5　proc_create_dir.c

```
......
//该变量指向将要创建的目录
static struct proc_dir_entry *my_proc_dir = NULL;
```

```
static int proc_file_init(void)
{
    //创建名为 proc_dir 的目录，父目录为空
    my_proc_dir = proc_mkdir("proc_dir", NULL);
    //在 proc_dir 目录下创建一个名为 proc_file 的文件
    proc_create_data("proc_file", 0644, my_proc_dir, &proc_file_ops, NULL);
    return 0;
}
static void proc_file_exit(void)
{
    //删除 proc_file 文件，该文件的父目录是 proc_dir 目录
    remove_proc_entry("proc_file", my_proc_dir);
    //删除 proc_dir 目录
    remove_proc_entry("proc_dir", NULL);
}
......
```

上述源码在加载函数中，通过 proc_mkdir 函数创建了一个名为 proc_dir 的目录，该目录将在/proc 目录下创建，返回值存放在 my_proc_dir 变量中。然后调用 proc_create_data 函数创建一个名为 proc_file 的文件，传入该函数的第三个参数是 proc_mkdir 函数的返回值 my_proc_dir，这个值指向之前创建的 proc_dir 目录，因此 proc_file 文件将创建在 proc_dir 目录下。

在卸载函数中，首先调用 remove_proc_entry 删除文件 proc_file，第二个参数传入了 proc_file 文件的父目录 my_proc_dir，然后再次调用 remove_proc_entry 删除目录 proc_dir。

编译、加载该模块后，在/proc 目录下生成了一个新的目录 proc_dir，proc_dir 目录下生成了一个文件 proc_file。

2.4 通过偏移量读写文件

第 2.2.2 节的源码 proc_file_rw.c（源码 2-3）在读写文件的时候，是一次性读取或写入所有的数据。假设将要写入的数据是字符串 "hello,proc file!"，则会一次性将这个字符串从应用程序拷贝到内核模块。如果此时想要将该字符串分多次写入文件，一次只写入字符串的一部分（例如第一次调用 write 系统调用写入字符串"he"，第二次写入"ll"，第三次写入"o,"……每次写入两个字节直到写入完成），就需要用到偏移量。

回顾一下 struct proc_ops 这个结构体（见源码 2-1），这个结构体的读函数和写函数分别如下：

```
ssize_t  (*proc_read)(struct file *, char __user *, size_t, loff_t *)
ssize_t  (*proc_write)(struct file *, const char __user *, size_t, loff_t *)
```

读函数和写函数的前三个参数分别对应 read 和 write 系统调用的三个参数，而第四个参数是 loff_t 类型的指针，该变量代表了读写的偏移量（即读写的位置）。loff_t 类型定义为：typedef long long loff_t。loff_t 类型的变量存储了文件的读写位置，如果该指针指向的值为 n，则从偏移量为 n 的位置开始读写数据。

当前将要实现这样一个功能：将一个字符串写入 proc 文件，每次向文件写 1 个字节，直到写入完成。对应的应用程序源码 test_write.c 如源码 2-6 所示。

```
#include <stdio.h>
#include <sys/types.h>
#include <sys/stat.h>
#include <fcntl.h>
#include <unistd.h>
#include <string.h>

int main(int argc, char *argv[])
{
    //文件名通过命令行的第二个参数传入
    int fd = open(argv[1], O_RDWR | O_CREAT, 0600);
    char *p_data = argv[2];   //将要写入文件的数据通过命令行的第三个参数传入
    int len = 0;

    if(fd < 0)
        return -1;
    //每次写1个字节到文件，直到写入的数据长度达到字符串数据的长度
    while(len < strlen(p_data))
    {
        printf("write:%c\n", p_data[len]);
        len += write(fd, &p_data[len], 1);
    }
    close(fd);
    return 0;
}
```

上述的测试程序在调用 write 系统调用写数据的时候，将每次写入 1 个字节，直到数据写入完成。下面将完成对应的内核模块。

基于源码 proc_file_rw.c（见源码 2-3），修改写操作函数 proc_file_write，利用偏移量参数标识数据将要写入的位置，修改后的程序如源码 2-7 所示。

源码 2-7　proc_off_write.c

```
......
static ssize_t proc_file_write(struct file *file, const char __user *buf,  size_t
size, loff_t *offset)
{
    //从 kbuf 数组的第*offset 字节开始写入
    copy_from_user(&kbuf[*offset], buf, size);
    //写入后，*offset 变量加上写入的字节数
    *offset += size;
    return size;
}
......
```

上述源码调用 copy_from_user 将应用程序缓存 buf 的数据拷贝到 kbuf 数组的第*offset 字节处，*offset 标识了数据写入的位置偏移。拷贝完成后，*offset 加上实际写入的字节数，下次再写入数据时，就会写入到当前已存在的数据后面。

编译上述内核模块和测试程序 test_write.c（见源码 2-6）后，加载内核模块。可通过如下命令将字符串"123456"写入到文件 proc_file 中：

./test_write   /proc/proc_file   "123456"

使用偏移量的方式对于读操作也类似，如果想要分多次读取文件中的数据，一次读取部分，可以改造读操作函数 proc_file_read 来完成，如源码 2-8 所示。

源码 2-8   proc_off_read.c

```
......
static ssize_t proc_file_read(struct file *file, char __user *buf, size_t size,
loff_t *offset)
{
    int all_len = strlen(kbuf);   //all_len 变量保存了数据的总长度
    int count = 0;                //count 变量保存本次需要读取的数据长度
    //若偏移量+size 大于数据总长度，只读取未读到的数据；否则读取 size 长度的数据
    if(*offset + size > all_len)
    {
        count = all_len - *offset;
    }
    else
    {
        count = size;
    }
    //从 kbuf 偏移*offset 字节处开始读取数据
    copy_to_user(buf, &kbuf[*offset], count);
    *offset += count;          //数据读取后，*offset 变量加上实际读到的字节数
    return count;              //返回实际读到的数据长度
}
......
```

上述源码中，应用程序传入的需要读取的数据长度是参数 size，如果剩余未读取的数据长度小于 size，则将读取所有剩余的数据，否则读取 size 个字节的数据。每次读完数据后，将*offset 变量增加读取到的数据长度，下次读数据的时候将从还未读取到的位置开始读数据。

2.5 打开的文件

proc 文件的打开、读、写、关闭等操作函数中，有一个 struct file 类型的参数，该参数表示一个打开的文件。每当应用程序调用 open 系统调用打开一个文件后，内核将会为文件创建并维护一个 struct file 结构体变量，并将文件描述符和 struct file 结构体变量进行绑定。而应用程序调用 read、write 系统调用时的第一个参数是文件描述符，文件描述符在内核模块中就和 struct file 变量一一对应。

struct file 结构体定义于内核源码的 include/linux/fs.h 头文件中，源码 2-9 列出了该结构体的部分信息。

源码 2-9　struct file 结构体

```
struct file {
    struct  path   f_path;              //文件名及路径信息
    ......
    struct  inode  *f_inode;            //文件对应的 inode 节点
    //文件操作函数集合，包含了文件的打开、读、写、关闭等操作
    const  struct  file_operations  *f_op;
    ......
    fmode_t   f_mode;                   //访问权限和属性
    loff_t    f_pos;                    //文件内容偏移量
    ......
    void      *private_data;            //文件私有数据，可自定义
    ......
    struct address_space *f_mapping;    //文件的地址空间，缓存了文件的数据
};
```

对这些成员变量的描述如下。

● f_inode：文件对应的 inode 节点，有关文件的组织和管理信息主要存放 inode 里面。关于 inode，将在第 2.7 节介绍。

● f_op：文件操作函数集合，包含了对文件的打开、读、写、关闭等操作，其结构体类型为 struct file_operations，对于该结构体，将在用到时作详细描述。当前需要了解到，对于不同的文件系统（如 proc、sys、dev、ext2/ext3/ext4、jffs、xfs 等），文件的打开、读、写、关闭实际执行的操作是不同的，而这些不同体现在了 struct file_operations 中。在对 proc 文件进行打开、读、写、关闭等操作时，Linux 内核将会首先调用到 strut file_operations 结构体变量的打开、读、写或关闭操作，再由该结构体变量中的操作函数调用到对应 proc 文件的 proc_ops 结构体变量（见源码 2-1）的操作。例如在应用程序调用 read 系统调用时，Linux 内核将首先执行 proc 文件系统对应的 strut file_operations 变量的读操作，该读操作将会调用到 proc 文件的 proc_ops 变量的 proc_read 函数。

● f_mode：访问权限和属性，包括文件是否可读、可写、可执行，是否有权限调用 pread 和 pwrite 系统调用读写该文件，以及其他一些属性。

● f_pos：文件内容偏移量，表示从哪个位置开始读写文件。在源码 2-7 和源码 2-8 中，通过 offset 变量来定位文件的读写位置，该 offset 变量是一个指针，指向的 f_pos 的地址。在对*offset 赋值的时候，实际上就是对 struct file 的 f_pos 变量进行赋值。

● private_data：文件私有数据，内核模块可以根据需要自定义这个私有数据。

● f_mapping：文件的地址空间，缓存了文件的数据，以及保存了文件数据到物理设备（磁盘/块设备）的映射方式。关于文件地址空间，将在第 13 章详细介绍。

以上成员变量只是 struct file 结构体的一小部分，剩余的成员变量在用到时再作详细描述。下面以一个例子程序展示 struct file 的成员变量 private_data 和 f_pos。在 proc_off_write.c（源码 2-8）的基础上，修改 proc_file_open 和 proc_file_read 函数：在 proc_file_open 函数中，将 file 的 private_data 成员变量设置为 kbuf；而在 proc_file_read 函数中，从 file 的 private_data 成员变量中读取数据。新的程序 proc_private.c 如源码 2-10 所示。

源码 2-10　proc_private.c

```
......
    static int proc_file_open(struct inode *inode, struct file *file)
    {
        //将文件私有数据 private_data 设置为 kbuf
        file->private_data = kbuf;
        return 0;
    }
    //读文件将要执行的函数
    static ssize_t proc_file_read(struct file *file, char __user *buf, size_t size,
loff_t *offset)
    {
        int all_len = strlen(kbuf);
        int count = 0;
        char *ptr = file->private_data;  //获取私有数据
        //打印出*offset 和 f_pos 的值
        printk("read:offset=%d, f_pos=%d\n", *offset, file->f_pos);
        if(*offset + size > all_len)
        {
            count = all_len - *offset;
        }
        else
        {
            count = size;
        }
        //读数据时将私有数据拷贝到用户空间
        copy_to_user(buf, &ptr[*offset], count);
        *offset += count;
        return count;
    }
    ......
```

上述源码在文件打开时，将 file->private_data 赋值为 kbuf，此时操作 file->private_data 就相当于操作了 kbuf 数组，因此在读操作中，通过 copy_to_user 将 file->private_data 的数据拷贝给了应用程序就相当于将 kbuf 中的数据拷贝给应用程序。proc_file_read 函数中还打印了 *offset 的值和 file->f_pos 的值。编译加载该模块后，从 proc 文件读数据，会发现*offset 的值和 file->f_pos 的值是一样的，因为 offset 的值就是 file->f_pos 的地址（offset=&file->f_pos）。

2.6　移动读写位置

在第 2.1 节描述 struct proc_ops 结构体（见源码 2-1）时，有一个成员函数 proc_lseek，该函数将在应用程序执行 lseek 系统调用时执行。lseek 系统调用用来移动文件的读写位置，函数原型如下：

off_t lseek(int fd, off_t offset, int whence)

函数的第一个参数 fd 是文件描述符，对应打开的文件；第二个参数 offset 是移动文件读写位置的偏移量，以字节为单位，表示将文件指针移动多少个字节；第三个参数 whence 是文件指针所在位置,可能的值有 SEEK_SET、SEEK_CUR、SEEK_END,对这几个值的解释如下。

- SEEK_SET:文件的开始,表明文件的读写位置是从文件开始往后移动 offset 个字节;
- SEEK_CUR:当前位置,表明文件的读写位置是从当前位置开始移动 offset 个字节,offset 可以为负值;
- SEEK_END:文件的结尾,表明文件的读写位置是从文件结尾移动 offset 个字节,offset 可以为负值。

使用 lseek 系统调用写一个测试程序 test_lseek.c,如源码 2-11 所示。

源码 2-11　test_lseek.c

```
#include <stdio.h>
#include <sys/stat.h>
#include <sys/types.h>
#include <fcntl.h>
#include <unistd.h>
#include <string.h>
#include <sys/types.h>

int main(int argc, char *argv[])
{
    unsigned char buf[32] = {0};
    int res = 0;
    int fd = open(argv[1], O_RDWR);    //文件名作为命令行的第二个参数传入
    if(fd < 0)
        return -1;
    lseek(fd, 1, SEEK_SET);    //将文件的读写位置设置为从文件开始偏移 1 字节处
    read(fd , buf, 1);             //读取 1 字节数据
    printf("read:%c\n", buf[0]);
    lseek(fd, 1, SEEK_CUR);    //将文件的读写位置设置为当前位置偏移 1 字节处
    read(fd, buf, 1);               //再读取 1 字节数据
    printf("read:%c\n", buf[0]);
    close(fd);
    return 0;
}
```

整个文件数据的第 1 个字节的偏移是 0,上述测试代码首先调用 lseek 将文件读写位置设为从文件开始偏移 1 字节,此时文件指针就指向文件数据的第 2 字节处,然后读取了 1 字节的数据。读完数据后,文件指针自动加 1,此时文件指针就指向了文件数据的第 3 字节处。之后又调用 lseek 将读写位置设置为当前位置偏移 1 字节处,当前文件指针就指向了文件数据的第 3 字节处,再偏移 1 字节后,指向了文件数据的第 4 字节处。假设文件中的数据是 "abcde" 字符串,则两次 printf 的打印结果分别应为 'b' 和 'd'。

和 lseek 系统调用对应,struct proc_ops 结构体中的 proc_lseek 函数也有三个参数,该成员函数的定义如下所示。

```
loff_t (*proc_lseek)(struct file *, loff_t, int)
```

第一个参数 file 是打开的文件,和 lseek 系统调用的第一个参数对应;第二个参数是偏移量,和 lseek 的第二个参数对应;第三个参数是文件指针的位置,对应 lseek 的第三个参数。

下面来写一个内核模块，增加对 lseek 系统调用的处理，该内核模块在示例程序 proc_private.c 的基础上做修改。新的示例程序 proc_lseek.c 如源码 2-12 所示。

源码 2-12　proc_lseek.c

```
......
//新增的lseek处理函数
static loff_t proc_file_lseek(struct file *file, loff_t offset, int whence)
{
    switch(whence)
    {
    //如果文件指针是开始位置，则将file->f_pos直接设置为偏移量offset
    case SEEK_SET:
        file->f_pos = offset;
        break;
    //如果文件指针是当前位置，则将file->f_pos增加offset
    case SEEK_CUR:
        file->f_pos += offset;
        break;
    default:
        break;
    }
    return 0;
}
//proc文件的操作函数集合，将作为参数传入proc_create_data函数用于创建proc文件
static struct proc_ops proc_file_ops = {
    .proc_open = proc_file_open,
    .proc_read = proc_file_read,
    .proc_write= proc_file_write,
    .proc_release = proc_file_release,
    //将新增的proc_file_lseek函数赋值给proc_lseek成员函数
    .proc_lseek = proc_file_lseek,
};
......
```

源码增加了一个 proc_file_lseek 函数，该函数被赋值到 struct proc_ops proc_file_ops 的成员变量 proc_lseek 中。在 proc_file_lseek 函数中，首先对函数的第三个参数 whence 参数进行判断，如果 whence 参数值为 SEEK_SET，则将 file->f_pos 赋值为函数的第二个参数 offset，表示当前文件指针位置为 offset，读写数据时将从文件开头偏移 offset 处进行读写。如果 whence 参数值为 SEEK_CUR，则将 file->f_pos 赋值为当前文件指针位置加上 offset，读写数据时将从文件指针的当前位置偏移 offset 处进行读写。

编译、加载该模块后，首先向/proc/proc_file 写入一个字符串"abcde"，然后通过 test_lseek.c 测试程序（见源码 2-11）读取文件，执行结果如图 2-4 所示。

```
[root@localhost 3-12_proc_lseek]# echo "abcde" > /proc/proc_file
[root@localhost 3-12_proc_lseek]# ./test_lseek /proc/proc_file
read:b
read:d
```

图 2-4　通过测试程序读取 proc_file 文件

向文件 proc_file 写入"abcde"后，此时文件的内容就是"abcde"。test_lseek 首先会调用 lseek(fd, 1, SEEK_SET)将文件的指针指向偏移为 1 字节的位置，此时文件指针指向字符'b'，因此第一次读取到的数据就是'b'。读取该数据后，文件指针会自动后移 1 个字节，指向字符'c'。然后 test_lseek 再次调用了 lseek(fd, 1, SEEK_CUR)，将文件指针在当前位置的基础上再后移 1 个字节，此时文件指针指向了字符'd'，再次读取数据，就读到了字符'd'。

2.7　目录项和文件节点

在 struct proc_ops 结构体（见源码 2-1）的打开（proc_open 函数）和关闭（proc_release 函数）操作函数中，除了用到了 struct file 结构体变量，还用到了 struct inode 结构体变量。之前已经了解到，struct file 结构体变量表示一个打开的文件，每当应用程序通过 open 系统调用打开文件后，Linux 会创建一个 struct file 变量。与 struct file 变量不同的是，struct inode 变量表示文件的"索引节点"，本节将 struct inode 结构体和 struct dentry 结构体一同描述。

所谓"文件"，是按一定的形式存储在介质上的信息，一个文件其实包含了两方面的信息：一是存储的数据本身，二是有关该文件的组织和管理的信息。Linux 中，每个文件都有一个 dentry(目录项)和 inode(索引节点)结构，dentry 记录着文件名，上级目录等信息，正是它形成了我们所看到的目录树状结构；而有关该文件的组织和管理的信息主要存放 inode 里面，这些信息主要包括文件的类型、访问权限、文件的拥有者 ID、文件的大小、创建时间等。

首先来了解一下 struct dentry 结构体，该结构体定义在内核源码的 include/linux/dcache.h 头文件中，其定义如源码 2-13 所示。

源码 2-13　dentry 结构体

```
struct dentry {
    ......
    struct dentry *d_parent;              //父目录
    ......
    struct inode *d_inode;                //该 dentry 关联的 inode 节点
    unsigned char d_iname[DNAME_INLINE_LEN]; //目录或文件名
    ......
    struct list_head d_child;             //父目录的子目录链表
    struct list_head d_subdirs;           //子目录链表
    union {
        struct hlist_node d_alias;        //与同一个 inode 相关的 dentry 链表
        ......
    } d_u;
};
```

结构体各成员变量的描述如下。

● d_parent：文件或目录的父目录，Linux 每一个文件或目录都有一个 struct dentry 结构体变量与之对应，文件或目录的父目录也是一个 struct dentry 变量。例如：有一个文件的路径为/home/linuxlinux/test，文件 test 对应一个 struct dentry 结构体变量，假设变量名为 a，目录 linuxlinux 也对应一个 struct dentry 结构体变量，假设变量名为 b，那么 a.d_parent = &b，即 test 的父目录是 linuxlinux 目录。

● d_inode：与目录项关联的 inode 节点，保存了文件的组织和管理的信息。

● d_iname：目录或文件名，假设有一个文件是路径/home/linuxlinux/test，文件 test 对应的 struct dentry 结构体变量的 d_iname 保存的就是"test"字符串，目录 linuxlinux 对应 struct dentry 结构体变量的 d_iname 保存的是"linuxlinux"字符串。

● d_child 和 d_subdirs：d_child 是父目录的子目录链表，d_subdirs 是子目录链表。假设 /proc 目录下有三个目录，目录名分别为 my_dir、self、1，这三个目录通过 d_child 变量连接成一个链表，proc 目录的 d_subdirs 是这个链表的链表头，如图 2-5 所示。

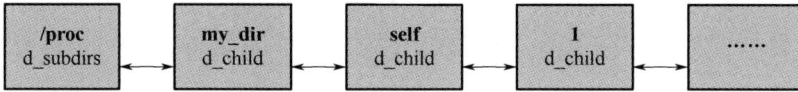

图 2-5　d_child 和 d_subdirs

proc 目录对应的 struct dentry 结构体变量的 d_subdirs 作为链表头，其下一个链表节点为 my_dir，而同级的 my_dir、self、1 这三个目录的 struct dentry 结构体变量通过 d_child 变量连接。

● d_alias：与同一个 struct inode 结构体变量相关的 struct dentry 结构体变量组成的链表。struct inode 结构体变量记录了文件的组织和管理信息，而 struct dentry 结构体变量记录着文件名、上级目录等信息。一般来说，一个文件对应的 struct inode 结构体变量在整个文件系统是唯一的，而 struct dentry 结构体变量可能有多个，一个或多个 dentry 变量对应一个 inode。为什么一个文件可能对应多个 dentry 变量？是因为可以创建多个链接指向同一个文件（通过 ln 命令），这些链接对应的 inode 变量是同一个。

下面再来了解一下 struct inode 结构体，该结构体定义于内核源码的 include/linux/fs.h 头文件中，定义如源码 2-14 所示。

源码 2-14　inode 结构体

```
struct inode {
    umode_t    i_mode;              //文件类型和访问权限
    kuid_t     i_uid;              //文件拥有者的用户 id
    kgid_t     i_gid;              //文件拥有者的用户组 id
    ......
    const struct inode_operations   *i_op; //inode 的函数操作集合
    struct super_block     *i_sb;         //文件系统的超级块
    struct address_space   *i_mapping;      //文件的地址空间，缓存了文件的数据
    ......
    unsigned long  i_ino;          //inode 唯一标识
    ......
    loff_t        i_size;         //inode 大小
    struct timespec64  i_atime;   //inode 访问时间
    struct timespec64  i_mtime;   //inode 修改时间
    struct timespec64  i_ctime;   //inode 创建时间
    ......
    struct hlist_head  i_dentry;   //inode 相关的 dentry 链表
    ......
```

```
    union {
        const struct file_operations  *i_fop; //inode 的文件操作函数集合
        ......
    };
    ......
};
```

对这些成员变量的描述如下。

● i_mode：文件类型和访问权限，文件的访问权限信息包括可读、可写、可执行，之前已做过描述，详见第 1.1.3 节的表 1-1。而文件类型标识该文件是哪一种文件，文件类型包括普通文件、链接文件、设备文件、管道文件等。文件类型与文件的访问权限相或构成了 i_mode 变量。

由于 Linux 有一个概念："一切皆是文件"，用户可以像操作文件一样操作设备、管道、套接字，因此 Linux 内核对设备、管道、套接字等"非常规文件"都会维护相应的 inode 结构体变量。文件类型的定义在内核源码的 include/uapi/linux/stat.h 头文件中，如源码 2-15 所示。

源码 2-15   文件类型

```
#define S_IFMT    00170000 //文件类型掩码，与 i_mode 变量相与可取出文件类型
#define S_IFSOCK 0140000  //套接字文件
#define S_IFLNK   0120000  //链接文件
#define S_IFREG   0100000  //普通文件
#define S_IFBLK   0060000  //块设备文件
#define S_IFDIR   0040000  //该文件是一个目录
#define S_IFCHR   0020000  //字符设备文件
#define S_IFIFO   0010000  //管道文件
//下面的宏用于判断文件类型
#define S_ISLNK(m)  (((m) & S_IFMT) == S_IFLNK)  //判断文件是否是链接文件
#define S_ISREG(m)  (((m) & S_IFMT) == S_IFREG)  //判断文件是否是普通文件
#define S_ISDIR(m)  (((m) & S_IFMT) == S_IFDIR)  //判断文件是否是一个目录
#define S_ISCHR(m)  (((m) & S_IFMT) == S_IFCHR)  //判断文件是否是字符设备文件
#define S_ISBLK(m)  (((m) & S_IFMT) == S_IFBLK)  //判断文件是否是块设备文件
#define S_ISFIFO(m) (((m) & S_IFMT) == S_IFIFO)  //判断文件是否是管道文件
#define S_ISSOCK(m) (((m) & S_IFMT) == S_IFSOCK) //判断文件是否是套接字文件
```

● i_uid 和 i_gid：用户 ID 和用户组 ID，对应该文件的拥有者。

● i_op：inode 节点的函数操作集合。对应 inode 的一系列操作，例如文件的查找、创建、删除、访问权限的判定等。其结构体类型 struct inode_operations 定义于内核源码的 include/linux/fs.h 头文件中，源码 2-16 列出了该结构体的内容，在使用时将进行详细描述。

源码 2-16   struct inode_operations 结构体定义

```
struct inode_operations {
    /*
    *查找目录项信息，第一个参数表示将要查找的 inode 根节点（父目录）；第二个参数
    *表示将要查找的目录项信息，包括查找的文件名、长度等；第三个参数表示查找的标
```

```
*志信息，不同的文件系统对该字段的用法不一样
*/
struct dentry * (*lookup) (struct inode *,struct dentry *, unsigned int);
/*
*获取 inode 的链接信息，第一个参数是目录项，第二个参数是目录项关联的 inode 节
*点，第三个参数是查找链接时将要执行的函数
*/
const char * (*get_link) (struct dentry *, struct inode *, struct delayed_call *);
/*
*访问权限判断，第一个参数是 inode 节点，第二个参数是访问权限信息。函数用于判
*断 inode 节点是否具有相应的访问权限
*/
int (*permission) (struct inode *, int);
/*
*获取 inode 节点的访问控制信息，第一个参数为 inode 节点，第二个参数是访问控制
*信息类型
*/
struct posix_acl * (*get_acl)(struct inode *, int);
/*
*获取 inode 的链接信息，该函数在 inode 的 i_opflags 不包含 IOP_DEFAULT_READLINK
*时执行，第一个参数是目录项，第二个参数是应用程序传入的将要填充的链接缓存区，
*第三个参数是缓存区长度
*/
int (*readlink) (struct dentry *, char __user *,int);
/*
*创建一个新的 inode 节点，第一个参数是父目录的 inode 信息，第二个参数是目录项
*信息，第三个参数是访问权限，第四个参数不同的文件系统用法有所区别
*/
int (*create) (struct inode *,struct dentry *, umode_t, bool);
/*
*创建一个硬链接，第一个参数是旧的目录项，第二个参数是目录的 inode 信息，第三
*个参数是硬链接的目录项信息
*/
int (*link) (struct dentry *,struct inode *,struct dentry *);
/*
*删除文件或链接,第一个参数是目录的 inode 信息，第二个参数是将要删除的文件/链
*接的目录项
*/
int (*unlink) (struct inode *,struct dentry *);
/*
*创建一个符号链接，第一个参数是目录的 inode 信息，第二个参数是符号链接的目录
*项，第三个参数是将要链接的旧的文件名称
*/
int (*symlink) (struct inode *,struct dentry *,const char *);
/*
*创建一个目录，第一个参数是父目录的 inode 信息，第二个参数是将要创建的目录的
*目录项信息，第三个参数是访问权限
*/
int (*mkdir) (struct inode *,struct dentry *,umode_t);
//删除目录，第一个参数是父目录的 inode 信息，第二个参数是将要删除的目录
```

```
        int (*rmdir) (struct inode *,struct dentry *);
        /*
        *创建设备节点，第一个参数是父目录的 inode 信息，第二个参数是将要创建的文件的
        *目录项信息，第三个参数是文件类型及访问权限，第四个参数是设备号
        */
        int (*mknod) (struct inode *,struct dentry *,umode_t,dev_t);
        /*
        *重命名 inode 节点，第一个参数是原父目录的 inode 节点信息，第二个参数是将要重
        *命名的目录项信息，第三个参数是目的父目录的 inode 节点信息，第四个参数是重命
        *名后的目录项信息，第五个参数是一些重命名可能会用到的标志
        */
        int (*rename) (struct inode *, struct dentry *, struct inode *, struct dentry *,
unsigned int);
        /*
        *设置 inode 的属性信息，大小、创建（修改、访问）时间、拥有者用户 ID 等，第一个
        *参数表示文件的目录项信息，第二个参数是将要设置的属性
        */
        int (*setattr) (struct dentry *, struct iattr *);
        /*
        *获取 inode 的属性信息，包括：大小、创建（修改、访问）时间、拥有者用户 ID 等，
        *第一个参数表示文件的路径信息，第二个参数是将要返回的属性信息，第三、第四个
        *参数不同文件系统的用法有所不同
        */
        int (*getattr) (const struct path *, struct kstat *, u32, unsigned int);
        ......
    };
```

● i_sb：对于每一个文件系统，都有一个超级块，保存了文件系统的属性信息，而 i_sb 保存了文件系统的超级块。关于超级块，将在第 12 章详细介绍。

● i_mapping：inode 的地址空间，缓存了文件的数据，以及文件数据到物理设备（磁盘/块设备）的映射方式。关于文件地址空间，将在第 13 章详细介绍。

● i_ino：inode 节点的唯一标识，文件系统的每个文件都有一个唯一标识。

● i_size：inode 大小，标识文件的大小。

● i_atime、i_mtime、i_ctime：文件的访问时间、修改时间和创建时间，指的是从 1970 年开始的时间。结构体类型为 struct timespec64，该结构体定义于内核源码的 include/linux/time64.h 头文件中，定义如源码 2-17 所示。

源码 2-17　timespec64 结构体

```
struct timespec64 {
    time64_t  tv_sec;        //秒，time64_t 的类型是 64 位有符号整型
    long      tv_nsec;       //纳秒
};
```

timespec64 结构体保存了秒信息和纳秒信息，而通常的时间应该是通过年、月、日、时、分、秒来表示，内核源码中也有一个通过这种方式来表示时间的结构体，结构体名称为 tm，定义于内核源码的 include/linux/time.h 头文件中，如源码 2-18 所示。

```
struct tm {
    int tm_sec;        //秒，范围一般为 0 到 59
    int tm_min;        //分，范围为 0 到 59
    int tm_hour;       //小时，范围为 0 到 23
    int tm_mday;       //一个月中的哪一天，范围为 1 到 31
    int tm_mon;        //月，范围为 0 到 11，0 表示 1 月，11 表示 12 月
    long tm_year;       //从 1900 开始的年数，如果是 2025 年，则该值为 2025-1900=125
    int tm_wday;       //每周的哪一天，范围为 0 到 6，星期天为 0，星期六为 6
    int tm_yday;       //每年的哪一天，范围为 0 到 365,1 月 1 日为 0
};
```

为了便于识别，可以将 timespec64 结构体转换为 tm 结构体，转换函数为：

```
void time64_to_tm(time64_t totalsecs, int offset, struct tm *result)
```

函数的第一个参数 totalsecs 是从 1970 年开始的秒数；第二个参数 offset 是偏移，在计算的时候该函数会将第一个参数 totalsecs 加上第二个参数 offset，然后再去计算时间；第三个参数 result 是生成的 tm 结构体变量，就是最终的时间转换结果。

● i_dentry：inode 结构体变量相关的 dentry 链表。在描述 dentry 结构体时提及，由于一个 inode 变量可能对应多个 dentry 结构体变量，这多个 dentry 结构体变量就保存在 inode 节点的 i_dentry 变量中，通过链表连接。多个 dentry 结构体变量之间是通过 dentry 结构体变量的 d_alias 成员连接在一起，如图 2-6 所示。

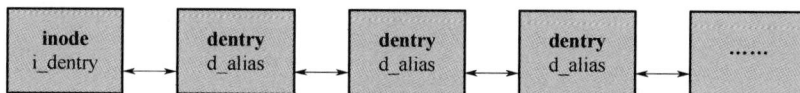

图 2-6　inode 和对应的多个 dentry 构成一个链表

可以看到，inode 变量的 i_dentry 成员是链表头，dentry 通过 d_alias 成员连接到链表后面，同一个 inode 变量对应的多个 dentry 变量构成了一个链表。

● i_fop：inode 对应的文件操作集合，文件的打开、关闭、读写等操作函数存在于该变量中。

为了展示 inode 变量和 dentry 变量，下面将在源码 proc_lseek.c（见源码 2-12）的基础上修改 proc_file_open 函数，打印出文件的类型和访问权限、文件拥有者的用户 ID 和用户组 ID、文件的创建时间以及文件的路径信息。新的源码 proc_file_inode.c 如源码 2-19 所示。

源码 2-19　proc_file_inode.c

```
......
#include <linux/time.h>
......
static int proc_file_open(struct inode *inode, struct file *file)
{
    struct tm tm;              //用户保存文件创建时间
    char path[128];            //用于保存文件的路径
    struct dentry *dentry = NULL;
```

```
        int pos = 0;

        file->private_data = kbuf;
        memset(path, 0, sizeof(path));
        //打印出文件的类型和访问权限、用户id、用户组id、唯一标识、文件大小
        printk("mode=0%o, uid=%d, gid=%d, ino=%ld,
            size=%d\n", inode->i_mode, inode->i_uid,
            inode->i_gid, inode->i_ino, inode->i_size);
        //将inode的i_ctime成员进行时间格式转换
        time64_to_tm(inode->i_ctime.tv_sec, 0, &tm);
        printk("create time:%d-%02d-%02d %02d:%02d:%02d\n",
            tm.tm_year + 1900, tm.tm_mon + 1, tm.tm_mday,
            tm.tm_hour, tm.tm_min, tm.tm_sec);
        //获取inode节点对应的dentry结构体变量
        hlist_for_each_entry(dentry, &inode->i_dentry, d_u.d_alias)
        {
            if(dentry != NULL)
            {
                printk("find name=%s\n", dentry->d_iname);
                break;  //找到第一个inode节点对应的dentry结构体变量后直接跳出循环
            }
        }
        while(dentry != dentry->d_parent)     //获取文件的完整路径
        {
            //将当前的文件名拷贝到path数据中
            memcpy(&path[pos], dentry->d_iname, strlen(dentry->d_iname));
            pos += strlen(dentry->d_iname);
            path[pos] = '/';              //文件名后加'/'以便区别多个文件名
            pos++;
            dentry = dentry->d_parent;    //获取父目录的目录名
        }
        printk("path=%s\n", path);        //打印出文件路径
        return 0;
    }
    ......
```

　　源码在 proc_file_open 函数中首先打印出文件的类型和访问权限、用户 ID、用户组 ID、唯一标识、文件大小信息，然后调用 time64_to_tm 函数将 inode 结构体变量的 timespec64 类型的文件创建时间转换为以年、月、日、时、分、秒表示的时间后进行打印。打印出文件创建时间后，通过 hlist_for_each_entry 遍历和 inode 节点相关的 dentry 结构体变量并打印出 dentry 变量保存的文件名。之后通过 while 循环遍历 dentry 变量及其父目录，获取文件的完整路径，因为根目录的 dentry 指针变量等于其 d_parent 成员变量，所以满足该条件则退出 while 循环，表示已经遍历至根目录。

　　编译、加载该模块后，通过 echo 命令打开/proc/proc_file 文件（echo 命令首先会打开文件，再向文件中写数据），之后再用 dmesg -c 命令查看模块打印信息，打印信息如图 2-7 所示。

　　可以看到文件的类型和访问权限是八进制的 0100644，该值是文件类型和访问权限相或运算后的值。其中文件类型是 0100000，表示这个文件是一个普通文件，访问权限是 0644，表示本用户可读可写，用户组用户可读，其他用户可读。文件的完整路径是 proc_file/，由于

proc_file 文件就在/proc 文件系统的根目录下，所以只打印出 proc_file。读者可以做一个试验：在/proc 目录下先创建一个目录，然后再创建 proc_file 文件，看一下打印出的完整路径是什么。

```
[root@localhost 3-18_proc_file_inode]# insmod proc_file_inode.ko
[root@localhost 3-18_proc_file_inode]# echo 1 > /proc/proc_file
[root@localhost 3-18_proc_file_inode]# dmesg -c
[80162.686478] mode=0100644,uid=0,gid=0,ino=4026532601,size=0
[80162.686480] create time:2023-12-03 09:52:35
[80162.686481] find name=proc_file
[80162.686481] path=proc_file/
```

图 2-7　加载 proc_file_inode 模块并打开 proc_file 文件

2.8 I/O 控制操作

在 Linux 中，I/O 控制借助 ioctl 系统调用完成，用来对设备进行 I/O 操作，例如串口设备波特率的设置、设备的启用、数据的传递都会用到 I/O 控制。ioctl 系统调用定义为：

```
int ioctl(int fd, int cmd, ...)
```

这是一个可变参数的系统调用，第一个参数 fd 是文件描述符，对应打开的文件；第二个参数 cmd 是命令号，表示应用程序将要下发的命令；其余的参数是应用程序和内核模块交互的参数。如果操作成功，返回值为 0，否则返回−1。应用程序源码 2-20 使用了 ioctl 操作文件或设备。

源码 2-20　test_ioctl.c

```c
#include <stdio.h>
#include <stdlib.h>
#include <sys/types.h>
#include <fcntl.h>
#include <unistd.h>
#include <string.h>
#include <sys/ioctl.h>

int main(int argc, char *argv[])
{
    unsigned char n = 0;            //变量 n 将作为 ioctl 的参数和内核模块交互
    int fd = open(argv[1], O_RDWR); //文件名通过命令行的第二个参数传入
    int cmd = atoi(argv[2]);        //命令号通过命令行的第三个参数传入
    if(fd < 0)
        return -1;
    ioctl(fd, cmd, &n);                      //通过 ioctl 操作文件
    printf("file=%s,cmd=%d\n", argv[1], cmd); //打印出文件名和命令号
    printf("ioctl:0x%x\n", n);               //打印出和内核模块交互的参数 n
    close(fd);
    return 0;
}
```

对于 proc 文件，struct proc_ops 结构体中（见源码 2-1）有一个 proc_ioctl 成员函数。在应用程序执行 ioctl 系统调用操作 proc 文件时，内核将会调用该函数进行处理。因此，如果

实现 struct proc_ops 结构体的 proc_ioctl 成员函数，则可以处理应用程序执行的 ioctl 系统调用。proc_ioctl 函数的原型如下：

```
long  (*proc_ioctl)(struct file *, unsigned int, unsigned long)
```

函数的第一个参数是 struct file 结构体的指针变量，对应打开的文件；第二个参数是应用程序传入的命令号；第三个参数是应用程序传入的参数。这三个参数对应了应用程序执行的 ioctl 系统调用的参数。如果 proc_ioctl 函数返回值为 0 表示执行成功，非 0 表示执行失败。

现在实现一个内核模块：在应用程序 test_ioctl.c（源码 2-20）执行 ioctl 系统调用操作 proc 文件时，内核模块向应用程序返回 CMOS 时间。

在 X86 系统中有一片 CMOS RAM，里面记录了日期、时间以及一些其他信息，而对于 CMOS 的控制，映射到了系统的 0x70 和 0x71 两个端口，0x70 端口的作用是写控制命令，0x71 端口的作用是读取返回数据。如果要获取 CMOS 时间，首先将需要将 CMOS RAM 的偏移地址写入 0x70 端口，然后从 0x71 端口读取数据信息 。

关于时间信息保存在 CMOS RAM 的偏移地址如表 2-1 所示。

表 2-1　时间在 CMOS RAM 的偏移地址

CMOS RAM 偏移地址	存的内容
0	秒
2	分
4	时
6	星期
7	日
8	月
9	年

如果要读取 CMOS 的星期几这一个信息，需要首先向 0x70 这一个端口写入 6，然后再从 0x71 端口读取数据，读取到的数据就是星期几。

Linux 内核提供了一组读写端口的接口，定义于内核源码的 include/linux/io.h 头文件中（如果要使用这些接口，需要引入头文件：#include <linux/io.h>），这些接口声明如下。

● void outb(u8 v, u16 port)：向某个端口写 1 个字节的数据，参数 v 是将要写入的数据，参数 port 是端口号。

● u8 inb(u16 port)：从某个端口读取 1 个字节的数据，参数 port 是将要读取的端口号，返回值是读取到的数据。

● void outw(u16 v, u16 port)：向某个端口写 2 个字节的数据，参数 v 是将要写入的数据，参数 port 是端口号。

● u16 inw(u16 port)：从某个端口读取 2 个字节的数据，参数 port 是将要读取的端口号，返回值是读取到的数据。

● void outl(u32 v, u16 port)：向某个端口写 4 个字节的数据，参数 v 是将要写入的数据，参数 port 是端口号。

● u32 inl(u16 port) ：从某个端口读取 4 个字节的数据，参数 port 是将要读取的端口号，返回值是读取到的数据。

在编写内核模块前，再了解两个应用程序和内核模块传递数据的接口，这两个接口和之前讲到的 copy_from_user 和 copy_to_user 类似，也是从用户空间获取数据以及将数据传递给用户空间，这两个接口声明如下。

- get_user(x, ptr)：将数据从用户空间传递给内核空间，第一个参数 x 是内核模块的数据变量，第二个参数 ptr 是用户空间的指针或地址。接口执行完成后，ptr 指向的用户空间的数据将放入变量 x 中。
- put_user(x,ptr)：将内核空间的数据传递给用户空间，第一个参数 x 是内核模块将要传递到用户空间的数据，第二个参数 ptr 是用户空间的指针或地址。接口执行完成后，变量 x 将传递给 ptr 指向的用户空间。

以上两个接口的第一个参数 x 一般为一字节、二字节、四字节、八字节的数据类型。要使用上述接口，需要引入头文件：#include <linux/uaccess.h>。

下面编写一个内核模块，在源码 proc_file_inode.c（源码 2-19）的基础上，增加对 ioctl 系统调用的处理，通过 ioctl 系统调用获取 CMOS 时间，新的源码 proc_file_ioctl.c 如源码 2-21 所示。

源码 2-21 proc_file_ioctl.c

```
......
#include <linux/io.h>              //使用读写端口的内核接口需要引入该头文件

static char kbuf[128] = {0};    //kbuf 数组用于保存文件的数据
//获取 CMOS 时间，传入的参数 cmd 是 CMOS RAM 偏移地址
static char read_time(int cmd)
{
    outb(cmd, 0x70);    //首先向 0x70 端口写 CMOS RAM 的地址
    return inb(0x71);   //从 0x71 端口读取 CMOS 时间
}
......
//实现 ioctl 操作函数
static long proc_file_ioctl(struct file *file, unsigned int cmd, unsigned long
arg)
{
    char data = 0;
    /*
    *通过应用程序传入的命令号获取 CMOS 时间，命令号 cmd 是将要写入 0x70 端口的 CMOS
    *RAM 的偏移地址，例如命令号是 0，则将向端口 0x70 写入 0，此时从 0x71 端口读出
    *的数据就是秒时间
    */
    data = read_time(cmd);
    put_user(data, (char *)arg); //将获取的时间信息通过 put_user 传给应用程序
    return 0;
}
//proc 文件的操作函数集合，将作为参数传入 proc_create_data 函数用于创建 proc 文件
static struct proc_ops proc_file_ops = {
    .proc_open = proc_file_open,
    .proc_read = proc_file_read,
    .proc_write= proc_file_write,
    .proc_release = proc_file_release,
    .proc_lseek = proc_file_lseek,
```

```
    //将 proc_ioctl 成员变量赋值为上面实现的 proc_file_ioctl 函数
.proc_ioctl = proc_file_ioctl,
};
......
```

上述源码首先定义了函数 read_time,该函数的作用是读取 CMOS 时间,传入的参数是 CMOS RAM 的偏移地址。如果传入的参数 cmd 是 0,则获取的是秒时间;如果传入的参数 cmd 是 2,则获取的是分钟时间……源码新增了函数 proc_file_ioctl,该函数将被赋值到 struct proc_ops proc_file_ops 的成员 proc_ioctl 中,应用程序调用 ioctl 时,内核模块将执行该函数。 proc_file_ioctl 函数首先调用实现的 read_time 函数获取 CMOS 时间,传入的参数是应用程序 通过 ioctl 系统调用传入的命令号,然后调用 put_user 将获取到的时间信息传输给应用程序。

编译、加载该模块后,通过测试程序 test_ioctl.c(见源码 2-20)访问 proc 文件来获取 CMOS 时间,该程序在命令行中的第一个参数是文件路径,第二个参数是传入 ioctl 的命令号,如 图 2-8 所示。

```
[root@localhost 3-20_proc_file_ioctl]# ./test_ioctl /proc/proc_file 0
file=/proc/proc_file,cmd=0
ioctl:0x31
[root@localhost 3-20_proc_file_ioctl]# ./test_ioctl /proc/proc_file 0
file=/proc/proc_file,cmd=0
ioctl:0x32
[root@localhost 3-20_proc_file_ioctl]# ./test_ioctl /proc/proc_file 0
file=/proc/proc_file,cmd=0
ioctl:0x33
```

图 2-8　获取 CMOS 时间

图 2-8 传入的命令号是 0,表示获取秒时间,这里连续获取了三次,每两次之间间隔 1 秒,可以看到,这里获取的数据每次递增 1,确实是秒时间。

2.9　小结

本章介绍了如何在/proc 目录下创建新的目录和文件,以及如何如何实现对文件的打开、 关闭、读、写等操作,所有对 proc 文件的操作在 struct proc_ops 结构体变量(见源码 2-1) 中实现。本章的例子中,只实现了部分文件操作函数,对于 struct proc_ops 结构体剩余的操 作,会在第 3 章用到时再详细描述。

第 **3** 章
内核模块开发基础

完成了前两章的学习，读者对 Linux 内核模块开发应该已经有了初步了解。本章将讲述内核模块开发的一些基础知识，包括：如何创建内核补丁文件、分配和释放内存、创建内核线程等。阅读完本章节，读者将掌握内核模块开发的基础知识和常用接口。

3.1　内核补丁

在为内核源码修改功能或修复 BUG 后，可以采用补丁的方式发布源码，也可以采用整个内核源码打包的方式进行发布。由于内核补丁只包含了源码的修改部分，比起发布整套源码，代码量相对较小，方便保存和传播，因此一般采用补丁的方式发布源码。

内核补丁由一个或多个文件组成，文件中包含了内核源码的修改部分。每一个补丁文件的结构是固定的，源码 3-1 是一个名为 test.patch 的内核补丁文件。

源码 3-1　test.patch

```
--- fs/proc/kmsg.c      2024-06-18  18:40:20.954611716 +0800
+++ fs/proc/kmsg.c.new  2024-06-18  18:42:30.066678914 +0800
@@ -22,7 +22,7 @@

 static int kmsg_open(struct inode * inode, struct file * file)
 {
-       return do_syslog(SYSLOG_ACTION_OPEN, NULL, 0, SYSLOG_FROM_PROC);
+       return 0;
 }

 static int kmsg_release(struct inode * inode, struct file * file)
```

补丁文件的前两行是补丁头；以@@开始的一段数据是补丁块，上述补丁从第 3 行开始到文件的结束是一个补丁块。一般一个补丁文件包含一个或多个补丁头，每个补丁头后面会有一个或多个补丁块。

3.1.1　补丁头

补丁头记录了原始文件和修改后文件的文件名和创建时间。以"---"开始的一行对应原始文件，源码 3-1 的第 1 行 fs/proc/kmsg.c 是原始文件，意味着该补丁将修改内核源码目录下的 fs/proc/kmsg.c 文件。以"+++"开始的一行对应修改后的文件，源码 3-1 的第 2 行 fs/proc/kmsg.c.new 是修改内核源码 fs/proc/kmsg.c 后形成的一个文件，这个文件在内核源码中不存在，由开发人员创建。该补丁的作用是将内核源码 fs/proc/kmsg.c 进行修改，修改后的文件和 fs/proc/kmsg.c.new 一致，具体修改的内容由补丁块指定。

3.1.2 补丁块

补丁块用来保存补丁头描述的文件的改动信息。以"@@"开始的一行是文件修改的行范围，源码 3-1 的第 3 行"@@ -22,7 +22,7 @@"，其中的"-22,7"，表示改动的范围是从原始文件的第 22 行开始，总共 7 行，从源码 3-1 第 4 行开始到文件的结尾，总共 8 行，减去开头是 '+' 的一行，这 7 行数据表示原始文件的 7 行数据。而"+22,7"，表示改动的范围是修改后的文件的第 22 行开始，总共 7 行。从源码 3-1 第 4 行开始到文件的结尾，不算是开头是 '−' 的一行，这 7 行数据表示修改后文件的 7 行数据。

补丁块中，开头是 '−' 的一行，是存在于原始文件中而在修改后文件中不存在的一行。开头是 '+' 的一行，是原始文件中不存在而修改后文件中新增的行，其余的行在原始文件和修改后文件中均存在。如果一个补丁头后面有多个补丁块，表示给同一个文件的不同行打补丁。

3.1.3 创建补丁文件

要创建类似 test.patch（源码 3-1）的补丁文件，需要完成如下操作。

（1）确定要修改内核源码的哪个或哪些文件

本例中，假设需要给 fs/proc/kmsg.c 文件打补丁，首先在 Linux 系统中进入内核源码目录，然后将 fs/proc/kmsg.c 文件复制一份，假设复制后的文件名为 kmsg.c.new，该文件复制到内核源码的 fs/proc 目录下，如图 3-1 所示。

```
[root@localhost linux-5.10.179]# cd fs/proc/
[root@localhost proc]# cp kmsg.c kmsg.c.new
```

图 3-1　复制将要打补丁的文件

（2）根据需要修改内核源码

假设想要修改 fs/proc/kmsg.c 文件的第 25 行，修改前的 fs/proc/kmsg.c 文件如图 3-2 所示（图中第一列表示行数）。

```
21 extern wait_queue_head_t log_wait;
22
23 static int kmsg_open(struct inode * inode, struct file * file)
24 {
25         return do_syslog(SYSLOG_ACTION_OPEN, NULL, 0, SYSLOG_FROM_PROC);
26 }
```

图 3-2　修改前的 fs/proc/kmsg.c

kmsg.c 的第 25 行原本是：return do_syslog(SYSLOG_ACTION_OPEN, NULL, 0, SYSLOG_FROM_PROC);假设需要将该行替换为两行代码，修改为先打印字符串"kmsg open"，然后返

回 0，则需要修改第 1 步复制后的 kmsg.c.new 文件，找到该文件的第 25 行，修改为如图 3-3 所示代码。

```
21 extern wait_queue_head_t log_wait;
22
23 static int kmsg_open(struct inode * inode, struct file * file)
24 {
25         printk("kmsg open\n");
26         return 0;
27 }
```

图 3-3　修改后的 fs/proc/kmsg.c.new

（3）制作补丁文件

在 Linux 内核源码根目录下输入如下命令完成补丁文件制作：

```
diff -urN 修改前的文件路径 修改后的文件路径 > 补丁文件名称
```

本例中，可以输入命令：

```
diff -urN fs/proc/kmsg.c fs/proc/kmsg.c.new > linux.patch
```

其中，fs/proc/kmsg.c 是修改前的文件路径，fs/proc/kmsg.c.new 是修改后的文件路径，而生成的内核补丁文件名是 linux.patch。执行完该命令后，会生成一个名为 linux.patch 的补丁文件。命令的执行过程如图 3-4 所示。

```
[root@localhost linux-5.10.179]# diff -urN fs/proc/kmsg.c fs/proc/kmsg.c.new > linux.patch
[root@localhost linux-5.10.179]# cat linux.patch
--- fs/proc/kmsg.c      2023-12-06 00:05:10.840145821 +0800
+++ fs/proc/kmsg.c.new  2023-12-06 20:56:16.241517177 +0800
@@ -22,7 +22,8 @@

 static int kmsg_open(struct inode * inode, struct file * file)
 {
-        return do_syslog(SYSLOG_ACTION_OPEN, NULL, 0, SYSLOG_FROM_PROC);
+        printk("kmsg open\n");
+        return 0;
 }

 static int kmsg_release(struct inode * inode, struct file * file)
[root@localhost linux-5.10.179]#
```

图 3-4　创建补丁文件

图 3-4 中首先使用 diff 命令创建了补丁文件 linux.patch，然后通过 cat 命令打印出补丁文件的内容。在打印出的内容中，补丁头显示了修改之前和修改之后的文件路径和创建时间。补丁块中以 '−' 开头的行表示存在于文件 fs/proc/kmsg.c 中而在文件 fs/proc/kmsg.c.new 中没有的内容，以 '+' 开头的行表示存在于文件 kmsg.c.new 中而在文件 fs/proc/kmsg.c 中没有的内容。也就是 '−' 表示删除的，'+' 表示增加的。

3.1.4　安装补丁文件

上一节已经创建了一个补丁文件 linux.patch，这个时候就可以通过 patch 命令给内核安装补丁文件（或称为打补丁），在内核源码的根目录下，执行如下命令安装补丁文件：

```
patch -p0 < linux.patch
```

执行结果如图 3-5 所示。

```
[root@localhost linux-5.10.179]# patch -p0 < linux.patch
patching file fs/proc/kmsg.c
```

图 3-5　通过 patch 命令安装补丁

执行完 patch 命令后，再次打开内核源码目录下的 fs/proc/kmsg.c 文件，查看文件的第 25 行附近，可以发现，该文件已经和 fs/proc/kmsg.c.new 一致，表明已成功打上补丁。这个时候再次编译、安装内核（编译、安装步骤见配套电子书第 1 章），重新启动操作系统后，就以新的内核启动。

示例补丁文件 linux.patch 用于修改内核源码目录下的 fs/proc/kmsg.c 文件，kmsg.c 文件的作用是在/proc 目录下创建了一个名称为 kmsg 的文件，用户可以通过访问/proc/kmsg 文件来查看内核的调试信息，感兴趣的读者可以尝试阅读该文件的源码。

以新的内核启动后，每当访问/proc/kmsg 文件时，执行 dmesg -c，就会打印出字符串"kmsg open"。

例子中使用 patch　-p0 命令给内核安装补丁文件。在安装补丁文件时，一般使用的命令为：

```
patch -pN  <   补丁文件名      (N=0,1,2……)
```

上述命令中的 N 是忽略的路径层级个数。对于例子中的补丁文件 linux.patch，如果在内核源码根目录下使用 patch　-p1　<　linux.patch 不能够成功安装补丁文件，会提示找不到文件。那么什么时候使用 patch　-p1 或 patch　-p2？这是由补丁文件的第 1 行决定的。如果修改图 3-4 的补丁文件 linux.patch 的第 1 行为如下内容：

```
--- test1/fs/proc/kmsg.c  2023-12-06  00:05:10.840145821 +0800
```

则可以在内核源码根目录下通过 patch　-p1　<　linux.patch 命令成功安装内核补丁，这里-p 后的数字 1 表示忽略 1 层目录，即最前面的 test1 目录被忽略，即文件路径为 fs/proc/kmsg.c，而执行该命令的目录是内核源码根目录，可以通过该路径找到 kmsg.c 文件。

3.1.5　撤销补丁文件

在已经安装内核补丁文件的情况下，撤销安装补丁文件的命令为：

```
patch -R -pN  <   补丁文件名     (N=0,1,2……)
```

和安装补丁文件的命令类似，只是 patch 命令多了一个参数-R，如果已经安装了示例补丁文件 linux.patch，想要撤销该补丁文件，在内核源码根目录下执行如下命令：

```
patch -R -p0 < linux.patch
```

执行完该命令后，查看 fs/proc/kmsg.c 的第 25 行附近，可以看到又恢复了打补丁之前的状态。

3.2　常用的内存分配和释放接口

在使用 C 语言编写应用程序代码时，可以通过 malloc 来申请内存空间，通过 free 来释放已申请的内存空间。内核模块的编码过程中也有类似的接口。

3.2.1　kmalloc 和 kfree

kmalloc 函数用于申请一块物理地址连续的内存空间，其声明在内核源码的 include/linux/slab.h 头文件中，要使用该接口，需要引入该头文件（#include <linux/slab.h>），函数声明如下：

```
void *kmalloc(size_t size, gfp_t flags)
```

函数的第一个参数 size 是要申请的内存空间大小。第二个参数 flags 是分配标志，用于控制 kmalloc 的执行。常用的分配标志有 GFP_KERNEL 和 GFP_ATOMIC。使用 GFP_KERNEL 标志申请内存时，如果此时没有内存能够分配，可能引起阻塞，而 GFP_ATOMIC 则不会引起阻塞。一般情况下，GFP_ATOMIC 在中断、软中断等处理中使用，因为在这些处理过程中阻塞会造成内核崩溃。kmalloc 的返回值是分配的内存地址，如果分配失败，则返回空指针。

使用 kmalloc 分配的内存需要通过 kfree 释放，kfree 函数声明如下：

```
void kfree(const void *objp)
```

kfree 函数的参数 objp 就是通过 kmalloc 分配的内存。

源码 3-2 是一个 kmalloc 的使用示例。

源码 3-2　kmalloc 和 kfree 使用示例

```
......
#include <linux/slab.h>            //内存的分配和释放需要引入该头文件
......
//自定义的结构体
struct my_struct
{
    int a;
    int b;
};

struct my_struct *ptr = NULL;    //该指针用于指向分配的内存
ptr = kmalloc(sizeof(struct my_struct), GFP_KERNEL); //分配内存
......                                    //操作 ptr
kfree(ptr);                               //使用完成后释放内存
```

内核也提供一组基于 kmalloc 实现的接口，如下所示。

```
void *kzalloc(size_t s, gfp_t gfp)
```

该函数的第一个参数 s 为分配的内存长度，第二个参数 gfp 是分配标志（同 kmalloc 的第二个参数）。该函数的作用是分配长度为 s 的内存，并将内存初始化为 0。如果直接调用 kmalloc 分配内存，不设置__GFP_ZERO 标志，则内存不会初始化为 0。

```
void *kmalloc_array(size_t n, size_t size, gfp_t flags)
```

该函数用于分配多个数据块。第一个参数 n 为数据块的个数，第二个参数 size 为每个数据块的长度，第三个参数 flags 是标志信息（同 kmalloc 的第二个参数）。该函数最终分配的内存总长度为 n × size。

```
void *kcalloc(size_t n, size_t size, gfp_t flags)
```

分配总长度为 n × size 的内存并初始化为 0。

以上函数分配的内存均通过 kfree 释放。

3.2.2　vmalloc 和 vfree

kmalloc 分配的内存空间物理地址连续，而 vmalloc 分配的空间虚拟地址连续但内存物理地址不一定连续。

vmalloc 和 vfree 函数的声明在内核源码的 include/linux/vmalloc.h 头文件中（使用 vmalloc 要引入这个头文件：#include <linux/vmalloc.h>）。这一组函数声明如下：

```
void *vmalloc(unsigned long size)
```

申请虚拟地址连续的内存空间，参数 size 是申请的内存空间大小。

```
void *vzalloc(unsigned long size)
```

申请内存并初始化内存为 0，参数 size 是申请的内存空间大小。

```
void vfree(const void *addr)
```

释放由 vmalloc 或 vzalloc 申请的内存。

3.2.3　分配连续的内存页

如果要分配的内存空间是内存页大小的整数倍（1 页或多页），则可以使用如下接口：

```
unsigned long __get_free_pages(gfp_t gfp_mask, unsigned int order)
```

分配连续的空闲内存页，第一个参数 gfp_mask 是分配标志，同 kmalloc 的第二个参数。第二个参数 order 表示阶数，分配的页的数量是 2^{order} 个页。例如 order 是 0，表示分配 1 页；order 是 1，分配 2 页……该函数的返回值是分配的内存的地址。

```
void free_pages(unsigned long addr, unsigned int order)
```

释放内存页，第一个参数 addr 是 __get_free_pages 返回的内存地址，第二个参数 order 同样是阶数，表示需要释放 2^{order} 个页的内存。

要使用上述接口，需要引入内核源码的 include/linux/gfp.h 头文件（#include <linux/gfp.h>）。

3.2.4　kmem_cache 系列函数

如果需要分配一组内存，且这些内存需要大小一致，可以使用 kmem_cache 系列函数，其共包含 4 个接口函数，它们需要配合使用，这 4 个接口函数声明在 include/linux/slab.h 头文件中，如下所示。

```
struct kmem_cache * kmem_cache_create(const char *name, size_t size,
size_t align, unsigned long flags, void (*ctor)(void *))
```

该函数用于创建内存区域，这个内存区域可以多个划分成同样大小的内存块。第一个参数 name 是内存区域的名称；第二个参数 size 是每一个内存块的大小；第三个参数 align 表示内存块是以几字节对齐；第四个参数 flags 是标志信息，例如 SLAB_DEBUG_FREE 用于调试，SLAB_HWCACHE_ALIGN 指定缓存对象必须与硬件缓存行对齐，align 和 flags 字段共同决定了对齐方式；第五个参数 ctor 是一个函数指针，这个函数需要开发人员自定义，在内存区域初始化时会被调用，用于对内存块进行处理（例如将内存块的数据初始化为全 0）；该函数的返回值是创建的内存区域。

```
void *kmem_cache_alloc(struct kmem_cache *cachep, gfp_t flags)
```

使用 kmem_cache_create 创建了内存区域后，可以使用 kmem_cache_alloc 获取一个内存块。函数的第一个参数 cachep 是调用 kmem_cache_create 的返回值；第二个参数 flags 是分配标志，同 kmalloc 的第二个参数；函数的返回值是分配的内存地址。

```
void kmem_cache_free(struct kmem_cache *cachep, void *objp)
```

该函数用于释放由 kmem_cache_alloc 分配的内存块。第一个参数 cachep 是调用 kmem_cache_create 的返回值；第二个参数是调用 kmem_cache_alloc 的返回值，表示要释放哪一个内存块。

```
void kmem_cache_destroy(struct kmem_cache *s)
```

该函数用于释放内存区域。这个函数用于释放由 kmem_cache_create 创建的内存区域，参数 s 是 kmem_cache_create 的返回值。

kmem_cache 系列函数的用法是：首先调用 kmem_cache_create 创建内存区域，然后在需要分配内存块的时候调用 kmem_cache_alloc 分配内存块；如果不再使用某个内存块，则可通过 kmem_cache_free 释放内存块；如果不再使用内存区域，通过 kmem_cache_destroy 释放内存区域。源码 3-3 是使用 kmem_cache 系列函数的一个示例。

源码 3-3　kmem_cache 使用示例

```
#include <linux/slab.h>          //使用 kmem_cache 系列函数需要引入该头文件
......
struct my_data {
    int  a;
    int  b;
};
//调用 kmem_cache_create 分配内存区域，每一个内存块大小为 sizeof(struct my_data)
struct kmem_cache *mem_cache = kmem_cache_create("my_mem_cache", \
sizeof(struct my_data), 0, 0, NULL);
......
//分配一个内存块
struct my_data *data = kmem_cache_alloc(mem_cache, GFP_KERNEL);
......                               //使用内存块 data
kmem_cache_free(mem_cache, data); //释放内存块 data
......
kmem_cache_destroy(mem_cache);      //释放内存区域
......
```

使用 kmem_cache_create 分配的缓存区域是由被称作 slab（或 slub、slob）的机制来管理，可以通过命令 cat /proc/slabinfo 看到缓存使用情况。kmalloc 底层也是由 kmem_cache_create

创建和分配，因此 kmalloc 分配的内存也是由 slab 来管理。

3.2.5 物理地址和虚拟地址

Linux 内存管理的基础是分页机制，其主要作用是将物理内存划分为固定大小的页（通常为 4KB），从而实现将虚拟地址映射到物理地址。分页管理需要借助处理器的 MMU（内存管理单元）来实现。

对于 X86 的 32 位处理器，在开启分页机制的情况下访问某个地址（假设地址为 0x00001004），这个地址就是"虚拟地址"。这个 32 位的地址（二进制 0000 0000 0000 0000 0001 0000 0000 0100）由三部分组成：最高 10 位表示页目录索引，中间 10 位表示页表索引，最后 12 位表示在页中的偏移量。

X86 的 32 位处理器中，有一个 CR3 寄存器，这个寄存器可以存储 4 字节的数据，常用于存储页目录的物理地址。页目录是一张大表，最多有 1024 个表项，每个表项占用 4 字节空间（页目录总共占用 4KB 的内存空间），其存储了一个物理地址，这个物理地址是页表的地址。假设当前 CR3 寄存器存储的数据是 0x100000（对应 1MB 的位置），则此时从物理地址 0x100000 开始的 4KB 空间存储的就是页目录。如图 3-6 所示。

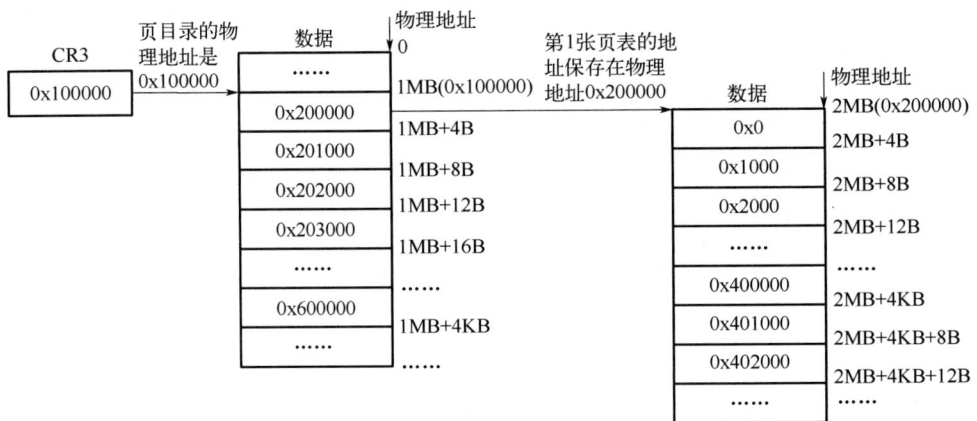

图 3-6　页目录和页表

为简化起见，图 3-6 只展示了存储的物理地址信息（实际的页目录和页表除了地址信息，还包括访问权限、特权级、缓冲策略等信息）。

从物理地址 0x100000 开始的 4KB 存储的是所有页表的地址，每 4 字节存储 1 个页表的地址。例如地址 0x100000 的内容是 0x200000，表示第一张页表的地址是 0x200000（2MB）。每个页表有 1024 个表项，每个表项 4 字节，则物理地址 0x200000 到 0x200fff 这 4KB 空间（2MB+4KB）保存第一张页表。页表的每个表项中保存的是页的地址，如 0x200000 存储的是 0，表示这一页的基地址从物理地址 0 开始，一页的大小是 4KB，即从物理地址 0 到 4095（0xfff）是这一页对应的物理地址。同理，物理地址 0x1000 到 0x1fff 是第 2 个页表项对应的物理地址（2MB+4B 是第二张页表，存储的 0x1000 是对应页的基地址）。

在使用图 3-6 描述的页目录和页表的情况下，如果通过应用程序或内核模块访问虚拟地址 0x00001004（在开启分页的情况下，程序能直接访问的地址都是虚拟地址），这个地址的最高 10 位是页目录的索引，值是 0，0 是第一个页目录项（目录项序号从 0 开始），其在物理地址 0x100000 处，值为 0x200000。再来看虚拟地址 0x00001004 的中间 10 位，值是 1，1 表示使用第二个页表项（页表项序号从 0 开始），第二个页表项的物理地址是 0x200004（2MB+4B），里面存储的是值 0x1000，这个是就是页的基地址。虚拟地址 0x00001004 的最低 12 位是页内偏移，值为 4。由此可以看出，虚拟地址 0x00001004 最终转换成了物理地址 0x1004。

上述情形中，物理地址和虚拟地址相同。但若假设物理地址 0x200004（2MB+4B）存储的值是 0x2000，那么虚拟地址 0x00001004 映射到的物理地址就将是 0x2004。

图 3-7 是 X86 的 32 位处理器分页机制的直观展示。

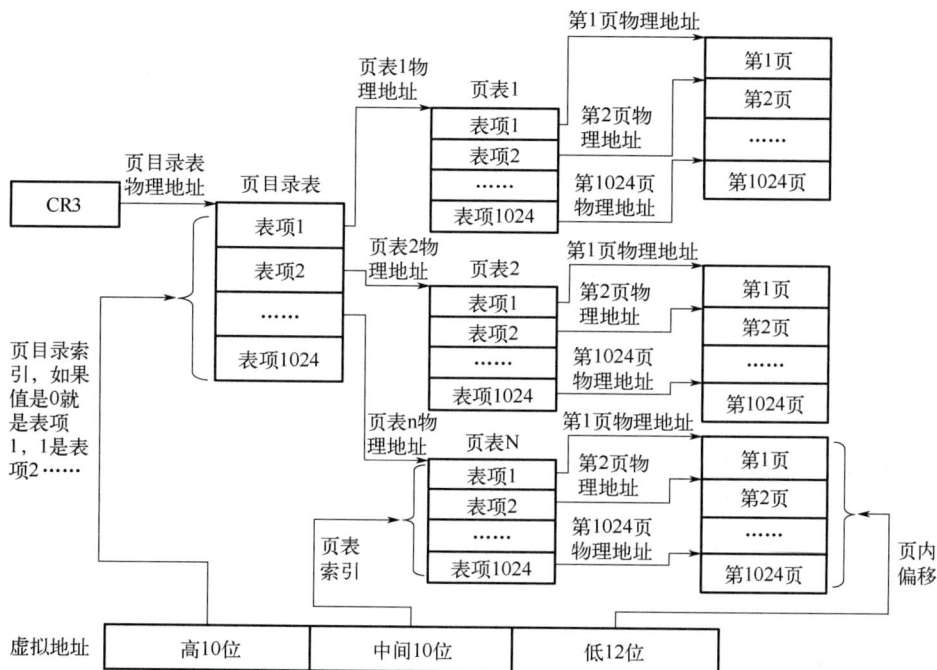

图 3-7　页表的三级映射

32 位的虚拟地址被分为三部分。高 10 位存储的是页目录索引，中间 10 位是高 10 位指定的页目录下的页表索引，而最低 12 位存储了页内偏移。

在 Linux 中，对于每一页都会创建一个 struct page 结构体变量，该结构体定义于内核源码的 include/linux/mm_types.h 头文件中，如源码 3-4 所示。

源码 3-4　struct page 结构体

```
struct page {
    unsigned long flags; //标志，描述页的属性，如是否被锁定、页内容是否被改变等
    union {
        struct {
            //可以使用该变量让多个 struct page 结构体变量串联成链表
            struct list_head lru;
            //指向页所在的地址空间，地址空间将在第 13 章描述
            struct address_space *mapping;
            pgoff_t index;            //页在地址空间中的偏移
            unsigned long private; //私有数据，不同的内核模块用法不同
```

```
        };
        ......
        struct {   //下面是 slab、slob 或 slub 分配器相关结构体变量
            union {
                //slab 分配器使用的页，通过该变量形成链表
                struct list_head slab_list;
                ......
            };
            struct kmem_cache *slab_cache;      //该页被哪一个 slab 缓存管理
            void *freelist;                     //该指针指向 slab 中空闲的块
            union {
                void *s_mem;                    //slab 的第一个内存块的地址
                ......
            };
        };
        ......
    };
    ......
    //使用计数，表示内核中有多少处正在使用该页，如果值为 0，该页没有被使用
    atomic_t _refcount;
    ......
}
```

Linux 中所有页对应的 struct page 结构体变量数组存放的起始地址是一个固定值，在 64 位系统中，如果编译内核时 CONFIG_SPARSEMEM_VMEMMAP 选项被打开且 CONFIG_ DYNAMIC_MEMORY_LAYOUT 选项被关闭，那么这个值是 0xffffea0000000000，保存的是第 1 个 struct page 结构体变量的地址。Linux 会给所有 struct page 变量编号，编号从 0 开始。和 struct page 结构体变量相关的常用接口如下：

```
struct page *alloc_pages(gfp_t gfp_mask, unsigned int order)
```

获取空闲的 struct page 结构体变量。第一个参数 gfp_mask 同 kmalloc 的第二个参数；第二个参数 order 是阶数，表示需要获取 2^{order} 个编号连续的 struct page 结构体变量，编号连续的 struct page 结构体变量对应页的物理地址连续。函数返回值是获取的一个或多个 struct page 结构体变量的地址。

```
alloc_page(gfp_mask)
```

该接口的作用和 alloc_pages 一致，参数 gfp_mask 同 kmalloc 的第二个参数。不同之处在于该结构体只分配一个 struct page 结构体变量。

```
void __free_pages(struct page *page, unsigned int order)
```

释放分配的 struct page 结构体变量，是 alloc_pages 的逆操作。第一个参数 page 是 struct page 变量地址，第二个参数 order 是阶数。

```
page_to_pfn(page)或__pfn_to_page(pfn)
```

通过 struct page 变量获取页的编号，参数 page 就是 struct page 变量，返回值是页的编号。

```
pfn_to_page(pfn)或__page_to_pfn(page)
```

通过页的编号获取 struct page 结构体变量，参数 pfn 是页的编号，返回值是 struct page 结构体变量。

对于 3.2.3 节的__get_free_pages 和 free_pages 两个接口，其底层是基于 alloc_pages 和 __free_pages 实现的。__get_free_pages 返回的是页对应的虚拟地址，alloc_pages 返回的是页对应的 struct page 变量的地址。

对于__get_free_pages、kmalloc、kmem_cache 系列函数分配的内存，可以通过如下接口进行虚拟地址和物理地址转换：

```
phys_addr_t virt_to_phys(volatile void *address)
```

将虚拟地址转换成物理地址，参数 address 是虚拟地址，返回值是物理地址。对于 64 位系统，类型 phys_addr_t 是 64 位无符号整型（typedef u64 phys_addr_t）。

```
virt_to_page(kaddr)
```

获取虚拟地址对应的 struct page 结构体变量，参数 kaddr 是虚拟地址，返回值是 struct page 变量。

```
page_to_virt(page)
```

获取 struct page 结构体变量对应的虚拟地址，参数 page 是 struct page 变量，返回值是虚拟地址。

```
pfn_to_virt(pfn)
```

获取页编号对应的虚拟地址，参数 pfn 是页的编号。

```
void *phys_to_virt(phys_addr_t address)
```

将物理地址转换成虚拟地址，参数 address 是物理地址，返回值是虚拟地址。

```
page_to_phys(page)
```

获取 struct page 结构体变量对应页的物理地址，参数 page 是 struct page 变量。

对于 vmalloc 分配的内存，可以通过如下接口将虚拟地址转换成 struct page 结构体变量或页编号：

```
struct page *vmalloc_to_page(const void *vmalloc_addr)
```

获取虚拟地址对应的 struct page 结构体变量，参数 vmalloc_addr 是通过 vmalloc 分配的虚拟地址，返回值是 struct page 变量。

```
unsigned long vmalloc_to_pfn(const void *vmalloc_addr)
```

通过虚拟地址获取对应页的页号，参数 vmalloc_addr 是通过 vmalloc 分配的虚拟地址，返回值是页号。

3.2.6 几种内存分配接口的关系

在内核初始化完成之后,内存管理的责任就由伙伴系统来承担。伙伴系统基于一种相对简单却非常强大算法，它主要用于管理内核中的页。

伙伴系统的分配器维护空闲页面所组成的块，这里每一块都是 2^n 个页面，n 被称为阶。

如图 3-8 所示。

图 3-8 每一阶的页组成一个链表，分配内存时，首先从相应阶中查找是否有空闲内存，如果有，则使用相应阶的内存；如果没有，则向相应阶+1 的空闲空间查找。例如：如果要分配连续 4 页的内存空间，需要从每 4 页一个节点的这一个链表（2 阶）中分配一个节点使用。如果这个链表没有可用节点，则需要从 3 阶的链表中分配一个节点，由于 3 阶链表的一个内存块是连续 8 页的内存，而需要分配的内存是 4 页，多了 4 页的空闲空间将插入到 2 阶链表中。

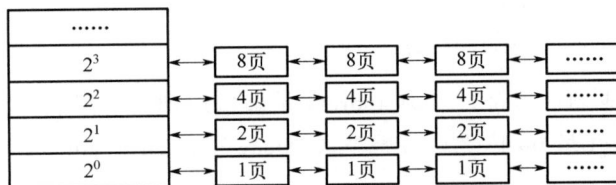

图 3-8　伙伴系统中的页

释放内存时，系统会将连续内存页返还到对应阶的链表中。如果返还时发现有链表节点刚好地址连续，则会将两个内存块合并，然后将这个节点插入到高一阶的链表中。

使用__get_free_pages 分配内存时，第二个参数就是阶数，所以分配的页数是 2^n 大小的内存页，该接口通过伙伴系统进行内存页的分配。

如果分配的内存大小远小于 1 页（4KB），则需要在伙伴系统分配的基础上再将页划分为更小的内存块，这个时候就要借助 slab、slub 或 slob 机制分配内存。这三种机制的思想都是类似的，都是先通过伙伴系统分配数页的内存，再把页划分成固定大小的块，然后将这些块按需分配给开发人员使用。kmem_cache 系列函数分配的内存就是由这种机制管理的，至于使用 slab、slub 还是 slob 机制，是在编译内核时通过编译选项确定的。kmalloc 分配的内存也是通过这种机制分配的，通过查看/proc/slabinfo 文件可以看到由 slab（slub、slob）机制分配的内存使用情况。

3.3　内存映射

mmap 是一种内存映射方法，它将一个文件或是其他对象映射到进程的地址空间。例如可以通过 mmap 将内核空间的一块内存映射到用户空间，用户空间操作这块内存，内核空间的内存也会做同样的修改。如图 3-9 所示。

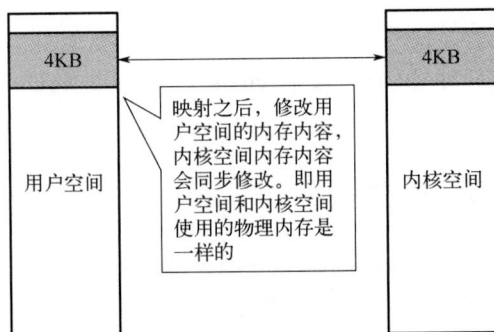

图 3-9　内核空间的内存映射到用户空间

图 3-9 将内核空间一块大小为 4KB 的内存映射到了用户空间，在用户空间操作这 4KB 的内存，内核空间对应的这块内存也会做同样修改。

3.3.1 mmap 系统调用

在应用程序中可以通过 mmap 系统调用进行内存映射，函数原型如下：

```
void *mmap(void *addr, size_t length, int prot, int flags,int fd, off_t offset)
```

函数的第一个参数 addr 是用户指定的映射区的开始地址，如果为 NULL，由内核确定映射地址。第二个参数 length 是映射区的长度。第三个参数 prot 是内存保护标志，不能与文件的打开模式冲突，常用的内存保护标志有：PROT_EXEC（页内容可以被执行）、PROT_READ（页内容可以被读取）、PROT_WRITE（页可以被写入）。第四个参数 flags 是标志信息，指定了映射对象的类型，常用的标志信息有：MAP_SHARED（与其他所有映射这个对象的进程共享映射空间）、MAP_PRIVATE（建立一个写入时拷贝的私有映射）。假设使用 mmap 映射一个文件到内存，在使用 MAP_SHARED 标志的情况下，对内存的写入，会写入到文件，即文件也会被修改。在使用 MAP_PRIVATE 标志的情况下，对内存的写入不会影响到原文件。第五个参数 fd 是文件描述符，如果是映射文件，则表示要映射文件的描述符。最后一个参数 offset 是被映射对象内容的偏移，如果映射的是文件，表示从文件的第 offset 个字节开始映射。函数的返回值是映射到应用程序的内存地址，如果函数执行失败，则会返回 MAP_FAILED。

mmap 系统调用的使用示例源文件 test_mmap.c 如源码 3-5 所示。

源码 3-5 test_mmap.c

```
#include <stdio.h>
#include <sys/stat.h>
#include <sys/types.h>
#include <fcntl.h>
#include <unistd.h>
#include <string.h>
#include <sys/mman.h>

int main(int argc, char *argv[])
{
    char buf[32] = {0};
    char *str = "hello, mmap!";
    char *tmp = NULL;
    int fd = open(argv[1], O_RDWR);
    if(fd < 0)
        printf("open file error!\n");
    tmp = mmap(NULL,4096,PROT_READ | PROT_WRITE,MAP_SHARED,fd,0);
    memcpy(tmp, str, strlen(str));
    read(fd , buf , 32);
    printf("tmp=%lx,read:%s\n", tmp, buf);
    munmap(tmp, 4096);
    close(fd);
    return 0;
}
```

上述源码将映射文件的文件名通过命令行参数传入，在成功打开文件后，调用 mmap 映射 4096 字节长度的内存区。之后通过 memcpy 将字符串"hello,mmap"拷贝到映射的内存区中，然后读取文件的数据并进行打印，完成后调用 munmap 函数解除映射。

3.3.2　proc 文件的 mmap 操作

在第 2 章中描述并举例说明了 struct proc_ops 的部分函数,在源码 2-1 描述的 struct proc_ops 结构体中，有一个 proc_mmap 函数，这个函数就是应用程序执行 mmap 系统调用来映射 proc 文件时，Linux 内核将会执行的函数，该函数原型如下：

```
int  (*proc_mmap)(struct  file *file,  struct  vm_area_struct *vma);
```

函数的第一个参数 file 是打开的文件，表示将要映射哪一个文件；第二个参数 vma 是虚拟内存区域，保存了用户空间映射的内存区域的起始地址、结束地址等信息，这个结构体定义于内核源码的 include/linux/mm_types.h 头文件中，定义如源码 3-6 所示。

源码 3-6　vm_area_struct 结构体

```
struct vm_area_struct {
    unsigned long vm_start;  //区域的起始地址
    unsigned long vm_end;     //区域的结束地址
    //每个进程的所有虚拟内存区域通过链表串联
    struct vm_area_struct *vm_next, *vm_prev;
    struct rb_node vm_rb;      //红黑树节点，地址越小，在红黑树中越靠左
    ......
    //区域的属性和权限，如：PAGE_READONLY 表示只读、PAGE_SHARED 表示共享
    pgprot_t vm_page_prot;
    ......
};
```

struct vm_area_struct 结构体保存了虚拟内存区域，Linux 把应用程序的地址空间分为多个区域，这些区域就被称为虚拟内存区域(VMA)。可以使用命令:cat /proc/进程号/maps 来查看某个进程的虚拟内存区域，如图 3-10 所示。

图 3-10 查看了进程号为 16674 的虚拟内存区域，这个进程的进程名是 test。图中的每一行对应一个 struct vm_area_struct 结构体变量。第一列是起始地址，对应 vm_area_struct 的 vm_start，起始地址后面是结束地址，对应 vm_area_struct 的 vm_end。结束地址后面是访问权限 'r' 表示读权限、'w' 表示写权限、'x' 表示执行权限。最后一列是文件或区域的名称，图 3-10 最上面几行展示文件 test 的路径，这几行保存了 test 应用程序的代码区。test 应用程序代码区下面有一个名为[heap]的区域，这个区域是堆区，应用程序通过 malloc 分配的内存都放在堆区。堆区下面是 libc 库代码区，因为 test 这个进程链接了 libc 库，因此 libc 库需要加载到内存中，同样 ld 库（在 libc 库的下面）也要加载到内存。图中还存在一段名为 /proc/my_proc_file 的区域，说明应用程序通过 mmap 的方式映射了一个路径为/proc/my_proc_file 的文件。在后面有一个名为[stack]的区域，是栈区，栈区保存了进程的局部变量，函数的返回地址等信息。

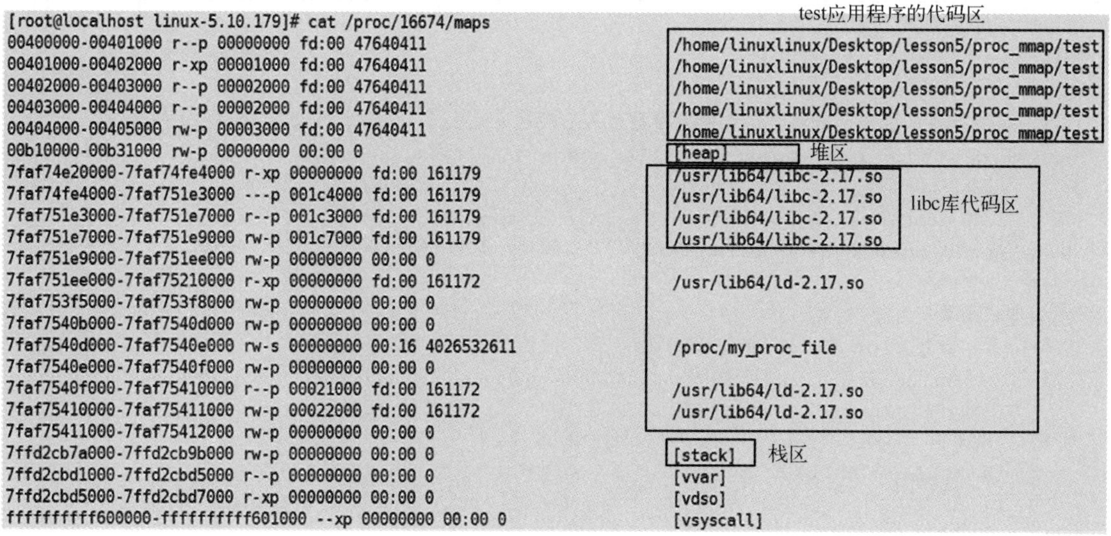
```
[root@localhost linux-5.10.179]# cat /proc/16674/maps
00400000-00401000 r--p 00000000 fd:00 47640411    /home/linuxlinux/Desktop/lesson5/proc_mmap/test
00401000-00402000 r-xp 00001000 fd:00 47640411    /home/linuxlinux/Desktop/lesson5/proc_mmap/test
00402000-00403000 r--p 00002000 fd:00 47640411    /home/linuxlinux/Desktop/lesson5/proc_mmap/test
00403000-00404000 r--p 00002000 fd:00 47640411    /home/linuxlinux/Desktop/lesson5/proc_mmap/test
00404000-00405000 rw-p 00003000 fd:00 47640411    /home/linuxlinux/Desktop/lesson5/proc_mmap/test
00b10000-00b31000 rw-p 00000000 00:00 0           [heap]
7faf74e20000-7faf74fe4000 r-xp 00000000 fd:00 161179    /usr/lib64/libc-2.17.so
7faf74fe4000-7faf751e3000 ---p 001c4000 fd:00 161179    /usr/lib64/libc-2.17.so
7faf751e3000-7faf751e7000 r--p 001c3000 fd:00 161179    /usr/lib64/libc-2.17.so
7faf751e7000-7faf751e9000 rw-p 001c7000 fd:00 161179    /usr/lib64/libc-2.17.so
7faf751e9000-7faf751ee000 rw-p 00000000 00:00 0
7faf751ee000-7faf75210000 r-xp 00000000 fd:00 161172    /usr/lib64/ld-2.17.so
7faf753f5000-7faf753f8000 rw-p 00000000 00:00 0
7faf7540b000-7faf7540d000 rw-p 00000000 00:00 0
7faf7540d000-7faf7540e000 rw-s 00000000 00:16 4026532611    /proc/my_proc_file
7faf7540e000-7faf7540f000 rw-p 00000000 00:00 0
7faf7540f000-7faf75410000 r--p 00021000 fd:00 161172    /usr/lib64/ld-2.17.so
7faf75410000-7faf75411000 rw-p 00022000 fd:00 161172    /usr/lib64/ld-2.17.so
7faf75411000-7faf75412000 rw-p 00000000 00:00 0
7ffd2cb7a000-7ffd2cb9b000 rw-p 00000000 00:00 0    [stack]
7ffd2cbd1000-7ffd2cbd5000 r--p 00000000 00:00 0    [vvar]
7ffd2cbd5000-7ffd2cbd7000 r-xp 00000000 00:00 0    [vdso]
ffffffffff600000-ffffffffff601000 --xp 00000000 00:00 0    [vsyscall]
```


图 3-10 进程的虚拟内存区域

本节将实现一个示例程序，在源码 2-10 的基础上，实现 struct proc_ops 中的 proc_mmap 操作以响应应用程序的 mmap 系统调用。本例将使用到一个接口完成内核空间的内存到用户空间内存的映射，该接口声明于内核源码的 include/linux/mm.h 头文件中，如下所示。

```
int remap_pfn_range(struct vm_area_struct *vma, unsigned long addr,
unsigned long pfn, unsigned long size, pgprot_t prot)
```

函数主要用于将物理内存的页号 pfn 对应的内存映射到 struct vm_area_struct 结构体指针变量对应的用户内存空间中。第一个参数 vma 是需要映射的用户空间 vm_area_struct 结构体指针变量。第二个参数 addr 是用户空间内存的起始地址。第三个参数 pfn 是需要映射到的物理内存页号。第四个参数 size 是需要映射的内存空间长度。第五个参数 prot 是页保护标识，一般填入 vma->vm_page_prot。函数返回值如果是 0，代表映射成功，小于 0 代表映射失败。执行 remap_pfn_range 之后，用户空间 addr 开始的地址就映射到了 pfn 这一页号代表的页，用户应用程序修改这一块地址就会对页号为 pfn 的页进行修改。要使用该接口，需要引入 include/linux/mm.h 头文件（#include <linux/mm.h>）。

增加了 proc_mmap 操作的源码 proc_mmap.c 如源码 3-7 所示。

源码 3-7 proc_mmap.c

```
......
#include <linux/mm.h>

static char *kbuf = NULL;          //kbuf 指向的内存将在加载函数中分配
......
//下面的函数实现了 mmap 操作
static int proc_file_mmap(struct file *file, struct vm_area_struct *vma)
{
    int res = 0;
    //通过 remap_pfn_range 将内核空间 kbuf 指向的内存映射到用户空间,映射的数据长度为 4096 字节
    res = remap_pfn_range(vma, vma->vm_start,page_to_pfn(virt_to_page(kbuf)),
                        4096, vma->vm_page_prot);
```

```
        return res;
}

//proc 文件的操作函数集合，将作为参数传入 proc_create_data 用于创建 proc 文件
static struct proc_ops proc_file_ops = {
    ......
    //将 proc_mmap 赋值为实现的 proc_file_mmap 函数
    .proc_mmap = proc_file_mmap,
};
//加载函数
static int proc_file_init(void)
{
    //通过 __get_free_pages 分配 4096 字节（1 页）的内存
    kbuf = __get_free_pages(GFP_KERNEL, 0);
    if(kbuf == NULL)
    {
        return -1;
    }
    memset(kbuf, 0, 4096);
    ......
}
//卸载函数
static void proc_file_exit(void)
{
    free_pages(kbuf, 0);                    //释放加载函数分配的内存
    ......
```

源码在加载函数中通过 __get_free_pages 分配了一页的内存空间（4096 字节），在卸载函数中通过 free_pages 释放这一页的内存空间。源码实现了 proc_file_mmap 函数，该函数调用了 remap_pfn_range 将 kbuf 指向的内核内存空间映射到用户态内存空间。该函数传入的第一个参数 vma 是分配给 mmap 操作的用户态内存空间。第二个参数 vma->vm_start 是将要映射到用户态空间的起始地址，这里取的是 vma 的开始地址。第三个参数是物理内存页号，这里先通过 virt_to_page 将虚拟地址 kbuf 转换成对应 struct page 结构体指针变量，再通过 page_to_pfn 将 struct page 指针变量转换成页号。第四个参数是映射的数据长度，这里是 4096，因为分配内存时分配了一页的内存。

编译、加载该内核模块后，生成了/proc/proc_file 文件。通过源码 3-5 的应用程序 test_mmap.c 测试 mmap 操作，将/proc/proc_file 文件通过 mmap 映射到用户空间。测试应用程序源码 test_mmap.c 将字符串 "hello, mmap!" 通过内存拷贝的方式写文件，然后读取文件的内容，最终读出来的字符串也是 "hello, mmap!"，执行结果如图 3-11 所示。

```
[root@localhost 4-5_test_mmap]# ./test_mmap  /proc/proc_file
tmp=7f7878255000,read:hello, mmap!
```

图 3-11　映射 proc 文件

3.4 获取未映射内存区域

在用户态调用 mmap 系统调用进入内核态后，首先会获取能够映射的内存区域，然后分配 struct vm_area_struct 结构体变量，分配时将用户空间能够使用的地址段填入到该结构体变量中，再进行内存映射。对于 proc 文件，进行内存映射时将调用 struct proc_ops 中的 proc_mmap 操作，传入的第一个参数就是之前分配的 struct vm_area_struct 结构体变量的地址。映射完成后，将映射的地址返回给用户空间，用户空间就可以操作这片地址。流程如图 3-12 所示。

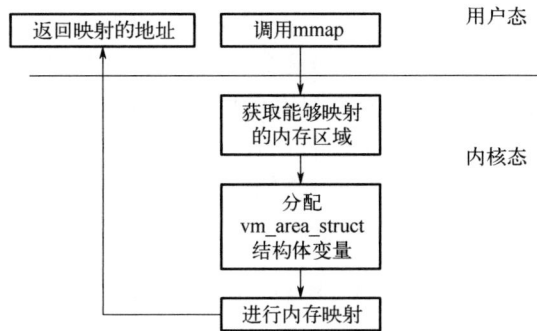

图 3-12　mmap 系统调用流程

图 3-12 中，获取能够映射的内存区域对应的是 struct proc_ops 中的 get_unmapped_area 操作（见源码 2-1），而进行内存映射对应的是 proc_mmap 操作，proc_mmap 操作已经在上一节做了介绍，现在介绍 get_unmapped_area 操作，该函数的原型为：

```
unsigned long proc_get_unmapped_area(struct file *file, unsigned long addr,
unsigned long len, unsigned long pgoff, unsigned long flags)
```

函数的第一个参数 file 对应打开的文件。第二个参数 addr 是映射的起始地址，可以为空，如果是空，就可以自行分配起始地址。第三个参数 len 是映射的内存空间长度。第四个参数 pgoff 是被映射区域的偏移，以页为单位（4096 字节），如果映射的是文件，表示从文件的第 pgoff 个页开始映射。第五个参数 flags 是标志，例如 MAP_SHARED（与其他所有映射这个对象的进程共享映射空间）、MAP_PRIVATE（建立一个写入时拷贝的私有映射），这个标志和 mmap 系统调用的第四个参数一致。函数的返回值是需要映射的地址，这个地址是用户空间可以使用的地址。如果内核模块没有实现该函数，则内核会调用默认的映射函数。

本节将在 proc_mmap.c（源码 3-7）的基础上增加 get_unmapped_area 操作，返回一个用户态可以使用的地址，这个地址将会被传入之前已实现的 proc_file_mmap 函数进行内存映射操作，应用程序最终通过 mmap 系统调用获取的地址就是 get_unmapped_area 操作返回的地址。程序 proc_get_unmapped_area.c 如源码 3-8 所示。

源码 3-8　proc_get_unmapped_area.c

```
......
    static unsigned long proc_file_get_unmapped_area(struct file *file, unsigned long
addr, unsigned long len, unsigned long pgoff, unsigned long flags)
    {
```

```
    return 0x100000;
}

//proc 文件的操作函数集合，将作为参数传入 proc_create_data 用于创建 proc 文件
static struct proc_ops proc_file_ops = {
    ......
    .proc_mmap = proc_file_mmap,
    .proc_get_unmapped_area = proc_file_get_unmapped_area,
};
......
```

上述源码实现了函数 proc_file_get_unmapped_area，并将 struct proc_ops proc_file_ops 结构体的变量 proc_get_unmapped_area 赋值为这个函数。proc_file_get_unmapped_area 函数直接返回了一个地址 0x100000，这个地址是用户态可以使用的地址。

编译、加载上面的内核模块后，通过源码 3-5 的应用程序 test_mmap.c 测试 mmap 操作，将/proc/proc_file 文件通过 mmap 映射到用户空间。test_mmap.c 将打印出 mmap 系统调用返回的地址，这个地址就是 proc_file_get_unmapped_area 函数的返回值 0x100000。如图 3-13 所示。

```
[root@localhost 4-5_test_mmap]# ./test_mmap /proc/proc_file
tmp=100000,read:hello, mmap!
```

图 3-13   测试 get_unmapped_area

图中打印的变量 tmp 的值就是 proc_file_get_unmapped_area 函数的返回值 0x100000。

3.5 散布读

read_iter 操作也是 proc 文件操作集合中的一个函数（见源码 2-1），常用于异步读或散布读。本节以散布读来讲解 read_iter 操作。

read 或 write 系统调用每次在文件和进程的地址空间之间传送一块连续的数据。但是，应用程序在某些时候需要将文件的一块连续数据读取到应用程序中不同的缓冲区中。这种情况下，如果使用 read 系统调用，要么一次将它们读至一个较大的缓冲区中，然后将它们分成若干部分复制到不同的缓冲区；要么调用 read 若干次，分批将它们读至不同缓冲区。同样，如果想将应用程序中不同缓冲区的数据块连续地写至文件，也必须进行类似的处理。

对此，散布读可以实现从文件中读取数据到多个不同的缓冲区之中，免除了多次系统调用或复制数据的开销。图 3-14 的左边是 read 系统调用，将文件中的一整块数据读到了应用程序连续的内存中。右边通过散布读操作将文件中的一整块数据分成三小块，每一块读到应用程序不同的内存中。

readv 系统调用用于散布读，函数原型如下：

```
ssize_t readv(int fd, const struct iovec *iov, int iovcnt)
```

函数的第一个参数 fd 是文件描述符；第二个参数 iov 是数据将要读到的缓冲区，用 struct iovec 结构体来描述；第三个参数 iovcnt 是 iov 的个数，即第二个参可以是一个 iov 数组。其中，struct iovec 结构体如源码 3-9 所示。

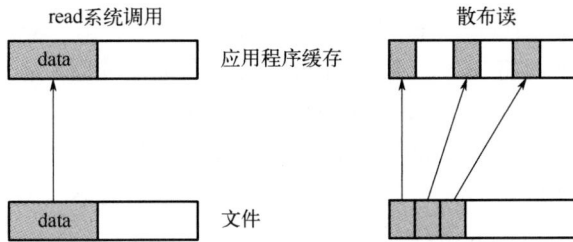

图 3-14　read 系统调用和散布读

源码 3-9　struct iovec 结构体

```
struct iovec {
    void  *iov_base;        //缓存的起始地址
    size_t  iov_len;        //缓存的长度
};
```

struct iovec 结构体用于缓存数据，其成员 iov_base 指向数据的地址，而 iov_len 是数据的长度。readv 系统调用的使用方式一般为：首先准备一个或多个 struct iovec 结构体变量作为数据的缓存区，然后调用 readv 函数，第二个参数传入准备的 struct iovec 结构体变量地址，第三个参数填入 struct iovec 结构体变量的个数。源码 3-10 是一个使用示例。

源码 3-10　test_readv.c

```
#include <stdio.h>
#include <sys/stat.h>
#include <sys/types.h>
#include <fcntl.h>
#include <unistd.h>
#include <string.h>
#include <sys/uio.h>

int main(int argc, char *argv[])
{
    char buf1[32] = {0}, buf2[32] = {0}, buf3[32] = {0};
    int len = 0;
    struct iovec iovecs[3];          //struct iovec 数组，用于存储读取的数据
    int fd = open(argv[1], O_RDWR); //打开文件，文件名作为命令行参数传入
    if(fd < 0)
    {
        printf("open file error!\n");
        return -1;
    }
    iovecs[0].iov_base = buf1; //将 iovecs 数组的第 1 个元素的数据指向 buf1
    iovecs[0].iov_len = 1;     //iovecs 数组的第 1 个元素的数据长度赋值为 1
    iovecs[1].iov_base = buf2; //将 iovecs 数组的第 2 个元素的数据指向 buf2
    iovecs[1].iov_len = 1;      //iovecs 数组的第 2 个元素的数据长度赋值为 1
    iovecs[2].iov_base = buf3; //将 iovecs 数组的第 3 个元素的数据指向 buf3
    iovecs[2].iov_len = 2;      //iovecs 数组的第 3 个元素的数据长度赋值为 2
    len = readv(fd , iovecs , 3); //调用 readv 读取数据到 iovecs 数组中
    printf("len:%d,buf1:%s,buf2:%s,buf3:%s\n", len, buf1, buf2, buf3); close(fd);
    return 0;
}
```

上述源码定义了一个 struct iovec 数组，数组元素个数为 3，这个数组将用于通过 readv 读取数据。在打开文件后，将 iovecs 数组的元素的缓存地址分别赋值为 buf1、buf2 和 buf3，长度分别赋值为 1、1 和 2，意味着 iovecs[0] 和 iovecs[1] 最多存 1 个字节的数据，iovecs[2] 最多存 2 个字节的数据。然后通过 readv 读取数据，readv 的第一个参数传入文件描述符，第二个参数传入 iovecs 数组地址，第三个参数传入 iovecs 数组的元素个数。读取完成后，buf1 和 buf2 中的数据最多为 1 字节，buf3 中的数据最多为 2 字节。

对于 proc 文件，在应用程序调用了 readv 系统调用后，Linux 内核会执行 struct proc_ops 结构体的 proc_read_iter 函数（见源码 2-1），该函数原型如下：

```
ssize_t proc_read_iter(struct kiocb *iocb, struct iov_iter *iter)
```

函数的第一个参数 iocb 保存了文件信息、读取位置及一些私有信息等。第二个参数 iter 是一个迭代器，这个迭代器和 struct iovec 结构体配合使用，用于遍历多个 struct iovec 结构体变量。proc_read_iter 的返回值是读取到的数据长度。对于函数的第二个参数 iter，其结构体定义如源码 3-11 所示。

源码 3-11　struct iov_iter 结构体

```
struct iov_iter {
    unsigned int type;        //数据传输方向和类型
    size_t iov_offset;        //偏移
    size_t count;             //数据总长度
    union {
        //用户态 iovec, 数据位置为:iov->iov_base + iov_offset
        const struct iovec *iov;
        const struct kvec *kvec;  //内核态 kvec
        ......
    };
    union {
        unsigned long nr_segs;  //总共有几个 iovec/kvec 数据
        ......
    };
};
```

struct iov_iter 结构体的各变量作用如下。

● type：数据的传输方向和类型。数据的传输方向有 READ（读数据，值为 0）和 WRITE（写数据，值为 1），常用的数据类型有 ITER_IOVEC（和用户态交互，读或写操作是由用户态发起，值为 4）和 ITER_KVEC（和内核态交互，读或写操作由内核模块发起，值为 8）。type 是数据的方向和类型相或后的值。例如如果是 READ 操作，且数据类型是 ITER_IOVEC，则 type 的值是 READ | ITER_IOVEC。

● iov_offset：数据偏移，数据在缓存中的起始地址。

● iov 和 kvec：这两个变量在一个联合中，如果是用户态发起的读或写操作，则使用 iov，内核态发起的读或写操作使用 kvec，通过 readv 系统调用使用的是 iov。iov 及 kvec 的结构体分别是 struct iovec 和 struct kvec，这两个结构体的定义几乎是一致的，不同之处在于 struct iovec 使用了 __user 关键字声明数据指针在用户空间，结构体定义如源码 3-12 所示（注意：源码 3-9 的 struct iovec 结构体是应用程序头文件定义的，而这里的 struct iovec 是 Linux 内核源码头文件定义的）。

源码 3-12　iovec 和 kvec 结构体

```
struct iovec
{
    void __user      *iov_base;   //数据基地址
    __kernel_size_t   iov_len;    //数据长度
};
struct kvec {
    void              *iov_base;  //数据基地址
    size_t             iov_len;   //数据长度
};
```

如果 struct iov_iter 的结构体变量 type 的数据类型是 ITER_IOVEC，则将使用 iov；类型是 ITER_KVEC，则将使用 kvec。要使用上述两个结构体，需要引入头文件 include/linux/uio.h（#include <linux/uio.h>）。

● nr_segs：由于 iov 和 kvec 可能是数组，nr_segs 表示数组元素的个数。

下面将实现一个示例程序，在源码 proc_get_unmapped_area.c（源码 3-8）的基础上，实现 struct proc_ops 结构体的 proc_read_iter 函数，以进行散布读操作，示例程序如源码 3-13 所示。

源码 3-13　proc_read_iter.c

```
......
#include <linux/uio.h>  //源码将使用 struct iovec 结构体，所以要引入该头文件
......
static ssize_t proc_file_read_iter(struct kiocb *kio, struct iov_iter *iov)
{
    int i = 0, offset = 0;
    //通过参数 iov 获取 struct iovec 结构体指针变量
    struct iovec *iovec = iov->iov;
    //iov->nr_segs 保存了 struct iovec 数组的个数
    for(i = 0; i < iov->nr_segs; i++)
    {
        //将数据拷贝给用户空间，拷贝的长度是 iovec 中数据的长度
        copy_to_user(iovec[i].iov_base, &kbuf[offset], iovec[i].iov_len);
        offset += iovec[i].iov_len; //完成拷贝后，将数据的偏移增加拷贝的长度
    }
    return iov->count;           //返回用户态传入的数据总长度
}

//proc 文件的操作函数集合，将作为参数传入 proc_create_data 函数用于创建 proc 文件
static struct proc_ops proc_file_ops = {
    ......
    .proc_mmap = proc_file_mmap,
    .proc_get_unmapped_area = proc_file_get_unmapped_area,
    .proc_read_iter = proc_file_read_iter, //赋值为 proc_file_read_iter 函数
};
......
```

源码实现的 proc_file_read_iter 函数用于散布读，该函数将被赋值到 struct proc_ops proc_file_ops 的 proc_read_iter 成员变量。proc_file_read_iter 函数遍历用户态调用 readv 时传入的 struct iovec 结构体数组，将数据拷贝给用户态传入的数据地址，拷贝的长度就是用户态传入的缓存长度。proc_file_read_iter 函数的返回值是用户态传入的缓存总长度。在 test_readv.c 源文件中（源码 3-10），struct iovec iovecs[3]数组有三个数组元素，因此如果使用 test_readv.c 来进行测试，proc_file_read_iter 函数中 iov->nr_segs 的值为 3，而 struct iovec iovecs[3]数组元素的数据长度分别为 1、1 和 2，proc_file_read_iter 函数遍历时拷贝的数据长度依次为 1、1 和 2。函数返回的 iov->count 值是 4。

编译、加载 proc_read_iter.c 后，会新生成文件/proc/poroc_file。首先通过 echo 命令向该文件写入一个字符串，然后使用 test_readv.c 进行测试，从/proc/proc_file 读取数据，最多能读取到 4 个字节的数据，测试结果如图 3-15 所示。

```
[root@localhost 4-10_test_readv]# echo "abcde" > /proc/proc_file
[root@localhost 4-10_test_readv]# ./test_readv /proc/proc_file
len:4,buf1:a,buf2:b,buf3:cd
```

图 3-15　测试 proc_read_iter

3.6　内核线程

在内核模块开发中，也存在线程的概念。和应用程序的线程类似，内核也需要多个线程同时并行地执行，避免可能的阻塞。一旦一个内核线程阻塞，不影响其他进程的工作。所谓"内核线程"，是直接由内核本身启动的进程（内核线程的本质是进程），运行在内核态，它与其他进程"并行"执行。

3.6.1　进程的状态

操作系统相关书籍中，对于进程管理有一个"三态模型"的概念，"三态"分别是就绪态、运行态、阻塞态。如图 3-16 所示。

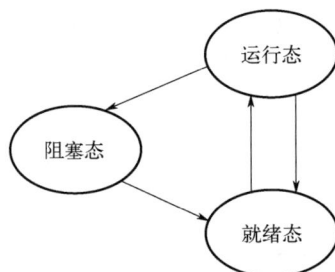

图 3-16　进程的三态模型

一旦一个进程被创建后，就进入就绪态；当进程得到 CPU 后，在 CPU 上运行，进入运行态；在运行过程中，如果需要等待某些资源，则会进入阻塞态；获取到等待的资源后，进程会进入就绪态，等待被调度执行；如果一个进程在运行态，它也可以主动放弃 CPU 进入就绪态，等待下一次被调度执行。

Linux 对于进程管理采用的是"七态模型",进程有七种状态：运行态（TASK_RUNNING）、可中断睡眠态（TASK_INTERRUPTIBLE）、不可中断睡眠态（TASK_UNINTERRUPTIBLE）、停止态（TASK_STOPPED）、跟踪态（TASK_TRACED）、僵死态（TASK_ZOMBIE）、死亡态（TASK_DEAD）。如图 3-17 所示。

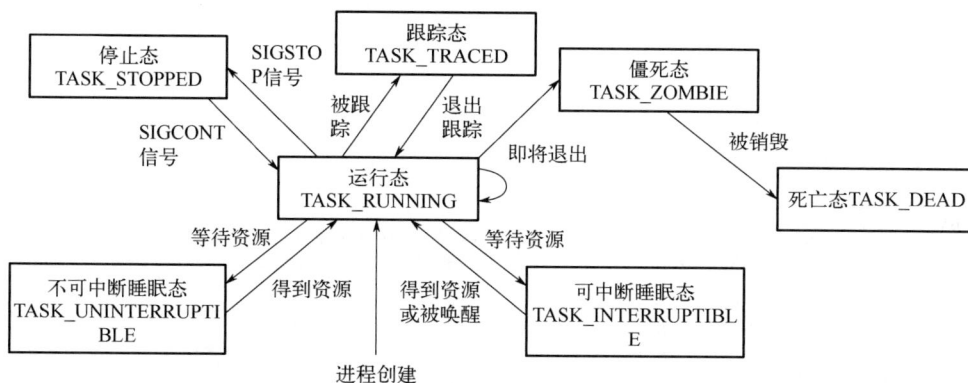

图 3-17　Linux 进程管理的七态模型

由于跟踪态和停止态的状态相似，死亡态和僵死态的状态相似，为了简化表述，下面的描述略去跟踪态和死亡态。

Linux 的进程被创建后，会进入运行态；进程运行过程中，如果需要等待某些资源，会进入可中断睡眠态或不可中断睡眠态；进程处于运行态时，收到 SIGSTOP 信号，会进入停止态；进程即将退出时，会进入僵死态；在不可中断睡眠态获取到了等待的资源，会进入运行态等待调度执行；在可中断睡眠态获取到了等待的资源或是被信号唤醒，会进入运行态等待调度执行；在停止态收到 SIGCONT 信号后，会重新进入运行态；进程在运行态时也可以主动放弃 CPU，这时进程会被重新放入调度队列中等待下一次执行，在调度队列中的进程也处于运行态。这几种状态的意义如表 3-1 所示。

表 3-1　进程的状态

状态	备注
运行态 TASK_RUNNING	包括两种类型的进程，一种是正在运行的进程，一种是可以被运行但是没有被调度到 CPU 上运行的进程
可中断睡眠态 TASK_INTERRUPTIBLE	等待某些资源，该状态能够被信号唤醒
不可中断睡眠态 TASK_UNINTERRUPTIBLE	等待某些资源，该状态不能被信号唤醒
停止态 TASK_STOPPED	收到 SIGSTOP 信号后进入该状态，进程暂停运行；该状态下进程收到 SIG_CONT 后会恢复运行
跟踪态 TASK_TRACED	进程被跟踪时处于的状态，例如用 gdb 调试
僵死态 TASK_ZOMBIE	父进程存在而子进程退出时子进程会处于僵死状态
死亡态 TASK_DEAD	进程彻底消亡前处于的状态。子进程处于僵死状态时，父进程调用了 wait/waitpid，子进程就会死亡

进程的这些状态定义于内核源码的 include/linux/sched.h 头文件中，如源码 3-14 所示。

源码 3-14　进程状态定义

```
#define TASK_RUNNING              0x0000   //运行态
#define TASK_INTERRUPTIBLE        0x0001   //可中断睡眠态
#define TASK_UNINTERRUPTIBLE      0x0002   //不可中断睡眠态
#define __TASK_STOPPED            0x0004   //停止态
#define __TASK_TRACED             0x0008   //跟踪态
......
```

通过 ps -aux 命令可以查看进程的状态，如图 3-18 所示。

```
[root@localhost ~]# ps -aux
USER       PID %CPU %MEM    VSZ   RSS TTY      STAT START   TIME COMMAND
root         1  0.0  0.4 128856  8208 ?        Ss   Dec18   0:08 /usr/lib/systemd/systemd
root         2  0.0  0.0      0     0 ?        S    Dec18   0:00 [kthreadd]
root         3  0.0  0.0      0     0 ?        I<   Dec18   0:00 [rcu_gp]
root         4  0.0  0.0      0     0 ?        I<   Dec18   0:00 [rcu_par_gp]
root         6  0.0  0.0      0     0 ?        I<   Dec18   0:00 [kworker/0:0H-ev]
root         8  0.0  0.0      0     0 ?        I<   Dec18   0:00 [mm_percpu_wq]
root         9  0.0  0.0      0     0 ?        S    Dec18   0:00 [rcu_tasks_rude_]
```

图 3-18　查看进程状态

图 3-18 中的 STAT 这一列是进程状态，可能的状态如表 3-2 所示。

表 3-2　进程状态

状态	备注
R	运行态，正在运行，或在调度队列中的进程
S	可中断睡眠态
D	不可中断睡眠态
T	停止态
t	跟踪态
Z	僵死态
X	死亡态

　　Linux 进程的状态存放于进程控制块中，进程控制块包含了进程的状态、标识、优先级、进程间关系、堆栈和程序信息等，是进程调度的基本单位。其结构体 struct task_struct 定义于内核源码的 include/linux/sched.h 头文件中，如源码 3-15 所示。

源码 3-15　进程控制块

```
struct task_struct{
    volatile long state;        //进程状态
    ......
    struct mm_struct *mm;       //进程的内存分布
    ......
    pid_t pid;                  //进程的 pid
    pid_t tgid;                 //线程组 id，对应线程组组长进程的 pid
    ......
    struct task_struct __rcu *real_parent;  //真正的父进程
    //父进程，进程在被调试时该变量指向调试进程
```

```
    struct task_struct __rcu *parent;
    struct list_head children;          //子进程链表
    struct list_head sibling;           //兄弟进程链表
    struct task_struct *group_leader;   //线程组组长
    ......
    char comm[TASK_COMM_LEN]; //进程的名称
    ......
    struct fs_struct *fs;               //文件系统信息
    struct files_struct *files;         //当前进程打开的所有文件
    ......
}
```

3.6.2　创建内核线程

Linux 提供了创建内核线程的接口，该接口在内核源码的 include/linux/kthread.h 头文件声明（使用该接口需要引入#include <linux/kthread.h>），如下所示。

```
kthread_create(threadfn, data, namefmt, arg...)
```

该接口是一个可变参数的宏，第一个参数 threadfn 是内核线程的执行函数，函数类型为 int (*threadfn)(void *data)，创建的内核线程将执行这个函数。第二个参数 data 是内核线程的参数，即传入到 threadfn 函数的参数。参数 namefmt 和 arg 是进程（内核线程）的名称，创建内核线程后可通过 ps 命令查看到进程名称。接口的返回值类型是进程控制块指针 struct task_struct *，代表创建的内核线程。该接口常见的调用方式为：

```
struct task_struct *x = kthread_create(my_function, NULL, "kmy_thread")
```

这里传入的第一个参数是自定义的函数，将在内核线程中执行；第二个参数 NULL 表示 my_function 函数的参数是空指针；第三个参数是内核线程的名称"kmy_thread"。

通过 kthread_create 创建内核线程有几点需要注意。

● 通过 kthread_create 创建内核线程后，内核线程的状态是 TASK_UNINTERRUPTIBLE，是睡眠状态，需要通过接口 wake_up_process 唤醒后才能运行。

● 如果内核线程内部是无限循环，在不需要进行内核线程处理的时候，内核线程需要主动放弃 CPU 的使用权(通过 schedule 系列函数来进行进程调度)。

● 如果内核线程内部是循环操作，可以通过 kthread_stop 接口来设置停止标志，然后用 kthread_should_stop 接口来判断是否已经设置停止标志。使用这两个接口的作用是在适当的时候让内核线程终止运行。

关于上面描述提到的 wake_up_process、schedule 系列函数、kthread_stop 等几个接口声明如下。

```
int kthread_stop(struct task_struct *k)
```

设置进程停止标志，参数 k 是将要停止进程的进程控制块。

```
bool kthread_should_stop(void)
```

判断当前内核线程是否设置停止标志，返回 true 表示已经设置进程停止标志，该接口一般和 kthread_stop 函数配合使用。

```
set_current_state(state_value)
```

设置当前进程状态。

```
long schedule_timeout(long timeout)
```

让当前进程睡眠 timeout 时间后再次接受调度，timeout 参数的单位是毫秒。

```
int wake_up_process(struct task_struct *p)
```

唤醒某个进程，参数 p 是需要唤醒进程的进程控制块。

下面将实现一个示例程序 test_kthread.c，该程序的作用是创建一个内核线程，内核线程每 3 秒周期打印字符串"hello,kernel thread"。示例程序如源码 3-16 所示。

源码 3-16　test_kthread.c

```
#include <linux/module.h>
#include <linux/kthread.h>                  //创建内核线程需要引入该头文件

static struct task_struct *my_task = NULL;  //该变量将保存内核线程的进程控制块
//内核线程执行函数
static int my_thread(void *thread_param)
{
    while(!kthread_should_stop())           //判断是否设置进程停止标志
    {
        printk("hello,kernel thread\n");    //打印字符串
        set_current_state(TASK_INTERRUPTIBLE); //设置当前进程状态
        schedule_timeout(3000);             //让当前进程睡眠 3 秒后再次接受调度执行
    }
    return 0;
}
//加载函数
static int test_kthread_init(void)
{
    //创建内核线程，线程名称为 kmythread
    my_task = kthread_create(my_thread, NULL, "kmythread");
    if(!IS_ERR(my_task))                    //IS_ERR 用于判断内核线程是否创建成功
    {
        wake_up_process(my_task);           //通过 wake_up_process 接口唤醒创建的线程
    }
    return 0;
}
//卸载函数
static void test_kthread_exit(void)
{
    kthread_stop(my_task);                  //通过 kthread_stop 设置线程停止标志
}
module_init(test_kthread_init);
module_exit(test_kthread_exit);
```

源码在加载函数 test_kthread_init 中通过 kthread_create 接口创建内核线程，传入的第一个参数 my_thread 是线程的执行函数，第三个参数 "kmythread" 是内核线程的名称。返回值存放在 my_task 变量中，my_task 就是创建的内核线程的进程控制块。接下来通过 IS_ERR 判断内核线程是否创建成功，其参数就是进程控制块，如果 IS_ERR 返回值为 0 表示创建成功，然后通过 wake_up_process 来唤醒创建的内核线程，唤醒后，内核线程的执行函数 my_thread 将得到执行。

源码实现的内核线程执行函数 my_thread 用于周期打印字符串 "hello,kernel thread"。在该函数中，首先通过 kthread_should_stop 判断当前进程是否已设置停止标志，如果返回值是 false，表示没有设置停止标志，则会通过 printk 打印字符串。然后设置当前进程的状态为 TASK_INTERRUPTIBLE（可中断睡眠态），进程将主动放弃 CPU 进入休眠，通过 schedule_timeout 设置休眠时间为 3 秒，3 秒后，进程将再次进入运行态，然后再次打印字符串。

在卸载函数中，通过 kthread_stop 设置内核线程的停止标志，设置该标志后，my_thread 函数的 while 判断将返回 true，此时 my_thread 函数将停止执行。

编译、加载该模块后，多次执行 dmesg -c 命令，将看到字符串 "hello,kernel thread" 会周期打印，间隔时间为 3 秒，如图 3-19 所示。

```
[root@localhost 4-16_test_ktrhead]# insmod test_kthread.ko
[root@localhost 4-16_test_ktrhead]# dmesg -c
[134817.053072] hello,kernel thread
[root@localhost 4-16_test_ktrhead]# dmesg -c
[134820.080740] hello,kernel thread
```

图 3-19　测试创建内核线程

此时可以通过 ps 命令看到内核线程，因为创建的内核线程的名称是 "kmythread"，执行 ps -aux | grep kmythread 命令后会看到该进程，如图 3-20 所示。

```
[root@localhost 4-16_test_ktrhead]# ps -aux | grep kmythread
root        55740  0.0  0.0       0       0 ?        S    21:31   0:00 [kmythread]
```

图 3-20　通过 ps 命令查看内核线程

需要注意的是，执行 ps 命令后，进程名用方括号 "[]" 括起来的进程是内核线程。

3.6.3　二号进程

在 Linux 中，通过 ps -aux 命令可以看到 PID（进程号）是 2 的进程（二号进程），该进程的进程名是 "kthreadadd"，如图 3-21 所示。

```
[root@localhost 4-16_test_ktrhead]# ps -aux
USER        PID %CPU %MEM    VSZ   RSS TTY      STAT START   TIME COMMAND
root          1  0.0  0.4 128856  8208 ?        Ss   Dec19   0:08 /usr/lib/systemd/systemd
root          2  0.0  0.0      0     0 ?        S    Dec19   0:00 [kthreadd]
```

图 3-21　通过 ps 命令查看二号进程

Linux 将创建内核线程的工作委托给二号进程，通过 kthread_create 方式创建的内核线程实际上是由该进程创建，它是一个创建内核线程的进程。

3.7 工作队列

在 Linux 中，如果希望将某些不急于处理的工作交给操作系统处理，可以使用工作队列。工作队列本质上是专用的 Linux 内核线程，使用工作队列无需单独再创建内核线程。

工作队列的原理有点像工厂中的生产线和工人。当工厂的订单有限时，如生产线上每天只有几件产品需要加工，一个工人就能完成。过了一段时间，订单逐渐变多了，此时一个工人满负荷也无法完成，工厂就需要新招人来加工更多的产品。过了一段时间，工厂订单又变得很少了，于是工厂又解雇了多余的工人。

将 Linux 的工作队列和上述工厂的例子类比，Linux 操作系统就像是工厂，工作队列是生产线，工作队列中待处理的任务将像是生产线上待加工的产品，而处理工作队列中任务的内核线程（工人）的数量会根据任务的数量变化，任务数量越多，处理任务的内核线程的数量就越多。

通过命令 ps -aux | grep kworker 可以看到工作队列的内核线程，这些内核线程的名称以 kworker 开头，如图 3-22 所示。

```
[root@localhost ~]# ps -aux | grep kworker
root             6  0.0  0.0        0      0 ?        I<   Dec19    0:00 [kworker/0:0H-ev]
root            20  0.0  0.0        0      0 ?        I<   Dec19    0:00 [kworker/1:0H-kb]
root            90  0.0  0.0        0      0 ?        I<   Dec19    0:00 [kworker/0:1H-kb]
root           146  0.0  0.0        0      0 ?        I<   Dec19    0:00 [kworker/u257:0]
root           383  0.0  0.0        0      0 ?        I<   Dec19    0:02 [kworker/1:1H-kb]
root         55978  0.0  0.0        0      0 ?        I    21:51    0:00 [kworker/1:0-mm_]
root         56185  0.0  0.0        0      0 ?        I    22:07    0:00 [kworker/0:0-cgr]
root         56225  0.0  0.0        0      0 ?        I    22:10    0:00 [kworker/u256:0-]
root         56292  0.0  0.0        0      0 ?        I    22:18    0:00 [kworker/u256:1-]
root         56325  0.0  0.0        0      0 ?        I    22:19    0:00 [kworker/0:2-eve]
root         56346  0.0  0.0        0      0 ?        I    22:20    0:00 [kworker/1:2-ata]
root         56387  0.0  0.0        0      0 ?        I    22:25    0:00 [kworker/1:1-ata]
```

图 3-22　工作队列的内核线程

要使用工作队列，一般的步骤是先声明并初始化一个工作或任务，然后将工作放入生产线，交给内核线程处理。工作队列中工作的结构体类型是 struct work_struct，定义于内核源码的 include/linux/workqueue.h 头文件中（使用工作队列需要引入该头文件 #include <linux/workqueue.h>），创建工作队列中的工作需要用到的接口如下：

```
INIT_WORK(_work, _func)
```

该接口用于初始化工作。第一个参数_work 是 struct work_struct 结构体指针变量，表示将要放入工作队列的工作。第二个参数_func 是一个函数指针，是这个工作将要执行的函数，该函数的类型为：void *(struct work_struct *work)，这个函数将由内核调用执行，执行时其参数 work 就是当前工作队列中执行的工作。

```
bool schedule_work(struct work_struct *work)
```

该函数将工作放入工作队列，交给内核线程处理。在工作初始化完成后，调用该函数将工作放入工作队列，内核将在适当的时候执行该工作。参数 work 就是将要放入工作队列的工作，函数返回值如果为 true 表示执行成功，false 表示执行失败。

本节将实现一个示例程序 test_work_queue.c，该程序的作用是创建一个工作并放入工作队列执行，该工作的作用是打印字符串"hello,work queue"。示例程序如源码 3-17 所示。

源码 3-17　test_work_queue.c

```
#include <linux/module.h>
#include <linux/workqueue.h>              //使用工作队列需要引入该头文件

struct  work_struct  work;            //声明工作队列的工作
//工作队列中，工作的执行函数
static void my_work(struct  work_struct  *work)
{
    printk("hello,work queue\n");         //打印字符串
}
//加载函数
static int test_work_queue_init(void)
{
    INIT_WORK(&work, my_work);           //初始化工作，执行函数是 my_work 函数
    schedule_work(&work);                //将工作放入工作队列执行
    return 0;
}
//卸载函数
static void test_work_queue_exit(void)
{
}
module_init(test_work_queue_init);
module_exit(test_work_queue_exit);
```

在加载函数中，通过 INIT_WORK 初始化工作队列中的工作，该工作的执行函数是 my_work，my_work 函数会打印字符串"hello,work queue"。之后通过 schedule_work 将工作放入工作队列中执行。编译、加载该模块后，执行 dmesg -c 命令查看打印信息，会看到打印出字符串"hello,work queue"。如图 3-23 所示。

```
[root@localhost 4-17_test_work_queue]# insmod test_work_queue.ko
[root@localhost 4-17_test_work_queue]# dmesg -c
[142166.195662] hello,work queue
```

图 3-23　测试工作队列

读者可以做一个实验，一次性创建多个工作并放入工作队列中执行。在这些工作的执行函数中，可以通过 set_current_state(TASK_INTERRUPTIBLE)将工作队列的执行线程设置为可中断睡眠态，然后通过 schedule_timeout 函数（见 3.6 节）来加一个延迟，让工作执行得久一些，这样内核就会创建更多的内核线程（kworker 线程，可以通过 ps -aux | grep kworker 命令查看到这些线程）来执行这些工作。

3.8　等待队列

等待队列用于等待某个特定的条件发生，然后执行相应的任务。它有如下特点：

- 等待队列中有一个或多个任务，以队列的形式组织。
- 等待队列中的任务一般不会立即执行，而是等待某个特定的条件发生后才会执行。这些特定的条件可以是等待数据可读、可写、资源空闲或是开发人员自定义的条件等。
- 不同于工作队列，等待队列并没有内核线程的支持。

图 3-24 是一个等待队列的示例，在一个等待队列中，有读数据、打印字符串和其他操作，这个等待队列中任务的执行条件是某个文件中有数据。刚开始时，文件中没有数据，等待队列中的任务不会执行。一旦将数据写入文件，文件中有了数据，等待队列的执行条件满足，这时等待队列中的任务将会依次执行。先读数据，然后打印字符串，再进行其他操作。

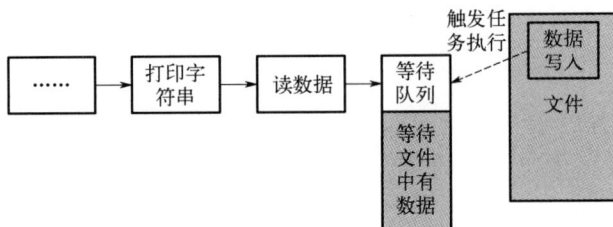

图 3-24   等待队列示例

使用等待队列前，需要了解等待队列相关结构体和操作函数。等待队列相关结构体定义于内核源码的 include/linux/wait.h 头文件中，主要有两个结构体需要了解，一个是 struct wait_queue_entry，另一个是 struct wait_queue_head，前者是等待队列中的任务，后者是等待队列的头节点。这两个结构体定义如源码 3-18 所示。

源码 3-18   wait_queue_entry 和 wait_queue_head 结构体

```
struct wait_queue_entry {
    unsigned int     flags;     //标志信息
    void            *private;   //私有数据，可自定义
    wait_queue_func_t func;     //处理函数，等待的条件满足时执行的函数
    //该变量会插入到等待队列头节点后面，和等待队列中的其他节点形成队列
    struct list_head   entry;
};
typedef struct wait_queue_entry wait_queue_entry_t;
struct wait_queue_head {
    spinlock_t        lock;
    struct list_head    head;   //等待队列头节点，等待队列以链表形式组织
}
//可以用 wait_queue_head_t 替代 struct wait_queue_head
typedef struct wait_queue_head wait_queue_head_t;
// wait_queue_entry 结构体中处理函数 func 的类型定义
typedef int (*wait_queue_func_t)(struct wait_queue_entry *wq_entry,
                                 unsigned mode, int flags, void *key);
```

对于 struct wait_queue_entry 结构体，比较重要的成员变量是 func 和 entry。func 是任务的处理函数，是在等待队列的条件满足时将执行的函数，函数类型是：int (*wait_queue_func_t)(struct wait_queue_entry *wq_entry, unsigned mode, int flags, void *key)，主要关注函数

的第一个参数 wq_entry，该参数是当前任务的指针。struct wait_queue_entry 成员变量 entry 的类型是链表，所有属于同一个等待队列中的 struct wait_queue_entry 结构体变量都通过 entry 串联成一个链表。另一个成员变量 private 是一个私有数据的指针，这个私有数据可以自定义。

struct wait_queue_head 结构体是等待队列的头节点，成员变量 lock 是自旋锁，用于互斥（相关内容见第 4 章）。成员变量 head 是等待队列头节点，所有属于同一个等待队列的 struct wait_queue_entry 结构体变量都插入到 head 的后面。

struct wait_queue_entry 结构体和 struct wait_queue_head 结构体的关系如图 3-25 所示。

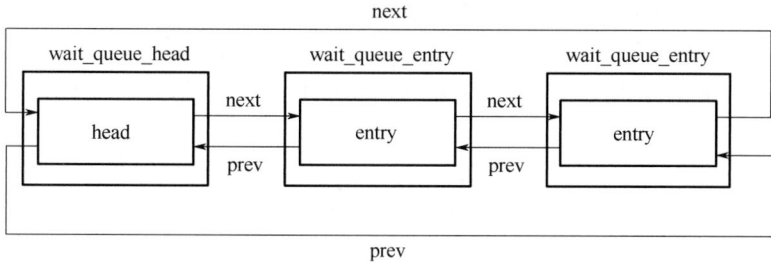

图 3-25　wait_queue_entry 和 wait_queue_head 的关系

struct wait_queue_head 结构体的 head 成员变量作为链表头，属于同一个等待队列的 struct wait_queue_entry 变量的 entry 插入到 head 的后面。

内核也提供了一组使用等待队列的接口，如下所示。

```
DECLARE_WAIT_QUEUE_HEAD(name)
```

声明并初始化等待队列头。该宏的作用是定义一个名为 name 的 struct wait_queue_head 结构体变量并进行初始化，宏的实现在内核源码的 include/linux/wait.h 头文件中，如源码 3-19 所示。

源码 3-19　DECLARE_WAIT_QUEUE_HEAD 的定义

```
#define DECLARE_WAIT_QUEUE_HEAD(name) \
    struct wait_queue_head name = { \
    .lock    = __SPIN_LOCK_UNLOCKED(name.lock), \
    .head    = { &(name).head, &(name).head } }
```

该宏定义将变量 struct wait_queue_head name 中的 head 成员进行初始化，将 head 的 prev 和 next 都指向自身。

```
init_waitqueue_func_entry(struct wait_queue_entry *q, wait_queue_func_t func)
```

初始化一个待处理的任务。第一个参数 q 是将要插入等待队列的任务，第二个参数 func 是任务的执行函数。该函数的作用是绑定任务 q 和函数 func。

```
void add_wait_queue(struct wait_queue_head *wq_head,struct wait_queue_entry *wq_entry)
```

将待处理的任务加入等待队列。第一个参数 wq_head 是等待队列的头节点，第二个参数 wq_entry 是任务。该函数将任务 wq_entry 插入到等待队列 wq_head 中。

```
oid remove_wait_queue(struct wait_queue_head *wq_head, struct wait_queue_entry
*wq_entry)
```

将任务移出等待队列。第一个参数 wq_head 是等待队列的头节点，第二个参数 wq_entry
是将要从等待队列移除的任务。

```
wake_up(x)
```

遍历并执行等待队列中的任务。参数 x 的类型是 struct wait_queue_head *，表示等待队
列的头节点。

下面将在 proc_get_unmapped_area.c（源码 3-8）的基础上进行修改，创建一个等待队列
及一个任务，任务的作用是打印 proc 文件中的数据长度，在加载函数中将该任务加入等待队
列。当文件中的数据长度大于 0 时，等待队列中的任务将被执行。修改后的示例程序如源
码 3-20 所示。

源码 3-20　proc_wait_queue.c

```
......
static int data_len = 0;                            //保存文件中的数据长度
static DECLARE_WAIT_QUEUE_HEAD(waitq_head);   //声明并初始化等待队列头节点
static struct wait_queue_entry wait_entry;       //声明等待队列中的任务
//任务的执行函数
static int my_warn(struct wait_queue_entry *wq_entry, unsigned mode, int flags,
void *key)
{
    if(data_len > 0)
    {
        printk("data_len=%d\n", data_len); //若数据长度大于 0，打印数据长度
    }
    return 0;
}
......
//读文件时执行的函数
static ssize_t proc_file_read(struct file *file, char __user *buf, size_t size,
loff_t *offset)
{
    int count = 0;
    char *ptr = file->private_data;
    //如果文件偏移量+将要读取的长度大于实际数据长度，则读取剩余的数据
    if(*offset + size > data_len)
    {
        count = data_len - *offset;
    }
    else
    {
        //如果文件偏移量+将要读取的长度小于或等于实际数据长度，则读取 size 个字节
        count = size;
    }
    copy_to_user(buf, &ptr[*offset], count); //将数据拷贝给用户空间
    *offset += count;        //读完数据后，文件偏移量增加读取的数据长度
    data_len -= count;       //文件中的数据长度减去已经读取的数据长度
    return count;
```

```
    }
    //写文件将要执行的函数
    static ssize_t proc_file_write(struct file *file, const char __user *buf, size_t
size, loff_t *offset)
    {
        //将用户态传入的数据拷贝到 kbuf 中
        copy_from_user(&kbuf[*offset], buf, size);
        *offset += size;        //写完数据后，文件偏移量增加写入的数据长度
        data_len += size;        //文件中的数据长度加上本次写入的数据长度
        if(data_len > 0)
        {
            wake_up(&waitq_head); //若文件中的数据长度大于 0，则执行等待队列中的任务
        }
        return size;
    }
    ......
    static int proc_file_init(void)  //加载函数
    {
        ......
        //将任务 wait_entry 和执行函数 my_warn 绑定
        init_waitqueue_func_entry(&wait_entry, my_warn);
        //将任务 wait_entry 加入等待队列
        add_wait_queue(&waitq_head, &wait_entry);
        return 0;
    }
    static void proc_file_exit(void)    //卸载函数
    {
        ......
        //将任务 wait_entry 从等待队列中移除
        remove_wait_queue(&waitq_head, &wait_entry);
    }
```

　　源码增加了一个变量 data_len 用于保存文件中的数据长度，同时声明了一个等待队列头节点 waitq_head 和任务 wait_entry。在加载函数中，将任务 wait_entry 和函数 my_warn 进行绑定，my_warn 函数判断文件中的数据长度 data_len 是否大于 0，如果大于 0 则打印数据长度。wait_entry 和 my_warn 绑定后，通过函数 add_wait_queue 将 wait_entry 加入等待队列，该任务在卸载函数中通过 remove_wait_queue 从等待队列中移除。

　　在 proc 文件的写函数 proc_file_write 中，将变量 data_len 加上实际写入的数据长度，然后调用 wake_up 来执行等待队列 waitq_head 中的任务。调用 wake_up 后，函数 my_warn 将得到执行。在 proc 文件的读函数 proc_file_read 中，每读取一次数据，将 data_len 减去实际读取的数据长度。

　　编译、加载该模块后，生成了/proc/proc_file 文件，向该文件写入一段数据后，执行 dmesg -c 命令查看打印信息，将看到变量 data_len 的值被打印出来，表明 my_warn 函数得到执行，如图 3-26 所示。

　　除了之前使用的 add_wait_queue 接口外，还有一组和等待队列相关的接口，这组接口如下：

```
wait_event(wq_head, condition)
```

```
[root@localhost 4-20_proc_wait_queue]# insmod proc_wait_queue.ko
[root@localhost 4-20_proc_wait_queue]# echo "abc" > /proc/proc_file
[root@localhost 4-20_proc_wait_queue]# dmesg -c
[151715.540264] data_len=4
```

图 3-26　加载 proc_wait_queue.ko

等待某个条件发生，否则本进程进入不可中断睡眠状态。第一个参数 wq_head 是等待队列头节点。第二个参数 condition 是等待的条件，可以设置为表达式，例如 x==1。执行该接口的进程将进入不可中断睡眠态，直到条件满足后通过 wake_up 来唤醒。

```
wait_event_timeout(wq_head, condition, timeout)
```

该接口和 wait_event 类似，只是多了一个参数 timeout。如果条件 condition 不满足，那么当前的进程不会一直睡眠，而是 timeout 时间后被自动唤醒，timeout 的单位是毫秒。

```
wait_event_interruptible(wq_head, condition)
```

等待某个条件发生，否则本进程进入可中断睡眠态。该接口和 wait_event 类似，只是进入的状态是可中断睡眠态。

```
wait_event_interruptible_timeout(wq_head, condition, timeout)
```

该接口和 wait_event_interruptible 类似，只是多了一个参数 timeout，如果条件不满足，那么当前的进程不会一直睡眠，而是 timeout 时间后被自动唤醒。

```
wake_up(x)
```

之前的示例程序使用到了该接口，它的作用是遍历并执行等待队列中的任务。而如果 wake_up 和 wait_event 系列接口配合起来使用，它的作用是唤醒处于睡眠状态的进程。因为，执行 wait_event 系列接口后，会创建一个任务并放入等待队列，这个任务的作用是唤醒处于睡眠状态的进程。因此，本质上 wake_up 的作用是遍历并执行等待队列中的任务。

```
wake_up_interruptible(struct wait_queue_head *wq_head)
```

该接口和 wake_up 作用类似，不同之处在于该接口用于唤醒调用 wait_event_interruptible 接口引起睡眠的进程。

下面将在源码 proc_wait_queue.c（源码 3-20）的基础上进行修改，实现读阻塞。即如果文件中没有数据，则读操作阻塞，直到文件中有数据后程序才会继续执行。源码将删除 proc_wait_queue.c 文件中的 struct wait_queue_entry wait_entry 变量及执行函数 my_warn，而使用 wait_event 方式来完成阻塞操作，因此，在加载函数中，也不需要通过 init_waitqueue_ func_entry 来初始化任务及调用 add_wait_queue 将任务加入等待队列，修改后的程序如源码 3-21 所示。

源码 3-21　proc_wait_event.c

```
......
static char *kbuf = NULL;
static int data_len = 0;
static DECLARE_WAIT_QUEUE_HEAD(waitq_head);
......
//读文件将要执行的函数
```

```
    static ssize_t proc_file_read(struct file *file, char __user *buf, size_t size,
loff_t *offset)
    {
        int count = 0;
        char *ptr = file->private_data;
        //通过 wait_event 等待文件中的数据长度大于 0(data_len>0)
        wait_event(waitq_head, data_len > 0);
        if(*offset + size > data_len)
        {
            count = data_len - *offset;
        }
        else
        {
            count = size;
        }

        copy_to_user(buf, &ptr[*offset], count);
        *offset += count;
        data_len -= count;
        return count;
    }
    ......
```

除了不再使用 struct wait_queue_entry wait_entry 变量及执行函数 my_warn 外，对读函数 proc_file_read 做了修改，在实际的读操作前，调用 wait_event 等待文件中的数据长度大于 0，传入该接口的第一个参数是等待队列头节点，第二个参数是条件 data_len>0。此时，如果文件中的数据长度为 0(data_len 是 0)，则读操作将阻塞。写操作函数和源文件 proc_wait_queue.c（源码 3-20）一致，将调用 wake_up 来执行等待队列中的任务。

编译、加载该模块后，通过 cat /proc/proc_file 命令来打印文件 proc_file 中的内容，因为此时文件中的数据长度为 0（data_len 是 0），cat 操作被阻塞，如图 3-27 所示。

```
[root@localhost 4-21_proc_wait_event]# insmod proc_wait_event.ko
[root@localhost 4-21_proc_wait_event]# cat /proc/proc_file
```

图 3-27　读操作被阻塞

直到在另一个命令行窗口通过 echo 命令向 proc_file 文件中写入数据后，cat 命令才会有输出，将打印出文件中的数据。

至此，对 wait_event 系列接口做一个总结：

● 调用 wait_event 后，该接口首先判断是否满足条件，不满足则让当前进程进入睡眠状态。

● wait_event 系列操作看似仅需要等待队列头作为参数，实际上有一个等待队列任务在接口内部被创建并加入该等待队列头，这个任务的作用是唤醒当前的进程。

● wake_up 系列函数的作用是执行等待队列中的任务，而通过 wait_event 创建的队列任务的作用是唤醒进程，使进程能够继续往下执行。

3.9 实现 wait_event 和 wake_up

上一节通过 wait_event 和 wake_up 来实现读阻塞操作，wait_event 接口的作用是等待某个条件发生，如果条件不满足，则进程进入睡眠态。wake_up 接口用来唤醒处于睡眠态的进程。实际上，wake_up 操作执行的是等待队列中的任务，而这个任务唤醒了进程。那么，wait_event 和 wake_up 的实现原理是怎样的？为了加深对 wait_event 和 wake_up 的理解，本节将自己动手实现这两个接口。

wait_event 有两个参数（见 3.8 节），第一个参数是等待队列头节点，第二个参数是需要等待的条件。进入 wait_event 后，会判断这个条件是否满足，如果条件不满足，需要向等待队列中插入一个任务，这个任务的作用是唤醒本进程。任务插入完成后，需要放弃 CPU 的使用权，让当前进程进入睡眠态。进程进入睡眠态后，等待其他进程调用 wake_up 来唤醒该进程。一旦一个进程调用了 wake_up，进程被唤醒后，还是需要判断等待的条件是否满足，如果此时条件满足，则退出 wait_event 函数，程序继续往下执行；如果条件还是不满足，则让进程继续睡眠，直到其他进程调用 wake_up 再次唤醒。wait_event 的流程如图 3-28 所示。

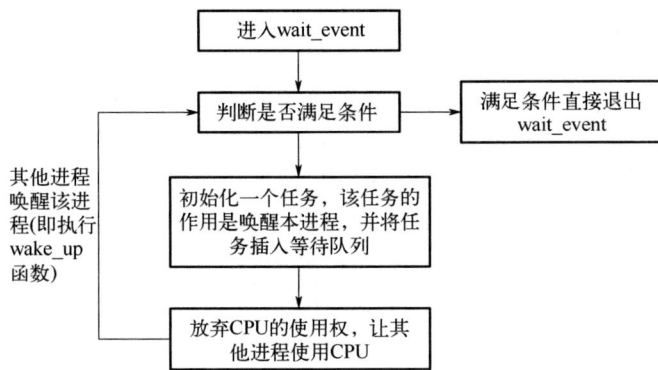

图 3-28　wait_event 执行流程

实现 wait_event 的关键在于等待条件不满足时需要向等待队列插入唤醒进程的任务并主动放弃 CPU 的使用权。需要用到的接口如下：

```
void schedule()
```

令当前占用 CPU 的进程主动放弃 CPU，其他进程占用 CPU（进行进程的切换）。该函数是内核的核心调度函数。

```
int wake_up_process(struct task_struct *p)
```

唤醒某一个进程，让该进程从睡眠状态变为运行状态，并让进程准备被调度执行。

要使用上述函数，需要引入 include/linux/sched.h 头文件（#include <linux/sched.h>），下面将动手实现 my_wait_event 和 my_wake_up 来替代 proc_wait_event.c（源码 3-21）中调用 Linux 内核源码提供的 wait_event 和 wake_up。源码由三个文件组成：my_waitevent.h、my_waitevent.c 和 proc_my_wait_event.c。其中 my_waitevent.h 头文件声明了 my_wake_up 函数，并且通过宏实现了 my_wait_event，my_waitevent.c 文件实现了 my_wake_up 函数，my_waitevent.c

文件和 proc_wait_event.c（源码 3-21）几乎一样，只是将 wait_event 和 wake_up 的相关调用换成了 my_wait_event 和 my_wake_up。my_waitevent.h 头文件的实现如源码 3-22 所示。

源码 3-22　my_waitevent.h

```
#include <linux/wait.h>    //需要用到等待队列
#include <linux/sched.h>    //需要用到 schedule 和 wake_up_process 函数

void my_wake_up(struct wait_queue_head *wq_head);    //my_wake_up 的函数声明
//wake_myself 将作为等待队列任务的执行函数，其作用是唤醒睡眠的进程，
//将在 my_waitevent.c 中实现
int wake_myself(struct wait_queue_entry *wq_entry, unsigned mode, int flags, void
*key);
//用宏实现 my_wait_event，第一个参数是等待队列头节点，第二个参数是条件
#define my_wait_event(q, condition) \
do{ \
    struct wait_queue_entry wait; \    //声明等待队列的任务
    wait.private = current; \           //current 表示当前进程
    wait.func = wake_myself; \    //将等待队列任务的执行函数设为 wake_my_self
    add_wait_queue(&q, &wait); \       //将任务加入等待队列
    for(;;) \
    { \
        if(condition) \                  //如果条件满足，则跳出 for 循环
            break; \
        set_current_state(TASK_INTERRUPTIBLE); \ //将当前进程设为可中断睡眠态
        printk("sleep...\n"); \
        schedule(); \                    //调用 schedule 函数主动放弃 CPU
    } \
    remove_wait_queue(&q, &wait); \    //将任务从等待队列中移除
}while(0)
```

　　源码声明的 my_wake_up 函数和 wake_myself 函数都将在源文件 my_waitevent.c 中实现。wake_myself 函数的作用是唤醒睡眠的进程，该函数将作为等待队列的任务插入到等待队列中。源码还通过宏 my_wait_event 实现了 my_wait_event 接口，该接口将 current 变量作为任务的私有信息，current 变量是 struct task_struct 类型的进程控制块，在 Linux 内核中表示当前进程。设置了任务的私有信息后，将任务的执行函数赋值为 wake_myself 函数并将任务加入等待队列。之后实现了一个 for 循环，在循环中一旦条件满足，则跳出循环；如果条件不满足，则将当前进程设置为可中断睡眠态后调用 schedule 函数放弃 CPU 的使用权。调用 schedule 函数后，当前进程将阻塞，其他进程将得到执行。此时如果其他的进程调用了 my_wake_up（将在 my_waitevent.c 中实现）来唤醒该进程，该进程又会继续执行 for 循环，判断条件是否满足，如果条件不满足，则继续睡眠……

　　my_waitevent.c 的实现如源码 3-23 所示。

源码 3-23　my_waitevent.c

```
#include "my_waitevent.h"
//实现 my_wake_up 函数，该函数用于执行等待队列中的任务
```

```
    void my_wake_up(struct wait_queue_head *wq_head)
    {
        struct wait_queue_entry *curr, *next;
        //遍历等待队列中的任务
        list_for_each_entry_safe(curr, next, &wq_head->head, entry)
        {
            //执行任务的成员函数 func
            curr->func(curr, TASK_INTERRUPTIBLE, 0, NULL);
        }
    }
    //实现 wake_myself 函数，该函数用于唤醒睡眠的进程
    int wake_myself(struct wait_queue_entry *wq_entry, unsigned mode, int flags, void
*key)
    {
        /*
        *获取任务的私有数据，私有数据在 my_wait_event 中被设置为当前进程 current，
        *这个进程是调用 my_wait_event 的进程，如果 my_wait_event 的条件不满足，该
        *进程将会被阻塞
        */
        struct task_struct *task = wq_entry->private;
        wake_up_process(task);                              //唤醒阻塞的进程
        return 0;
    }
```

源码实现了 my_wake_up 和 wake_myself 两个函数。my_wake_up 函数通过 list_for_each_entry_safe（链表的使用见配套电子书第 3.1 节）遍历等待队列中的任务并执行任务的成员函数 func，传入 func 的第一个参数是任务的指针变量。本例中，func 函数是源码实现的 wake_myself。

wake_myself 是任务的执行函数，对应 my_wake_up 中执行的 func 函数。在该函数中，首先获取了被阻塞进程的进程控制块（进程控制块在 my_wait_event 中传入到了任务的私有数据中），然后通过 wake_up_process 函数唤醒了这个进程。由 my_wait_event 的实现（见源码 3-22）可以看出，进程被唤醒后会继续判断 my_wait_event 的条件是否满足，如果不满足则会再次进入睡眠态，等待下一次被唤醒。

在另一个源文件 proc_my_wait_event.c 中将使用已实现的 my_wait_event 和 my_wake_up 来替代 Linux 内核自带的 wait_event 和 wake_up 接口，proc_my_wait_event.c 文件将在 proc_wait_event.c（见源码 3-21）的基础上替换 wait_event 和 wake_up，proc_my_wait_event.c 的实现如源码 3-24 所示。

源码 3-24　proc_my_wait_event.c

```
    ......
    #include "my_waitevent.h"            //引入之前实现的 my_waitevent.h 头文件

    static char *kbuf = NULL;
    static int data_len = 0;
    static DECLARE_WAIT_QUEUE_HEAD(waitq_head);
    ......
    static ssize_t proc_file_read(struct file *file, char __user *buf, size_t size,
loff_t *offset)
```

```
    {
        int count = 0;
        char *ptr = file->private_data;
        //将 wait_event 替换成 my_wait_event
        my_wait_event(waitq_head, data_len > 0);
        ......
    }

    static ssize_t proc_file_write(struct file *file, const char __user *buf, size_t
size, loff_t *offset)
    {
        ......
        if(data_len > 0)
        {
            my_wake_up(&waitq_head);            //将 wake_up 替换成 my_wake_up
        }
    ......
```

之前的所有示例程序都只有一个源文件,而这个示例程序有三个源文件:my_waitevent.h、my_waitevent.c 和 proc_my_wait_event.c。Makefile 和之前的格式稍有不同,需要修改 Makefile 后再编译这个内核模块。修改后的 Makefile 如源码 3-25 所示。

源码 3-25　修改后的 Makefile

```
#内核源码的根目录,读者自行修改成自己的内核源码目录
KERNEL_SRC=/root/linux-5.10.179
PWD = $(shell pwd)
#多个源文件构成的内核模块的模块名是 my_wait_event
obj-m += my_wait_event.o
#-objs 前面是内核模块的模块名, :=后面是几个.c 源文件的名称, 将.c 替换为.o
my_wait_event-objs := my_waitevent.o proc_my_wait_event.o

all:
    make -C $(KERNEL_SRC) M=$(PWD) modules
clean:
    rm -f *.ko *.o  *.symvers *.cmd *.cmd.o *.mod.* *.order
```

与单个源文件构成的内核模块的 Makefile(见源码 1-2)不同,多个源文件的 Makefile 在 obj-m 这一行可以自定义内核模块的名称,这里将内核模块名称定义为 my_wait_event,名称后面需要跟.o 后缀。在这一行下面新增了一行,需要在-objs 关键字前面填上自定义的内核模块名称 my_wait_event,在:=的后面填上几个.c 源文件的名称,并将.c 替换为.o。本例有两个.c 源文件 my_waitevent.c 和 proc_my_wait_event.c,所以这里填上 my_waitevent.o proc_my_wait_event.o,名称间以空格分隔。如果有更多的源文件,可以继续在本行增加对应的源文件名称。

将这三个源文件 my_waitevent.h、my_waitevent.c 和 proc_my_wait_event.c 和 Makefile 放到同一个目录下,执行 make 命令编译,编译完成后将生成 my_wait_event.ko 文件。这个文件就是编译好的内核模块,文件名和 Makefile 中的模块名 my_wait_event 一致。

加载该模块后，观察到的现象和 3.8 节实现的 proc_wait_event.c（见源码 3-21）加载后一样：模块刚加载后，通过 cat /proc/proc_file 命令来查看文件 proc_file 中的内容，cat 操作将被阻塞。直到在另一个命令行窗口通过 echo 命令向 proc_file 文件中写入数据后，cat 命令才会有输出。

Linux 内核自带的 wait_event 和 wake_up 两个接口在内核源码的 linux/wait.h 和 kernel/sched/wait.c 文件中实现，感兴趣的读者可以自行查阅内核源码，和本节实现的方式相似。

3.10　多路复用

多路复用（或称为轮询、poll）的基本原理是：监听一个或多个文件描述符（这些文件描述符可以是打开的文件、套接字、设备等），如果这些文件描述符都没有数据可读，则进程阻塞，一旦某个文件描述符有数据可读，进程就退出阻塞状态，此时应用程序可以读取到文件中的数据。

3.10.1　select 系统调用

应用程序通过 select 系统调用可以实现多路复用。select 系统调用可以让程序监视多个文件状态的变化，它使用一个集合来监听多个文件描述符（例如文件、套接字、设备）的读写状态。程序会停在 select 这里等待，直到被监视的多个文件其中之一发生了状态改变。select 系统调用监听文件是否可读的流程如图 3-29 所示。

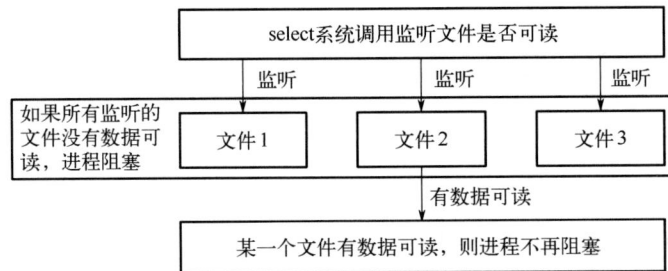

图 3-29　select 系统调用流程

应用程序使用 select 系统调用的步骤一般如下。

（1）初始化文件描述符集合

应用程序可以为 select 系统调用准备三个文件描述符集合，分别监控可读、可写和异常，集合的变量类型是 fd_set。这些集合由 FD_SET、FD_CLR、FD_ISSET 和 FD_ZERO 这四个宏来操作。这几个接口原型如下。

```
void FD_CLR(int fd, fd_set *set)
```

清除文件描述符集合中的某一个文件描述符。第一个参数 fd 是将要清除的文件描述符，第二个参数 set 是文件描述符集合。执行了该函数后，文件描述符 fd 将从集合 set 中清除。

```
int  FD_ISSET(int fd, fd_set *set)
```

检测文件描述符 fd 在集合 set 中的状态是否变化。当检测到 fd 状态发生变化时返回 1，否则，返回 0。

```
void FD_SET(int fd, fd_set *set)
```

将文件描述符 fd 加入到集合 set 中，加入后 select 系统调用将监听该文件描述符。

```
void FD_ZERO(fd_set *set)
```

清空集合 set 中的所有文件描述符。

（2）调用 select 函数

程序调用 select 函数，并传入监控的文件描述符集合。此外，还需要设置一个超时时间，以便在没有任何 I/O 事件发生时，select 函数能够在超时后返回。select 系统调用原型如下。

```
int select(int nfds, fd_set *readfds, fd_set *writefds, fd_set *exceptfds, struct
timeval *timeout)
```

函数的第一个参数 nfds 的值是监听的文件描述符的最大值加 1。第二个参数 readfds、第三个参数 writefds、第四个参数 exceptfds 是三个监听的文件描述符集合，分别可读、可写和异常，如果 readfds 集合中的文件描述符可读，或 writefds 监听的文件描述符可写、或 exceptfds 监听的文件描述符出现异常，则 select 函数将立刻返回。第五个参数 timeout 是超时时间，到了超时时间，则函数返回。函数的返回值如果大于 0，表示有文件描述符可读、可写或出现异常，为 0 表示超时（timeout 到期），-1 表示执行出错。

（3）等待 I/O 事件

select 函数会阻塞，直到至少有一个文件描述符准备好进行 I/O 操作，或者超时时间到达。

（4）检查文件描述符状态

select 函数返回后，应用程序需要检查文件描述符集合的状态，以确定哪些文件描述符准备好进行 I/O 操作。然后，程序可以根据文件描述符的状态来执行相应的读、写或异常处理操作。

（5）重复以上过程

在执行完当前的 I/O 操作后，程序可以再次调用 select 函数，以继续监控文件描述符的状态。

应用程序使用 select 系统调用监听文件是否可读的示例程序 test_select.c 如源码 3-26 所示。

源码 3-26　test_select.c

```
#include <stdio.h>
#include <sys/stat.h>
#include <sys/types.h>
#include <sys/time.h>
#include <fcntl.h>
#include <unistd.h>
#include <string.h>

int main(int argc, char *argv[])
{
    char buf[128] = {0};            //该变量用于保存读取的数据
    fd_set rfds;                    //将要监听的文件描述符集合
    int retval,fd;
    fd = open(argv[1], O_RDWR);     //打开文件，文件路径通过命令行参数传入
```

```
    if(fd < 0)
        printf("open file error!\n");
    while(1)
    {
        memset( buf ,0 ,sizeof(buf));
        FD_ZERO(&rfds);                //清空文件描述符集合
        FD_SET(fd, &rfds);             //将文件描述符加入集合
        printf("select......\n");
        //监听文件描述符集合是否可读
        retval = select(fd+1, &rfds, NULL, NULL, NULL);
        if(retval)                     //select 的返回值大于 0 表示有数据可读
        {
            //判断集合 rfds 中的文件描述符 fd 的状态是否改变
            if(FD_ISSET(fd,&rfds))
            {
                read(fd , buf , 128); //读取数据
                printf("read:%s\n", buf);
            }
        }
    }
    close(fd);
    return 0;
}
```

程序调用 select 时，第一个参数传入的是监听的文件描述符的值加 1；第二个参数 rfds
是监听的文件描述符集合，监听的是文件描述符集合中是否有文件可读；剩下的参数都是
NULL，表示不监听文件描述符是否可写及异常，超时时间为 NULL 表示如果文件描述符不
可读，则程序一直阻塞。

3.10.2　proc 文件的 poll 操作

应用程序执行 select 系统调用监听 proc 文件时，内核将调用 proc 文件的 proc_poll 函数
（见源码 2-1），函数原型如下：

__poll_t proc_poll(struct file *file, struct poll_table_struct *wait)

函数的第一个参数 file 是打开的文件。第二个参数 wait 用于控制 poll 操作，该参数将由
Linux 内核声明并初始化。函数的返回值类型 __poll_t 是无符号的整型，可以使用的返回值如
源码 3-27 所示。

源码 3-27　proc_poll 操作的返回值

```
#define POLLIN       0x0001  //有数据可以读取
#define POLLPRI      0x0002  //有紧急数据可以读取
#define POLLOUT      0x0004  //可以写数据
#define POLLERR      0x0008  //发生错误
#define POLLHUP      0x0010  //发生挂起
#define POLLNVAL     0x0020  //文件描述符不是一个已经打开的文件
```

可以通过实现 proc_poll 函数完成多路复用功能，proc_poll 函数中在没有数据可读写的时候需要调用 poll_wait 接口实现阻塞操作，poll_wait 这个接口和 wait_event 类似，其声明如下：

```
void poll_wait(struct file * filp, wait_queue_head_t * wait_address, poll_table *p)
```

函数的第一个参数 filp 是将要监听的文件。第二个参数 wait_address 是等待队列的头节点，由此可以看出，poll_wait 也是借助等待队列实现阻塞。第三个参数 p 是 poll 操作的控制指针，由内核传入，对应 proc_poll 函数传入的第二个参数 wait。要使用 poll_wait 函数，需要引入 include/linux/poll.h 头文件（#include <linux/poll.h>）。由于 poll_wait 也是借助等待队列实现阻塞，所以如果要唤醒进程需要调用 wake_up 函数。

下面将实现一个示例程序 proc_poll.c，该程序在 proc_wait_event.c（源码 3-21）的基础上，增加 proc 文件的 proc_poll 操作实现多路复用，示例程序如源码 3-28 所示。

源码 3-28　proc_poll.c

```
......
#include <linux/poll.h>        //实现 proc_poll 操作需要引入该头文件

static char *kbuf = NULL;
static int data_len = 0;
static DECLARE_WAIT_QUEUE_HEAD(waitq_head);
......
//poll 的操作函数
static __poll_t proc_file_poll(struct file *file, struct poll_table_struct *wait)
{
    if(data_len == 0)        //如果 data_len 为 0，表示没有数据
    {
        //如果此时没有数据可读，则调用 poll_wait 阻塞进程
        poll_wait(file, &waitq_head, wait);
    }
    //如果 data_len 大于 0，有数据可读
    if(data_len > 0)
    {
        return POLLIN;        //如果有数据可读，返回 POLLIN
    }
    else
    {
        return POLLOUT;        //返回 POLLOUT 表示文件可写
    }
}

//proc 文件的操作函数集合
static struct proc_ops proc_file_ops = {
    ......
    //将 proc_poll 赋值为实现的 proc_file_poll 函数
    .proc_poll = proc_file_poll,
};
......
```

源码主要实现了函数 proc_file_poll，该函数被赋值到 struct proc_ops proc_file_ops 的成员函数 proc_poll，在应用程序通过 select 系统调用监听文件时，内核将执行这个函数。

proc_file_poll 函数判断文件是否有数据，如果没有数据可读（此时 data_len 的值是 0），则调用 poll_wait 来阻塞进程，传入 poll_wait 的第一个参数 file 是 proc_file_poll 函数的第一个参数，表示将要监听的文件；第二个参数 &waitq_head 是等待队列头节点，在源文件一开始就被声明；第三个参数 wait 是 proc_file_poll 函数的第二个参数，用于控制 poll 操作，只需要将这个参数传入 poll_wait 即可实现阻塞。需要注意的是，通过 poll_wait 阻塞的进程需要通过 wake_up 来唤醒，在之前的例子程序 proc_wait_event.c（源码 3-21）的 proc_file_write 函数已经调用了 wake_up 函数，一旦写入数据，进程将被唤醒。

proc_file_poll 函数在数据长度大于 0 时返回 POLLIN，表示有数据可读。其他情况返回 POLLOUT 表示有数据可写。如果返回 POLLIN 并且 select 监听了该文件是否可读，此时若应用程序调用 FD_ISSET 函数来检查文件描述符是否发生改变，FD_ISSET 函数将返回 1。

编译、加载该内核模块，生成/proc/proc_file 文件，然后使用 test_select.c 程序（见源码 3-26）进行测试，一开始 select 操作将被阻塞，直到向/proc/proc_file 文件写入数据后，进程才会退出阻塞状态并读取写入的内容，测试结果如图 3-30 所示。

```
[root@localhost 4-26_test_select]# ./test_select /proc/proc_file
select......
read:abc
```

图 3-30　测试 poll 操作

3.11　定时器

在 Linux 内核中，定时器用来控制某一项任务在延迟规定的时间后执行，或是周期执行某项任务。

3.11.1　毫秒级定时器

毫秒级定时器的精度是毫秒，其结构体和相关接口定义于内核源码的 include/linux/timer.h 头文件中，要使用毫秒级定时器相关接口，需要引入该头文件（#include <linux/timer.h>）。定时器的结构体 struct timer_list 定义如源码 3-29 所示。

源码 3-29　struct timer_list 结构体

```
struct timer_list {
    struct hlist_node  entry;   //哈希链表，定时器的任务通过这个变量串联起来
    unsigned long    expires;   //到期时间
    void (*function)(struct timer_list *); //定时器到期后的执行函数
    u32 flags;                  //标志信息
}
```

结构体的成员变量意义如下。
- entry：哈希链表，由于系统中有多个定时器，这些定时器就通过这个变量串联起来。

- expires：到期时间，定时器多久到期。
- function：定时器到期后的执行函数，其参数是 struct timer_list 类型的指针，表示当前是哪一个定时器到期。
- flags：标志信息，常用的标志信息如源码 3-30 所示。

源码 3-30　常用的定时器标志

```
//定时器可推迟执行，使用该标志后，定时器可能不会严格按照到期时间执行
#define TIMER_DEFERRABLE  0x00080000
/*
*在加入到定时器队列后，定时器不会迁移到其他 CPU 上运行，保证了定时器只在某一个
*CPU 上运行，可以在多核处理器上使用该标志
*/
#define TIMER_PINNED      0x00100000
//定时器执行时禁止中断
#define TIMER_IRQSAFE     0x00200000
//下面的 TIMER_INIT_FLAGS 是将几个标志相或后的结果
#define TIMER_INIT_FLAGS  (TIMER_DEFERRABLE | TIMER_PINNED | TIMER_IRQSAFE)
```

要使用毫秒级定时器，还需要了解如下几个接口：

```
timer_setup(timer, callback, flags)
```

设置定时器。第一个参数 timer 是将要设置的定时器指针，其数据类型是 struct timer_list *。第二个参数 callback 是定时器到期后的执行函数，其类型和 struct timer_list 结构体中的执行函数 function 一致。第三个参数 flags 是标志信息，可以设置的标志见源码 3-30。

```
int mod_timer(struct timer_list *timer, unsigned long expires)
```

启动定时器并设置到期时间。第一个参数 timer 是将要启动的定时器指针变量，第二个参数是到期时间。

```
int del_timer(struct timer_list *timer)
```

删除定时器，参数 timer 就是将要删除的定时器。

```
int del_timer_sync(struct timer_list *timer)
```

该接口的作用和 del_timer 一样，不同之处在于这个函数在删除定时器时需要等待定时器处理完成。

```
void add_timer(struct timer_list *timer)
```

这个接口和 mod_timer 的作用一致，不同之处在于这个接口没有超时时间参数，使用该接口时需要提前设置好超时时间。

上述的定时器相关接口的一般用法如源码 3-31 所示。

源码 3-31　定时器的一般用法

```
struct timer_list my_timer;        //声明定时器
my_timer.function = function;      //设置定时器到期后的执行函数
my_timer.expires  = jiffies + 3*HZ; //设置超时时间
```

```
my_timer.flags = 0;                    //设置定时器标志信息
add_timer(&my_timer);                  //启动定时器
......
del_timer(&my_timer);                  //如果定时器不再使用，需要删除定时器
```

上述源码的到期时间是 jiffies+3*HZ，其中 jiffies 是一个全局变量，用来记录系统自启动以来产生的时钟中断的总次数(一般一次时钟中断的时间被设置为 1 毫秒，可以理解为开机以来的毫秒数)。HZ 表示 1 秒内，时钟中断的总次数。Jiffies+3*HZ 表示到期时间是当前的时间（jiffies）加上 3 秒（3*HZ），即 3 秒后到期。

本节将实现一个示例程序 test_timer.c，该示例程序的作用是每 5 秒打印一次字符串"timer process"，如源码 3-32 所示。

源码 3-32   test_timer.c

```
#include <linux/module.h>
#include <linux/timer.h>                       //使用毫秒级定时器需要引入该头文件

static struct timer_list my_timer;    //声明定时器变量

static void timeout(struct timer_list *timer)  //定时器到期后的执行函数
{
    printk("timer process\n");            //打印字符串"timer process"
    //调用 mod_timer 再次启动定时器，使得 5 秒后再次执行该函数
    mod_timer(&my_timer, jiffies + 5 * HZ);
}
//加载函数
static int test_timer_init(void)
{
    my_timer.function = timeout;              //设置定时器到期后的执行函数
    my_timer.expires = jiffies + 5 * HZ;  //设置到期时间为 5 秒后到期
    my_timer.flags = 0;
    add_timer(&my_timer);                     //启动定时器
    return 0;
}
//卸载函数
static void test_timer_exit(void)
{
    del_timer(&my_timer);                     //删除定时器
}
module_init(test_timer_init);
module_exit(test_timer_exit);
```

源码在加载函数中初始化了定时器的成员变量并通过 add_timer 启动定时器，其中定时器到期时间是 5 秒后，执行函数是 timeout。在实现的 timeout 函数中，首先打印了字符串"timer process"，然后调用 mod_timer 再次启动定时器。第一次启动定时器是在加载函数中通过 add_timer 启动，而第二次及之后是在定时器到期后的执行函数中通过 mod_timer 再次启动，同样是 5 秒到期，这样就会周期执行字符串打印。

编译、加载该模块后，多次执行 dmesg -c 命令查看调试打印，会看到每 5 秒打印出字符串 "timer process"，执行结果如图 3-31 所示。

```
[root@localhost 4-32_test_timer]# insmod test_timer.ko
[root@localhost 4-32_test_timer]# dmesg -c
[13885.400677] timer process
[root@localhost 4-32_test_timer]# dmesg -c
[13890.520250] timer process
```

图 3-31　测试定时器

3.11.2　高精度定时器

比起毫秒级别的定时器，高精度定时器（HrTimer，high resolution timer）可以提供纳秒级别的精度，可以用于时间要求高精度的场景（例如任务调度、高精度看门狗）。高精度定时器需要高精度计时器硬件的支持。

高精度定时器的结构体类型定义于内核源码的 include/linux/hrtimer.h 头文件中，使用高精度定时器需要引入该头文件（#include <linux/timer.h>）。高精度定时器结构体 struct hrtimer 定义如源码 3-33 所示。

源码 3-33　struct hrtimer 结构体

```
struct hrtimer {
    ......
    //到期函数（或称为回调函数）
    enum hrtimer_restart        (*function)(struct hrtimer *);
    ......
    u8 state;                   //定时器状态
    ......
    u8 is_soft;                 //定时器是否在软中断执行
    u8 is_hard;                 //定时器是否在硬件中断中执行
};
```

上述结构体的成员变量意义如下。

● function：定时器到期后的执行函数（或称为回调函数）。其参数是 struct hrtimer 类型的指针变量，表示哪一个定时器到期。函数的返回值是一个枚举类型 hrtimer_restart，可选的值如源码 3-34 所示。

源码 3-34　enum hrtimer_restart

```
enum hrtimer_restart {
    HRTIMER_NORESTART,    //定时器到期后，不会再次启动
    HRTIMER_RESTART,      //定时器到期后，会再次启动
};
```

● state：定时器的状态，定时器是否活跃、是否启动等状态由该字段指定。

● is_soft 和 is_hard：is_soft 表示定时器是否在软中断执行，is_hard 表示定时器是否在硬件中断执行。关于软中断和硬件中断的概念，将在第 8 章描述。

初始化、启动、取消、更新高精度定时器的相关接口如下。

① 初始化高精度定时器

```
void hrtimer_init(struct hrtimer *timer, clockid_t clock_id, enum hrtimer_mode mode)
```

函数的第一个参数 timer 是需要初始化的定时器指针，第二个参数 clock_id 是时钟类型，第三个参数 mode 是定时器的模式。关于定时器的时钟类型定义如源码 3-35 所示。

源码 3-35　时钟类型

```
//以下是时钟类型的定义
#define CLOCK_REALTIME   0   //绝对时间，从 1970 年 1 月 1 日开始的时间
#define CLOCK_MONOTONIC  1   //开机时间，从计算机上电开始计时
......
/*
*CLOCK_BOOTTIME 也表示开机时间，和 CLOCK_MONOTONIC 不同的是，CLOCK_BOOTTIME 在系*统睡
眠时也会增加，而 CLOCK_MONOTONIC 在系统睡眠时不会增加
*/
#define CLOCK_BOOTTIME   7
......
#define CLOCK_TAI        11   //国际原子时
```

Linux 内核提供了一组获取不同时钟类型时间的接口，这些接口在内核源码的 include/linux/timekeeping.h 头文件中声明，如下所示。

- ktime_t ktime_get(void)：获取 MONOTONIC 时间，即时钟类型是 CLOCK_MONOTONIC 的时间。
- ktime_t ktime_get_real(void)：获取 1970 年开始的时间，即时钟类型是 CLOCK_REALTIME 的时间。
- ktime_t ktime_get_boottime(void)：获取 BOOTTIME 时间，即时钟类型是 CLOCK_BOOTTIME 的时间。
- ktime_t ktime_get_clocktai(void)：获取国际原子时时间，即时钟类型是 CLOCK_TAI 的时间。

上述几个接口的返回值 ktime_t 是有符号的 64 位整型，类型定义为 typedef s64 ktime_t。内核还提供了一个接口来设置 ktime_t 类型的时间，这个接口是：

```
ktime_t ktime_set(const s64 secs, const unsigned long nsecs)
```

其第一个参数 secs 是设置的秒数，第二个参数 nsecs 是设置的纳秒数。

关于定时器的模式定义如源码 3-36 所示。

源码 3-36　高精度定时器的模式

```
//以下是定时器模式的定义
enum hrtimer_mode {
HRTIMER_MODE_ABS      = 0x00,     //绝对超时时间
HRTIMER_MODE_REL      = 0x01,     //相对超时时间
HRTIMER_MODE_PINNED   = 0x02,     //定时器和 CPU 绑定
HRTIMER_MODE_SOFT     = 0x04,     //定时器在软中断中处理
/*
```

```
*定时器在硬中断中处理, 这个选项在内核配置了 CONFIG_HIGH_RES_TIMERS 选项,
*且高精度定时器设备支持 ONESHOT(单次触发)才会生效
*/
HRTIMER_MODE_HARD    = 0x08,
......                              //其余的模式定义是上面几种模式的组合
};
```

定时器模式是枚举类型,HRTIMER_MODE_ABS 是绝对时间,如果设置了这个模式,那么设置的超时时间是绝对时间。HRTIMER_MODE_REL 是相对时间,如果设置了这个模式,设置定时器时只需要设置相对的超时时间。HRTIMER_MODE_PINNED 表示定时器将在某个固定 CPU 上执行,而不会被调度到其他 CPU 上执行。

需要注意的是,对于时钟类型是 CLOCK_REALTIME 的情况下,定时器模式不能设置为 HRTIMER_MODE_REL。如果这样设置,定时器的时钟类型会被替换为 CLOCK_MONO-TONIC。这是因为时钟类型 CLOCK_REALTIME 是绝对时间,而定时器模式 HRTIMER_MODE_REL 是相对超时时间,绝对时间和相对时间不能混用,否则会产生冲突。

② 启动定时器

```
void hrtimer_start(struct hrtimer *timer, ktime_t tim,const enum hrtimer_mode mode)
```

函数的第一个参数是 timer 将要启动的定时器;第二个参数 tim 是定时器的到期时间,定时器到期后将执行对应的回调函数;第三个参数 mode 是定时器的模式,这个参数和 hrtimer_init 函数的定时器模式一致。

③ 取消定时器

```
int hrtimer_cancel(struct hrtimer *timer)
```

函数的参数 timer 是将要取消的定时器。如果函数的返回值为 1 表示定时器是活动的,返回值为 0 表示定时器不是活动的。定时器活动指的是定时器正在计时或正在执行到期后的回调函数。

④ 更新定时器的到期时间

```
u64 hrtimer_forward(struct hrtimer *timer, ktime_t now, ktime_t interval)
```

该函数用于重新设置定时器的到期时间。第一个参数 timer 是需要设置的定时器;第二个参数 now 是定时器的基准时间,到期时间将在该基准上推后一个相对时间;第三个参数 interval 是定时器的到期时间,这是一个相对时间。定时器的绝对到期时间是 now+interval,即基准时间+相对时间。函数的返回值可能是 0,表示定时器还未到期,无需更新;函数还可能返回从上一次超时时间开始的超时次数,即(now−上次超时时间)/interval + 1。

⑤ 增加定时器超时时间

```
void hrtimer_add_expires(struct hrtimer *timer, ktime_t time)
```

延后定时器的超时时间。第一个参数 timer 是将要延后的定时器,第二个参数 time 是延后的时间。

```
void hrtimer_add_expires_ns(struct hrtimer *timer, u64 ns)
```

该接口和 hrtimer_add_expires 函数的作用类似,不同之处在于,hrtimer_add_expires 是以

ktime 作为增加时间的变量类型，而 hrtimer_add_expires_ns 是以纳秒作为单位增加时间。

在了解了高精度定时器的结构体和相关接口后，一般通过以下几个步骤使用这些接口：

① 调用 hrtimer_init 初始化定时器，这一步需要设置定时器的时钟类型和模式；

② 设置定时器到期后的回调函数，然后调用 hrtimer_start 启动定时器，启动时需要设置定时器的到期时间；

③ 定时器到期后如果还需要再次启动，使用 hrtimer_forward 再次设置到期时间；

④ 如果不再使用定时器，调用 hrtimer_cancel 取消定时器。

本节将实现一个示例程序 test_hrtimer.c，这个示例程序的作用是每 3 秒打印一次字符串 "hello,hrtimer"，源码如源码 3-37 所示。

源码 3-37　test_hrtimer.c

```
#include <linux/module.h>
#include <linux/hrtimer.h>          //使用高精度定时器需要引入该头文件

static struct hrtimer my_timer;   //声明高精度定时器变量
//定时器到期后的处理函数
static enum hrtimer_restart my_timer_func(struct hrtimer *timer)
{
    ktime_t now = ktime_get_real();             //获取绝对时间
    printk("hello,hrtimer\n");                  //打印字符串
    hrtimer_forward(timer, now, ktime_set(3,0)); //推迟 3 秒再次执行该函数
    return HRTIMER_RESTART;      //返回 HRTIMER_RESTART 表示将再次执行该函数
}
//加载函数
static int test_hrtimer_init(void)
{
    //初始化定时器，时钟类型是绝对时间，模式设置为使用绝对超时时间
    hrtimer_init(&my_timer, CLOCK_REALTIME, HRTIMER_MODE_ABS);
    my_timer.function = my_timer_func;          //设置定时器到期的执行函数
    //启动定时器，到期时间是当前时间加 3 秒，定时器模式设置为使用绝对超时时间
    hrtimer_start(&my_timer,ktime_get_real() + ktime_set(3,0),
 HRTIMER_MODE_ABS);
    return 0;
}
//卸载函数
static void test_hrtimer_exit(void)
{
    hrtimer_cancel(&my_timer);                  //取消定时器
}
module_init(test_hrtimer_init);
module_exit(test_hrtimer_exit);
MODULE_LICENSE("GPL");          //需要使用 GPL 协议，否则不能使用高精度定时器
```

源文件在加载函数中通过 hrtimer_init 初始化高精度定时器，时钟类型是绝对时间，定时器模式设置为使用绝对超时时间。此时如果要启动定时器，定时器到期时间要设置为绝对时间。初始化定时器后，设置定时器到期后的执行函数是 my_timer_func，然后启动定时器，启动定时器时填入的到期时间是当前的绝对时间，加上 3 秒。当前的绝对时间通过 ktime_get_real

获取，而加上的 3 秒通过 ktime_set 来设置。

定时器到期后的执行函数 my_timer_func 打印了字符串"hello,hrtimer"，然后通过 hrtimer_forward 函数来设置下一次的到期时间为当前时间加上 3 秒，然后返回 HRTIMER_RESTART，3 秒后定时器将再次到期，打印出字符串"hello,hrtimer"。

需要注意的是，在使用高精度定时器接口时，需要引入 GPL 协议，用 MODULE_LICENSE ("GPL") 来声明，否则模块不能加载。编译、加载该模块后，多次执行 dmesg -c 命令查看调试打印，会观察到每 3 秒会打印一次"hello,hrtimer"，如图 3-32 所示。

```
[root@localhost 4-37_test_hrtimer]# insmod test_hrtimer.ko
[root@localhost 4-37_test_hrtimer]# dmesg -c
[22093.558561] hello,hrtimer
[root@localhost 4-37_test_hrtimer]# dmesg -c
[22096.558412] hello,hrtimer
```

图 3-32　测试高精度定时器

3.12　延时任务

和定时器类似，延时任务也是一种定时完成某项工作的机制。Linux 的延时任务使用毫秒级定时器和工作队列实现，借助了 kworker 线程完成任务。

延时任务的结构体类型是 struct delayed_work，定义于内核源码的 include/linux/workqueue.h 头文件中。要使用延时任务，需要引入该头文件（#include <linux/workqueue.h>）。延时任务相关的接口如下：

```
DECLARE_DELAYED_WORK(n, f)
```

定义并初始化延时任务。该接口的第一个参数 n 是延时任务的名称；第二个参数 f 是延时任务将要执行的函数，类型是 work_func_t，这个类型的定义为 typedef void (*work_func_t)(struct work_struct *work)，由于延时任务借助工作队列实现，其参数 work 就是工作队列中的工作。

```
bool schedule_delayed_work(struct delayed_work *dwork, unsigned long delay)
```

启动延时任务。第一个参数 dwork 是延时任务的指针变量；第二个参数 delay 是延迟任务将在多久后执行，这个参数和毫秒级定时器的到期时间一致，例如 3*HZ 表示 3 秒后到期。

```
bool cancel_delayed_work(struct delayed_work *dwork)
```

取消延时任务。参数 dwork 是将要取消的延时任务指针。

上述几个接口的一般使用步骤是：首先通过 DECLARE_DELAYED_WORK 定义并初始化一个延时任务，然后通过 schedule_delayed_work 启动延时任务。某个延时任务如果不再使用，通过 cancel_delayed_work 取消这个延时任务。

下面将使用延时任务实现一个示例程序 test_delayed_work.c，这个示例程序将每 5 秒打印一次字符串"hello,delayed work"，示例程序实现如源码 3-38 所示。

源码 3-38　test_delayed_work.c

```
#include <linux/module.h>
#include <linux/workqueue.h>
```

```
//函数 my_func 将作为延时任务的执行函数
static void my_func(struct work_struct *work);
//初始化延时任务 my_delayed, 其执行函数是 my_func
DECLARE_DELAYED_WORK(my_delayed, my_func);
//实现延时任务的执行函数 my_func, 该函数每 5 秒打印一次字符串
static void my_func(struct work_struct *work)
{
    printk("hello,delayed work\n");
    //5 秒后再次执行延时任务的处理函数
    schedule_delayed_work(&my_delayed, 5 * HZ);
}
//加载函数
static int test_delayed_work_init(void)
{
    //启动延时任务, 5 秒后执行延时任务的处理函数
    schedule_delayed_work(&my_delayed, 5 * HZ);
    return 0;
}
//卸载函数
static void test_delayed_work_exit(void)
{
    cancel_delayed_work(&my_delayed);          //取消延时任务
}
module_init(test_delayed_work_init);
module_exit(test_delayed_work_exit);
```

源码首先初始化了延时任务 my_delayed, 并将其和执行函数 my_func 绑定。在加载函数中通过 schedule_delayed_work 函数来启动延时任务, 到期时间是 5 秒, 5 秒后将执行函数 my_func。函数 my_func 中打印了字符串"hello,delayed work", 然后调用 schedule_delayed_work 函数再次启动延时任务, 5 秒后将再次打印字符串。在源码的卸载函数中, 通过 cancel_delayed_work 函数取消延时任务。

编译、加载该模块后, 多次执行 dmesg -c 命令查看打印信息, 每 5 秒会打印出字符串 "hello, delayed work"。

第**4**章
并发与互斥

多个执行单元在同时并发运行时，对共享资源的访问可能会产生冲突。

图 4-1 有三个进程：进程 A、B、C。进程 A 和 C 在向同一块内存区域写入数据，而进程 B 从这块内存区域中读取数据。

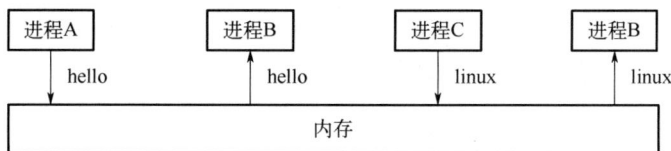

图 4-1   三个进程并发读写数据

进程 A 向内存写入字符串"hello"，进程 C 向同一块内存区域写入字符串"linux"，理想的情况是：进程 A 将字符串"hello"写入内存后，进程 B 能够读取到完整的"hello"字符串；进程 C 向同一块内存区域写入字符串"linux"后，进程 B 能够读取到完整的"linux"字符串。

而现实情况是：进程 A 和进程 C 在同时向同一块内存区域写数据时，可能会产生串扰。如图 4-2 所示。

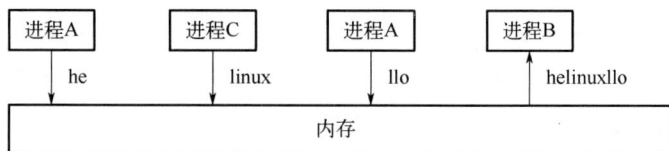

图 4-2   并发读写数据

进程 A 本来是要写入"hello"字符串，在写入字符串前两个字符"he"后，由于进程 C 同时也在写数据，这个时候在进程 A 写入剩余的字符前，进程 C 占用了资源，向内存中写入了"linux"，之后进程 A 才继续向内存写入剩余的字符"llo"。这个时候进程 B 读取数据，读到的数据就是"helinuxllo"，没有达到分别完整读取字符串"hello"和"linux"的效果。

上述几个进程访问的同一块内存区域被称作共享资源，如果要避免进程 A 和进程 C 同时向同一块内存区域写入数据导致冲突，则需要某种手段来规避，这种手段被称作互斥。本章将讲解 Linux 内核提供的互斥机制。

4.1 信号量

如果某一段代码在同一时间不允许多个执行单元并发执行（某一时刻只能有一个执行单元执行这段代码），多个执行单元并发执行会导致对共享资源的访问冲突，这段代码区就被称为临界区。信号量是一种进程级别的对临界区进行互斥访问的手段。

信号量的结构体类型是 struct semaphore，定义于内核源码的 include/linux/semaphore.h 头文件中，如果要使用信号量，需要引入该头文件（#include <linux/semaphore.h>）。信号量相关接口声明如下：

```
void sema_init(struct semaphore *sem, int val)
```

初始化信号量。信号量和一个整型的值绑定，该函数将设置信号量的初始值。第一个参数 sem 是将要初始化的信号量；第二个参数 val 是信号量的初始值，一般设置为 1。

```
void down(struct semaphore *sem)
```

获取信号量，参数 sem 是将要获取的信号量的指针变量，该函数一般在进入临界区前使用。使用该接口后，如果多个执行单元并发执行，同一时刻只能有一个执行单元进入临界区。调用该函数时，如果信号量的值是 0，则进程将被阻塞；如果信号量的值大于 0，则将信号量的值减 1。

```
void up(struct semaphore *sem)
```

释放信号量，参数 sem 是将要释放的信号量的指针变量，该函数一般在退出临界区时使用。某个执行单元执行完临界区的代码后需要调用该函数，这样其他调用 down 函数进入阻塞状态的执行单元才能退出阻塞状态，进入临界区。调用该函数时，信号量的值将会加 1。

上述接口的使用方式一般是首先调用 sema_init 函数初始化信号量，将第二个参数 val 的值设置为 1。在进入临界区之前调用 down 函数获取信号量，如果信号量获取成功，执行临界区中的代码，否则进程阻塞。在退出临界区时调用 up 函数释放信号量，信号量释放后可以被其他进程使用。释放信号量后，如果有其他进程阻塞在获取信号量的函数 down 中，则能够成功获取信号量进入临界区。

下面将实现一个示例程序 test_sema.c，实现 proc 文件的写阻塞操作：第一次向 proc 文件写入数据时，能够成功写入数据，第二次向 proc 文件写数据时，进程将阻塞，直到另一个进程读取了数据才能够成功写入。源码将在 3.10.2 节的示例程序 proc_poll.c（见源码 3-28）的基础上，在 proc 文件的写函数中加入获取信号量的操作，proc 文件的读函数中，加入释放信号量的操作。test_sema.c 实现如源码 4-1 所示。

源码 4-1　test_sema.c

```
......
static struct semaphore sem;    //声明信号量
......
static ssize_t proc_file_read(struct file *file, char __user *buf, size_t size,
loff_t *offset)
{
    ......
    if(data_len == 0)
```

```
    {
        up(&sem);                    //读完数据后，释放信号量
    }
    return count;
}
//写文件将要执行的函数
static ssize_t proc_file_write(struct file *file, const char __user *buf, size_t
size, loff_t *offset)
{
    down(&sem);                      //写数据之间，先获取信号量
    copy_from_user(&kbuf[*offset], buf, size);
......
//加载函数
static int proc_file_init(void)
{
    ......
    sema_init(&sem, 1);              //初始化信号量，将信号量的值设置为1
    return 0;
}
......
```

源码在加载函数中通过 sema_init 函数将信号量的值初始化为 1。在写函数 proc_file_write
中，写数据之前通过 down 函数获取信号量。在读函数 proc_file_read 中，读取完数据后，判
断当前是否读取已经读取完成（data_len 是 0 就表示数据已经全部读取完成），如果数据全部
读取完成，则通过 up 函数释放信号量。

编译、加载该模块后，生成/proc/proc_file 文件。通过 echo 命令向/proc/proc_file 文件写
入数据，能够成功写入。

源码初始化信号量时将信号量的初始值设置为 1，在第一次写数据时由于信号量的值是
1，down 函数不会阻塞。down 函数执行时会将信号量的值减 1，减 1 后信号量的值是 0，此
时如果再次通过 echo 命令向/proc/proc_file 文件写入数据，写函数 proc_file_write 调用 down
的时候信号量的值是 0，down 函数将会阻塞，所以第二次向文件写入数据时进程将被阻塞，
如图 4-3 所示。

```
[root@localhost 5-1_test_sema]# insmod test_sema.ko
[root@localhost 5-1_test_sema]# echo "abc" > /proc/proc_file
[root@localhost 5-1_test_sema]# echo "def" > /proc/proc_file
```

图 4-3   通过信号量阻塞 proc 文件的写操作

echo 命令阻塞后，需要通过另一个命令行窗口使用 cat /proc/proc_file 命令读取数据，数
据读取完成后 proc_file_read 函数将会调用 up 函数将信号量的值加 1，释放信号量。这个时
候，写函数 proc_file_write 的 down 操作发现信号量的值变为了 1，能够成功获取信号量，于
是退出阻塞状态，成功写入了数据。

为什么说信号量是一种进程级别的互斥手段？原因如下。
● 信号量用于进程之间的资源互斥。如果资源竞争失败，则进程将会阻塞，发生进程

的切换，其他的进程将占用 CPU 运行。

● 信号量只能在进程上下文中使用，不能在中断、软中断（中断、软中断的概念将在第 8 章介绍）使用。

所谓进程上下文，就是一个进程在执行时的所有状态（CPU 的所有寄存器中的值、进程的状态以及栈上的内容）。当需要从一个进程切换到另一个进程运行时，内核需要保存当前进程的所有状态，即保存当前进程的进程上下文，以便再次执行该进程时，能够恢复切换时的状态，继续执行。系统调用属于进程上下文，它的执行代码虽然是在内核中，但它是代表着某个进程的操作，属于进程上下文。因此，在系统调用中（例如 open、read、write、close、socket……）可以使用信号量。信号量可以用在系统调用处理函数中，也可以用在内核线程中。

以下还有一组信号量相关的其他接口，这组接口和 down、up 类似，作用都是获取信号量及释放信号量。读者可以将示例程序 test_sema.c（源码 4-1）中的 down 和 up 函数改为下面的接口进行实验：

● int down_interruptible(struct semaphore *sem)：获取信号量，如果不能获取则进入可中断睡眠态。

● int down_killable(struct semaphore *sem)：获取信号量，如果不能获取则进入"可被杀死"（killable）的不可中断睡眠态。

● int down_trylock(struct semaphore *sem)：尝试获取信号量，不会阻塞进程，返回 0 表示获取成功，1 表示失败。

● int down_timeout(struct semaphore *sem, long jiffies)：尝试获取信号量，如果不能获取，则在规定时间后返回。返回 0 表示获取成功，返回-ETIME 表示获取失败。

4.2 互斥体

互斥体是一种进程级别的对临界区进行互斥访问的手段，和信号量类似，通过它也可以实现对临界区的互斥访问。

互斥体的结构体类型是 struct mutex，定义在内核源码的 include/linux/mutex.h 头文件中，要使用互斥体，需要引入该头文件（#include <linux/mutex.h>）。互斥体常用的接口如下：

```
mutex_init(mutex)
```

初始化互斥体，在使用互斥体进行互斥操作前需要通过该接口初始化。这是一个宏定义，其参数 mutex 的类型是 struct mutex *，表示需要初始化的互斥体指针变量。

```
void mutex_lock(struct mutex *lock)
```

对互斥体加锁（获取互斥体），其参数 lock 是将要被加锁的互斥体。该接口在进入临界区前使用，可以防止多个执行单元同时进入临界区。如果一个进程尝试调用该接口进行加锁，在其他进程已经通过该接口成功加锁且没有解锁的情况下，进程会加锁失败，进入睡眠状态。

```
void mutex_unlock(struct mutex *lock)
```

对互斥体解锁（释放互斥体），其参数 lock 是需要被释放的互斥体。该接口在退出临界区时使用，执行该接口后，其他的执行单元就能够对同一个互斥体加锁成功。

互斥体的一般使用方式是：先通过 mutex_init 对互斥体进行初始化，然后在进入临界区前通过 mutex_lock 加锁，在退出临界区时，通过 mutex_unlock 解锁。下面通过一个示例程序 test_mutex.c 来演示互斥体的用法，test_mutex.c 在 test_sema.c（见源码 4-1）的基础上删除了信号量的相关操作，通过互斥体进行读操作和写操作的互斥。test_mutex.c 的实现如源码 4-2 所示。

源码 4-2　test_mutex.c

```
......
static struct mutex mutex;                //声明互斥体
......
static ssize_t proc_file_read(struct file *file, char __user *buf, size_t size,
loff_t *offset)
{
    ......
    mutex_lock(&mutex);                   //读数据前加锁
    ......
    copy_to_user(buf, &ptr[*offset], count);
    ......
    mutex_unlock(&mutex);                 //读完数据后解锁
    return count;
}
//写文件将要执行的函数
static ssize_t proc_file_write(struct file *file, const char __user *buf, size_t
size, loff_t *offset)
{
    mutex_lock(&mutex);                   //写数据前加锁
    copy_from_user(&kbuf[*offset], buf, size);
    ......
    mutex_unlock(&mutex);                 //数据写完后解锁
    return size;
}
......
static int proc_file_init(void)
{
    ......
    mutex_init(&mutex);                   //初始化互斥体
    return 0;
}
......
```

源码在读函数 proc_file_read 中进行读操作前通过 mutex_lock 加锁，读完数据后通过 mutex_unlock 解锁；对于写函数 proc_file_write 在写操作前加锁，写操作后解锁，实现了读和读、读和写、写和写的互斥。

4.3　完成量

和信号量类似，完成量是 Linux 提供的一种进程级的同步方式，用于一个执行单元等待另一个执行单元完成某事。使用完成量等待时，进程是以睡眠状态进行等待的。

完成量的结构体类型是 struct completion，定义于内核源码的 include/linux/completion.h 头文件中，要使用完成量，需要引入该头文件（#include <linux/completion.h>）。struct completion 结构体定义如源码 4-3 所示。

源码 4-3　struct completion 结构体

```
struct completion {
    //完成量的完成计数，处于未完成状态时该值为 0
    unsigned int done;
    //这是一个队列，所有处于未完成状态的进程都将加入该队列
    struct swait_queue_head wait;
};
```

使用完成量的相关接口如下。

- void init_completion(struct completion *x)：初始化完成量，参数 x 是将要初始化的完成量。
- void wait_for_completion(struct completion *x)：等待完成量，参数 x 是需要等待的完成量。
- void complete(struct completion *x)：唤醒完成量，参数 x 是将要唤醒的完成量。

使用上述完成量接口的一般步骤是：

① 通过 init_completion 函数初始化某个完成量。

② 在需要等待的代码位置调用 wait_for_completion 函数等待完成量，此时进程会进入阻塞状态。

③ 在条件满足需要退出等待的代码位置调用 complete 函数唤醒完成量，此时调用 wait_for_completion 进入阻塞状态的执行单元将会被唤醒，继续执行后面的代码。

wait_for_completion 函数和 complete 函数的关系如图 4-4 所示。

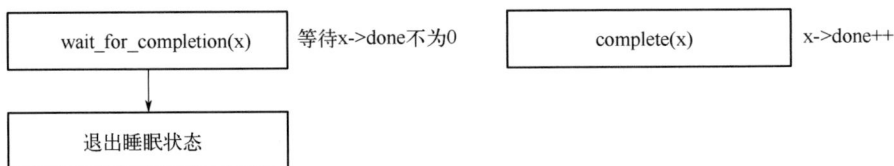

图 4-4　wait_for_completion 和 complete

在调用 wait_for_completion 函数前，完成量对应的 struct completion 结构体变量的 done 成员是 0，调用 wait_for_completion 函数时会等待 struct completion 结构体变量的 done 成员变成不为 0。而 complete 函数会将 struct completion 结构体变量的 done 成员加 1，这个时候调用 wait_for_completion 函数的执行单元就会退出睡眠状态，然后将 struct completion 结构图变量的 done 成员减 1（此时 done 成员变量又变成了 0），继续执行后面的代码。

下面将以一个示例程序 test_completion.c，实现 proc 文件的读阻塞操作：如果文件中没有数据时，读数据的进程将阻塞，直到另一个进程向文件中写入数据后读进程才退出阻塞状态成功读取数据。该程序是 proc_poll.c（源码 3-28）的基础上，删除原有的读阻塞相关操作（即删除 wait_event 和 wake_up 实现的读阻塞操作），通过完成量来实现该功能的。示例程序如源码 4-4 所示。

源码 4-4   test_completion.c

```
......
    static struct  completion my_comp;        //声明完成量
......
    static ssize_t proc_file_read(struct file *file, char __user *buf, size_t size,
loff_t *offset)
    {
        int count = 0;
        char *ptr = file->private_data;
        //读数据前，通过 wait_for_completion 等待完成量
        wait_for_completion(&my_comp);

        if(*offset + size > data_len)
        ......
    }
    //写文件将要执行的函数
    static ssize_t proc_file_write(struct file *file, const char __user *buf, size_t
size, loff_t *offset)
    {
        copy_from_user(&kbuf[*offset], buf, size);
        *offset += size;
        data_len += size;
        complete(&my_comp);                    //写完数据后，通过 complete 唤醒完成量
        return size;
    }
    ......
    //加载函数
    static int proc_file_init(void)
    {
        ......
        init_completion(&my_comp);        //初始化完成量
        return 0;
    }
```

  源码在加载函数中通过 init_completion 初始化完成量，在读函数 proc_file_read 函数中通过 wait_for_completion 来等待完成量，在写函数 proc_file_write 中通过 complete 来唤醒完成量。如果还未写入数据的情况下调用了读函数，进程将会阻塞，直到有数据写入后读函数才会退出阻塞状态。

  编译、加载该模块后，生成了 /proc/proc_file 文件，通过 cat /proc/proc_file 命令读取文件，cat 命令将会阻塞。如图 4-5 所示。

```
[root@localhost 5-3_test_completion]# insmod test_completion.ko
[root@localhost 5-3_test_completion]# cat /proc/proc_file
```

图 4-5   通过完成量实现读阻塞

  直到另一个进程向该文件写入了数据，cat 命令才会退出阻塞状态，并打印出写入的内容。以下还有一组完成量相关的其他接口，这组接口和 wait_for_completion、complete 类似，

作用都是等待完成量及唤醒完成量。读者可以将示例程序 test_completion.c（源码 4-4）中的 wait_for_completion 和 complete 函数改为下面的接口进行实验：

- unsigned long wait_for_completion_timeout(struct completion *x, unsigned long timeout)：等待完成量，如果在规定时间内没有完成则返回。函数若返回 0 表示超时，正数表示完成，timeout 是等待时间。
- void wait_for_completion_io(struct completion *x)：等待 IO 操作完成量。
- unsigned long wait_for_completion_io_timeout(struct completion *x, unsigned long timeout)：和 wait_for_completion_io 类似，不同之处在于如果在规定时间内没有完成则返回。函数若返回 0 表示超时，正数表示完成。
- int wait_for_completion_interruptible(struct completion *x)：等待完成量，进程进入可中断睡眠态，函数返回 0 表示完成，-ERESTARTSYS 表示被中断。
- long wait_for_completion_interruptible_timeout(struct completion *x, unsigned long timeout)：等待完成量，进程进入可中断睡眠态。函数若返回-ERESTARTSYS 表示被中断，0 表示超时，正数表示完成。
- int wait_for_completion_killable(struct completion *x)：等待完成量，进程进入可被杀死的不可中断睡眠态。函数若返回-ERESTARTSYS 表示进程被中断，0 表示完成。
- long wait_for_completion_killable_timeout(struct completion *x, unsigned long timeout)：等待完成量，进程进入可被杀死的不可中断睡眠态。函数若返回-ERESTARTSYS 表示被中断，0 表示超时，正数表示完成。
- void complete_all(struct completion *x)：唤醒所有等待同一完成量的进程。需要注意的是：complete_all 会将 x->done 设置为 UINT_MAX，此时如果再调用 wait_for_completion 函数，done 值不会自动减少。因为 done 值为 0 进程才会阻塞，这意味着执行完 complete_all 后再次执行 wait_for_completion 函数，进程将不会阻塞。

4.4 原子操作

原子操作是在执行过程中不会被其他的代码中断或抢占的操作。假设终端有两个处理器，CPU1 和 CPU2，这两个 CPU 执行同一个原子操作，这个原子操作的作用是让变量 x 的值加 1，如图 4-6 所示。

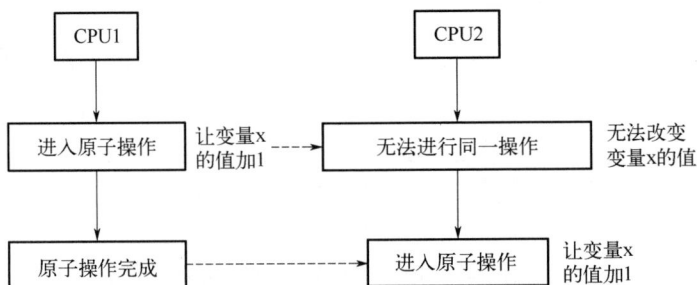

图 4-6　原子操作

如果 CPU1 首先进入原子操作，在执行原子操作的过程中，CPU2 无法进入同一个原子操作。需要等待 CPU1 执行完原子操作后，CPU2 才能进入原子操作。

4.4.1 整型原子操作

在 Linux 中，整型原子变量的结构体类型是 atomic_t，定义于内核源码的 include/linux/types.h 头文件中，结构体定义如源码 4-5 所示。

源码 4-5　atomic_t 结构体定义

```
typedef struct {
    int  counter;          //原子变量的值
} atomic_t;
```

整型原子操作相关接口如下。

● ATOMIC_INIT(i)：初始化原子变量，一般用法是：atomic_t v = ATOMIC_INIT(i)。参数 i 是将要设置的原子变量的值，这个值指的是 atomic_t 结构体中的成员变量 counter 的值。

● void atomic_set(atomic_t *v, int i)：设置原子变量的值。第一个参数 v 是将要设置的原子变量的指针。第二个参数 i 是将要给原子变量设置的值。

● int atomic_read(const atomic_t *v)：获取原子变量的值，参数 v 是对应的原子变量。

● void atomic_add(int i, atomic_t *v)：增加原子变量的值。第一个参数 i 是将要增加的值，第二个参数 v 是对应的原子变量。执行完该函数后，原子变量 v 的值增加了 i。

● void atomic_dec(int i, atomic_t *v)：减小原子变量的值。第一个参数 i 是将要减小的值，第二个参数 v 是对应的原子变量。执行完该函数后，原子变量 v 的值减小了 i。

● void atomic_inc(atomic_t *v)：让原子变量的值加 1，参数 v 是需要增加的原子变量。

● void atomic_dec(atomic_t *v)：让原子变量的值减 1，参数 v 是需要减小的原子变量。

● void atomic_and(int i, atomic_t *v)：让原子变量的值和某个值相与，即第二个参数 v 所代表的原子变量的值与第一个参数 i 相与，然后将相与后的结果保存在原子变量中。

● void atomic_or(int i, atomic_t *v)：让原子变量的值和某个值相或，即第二个参数 v 所代表的原子变量的值与第一个参数 i 相或，然后将相或后的结果保存在原子变量中。

● void atomic_andnot(int i, atomic_t *v)：原子变量的与非操作。即将第一个参数 i 的值取反，再与原子变量 v 的值相与，最终的结果保存在原子变量中。

● int atomic_xchg(atomic_t *v, int i)：原子变量的交换操作。即令原子变量 v 的值和变量 i 进行交换，函数返回值是原子变量 v 在交换之前的值。

● int atomic_cmpxchg(atomic_t *v, int old, int new)：原子变量的比较交换操作。即比较原子变量 v 的值和参数 old 的值，如果相等，则将原子变量 v 的值设置成参数 new。

下面将在源码 test_completion.c（见源码 4-4）的基础上，使用原子变量记录写操作的次数，每写入一次数据，原子变量加 1，示例如源码 4-6 所示。

源码 4-6　test_atomic.c

```
......
//将原子变量的值初始化为 0，counter 记录写操作的次数
```

```
static atomic_t counter = ATOMIC_INIT(0);
    ......
    static ssize_t proc_file_write(struct file *file, const char __user *buf,
size_t size, loff_t *offset)
    {
    ......
    //数据写完后将原子变量 counter 的值加 1
    atomic_inc(&counter);
    //打印出原子变量 counter 的值
    printk("counter=%d\n", atomic_read(&counter));
    return size;
    }
    ......
```

源码声明了一个原子变量 counter 并通过 ATOMIC_INIT 将其值初始化为 0，后面会通过这个原子变量记录写操作的次数。在写函数 proc_file_write 中，成功写完数据后，通过 atomic_inc 让 counter 的值自增 1，然后打印出原子变量的值，每写一次数据，counter 的值将会加一。

编译、加载该模块后，通过 echo 命令向/proc/proc_file 文件写入数据，然后可以通过 dmesg -c 命令查看写入数据的总次数，如图 4-7 所示。

```
[root@localhost 5-5_test_atomic]# insmod test_atomic.ko
[root@localhost 5-5_test_atomic]# echo "abc" > /proc/proc_file
[root@localhost 5-5_test_atomic]# dmesg -c
[41856.064624] counter=1
```

图 4-7　测试原子变量

程序 test_atomic.c（源码 4-6）通过原子变量 counter 记录写入数据的次数，如果这里不使用原子变量而是使用一个普通的整型变量来记录写入次数，会有什么区别？

假设在 test_atomic.c 中声明的变量是 int counter 而不是原子变量，在 proc_file_write 函数中成功写入数据后通过 counter++来让 counter 的值加一。可能出现如图 4-8 所示的结果。

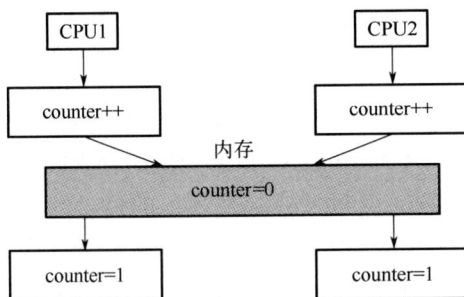

图 4-8　通过整型变量自增

假设终端有两个处理器：CPU1 和 CPU2，它们同时执行了向 proc 文件写数据这一段代码，假设正好又同时执行到 counter++这条语句。counter++这条语句首先会从内存中将变量 counter 的值取出来，一开始内存中 counter 的值是 0，CPU1 和 CPU2 同时将 counter 的值 0 取了出来，然后再各自加一。因为两个 CPU 取出来的值都是 0，各自加一后变成了 1，最终

counter 的值是 1。但是，因为 CPU1 和 CPU2 都向文件写入了一次数据，应该一共写入了两次数据，counter 的值是 2 才是合理的。

用原子变量可以避免这个问题。因为原子变量的加一操作在执行过程中不会让其他的代码中断或抢占，只有一个 CPU 完成了加一操作后，另一个 CPU 才能从内存中取出加一后的值然后再加一，因此使用原子变量遇到两个 CPU 同时写的情况 counter 的值会是 2。

对于整型原子操作，Linux 内核还提供了一组函数名带 "return" 的操作函数以及一组函数名带 "test" 的操作函数，如下所示。

① 函数名带 return 的函数

● int atomic_add_return(int i, atomic_t *v)：将原子变量 v 的值增加 i，然后返回增加后的值。

● int atomic_sub_return(int i, atomic_t *v)：将原子变量 v 的值减小 i，然后返回减小后的值。

● int atomic_inc_return(atomic_t *v)：将原子变量 v 的值加 1，然后返回增加后的值。

● int atomic_dec_return(atomic_t *v)：将原子变量 v 的值减小 1，然后返回减小后的值。

② 函数名带 test 的函数

● bool atomic_sub_and_test(int i, atomic_t *v)：将原子变量 v 的值减小 i，然后与 0 比较，如果值为 0 则返回 true，否则返回 false。

● bool atomic_dec_and_test(atomic_t *v)：将原子变量 v 的值减 1，然后与 0 比较，如果值为 0 则返回 true，否则返回 false。

● bool atomic_inc_and_test(atomic_t *v)：将原子变量 v 的值加 1，然后与 0 比较，如果值为 0 则返回 true，否则返回 false。

4.4.2　位原子操作

除了整型原子操作，Linux 还提供一组位原子操作的接口，这些接口如下所示。

● void set_bit(long nr, volatile unsigned long *addr)：设置某一位。第一个参数 nr 是将要设置的位，第二个参数 addr 是将要设置的地址。执行该函数后，addr 这个地址指向的值的第 nr 位将会被置 1。

● void clear_bit(long nr, volatile unsigned long *addr)：清除某一位。第一个参数 nr 是将要清除的位，第二个参数 addr 是将要清除的位所在的地址。执行该函数后，addr 这个地址指向的值的第 nr 位将会被清零。

● void change_bit(long nr, volatile unsigned long *addr)：改变某一位。第一个参数 nr 是将要改变的位，第二个参数 addr 是将要改变的位所在的地址。执行该函数后，addr 这个地址指向的值的第 nr 位将会被取反。如果原来是 0，将被置位，原来是 1，将被置零。

● bool test_bit(long nr, const volatile unsigned long *addr)：测试某一位。这个函数返回地址 addr 指向的值的第 nr 位。

4.5　自旋锁

自旋锁（spin lock）是一种对临界区进行互斥访问的手段。在描述信号量时曾提到过，信号量在无法获取到共享资源时会引起进程的睡眠。和信号量不同，自旋锁在未获取到共享资源时会一直尝试获取直到成功获取到资源，而不会引起睡眠。自旋锁的这种等待共享资源的方式称为"忙等待"。

自旋锁有加锁和解锁两个操作，加锁是在进入临界区前的操作，加锁成功后，其他的执行单元则不能对同一个自旋锁进行加锁操作，如果出现了这种情况，会进入忙等待状态。在退出临界区时，需要进行解锁操作，解锁后，其他执行单元就能够成功加锁，进入临界区。

图 4-9 有两个处理器：CPU1 和 CPU2，它们同时竞争自旋锁。在 CPU1 加锁成功后，这个时候 CPU2 就不能成功加锁，进入忙等待的状态。直到 CPU1 对自旋锁进行解锁操作后，CPU2 才会结束忙等待的状态，成功加锁。

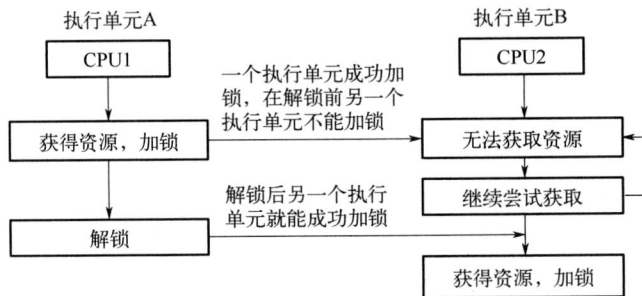

图 4-9　多个执行单元访问同一个自旋锁

自旋锁的数据类型是 spinlock_t，该类型定义在内核源码的 include/linux/spinlock_types.h 头文件中，定义如源码 4-7 所示。

源码 4-7　spinlock_t 类型的定义

```
typedef struct spinlock {
    union {
        struct raw_spinlock rlock;          //保存了自旋锁的属性
#ifdef CONFIG_DEBUG_LOCK_ALLOC
# define LOCK_PADSIZE (offsetof(struct raw_spinlock, dep_map))
        struct {
            u8 __padding[LOCK_PADSIZE];
            //保存了自旋锁的锁类的映射关系，锁类将在第 4.9 节介绍
            struct lockdep_map dep_map;
        };
#endif
    };
} spinlock_t;
```

自旋锁的相关操作接口定义在内核源码的 include/linux/spinlock.h 头文件中，使用自旋锁时需要引入该头文件（#include <linux/spinlock.h>）。常用的接口如下：

```
spin_lock_init(_lock)
```

初始化自旋锁，这是一个宏，参数 _lock 是将要初始化的锁的指针变量。使用该接口时，需要首先声明一个自旋锁变量，然后再调用该接口初始化锁。使用方法如源码 4-8 所示。

```
spinlock_t    lock;
spin_lock_init(&lock);
```

DEFINE_SPINLOCK(x)

定义并初始化自旋锁，这是一个宏。与 spin_lock_init 不同的是，这个接口不用声明自旋锁变量，声明自旋锁变量的操作会在这个宏的内部执行。参数 x 是将要定义的自旋锁变量名称。在定义并初始化自旋锁时，可以选择源码 4-8 的方式，也可以直接使用这个接口，效果是一样的。

void spin_lock(spinlock_t *lock)

加锁，参数 lock 是对应自旋锁的指针变量。

spin_unlock(&lock)

解锁，参数 lock 是对应自旋锁的指针变量。

自旋锁可以用在临界区占用锁的时间很短的情况（忙等待）或自旋锁锁定期间不会引起进程睡眠的地方（在锁定期间不会调用 copy_from_user、copy_to_user 或是其他能够引起进程睡眠的操作）。

本节将实现一个示例程序 test_spinlock.c：这个示例程序在源码 test_atomic.c（见源码 4-6）的基础上，删除原子变量相关操作，通过一个整型变量 counter 来记录对文件写操作的次数，在写入数据后使用自旋锁来保护 counter 变量的自增操作，每写入一次数据，counter 加 1，如源码 4-9 所示。

源码 4-9　test_spinlock.c

```
......
static int   counter = 0;          //变量 counter 记录写操作的次数
static DEFINE_SPINLOCK(lock);      //声明并初始化自旋锁 lock
......
static ssize_t proc_file_write(struct file *file, const char __user *buf, size_t
size, loff_t *offset)
{
    ......
    spin_lock(&lock);              //加锁
    counter++;                     //让 counter 值加 1
    spin_unlock(&lock);            //解锁
    printk("counter=%d\n", counter);
    return size;
}
......
```

编译、加载该模块后，执行结果和 test_atomic.c（见源码 4-6）的执行结果一致。

自旋锁和信号量都是进行互斥访问的手段，它们之间的不同之处有：

● 自旋锁是忙等待，如果获取不到共享资源不会放弃 CPU 的使用权；而信号量在等待过程中，如果暂时不能获取资源，进程就会放弃 CPU 的使用权，进行进程的切换；

- 自旋锁锁定期间不能加入可能导致进程睡眠的代码，而信号量可以；
- 在能够同时使用自旋锁和信号量的情况下，如果临界区的访问时间较短，建议使用自旋锁，因为进程切换很耗资源，影响系统性能；
- 在处理中断的情况下，应使用自旋锁。因为信号量会导致睡眠。

关于自旋锁的加锁和解锁，除了 spin_lock 和 spin_unlock 外，还有一些其他的接口，这些接口列举如下。

- int spin_trylock(spinlock_t *lock)：尝试加锁，该接口在加锁失败后不会进行忙等待而是直接返回。函数在成功加锁的情况下返回 1，否则返回 0，参数 lock 是对应的自旋锁的指针变量。
- int spin_trylock_irq(spinlock_t *lock)：尝试加锁并禁止中断。该接口的作用和 spin_trylock 类似，不同之处在于加锁期间不允许中断发生。函数如果成功加锁返回 1，否则返回 0。关于中断的概念，将在外部中断章节介绍。
- void spin_lock_irq(spinlock_t *lock)：加锁并禁止中断。该接口作用和 spin_trylock_irq 类似，不同之处在于如果不能成功加锁，则会进入忙等待状态。
- int spin_trylock_bh(spinlock_t *lock)：尝试加锁并禁止中断底半部。该接口的作用和 spin_trylock 类似，不同之处在于加锁期间不允许中断底半部发生。函数在成功加锁的情况下返回 1，否则返回 0。关于中断底半部的概念，将在第 8 章介绍。
- void spin_lock_bh(spinlock_t *lock)：加锁并禁止中断底半部。该接口作用和 spin_trylock_bh 类似，不同之处在于如果不能成功加锁，则会进入忙等待状态。
- spin_trylock_irqsave(lock, flags)：尝试加锁并禁止中断，将状态寄存器的值保存到 flags 变量。对于 X86 的 64 位处理器，状态寄存器指的是 RFLAGS 寄存器。该接口的第一个参数 lock 是自旋锁，第二个参数 flags 是保存状态寄存器值的变量。函数在加锁成功的情况下返回 1，否则返回 0。
- spin_lock_irqsave(lock, flags)：加锁并禁止中断，将状态寄存器的值保存到 flags 变量。该接口作用和 spin_trylock_irqsave(lock, flags)类似，不同之处在于如果不能成功加锁，则会进入忙等待状态。
- void spin_unlock_irq(spinlock_t *lock)：该接口和 spin_lock_irq 配合使用，解锁并使能中断。
- void spin_unlock_irqrestore(spinlock_t *lock, unsigned long flags)：该接口和 spin_lock_irqsave 配合使用，解锁、使能中断并恢复状态寄存器的值。
- void spin_unlock_bh(spinlock_t *lock)：该接口和 spin_lock_bh 配合使用，解锁并使能中断底半部。

4.6 读写锁

读写锁（或称为读写自旋锁，它也是一种自旋锁）基于这样一种思想：假设有多个执行单元在读写数据，如果多个执行单元在同时执行读操作而此时没有任何一个执行单元在执行写操作，这种情况下，由于读的同时没有写数据，读的过程中数据不变，因此允许多个执行单元同时读数据。但如果多个执行单元在同时执行读操作而此时又存在一个执行单元在执行写操作，这种情况下，多个执行单元在读取的过程中数据可能发生变化，读操作应该和写操作互斥，以保证数据的正确性。同样，写操作和写操作之间也应该互斥。综上，读和写操作应满足的互斥情况如表 4-1 所示。

表 4-1　读和写的互斥情况

操作 1	操作 2	是否应该互斥
读	读	否
读	写	是
写	写	是

读写锁的数据类型是 rwlock_t，读写锁的相关接口定义在内核源码的 include/linux/rwlock.h 头文件中，使用读写锁时需要引入该头文件（#include <linux/rwlock.h>）。常用的接口如下：

```
rwlock_init(lock)
```

初始化读写锁，这是一个宏，参数 lock 是将要初始化的锁的指针变量。使用该接口时，需要首先声明一个读写锁变量，然后再调用该接口初始化锁。使用方法如源码 4-10 所示。

源码 4-10　初始化读写锁

```
rwlock_t  my_lock;
rwlock_init(&my_lock);
```

```
DEFINE_RWLOCK(lock)
```

定义并初始化读写锁，这是一个宏。与 rwlock_init 不同的是，这个接口不用声明读写锁变量，声明读写锁变量的操作会在这个宏的内部执行。参数 lock 是定义的读写锁变量名称。在定义并初始化读写锁时，可以选择源码 4-10 的方式，也可以直接使用 DEFINE_RWLOCK，效果是一样的。

```
read_lock(lock)
```

读锁定，参数 lock 是读写锁的指针变量。这个接口一般用在读操作之前。读锁定和写锁定配合使用，以达到读操作和写操作互斥的目的。

```
read_unlock(lock)
```

读解锁，和 read_lock 配合使用，如果在读操作之前使用 read_lock 进行读锁定，在读操作完成之后需要使用该接口解锁。

```
write_lock(lock)
```

写锁定，和读锁定类似，都是用于加锁。一般用在写操作之前。

```
write_unlock(lock)
```

写解锁，和 write_lock 配合使用，如果在写操作之前使用 write_lock 进行锁定，在写操作完成后需要使用该接口解锁。

在 4.5 节的示例程序 test_spinlock.c（见源码 4-9）中，通过自旋锁对变量 counter 的自增做了保护。使用读写锁也可以达到同样的目的，使用读写锁的示例程序 test_rwlock.c 如源码 4-11 所示。

源码 4-11　test_rwlock.c

```
......
static int  counter = 0;
static DEFINE_RWLOCK(lock);        //声明并初始化读写锁
......
static ssize_t proc_file_write(struct file *file, const char __user *buf, size_t
size, loff_t *offset)
{
    ......
    write_lock(&lock);             //写锁定
    counter++;
    write_unlock(&lock);            //写解锁
    printk("counter=%d\n", counter);
    return size;
}
......
```

这段源码在 test_spinlock.c（源码 4-9）的基础上，删除了自旋锁相关操作，使用读写锁完成了对 counter 变量自增的互斥。在 proc_file_write 函数中，counter 变量自增之前使用的是写锁定，counter 变量自增后使用写解锁。这里使用写锁定的原因是在临界区对 counter 变量进行了修改，对保护的数据进行修改需要用写锁定。如果只是对数据进行读取或遍历而没有修改数据的操作，可以使用读锁定。写锁定后，在解锁前，任何对同一个读写锁的写锁定或读锁定都会进入忙等待状态。读锁定后，在解锁前，任何对同一个读写锁的写锁定会进入忙等待状态。

关于读写锁的加锁和解锁，除了 read_lock、read_unlock 和 write_lock、write_unlock 外，还有一些其他的接口，这些接口列举如下。

- read_trylock(lock)：尝试读锁定，该接口在加锁失败后不会进行忙等待而是直接返回。若成功加锁返回 1，否则返回 0，参数 lock 是对应的读写锁的指针变量。
- write_trylock(lock)：尝试写锁定，成功加锁返回 1，否则返回 0。
- read_lock_irq(lock)：读锁定，并关中断。
- read_lock_bh(lock)：读锁定，并关中断底半部。
- write_lock_irq(lock)：写锁定，并关中断。
- write_lock_bh(lock)：写锁定，并关中断底半部。
- read_unlock_irq(lock)：该接口和 read_lock_irq 配合使用，解锁并使能中断。
- write_unlock_irq(lock)：该接口和 write_lock_irq 配合使用，解锁并使能中断。
- read_unlock_bh(lock)：该接口和 read_lock_bh 配合使用，解锁并使能中断底半部。
- write_unlock_bh(lock)：该接口和 write_lock_bh 配合使用，解锁并使能中断底半部。
- read_lock_irqsave(lock, flags)：读锁定并禁止中断，将状态寄存器的值保存到 flags 变量。
- write_lock_irqsave(lock, flags)：写锁定并禁止中断，将状态寄存器的值保存到 flags

变量。

- read_unlock_irqrestore(lock, flags)：该接口和 read_lock_irqsave 配合使用，用于解锁、使能中断并恢复状态寄存器的值。
- write_unlock_irqrestore(lock, flags)：该接口和 write_lock_irqsave 配合使用，用于解锁、使能中断并恢复状态寄存器的值。

4.7 RCU

4.7.1 原理

RCU(read-copy-update，读-拷贝-更新)也是数据互斥访问的一种手段。和自旋锁不同的是，它有如下特点。

- 允许多个读操作或读操作和写（更新）操作之间同时访问被保护的数据，而自旋锁不允许多个读操作或写（更新）操作同时进入临界区。
- 写（更新）操作在更新临界资源的时候，拷贝一份副本作为基础进行修改，这个时候读操作访问的是原来的数据，当所有读操作离开临界区后，再对旧资源进行回收处理。

假设有两个处理器：CPU1 和 CPU2。其中 CPU1 从共享资源读取数据，同时 CPU2 向共享资源写数据，如图 4-10 所示。

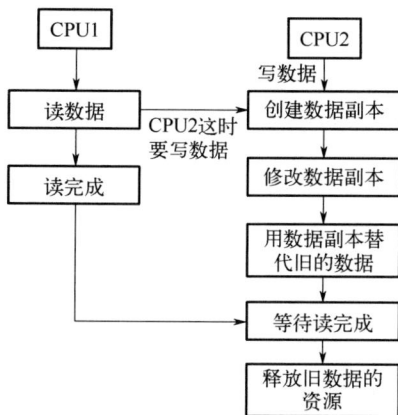

图 4-10 使用 RCU 同时读写数据

在 CPU1 读数据的同时 CPU2 要写数据，这时 CPU2 并不会直接修改共享资源中的数据，而是会创建一个数据副本并修改这个数据副本，然后再用数据副本替代原始的数据。在替代的过程中，原始数据不会被销毁，因为 CPU1 可能还在使用这个数据。当 CPU1 读完成后，原始的数据才会被释放。这个时候如果再次读取数据，读取到的就是新的数据。

RCU 的更新操作分为两个阶段：移除阶段和回收阶段。假设有多个读操作和一个更新操作在同时进行，如图 4-11 所示。

图 4-11 中有三个读操作和一个更新操作在同时进行。在读操作的同时更新操作将数据做了更新，旧的数据被移除。这个时候如果三个读操作没有全部完成，会进入一个宽限期，宽限期会等待读操作全部完成。在所有读操作完成后，旧数据的资源才会得到回收。

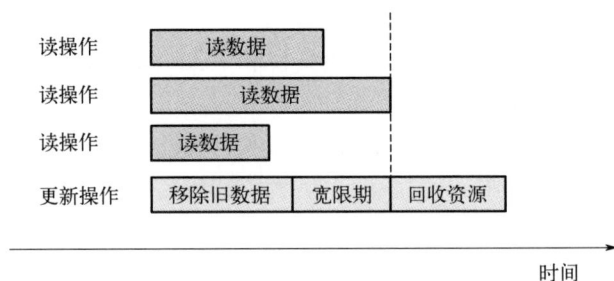

图 4-11 RCU 的更新流程

RCU 的关键思想主要有两点：一是创建并更新副本而不是原始数据，二是延迟回收资源。只有所有使用原始数据的执行单元全部退出后，数据资源才会得到回收。

典型的 RCU 更新时序是：

① 复制：将需要更新的数据复制到新内存地址。

② 更新：更新数据副本，这时候操作新的内存地址（即数据副本所在的内存地址）。

③ 替换：使用新内存地址指针（数据副本）替换旧数据内存地址指针（原始数据），此后旧数据将无法被后续读操作访问。

④ 等待：等待所有访问旧数据的读操作完成。

⑤ 回收：当没有读操作访问旧数据后，安全地回收旧数据所用内存。

4.7.2 接口及示例

RCU 的相关接口在内核源码的 include/linux/rcupdate.h 头文件中声明，要使用 RCU 需要引入该头文件（#include <linux/rcupdate.h>）。常用的接口如下。

```
void rcu_read_lock(void)
```

读锁定，在读操作之前使用。

```
void rcu_read_unlock(void)
```

读解锁，和 rcu_read_lock 配合使用，在读操作完成后调用。如果此时有另外的执行单元在同时通过 RCU 机制写同一块数据，读解锁之后，旧数据才能被回收。

```
rcu_assign_pointer(p, v)
```

给 RCU 保护的数据指针赋值，这个操作对应 RCU 更新时序中的替换操作，用新的数据替代旧的数据。

```
rcu_dereference(p)
```

获取被保护的数据指针。这个接口需要在读操作中调用，即在调用 rcu_read_lock 之后，调用 rcu_read_unlock 之前的临界区使用。

```
void synchronize_rcu(void)
```

等待所有读操作完成，等待时会造成阻塞。这个接口对应 RCU 更新时序的等待操作，等待所有访问旧数据的读操作完成。所有使用旧数据的执行体调用了 rcu_read_unlock 后，这个接口才会退出阻塞状态。

```
void call_rcu(struct rcu_head *head, rcu_callback_t func)
```

这个函数和 synchronize_rcu 函数类似，都是等待读操作完成。和 synchronize_rcu 的不同之处在于，这个函数在等待过程中不会造成阻塞，而是通过一个回调函数来异步地回收旧数据的资源。函数的第一个参数 head，它的结构体类型是 struct rcu_head，这个结构体定义如源码 4-12 所示。

源码 4-12　rcu_head 结构体定义

```
struct callback_head {
    //多个 rcu_head 通过这个变量串联成链表
    struct callback_head *next;
    //回调函数，参数是当前的 rcu_head 指针
    void (*func)(struct callback_head *head);
} __attribute__((aligned(sizeof(void *))));
#define rcu_head callback_head
```

结构体有两个成员变量：next 和 func。执行单元在调用 call_rcu 时会传入回调函数（call_rcu 的第二个参数），这个回调函数将被赋值给 head 的 func 成员。由于执行 call_rcu 时不会阻塞，之后可能会多次调用 call_rcu，而这多次调用 call_rcu 传入的 head 将通过其成员变量 next 串联成链表，链表上的多个回调函数将在读操作完成后（所有执行体调用了 rcu_read_unlock 后）依次执行。

call_rcu 的第二个参数 func 是就回调函数，这个函数会在所有读操作完成后执行。函数类型 rcu_callback_t 的定义为：typedef void (*rcu_callback_t)(struct rcu_head *head)。回调函数将会赋值给 call_rcu 的第一个参数 head 的 func 成员变量。

下面在 test_rwlock.c（源码 4-11）的基础上修改 proc 文件的读函数和写函数，通过 RCU 机制来实现共享资源的读写操作，修改后的程序如源码 4-13 所示。

源码 4-13　test_rcu.c

```
......
static ssize_t proc_file_read(struct file *file, char __user *buf, size_t size,
loff_t *offset)
{
    int count = 0;
    char *ptr = NULL;

    rcu_read_lock();                        //读之前加锁
    ptr = rcu_dereference(kbuf);            //获取共享数据指针变量
    //获取将要读取的数据长度
    //数据长度是数据中字符串的长度或用户传入的长度参数两者取其小的值
    count = strlen(ptr)>size?size:strlen(ptr);
    copy_to_user(buf, ptr, count);
    rcu_read_unlock();                      //读完数据解锁
    return count;
}
//写文件将要执行的函数
```

```
static ssize_t proc_file_write(struct file *file, const char __user *buf, size_t
size, loff_t *offset)
{
    char *old_ptr = NULL;
    //数据副本指针，新分配一块内存作为数据副本
    char *write_buf = __get_free_pages(GFP_KERNEL, 0);
    memset(write_buf, 0, 4096);
    copy_from_user(write_buf, buf, size);    //将写入的数据放入数据副本
    write_lock(&lock);                        //加锁是为了保护 RCU 的更新操作
    old_ptr = kbuf;                           //old_ptr 赋值为旧数据的指针
    rcu_assign_pointer(kbuf, write_buf);      //将 kbuf 指向数据副本完成更新
    write_unlock(&lock);
    synchronize_rcu();                        //等待所有读操作完成
    free_pages(old_ptr, 0);                   /释放旧数据的内存资源
    return size;
}
......
MODULE_LICENSE("GPL");                        //使用 RCU 要引入 GPL 协议
```

源码在读函数 proc_file_read 中通过 rcu_read_lock 和 rcu_read_unlock 对读操作做了保护。在写函数 proc_file_write 中分配了一块新的内存区 write_buf 作为数据副本的存放位置，然后将用户态写入的数据拷贝到这块内存区。之后将 old_ptr 指针指向旧的数据，调用 rcu_assign_pointer 将 kbuf 指向数据副本，这个时候替换操作完成。

替换操作完成后，调用 synchronize_rcu 等待所有读操作完成，所有读操作在退出临界区调用 rcu_read_unlock 后，synchronize_rcu 会退出阻塞状态，然后释放旧数据（这时 old_ptr 指向旧数据）所在的内存区。

RCU 还提供了一组与链表相关的接口，详见配套电子书第 3.5 节。

4.8 PER_CPU

4.8.1 原理

在多核 CPU 的情况下，为了提高 CPU 并发执行的效率，对于某些不是必须要在核间进行同步访问的资源，可以为每一个 CPU 创建一个副本，让每个 CPU 都访问自身的数据副本，而不是通过加锁等互斥手段访问内存中的同一数据，这样可以提高并发执行效率。例如：操作系统中有很多个进程，这些进程会在队列中，等待调度到某个 CPU 上运行，如果将这些进程放在一个队列中，各 CPU 需要访问这个队列并从队列取出进程运行时，则需要加锁操作以进行多核间的访问互斥，如图 4-12 所示。

由于访问进程所在的队列时需要加锁，图 4-12 中的四个 CPU 会发生资源竞争。同一时刻如果多个 CPU 想要同时访问队列，则只能有一个 CPU 能够访问成功，其他 CPU 则会等待，直到访问队列的 CPU 退出访问（这样的方式效率不高）。此时，如果创建多个队列，队列的数量和 CPU 核心数相同，一个队列和一个 CPU 绑定。让所有进程均匀分散在各队列中，而每个 CPU 只访问和自身绑定的队列，这时由于各队列是 CPU 的私有数据，CPU 不会访问到

不和自身绑定的队列，就不用通过加锁进行资源互斥，如此可大大提高运行效率。如图 4-13 所示。

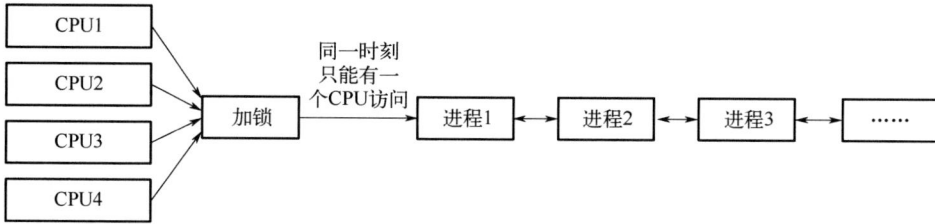

图 4-12　所有进程在同一队列中

以上描述的为每个 CPU 都创建一个私有数据副本的方式被称为 PER_CPU。除了无需加锁外，PER_CPU 还可以提高 CPU 的 Cache 利用。如果某些资源不是必须要在核间进行同步访问，使用 PER_CPU 是一个好的选择。需要注意的是，使用 PER_CPU 并不是意味着在任何情况下都无需进行加锁，在图 4-13 中，如果一个进程从 CPU 的私有队列迁移到另一个 CPU 的私有队列中，是需要加锁进行互斥的，因为这涉及到跨 CPU 的资源访问。

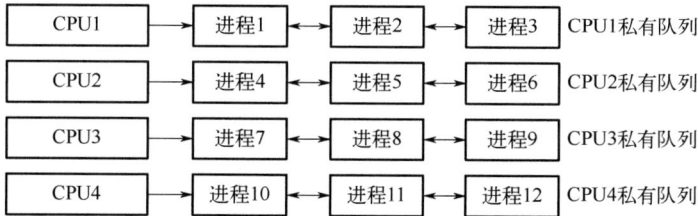

图 4-13　每个 CPU 都有私有进程队列

4.8.2　相关接口

开发人员能够通过内核提供的接口使用 PER_CPU 机制，这些接口在内核源码的 include/linux/percpu-defs.h 头文件和 include/linux/percpu.h 头文件中声明。这里将其分为两组接口：静态声明 PER_CPU 接口和动态分配 PER_CPU 接口。

（1）静态声明

PER_CPU 的静态声明接口指的是 PER_CPU 变量使用的内存空间在编译期间分配，这些接口如下所示。

```
DECLARE_PER_CPU(type, name)
```

创建 PER_CPU 变量。第一个参数 type 是变量类型，第二个参数 name 是变量名。例如要为每个 CPU 分配一个类型为 long，变量名为 test 的变量，通过 DECLARE_PER_CPU(long, test)可以实现。

```
DEFINE_PER_CPU(type, name)
```

声明 PER_CPU 变量，参数和 DECLARE_PER_CPU 的参数一致。

```
get_cpu_var(var)
```

获取当前 CPU 的 PER_CPU 变量，参数 var 是变量名，返回值是对应的 PER_CPU 变量。

```
put_cpu_var(var)
```

和 get_cpu_var 配合使用，在 PER_CPU 变量访问完成时调用。

（2）动态分配

PER_CPU 的动态分配指的是 PER_CPU 变量的内存空间在内核运行期间动态分配，相关接口如下所示。

```
alloc_percpu(type)
```

分配 PER_CPU 变量，参数 type 是变量类型。函数的返回值就是分配的 PER_CPU 指针变量。

```
void free_percpu(void __percpu *__pdata)
```

释放 PER_CPU 变量，其参数是 PER_CPU 的指针变量，一般由 alloc_percpu 分配。

```
per_cpu_ptr(ptr, cpu)
```

获取某个 CPU 的私有 PER_CPU 变量。第一个参数 ptr 是 PER_CPU 变量，一般由 alloc_percpu 分配。第二个参数 cpu 是 CPU 编号。执行完该接口后，返回的就是编号为 cpu 的处理器的私有 PER_CPU 指针变量。

4.8.3 示例程序

本节通过一个简单的示例程序（源码 4-14）来说明如何使用 PER_CPU 的接口。假设 PC 上有两个 CPU，分别为 CPU0 和 CPU1，示例程序通过 alloc_percpu 分配一个 PER_CPU 变量，然后通过 per_cpu_ptr 分别获取并设置两个 CPU 对应的 PER_CPU 变量的值，然后将两个 CPU 的 PER_CPU 变量的值分别打印出来。

源码 4-14　test_percpu.c

```
#include <linux/module.h>
#include <linux/percpu.h>            //要使用 PER_CPU 相关接口需引入该头文件
//自定义结构体
struct my_test_struct
{
    int a;
};
//声明一个类型为 my_test_struct 的 PER_CPU 变量
static struct my_test_struct *percpu_test;
//加载函数
static int test_percpu_init(void)
{
    //动态分配 PER_CPU 变量
    percpu_test = alloc_percpu(struct my_test_struct);
    per_cpu_ptr(percpu_test, 0)->a = 1;   //将 CPU0 中的变量 a 的值设为 1
    per_cpu_ptr(percpu_test, 1)->a = 2;   //将 CPU1 中的变量 a 的值设为 2
    //分别打印出两个 CPU 的 PER_CPU 变量值
    printk("cpu 0:a=%d\n", per_cpu_ptr(percpu_test, 0)->a);
    printk("cpu 1:a=%d\n", per_cpu_ptr(percpu_test, 1)->a);
    return 0;
```

```
}
//卸载函数
static void test_percpu_exit(void)
{
    free_percpu(percpu_test);          //释放分配的 PER_CPU 变量
}
module_init(test_percpu_init);
module_exit(test_percpu_exit);
MODULE_LICENSE("GPL");                 //要使用 PER_CPU 变量需要声明 GPL 许可协议
```

编译、加载上述模块后，执行 dmesg -c 命令打印调试信息，会分别打印出两个 CPU 的 PER_CPU 变量值，这两个值分别为 1 和 2。如图 4-14 所示。

```
[root@localhost 5-13_test_percpu]# insmod test_percpu.ko
[root@localhost 5-13_test_percpu]# dmesg -c
[53785.791704] cpu 0:a=1
[53785.791706] cpu 1:a=2
```

图 4-14 加载示例程序

4.9 死锁检测

死锁指的是由于资源竞争造成进程或其他执行单元相互等待的情况。这种情况下，如果没有外力介入，进程或执行单元将永远阻塞。常见的死锁包括如下几种情况。

（1）执行单元在未释放锁的情况下尝试加同样的锁

假设一段代码的执行流程如图 4-15 所示。

图 4-15 未释放锁的情况下尝试加同样的锁

在某一个锁已经加锁而未释放的情况下，尝试再次使用同样的锁进行加锁操作。由于之前的锁未释放，第二次进行加锁时会等待锁的释放。此时如果没有其他执行单元释放这一个锁，那么图 4-15 的执行流程将会永远阻塞在第二次加锁的时候。

（2）执行单元互相等待锁的释放

假设有两个执行单元的代码流程如图 4-16 所示。

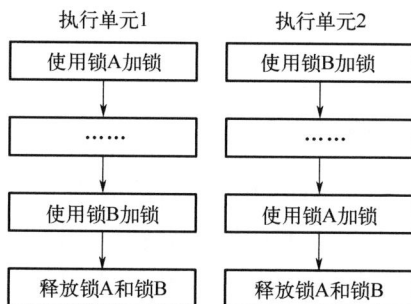

图 4-16 执行单元互相等待锁的释放

如果图 4-16 中的两个执行单元在同一时刻执行，执行单元 1 使用锁 A 加锁的同时，执行单元 2 也使用锁 B 进行了加锁操作。在各自执行了一段代码后，执行单元 1 在未给锁 A 解锁的情况下尝试使用锁 B 进行加锁操作，执行单元 2 在未给锁 B 解锁的情况下尝试使用锁 A 进行加锁操作。这个时候，由于各自未释放之前加的锁，造成了互相等待锁释放的情况，两个执行单元会永久阻塞。

在实际的开发过程中，死锁的情况一般比上面的描述更加复杂。为了让资源互斥，在多个进程间、进程和中断间、中断和中断间可能会使用同样的锁或其他互斥手段，一旦互斥手段没有得到合理使用，就容易造成死锁。例如：在一个进程中使用了某一个锁，并且在锁使用完成后正常解锁；在某个中断处理程序中也使用了同样的锁也进行了解锁操作；如果在进程加锁后，还未解锁前，由于收到外部中断进入了中断处理程序，此时系统会将进程挂起而执行中断处理程序，中断处理程序此时无法获取锁，导致一直等待，造成死锁。

在使用信号量、互斥体和锁的过程中，时常出现由于开发人员的疏忽而造成死锁的情况。为此，Linux 提供了死锁检测机制（被称为 lockdep）来协助开发人员定位死锁的原因。

Linux 引入"锁类"来进行死锁检测，一个"锁类"是死锁检测的基本单位。锁类是一个或多个锁的集合，如果想要让多个锁共同作为死锁检测的一个基本单元，可以把这些锁设置在同一个锁类中。对于自旋锁，设置锁类的接口如下：

```
lockdep_set_class(lock, key)
```

该接口定义于内核源码的 include/linux/lockdep.h 头文件中，作用是将自旋锁 lock 的锁类设置为以 key 为唯一标识的锁类。第一个参数 lock 是自旋锁的地址；第二个参数 key 是锁类的唯一标识，其结构体类型是 struct lock_class_key，定义如源码 4-15 所示。

源码 4-15　struct lock_class_key 结构体定义

```
//子锁类定义
struct lockdep_subclass_key {
    char __one_byte;
} __attribute__ ((__packed__));
//锁类定义
struct lock_class_key {
    union {
        struct hlist_node          hash_entry;
        //子锁类的唯一标识，一个锁类下允许有多个子锁类，所以这里是个数组
        struct lockdep_subclass_key  subkeys[MAX_LOCKDEP_SUBCLASSES];
    };
};
```

在通过 spin_lock_init 对自旋锁初始化时，会注册一个锁类。如果需要将多个自旋锁设置成同一个锁类，可以借鉴源码 4-16。

源码 4-16　设置锁类示例

```
spinlock_t    lock1;              //声明自旋锁变量 lock1
spinlock_t    lock2;              //声明自旋锁变量 lock2
struct lock_class_key  *key;      //声明锁类唯一标识
```

```
key = kzalloc(sizeof(*key), GFP_KERNEL);  //为 key 分配内存
spin_lock_init(&lock1);               //初始化自旋锁
spin_lock_init(&lock2);
lockdep_register_key(key);            //注册锁类唯一标识
lockdep_set_class(&lock1, key);  //设置 lock1 的锁类
lockdep_set_class(&lock2, key);  //设置 lock2 的锁类
```

上述源码的函数 lockdep_register_key 用于注册锁类唯一标识，函数 lockdep_set_class 用于设置锁类。源码将自旋锁 lock1 和 lock2 设置为同一个锁类。

Linux 会保存每一个进程中已处于加锁状态的锁类信息，同时会保存锁类的相互关系，这个相互关系如图 4-17 所示。

在图 4-17 中，直线箭头指向下一组加锁的锁类，虚线箭头指向上一组加锁的锁类，锁类 A 和锁类 D 中的锁最先进行加锁操作。锁类 A 的实线箭头指向锁类 B 和锁类 C 这一组锁，表示在锁类 A 加锁后，紧接着锁类 B 和锁类 C 被加锁。锁类 B 和锁类 C 在同一个虚线框中，意味着这两个锁类属于同一级别，即锁类 B 和锁类 C 的加锁操作属于不同的两个执行单元。假设锁类 B 和锁类 C 属于两个不同的进程，在其中一个进程中，锁类 A 加锁后紧接着给锁类 B 加锁；另一个进程中，锁类 A 加锁后，紧接着给锁类 C 加锁。同样，锁类 B 和锁类 E 在同一个虚线框中，它们也属于不同的执行单元，在锁类 D 加锁后，锁类 B 和锁类 E 完成加锁操作。锁类 B 的虚线箭头指向锁类 A 和锁类 D 这一组锁，表示锁类 A 和锁类 D 属于两个不同的执行单元，在锁类 A 和锁类 D 分别在各自的执行单元加锁后，对锁类 B 进行加锁。

图 4-17 锁类的相互关系不存在环路，意味着不会产生死锁。一旦锁类的相互关系产生环路，会导致死锁的发生，图 4-18 是一个包含坏路的锁类相互关系。

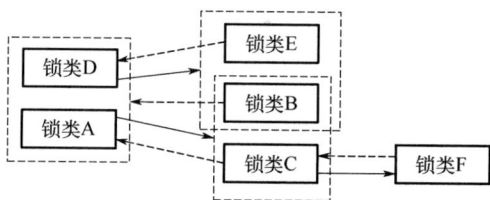

图 4-17　锁类的相互关系

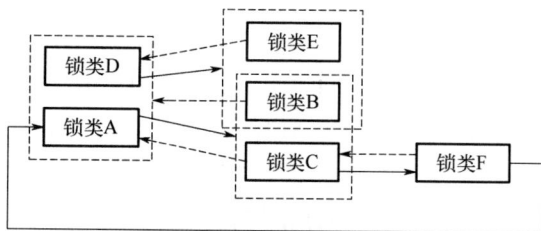

在锁类F加锁后，再尝试给锁类A加锁，会产生环路

图 4-18　包含环路的锁类相互关系

图 4-18 的锁类 A 加锁后，会给锁类 C 加锁。锁类 C 加锁后，会给锁类 F 加锁，在释放锁类 A 前，如果再次尝试给锁类 A 加锁，会产生环路，意味着死锁的发生。Linux 的死锁检测机制会检测到这种环路，并生成调试信息帮助开发人员确定死锁原因。需要注意的是，如果是在读锁在释放前，再次对同样的读锁进行加锁操作，不会造成死锁。

关于死锁检测示例及常用接口，见配套电子书第 3.6 节。

第 5 章

系统调用

操作系统的主要功能是在合理管理硬件资源的同时为应用程序开发人员提供良好的环境来使应用程序具有更好的兼容性，为了达到这个目的，内核提供一系列具备预定功能的内核函数，通过一组称为系统调用（system call)的接口呈现给应用程序开发人员。系统调用把应用程序的请求传给内核，调用相应的内核函数完成所需的处理，并将处理结果返回给应用程序。

那么，为什么需要系统调用？首先，应用程序有访问操作系统软硬件资源的需求；其次，应用程序不能随意访问操作系统及硬件资源，以免造成不可预计的后果。因此需要使用操作系统提供的系统调用来进行安全的访问。

常用的系统调用有：

- 文件操作相关：open、read、close、write、poll、lseek 等；
- 网络操作：socket、connect、send、recv 等；
- 进程操作：clone、fork、vfork、execve 等；
- 系统时间操作：time、stime、gettimeofday、settimeofday 等；
- 内存操作：mmap、mumap、brk 等；
- 信号操作：signal、kill、tkill、tgkill 等。

本章将讲解系统调用的原理及如何在 Linux 中实现系统调用。

5.1 执行系统调用

5.1.1 系统调用的执行过程

在 Linux 中，由用户空间发起系统调用，以访问内核空间的外设、数据或其他资源，这种访问是通过系统调用间接访问的。在 X86 的 64 位处理器上，系统调用对应的汇编语句是 syscall。应用程序执行 syscall 汇编语句后，Linux 系统会进入内核空间执行相应的处理函数，处理完成后，会将系统调用的处理结果返回给应用程序，如图 5-1 所示。

每一个系统调用都有一个系统调用号，例如在 X86 的 64 位系统中，read 对应的系统调用号是 0，write 是 1，open 是 2，close 是 3。

在 Linux 中存在一个系统调用表，这个系统调用表在内核源码的变量名是 sys_call_table。sys_call_table 作为一个指针数组，它的每一个成员是一个函数指针，数组元素的编号对应系统调用号。例如 sys_call_table[0]对应的就是 read 系统调用最终在内核中执行的函数（read

的系统调用号是 0）。同理，sys_call_table[1]对应的是 write 系统调用的执行函数（write 的系统调用号是 1）。

综合以上描述可以看出，应用程序在执行系统调用时，需要传入的参数应该有：系统调用号以及对应系统调用的参数。系统调用号用于从系统调用表中取出相应的执行函数，而系统调用的参数用于系统调用执行函数的处理过程，如图 5-2 所示。

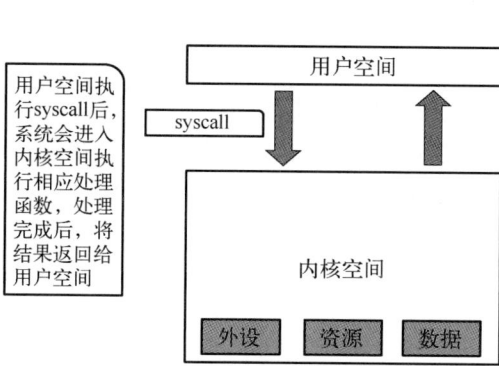

图 5-1　系统调用的执行过程

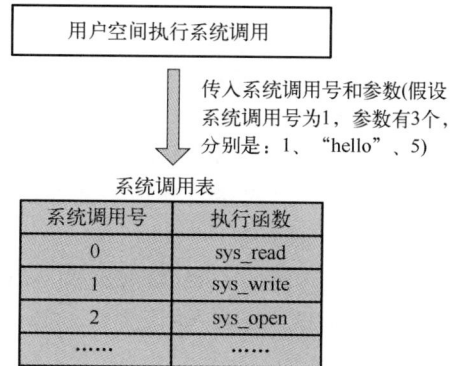

图 5-2　系统调用的处理过程

图 5-2 在用户空间执行系统调用，假设系统调用号是 1，1 对应 write 系统调用，而 write 系统调用的函数原型是：ssize_t write(int fd, const void *buf, size_t count)。第一个参数 fd 是文件描述符，第二个参数 buf 是将要写入的数据缓存，第三个参数 count 是数据长度。假设图 5-2 传入的文件描述符是 1，数据缓存是"hello"字符串，数据长度是 5。将这些参数传入并进入内核空间后，Linux 内核会查找系统调用表编号是 1 的执行函数。而图 5-2 标号是 1 的执行函数是 sys_write，这个函数就是 write 系统调用最终在内核中执行的函数。

5.1.2　系统调用的三种执行方式

在应用程序中，可以通过多种方式来执行系统调用，下面将以 write 系统调用为例，通过三种方式来执行该系统调用。

（1）调用 libc 提供的上层接口

libc 库提供了 write 函数来执行 write 系统调用，使用 write 函数的方式如源码 5-1 所示。

源码 5-1　test_gcc_write.c

```c
#include <unistd.h>
int main()
{
    char *buf = "hello";   //变量 buf 保存了将要写入的字符串
    //向标准输出写数据，写入的内容是变量 buf 保存的内容，数据长度是 5 字节
    write(1, buf, 5);
    return 0;
}
```

上述源码直接通过 libc 库提供的 write 函数向文件描述符 1 写入一个字符串"hello"，文件描述符 1 是标准输出，编译、运行源码后，会看到命令行终端中会打印出字符串"hello"，

如图 5-3 所示。

```
[root@localhost 6-1_test_gcc_write.c]# ./test_gcc_write
hello[root@localhost 6-1_test_gcc_write.c]#
```

图 5-3　通过 libc 提供的 write 函数执行系统调用

（2）调用 libc 提供的 syscall 函数

libc 库提供了一个专门用于系统调用的函数：syscall，函数原型如下：

int syscall(int number, ...)

该接口是一个可变参数的函数。第一个参数 number 是系统调用号，如果需要执行 read 系统调用，则填 0，write 系统调用填 1……剩余的参数是系统调用对应的参数，如果是 write 系统调用，则剩余的参数分别为文件描述符、数据缓存指针、数据长度。函数返回值是系统调用执行后的返回值。

下面将通过 syscall 函数来执行 write 系统调用，实现与源码 5-1 同样的功能，即向标准输出写入字符串“hello”。该程序如源码 5-2 所示。

源码 5-2　test_syscall.c

```
#define _GNU_SOURCE  //使用 syscall 函数需定义该宏
#include <unistd.h>  //使用 syscall 函数需引入头文件 unistd.h 和 sys/syscall.h
#include <sys/syscall.h>
int main()
{
    char *buf = "hello";
    syscall(1, 1, buf, 5); //通过系统调用号是 1 的系统调用，向标准输出写入字符串
    return 0;
}
```

源码通过 syscall 系统调用向标准输出写入字符串“hello”。传入 syscall 的第一个参数是系统调用号 1，1 代表 write 系统调用。第二个参数是文件描述符，1 代表标准输出。第三个参数是数据缓存。第四个参数是数据的长度，一共 5 字节。编译、执行该源码后，执行结果与图 5-3 一致。

（3）调用汇编指令 syscall

除了上述两种方法，还可通过汇编指令 syscall 来执行 write 系统调用。libc 库里的 syscall 函数基于 syscall 汇编语句实现，syscall 这个汇编语句在 X86 的 64 位系统中专门用于系统调用。示例程序将由两个源文件组成：test_asm_write.S 和 test_asm_write.c。其中，test_asm_write.S 将使用汇编语句实现一个函数，这个函数将调用 syscall 语句执行系统调用。test_asm_write.c 将调用 test_asm_write.S 实现的函数向标准输出中写入“hello”字符串，test_asm_write.c 的实现如源码 5-3 所示。

源码 5-3　test_asm_write.c

```
//该函数将在 test_asm_write.S 实现，用于写数据
extern void my_write(int fd, char *buf, int len);
int main()
{
```

```
    char *buf = "hello";
    //通过 test_asm_write.S 的 my_write 函数向标准输出写入"hello"字符串
    my_write(1, buf, 5);
    return 0;
}
```

源码 test_asm_write.c 和 test_gcc_write.c（源码 5-1）几乎一样，只是将 test_gcc_write.c 中的 write 函数替换为 my_write 函数，这个函数将在 test_asm_write.S 文件中实现，会调用 write 系统调用执行实际的写操作。my_write 函数有三个参数，第一个参数是文件描述符，第二个参数是数据缓存，第三个参数是数据的长度。

源文件 test_asm_write.S 实现了函数 my_write，如源码 5-4 所示。

源码 5-4　test_asm_write.S

```
#将 my_write 函数声明为全局，这样在 test_asm_write.c 中可以通过 extern 导入
.global my_write
my_write:              #my_write 函数的实现
    mov $1, %rax   #将立即数 1 放入 rax 寄存器
    syscall        #执行 syscall 汇编语句
    ret            #汇编函数返回需要用 ret，和 C 语言的 return 功能类似
```

源文件 test_asm_write.S 的第 1 行通过.global 语句将 my_write 函数声明为全局函数，声明后，在 test_asm_write.c 源文件才能将该函数通过 extern 导入。在第 2 行的"my_write:"标号下面就是 my_write 函数的实现，首先通过 mov 语句（关于本章用到的汇编语句，将在下一节讲解）将立即数 1 放入 rax 寄存器中，rax 寄存器中存放的值就是系统调用号，然后调用 syscall 汇编语句执行系统调用。执行 syscall 后，内核会根据 rax 寄存器的值执行对应的系统调用。此时 rax 寄存器中的值是 1，对应 write 系统调用。

使用 gcc 编译这两个源文件，编译命令是：gcc -o test_asm_write test_asm_write.c test_asm_write.S。编译完成后，生成 test_asm_write 可执行文件。执行 test_asm_write 文件，可见结果与图 5-3 一致。

5.2　C 与汇编

在上一节通过 syscall 汇编语句执行系统调用的时候使用到了 C 语言和汇编语言混合编程，关于汇编的基本语法，见配套电子书第 4.1 节。

5.2.1　C 语言和汇编语言函数的参数传递

C 语言和汇编语言的函数可以相互调用。如在 test_asm_write.S（源码 5-4）中实现的汇编函数 my_write，其有三个参数：文件描述符（int fd）、数据缓存（char *buf）和数据长度（int len）。在示例代码 test_asm_write.c（源码 5-3）中使用 extern void my_write(int fd, char *buf, int len)引入该函数，然后通过 my_write(fd, buf, len)可调用该函数。

那么，为什么在 C 语言源文件 test_asm_write.c 中调用了 my_write 函数就能够成功写入数据，参数是怎么传入的？返回值从哪里获取？这是由 C 语言和汇编语言间的调用约定来决定的。调用约定用来约束 C 语言和汇编相互调用时，参数和返回值的传递过程。

（1）函数参数传递规则

如果不考虑浮点参数，对于 X86_64 处理器，Linux 平台上函数传递参数的规则（调用约定）是：

① 函数的第一个至第六个参数分别放入寄存器 rdi、rsi、rdx、rcx、r8、r9。例如示例代码 test_asm_write.c（源码 5-3）中调用了 my_write(1, buf, 5)，该函数在汇编源文件 test_asm_write.S（源码 5-4）中实现。C 语言调用 my_write 的时候，传入的三个参数 1、buf、5，可以分别从寄存器 rdi、rsi、rdx 中获取。

② 其他的参数通过栈从右至左传入。如果函数的参数超过六个，假设有这样一个函数：my_test_func(int a1, int a2, int a3, int a4, int a5, int a6, int a7)。这个函数有七个参数（a1~a7），其中前六个参数（a1~a6）分别存放于寄存器 rdi、rsi、rdx、rcx、r8、r9，第七个参数则在栈上，可以在进入函数后通过 pop 指令获取。

③ 函数的返回值存放于寄存器 rax 中。

（2）示例程序

test_asm_write.c（源码 5-3）已经实现了在 C 语言程序中调用汇编函数。而汇编程序调用 C 语言函数的过程是：按照调用约定将参数放入寄存器（前六个参数分别放入寄存器 rdi、rsi、rdx、rcx、r8、r9）或者栈上（第七个及之后的参数），然后调用 call 指令执行 C 语言的函数。

下面将在源码 5-3 的基础上做修改，形成新的源文件 test_call_c_function.c（源码 5-5），该源文件实现了一个函数 void my_test(char *buf, int len)，该函数的作用是调用汇编函数 my_write 函数写数据。而 my_test 函数将会在汇编源文件中被调用。

源码 5-5　test_call_c_function.c

```
extern void my_write(int fd, char *buf, int len); //导入汇编函数 my_write
//实现一个 C 语言的函数
void my_test(char *buf, int len)
{
    my_write(1, buf, len);                    //调用汇编函数 my_write 写数据
}
```

接下来，修改示例代码 test_asm_write.S（源码 5-4），形成新的汇编源文件 test_call_c_function.S（源码 5-6）。在该汇编源文件中，将调用 test_call_c_function.c（源码 5-5）中实现的 C 语言函数 my_test。

源码 5-6　test_call_c_function.S

```
.global my_write      #声明即将实现的 my_write 函数是全局的
.global _start        #声明即将实现的 _start 函数是全局的
_start:     #Linux 中，_start 是汇编程序的入口函数，作用和 C 语言的 main 函数类似
    mov $my_data, %rdi    #将字符串"hello"的地址放入 rdi
    mov $5, %rsi      #将立即数 5 放入寄存器 rsi 中
```

```
        call my_test       #调用 test_call_c_function.c 的 C 语言函数 my_test
        mov $60, %rax      #将立即数 60 放入寄存器 rax 中
        syscall    #执行系统调用，系统调用号是 rax 寄存器中的值 60，对应 exit 系统调用
my_write:              # my_write 函数的实现
        mov $1, %rax       #将立即数 1 放入 rax 寄存器中
        syscall    #执行系统调用，系统调用号是 rax 寄存器中的值 1，对应 write 系统调用
        ret
my_data: .string  "hello"  #声明字符串"hello"，字符串的标号是 my_data
```

源码 5-6 的入口函数是 _start，即汇编程序从 _start 位置开始执行。在 _start 中，首先通过 mov 指令将标号 my_data 指向的字符串"hello"的地址放入寄存器 rdi 中。然后将立即数 5 放入寄存器 rsi 中，再调用 C 语言函数 my_test（见源码 5-5）。my_test 函数原型是 void my_test(char *buf, int len)，有两个参数 buf 和 len，根据函数传递参数的规则，寄存器 rdi、rsi 分别存放第一个参数和第二个参数，因此字符串"hello"的地址就是 my_test 的第一个参数 buf，而立即数 5 就是第二个参数 len，分别代表将要写入的数据缓存和数据长度。

在 my_test 函数中，调用了 my_write(1, buf, len)，而 my_write 函数又在源码 5-6 中实现。根据函数传递参数的规则，my_write 函数的三个参数 1、buf、len 分别存放于寄存器 rdi、rsi、rdx。这三个参数分别代表文件描述符、数据缓存和数据长度，文件描述符 1 表示向标准输出写入数据。my_write 函数将立即数 1 放入 rax 寄存器中，然后调用 syscall 执行系统调用，此时执行的系统调用是 write（系统调用号是 1），因为是向标准输出写入数据，所以执行完成后，会打印出字符串"hello"。

编译上述两个源文件 test_call_c_function.c 和 test_call_c_function.S，编译时要执行三条命令，编译过程如图 5-4 所示。

```
# gcc -c test_call_c_function.c
# as -o test_call_c_function_S.o test_call_c_function.S
# ld -o test_call_c_function test_call_c_function.o test_call_c_function_S.o
```

图 5-4   编译 test_call_c_function.c 和 test_call_c_function.S

这三条命令作用如下。

- 编译 test_call_c_function.c，生成 test_call_c_function.o 文件。
- 编译汇编源文件 test_call_c_function.S，生成 test_call_c_function_S.o 文件。
- 链接 test_call_c_function.o 和 test_call_c_function_S.o，生成最终的可执行文件 test_call_c_function。

编译完成后，执行生成的 test_call_c_function，将打印出字符串"hello"。

（3）系统调用的参数传递

在 test_call_c_function.c 中（见源码 5-5），函数 my_write 传入的三个参数 1、buf、len 分别存放于寄存器 rdi、rsi、rdx，这三个参数并没有在 my_write 的实现中使用（见源码 5-6）。my_write 函数只是将立即数 1 放入 rax 寄存器然后就执行 syscall 指令进行系统调用。那么，my_write 传入的三个参数 1、buf、len 到底传到了哪里？首先需要了解一下系统调用的参数传递约定。

对于系统调用，其参数传递约定如下。

① 系统调用号放入 rax 中。

② 系统调用最多传入六个参数，分别放入寄存器 rdi、rsi、rdx、r10、r8、r9。

对比源码 test_call_c_function.S（源码 5-6）和上述调用约定，寄存器 rdi、rsi 和 rdx 保存的是系统调用的前三个参数，这三个参数就是 my_write 函数传入的三个参数，也就是说，my_write 函数的三个参数最终传入到了系统调用的执行函数中。

系统调用号 1 对应的系统调用是 write，其在内核源码最终执行的函数是：

```
long __do_sys_write(unsigned int fd, const char __user *buf, size_t count)
```

这个函数的第一个参数 fd 是文件描述符，第二个参数 buf 是应用程序的数据缓存，第三个参数 count 是数据长度。所以，my_write 函数的三个参数最终传递给了函数__do_sys_write，这个函数执行了实际写数据的过程。综合以上描述，test_call_c_function.c（源码 5-5）中调用 my_write 函数的执行过程如图 5-5 所示。

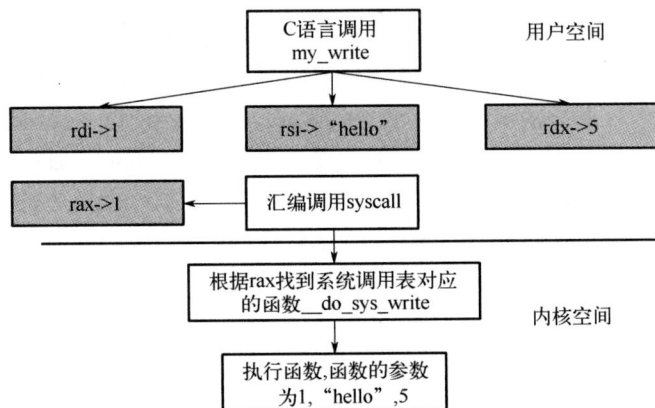

图 5-5　my_write 函数的执行过程

C 语言调用 my_write 函数时，三个参数 1、buf、len 放入了寄存器 rdi、rsi、rdx 中，其中 len 值是 5，rdx 中存的值就是 5。在汇编源码中，实现的 my_write 函数首先将立即数 1 放入 rax 中，然后执行 syscall 指令进行系统调用过程，程序进入内核空间。进入内核空间后，Linux 内核会根据 rax 找到系统调用表对应的处理函数，rax 是 1，对应的处理函数最终执行的是__do_sys_write 函数，而这个函数的三个参数就分别从寄存器 rdi、rsi、rdx 取出。

（4）分析 C 语言程序

在编译示例程序 test_call_c_function.c（源码 5-5）时，通过命令 gcc -c test_call_c_function.c，生成了 test_call_c_function.o。现在对 test_call_c_function.o 文件进行反汇编，执行命令：objdump -S test_call_c_function.o。执行结果如图 5-6 所示。

反汇编结果中有一个标号<my_test>，对应 test_call_c_function.c（源码 5-5）中的函数 void my_test(char *buf, int len)。而在 test_call_c_function.c 中这个函数的实现只有一行代码：my_write(1, buf, len)。也就是说，my_write(1, buf, len)这一行代码是由图 5-6 的标号<my_test>下的 13 行汇编实现。

反汇编后的源码首先将寄存器 rbp 的值压栈（push %rbp），然后将 rsp 的值放入 rbp 中（mov %rsp,%rbp）。由于在 Linux 中，rbp 保存的是栈底，rsp 保存的是栈顶，这步操作完成后，rbp 的值就是进入函数前 rsp 的值，即函数执行过程中的栈底就是进入函数前的栈顶的值。

```
[root@localhost ~]# objdump -S test_call_c_function.o

test_call_c_function.o:      file format elf64-x86-64


Disassembly of section .text:

0000000000000000 <my_test>:
   0:   55                      push   %rbp
   1:   48 89 e5                mov    %rsp,%rbp
   4:   48 83 ec 10             sub    $0x10,%rsp
   8:   48 89 7d f8             mov    %rdi,-0x8(%rbp)
   c:   89 75 f4                mov    %esi,-0xc(%rbp)
   f:   8b 55 f4                mov    -0xc(%rbp),%edx
  12:   48 8b 45 f8             mov    -0x8(%rbp),%rax
  16:   48 89 c6                mov    %rax,%rsi
  19:   bf 01 00 00 00          mov    $0x1,%edi
  1e:   e8 00 00 00 00          callq  23 <my_test+0x23>
  23:   90                      nop
  24:   c9                      leaveq
  25:   c3                      retq
```

图 5-6 反汇编 test_call_c_function.o

将寄存器 rsp 的值减 0x10（sub $0x10,$rsp）的目的是预留 16 字节的栈空间，然后将寄存器 rdi 的值放入 rbp-8 的位置（mov %rdi,-0x8(%rbp)），将寄存器 esi 的值放入 rbp-0xc 的位置（mov %esi,-0xc(%rbp)）。此时的 rdi 和 esi 的值是什么？在 test_call_c_function.S 源文件中（源码 5-6），调用了 test_call_c_function.c（源码 5-5）实现的函数 my_test，此时 rdi 和 esi 的值就是调用 my_test 前的两个寄存器的值，分别为字符串"hello"的地址以及立即数 5。因此，反汇编源码将寄存器 esi 的值放入 rbp-0xc 的位置后，当前栈的分布如图 5-7 所示。

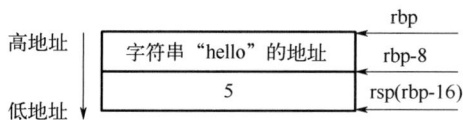

图 5-7 当前栈的布局

将寄存器 esi 的值放入 rbp-0xc 的位置后，反汇编代码又将 rbp-0xc 处保存的值放入 edx 中（mov -0xc(%rbp),%edx），将 rbp-8 处保存的值放入 rax 中（mov -0x8(%rbp),%rax）。执行完成后，edx 中的值是 5，rax 中的值是字符串"hello"的地址。之后，将 rax 的值放入 rsi 中（mov %rax,rsi），将立即数 1 放入 edi 中（mov $0x1,%edi）。执行到此处时，寄存器 edi、rsi、edx 的值分别为：立即数 1、字符串"hello"的地址、立即数 5。

callq 23 <my_test+0x23>这句指令的作用就是调用 my_write 函数，由于 edi 是 rdi 的低 32 位，edx 是 rdx 的低 32 位，根据参数传递规则［参见（1）］，因此调用 my_write 函数传入的三个值分别是：立即数 1、字符串"hello"的地址和立即数 5。此时就可以看出，反汇编代码的执行过程就对应了 test_call_c_function.c 中的代码 my_write(1, buf, len)。

5.2.2 内联汇编

C 语言在对操作系统进行编程时，有时会出现一些不方便的问题，如：设置寄存器的值、直接操作硬件，这些操作在 C 语言中没有专用的函数。这时可以通过生成 C 源文件和汇编源文件来实现，即在汇编源文件中实现设置寄存器的值、直接操作硬件，C 语言源文件调用汇编源文件实现的函数来访问寄存器或硬件。此外，还有一种方式也可以达到以上目的：使用内联汇编。

（1）内联汇编的基本语法

`__asm__ __volatile__ ("<汇编代码>":输出部分:输入部分:会被修改部分)`

上述语法中，__asm__和__volatile__前后的下划线‘_’也可以去掉，效果是一样的。即：asm volatile("<汇编代码>":输出部分:输入部分:会被修改部分)。

主要关注括号里的四部分参数，第一部分是汇编代码，第二部分是输出部分，第三部分是输入部分，第四部分是会被修改部分，这几部分通过冒号‘:’隔开。

（2）汇编代码

内联汇编中，汇编代码是__asm__ __volatile__参数的第一部分，整个内联汇编可以只有这一部分，源码5-7所示的程序使用了内联汇编，且只使用了汇编代码部分。

源码 5-7　只使用汇编代码部分

```
int main()
{
    __asm__ __volatile__("mov $1, %rax");   //将立即数 1 放入寄存器 rax 中
    return 0;
}
```

上述代码使用内联汇编，执行指令 mov $1,%rax 将立即数 1 放入 rax 寄存器中。如果内联汇编如上述代码一样只有汇编代码部分，则使用寄存器时在寄存器前加上一个%；如果内联汇编有输出、输入部分，则在使用寄存器时需要在寄存器前加上两个%%。例如 asm volatile("mov %0, %%rdx"::"a"(len))，这句内联汇编的输出部分是空，有一个输入部分，关于输出和输入部分接下来将详细描述。

（3）输出部分

内联汇编的输出部分是__asm__ __volatile__参数的第二部分，用于汇编代码向 C 语言代码输出数据。源码5-8使用了输出部分。

源码 5-8　asm_test.c

```
#include <stdio.h>
int main()
{
    unsigned long test = 0;
    __asm__ __volatile__("mov $1, %0":"=b"(test)); //将立即数 1 放入变量 test
    printf("test=%d\n", test);                     //打印出变量 test 的内容
    return 0;
}
```

该源码声明了一个变量 test，并初始化为 0，然后通过内联汇编将立即数 1 放入变量 test 中。汇编语句 mov $1, %0，将立即数 1 放入了%0，这里的%0 对应输出或输入部分的第一个参数。如果有%1、%2 就对应输出或输入部分的第二个、第三个参数。源码的内联汇编只有输出部分，其参数是"=b" (test)，可以直观地看出，括号中的 test 就是参数的变量，也就是说 mov $1, %0 语句将立即数 1 放入了 test，放入后 test 的值就是 1。输出部分(test)前面=b，表

示的是保存 test 变量的寄存器是 rbx 寄存器，所以 mov $1,%0 语句可以翻译成 mov $1,%rbx，rbx 寄存器的值就放入变量 test 中。编译、执行上述源码，结果如图 5-8 所示。

```
[root@localhost 6-8_asm_test]# gcc -o asm_test asm_test.c
[root@localhost 6-8_asm_test]# ./asm_test
test=1
```

图 5-8　编译、执行 asm_test.c

如果在上述源码中多加一个输出参数，可以继续在输出部分添加，示例程序如源码 5-9 所示。

源码 5-9　在输出部分添加多个参数

```c
#include <stdio.h>
int main()
{
    //变量 test 和 len 都将在内联汇编赋值
    unsigned long test = 0, len = 0;
    //将 test 赋值为 1，len 赋值为 100
    __asm__ __volatile__("mov $1, %0;mov $100,%1":"=b"(test),"=c"(len));
    printf("test=%d,len=%d\n", test, len);
    return 0;
}
```

源码 5-9 在源码 5-8 的基础上增加了一个变量 len，这个变量和 test 一样，都将在输出部分被赋值。内联汇编语句"mov $1,%0;mov $100,%1"是两个 mov 语句，用 ';' 隔开。第一个 mov 语句将立即数 1 放入 test 变量中，第二个 mov 语句将立即数 100 放入 len 中，由于 len 在输出部分是第二个参数，因此内联汇编中的%1 就对应了 len 变量，(len)前的=c 表明使用寄存器 rcx 来保存 len 变量。编译、执行源码后，会打印出"test=1,len=100"。

（4）输入部分

内联汇编的输入部分是__asm__ __volatile__参数的第三部分，用于 C 语言代码向内联汇编输入参数。源码 5-10 展示了输入部分的用法。

源码 5-10　test_asm_input.c

```c
#include <stdio.h>
int main()
{
    unsigned long test = 0, len = 100;
    //使用内联汇编将变量 len 的值赋给变量 test
    asm volatile("mov %1,%0":"=a"(test):"b"(len));
    printf("test=%d\n", test);
    return 0;
}
```

源码中内联汇编的作用是将变量 len 的值赋值给变量 test，"mov %1,%0"的意思是将第二个参数的值赋值给第一个参数，而第二个参数对应了输入部分的变量 len，第一个参数对应了输出部分的变量 test。输出部分的"=a"表示保存变量 test 的寄存器是 rax，输入部分的"b"

表示保存变量 len 的寄存器是 rbx。因此，"mov %1,%0"可以翻译成"mov %rbx,%rax"，只不过 rax 保存的是变量 test 的值，rbx 保存的是变量 len 的值。

编译、执行 test_asm_input.c 源文件，将打印出"test=100"，结果如图 5-9 所示。

```
[root@localhost 6-10_asm_test_input]# gcc -o asm_test_input asm_test_input.c
[root@localhost 6-10_asm_test_input]# ./asm_test_input
test=100
```

图 5-9　编译、执行 test_asm_input.c

（5）会被修改部分

会被修改部分是内联汇编参数的第四部分，用于声明执行内联汇编的过程中，有寄存器或是内存的内容被修改。因此，这一部分可以是寄存器，也可以是内存（memory）。

如果这一部分填入的是寄存器，那么在执行内联汇编前，gcc 会自动加一段代码对填入的寄存器做保护，执行了汇编语句后，再恢复这些寄存器。源码 5-11 和源码 5-12 的反汇编结果是不同的。

源码 5-11　不使用会被修改部分

```
//源码:
int main()
{
    asm volatile("add $1,%rbx");               //将 rbx 的值加 1
    return 0;
}
//反汇编结果:
0000000000000000 <main>:
    0:   55                  push    %rbp
    1:   48 89 e5            mov     %rsp,%rbp
    4:   48 83 c3 01         add     $0x1,%rbx
    8:   b8 00 00 00 00      mov     $0x0,%eax
    d:   5d                  pop     %rbp
    e:   c3                  retq
```

源码 5-12　使用会被修改部分

```
//源码:
int main()
{
    //在会被修改部分声明了 rbx 寄存器会被修改
    asm volatile("add $1,%%rbx":::"rbx");
    return 0;
}
//反汇编结果:
0000000000000000 <main>:



    0:   55                  push    %rbp
```

```
1:      48 89 e5           mov    %rsp,%rbp
4:      53                 push   %rbx      //将 rbx 的值压入栈中做保护
5:      48 83 c3 01        add    $0x1,%rbx
9:      b8 00 00 00 00     mov    $0x0,%eax
e:      5b                 pop    %rbx      //操作后将 rbx 的值从栈中恢复
f:      5d                 pop    %rbp
10:     c3                 retq
```

在源码 5-12 的 C 语言代码中使用了会被修改部分声明寄存器 rbx 的值会发生变化。比起不使用会被修改部分(源码 5-11),反汇编结果多了 push %rbx 和执行完 add 指令后的 pop %rbx 两个操作。其中 push %rbx 是将原来的 rbx 的值压栈(备份原来 rbx 中的值),pop %rbx 是将栈上的值恢复到寄存器 rbx 中。这两个操作对 rbx 原来的值做了保存和恢复,执行完内联汇编后 rbx 的值和执行内联汇编前 rbx 的值一致。而源码 5-11 没有这两个操作,执行完内联汇编后和执行内联汇编前的 rbx 的值不一致。

会被修改部分还有一种常用的方式:__asm__ __volatile__ (" ":: "memory")。表示内存已经被修改,可以避免编译器做一些不必要的优化,这是一种编译器级的内存屏障。

(6)约束、修饰符、占位符

① 约束。在示例程序源码 5-8、源码 5-9、源码 5-10 的内联汇编中,输出或输入变量前面会有一个字母,例如 asm volatile("mov %1,%0":"=a"(test):"b"(len))中(test)前有一个字母 a,(len)前有一个字母 b,这个字母被称为约束。常用的约束如表 5-1 所示。

表 5-1   内联汇编的约束

约束	意义
r	使用寄存器 rax/eax/ax/al、rbx/ebx/bx/bl、rcx/ecx/cx/cl、rdx/edx/dx/dl 的其中一个
q	和 r 的意义相同
a	使用寄存器 rax/eax/ax/al
b	使用寄存器 rbx/ebx/bx/bl
c	使用寄存器 rcx/ecx/cx/cl
d	使用寄存器 rdx/edx/dx/dl
D	使用寄存器 rdi/edi/di
S	使用寄存器 rsi/esi/si
m	使用内存单元
i	立即数,例如 asm volatile("mov %1,%0":"=a"(test):"i"(100)),表示将立即数 100 赋值给变量 test
g	使用任意的寄存器或内存单元
0-9	在输入部分使用,表示和第 n 个参数使用相同的寄存器或内存单元。例如 asm volatile("xor %1,%0":"=a"(test):"0"(len)),表示变量 test 和 len 都是用寄存器 rax 来保存

② 修饰符。在 asm volatile("mov $1, %0":"=b"(test))这条汇编语句中,约束 'b' 前有一个 '=',这个 '=' 就是修饰符。'=' 修饰符表示参数是只能写的,即 test 只能写不能读取。这里的写表示"内联汇编能向 C 语言变量输出参数",读表示"内联汇编从 C 语言获得参数"。常用的修饰符有:
● 等号 '=' 和加号 '+' 用于输出操作表达式的修饰,一个输出操作表达式必须被 '='或 "+"修饰,二者选其一。'=' 表示表达式是 Write-Only,'+' 表示 Read-Write,它们必须

放在约束字符串的第一个字母。例如 asm volatile("add %1,%0":"=a"(test):"b"(len))和 asm volatile("add %1,%0":"+a"(test):"b"(len))的执行结果是不相同的，后者会将变量 test 的初始参数读入，如果初始化时 test=10，len=100，那么后者执行完成后 test 就是 110。

● '&' 符号用于输出操作表达式的修饰，使用了该修饰符后，输入表达式不得使用和使用了 '&' 的输出表达式相同的寄存器。

● 百分号%修饰符只能用在输入表达式中，表示当前表达式可以和下一个输入表达式中的变量互换。例如 asm volatile("add %1,%0":"+%c"(test):"b"(len))这句内联汇编将变量 test 和 len 的值相加。其中，参数 test 前加了%，表示 test 和 len 可以互换，因为 test+len=len+test。

③ 占位符。asm volatile("mov %1,%0":"=a"(test):"i"(100))这句内联汇编的%0、%1 就是占位符，占位符和输出或输入部分的参数对应。%0 对应第一个参数，%1 对应第二个参数、%2 对应第三个参数······

5.3 增加系统调用

在 X86 的 64 位操作系统中，增加一个系统调用需要两个步骤：

① 在内核源码的系统调用表文件 arch/x86/entry/syscalls/syscall_64.tbl 增加一行系统调用声明。内核源码的 arch/x86/entry/syscalls/syscall_64.tbl 文件格式如图 5-10 所示。

```
0    common    read        sys_read
1    common    write       sys_write
2    common    open        sys_open
3    common    close       sys_close
4    common    stat        sys_newstat
5    common    fstat       sys_newfstat
6    common    lstat       sys_newlstat
7    common    poll        sys_poll
8    common    lseek       sys_lseek
9    common    mmap        sys_mmap
10   common    mprotect    sys_mprotect
11   common    munmap      sys_munmap
```

图 5-10　系统调用表文件的格式

上述格式共有四列：第一列为系统调用号；第二列为接口类型，可以是 commom（通用）、64（x86_64 系统调用）或 x32（x86 系统调用）；第三列是系统调用名称；第四列为系统调用在内核中执行的函数。从图 5-10 中可以看出，read 系统调用的系统调用号是 0，其接口类型是通用（common），执行函数是 sys_read。对于 x86 的 64 位系统，在编译内核时，编译脚本会给函数名称加上前缀 "__x64_"，即内核最终声明的执行函数是 __x64_sys_read。

② 实现系统调用函数。图 5-10 的系统调用表的第四列是系统调用的执行函数，需要实现该函数进行系统调用的实际操作。系统调用函数可以借助 Linux 内核提供的 SYSCALL_DEFINEx 宏定义进行函数实现，对于 x86 的 64 位系统，SYSCALL_DEFINEx 定义并实现了一个以 "__x64_" 为前缀的函数，该函数就是系统调用在内核最终执行的函数。对于 read 系统调用来说，这个函数就是 __x64_sys_read。SYSCALL_DEFINEx 宏定义中的参数有 2x+1 个。其中，第 1 个参数是系统调用的名称，剩下的 2x 个参数以数据类型和参数名为一组，共包含 x 组参数。例如 SYSCALL_DEFINE3 共有七个参数，而 read 系统调用的执

行函数借助 SYSCALL_DEFINE3 实现：SYSCALL_DEFINE3(read, unsigned int, fd, char __user *, buf, size_t, count)，第一个参数 read 是系统调用名称，剩下的参数以数据类型和参数名为一组，共有 3 组。由于 read 系统调用的原型是：ssize_t read(int fd, void *buf, size_t count)，SYSCALL_DEFINE3(read, unsigned int, fd, char __user *, buf, size_t, count) 的第二个参数 unsigend int 和第三个参数 fd 对应 read 系统调用的第一个参数的数据类型和名称；第四个参数 char __user *和第五个参数 buf 是 read 系统调用的第二个参数的数据类型和名称；第六个参数 size_t 和第七个参数 count 是 read 系统第三个参数的数据类型和名称。

下面将实现一个示例：在 Linux 中增加一个系统调用，系统调用的名称是 my_sum，该系统调用有 4 个参数，这个系统调用的作用就是计算这 4 个参数的和。要增加这个系统调用，首先在内核源码的 arch/x86/entry/syscalls/syscall_64.tbl 文件中增加该系统调用的声明，如图 5-11 所示。

```
540     x32     process_vm_writev       sys_process_vm_writev
541     x32     setsockopt              sys_setsockopt
542     x32     getsockopt              sys_getsockopt
543     x32     io_setup                compat_sys_io_setup
544     x32     io_submit               compat_sys_io_submit
545     x32     execveat                compat_sys_execveat
546     x32     preadv2                 compat_sys_preadv64v2
547     x32     pwritev2                compat_sys_pwritev64v2
548     64      my_sum                  sys_my_sum
# This is the end of the legacy x32 range.  Numbers 548 and above are
```

图 5-11　在 syscall_64.tbl 增加一个系统调用声明

图 5-11 中在系统调用号为 547 的系统调用下面声明了一个新的系统调用，这个新的系统调用的系统调用号是 548，64 表示这个系统调用是在 64 位系统下使用的，系统调用的名称是 my_sum，系统调用的执行函数是 sys_my_sum。

接下来实现系统调用函数 sys_my_sum。可以选一个合适的内核源码文件或自己创建一个内核源码文件来实现该函数。本示例在内核源码的 arch/x86/entry/common.c 文件中增加这个函数的实现。打开 arch/x86/entry/common.c 文件后，在文件的开头增加系统调用 my_sum 的函数实现，如图 5-12 所示。

```
#include <asm/syscall.h>
#include <asm/irq_stack.h>

#ifdef CONFIG_X86_64
SYSCALL_DEFINE4(my_sum, long, param1, long, param2, long, param3, long, param4)
{
        return param1 + param2 + param3 + param4;
}
```

图 5-12　增加系统调用 my_sum 的执行函数

在文件 arch/x86/entry/common.c 的开头增加系统调用 my_sum 的执行函数时，使用 SYSCALL_DEFINE4 来声明，系统调用共有 4 个参数，分别是：long param1、long param2、long param3 和 long param4。这 4 个参数就对应了图 5-12SYSCALL_DEFINE4 中除了第一个参数 my_sum（系统调用名称）之外的其他所有参数。系统调用的返回值是 4 个参数之和（param1+param2+param3+param4）。

修改了 arch/x86/entry/syscalls/syscall_64.tbl 和 arch/x86/entry/common.c 文件后需要重新编译、安装内核。安装内核并重启操作系统后，使用源码 5-13 所示程序来执行刚增加的系统调用。

源码 5-13　test_my_sum.c

```
#include <stdio.h>
#define _GNU_SOURCE
#include <unistd.h>
#include <sys/syscall.h>
int main()
{
    unsigned long sum = 0;
    sum = syscall(548, 10, 11, 12, 13); //执行系统调用号为 548 的系统调用
    printf("sum=%d\n", sum);            //打印出系统调用的返回值
}
```

源码通过 syscall 来执行系统调用号为 548 的系统调用，这个系统调用就是刚增加的，系统调用号已在 arch/x86/entry/syscalls/syscall_64.tbl 做了声明。syscall 函数的第一个参数是系统调用号，而后四个参数就是系统调用的参数，新的系统调用共有 4 个参数，其作用是计算 4 个参数的和，因此 syscall 应该返回 10+11+12+13，即变量 sum 的值应该是 46。

编译、执行应用程序 test_my_sum.c，将打印出执行结果"sum=46"，如图 5-13 所示。

```
[root@localhost 6-13_test_my_sum]# gcc -o test_my_sum test_my_sum.c
[root@localhost 6-13_test_my_sum]# ./test_my_sum
sum=46
```

图 5-13　执行应用程序 test_my_sum

同样，也可以通过内联汇编来执行系统调用，效果是一样的，内联汇编执行该系统调用的示例程序如源码 5-14 所示。

源码 5-14　通过内联汇编执行系统调用号为 548 的系统调用

```
#include <stdio.h>

int main()
{
    unsigned long sum = 0;
    asm volatile("mov $10, %%rdi;"   //rdi 保存系统调用的第一个参数
        "mov $11, %%rsi;"            //rsi 保存系统调用的第二个参数
        "mov $12, %%rdx;"            //rdx 保存系统调用的第三个参数
        "mov $13, %%r10;"            //r10 保存系统调用的第四个参数
        "mov $548, %%rax;"           //rax 保存系统调用号
        "syscall;"
        "mov %%rax, %0":"=g"(sum));  //系统调用的返回值存放在 rax 中
    printf("sum=%d\n", sum);
    return 0;
}
```

根据第 0 节的描述，应用程序调用系统调用时，前四个参数分别存放于寄存器 rdi、rsi、rdx、r10 中，上述内联汇编分别将立即数 10、11、12、13 放入这 4 个寄存器中，然后将立即数 548 放入寄存器 rax 中。执行 syscall 汇编指令时，rax 存放的是系统调用号，执行完 syscall 指令后，返回值存放于 rax 寄存器中。由于系统调用号是 548 的系统调用的作用是计算 4 个参数之和，因此返回值是 46。最后通过 mov 指令将 rax 的值放入变量 sum 中，此时，sum 的值应该是 46。

再来回顾一下增加系统调用的过程，增加系统调用的第一步是在内核源码的系统调用表文件 arch/x86/entry/syscalls/syscall_64.tbl 增加一行系统调用声明。这个声明包括四部分，分别是系统调用号、接口类型、系统调用名称和系统调用在内核中执行的函数。本节的示例在这个文件中加入了系统调用号为 548 的系统调用，名称是 my_sum，执行函数是 sys_my_sum，然而在实现系统调用函数时通过 SYSCALL_DEFINE4(my_sum, long, param1, long, param2, long, param3, long, param4)来声明函数（见图 5-12）。SYSCALL_DEFINEx 的宏定义在内核源码 include/linux/syscalls.h 头文件中，感兴趣的读者可以自行查阅。这里将 SYSCALL_DEFINE4 (my_sum, long, param1, long, param2, long, param3, long, param4)的定义展开，如源码 5-15 所示。

源码 5-15　展开 SYSCALL_DEFINE4(my_sum, long, param1, long, param2, long, param3, long, param4)

```
//声明函数__se_sys_my_sum
static long  __se_sys_my_sum(long param1, long param2, long param3, long param4);
//声明函数__do_sys_my_sum
static inline long  __do_sys_my_sum(long param1, long param2, long param3, long
param4);
//声明函数__x64_sys_my_sum
long  __x64_sys_my_sum(const struct pt_regs *regs);
//实现函数__x64_sys_my_sum
long  __x64_sys_my_sum(const struct pt_regs *regs)
{
    __se_sys_my_sum(regs->di, regs->si, regs->dx, regs->r10);
}
//实现函数__se_sys_my_sum
static long __se_sys_my_sum(long param1, long param2, long param3, long param4)
{
    long ret = __do_sys_my_sum(param1, param2, param3, param4);
    ......
    return ret;
}
static inline long __do_sys_my_sum(long param1, long param2, long param3, long
param4)
```

SYSCALL_DEFINE4(my_sum, long, param1, long, param2, long, param3, long, param4)中声明并实现了函数__se_sys_my_sum、__do_sys_my_sum、__x64_sys_my_sum，而在图 5-12 的 return param1+param2+param3+param4 实际是__do_sys_my_sum 函数的实现代码。

在内核编译完成后，可以查看 arch/x86/include/generated/asm/syscalls_64.h 头文件，这个头文件是由 arch/x86/entry/syscalls/syscall_64.tbl 生成的，其保存的是系统调用函数的声明。打开 arch/x86/include/generated/asm/syscalls_64.h 文件，最后一行是__SYSCALL_64(548, sys_ my_sum)，将这个宏展开后得到：extern long __x64_sys_my_sum(const struct pt_regs *)，这个就是系统调用 my_sum 的函数声明，在 arch/x86/entry/syscalls/syscall_64.tbl 文件中声明的函数是 sys_my_sum，将被转换为函数__x64_sys_my_sum。而函数__x64_sys_my_sum 的实现在 SYSCALL_DEFINE4(my_sum, long, param1, long, param2, long, param3, long, param4)中。通过源码 5-15 可以看出，__x64_sys_my_sum 调用了函数__se_sys_my_sum，__se_sys_my_sum 又调用了函数__do_sys_my_sum，而函数__do_sys_my_sum 正是示例中实现的函数，返回 4 个参数之和。

5.4 Linux 系统调用的实现方式

本节描述的是 X86 的 64 位 Linux 操作系统下系统调用的实现方式。系统调用通过 syscall 汇编指令来执行，执行 syscall 时，代码将跳转到寄存器 IA32_LSTAR MSR 保存的函数中执行，IA32_LSTAR MSR 这个寄存器保存了系统调用的入口函数地址。Linux 的系统调用入口函数是 entry_SYSCALL_64，这个函数在内核源码的 arch/x86/entry/entry_64.S 文件中实现。在系统初始化时，函数 entry_SYSCALL_64 的地址将被放入 IA32_LSTAR MSR 寄存器。

函数 entry_SYSCALL_64 会调用 do_syscall_64 函数，do_syscall_64 函数在内核源码的 arch/x86/entry/common.c 中实现，函数原型是：void do_syscall_64(unsigned long nr, struct pt_regs *regs)，第一个参数 nr 是系统调用号，第二个参数 regs 保存了寄存器信息。函数实现如源码 5-16 所示。

源码 5-16 函数 do_syscall_64 的实现

```
__visible noinstr void do_syscall_64(unsigned long nr, struct pt_regs *regs)
{
    ......
    if (likely(nr < NR_syscalls)) {
        nr = array_index_nospec(nr, NR_syscalls);
        //执行系统调用表中的函数，并将返回值放入 rax 寄存器
        regs->ax = sys_call_table[nr](regs);
        ......
    }
    ......
}
```

上述函数的变量 nr 保存了系统调用号，函数通过 regs->ax = sys_call_table[nr](regs)执行了系统调用表中的对应函数，然后将返回值放入 rax 寄存器。数组变量 sys_call_table 就是系统调用表，与 arch/x86/entry/syscalls/syscall_64.tbl 文件保存的表的关系是：sys_call_table 的数组元素借助 arch/x86/entry/syscalls/syscall_64.tbl 文件生成，sys_call_table 是内核源码编译后才完整生成的，它的每一个数组元素是函数指针，指向系统调用最终执行的函数，第 nr 个数组元素保存的就是系统调用号为 nr 的系统调用的执行函数。这些执行函数的类型是：typedef long (*sys_call_ptr_t)(const struct pt_regs *)，函数参数的结构体类型是 struct pt_regs *，保存了各寄存器的信息。regs->ax 保存了 rax 寄存器的值，系统调用的返回值会被放入 rax 寄存器，然后返回用户空间，用户空间就能从寄存器 rax 中获取返回值。struct pt_regs 结构体定义如源码 5-17 所示。

源码 5-17　struct pt_regs 结构体定义

```
struct pt_regs {
    unsigned long r15;          //保存了寄存器 r15 的值
    unsigned long r14;          //保存了寄存器 r14 的值
    unsigned long r13;          //保存了寄存器 r13 的值
    unsigned long r12;          //保存了寄存器 r12 的值
    unsigned long bp;           //保存了寄存器 rbp 的值
    unsigned long bx;           //保存了寄存器 rbx 的值
    unsigned long r11;          //保存了寄存器 r11 的值
    unsigned long r10;          //保存了寄存器 r10 的值
    unsigned long r9;           //保存了寄存器 r9 的值
    unsigned long r8;           //保存了寄存器 r8 的值
    unsigned long ax;           //保存了寄存器 rax 的值
    unsigned long cx;           //保存了寄存器 rcx 的值
    unsigned long dx;           //保存了寄存器 rdx 的值
    unsigned long si;           //保存了寄存器 rsi 的值
    unsigned long di;           //保存了寄存器 rdi 的值
    unsigned long orig_rax;     //保存了系统调用号
    unsigned long ip;           //保存了 syscall 下一条指令的地址
    unsigned long cs;           //保存态代码段的选择子
    unsigned long eflags;       //保存用户态执行系统调用前 RFLGS 寄存器的值
    unsigned long sp;           //保存了用户态栈指针
    unsigned long ss;           //保存了用户态数据段选择子
};
```

　　函数 entry_SYSCALL_64 在调用函数 do_syscall_64 之前，会将 struct pt_regs 结构体变量对应各寄存器的值依次入栈，然后将 rax 的值放入 rdi 中，将 rsp 的值放入 rsi 中。进入 do_syscall_64 函数后，根据汇编语言和 C 语言函数调用时的传参规则（见第 5.2.1 节），rdi 保存的是函数的第一个参数，rsi 保存的是函数的第二个参数。根据 do_syscall_64 函数的实现（见源码 5-16），第一个参数 nr 是系统调用号，第二个参数 regs 是寄存器信息。此时寄存器 rdi 保存了系统调用号，其来源是寄存器 rax，所以应用程序要将系统调用号放入 rax 中再执行 syscall 指令。寄存器 rsi 保存了寄存器的信息，其来源是寄存器 rsp，所以此时栈上保存了 struct pt_regs 结构体中寄存器的值。实际上，在进入函数 do_syscall_64 前，栈的分布如图 5-14 所示。

　　从图 5-14 可以看出，栈空间的分布正好和结构体 struct pt_regs 的定义一致。需要注意的是，图 5-14 的栈中包含两个 rax 寄存器的值，高地址的那一个值是系统调用号，低地址的那一个保存了系统调用的返回值。在 do_syscall_64 函数刚执行完 regs->ax = sys_call_table[nr](regs)时，系统调用的返回值保存在栈中。而在系统调用返回用户空间前，函数 entry_SYSCALL_64 会将栈上的寄存器值恢复到实际的寄存器中，即 regs->ax 的值会被放入寄存器 rax 中，用户空间执行系统调用的返回值就可以从 rax 寄存器获取。

　　回顾一下第 5.3 节增加的系统调用 my_sum，增加了该系统调用并编译内核后，数组变量 sys_call_table（系统调用表）的内容就应该如源码 5-18 所示。

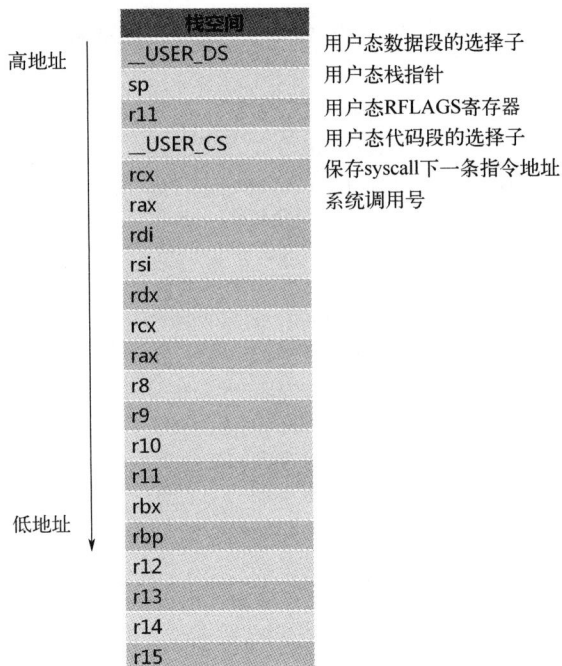

图 5-14　进入 do_syscall_64 前的栈空间

源码 5-18　数组变量 sys_call_table 的内容

```
// sys_call_table 每一个数据元素的类型定义
typedef long (*sys_call_ptr_t)(const struct pt_regs *);
const sys_call_ptr_t sys_call_table[__NR_syscall_max] = {
    [0]   = __x64_sys_read,       //系统调用号 0 是 read 系统调用
    [1]   = __x64_sys_write,      //系统调用号 1 是 write 系统调用
    [2]   = __x64_sys_open,
    [3]   = __x64_sys_close,
    ......
    [548] = __x64_sys_my_sum,     //系统调用 my_sum 的系统调用号是 548
};
```

新增的系统调用 my_sum 的系统调用号是 548，是数组变量 sys_call_table 编号为 548 的数组元素，执行函数是__x64_sys_my_sum，即 sys_call_table[548]=__x64_sys_my_sum。应用程序执行系统调用号是 548 的系统调用时，最终会执行__x64_sys_my_sum 函数，这个函数在 SYSCALL_DEFINE4(my_sum, long, param1, long, param2, long, param3, long, param4)中实现（见源码 5-15）。

5.5　通过软件中断实现系统调用

5.5.1　通过 0x80 软件中断执行系统调用

在 X86 的 32 位系统下，系统调用是通过 0x80 软件中断实现的。X86 的 64 位操作系统也支持该方式执行系统调用（需要在编译内核时，配置 CONFIG_IA32_EMULATION 选项）。

执行 0x80 软件中断的方式是：在执行软件中断前，将系统调用号放入 eax 寄存器中，参数 1 到参数 6 分别放入：ebx、ecx、edx、esi、edi、ebp 寄存器。然后调用 int $0x80 汇编指令执行系统调用，返回值将保存在 eax 寄存器中。需要注意的是：通过 int $0x80 执行系统调用的系统调用号和通过 syscall 执行系统调用的系统调用号不同，前者的系统调用号及执行函数等信息保存在内核源码的 arch/x86/entry/syscalls/syscall_32.tbl 文件中，后者的对应信息保存在 arch/x86/entry/syscalls/syscall_64.tbl 文件中。文件 arch/x86/entry/syscalls/syscall_32.tbl 的内容如图 5-15 所示（截取了 syscall_32.tbl 的一小部分）：

```
0   i386    restart_syscall     sys_restart_syscall
1   i386    exit                sys_exit
2   i386    fork                sys_fork
3   i386    read                sys_read
4   i386    write               sys_write
5   i386    open                sys_open                compat_sys_open
6   i386    close               sys_close
```

图 5-15　文件 arch/x86/entry/syscalls/syscall_32.tbl

从图 5-15 可以看出，文件 arch/x86/entry/syscalls/syscall_32.tbl 的格式和文件 arch/x86/entry/syscalls/syscall_64.tbl（见图 5-10）类似，都包括系统调用号、系统调用名称、执行函数信息，但不同之处在于：

● 系统调用号不完全一样。例如 syscall_32.tbl 文件中，系统调用号 0 对应了 restart_syscall 系统调用；而 syscall_64.tbl 文件中，系统调用号 0 对应了 read 系统调用。

● syscall_32.tbl 可能有两个执行函数。如图 5-15 中的 open 系统调用，其中一个执行函数是 sys_open，另一个执行函数是 compat_sys_open。分别对应 32 位操作系统和 64 位操作系统下执行 open 系统调用应该使用的函数。

下面将实现一个示例程序（源码 5-19），使用软件中断执行系统调用 write，将字符串"hello"输出到标准输出，这个例子和第 5.1.2 节的示例类似，不同之处在于通过软件中断 0x80 执行系统调用。

源码 5-19　test_int_write.c

```
int main()
{
    char *buf = "hello";            //buf 保存了将要输出的字符串"hello"
    asm volatile("mov $4, %%eax;"   //将立即数 4 放入 eax，eax 保存的是系统调用号
        "mov $1, %%ebx;"    //将立即数 1 放入 ebx，ebx 保存系统调用的第一个参数
        "mov %0, %%ecx;"    //将 buf 放入 ebx，ecx 保存系统调用的第二个参数
        "mov $5, %%edx;"    //将立即数 5 放入 edx，edx 保存系统调用的第三个参数
        "int $0x80"::"g"(buf)); //执行 0x80 软件中断进入系统调用
    return 0;
}
```

上述源码通过 int $0x80 指令执行系统调用。在执行软件中断前，将系统调用号 4 放入 eax 寄存器，系统调用号 4 对应的是 write 系统调用（注意：通过软件中断执行系统调用时，系统调用号 4 对应 write，而通过 syscall 指令执行系统调用时，write 的系统调用号是 1。可

以对比 syscall_32.tbl 和 syscall_64.tbl 文件找到对应系统调用号）；将立即数 1 放入 ebx 寄存器，ebx 保存了 write 系统调用的第一个参数，即文件描述符，1 是标准输出；将参数 buf 放入 ecx 寄存器，ecx 保存了 write 系统调用的第二个参数，即字符串"hello"；将立即数 5 放入 edx 寄存器，edx 保存了 write 系统调用的第三个参数，即数据长度，"hello"字符串的长度是 5 字节。

编译、执行上述源码，将打印出"hello"字符串。

5.5.2　自己动手实现系统调用

第 5.5.1 节通过 0x80 软件中断执行了系统调用，为了理解这种方式的机理，本节将动手实现系统调用，实现步骤如下：

① 增加一个新的软件中断；

② 增加一张系统调用表，系统调用表是一个数组，数组中的每一个元素是函数指针，用于对应系统调用的处理；

③ 实现软件中断的处理函数，这个函数需要根据应用程序传入的系统调用号等参数执行系统调用表的相关处理函数。

关于实现系统调用的具体细节，见配套电子书第 4.2 节。

第**6**章
监控与调试

程序的调试会占用模块开发过程的大部分时间,因此,掌握程序的监控与调试手段对于开发人员来说必不可少,熟练运用监控与调试技能,能够较为迅速地排查出程序问题。本章前两节将讲解两种内核模块的监控手段:kprobe 和 kretprobe,之后会描述如何通过 dump 文件分析内核崩溃原因,最后会讲解如何通过 kgdb 动态调试 Linux 内核。

6.1 kprobe

kprobe 是一种内核模块的动态跟踪手段。所谓动态跟踪,指的是可以在内核中动态插入或修改代码,达到监控内核运行过程的目的。kprobe 可以让开发人员在内核几乎所有的地址或函数中插入探测点,开发人员可以在这些探测点上通过自定义函数来调试或监控内核代码的执行。

6.1.1 结构体和相关接口

kprobe 相关结构体和接口的声明在内核源码的 include/linux/kprobes.h 头文件中,要使用 kprobe 需要引入该头文件(#include <linux/kprobes.h>)。kprobe 结构体定义如源码 6-1 所示。

源码 6-1　struct kprobe 结构体定义

```
struct kprobe {
    kprobe_opcode_t *addr;              //探测点的地址
    const char *symbol_name;            //探测点所在函数的名称
    unsigned int offset;                //探测点的偏移
    kprobe_pre_handler_t pre_handler;   //在探测点前需要执行的函数
    kprobe_post_handler_t post_handler; //在探测点后需要执行的函数
    ......
};
```

struct kprobe 的各成员变量意义如下。

● addr:探测点的地址,即需要监控的代码所在的位置。假设要监控函数 printk 的执行,可以将 printk 函数的地址放入到这个变量。

● symbol_name：探测点所在函数的名称。假设要监控函数 printk 的执行，可以将函数名 "printk" 赋值给这个变量。需要注意的是，变量 addr 和 symbol_name 只需要对其中一个填值即可，无需对这两个变量同时填值。

● offset：探测点的偏移。这个变量和 addr 配合使用以确定探测点的实际地址，kprobe 监控的实际地址是 addr+offset。

● pre_handler：在探测点前执行的函数，需要自定义，其数据类型是 typedef int (*kprobe_pre_handler_t) (struct kprobe *, struct pt_regs *)。类型 kprobe_pre_handler_t 的第一个参数是 struct kprobe 的指针变量，表示当前使用的是 kprobe，这个变量在模块初始化时被定义；第二个参数是 struct pt_regs 的指针变量，保存了进入探测点时各寄存器的值（struct pt_regs 的定义见源码 5-17）。pre_handler 和 post_handler 分别在探测点的前后执行。假设监控了函数 printk，则 pre_handler 将在 printk 函数执行前被调用，而 post_handler 将在 printk 函数的第一句指令执行后被调用。

● post_handler：在探测点后执行的函数，需要自定义，其数据类型是 typedef void (*kprobe_post_handler_t) (struct kprobe *, struct pt_regs *,unsigned long flags)。类型 kprobe_post_handler_t 的第一个参数是 struct kprobe 的指针变量，表示当前使用的是 kprobe，这个变量在模块初始化时被定义；第二个参数是 struct pt_regs 的指针变量，保存了进入探测点时各寄存器的值；第三个参数 flags 一般填的是 0。

图 6-1 是使用 kprobe 的一个示例，假设 kprobe 的探测点在函数 printk 的入口位置。代码的执行顺序是：在进入 printk 前执行 kprobe 的 pre_handler 成员函数，然后执行 printk 的第一条指令，随后会执行 kprobe 的 post_handler 成员函数，执行完 post_handler 后，才会执行 printk 的其他指令。

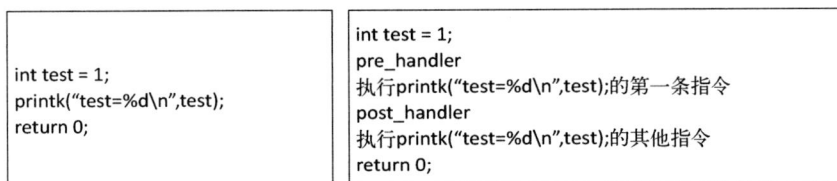

图 6-1　kprobe 示例

kprobe 的注册、注销接口如下：

```
int register_kprobe(struct kprobe *p)
```

注册 kprobe 探测点，参数 p 是将要注册的 kprobe 结构体指针变量。函数返回 0 表示成功，否则表示失败。注册前，需要将探测点的地址和需要执行的函数填入 struct kprobe 结构体变量。

```
void unregister_kprobe(struct kprobe *p)
```

注销 kprobe 探测点，参数 p 是将要注销的 kprobe 结构体指针变量。

6.1.2　示例程序

kprobe 几乎可以监控内核的任意函数或地址，本节实现一个内核模块 kprobe_test.c（源码 6-2），用于监控 proc 文件的创建。要达到这个目的，需要在 proc_create_data 函数（见第 2.1 节）增加监控点。

源码 6-2　kprobe_test.c

```c
#include <linux/module.h>
#include <linux/kprobes.h>           //使用 kprobe 需要引入该头文件
//监控的函数名称是 proc_create_data
static char symbol_name[128] = "proc_create_data";
//在探测点前执行的函数
static int handler_pre(struct kprobe *p, struct pt_regs *regs)
{
    printk("pre proc file create\n");
    return 0;
}
//在探测点后执行的函数
static void handler_post(struct kprobe *p, struct pt_regs *regs, unsigned long
flags)
{
    printk("post proc file create\n");
}
//定义 struct kprobe 变量，这个变量将在加载函数中注册
static struct kprobe my_kprobe = {
    .symbol_name = symbol_name,      //设置监控的函数名称
    .pre_handler = handler_pre,      //设置监控点前执行的函数
    .post_handler = handler_post,    //设置监控点后执行的函数
};
//加载函数
static int kprobe_test_init(void)
{
    if(register_kprobe(&my_kprobe) != 0)  //注册监控点
    {
        printk("failed to register\n");
        return -1;
    }
    return 0;
}
//卸载函数
static void kprobe_test_exit(void)
{
    unregister_kprobe(&my_kprobe);   //注销监控点
}

module_init(kprobe_test_init);
module_exit(kprobe_test_exit);
MODULE_LICENSE("GPL");                //使用 kprobe 需要声明 GPL 协议
```

源码在 struct kprobe my_kprobe 变量中将成员变量 symbol_name 设置为了字符串 "proc_create_data"，表明监控的函数是 proc_create_data，这个函数正是 proc 文件的创建函数。同时，又将 my_kprobe 变量的 pre_handler 和 post_handler 分别设置成函数 handler_pre 和函数

handler_post，这两个函数会分别打印字符串"pre proc file create"和"post proc file create"。

加载函数中执行 register_kprobe 注册了监控点。注册了监控点后，如果有模块调用函数 proc_create_data 创建 proc 文件，则会先打印出"pre proc file create"，再打印出"post proc file create"。测试结果如图 6-2 所示。

```
[root@localhost 7-2_kprobe_test]# insmod kprobe_test.ko
[root@localhost 7-2_kprobe_test]# dmesg -c
[root@localhost 7-2_kprobe_test]# insmod proc_file_create.ko
[root@localhost 7-2_kprobe_test]# dmesg -c
[  659.413299] pre proc file create
[  659.413302] post proc file create
```

图 6-2　监控 proc 文件的创建

如图 6-2 所示，首先加载了 kprobe_test.ko，这个文件是源码 6-2 编译后生成的 ko 文件，然后执行 dmesg -c，此时没有任何打印，再通过 insmod 命令加载 proc_file_create.ko（由源码 2-2 编译），这个模块将调用函数 proc_create_data 创建一个 proc 文件。加载了 proc_file_create.ko 后再次执行 dmesg -c 查看打印信息，可以看到依次打印了"pre proc file create"以及"post proc file create"，和预想的结果一致。

上述示例通过 kprobe 监控了 proc 文件的创建函数 proc_create_data，通过监控点是否可以查看到函数 proc_create_data 的参数信息？答案是肯定的。

在 struct kprobe 结构体的成员变量 pre_handler 和 post_handler 中，有一个参数的参数类型是 struct pt_regs *，其结构体定义见源码 5-17，这个参数记录了进入 pre_handler 和 post_handler 的各寄存器信息。根据 C 语言和汇编语言的参数传递约定（见第 5.2.1 节），函数的前六个参数分别放入寄存器 rdi、rsi、rdx、rcx、r8、r9。而 proc 文件的创建函数 proc_create_data 的函数原型是：

```
struct proc_dir_entry *proc_create_data(const char *name, umode_t mode, struct proc_dir_ entry *parent, const struct proc_ops *proc_ops, void *data)
```

根据参数传递约定，参数 name 应该被放入寄存器 rdi 中，参数 mode 应该被放入 rsi 中，其他参数也按照调用约定放入不同的寄存器。下面实现一个示例程序，在 kprobe_test.c（见源码 6-2）的基础上做修改，修改 handler_pre 函数，以监控创建的 proc 文件的文件名。示例程序如源码 6-3 所示。

源码 6-3　kprobe_param.c

```
......
static int handler_pre(struct kprobe *p, struct pt_regs *regs)
{
    printk("file name is %s\n", regs->di);        //打印出文件名
    return 0;
}
......
```

因为函数 proc_create_data 的第一个参数是文件名，这个参数在进入 proc_create_data 函数前被放在了 rdi 寄存器，可以在监控点通过 regs->di 访问这个值。编译、加载该模块，然后创建 proc 文件，将会打印出 proc 文件的名称，如图 6-3 所示（创建的 proc 文件名为 proc_file）。

```
[root@localhost 7-3_kprobe_param]# insmod  kprobe_param.ko
[root@localhost 7-3_kprobe_param]# insmod  proc_file_create.ko
[root@localhost 7-3_kprobe_param]# dmesg  -c
[ 2601.151354] file name is proc_file
[ 2601.151357] post proc file create
```

图 6-3　监控 proc_create_data 的参数

从上面的示例可以看出，kprobe 是一种很灵活的监控方式，开发人员甚至可以动态修改寄存器的值以达到想要的目的。例如可以在探测点修改 regs->di 的值，让创建的文件名不再是传入 proc_create_data 的第一个参数。另外，还可以修改指令寄存器的值，以达到在探测点执行和原功能完全不相关代码的目的。下面将以一个例子说明如何修改寄存器的值。

struct pt_regs 有一个成员变量 ip，它保存了将要执行的代码地址，这个地址将被放入指令寄存器（RIP）中执行。如果想修改将要执行的代码，只需对 struct pt_regs 的成员变量 ip 做修改。示例程序如源码 6-4 所示。

源码 6-4　kprobe_change_code

```
......
//将要替换原功能的函数
static void my_function(void)
{
    printk("my function\n");
}

static int handler_pre(struct kprobe *p, struct pt_regs *regs)
{
    //将指令地址修改为 my_function 函数的地址
    regs->ip = (unsigned long)my_function;
    return 1;                          //返回值 1 表示不执行原来的后续代码
}
......
```

源码 6-4 在源码 6-3 的基础上，修改了函数 handler_pre，将 regs->ip 赋值为自定义的函数 my_function，而 regs->ip 的值在函数 handler_pre 执行完后被放入指令寄存器（RIP），就会执行函数 my_function 中的代码，通过对 regs->ip 赋值强行改变了原代码的执行流程。

编译、加载该模块后，在将要创建 proc 文件时会打印出字符串"my function"，而 proc 文件并没有创建成功，执行结果如图 6-4 所示。

```
[root@localhost 7-4_kprobe_change_code]# insmod kprobe_change_code.ko
[root@localhost 7-4_kprobe_change_code]# insmod proc_file_create.ko
[root@localhost 7-4_kprobe_change_code]# dmesg -c
[ 4218.322815] my function
```

图 6-4　修改指令地址

6.2　kretprobe

kretprobe 是基于 kprobe 实现的，它也是一种内核的监控与调试方式，主要用于对函数的入口和出口进行监控。

6.2.1 结构体和相关接口

kretprobe 的结构体和相关接口定义在内核源码的 include/linux/kprobes.h 头文件中，要使用 kretprobe 需要引入该头文件（#include <linux/kprobes.h>）。

kretprobe 结构体定义如源码 6-5 所示。

源码 6-5　struct kretprobe 结构体定义

```
struct kretprobe {
    struct kprobe kp;                        //kretprobe 基于 kprobe 实现
    kretprobe_handler_t handler;         //函数返回时执行
    kretprobe_handler_t entry_handler; //函数进入时执行
    int maxactive;                           //允许同时进入探测函数的代码路径数量
    size_t data_size;                        //私有数据长度
    ......
};
```

struct kretprobe 各成员变量意义如下。

● kp：保存了 kprobe 信息，由于 kretprobe 是基于 kprobe 实现，因此探测点的信息保存于这个变量。

● handler：可自定义的函数，在探测函数返回时执行。其类型定义是：typedef int (*kretprobe_handler_t) (struct kretprobe_instance *, struct pt_regs *)。handler 函数的第一个参数是 kretprobe 实例，保存了当前的 kretprobe 信息、探测函数的返回地址、私有数据等信息，其结构体 struct kretprobe_instance 定义如源码 6-6 所示。

源码 6-6　struct kretprobe_instance 结构体定义

```
struct kretprobe_instance {
    ......
    struct kretprobe *rp;       //当前使用的 kretprobe
    kprobe_opcode_t *ret_addr; //函数返回地址
    //关联的进程：由于探测点可能是在进程中执行，该变量代表执行探测点的进程
    struct task_struct *task;
    ......
    char data[];                //私有数据，可自定义
};
```

handler 函数的第二个参数类型是 struct pt_regs *，表示进入探测点时各寄存器的值。

● entry_handler：可自定义的函数，在函数进入时执行。其数据类型和 handler 一致。

● maxactive：允许同时进入探测函数的代码路径数量。多个内核模块可能同时进入探测点，如果同时进入探测点的内核模块数量超过了 maxactive 的值，后面进入探测点的内核模块将不会执行探测函数。如果 maxactive 配置得太小，并且若有多个内核模块同时进入探测点，那么可能会丢失部分探测信息。

● data_size：私有数据长度。该长度和 struct kretprobe_instance（见源码 6-6）中的私有数据（成员变量 data）配合使用，描述的是其私有数据的长度。

与 kprobe 类似，kretprobe 也有注册和注销接口，这两个接口声明如下。

- int register_kretprobe(struct kretprobe *rp)：注册 kretprobe 探测点。函数返回 0 表示注册成功，否则表示注册失败。
- void unregister_kretprobe(struct kretprobe *rp)：注销 kretprobe 探测点。

6.2.2 示例程序

本节将实现一个内核模块 kretprobe_test.c（源码 6-7），用于监控 proc 文件的创建。与 kprobe 的示例程序类似，要监控 proc 文件的创建，需要在 proc_create_data 函数增加监控点。

源码 6-7 kretprobe_test.c

```
#include <linux/module.h>
#include <linux/kprobes.h>
//将要监控的函数名称
static char sym_name[128] = "proc_create_data";
//进入监控函数时将要执行的函数
static int entry_handler(struct kretprobe_instance *instance,  struct pt_regs
*regs)
{
    printk("entry_hadler\n");
    return 0;
}
//退出监控函数时将要执行的函数
static int ret_handler(struct kretprobe_instance *instance,   struct pt_regs
*regs)
{
    printk("ret_handler\n");
    return 0;
}
//定义 struct kretprobe 结构体变量，该变量将在加载函数中注册
static struct kretprobe my_kretprobe = {
    .kp = {
        .symbol_name = sym_name,     //将监控点设置为 proc_create_data 函数
    },
    .handler = ret_handler,          //proc_create_data 函数返回时执行的操作
    .entry_handler = entry_handler,  //进入 proc_create_data 函数时执行的操作
    .maxactive = 10,
};

static int kretprobe_test_init(void)
{
    if(register_kretprobe(&my_kretprobe) != 0) //注册 kretprobe
    {
        printk("register error\n");
        return -1;
    }
    return 0;
}

static void kretprobe_test_exit(void)
```

```
{
    unregister_kretprobe(&my_kretprobe);    //注销 kretprobe
}

module_init(kretprobe_test_init);
module_exit(kretprobe_test_exit);
MODULE_LICENSE("GPL");                       //使用 kretprobe 需要声明 GPL 协议
```

从源码可以看出，kretprobe 的使用和 kprobe 类似。源码在加载函数和卸载函数分别注册和注销变量 my_kretprobe，而通过 my_kretprobe 变量设置的探测点是 proc_create_data 函数。proc_create_data 函数进入和退出时将分别执行函数 entry_handler 和 ret_handler，这两个函数分别打印出字符串"entry_hadler"和"ret_handler"。

编译、加载该模块后，创建 proc 文件，会依次打印字符串"entry_handler"和"ret_handler"，执行结果如图 6-5 所示。

```
[root@localhost 7-7_kretprobe_test]# insmod kretprobe_test.ko
[root@localhost 7-7_kretprobe_test]# insmod proc_file_create.ko
[root@localhost 7-7_kretprobe_test]# dmesg -c
[  934.381307] entry_hadler
[  934.381318] ret_handler
```

图 6-5　通过 kretprobe 监控 proc 文件的创建

首先加载的 kretprobe_test.ko 文件是源码 6-7 编译后生成的 ko 文件，然后加载 proc_file_create.ko（由源码 2-2 编译）将调用函数 proc_create_data 创建一个 proc 文件。加载了 proc_file_create.ko 后执行 dmesg -c 查看打印信息，可以看到依次打印了"entry_handler"以及"ret_handler"。需要注意的是：上述源码中，如果函数 entry_handler 的返回值非 0，则函数 ret_handler 将不会得到执行。

和 kprobe 类似，可以通过 kretprobe 读取函数的参数信息，具体做法是通过函数 entry_handler 或 ret_handler 的参数 struct pt_regs *regs 获取寄存器的信息，寄存器信息中保存了函数参数，这种获取方法和第 6.1.2 节的源码 6-3 相似，这里不再赘述。

在 kretprobe 中，可以自定义私有数据，私有数据保存在 struct kretprobe_instance 变量中，可以在 entry_handler 或 ret_handler 中使用。源码 6-8 演示了私有数据的使用方法。

源码 6-8　kretprobe_private.c

```
......
struct my_data {
    int a;
    int b;
};
......
static int entry_handler(struct kretprobe_instance *instance,  struct pt_regs
*regs)
{
    printk("entry_hadler\n");
    struct my_data *data = (struct my_data *)instance->data; //取出私有数据
    //对私有数据赋值
```

```
        data->a = 1;
        data->b = 2;
        return 0;
    }
    //退出监控函数时将要执行的函数
    static int ret_handler(struct kretprobe_instance *instance,  struct pt_regs
    *regs)
    {
        struct my_data *data = (struct my_data *)instance->data; //获取私有数据
        printk("ret_handler,a=%d,b=%d\n", data->a, data->b);   //打印私有数据信息
        return 0;
    }

    static struct kretprobe my_kretprobe = {
        ......
        .data_size = sizeof(struct my_data),              //设置私有数据长度
    };
    ......
```

源码中定义了私有数据的结构体变量 struct my_data，同时在变量 my_kretprobe 中设置了私有数据的长度是 sizeof(struct my_data)。在 entry_handler 中取出了私有数据，并对私有数据的变量 a 赋值为 1，变量 b 赋值为 2。在 ret_handler 中打印出了私有变量中 a 和 b 的值，由于 ret_handler 在 entry_handler 之后执行，所以在创建 proc 文件时应该打印出字符串"ret_handler,a=1,b=2"，执行结果如图 6-6 所示。

```
[root@localhost 7-8_kretprobe_private]# insmod kretprobe_private.ko
[root@localhost 7-8_kretprobe_private]# insmod proc_file_create.ko
[root@localhost 7-8_kretprobe_private]# dmesg -c
[ 2967.737705] entry_hadler
[ 2967.737718] ret_handler,a=1,b=2
```

图 6-6　测试 kretprobe 的私有数据

6.3　uprobe

uprobe 是一种应用程序的监控与调试手段，它可以在应用程序中增加探测点，使用方式和 kprobe 类似。

6.3.1　结构体和相关接口

uprobe 相关结构体和接口的声明在内核源码的 include/linux/uprobes.h 头文件中，使用 uprobe 需要引入该头文件（#include <linux/uprobes.h>）。

注册 uprobe 探测点时，需要定义一个 struct uprobe_consumer 结构变量。uprobe_consumer 用于定义探测点的处理函数，该结构体的定义（在内核源码的 include/linux/uprobes.h 中）如源码 6-9 所示。

```
struct uprobe_consumer {
    //探测点的处理函数
    int (*handler)(struct uprobe_consumer *self, struct pt_regs *regs);
    //函数返回时的处理函数
    int (*ret_handler)(struct uprobe_consumer *self, unsigned long func, struct
pt_regs *regs);
    //注册、注销 uprobe 或应用程序执行内存映射操作时的过滤函数
    bool (*filter)(struct uprobe_consumer *self, enum uprobe_filter_ctx ctx,
struct mm_struct *mm);
    //可以一次注册多个 uprobe_consumer，通过 next 变量形成链表
    struct uprobe_consumer *next;
};
```

struct uprobe_consumer 的各成员变量意义如下。

● handler：探测点处理函数，应用程序执行到探测点时，内核模块会执行该函数。函数有两个参数：第一个参数 self 指向 struct uprobe_consumer 变量自身；第二个参数 regs 保存了当前的寄存器信息，结构体 struct pt_regs 已在第 5.4 节源码 5-17 做了介绍。

● ret_handler：如果探测点的位置是应用程序某个函数的起始地址，应用程序函数结束时将执行该函数。函数有三个参数：第一个参数 self 指向 struct uprobe_consumer 变量自身；第二个参数 func 是函数的地址；第三参数 regs 是寄存器信息。

● filter：过滤函数，该函数在注册、注销 uprobe 或是应用程序执行内存映射操作时执行，可以执行一些检查操作。如果该函数为空，不会执行任何检查。函数的第一个参数 self 指向 struct uprobe_consumer 变量自身；第二个参数 ctx 表示当前执行的操作类型，可以是 UPROBE_FILTER_REGISTER（注册 uprobe）、UPROBE_FILTER_UNREGISTER（注销 uprobe）或 UPROBE_FILTER_MMAP（执行内存映射操作）；第三个参数 mm 指向应用程序文件（可执行文件）加载后的内存布局信息。

● next：如果一次注册了多个 uprobe_consumer，该变量会指向下一个 uprobe_consumer，多个 uprobe_consumer 形成一个链表。

uprobe 的注册、注销接口如下所示。

```
uprobe_register(struct inode *inode, loff_t offset, struct uprobe_consumer *uc)
```

该函数用于注册 uprobe 处理函数。函数的第一个参数 inode 是可执行文件的 inode 信息；第二个参数 offset 是探测点在可执行文件中的偏移；第三个参数 uc 保存了探测点的处理函数。可以看出，如果要监控某个可执行文件，需要首先获取该文件的 inode 信息。在已经知道文件路径的情况下，可以通过如源码 6-10 所示方式获取某个文件的 inode 信息。

源码 6-10   通过文件路径获取 inode 信息

```
#define  FILE_PATH  "/root/test"      //文件路径为/root/test

struct inode *inode = NULL;           //文件的 inode
struct path path;                     //文件路径信息
//通过 kern_path 获取文件信息，保存在变量 path 中
```

```
ret = kern_path(FILE_PATH, LOOKUP_FOLLOW, &path);
if (ret)
{
    printk("kern_path error\n");
    return -1;
}
path_put(&path);                  //解除对文件路径变量的占用
inode = path.dentry->d_inode;     //通过 path 变量获取 inode 节点
......
```

源码通过函数 kern_path 获取了文件的路径信息，保存在变量 path 中。函数 kern_path 声明如下。

● int kern_path(const char *name, unsigned int flags, struct path *path)：函数的第一个参数 name 是文件的路径；第二个参数 flags 是标志信息，源码 6-10 中的 LOOKUP_FOLLOW 的作用是：如果文件是一个符号链接，则返回的文件路径应指向实际的文件；第三个参数 path 用于保存文件的路径，其结构体类型是 struct path，定义于内核源码的 include/linux/path.h 头文件中，结构体定义如源码 6-11 所示。

源码 6-11　struct path 结构体定义

```
struct path {
    struct vfsmount *mnt;     //文件系统挂载信息
    struct dentry *dentry;     //文件路径
} ;
```

struct path 的成员变量 dentry（结构体定义见第 2.7 节源码 2-13）保存了文件路径信息，可以从中获取文件名、inode 节点等信息。

源码 6-10 中的 path_put 用于释放对文件路径的占用，函数声明为：

● void path_put(const struct path *path)：函数的参数 path 是文件路径，通过 kern_path 获取的文件路径需要通过 path_put 来解除占用。

```
void uprobe_unregister(struct inode *inode, loff_t offset, struct uprobe_consumer *uc)
```

该函数用于注销 uprobe 处理函数。函数的三个参数和 uprobe_register 一致。

6.3.2　示例程序

由于 uprobe 监听的是应用程序，本节在实现 uprobe 内核模块前，编写一个简单的应用程序，uprobe 将在这个应用程序中插入探测点。应用程序如源码 6-12 所示。

源码 6-12　test.c

```
#include <stdio.h>

void sum(int a, int b)
{
    printf("a+b=%d\n", a+b);
}
```

```
int main()
{
    sum(1,2);
}
```

这是一个非常简单的应用程序，实现了函数 sum，其作用是计算两个数之和，main 函数调用了函数 sum 计算 1+2 的值。执行该程序会打印出 "a+b=3"。

执行命令：gcc -o test test.c，编译出可执行文件 test。此时如果要在函数 sum 插入探测点，需要获取函数 sum 在文件 test 中的偏移。获取方式如下。

（1）获取函数 sum 加载后的虚拟地址

执行命令：readelf -s test | grep sum，可以获取函数 sum 加载后的虚拟地址，如图 6-7 所示。401132 是以十六进制表示的函数虚拟地址，即 sum 函数加载后的虚拟地址是 0x401132。

```
[root@localhost ~]# readelf  -s  test | grep  sum
    52: 0000000000401132    42 FUNC    GLOBAL DEFAULT   13 sum
```

图 6-7　获取 sum 函数的虚拟地址

（2）获取 test 文件的 text 段在文件中的偏移及加载后的虚拟地址

text 段是可执行文件的代码段，执行命令：readelf -S test | grep text，可以获取 test 文件的 text 段在文件中的偏移及加载后的虚拟地址，如图 6-8 所示。1060 是以十六进制表示的文件偏移，401060 是以十六机制表示的虚拟地址。text 段在文件中的偏移是 0x1060，加载后的虚拟地址是 0x401060。

```
[root@localhost ~]# readelf  -S  test | grep  text
  [13] .text             PROGBITS         0000000000401060  00001060
```

图 6-8　获取 text 段在文件中的偏移及虚拟地址

（3）计算函数 sum 在文件中的偏移

根据上述步骤获取到的信息，计算函数 sum 在文件中的偏移，计算方法：

sum 函数在文件中的偏移 = sum 函数的虚拟地址 − text 段的虚拟地址 + text 段在文件中的偏移

在 test 文件中，sum 函数的偏移是：0x401132-0x401060+0x1060=0x1132。需要记录下这个偏移值，会在 uprobe 内核模块中用到。

有了应用程序后，需要编写一个 uprobe 内核模块来监控函数 sum 的执行，如源码 6-13 所示。

源码 6-13　uprobe_test.c

```
#include <linux/module.h>
#include <linux/uprobes.h>
#include <linux/namei.h>              //使用 kern_path 函数需要引入该头文件

#define FILE_PATH  "/root/test"  //可执行文件路径
```

```c
static struct inode *inode = NULL;
//探测点的处理函数
static int uprobe_handler(struct uprobe_consumer *con, struct pt_regs *regs)
{
    printk("handler, param is:%d,%d\n",regs->di, regs->si);
    return 0;
}
//函数返回时的处理函数
static int uprobe_ret_handler(struct uprobe_consumer *con, unsigned long func,
struct pt_regs *regs)
{
    printk("ret_handler\n");
    return 0;
}
//定义一个 uprobe_consumer 变量
static struct uprobe_consumer uc = {
    .handler = uprobe_handler,          //设置探测点的处理函数
    .ret_handler = uprobe_ret_handler   //探测点函数返回时的处理函数
};
//加载函数
static int uprobe_test_init(void)
{
    int ret;
    struct path path;
    //获取文件的路径信息，保存变量 path 中
    ret = kern_path(FILE_PATH, LOOKUP_FOLLOW, &path);
    if (ret)
    {
        printk("kern_path error\n");
        return -1;
    }
    //从变量 path 中获取 inode 节点信息
    inode = path.dentry->d_inode;
    path_put(&path);                    //解除对文件路径变量的占用
    //注册 uprobe 处理函数，参数 0x1132 是源码 6-12 编译出的 sum 函数的偏移
    ret = uprobe_register(inode, 0x1132, &uc);
    if (ret < 0)
    {
        printk("uprobe_register error,ret=%d\n", ret);
        return -1;
    }

    return 0;
}
//卸载函数
static void uprobe_test_exit(void)
{
    uprobe_unregister(inode, 0x1132, &uc);
}

module_init(uprobe_test_init);
module_exit(uprobe_test_exit);
MODULE_LICENSE("GPL");
```

在加载函数中，通过 uprobe_register(inode, 0x1132, &uc)注册了 uprobe 的处理函数。其中，第一个参数 inode 是文件/root/test 的 inode 节点信息，源码 6-12 编译出的可执行文件 test 需要放在/root 目录下；第二个参数 0x1132 是函数 sum 在文件 test 中的偏移；第三参数 uc 保存了处理函数信息。运行可执行文件 test，在进入函数 sum 时，将会执行函数 uprobe_handler，从函数 sum 返回时，将执行函数 uprobe_ret_handler。

函数 uprobe_handler 会打印出寄存器变量 regs 中 di 和 si 的值，这两个变量的值就是执行函数 sum 时寄存器 rdi 和 rsi 保存的值，对应了函数 sum 的两个参数（C 语言和汇编语言的参数传递规则见第 5.2.1 节）。

编译、加载该内核模块后，将源码 6-12 编译出的可执行文件 test 放在/root 目录下，然后执行：/root/test，之后通过 dmesg -c 查看内核模块的打印信息，会发现在执行函数 sum 时打印出了 sum 函数的两个参数 1 和 2，从函数 sum 退出时，执行了函数 uprobe_ret_handler。如图 6-9 所示。

```
[root@localhost ~]# /root/test
a+b=3
[root@localhost ~]# dmesg -c
[33406.023810] handler, param is:1,2
[33406.023901] ret_handler
```

图 6-9　uprobe 测试

6.4　perf

perf（performance analysis tools for Linux）是一款性能分析工具，它能对系统的软硬件事件进行计数和采样，用以实时分析系统的性能瓶颈。要安装 perf 工具，在 CenterOS 中可以执行命令：sudo yum install perf；在 Ubuntu 中，执行命令 sudo apt install perf。同时，perf 需要内核的支持，在编译内核时，需要选中 CONFIG_PERF_EVENTS 选项。

安装了 perf 工具后，直接执行 perf 命令，可以看到 perf 的使用帮助以及支持的子命令，常用的子命令如表 6-1 所示。

表 6-1　perf 的子命令

子命令名称	描述
list	展示 perf 支持的事件类型
stat	统计整个系统或指定 CPU、进程的性能信息
top	实时展示系统中被采样事件的状态和统计数据
record	记录系统被采样事件到文件中
report	解析 perf record 记录到文件中的事件
annotate	解析 perf record 记录到文件中的源码信息
bench	系统基准测试，包括：锁、内存、调度等的测试
probe	用于动态增加跟踪点
trace	主要用于跟踪系统调用，类似于 strace 命令。同时增加了一些其他事件（如缺页异常）的分析
timechart	将统计的数据转换为图像文件（svg 格式），以便通过图片浏览器打开
lock	用于分析内核锁的性能
kmem	用于评估 slab 分配器或页分配器的性能。在内核模块中使用 kmem_cache 系列函数或 kmalloc/kfree 函数分配/释放的内存由 slab 分配器管理；通过__get_free_pages/free_pages 函数分配/释放的内存由页分配器管理

perf 的基本命令构成如下：

```
perf <子命令> [选项] [参数]
```

其中，选项与参数可选，根据子命令的不同而有所区别，子命令在表 6-1 已做简要描述。常用的子命令介绍如下。

（1）list

通过 perf list 命令可以展示 perf 支持的事件类型，常用的事件如表 6-2 所示。

表 6-2 perf 的事件

事件名称	事件类型	描述
branch-instructions 或 branches	硬件事件	统计分支指令数
branch-misses	硬件事件	统计分支预测错误的次数
bus-cycles	硬件事件	统计总线周期数
cache-misses	硬件事件	统计缓存未命中的次数
cache-references	硬件事件	统计缓存访问次数
cpu-cycles 或 cycles	硬件事件	统计 CPU 周期，CPU 调频后该值的增长速度会发生变化
instructions	硬件事件	统计 CPU 指令数
ref-cycles	硬件事件	统计 CPU 周期，CPU 调频后该值的增长速度不会发生变化
alignment-faults	软件事件	统计对齐异常的次数。当 CPU 访问内存地址时，如果发现访问的地址不是对齐的，就会触发对齐异常
context-switches 或 cs	软件事件	统计进程上下文切换的次数
cpu-clock	软件事件	统计 CPU 时钟
cpu-migrations 或 migrations	软件事件	统计进程核间迁移的次数
emulation-faults	软件事件	统计仿真异常的次数
minor-faults	软件事件	统计次要页异常的次数。次要页异常指的是要访问的内存页存在于物理内存中，但是没有进行虚拟地址映射而产生的异常
major-faults	软件事件	统计主要页异常的次数。主要页异常指的是要访问的内存页没有在物理内存中找到而产生的异常，此时该内存页需要从磁盘缓存中读取
page-faults 或 faults	软件事件	统计缺页异常的次数
task-clock	软件事件	统计进程的时钟

表 6-2 仅列出了硬件事件和软件事件两类事件，实际上常用的事件类型还包括 Tracepoint，可以通过命令 perf list | grep Tracepoint 查看到 Tracepoint 类型的事件。由于 Tracepoint 包含的事件数量较多，在使用时再做描述。

需要注意的是，如果 Linux 安装 VMware 虚拟机中，默认情况下不支持硬件事件。要让 Linux 支持硬件事件，需要配置虚拟化 CPU 性能计数器。配置方式为：在 VMware 菜单中，选择"虚拟机"->"设置"，在弹出的对话框中选择"处理器"，然后勾选"虚拟化 CPU 性能计数器"，如图 6-10 所示。

（2）stat

可以通过 perf stat 统计整个系统的性能信息，如图 6-11 所示。

图 6-11 中的各数据和表 6-2 的事件对应："6670.90 msec cpu-clock # 1.999 CPUs utilized"表示 CPU 时钟经过了 6670.9 毫秒，CPU 使用率为 1.999；"17 cpu-migrations # 0.003K/sec"表示进程核间迁移进行了 17 次，平均速度为 0.003 K/秒。其余各事件的意义可通过查阅表 6-2 获取。

stat 还支持一些选项，例如可以通过命令 perf stat -e page-faults 指定展示缺页异常事件。选项可以通过 perf stat --help 查看，常用的选项如表 6-3 所示。

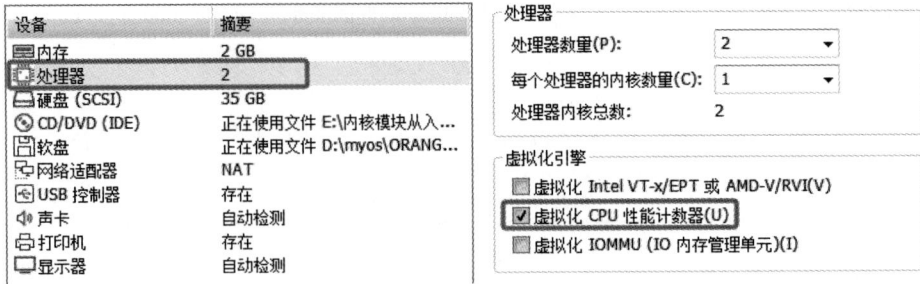

图 6-10　虚拟化 CPU 性能计数器设置

```
[root@localhost ~]# perf stat
^C
Performance counter stats for 'system wide':

      6,670.90 msec cpu-clock                 #    1.999 CPUs utilized
               473      context-switches      #    0.071 K/sec
                17      cpu-migrations        #    0.003 K/sec
             1,057      page-faults           #    0.158 K/sec
       115,351,071      cycles                #    0.017 GHz
        56,407,730      instructions          #    0.49  insn per cycle
        12,053,289      branches              #    1.807 M/sec
           351,953      branch-misses         #    2.92% of all branches

       3.337385848 seconds time elapsed
```

图 6-11　通过 perf stat 统计全局信息

表 6-3　stat 的选项和参数

选项	描述
-e　<事件名>	指定统计的事件，参数为事件名，见表 6-2
-p　<进程 ID>	指定统计某个进程的性能信息，参数为进程 ID
-a	统计所有 CPU 的性能信息
-C　<CPU 编号>	统计指定 CPU 的性能信息，参数是 CPU 编号。CPU 编号可以是多个，通过 ',' 分割，例如 perf stat -C 0,1 指定统计 CPU0 和 CPU1 的信息；CPU 编号也可以通过 '-' 表示连续的多个 CPU，例如 perf stat -C 0-2 指定统计 CPU0、CPU1 和 CPU2 的信息
-o　<文件名>	将命令执行结果输出到文件中，参数为文件路径/文件名
-I　<时间>	以固定的时间间隔输出信息，参数为间隔时间，单位毫秒

（3）top

top 子命令有点类似于 Linux 的 top，用于实时监控系统的性能。直接执行 perf top 命令可以看到系统各进程以及内核函数的采样情况，如图 6-12 所示。

第一行中的 "Samples" 是采样事件；"16K of event 'cycles'" 表示采样事件是 CPU 周期，被 perf 采样的事件总数为 16KB；"4000 Hz" 表示采样频率为每秒 4000 次；"Event count (approx.)" 是估计的事件总数量。

第二行中的 "Overhead" 指的是事件占采样总事件的百分比；"Shared Object" 指的是函数或指令所在的动态共享对象，可以是进程名、库名称、内核模块名或内核（kernel）；"Symbol"

指的是符号名，一般指的是函数名称，如果函数名未知，则以十六进制地址表示。如果符号名前带有"[k]"表示这是一个内核符号，否则是一个应用程序符号。

```
Samples: 16K of event 'cycles', 4000 Hz, Event count (approx.): 10600815914
Overhead  Shared Object        Symbol
 74.59%   test             [.] write_pointer
 21.39%   test             [.] main
  0.75%   perf             [.] __symbols__insert
  0.33%   perf             [.] rb_next
  0.20%   libc-2.17.so     [.] __strcmp_sse42
  0.08%   [kernel]         [k] clear_page_orig
  0.08%   libc-2.17.so     [.] __strlen_sse2_pminub
  0.07%   perf             [.] rb_insert_color
  0.07%   [kernel]         [k] native_write_msr
```

图 6-12   perf top 执行结果

可见，图 6-12 中事件占用率较高是一个名为 test 的进程：第一位是 test 进程的 write_pointer 函数，占用 74.59%，第二位是 test 进程的 main 函数，占用 21.39%。test 进程实现如源码 6-14 所示。

源码 6-14   test.c

```c
#include <stdlib.h>

void write_pointer(int *i)
{
    (*i)++;
}

int main()
{
    int *x = malloc(sizeof(int));
    while(1)
    {
        write_pointer(x);
    }
    return 0;
}
```

从源码可以看出：test.c 在 main 函数中持续执行 write_pointer 函数。因为两次执行 write_pointer 之间没有任何延迟，具有较高的 CPU 使用率，因此使用 perf 进行采样时，CPU 较大概率会正在执行 write_pointer 函数，因此事件占用率较高。

在图 6-12 的输出结果中选中"test"然后敲击回车，再进入"Annotate write_pointer"菜单，可以看到对源码的采样情况，如图 6-13 所示。

top 还支持一些选项，可以通过 perf top --help 查看，常用的选项如表 6-4 所示。

（4）record/report

record 用于记录系统被采样事件到文件中，report 用于从记录的文件读取采样数据。执行命令：perf record 后，默认会生成一个名为 perf.data 的文件，该文件记录了系统中被采样的事件信息。如果要读取文件中记录的事件，执行命令 perf report。

perf record 支持一些选项，可以通过 perf record --help 查看。常用的选项如表 6-5 所示。

```
Samples: 595K of event 'cycles', 4000 Hz, Event count (approx.): 84394382112
write_pointer  /root/test [Percent: local period]
Percent
              0000000000401136 <write_pointer>:
              write_pointer():
              #include <stdlib.h>

              void write_pointer(int *i)
              {
20.22           push    %rbp
 0.01           mov     %rsp,%rbp
                mov     %rdi,-0x8(%rbp)
                (*i)++;
20.39           mov     -0x8(%rbp),%rax
 0.38           mov     (%rax),%eax
16.61           lea     0x1(%rax),%edx
 8.98           mov     -0x8(%rbp),%rax
11.96           mov     %edx,(%rax)
              }
```

图 6-13　代码的采样情况

表 6-4　top 的选项和参数

选项	描述
-e　<事件名>	指定统计的事件，参数为事件名，见表 6-2。如果不使用该选项，则默认统计的事件为 cpu-clock
-p　<进程 ID>	指定统计某个进程的性能信息，参数为进程 ID
-a	统计所有 CPU 的性能信息
-C　<CPU 编号>	统计指定 CPU 的性能信息，参数是 CPU 编号
-F　<频率>	设置采样频率，不超过系统设置的最大值，最大值保存在文件/proc/sys/kernel/perf_event_max_sample_rate
-d　<时间>	以固定的时间间隔刷新输出信息，参数为间隔时间，单位秒
-k　<vmlinux>	指定 vmlinux 文件路径，vmlinux 在内核编译完成后，存在于内核源码根目录中，查看内核符号时会用到该文件
-K	不展示内核符号
-U	不展示用户态符号
-u　<用户 ID/用户名>	只展示属于某个用户的进程信息
-g	展示函数的调用关系
-s　<类型>	根据类型对采样结果进行分类，类型包括：pid（进程 ID）、comm（进程名）、dso（动态共享对象）、symbol（符号）、parent（父符号，即调用当前函数的函数）、srcline（源码行）、weight（权重），overhead（事件占用率）、sample（样本数）、period（采样周期）等
-z	每次更新数据时清零统计历史
--symbols　<符号名>	指定展示的符号信息
--dsos　<动态共享对象>	指定展示的动态共享对象信息

表 6-5　record 的选项和参数

选项	描述
-e　<事件名>	指定统计的事件，参数为事件名，见表 6-2。如果不使用该选项，则默认统计的时间为 cpu-clock
-p　<进程 ID>	指定统计某个进程的性能信息，参数为进程 ID
-a	统计所有 CPU 的性能信息
-C　<CPU 编号>	统计指定 CPU 的性能信息，参数是 CPU 编号

选项	描述
-F <频率>	设置采样频率，不超过系统设置的最大值，最大值保存在文件/proc/sys/kernel/perf_event_max_sample_rate
-u <用户 ID/用户名>	只展示属于某个用户的进程信息
-g	展示函数的调用关系
-o <文件名>	指定记录的文件名称。如果使用该选项，在通过 perf report 命令读取时，需要加上-i 选项读取相应文件

除了上述选项外，perf record 可以直接跟上 Linux 的命令，用以启动进程并统计该进程的事件。例如如果要统计名为 test 的进程信息，执行命令 perf record ./test 启动该进程并统计进程事件。

在读取文件时，perf report 也支持一些选项，可以通过 perf report --help 查看，常用的选项如表 6-6 所示。

表 6-6　report 选项

选项	描述
-i <文件名>	从指定的文件读取采样信息
-p <进程 ID>	指定统计某个进程的性能信息，参数为进程 ID
-c <进程名>	指定统计某个进程的性能信息，参数为进程名
-S <符号名>	执行统计某个符号的信息，参数为符号名。例如统计函数名为 write_pointer 的信息，执行：perf report -S write_pointer
--dsos <动态共享对象>	指定展示的动态共享对象信息
-s <类型>	根据类型对采样结果进行分类，类型包括：pid（进程 ID）、comm（进程名）、dso（动态共享对象）、symbol（符号）、parent（父符号，即调用当前函数的函数）、srcline（源码行）、weight（权重）、overhead（事件占用率）、sample（样本数）、period（采样周期）等
-g	展示函数的调用关系。如果要使用该选项，在记录文件时，也要使用-g 选项
-k <vmlinux>	指定 vmlinux 文件路径，查看内核符号时会用到该文件
-C <CPU 编号>	统计指定 CPU 的性能信息，参数是 CPU 编号

（5）trace

trace 主要用于跟踪系统调用，同时增加了一些其他事件（如缺页异常）的分析。可以通过 perf trace --help 查看 trace 子命令的用法。trace 常用的选项如表 6-7 所示。

表 6-7　trace 的选项

选项	描述
-e <事件名>	指定统计的事件，参数为事件名，使用 trace 子命令一般填写 Tracepoint 类型的事件。执行命令：perf list	grep Tracepoint，可以查看 Tracepoint 类型的事件
-p <进程 ID>	指定统计某个进程的性能信息，参数为进程 ID
-a	统计所有 CPU 的性能信息
-C <CPU 编号>	统计指定 CPU 的性能信息，参数是 CPU 编号
-F <缺页异常事件>	跟踪缺页异常事件，可选的缺页异常事件包括：all（所有缺页异常事件）、maj（跟踪主要页异常）、min（跟踪次要页异常）
-o <文件名>	将输出写入到指定文件
-s	展示系统调用统计信息

如果要通过 trace 监控某个系统调用，首先执行命令 perf list |grep syscalls 查看支持的系统调用信息。如图 6-14 所示。

```
[root@localhost ~]# perf list | grep syscalls
  raw_syscalls:sys_enter
  raw_syscalls:sys_exit
  syscalls:sys_enter_accept
  syscalls:sys_enter_accept4
  syscalls:sys_enter_access
```

图 6-14　支持的系统调用

图 6-14 中的 syscalls:sys_enter_accept 表示进入系统调用 accept 时的监控点，还有一个监控点的名称是 syscalls:sys_exit_accept，表示退出系统调用 accept 时的监控点。如果要监控 accept 系统调用的进入，执行命令：perf trace -e syscalls:sys_enter_accept。trace 子命令支持通配符，如果要监控所有系统调用，可以执行：perf trace -e syscalls:*。

关于 perf 的其他子命令，见配套电子书第 5.1 节。

6.5　bpftrace

bpftrace 是一个程序跟踪工具，它通过命令或是脚本完成对应用程序或内核模块的跟踪。bpftrace 基于 eBPF（extended Berkeley packet filter）实现，允许用户在内核中运行自定义的程序，以实现对系统事件的实时监控和分析。关于 bpftrace 的安装步骤见配套电子书的第 2.1 节。

bpftrace 利用内核中的监控点进行跟踪。如果要查看系统存在哪些监控点（或称为探测点），执行命令：bpftrace -l，执行结果如图 6-15 所示。

```
[root@localhost ~]# bpftrace -l
hardware:backend-stalls:
hardware:branch-instructions:
hardware:branch-misses:
hardware:branches:
hardware:bus-cycles:
```

图 6-15　查看监控点

在上述执行结果中，每一行都是一个监控点的全名。监控点全名由<事件类型>:<监控点及选项>构成，通过 ':' 隔开，其选项可能有多个。例如 kprobe:proc_create_data，事件类型为 kprobe，意味着监控点由 kprobe 实现；监控点为 proc_create_data，是一个函数名，这个函数用于创建 proc 文件（见第 2.1 节），即 kprobe:proc_create_data 用于监控函数 proc_create_data。如果要利用这个监控点来跟踪 proc_create_data 函数，可以执行如下命令：

```
bpftrace -e 'kprobe:proc_create_data { printf("arg0=%s\n", str(arg0)); }'
```

该命令的选项-e 后跟的是执行代码，kprobe:proc_create_data 表示监控点，大括号"{}"中的代码是需要执行的操作。printf 是 bpftrace 可以执行的一个函数，这个函数的参数和 C 语言的 printf 一致，它打印了一个字符串，字符串的内容是"arg0=%s\n"，%s 的值由 str(arg0) 指定。str()的作用是将一个指针转换为字符串，而 arg0 是函数 proc_create_data 的第一个参数（第二个参数是 arg1，第三个参数是 arg2，以此类推）。根据第 2.1 节对函数 proc_create_data

的描述，其第一个参数是文件名。综上所述，printf("arg0=%s\n", str(arg0))的作用是打印出将要创建的 proc 文件名。

执行上述命令，bpftrace 会等待监控事件的产生。然后另外打开一个终端，加载第 2.1 节源码 2-2 编译出的内核模块，bpftrace 会打印出创建的 proc 文件名，执行结果如图 6-16 所示。

```
[root@localhost ~]# bpftrace  -e 'kprobe:proc_create_data { printf("arg0=%s\n", str(arg0)); }'
Attaching 1 probe...
arg0=proc_file
```

图 6-16　监控 proc_create_data 函数

在加载内核模块后，打印出"arg0=proc_file"，而 proc_file 正是 proc_create_data 创建的文件名。

如果要查看 bpftrace 支持的所有 kprobe 事件，可以执行命令：bpftrace -l kprobe:*。当然，bpftrace 还支持其他类型的事件，例如 tracepoint，该类型是内核定义的一些静态探测点，要查看支持的 tracepoint 事件，执行命令：bpftrace -l tracepoint:*。bpftrace 的 tracepoint 事件和在第 6.4 节描述的 tracepoint 是一类事件，它们的底层实现一致。

对于 tracepoint，要查看某个监控点的函数参数，执行命令：bpftrace -lv <监控点>，如图 6-17 所示。

```
[root@localhost ~]# bpftrace -lv tracepoint:syscalls:sys_enter_open
tracepoint:syscalls:sys_enter_open
    int __syscall_nr
    const char * filename
    int flags
    umode_t mode
```

图 6-17　查看 sys_enter_open 的参数

可见，监控点 tracepoint:syscalls:sys_enter_open 在执行 open 系统调用时被调用，共有四个参数：int __syscall_nr、const char * filename、int flags、umode_t mode。参数 __syscall_nr 是系统调用号，对于 X86_64 系统，该值为 2；filename 是文件名称，表示打开哪个文件；flags 是标志信息，表示打开方式，例如 O_RDONLY 为以只读方式打开文件、O_WRONLY 为以只写方式打开文件、O_RDWR 为以读写方式打开文件；mode 是读写权限，例如 0777 表示所有用户可读、可写、可执行。对于这些参数，在 bpftrace 脚本中能够通过内置变量 args 获取，例如要获取 __syscall_nr 参数，则通过变量 args.__syscall_nr 直接获取。

如果要通过 printf 打印出监控点 tracepoint:syscalls:sys_enter_open 的前两个参数，执行命令：bpftrace -e 'tracepoint:syscalls:sys_enter_open { printf("nr=%d,filename=%s\n",args.__syscall_nr, str(args.filename));}', args.__syscall_nr 和 args.filename 分别为系统调用号和文件名。执行结果如图 6-18 所示。

```
[root@localhost ~]# bpftrace -e 'tracepoint:syscalls:sys_enter_open {
printf("nr=%d,filename=%s\n",args.__syscall_nr, str(args.filename));}'
Attaching 1 probe...
nr=2,filename=/proc/interrupts
nr=2,filename=/proc/stat
```

图 6-18　打印 sys_enter_open 参数

除了能监控 kprobe 和 tracepoint 类型的事件外，bpftrace 还可以监控一些其他类型的事件，表 6-8 列出了常用的事件类型。

表 6-8　事件类型

事件类型	描述
BEGIN END	BEGIN 和 END 是 bpftrace 的内置事件。BEGIN 事件在 bpftrace 监控其他事件前被触发，END 事件在 bpftrace 监控其他事件完成后被触发。例如执行 bpftrace -e 'BEGIN { printf("start trace\n"); }'，表示在执行 bpftrace 命令开始时，打印字符串 "start trace"；执行 bpftrace -e 'END { printf("stop trace\n"); }'，表示 bpftrace 命令执行完成时，打印字符串 "stop strace"
hardware	硬件事件，通常由 CPU 自带的性能监控计数器（PMC）实现。用于监控各种硬件性能情况，如 CPU 的缓存命中率、指令周期等。和 perf 工具的硬件事件一致
interval	定期事件，以固定的时间间隔触发。例如执行 bpftrace -e 'interval:hz:1 { printf("start trace\n"); }'，表示以 1 秒为周期打印字符串 "start trace"
kprobe kretprobe	kprobe 和 kretprobe 用于动态监控内核函数的执行和退出。例如图 6-16 执行的命令利用 kprobe 监控函数 proc_create_data 的执行
kfunc kretfunc	kfunc/kretfunc 类似于 kprobe/kretprobe，都是监控内核函数的执行和退出。kfunc/kretfunc 需要在编译内核时配置 CONFIG_DEBUG_INFO_BTF 选项才能使用
profile	采样事件，每隔一个固定的周期，在 CPU 上产生一个中断，查看此时 CPU 的运行信息。例如执行 bpftrace -e 'profile:hz:1 { printf("pid=%d\n", pid); }'，表示每隔 1 秒打印出 CPU 上运行的进程 ID 信息。如果是多核处理器，则每隔 1 秒会打印出多个进程 ID 信息，打印的进程 ID 数量和 CPU 核数相同
rawtracepoint	内核静态探测点事件，这些探测点分散于内核各函数。例如 rawtracepoint:tcp_send_reset 事件用于监控 TCP 的 RST（复位）数据包
tracepoint	和 rawtracepoint 类似，tracepoint 也是内核定义的静态探测点事件。与 rawtracepoint 不同的是，tracepoint 实现了对函数参数的一些额外处理
software	内核定义的软件事件，包括缺页异常、CPU 时钟、进程上下文切换等
uprobe uretprobe	uprobe 和 uretprobe 用于动态监控应用程序函数的执行和退出
usdt	用户态静态探测点事件。由于是静态探测点，因此需要在应用程序中通过 DTRACE_PROBE 宏插入探测点才能使用
watchpoint asyncwatchpoint	内存观察点事件，用于监控特定内存区域的读、写、执行事件

bpftrace 也支持将执行代码放在文件中，将文件作为脚本来运行。要达到和图 6-16 同样的执行效果，可以创建一个脚本文件，假设文件名为 kprobe_proc_create_data.bt，文件内容如源码 6-15 所示。

源码 6-15　kprobe_proc_create_data.bt

```
kprobe:proc_create_data {
    printf("arg0=%s\n", str(arg0));
}
```

有了以上文件后，执行命令：bpftrace kprobe_proc_create_data.bt，就可以监控函数 proc_create_data 的执行。

关于 bpftrace 更为详细的介绍，见配套电子书第 5.2 节。

6.6 kdump

调试应用程序时，可以通过配置，以便在程序崩溃时产生 coredump 文件。coredump 文件保存了程序崩溃前的内存状态、寄存器、栈等信息。使用 gdb 工具可以方便地查看这些信息，以帮助定位程序崩溃原因。同样，内核也有类似的机制，这种机制被称为 kdump。

Linux 内核在打开 kdump 功能时，如果内核发生崩溃，kdump 会通过 kexec 工具启动到第二个内核，第二个内核通常叫做捕获内核（capture kernel）。该内核会生成一个内存映像（或被称为 vmcore），这个内存映像类似于应用程序的 coredump 文件，但保存的是内核崩溃时的内存、寄存器、栈信息。可以对其进行分析，以用于确定崩溃原因。内核崩溃时生成的内存映像也被称为 vmcore 文件。

关于 kdump 环境的安装过程，参见配套电子书的第 2.2 节。

6.6.1 产生 vmcore 文件

可以通过命令主动触发内核崩溃，内核崩溃后，会产生 vmcore 文件。主动触发内核崩溃的命令是：

```
echo c > /proc/sysrq-trigger
```

执行上述命令后，操作系统会产生 vmcore 文件，然后自动重启。重启后，在/var/crash 目录下多了一个目录，这个目录是以 IP 地址+时间的方式命名，该目录下有一个 vmcore 文件，这个文件就是内核崩溃后产生的内存映像文件，如图 6-19 所示。

```
[root@localhost ~]# ls /var/crash/127.0.0.1-2024-01-11-23\:15\:37/
vmcore  vmcore-dmesg-incomplete.txt
```

图 6-19　vmcore 文件

6.6.2 查看 vmcore 文件

可以使用 crash 工具查看 vmcore 文件。命令是：

```
crash  <内核镜像路径>  <vmcore 文件路径>
```

上述命令中的内核镜像路径是编译内核源码后，在内核源码根目录下生成的 vmlinux 文件。假设内核镜像路径是/root/linux-5.10.179/vmlinux，vmcore 文件路径是/root/vmcore，若根据配套电子书第 2.2 节将 crash 工具安装在当前目录下，那么可以执行命令：./crash /root/linux-5.10.179/vmlinux /root/vmcore。执行该命令后，如果最终打印出了内核版本、vmcore 文件路径等信息，并进入 crash 命令行，则 crash 命令执行成功，如图 6-20 所示。

图 6-20 中的 PANIC 显示了内核崩溃原因，"sysrq triggered crash"表明内核崩溃是由于执行了命令 echo c > /proc/sysrq-trigger。最下面一行以 "crash>" 开头，这是 crash 命令行的提示符，可以在这里输入命令查看 vmcore 文件的信息。例如可以通过 bt 命令查看 vmcore 文件的栈信息，如图 6-21 所示。

```
        KERNEL: /root/linux-5.10.179/vmlinux
      DUMPFILE: /root/vmcore  [PARTIAL DUMP]
          CPUS: 2
          DATE: Thu Jan 11 23:15:32 CST 2024
        UPTIME: 00:12:50
LOAD AVERAGE: 0.04, 0.23, 0.35
         TASKS: 553
      NODENAME: localhost.localdomain
       RELEASE: 5.10.179
       VERSION: #4 SMP Sun Jun 18 18:06:07 CST 2023
       MACHINE: x86_64  (2712 Mhz)
        MEMORY: 2 GB
         PANIC: "Kernel panic - not syncing: sysrq triggered crash"
           PID: 4632
       COMMAND: "bash"
          TASK: ffff94176f709800  [THREAD_INFO: ffff94176f709800]
           CPU: 1
         STATE: TASK_RUNNING (PANIC)

crash>
```

图 6-20　执行 crash 命令的结果

```
crash> bt
PID: 4632      TASK: ffff94176f709800  CPU: 1     COMMAND: "bash"
 #0 [ffffb0d3825dbcd8] machine_kexec at ffffffff838673be
 #1 [ffffb0d3825dbd30] __crash_kexec at ffffffff8394f6da
 #2 [ffffb0d3825dbdf0] panic at ffffffff8411e1f8
 #3 [ffffb0d3825dbe70] sysrq_handle_crash at ffffffff83d9cfb6
 #4 [ffffb0d3825dbe78] __handle_sysrq.cold at ffffffff8414015d
 #5 [ffffb0d3825dbea8] write_sysrq_trigger at ffffffff83d9d834
 #6 [ffffb0d3825dbeb8] proc_reg_write at ffffffff83b727d3
 #7 [ffffb0d3825dbed0] vfs_write at ffffffff83ae6a87
 #8 [ffffb0d3825dbf08] ksys_write at ffffffff83ae6dbf
 #9 [ffffb0d3825dbf40] do_syscall_64 at ffffffff8415fc93
#10 [ffffb0d3825dbf50] entry_SYSCALL_64_after_hwframe at ffffffff842000a9
```

图 6-21　查看栈信息

6.6.3　crash工具

默认情况下，内核崩溃后的内存映像文件会存放在/var/crash 目录下。上一节已经通过 crash 工具打开了 vmcore 文件，并通过 crash 命令行的 bt 命令能够查看到栈信息。本节将介绍一些常用的 crash 命令。

① bt 命令。用于打印调用栈的信息，按照第 6.6.2 节的方式调试 vmcore 文件，进入 crash 命令行后执行 bt 命令可以查看调用栈信息（见图 6-21）。如果是某个进程引起了系统崩溃，执行 bt 时会打印出引起系统崩溃的进程调用栈信息。如果要查看其他进程的调用栈信息，可以执行命令：bt <进程 ID>。例如查看进程 id 是 2 的进程调用栈，执行 bt 2，执行结果如图 6-22 所示。

```
crash> bt 2
PID: 2       TASK: ffff941741211800  CPU: 1     COMMAND: "kthreadd"
 #0 [ffffb0d38001be30] __schedule at ffffffff8416d3e7
 #1 [ffffb0d38001be90] schedule at ffffffff8416d7a6
 #2 [ffffb0d38001bea8] kthreadd at ffffffff838bdef0
 #3 [ffffb0d38001bf50] ret_from_fork at ffffffff83804532
```

图 6-22　查看 2 号进程的调用栈

可以看出进程的 ID（PID）是 2，进程名是 kthreadd，该进程运行在编号为 1 的 CPU 上（CPU 的编号从 0 开始）。如果要查看所有进程的调用栈信息，可以执行：bt -a。

② log 命令或 dmesg 命令。用于打印系统消息缓冲区中的消息。执行完 log 或 dmesg 命令后，可以看到内核崩溃前的调试信息，如图 6-23 所示。

```
[  769.537363] sysrq: Trigger a crash
[  769.537368] Kernel panic - not syncing: sysrq triggered crash
[  769.537372] CPU: 1 PID: 4632 Comm: bash Kdump: loaded Not tainted 5.10.179 #4
[  769.537373] Hardware name: VMware, Inc. VMware Virtual Platform/440BX Desktop
[  769.537374] Call Trace:
[  769.537381]  dump_stack+0x6d/0x8c
[  769.537385]  panic+0x114/0x2f6
[  769.537387]  ? printk+0x58/0x73
[  769.537390]  sysrq_handle_crash+0x16/0x20
[  769.537393]  __handle_sysrq.cold+0x43/0x11a
[  769.537395]  write_sysrq_trigger+0x24/0x40
[  769.537398]  proc_reg_write+0x53/0x80
[  769.537401]  vfs_write+0xc7/0x280
[  769.537403]  ksys_write+0x5f/0xe0
[  769.537405]  do_syscall_64+0x33/0x40
[  769.537408]  entry_SYSCALL_64_after_hwframe+0x61/0xc6
[  769.537410] RIP: 0033:0x7fe311b32a00
```

图 6-23　查看调试信息

从图 6-23 可以看到内核崩溃时的调用栈信息，以及内核崩溃原因："Kernel panic – not syncing: sysrq triggered crash"，该原因正是由于执行 echo c > /proc/sysrq-trigger 引起。

③ ps 命令。用于查看进程的状态。可以查看到进程的 ID、父进程 ID（PPID）、进程在哪个 CPU 上执行。如图 6-24 所示。

```
crash> ps
      PID    PPID    CPU       TASK        ST   %MEM      VSZ      RSS  COMM
>       0       0      0   ffffffff84c14940  RU    0.0        0        0  [swapper/0]
        0       0      1   ffff941741266000  RU    0.0        0        0  [swapper/1]
        1       0      1   ffff941741210000  IN    0.3   194128     5780  systemd
        2       0      1   ffff941741211800  IN    0.0        0        0  [kthreadd]
```

图 6-24　执行 ps 命令

④ dis 命令。用于查看反汇编代码，命令使用方式是：dis <函数名/地址>。例如查看图 6-23 调用栈上的 vfs_write 函数的实现，可以执行命令：dis vfs_write，执行结果如图 6-25 所示。

```
crash> dis vfs_write
0xffffffff83ae69c0 <vfs_write>: nopl    0x0(%rax,%rax,1) [FTRACE NOP]
0xffffffff83ae69c5 <vfs_write+5>:       push    %r15
0xffffffff83ae69c7 <vfs_write+7>:       push    %r14
0xffffffff83ae69c9 <vfs_write+9>:       push    %r13
0xffffffff83ae69cb <vfs_write+11>:      push    %r12
0xffffffff83ae69cd <vfs_write+13>:      push    %rbp
0xffffffff83ae69ce <vfs_write+14>:      push    %rbx
```

图 6-25　反汇编 vfs_write 函数

⑤ p 命令。用于打印变量的信息。Linux 的全局变量 jiffies 用来记录系统自启动以来产生的时钟中断的总次数，如果要打印出 jiffies 的值，执行命令：p jiffies，如图 6-26 所示。

```
crash> p jiffies
jiffies = $1 = 4295437356
```

图 6-26　打印变量 jiffies 的值

⑥ rd 命令。用于读取内存的值。假设要打印某个内存保存的值，可以使用命令：rd ＜内存地址＞ ＜连续打印多少个内存块＞。例如如果要打印从内存地址 0x0xffffffff83ae6a0f 开始，总共 10 个内存块的值，使用命令：rd　0xffffffff83ae6a0f　10，执行结果如图 6-27 所示。

```
crash> rd 0xffffffff83ae6a0f 10
ffffffff83ae6a0f:   0001cd820ffa014c 01c4820fd0394800
ffffffff83ae6a1f:   f2894cf9894c0000 00000001bfde8948
ffffffff83ae6a2f:   e0634cfffe84ce8 00008b850fe4854d
ffffffff83ae6a3f:   ff8149204b8b4800 fff000ba7ffff000
ffffffff83ae6a4f:   01b70ffa470f4c7f 80003d66f0002566
```

图 6-27　打印内存的值（部分）

图 6-27 中最左边一列是内存地址，可以看到，每个内存块大小 8 字节，共打印了 10 个内存块的信息。也可以设置打印的每一个内存块大小，执行命令：rd　-＜内存块位数＞　＜内存地址＞　＜连续打印多少个内存块＞。内存块位数可以是 8、16、32、64，分别表示内存块大小是 1 字节、2 字节、4 字节、8 字节，默认情况下，内存块大小是 8 字节。如果要打印从内存地址 0x0xffffffff83ae6a0f 开始，总共 10 个内存块的值，并且内存块的大小是 1 字节。使用命令：rd　-8　0xffffffff83ae6a0f　10。

⑦ files 命令。用于查看打开的文件信息，如图 6-28 所示。

```
crash> files
PID: 4632      TASK: ffff94176f709800  CPU: 1      COMMAND: "bash"
ROOT: /    CWD: /root
 FD      FILE            DENTRY           INODE       TYPE PATH
  0 ffff9417493ed700 ffff94177298fe00 ffff941746cd40c0 CHR  /dev/pts/0
  1 ffff941745a56c00 ffff9417448d63c0 ffff941744eadda8 REG  /proc/sysrq-trigger
  2 ffff9417493ed700 ffff94177298fe00 ffff941746cd40c0 CHR  /dev/pts/0
 10 ffff9417493ed700 ffff94177298fe00 ffff941746cd40c0 CHR  /dev/pts/0
255 ffff9417493ed700 ffff94177298fe00 ffff941746cd40c0 CHR  /dev/pts/0
```

图 6-28　执行 files 命令

从图 6-28 中可以看出，进程 ID 为 4632 的进程引起了系统崩溃。该进程的名称是 bash，表示是在命令行上执行的命令。进程运行在编号为 1 的 CPU 上。该进程打开的文件共有 5 个，文件描述符分别是：0、1、2、10、255。其中，文件描述符 1 对应的文件是/proc/sysrq-trigger，表示该进程访问了/proc/sysrq-trigger 文件。本节所用 vmcore 文件是用第 6.6.1 节的方式产生的，即访问/proc/sysrq-trigger 文件主动触发系统崩溃。说明这里显示的文件和实际访问的文件一致。图 6-28 的第二列（表头是 FILE）、第三列（表头是 DENTRY）、第四列（表头是 INODE）分别表示文件的 struct file 结构体变量、struct dentry 结构体变量、struct inode 结构体变量的地址。在第 2.7 节的源码 2-13 描述了 dentry 结构体的定义，其成员变量 d_iname 保存了文件名。图 6-28 的/proc/sysrq-trigger 文件对应的 dentry 结构体变量的地址是 0xffff9417448d63c0。有了这些信息，可以使用 p 命令获取到文件/proc/sysrq-trigger 文件对应的 dentry 结构体变量的信息，假如要获取 dentry 结构体变量保存的文件名，执行命令：p ((struct dentry *)0xffff9417448d63c0)->d_iname。执行结果如图 6-29 所示。

```
crash> p ((struct dentry *)0xffff9417448d63c0)->d_iname
$1 = "sysrq-trigger\000rk.la\000ce.d\000\000\000\000\000\000\026"
```

图 6-29　获取 dentry 结构体变量中的文件名

如果要查看其他进程打开的文件，可以执行命令：files <进程 id>。例如要查看进程 ID 是 1 的进程打开的文件，执行：files 1。

⑧ sym 命令。用于查看符号和对应的地址及源码信息。可以根据符号查到对应的地址和源码信息，也可以通过地址查到符号和源码信息。例如查看函数 vfs_write 的地址和源码信息，执行命令 sym vfs_write，执行结果如图 6-30 所示。

```
crash> sym vfs_write
ffffffff81ee69c0 (T) vfs_write /root/linux-5.10.179/fs/read_write.c: 586
```

图 6-30　根据符号查看地址及源码信息

图 6-30 中的执行结果包括了函数 vfs_write 的地址 0xffffffff81ee69c0，以及该函数位于内核源码的位置，函数的实现在内核源码文件 fs/read_write.c 的第 586 行。

⑨ mod 命令。用于查看内核模块的信息，也可以使用该命令加载内核模块的符号信息。

⑩ dev 命令。用于查看系统中的设备信息。

以上介绍了常用的 crash 命令，更多的命令可以在 crash 命令行下执行 help 查看，如图 6-31 所示。

```
crash> help

*            files        mod          sbitmapq     union
alias        foreach      mount        search       vm
ascii        fuser        net          set          vtop
bpf          gdb          p            sig          waitq
bt           help         ps           struct       whatis
btop         ipcs         pte          swap         wr
dev          irq          ptob         sym          q
dis          kmem         ptov         sys
eval         list         rd           task
exit         log          repeat       timer
extend       mach         runq         tree
```

图 6-31　crash 命令行下执行 help

如果需要查看图 6-31 的某一个命令的详细使用方法，可以执行命令：help 命令名称。例如如果要查看 mod 命令的用法，执行：help mod。

6.6.4　crash 分析示例

假设有一个内核模块会引起内核崩溃，程序如源码 6-16 所示。

源码 6-16　test_kdump.c

```
#include <linux/module.h>

static int test_kdump_init(void)
{
    int *p = NULL;               //指针 p 初始化为空
```

```
    *p = 100;                           //对空指针赋值，将会引起系统崩溃
    return 0;
}
static void test_kdump_exit(void)
{
}
```

源码对空指针赋值，该操作将会引起系统崩溃。编译、加载该模块，系统崩溃，将在/var/crash 目录下产生一个新的目录用于保存 vmcore 文件。操作系统重启后，通过 crash 命令分析该文件，进入 crash 命令行的操作见第 6.6.2 节。

在进入 crash 命令行后，执行 log 命令，查看是否有引起系统崩溃的调试信息，打印出的调试信息如图 6-32 所示。

```
[ 6823.737313] RIP: 0010:test_kdump_init+0x5/0x20 [test_kdump]
[ 6823.737318] Code: Unable to access opcode bytes at RIP 0xffffffffc0b2ffdb.
[ 6823.737319] RSP: 0018:ffffb2dfc5effcc0 EFLAGS: 00010246
[ 6823.737323] RAX: 0000000000000000 RBX: 0000000000000000 RCX: 0000000000000000
[ 6823.737325] RDX: 000000000001bdc0 RSI: ffffffff81d4a603 RDI: ffffffffc0b30000
[ 6823.737326] RBP: ffffffffc0b30000 R08: 0000000000000010 R09: fffffcd7401b4308
[ 6823.737327] R10: 0000000000000000 R11: 0000000000000000 R12: ffff98c3c783f0e0
[ 6823.737328] R13: ffffb2dfc5effe90 R14: 0000000000000000 R15: ffffffffc0b32018
[ 6823.737330] FS:  00007fd764ecd740(0000) GS:ffff98c40b000000(0000) knlGS:0000000000000000
[ 6823.737332] CS:  0010 DS: 0000 ES: 0000 CR0: 0000000080050033
[ 6823.737333] CR2: ffffffffc0b2ffdb CR3: 0000000026804002 CR4: 00000000003706f0
[ 6823.737360] Call Trace:
[ 6823.737411]  do_one_initcall+0x44/0x1e0
[ 6823.737447]  ? _cond_resched+0x15/0x30
[ 6823.737804]  ? kmem_cache_alloc_trace+0x44/0x400
[ 6823.738228]  do_init_module+0x4c/0x220
[ 6823.738238]  load_module+0x15c5/0x17a0
[ 6823.738243]  ? __do_sys_finit_module+0xb1/0x120
```

图 6-32　查看调试打印

图 6-32 中的调试打印有系统崩溃时的调用栈信息以及寄存器信息。其中有一行值得关注："RIP: 0010:test_kdump_init+0x5/0x20 [test_kdump]"，RIP 是程序寄存器，当前保存的是系统崩溃时执行到的代码位置。可以做一个猜测：可能是程序执行到了 test_kdump_init+0x5 这个位置时引起了系统崩溃。

基于这个猜测，反汇编 test_kdump_init 函数，执行命令：dis　test_kdump_init　10，最后的参数 10 表示打印出 10 行反汇编代码，执行结果如图 6-33 所示。

```
crash> dis test_kdump_init 10
0xffffffffc0b30000 <test_kdump_init>:   nopl   0x0(%rax,%rax,1)
0xffffffffc0b30005 <init_module+5>:     movl   $0x64,0x0
0xffffffffc0b30010 <init_module+16>:    xor    %eax,%eax
0xffffffffc0b30012 <init_module+18>:    ret
0xffffffffc0b30013 <init_module+19>:    int3
0xffffffffc0b30014 <init_module+20>:    int3
0xffffffffc0b30015 <init_module+21>:    int3
0xffffffffc0b30016 <init_module+22>:    int3
0xffffffffc0b30017 <init_module+23>:    nopw   0x0(%rax,%rax,1)
0xffffffffc0b30020 <test_kdump_exit>:   nopl   0x0(%rax,%rax,1)
```

图 6-33　反汇编 test_kdump_init 函数

之前猜测在 test_kdump_init+0x5 这个位置发生了系统崩溃，test_kdump_init+0x5 指的是从函数 test_kdump_init 的起始地址偏移 5 字节的位置。图 6-33 的第一列是地址，可以看到，函数 test_kdump_init 的起始地址是 0xffffffffc0b30000，偏移 5 字节后，地址是 0xffffffffc0b30005，这个地址对应的反汇编代码是："movl $0x64,0x0"，这句汇编会将立即数 100 放入地址 0 中。

源码 test_kdump.c（源码 6-16）首先将指针 p 设置为空，空就对应地址 0，*p=100 的作用是将地址 0 中的值设置为 100，对应 "movl $0x64,0x0" 这条汇编指令，即*p=100 反汇编后的结果就是 "movl $0x64,0x0"。这也可以通过反汇编 test_kdump.c 后生成的 test_kdump.ko 文件来查看。在 Linux 命令行中执行 objdump   -S   test_kdump.ko 查看内核模块 test_kdump.ko 的反汇编结果，执行结果如图 6-34 所示。可以看出，*p=100 反汇编后的指令确实是 "movl $0x64,0x0"。这时基本可以确认系统崩溃的原因是执行了函数 test_kdump_init 中的*p=100 这条语句。

```
static int test_kdump_init(void)
{
  0:    e8 00 00 00 00         callq  5 <init_module+0x5>
        int *p = NULL;
        *p = 100;
  5:    c7 04 25 00 00 00 00   movl   $0x64,0x0
  c:    64 00 00 00
        return 0;
}
 10:    31 c0                  xor    %eax,%eax
 12:    e9 00 00 00 00         jmpq   17 <init_module+0x17>
 17:    66 0f 1f 84 00 00 00   nopw   0x0(%rax,%rax,1)
 1e:    00 00
```

图 6-34   反汇编 test_kdump.ko 文件

另外，也可以从调用栈中看出异常。在 crash 命令行中执行 bt 命令，执行结果如图 6-35 所示。

```
crash> bt
PID: 9350      TASK: ffff98c3f2dbc800  CPU: 0     COMMAND: "insmod"
 #0 [ffffb2dfc5effa38] machine_kexec at ffffffff81c673be
 #1 [ffffb2dfc5effa90] __crash_kexec at ffffffff81d4f6da
 #2 [ffffb2dfc5effb50] crash_kexec at ffffffff81d504f9
 #3 [ffffb2dfc5effb60] oops_end at ffffffff81c36f1d
 #4 [ffffb2dfc5effb80] no_context at ffffffff81c7791b
 #5 [ffffb2dfc5effbe8] exc_page_fault at ffffffff8256381a
 #6 [ffffb2dfc5effc10] asm_exc_page_fault at ffffffff82600b0e
    [exception RIP: init_module+5]
```

图 6-35   查看系统崩溃的调用栈

需要注意 "[exception RIP: init_module+5]" 这句话，表示异常的指令地址位于 init_module+5，即函数 init_module 偏移 5 字节的地址处。反汇编 init_module 函数，执行命令：dis init_module 10，执行结果如图 6-36 所示。

由图 6-36 可以看出：init_module 函数的地址就是 test_kdump_init 的地址，实际上 init_module 和 test_kdump_init 是同一个函数。init_module+5 位置的反汇编代码就是 "movl $0x64,0x0"。

以上通过反汇编分析了内核崩溃的原因，如果将 test_kdump 模块的符号加载进内存，则无需反汇编即可定位内核崩溃原因。test_kdump 模块的符号保存在了 test_kdump.ko 文件中，将该 ko 文件加载进内存就加载了 test_kdump 模块的符号信息，加载 ko 文件的命令是：mod -s <模块名> <ko 文件的路径>。假设 test_kdump.ko 文件的路径是/root/test_kdump.ko，则在 crash 命令行中的加载命令为：mod -s test_kdump /root/test_kdump.ko，执行结果如图 6-37 所示。

```
crash> dis init_module 10
0xffffffffc0b30000 <test_kdump_init>:      nopl    0x0(%rax,%rax,1)
0xffffffffc0b30005 <init_module+5>:        movl    $0x64,0x0
0xffffffffc0b30010 <init_module+16>:       xor     %eax,%eax
0xffffffffc0b30012 <init_module+18>:       ret
0xffffffffc0b30013 <init_module+19>:       int3
0xffffffffc0b30014 <init_module+20>:       int3
0xffffffffc0b30015 <init_module+21>:       int3
0xffffffffc0b30016 <init_module+22>:       int3
0xffffffffc0b30017 <init_module+23>:       nopw    0x0(%rax,%rax,1)
0xffffffffc0b30020 <test_kdump_exit>:      nopl    0x0(%rax,%rax,1)
```

图 6-36　反汇编 init_module 函数

```
crash> mod -s test_kdump /root/test_kdump.ko
    MODULE          NAME                              BASE
SIZE   OBJECT FILE
ffffffffc0b32000  test_kdump                          ffffffffc0b30000
6384  /root/test_kdump.ko
```

图 6-37　加载 test_kdump.ko

加载完成后，可以通过 sym 命令查看崩溃时的源码信息。由于内核崩溃时程序的地址是 0xffffffffc0b30005，执行 sym 0xffffffffc0b30005 查看对应的源码信息，执行结果如图 6-38 所示。

```
crash> sym 0xffffffffc0b30005
ffffffffc0b30005 (t) test_kdump_init+5 [test_kdump] /root/7-9_test_kdump
/test_kdump.c: 6
```

图 6-38　查看地址对应的源码信息

可见，程序执行到了 test_kdump.c 的第 6 行。查看 test_kdump.c 的源码（源码 6-16），其第 6 行正是*p=100，执行的是对空指针赋值的操作。

6.7　kgdb

使用 kgdb 可以在内核运行时进行调试，能够方便地打断点、查看调用栈和变量信息，通过 kgdb 调试内核模块就如同通过 gdb 调试应用程序一样。

要搭建 kgdb 环境，需要有两台终端：一台调试机、一台被调试机。连接方式如图 6-39 所示。

图 6-39　kgdb 的调试环境

被调试机上运行 Linux 内核及需要调试的内核模块；调试机上运行 gdb，通过串口远程调试被调试机上的内核及模块。关于 kgdb 环境的搭建过程，详见配套电子书第 2.3 节。

在被调试机的内核编译完成后，内核源码根目录下有一个 vmlinux 文件，这个文件包含了内核的符号信息，需要将这个文件拷贝到调试机上。将 vmlinux 文件拷贝到调试机后，在被调试机上执行 echo g > /proc/sysrq-trigger 等待调试机远程连接。

在调试机上，执行 gdb <vmlinux 文件路径>启动 gdb 并加载内核符号，如图 6-40 所示。

```
[root@localhost ~]# gdb vmlinux
GNU gdb (GDB) Red Hat Enterprise Linux 7.6.1-120.el7
Copyright (C) 2013 Free Software Foundation, Inc.
License GPLv3+: GNU GPL version 3 or later <http://gnu.org/licenses/gpl.html>
This is free software: you are free to change and redistribute it.
There is NO WARRANTY, to the extent permitted by law.  Type "show copying"
and "show warranty" for details.
This GDB was configured as "x86_64-redhat-linux-gnu".
For bug reporting instructions, please see:
<http://www.gnu.org/software/gdb/bugs/>.
Reading symbols from /root/vmlinux...done.
```

图 6-40　启动 gdb 并加载内核符号

进入 gdb 命令行后，执行 target remote /dev/ttyS1 连接被调试机，连接成功后，将打印出被调试内核当前执行位置的符号信息，如图 6-41 所示。

```
(gdb) target remote /dev/ttyS1
Remote debugging using /dev/ttyS1
kgdb_breakpoint () at kernel/debug/debug_core.c:1259
1259            wmb(); /* Sync point after breakpoint */
```

图 6-41　连接被调试机

完成上述步骤后，在调试机上就可以通过 gdb 像调试应用程序一样调试被调试机上运行的 Linux 内核。例如可以在 gdb 命令行中执行 bt 命令查看当前的调用栈，如图 6-42 所示。

```
(gdb) bt
#0  kgdb_breakpoint () at kernel/debug/debug_core.c:1259
#1  0xffffffff8194015d in sysrq_key_table_key2index (key=103)
    at drivers/tty/sysrq.c:543
#2  __sysrq_get_key_op (key=103) at drivers/tty/sysrq.c:558
#3  __handle_sysrq.cold () at drivers/tty/sysrq.c:594
#4  0xffffffff8159d834 in write_sysrq_trigger (file=0xffff88804b020908,
    buf=0xffff7fff <Address 0xffff7fff out of bounds>, count=0,
    ppos=0x27 <fixed_percpu_data+39>) at drivers/tty/sysrq.c:1156
```

图 6-42　查看内核的调用栈

从图 6-42 可以大概看出，被调试机上的内核执行到了内核源码文件 drivers/tty/sysrq.c 的某一行，然后就暂停运行了。暂停运行的原因是我们在被调试机上执行了命令 echo g > /proc/sysrq-trigger。如果想让内核继续运行，可以在 gdb 命令行中输入字符 'c'。

同样，也可以通过 gdb 进行断点操作，假设想在被调试机的内核模块执行 printk 函数的时候让内核暂停运行，可以在调试机的 gdb 命令行中执行 b printk，在 printk 函数中打断点。然后输入字符 'c' 让被调试机的操作系统继续运行，当有内核模块调用 printk 函数时，将会触发断点，内核运行被暂停，如图 6-43 所示。

```
(gdb) b printk
Breakpoint 1 at 0xffffffff81923880: file kernel/printk/printk.c, line 2097.
(gdb) c
Continuing.
[New Thread 3243]
[Switching to Thread 3243]

Breakpoint 1, printk (
    fmt=0xffffffff820ea6c8 "\001\066INFO: NMI handler (%ps) took too long to run: %ll
d.%03d msecs\n", fmt@entry=0xffffffff820ea708 "") at kernel/printk/printk.c:2097
2097    {
```

图 6-43　断点操作

如果要调试自己写的内核模块，假设内核模块如源码 6-17 所示。

源码 6-17　my_proc.c

```
#include <linux/module.h>
#include <linux/proc_fs.h>
//读 proc 文件将要执行的函数
ssize_t my_proc_file_read(struct file *file, char __user *buf, size_t size, loff_t
*offset)
{
    printk("proc file read\n");
    return 0;
}
//写 proc 文件将要执行的函数
ssize_t my_proc_file_write(struct file *file, const char __user *buf, size_t size,
loff_t *offset)
{
    printk("proc file write\n");
    return 1;
}
//proc 文件的操作函数集合，将作为参数传入 proc_create_data 函数用于创建 proc 文件
static struct proc_ops proc_file_ops = {
    .proc_read = my_proc_file_read,
    .proc_write= my_proc_file_write,
};
//加载函数
static int proc_file_init(void)
{
    proc_create_data("proc_file", 0644, NULL, &proc_file_ops, NULL);
    return 0;
}
//卸载函数
static void proc_file_exit(void)
{
    remove_proc_entry("proc_file", NULL);
}
module_init(proc_file_init);
module_exit(proc_file_exit);
```

　　编译内核模块后（假设编译后的内核模块文件名是 my_proc.ko），需要将编译后的
my_proc.ko 拷贝到调试机上，同时被调试机上需要加载这个模块。被调试机上加载 ko 文件

后，可以通过命令 cat /sys/module/<模块名>/sections/<段名>查看模块加载后的代码段和数据段的地址信息，如图 6-44 所示。

```
[root@localhost proc_create]# cat /sys/module/my_proc/sections/.text
0xffffffffc0888000
[root@localhost proc_create]# cat /sys/module/my_proc/sections/.text.unlikely
0xffffffffc0888043
[root@localhost proc_create]# cat /sys/module/my_proc/sections/.data
0xffffffffc088a000
```

图 6-44　查看内核模块加载地址

内核模块 my_proc 加载后的.text 段地址是 0xffffffffc0888000，.text.unlikely 段的地址是 0xffffffffc0888043，.data 段地址是 0xffffffffc088a000。需要记录这几个地址，将在调试机上加载 ko 文件时用到。

在调试机上进入 gdb 命令行（执行 gdb <vmlinux 文件路径>启动 gdb 并加载内核符号），执行命令：add-symbol-file <ko 文件路径> <.text 段地址> -s .text.unlikely <.text.unlikely 段地址> -s .data <.data 段地址>。该命令用于将 ko 文件加载进内存，后续调试时就可以看到该模块的符号信息，加载过程如图 6-45 所示。

```
(gdb) add-symbol-file my_proc.ko 0xffffffffc0888000 -s .text.unlikely
0xffffffffc0888043 -s .data 0xffffffffc088a000
add symbol table from file "my_proc.ko" at
        .text_addr = 0xffffffffc0888000
        .text.unlikely_addr = 0xffffffffc0888043
        .data_addr = 0xffffffffc088a000
(y or n) y
Reading symbols from /root/my_proc.ko...done.
```

图 6-45　在 gdb 中加载 ko 文件

执行完上述操作后，在被调试机上执行命令 echo g > /proc/sysrq-trigger 等待调试机的远程连接。在调试机的 gdb 命令行中执行命令 target remote /dev/ttyS1 通过串口连接被调试机，连接成功后，可以在 my_proc.c（源码 6-17）中进行断点操作。

图 6-46 在 gdb 命令行中执行命令 b my_proc_file_read 在函数 my_proc_file_read 中打断点，然后执行命令 c 让被调试机的内核继续运行。直到在被调试机上执行 cat /proc/proc_file 命令调用到 my_proc_file_read 函数时，断点被触发。

```
(gdb) b my_proc_file_read
Breakpoint 1 at 0xffffffffc0888043: file /root/proc_create/my_proc.c,
line 5.
(gdb) c
Continuing.
[New Thread 6078]
[Switching to Thread 6078]

Breakpoint 1, my_proc_file_read (file=0xffff8880310f5600, buf=0x250f0
00 <Address 0x250f000 out of bounds>, size=65536,
    offset=0xffffc90001d3bf10) at /root/proc_create/my_proc.c:5
5        /root/proc_create/my_proc.c: No such file or directory.
```

图 6-46　断点操作

通过断点使被调试机的系统暂停运行后，可以通过 gdb 的命令调试程序。图 6-47 通过 bt 命令查看此时的调用栈信息，可以看到调用栈的最顶部正是函数 my_proc_file_read。

```
(gdb) bt
#0  my_proc_file_read (file=0xffff8880310f5600, buf=0x250f000 <Addres
s 0x250f000 out of bounds>, size=65536,
    offset=0xffffc90001d3bf10) at /root/proc_create/my_proc.c:5
#1  0xffffffff81372753 in pde_read (ppos=<optimized out>, count=<opti
mized out>, buf=<optimized out>, file=<optimized out>,
    pde=0xffff8880095b6900) at fs/proc/inode.c:321
#2  proc_reg_read (file=<optimized out>, buf=<optimized out>, count=<
optimized out>, ppos=<optimized out>)
    at fs/proc/inode.c:333
#3  0xffffffff812e68cb in vfs_read (file=file@entry=0xffff8880310f560
0,
    buf=buf@entry=0x250f000 <Address 0x250f000 out of bounds>, count=
count@entry=65536, pos=pos@entry=0xffffc90001d3bf10)
    at fs/read_write.c:494
```

图 6-47　查看调用栈信息

第7章
字符设备驱动

在 Linux 中"一切皆是文件",对于设备来说也是一样。大多数设备在 Linux 中以文件的形式存放在文件系统中,这些文件被称为设备文件。用户可以像读写文件一样读写这些设备。例如可以通过读写文件/dev/ttyS1 从串口读数据或向串口写数据,可以通过读写文件/dev/sda 从硬盘读取数据或向硬盘写入数据等。

为了管理这些设备,系统为设备编了号,每个设备号又分为主设备号和次设备号(或称为子设备号、从设备号)。主设备号用来区分不同种类的设备,而次设备号用来区分同一类型的多个设备。例如串口设备的主设备号是 4,次设备号可以是 0 开始的任意值,代表不同的串口。可以认为:主设备号用来表示一个特定的驱动程序。次设备号用来表示使用该驱动程序的各设备。

字符设备是以字符为单位进行传输的设备,应用程序可以顺序读取或向其写入数据。举例来说,键盘、串口都是典型的字符设备。在 Linux 命令行中,执行命令 ls -l /dev/,以字母'c'开头的设备就是字符设备,如图 7-1 所示。

```
crw-rw----. 1 root dialout 4, 64 Jan 14 17:20 /dev/ttyS0
crw-rw----. 1 root dialout 4, 65 Jan 14 20:07 /dev/ttyS1
crw-rw----. 1 root dialout 4, 66 Jan 14 17:20 /dev/ttyS2
crw-rw----. 1 root dialout 4, 67 Jan 14 17:20 /dev/ttyS3
```

图 7-1 以'c'开头的设备是字符设备

图 7-1 中展示了四个串口设备,设备名称分别是/dev/ttyS0、/dev/ttyS1、/dev/ttyS2、/dev/ttyS3。每一行的第一个字母'c'表示这个设备是字符设备,而图中每一行以逗号相隔的两个数字"4, 6x"(其中 6x 分别是 64、65、66、67)是这个设备的主设备号和次设备号。这几个串口设备的主设备号都是 4,表示它们都是同一类型的设备(串口设备)。次设备号各不相同,因为它们是四个不同的串口设备。

本章将介绍字符设备驱动的组成结构,并通过示例程序讲解字符驱动设备的开发。

7.1 最简单的字符设备驱动

7.1.1 相关接口

字符设备在内核中的结构体是 struct cdev,定义于内核源码的 include/linux/cdev.h 头文件中，要编写字符设备驱动，需要引入该头文件（#include <linux/cdev.h>）。struct cdev 定义如源码 7-1 所示。

源码 7-1　struct cdev 结构体定义

```
struct cdev {
    ......
    struct module *owner;                    //所属模块，一般填 THIS_MODULE
    const struct file_operations *ops;   //文件操作函数集合
    ......
    dev_t dev;                               //设备号
    unsigned int count;                      //设备的数量
}
```

各结构体成员变量解释如下。

● owner：struct cdev 结构体变量所属的内核模块，编写字符设备驱动时，一般将该变量设置为 THIS_MODULE。

● ops：文件操作函数集合。和 proc 文件的函数操作集合 struct proc_ops 结构体（见第 2.1 节源码 2-1）类似，struct file_operations 也是一个函数的操作集合，包括了文件的打开、关闭、读写等操作。对于字符设备驱动，该成员变量定义了对字符文件的操作。struct file_operations 结构体定义于内核源码的 include/linux/fs.h 头文件中，定义如源码 7-2 所示。

源码 7-2　struct file_operations 结构体定义

```
struct file_operations {
    struct module *owner;                                        //所属模块
    //应用程序执行 lseek 系统调用对应的操作
    loff_t (*llseek) (struct file *, loff_t, int);
    //读操作
    ssize_t (*read) (struct file *, char __user *, size_t, loff_t *);
    //写操作
    ssize_t (*write) (struct file *, const char __user *, size_t, loff_t *);
    //散布读、异步读操作
    ssize_t (*read_iter) (struct kiocb *, struct iov_iter *);
    //散布写、异步写操作
    ssize_t (*write_iter) (struct kiocb *, struct iov_iter *);
    ......
    //遍历目录下的文件
    int (*iterate) (struct file *, struct dir_context *);
    ......
    //轮询操作
    __poll_t (*poll) (struct file *, struct poll_table_struct *);
    //io 控制操作
    long (*unlocked_ioctl) (struct file *, unsigned int, unsigned long);
    ......
    //内存映射操作
    int (*mmap) (struct file *, struct vm_area_struct *);
    ......
    //打开操作
```

```
        int (*open) (struct inode *, struct file *);
        //刷盘操作
        int (*flush) (struct file *, fl_owner_t id);
        //文件关闭前的释放资源操作
        int (*release) (struct inode *, struct file *);
        //同步数据到块设备
        int (*fsync) (struct file *, loff_t, loff_t, int datasync);
        ......
        //文件加锁操作
        int (*lock) (struct file *, int, struct file_lock *);
        ......
        //获取未映射区域的操作
        unsigned long (*get_unmapped_area)(struct file *, unsigned long,unsigned long,
unsigned long, unsigned long);
        ......
        //加锁操作
        int (*flock) (struct file *, int, struct file_lock *);
        //借用管道实现的写操作
        ssize_t (*splice_write)(struct pipe_inode_info *, struct file *, loff_t *,
size_t, unsigned int);
        //借用管道实现的读操作
        ssize_t (*splice_read)(struct file *, loff_t *, struct pipe_inode_info *,
size_t, unsigned int);
        ......
        //文件拷贝操作
        ssize_t (*copy_file_range)(struct file *, loff_t, struct file *, loff_t,
size_t, unsigned int);
        //文件克隆操作
        loff_t (*remap_file_range)(struct file *file_in, loff_t pos_in, struct file
*file_out, loff_t pos_out,loff_t len, unsigned int remap_flags);
        ......
    } __randomize_layout;
```

  struct file_operations 是一个比较大的结构体，包含了所有文件相关操作,用于几乎所有文件系统。每一种文件系统在实现时，都会定义相应的 struct file_operations 结构体变量，在操作文件系统中的文件时，会调用到 struct file_operations 的成员函数。例如在 proc 文件系统中，如果要打开某一个文件，Linux 内核会首先调用到文件系统对应的 struct file_operations 变量的 open 函数，open 函数再去调用对应 struct proc_ops 变量的 proc_open 函数。

  ● dev：设备号，包含主设备号和次设备号。类型 dev_t 的定义是 typedef u32 dev_t，是一个 32 位无符号整型。其高 12 位保存了主设备号，低 20 位保存了次设备号，主设备号和次设备号相或组成了该变量。可以通过源码 7-3 所示宏定义来设置 dev 以及从 dev 获取主设备号、次设备号。

源码 7-3 主、次设备号相关宏定义

```
#define MINORBITS    20                           //次设备号占用的位数
#define MINORMASK  ((1U << MINORBITS) - 1)
//从设备号 dev 获取主设备号
```

```
#define MAJOR(dev)    ((unsigned int) ((dev) >> MINORBITS))
//从设备号 dev 获取次设备号
#define MINOR(dev)    ((unsigned int) ((dev) & MINORMASK))
//根据主设备号 ma 和次设备号 mi 生成设备号 dev
#define MKDEV(ma,mi) (((ma) << MINORBITS) | (mi))
```

● count：设备的数量（该类型的字符设备的个数）。

在编写字符设备驱动时，有申请/释放设备号、向系统添加/删除设备等操作，相关接口如下。

```
int register_chrdev_region(dev_t from, unsigned count, const char *name)
```

申请设备号。第一个参数 from 表示从哪一个设备号开始申请；第二个参数 count 表示总共申请多少个设备号；第三个参数 name 是驱动或设备的名称。返回值是 0 表示申请成功，非 0 表示失败。

```
void cdev_init(struct cdev *cdev, const struct file_operations *fops)
```

初始化字符设备结构体。第一个参数 cdev 是需要初始化的字符设备；第二个参数 fops 是文件操作函数集合。执行了该函数后，字符设备 cdev 将和文件操作集合 fops 绑定。

```
int cdev_add(struct cdev *p, dev_t dev, unsigned count)
```

注册字符设备。第一个参数 p 是字符设备的指针；第二个参数 dev 是设备号；第三个参数 count 是设备的数量。

```
void cdev_del(struct cdev *p)
```

删除字符设备，参数 p 是将要删除的字符设备指针。

```
void unregister_chrdev_region(dev_t from, unsigned count)
```

释放申请的设备号。第一个参数 from 表示从哪一个设备号开始释放；第二个参数 count 表示需要释放多少个设备号。

在字符设备初始化时，需要执行函数 register_chrdev_region 申请设备号，然后执行 cdev_init 将字符设备和文件操作函数集合绑定，再执行 cdev_add 注册字符设备。不再使用字符设备时，需要调用 cdev_del 删除字符设备，然后调用 unregister_chrdev_region 释放设备号。

7.1.2 示例程序

本节将实现一个最简单的字符设备驱动，完成字符设备文件的打开、关闭、读、写操作。示例程序源码 first_cdev.c 如源码 7-4 所示。

源码 7-4　first_cdev.c

```
#include <linux/module.h>
#include <linux/cdev.h>    //使用字符设备结构体需引入该头文件
#include <linux/fs.h>  //使用文件操作集合结构体 file_operations 需引入该头文件

static struct cdev my_cdev;         //字符设备变量
```

```
static dev_t dev;                    //设备号变量
//字符设备文件打开操作
int cdev_file_open(struct inode *inode, struct file *file)
{
    printk("open cdev\n");
    return 0;
}
//字符设备文件关闭操作
int cdev_file_release(struct inode *inode, struct file *file)
{
    printk("release cdev\n");
    return 0;
}
//字符设备文件的读操作
ssize_t cdev_file_read(struct file *file, char __user *buf, size_t size, loff_t
*ppos)
{
    printk("read cdev\n");
    return 0;
}
//字符设备文件的写操作
ssize_t cdev_file_write(struct file *file, const char __user *buf, size_t size,
loff_t *ppos)
{
    printk("write cdev\n");
    return 1;
}
//文件操作函数集合
static const struct file_operations cdev_file_ops = {
    .open = cdev_file_open,          //设置文件的打开操作
    .release = cdev_file_release,    //设备文件的关闭操作
    .read = cdev_file_read,          //设置文件的读操作
    .write = cdev_file_write,        //设置文件的写操作
};
//加载函数
static int first_cdev_init(void)
{
    dev = MKDEV(201,0);              //将主设备号设置为201，次设备号设置为0
    //申请设备号，申请的设备号数量为1
    if(register_chrdev_region(dev, 1, "my_first_cdev") != 0)
    {
        printk("error register\n");
        return -1;
    }
    cdev_init(&my_cdev, &cdev_file_ops);    //初始化字符设备
    //增加字符设备
    if(cdev_add(&my_cdev, dev, 1) != 0)
    {
        //如果增加字符设备失败，需要注销申请的设备号
        unregister_chrdev_region(dev, 1);
        printk("err add\n");
```

```
        return -1;
    }
    return 0;
}
//卸载函数
static void first_cdev_exit(void)
{
    cdev_del(&my_cdev);                 //删除字符设备
    unregister_chrdev_region(dev, 1); //释放申请的设备号
}
module_init(first_cdev_init);
module_exit(first_cdev_exit);
```

　　源码的结构和创建 proc 文件的源码较为相似，都需要定义一个文件操作集合，只是文件操作集合的结构体类型是 struct file_operations。在文件操作集合中定义了文件的打开、关闭、读和写操作，分别对应函数 cdev_file_open、cdev_file_release、cdev_file_read、cdev_file_write。这四个函数并没有实际的操作，每个函数中只是加了一句打印信息。

　　在加载函数中，首先通过 MKDEV(201,0)设置了设备号，主设备号是 201，次设备号是 0。需要注意的是，设置设备号时需要选择一个系统中没有注册的设备号。然后，通过 register_chrdev_region 申请设备号，示例程序的字符设备名称是 "my_first_cdev"。申请了设备号后，调用 cdev_init 将字符设备和文件操作集合绑定，之后通过 cdev_add 添加字符设备。

　　卸载函数是加载函数的逆操作，通过 cdev_del 删除加载函数添加的字符设备，然后调用 unregister_chrdev_region 释放申请的设备号。

　　编译、加载该模块后，需要在系统中创建字符设备文件，创建的命令是：

```
mknod  /dev/<字符设备文件名>  c  201  0
```

　　命令的作用是在/dev 目录下创建一个字符设备文件，该字符设备文件的主设备号是 201，次设备号是 0。如果设备号是其他的值，将主次设备号设置为对应值即可。执行了上述命令后，/dev 目录下会生成一个新的文件，如图 7-2 所示。

```
[root@localhost ~]# mknod /dev/first_cdv c 201 0
[root@localhost ~]# ls -l /dev/first_cdv
crw-r--r--. 1 root root 201, 0 Jan 15 22:27 /dev/first_cdv
```

图 7-2　创建字符设备文件

　　创建 first_cdv 后，通过命令 ls -l /dev/first_cdv 可以查看文件的信息。之后，可以像操作普通文件一样对该字符设备文件进行读写操作，如图 7-3 所示。

```
[root@localhost ~]# cat /dev/first_cdv
[root@localhost ~]# dmesg -c
[12177.134326] open cdev
[12177.134352] read cdev
[12177.134357] release cdev
```

图 7-3　通过 cat 命令查看文件信息

　　图 7-3 中通过 cat 命令查看文件信息，然后执行 dmesg -c 命令查看内核模块的打印信息。由于 cat 命令首先会打开文件，然后读文件，文件读取完成后关闭文件，因此会依次打印出

源码 first_cdev.c（源码 7-4）的函数 cdev_file_open、cdev_file_read、cdev_file_release 中的打印信息。

7.2 通过字符设备驱动访问串口

7.2.1 串行通信

串行通信是将数据一位一位进行传输的一种方式。在 x86 机器上，一般采用可编程串行通信接口芯片(8250/16550)进行串行通信，可以通过 I/O 端口访问对应的串口芯片。

简单的串口通信使用 3 根线完成，分别是发送、接收、地线。如图 7-4 所示。

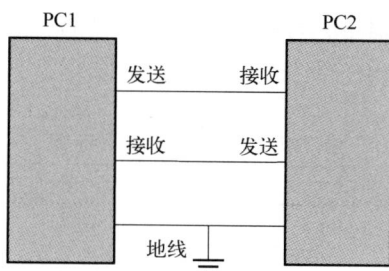

图 7-4　串行通信

串口通信最重要的参数是波特率（传输速率）、数据位、停止位和奇偶的校验。对于两个需要进行串口通信的端口，这几个参数必须匹配，否则无法进行正常通信。

串口通信的每一个字符一般包含 1 个起始位、5～8 位数据位、0～1 位校验位、1～2 位停止位（1 位、1.5 位或 2 位）。起始位表示数据即将开始传输，数据位是传输的实际数据，奇偶校验位用于数据校验，停止位表示数据已停止传输，等待下一个数据传输，数据组成如图 7-5 所示。

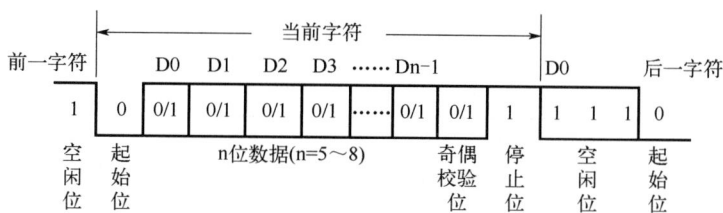

图 7-5　串行通信数据组成

7.2.2 相关寄存器

对于 x86 的处理器，需要通过 I/O 端口设置串口参数及读写串口数据。本节将要用到的寄存器信息如表 7-1 所示。

（1）接收/发送缓存寄存器

接收/发送缓存寄存器用于存储从串口接收的数据或将要发送至串口的数据，在终端有两个串口的情况下，可以通过 0x3f8 端口访问串口 1 的接收/发送缓存寄存器，通过 0x2f8 端口访问串口 2 的接收/发送缓存寄存器。需要注意的是，要启用接收/发送缓存寄存器，需要将通信线控制寄存器最高位配置成 0。

表 7-1　串口相关寄存器

寄存器名称	串口 1 端口	串口 2 端口	寄存器作用	备注
接收/发送缓存寄存器	0x3f8	0x2f8	接收时从该寄存器读数据，发送时向该寄存器写数据	通信线控制寄存器最高位配 0 时生效
通信线控制寄存器	0x3fb	0x2fb	规定了串行异步通信的数据格式	数据位、校验位、停止位配置
通信线状态寄存器	0x3fd	0x2fd	串口通信状态	保存了是否可读、可写数据等信息

（2）通信线控制寄存器

通信线控制寄存器用于数据位、校验位、停止位配置，以及寄存器的寻址信息，线路终止信号配置。该寄存器中各比特位的意义如表 7-2 所示。

表 7-2　通信线控制寄存器

位	名称	备注
bit7	寻址位	值为 1：访问除数寄存器 值为 0：访问对应的非除数寄存器
bit6	终止位设置	值为 1：长时间输出中止信号，发送端若设置终止位为 1，接收端会判为线路间断 值为 0：正常通信
bit3～bit5	奇偶位选择	bit3=0，表示不进行奇偶校验 值为 001：设置奇校验 值为 011：设置偶校验 值为 101：校验位恒为 1 值为 111：校验位恒为 0
bit2	停止位选择	值为 0：1 位停止位 值为 1：bit1_bit0=00 表示 1.5 位停止位；bit1_bit0≠00 表示 2 位停止位
bit0～bit1	数据位选择	值为 00：5 位 值为 01：6 位 值为 10：7 位 值为 11：8 位

该寄存器的第 0～1 位用于配置数据位；第 2 位配置停止位；第 3～5 位配置奇偶校验；第 6 位配置终止位，本节会将终止位配置为 0，表示正常通信；第 7 位是寻址位，用于设置将要访问的寄存器，将在用到时对该位进行详细描述。

（3）通信线状态寄存器

通信线状态寄存器用于查询当前串口的状态信息，这些状态包括：数据是否可读、可写，是否有数据出错及错误原因。通信线状态寄存器各比特位意义如表 7-3 所示。

bit0 用于监控数据接收状态，如果该位为 1，则表示有数据可以读取，此时就可以从接收缓存寄存器读取数据。bit1 如果是 1，则表示有数据溢出，即上一次到达的数据还未被取走，新的数据又到来，造成前一帧数据被破坏。bit2 和 bit3 分别表示数据校验错误和帧格式错误。如果发送方的通信线控制寄存器的 bit6（终止位设置）被置 1，接收方通信线状态寄存器的 bit4（线路间断标志位）将被置 1。如果 bit5 是 1，则可以向发送缓存寄存器写入新的数据。如果 bit6 是 1，表示数据已从串口发出。

表 7-3　通信线状态寄存器

位	名称	备注
bit7	/	值恒为 0
bit6	发送移位寄存器空闲标志	表示一帧数据已经发送完毕
bit5	发送缓存寄存器空闲标志位	数据已经从发送缓存寄存器转移到发送移位寄存器，发送保持寄存器空闲，CPU 可以写入新的数据
bit4	线路间断标志位	表示接收到长时间终止信号
bit3	帧格式错误	数据帧格式错误
bit2	奇偶校验错误标志	数据校验错误
bit1	数据溢出错误	表示接收缓存寄存器中的数据未取走，又接收到新的数据，造成前一数据被破坏
bit0	数据位接收完成	可以从接收缓存寄存器读取数据

7.2.3　串口接收/发送配置

对于串口数据的接收方，需要执行如下步骤才能正确接收串口数据。

① 设置串口波特率、数据位、校验位、停止位和发送方一致。

② 查看通信线状态寄存器的数据位接收完成位（bit0）是否为 1，如果为 1，表示有数据可以读取。

③ 查看通信线状态寄存器是否有数据溢出错误（bit1）、奇偶校验错误（bit2）、帧格式错误（bit3），如果没有错误，才能正确接收数据。

④ 从接收缓存寄存器读取数据。

对于串口数据的发送方，需要执行如下步骤才能成功发送串口数据。

① 设置串口波特率、数据位、校验位、停止位和接收方一致。

② 查看通信线状态寄存器的发送缓存寄存器空闲标志位（bit5）是否为 1，为 1 表示可以发送数据。

③ 向发送缓存寄存器写入需要发送的数据。

7.2.4　示例程序

本小节将实现一个串口驱动程序。在实现示例程序前，需要使用两台虚拟机通过串口连接，测试环境搭建方式可以参见配套电子书第 2.3 节配置串口连接步骤。其中一台虚拟机（虚拟机 A）将使用示例程序的串口驱动，另一台虚拟机（虚拟机 B）将使用 Linux 自带的串口驱动。

虚拟机 A 上需要删除 Linux 自带的串口驱动，方法是在内核编译时删除串口驱动选项。具体做法是：在编译内核前执行 make menuconfig 的菜单中，选择 "Device Drviers" 进入设备驱动选项菜单，然后选择 "Character devices" 进入字符设备驱动选项菜单，再选择 "Serial drivers" 进入串口驱动选项菜单，将选项 "8250/16550 and compatible serial support" 前的 '*' 删除（选择该选项，键入 'n' 删除）。如图 7-6 所示。

```
                              Serial drivers
Arrow keys navigate the menu.  <Enter> selects submenus ---> (or empty submenus
----).  Highlighted letters are hotkeys.  Pressing <Y> includes, <N> excludes,
<M> modularizes features.  Press <Esc><Esc> to exit, <?> for Help, </> for
Search.  Legend: [*] built-in  [ ] excluded  <M> module  < > module capable

    < > 8250/16550 and compatible serial support
        *** Non-8250 serial port support ***
    [ ] Serial console over KGDB NMI debugger port
    < > MAX3100 support
    < > MAX310X support
    < > Xilinx uartlite serial port support
    <M> Digi International NEO and Classic PCI Support
    < > Lantiq serial driver
    < > SCCNXP serial port support
    < > SC16IS7xx serial support
    < > Altera JTAG UART support
```

图 7-6　内核编译配置

在编译选项中删除串口驱动选项后，重新编译、安装内核，重启系统后系统中将不再有 /dev/ttyS0、/dev/ttyS1 等串口设备文件。而虚拟机 B 中串口设备文件存在于系统中。

本节在虚拟机 A 中实现串口设备驱动，程序如源码 7-5 所示。

源码 7-5　serial_cdev.c

```
#include <linux/module.h>
#include <linux/cdev.h>
#include <linux/fs.h>
#include <linux/io.h>              //使用写端口和读取端口数据接口需要引入该头文件

static struct cdev my_cdev;  //字符设备
static dev_t dev;               //设备号
//读取串口数据
ssize_t cdev_file_read(struct file *file, char __user *buf, size_t size, loff_t
*ppos)
{
    unsigned char status = 0; //该变量将保存串口状态
    char rbuf[64];              //数据将会先读到该变量中
    int i = 0;

    memset(rbuf, 0, sizeof(rbuf));
    while(i < 64)
    {
        status = inb(0x2fd);        //读取串口通信状态
        //如果没有数据可读，或是出错，则不读取数据
        if( ((status & 1) == 0) || ((status & 0x1e) != 0) )
        {
            break;
        }
        rbuf[i] = inb(0x2f8);        //从接收缓存寄存器读取数据到 rbuf 中
        i++;
    }

    if(i > 0)
```

```
    {
        copy_to_user(buf, rbuf, i); //将数据拷贝给用户空间
    }
    return i;
}
//向串口写数据
ssize_t cdev_file_write(struct file *file, const char __user *buf, size_t size,
loff_t *ppos)
{
    int i = 0;
    char kbuf[32];                 //该变量用于保存用户空间传入的数据
    unsigned char status = 0;      //该变量用于保存串口状态

    copy_from_user(kbuf, buf, size); //从用户空间拷贝数据到 kbuf 中
    for(i = 0; i < size; i++)
    {
        status = inb(0x2fd);   //读取串口状态
        if(status & 0x20)      //如果可以写数据，则将数据写入发送缓存寄存器中
        {
            outb( kbuf[i], 0x2f8);
        }
    }
    return size;
}
//文件操作函数集合
static const struct file_operations cdev_file_ops = {
    .read = cdev_file_read,
    .write = cdev_file_write,
};
//加载函数
static int my_serial_cdev_init(void)
{
    dev = MKDEV(201,0);                //将主设备号设置为 201，次设备号设置为 0
    //申请字符设备的设备号
    if(register_chrdev_region(dev, 1, "my_first_cdev") != 0)
    {
        printk("error register\n");
        return -1;
    }
    cdev_init(&my_cdev, &cdev_file_ops);   //将字符设备和文件操作集合绑定
    if(cdev_add(&my_cdev, dev, 1) != 0)    //增加字符设备
    {
        unregister_chrdev_region(dev, 1);  //如增加设备失败，注销申请的设备号
        printk("err add\n");
        return -1;
    }
    outb(0x3, 0x2fb);                  //通过通信线控制寄存器将数据位设置为 8 位
    return 0;
}
//卸载函数
static void my_serial_cdev_exit(void)
```

```
{
    cdev_del(&my_cdev);                    //删除字符设备
    unregister_chrdev_region(dev, 1);      //注销申请的设备号
}
module_init(my_serial_cdev_init);
module_exit(my_serial_cdev_exit);
```

根据第 7.2.3 节的串口接收/发送配置步骤，需要先配置串口的波特率、数据位、校验位、停止位。由于本节采用的是两个虚拟机之间通信，不配置波特率、校验位、停止位也可以正常通信。为了简化起见，源码在加载函数 my_serial_cdev_init 中通过 outb(0x3, 0x2fb)只将数据位设置为 8 位。从表 7-2 可以看出，通信线控制寄存器的最低两位是数据位，将其设置为 3（二进制"11"）表示 8 位数据位。outb 用于向端口 0x2fb 写入数字 3，根据表 7-1，0x2fb 对应的是串口 2 的通信线控制寄存器。

对于字符设备文件的读和写操作，分别对应 struct file_operations 结构体的 read 和 write 函数，这两个函数的原型如下：

```
ssize_t (*read) (struct file *, char __user *, size_t, loff_t *)
```

读操作函数。第一个参数是打开的文件，在字符设备驱动中表示的是打开的字符设备文件；第二个参数是应用程序读数据的缓存，需要将数据拷贝到这块缓存中；第三个参数是应用程序的缓存长度；第四个参数是偏移量，表示读取的数据在文件中的位置。函数返回值是实际读取到的数据长度。

```
ssize_t (*write) (struct file *, const char __user *, size_t, loff_t *)
```

写操作函数。第一个参数是打开的文件；第二个参数是应用程序写入的数据缓存；第三个参数是应用程序写入数据的长度，即缓存中的数据长度；第四个参数是偏移量，表示写入的数据在文件中的位置。函数返回值是实际写入的数据长度。

struct file_operations 结构体变量 cdev_file_ops 的 read 和 write 函数分别赋值为 cdev_file_read 和 cdev_file_write 函数。

在读函数 cdev_file_read 中，通过 inb(0x2fd)读取了通信线状态寄存器的值到 status 变量中，如果该寄存器的最低位为 1，表示有数据可读（见表 7-3），如果该寄存器的 bit1～bit4 有任意一位是 1，表示数据出错。于是源码判断了变量 status 的值，如果没有数据可读或是有数据错误，则不读取数据。如果有数据可读，且没有数据错误，则通过 inb(0x2f8)从接收缓存寄存器读取数据，一次只能读取一字节数据。关于接口 inb、outb 或其他读写端口的函数，可以参见第 2.8 节。

在写函数 cdev_file_write 中，同样通过 inb(0x2fd)读取了通信线状态寄存器的值到 status 变量中，如果该寄存器的 bit5 是 1，则表示数据可写（见表 7-3）。因此源码判断了变量 status 的 bit5 是否为 1，如果是 1，则通过 outb(kbuf[i], 0x2f8)将数据写入发送缓存寄存器中，一次只能写入一字节数据。

在虚拟机 A 上编译、加载该内核模块后，通过命令 mknod /dev/first_cdv c 201 0 创建了名为 first_cdv 的字符设备文件，这个文件就是串口设备文件。此时，还需要一个应用程序来读取串口设备文件中的数据，即应用程序 testread.c（源码 7-6）。

源码 7-6 testread.c

```c
#include <stdio.h>
#include <sys/types.h>
#include <sys/stat.h>
#include <fcntl.h>
#include <string.h>
#include <unistd.h>

int main(int argc, char *argv[])
{
    int len = 0;
    char buf[128];
    int fd = open(argv[1], O_RDWR);    //打开文件，文件路径通过命令行参数传入
    if(fd < 0)
    {
        printf("error open %s\n", argv[1]);
        return -1;
    }
    while(1)
    {
        memset(buf, 0, sizeof(buf));
        len = read(fd, buf, sizeof(buf));  //读取文件的数据
        if(len > 0)
        {
            printf("%s\n", buf);
        }
    }
    return 0;
}
```

testread.c 需要读取的文件通过命令行传入，打开文件后，循环读取文件中的数据。

将 testread.c 在虚拟机 B 上编译后，执行命令：./testread /dev/ttyS1 读取串口 ttyS1 中的数据。在虚拟机 A 上通过 echo 命令向/dev/first_cdv 文件写入数据，虚拟机 B 中将打印出收到的数据。图 7-7 展示了在虚拟机 A 上向串口写数据，图 7-8 展示了在虚拟机 B 上通过测试程序读取数据。

```
[root@localhost ~]# echo "abcde" > /dev/first_cdv
[root@localhost ~]#
```

图 7-7 虚拟机 A 向串口写数据

```
[root@localhost ~]# ./testread  /dev/ttyS1
abcde
```

图 7-8 虚拟机 B 从串口读数据

也可以在虚拟机 A 上通过 testread 程序读取/dev/first_cdv 中的数据，在虚拟机 B 上通过 echo 命令向/dev/ttyS1 写入数据，虚拟机 A 也能够成功从串口读取到数据。

7.3 通过 ioctl 操作配置串口参数

关于 ioctl 操作，在第 2.8 节已做了介绍。ioctl 用来对设备进行 I/O 操作，可以通过该系统调用配置串口的参数信息。如果在应用程序中使用 ioctl 系统调用来控制字符设备文件，内核会执行字符设备驱动文件操作集合 file_operations 中的 unlocked_ioctl 函数。该函数原型如下：

```
long (*unlocked_ioctl) (struct file *, unsigned int, unsigned long)
```

函数的第一个参数是打开的文件；第二个参数是应用程序传入的命令号；第三个参数是命令对应的参数。函数返回值为 0 表示操作成功，非 0 表示操作失败。

7.3.1 相关寄存器

除了通过通信线控制寄存器（见表 7-2）配置串口的数据位、停止位、奇偶校验信息，串口的波特率配置需要用到除数寄存器，在 x86 处理器环境下，除数寄存器对应的端口如表 7-4 所示。

表 7-4　除数寄存器

寄存器名称	串口 1 端口	串口 2 端口	寄存器作用	备注
除数寄存器（低字节）	0x3f8	0x2f8	设置串口波特率	通信线控制寄存器最高位配 1 时生效
除数寄存器（高字节）	0x3f9	0x2f9	设置串口波特率	通信线控制寄存器最高位配 1 时生效

除数寄存器用于配置串口的波特率，在终端有两个串口的情况下，可以通过 0x3f8 和 0x3f9 端口访问串口 1 的除数寄存器，通过 0x2f8 和 0x2f9 端口访问串口 2 的除数寄存器。需要注意的是，要启用除数寄存器，需要将通信线控制寄存器最高位配置成 1。可以看出，除数寄存器和接收/发送缓存寄存器的端口有重复，接收/发送缓存寄存器用的也是 0x3f8、0x2f8 端口。配置时选择除数寄存器还是接收/发送缓存寄存器是通过通信线控制寄存器的最高位决定的。如果通信线控制寄存器的最高位是 1，那么 0x3f8/0x2f8 端口就用于配置串口波特率；如果最高位是 0，0x3f8/0x2f8 端口就用于接收/发送数据。

在 x86 系统中，除数寄存器应该填入的值是：<串口时钟频率>/(16×<波特率>)。假设串口的时钟频率是 1843200，要配置波特率为 9600，那么除数寄存器的值应该填入 1843200/(16×9600)=12。对应除数寄存器的低字节应该填入 12，高字节应该填入 0。

7.3.2 示例程序

下面将实现一个示例程序，该示例程序在第 7.2.4 节源码 7-5 的基础上，增加 ioctl 的处理函数，通过 ioctl 操作配置串口的波特率、数据位。示例程序如源码 7-7 所示。

源码 7-7　serial_cdev_ioctl.c

```
······
//该变量将用于保存数据位配置，对应通信线控制寄存器的最低两位，3 表示 8 位数据位
```

```
static unsigned char data_bit = 3;
......
//ioctl 处理函数
static long cdev_unlocked_ioctl(struct file *file, unsigned int cmd, unsigned long
arg)
{
    unsigned int data = 0;                  //该变量用于保存应用程序传入的参数
    unsigned short div_reg = 0;             //该变量用于保存将填入除数寄存器的值
    get_user(data, (unsigned int *)arg);        //获取应用程序传入的参数
    printk("ioctl cmd=%d, arg=%d\n", cmd, data);
    switch(cmd)
    {
    case 1001:  //如果命令码是1001，表示配置的是波特率
        div_reg = 1843200/(16*data);        //这里假设串口的时钟频率是1843200
        outb(0x80 | data_bit,0x2fb);        //先将通信线控制寄存器的最高位置1
        outb((char)(div_reg & 0xff), 0x2f8);    //配置除数寄存器的低 8 位
        outb((char)(div_reg >> 8), 0x2f9);      //配置除数寄存器的高 8 位
        outb(data_bit, 0x2fb);
        break;
    case 1002:                      //如果命令码是1002，表示配置的是数据位
        data_bit = (char)data;
        printk("data bit = %d\n", data_bit);
        outb(data_bit, 0x2fb);              //配置数据位
        break;
    default:
        break;
    }
    return 0;
}
//字符设备文件的函数操作集合
static const struct file_operations cdev_file_ops = {
    ......
    //将 unlocked_ioctl 函数赋值为 cdev_unlocked_ioctl
    .unlocked_ioctl = cdev_unlocked_ioctl,
};
......
```

    源码增加了 cdev_unlocked_ioctl 函数用于波特率的配置，当应用程序执行 ioctl 系统调用时将进入该函数。如果 ioctl 系统调用的命令码是 1001，将配置波特率；命令码是 1002，将配置数据位。

    在配置波特率时，默认串口的时钟频率是 1843200，因此填入除数寄存器的值就是 1843200/(16×data)，变量 data 是应用程序传入的波特率参数，对应 ioctl 系统调用的第三个参数。配置除数寄存器前，需要先将通信线控制寄存器的最高位置 1，这样在配置 0x2f8 和 0x2f9 端口时，配置的才是波特率。配置完除数寄存器后，需要将通信线控制寄存器的最高位置 0，这样才能通过接收/发送缓存寄存器读写串口数据。

    在配置数据位时，直接将数据写入通信线控制寄存器的最低两位。如果应用程序传入的值是 3，那么通过 outb(data_bit, 0x2fb)就将通信线控制寄存器的最低两位配置成 3，表示 8 位

数据位。

有了上述内核模块，还需要一个应用程序来配置串口参数，即应用程序 testioctl.c（源码 7-8）。

源码 7-8　testioctl.c

```c
#include <stdio.h>
#include <stdlib.h>
#include <sys/types.h>
#include <fcntl.h>
#include <unistd.h>
#include <string.h>
#include <sys/ioctl.h>

int main(int argc, char *argv[])
{
    int fd = open(argv[1], O_RDWR);    //命令行传入的第一个参数是文件路径
    int cmd = atoi(argv[2]);            //第二个参数是 ioctl 的命令号
    unsigned int n = atoi(argv[3]);    //第三个参数是 ioctl 的参数
    if(fd < 0)
    {
        printf("open file error!\n");
        return -1;
    }
    printf("cmd=%d,param=%d\n", cmd,n);
    ioctl(fd, cmd, &n);                //将文件描述符、命令号、参数传入 ioctl 系统调用
    close(fd);
    return 0;
}
```

上述测试程序需要通过命令行依次传入文件路径、ioctl 的命令号、ioctl 的参数。由于在内核模块源码 serial_cdev_ioctl.c（见源码 7-7）中，配置波特率和数据位的命令号分别为 1001 和 1002，假设要配置串口的波特率为 9600，在编译完该源码并加载内核模块后，可执行命令./testioctl　/dev/first_cdv　1001　9600，结果如图 7-9 所示。

```
[root@localhost ~]# ./testioctl /dev/first_cdv 1001 9600
cmd=1001,param=9600
[root@localhost ~]# dmesg -c
[22712.861772] ioctl cmd=1001, arg=9600
```

图 7-9　配置串口波特率

在第 7 章实现的串口设备驱动中，要判断是否有数据可以读取，需先通过判断通信线状态寄存器的最低位是否为 1，然后再进行数据的读取。如果要实时读取数据，需要不停地去读取通信线状态寄存器的值并判断最低位是否为 1，这种读取数据的方式被称为轮询。与轮询方式对应，中断也是一种通知是否有数据可以读取的方式。使用中断，无需一直去查询通信线状态寄存器的值；而一旦有数据可读，硬件就会通知驱动程序有数据可以读取，这时就可以直接读取数据。

8.1 基本概念

CPU 在运行过程中，如果发生了某些亟待处理的事件时，CPU 会暂停当前正在运行的程序，转而去处理新的事件，等新的事件处理完成后再回到原来被暂停的程序执行，这种机制被称为中断。如图 8-1 所示。

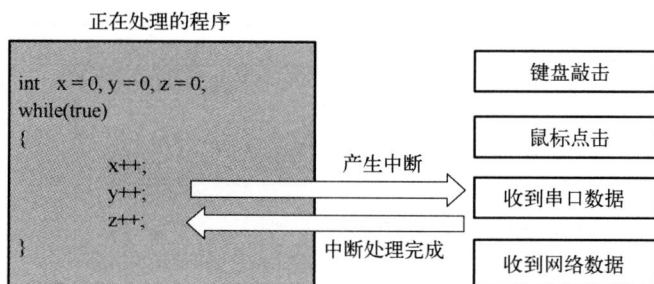

图 8-1   中断处理

图 8-1 中有一段代码正在 CPU 上执行，此时如果产生了外部中断事件，这些事件包括但不限于：键盘敲击、鼠标点击、串口/网口接收到数据等。产生了外部中断后，当前的程序将会暂停执行，CPU 将会优先处理外部中断事件，处理完成后再回到暂停执行的程序处继续执行后面的代码。

根据来源，中断可分为内部中断和外部中断，内部中断来源于 CPU 自身，而外部中断一般由外设触发。内部中断包括中断指令和异常。外部中断包括鼠标、键盘、外部时钟、网卡、串口等外设产生的中断事件。不同的中断一般有不同的硬件中断号，CPU 根据中断号跳转到不同的中断处理程序执行相应的处理。例如对于 x86 的处理器，串口 1 和串口 3 的硬件中断号是 4，串口 2 和串口 4 的硬件中断号是 3。

8.2 通过中断读取串口数据

8.2.1 相关寄存器

在 x86 平台上，有一组和串口中断相关的寄存器，这些寄存器也通过端口进行配置或读取。相关寄存器如表 8-1 所示。

表 8-1 串口中断相关寄存器

寄存器名称	串口 1 端口	串口 2 端口	寄存器作用	备注
中断允许寄存器	0x3f9	0x2f9	控制处理器是否响应特定中断源的中断请求	通信线控制寄存器最高位配 0 时生效
中断识别寄存器	0x3fa	0x2fa	识别中断是由什么事件触发	—
调制解调器控制寄存器	0x3fc	0x2fc	该寄存器的 bit3 控制串口中断使能	—

（1）中断允许寄存器

中断允许寄存器用于标识哪些中断被允许响应，这些中断包括：接收数据引发的中断、数据可发送引起的中断、接收数据出错引发的中断、调制解调器状态改变引发的中断。由于该寄存器使用的端口和除数寄存器重叠（见表 7-4），所以需要通过通信线控制寄存器的最高位来区分，通信线控制寄存器的最高位如果是 0，则端口 0x3f9/0x2f9 用于中断允许寄存器。寄存器详细信息如表 8-2 所示。

表 8-2 中断允许寄存器

位	名称	备注
bit4～bit7	—	值恒为 0
bit3	调制解调器状态改变引发中断使能	值为 1：允许该中断 值为 0：不允许该中断
bit2	接收数据出错引发中断使能	值为 1：允许该中断 值为 0：不允许该中断
bit1	发送缓存寄存器空闲引发中断使能	值为 1：允许该中断 值为 0：不允许该中断
bit0	收到数据引发中断使能	值为 1：允许该中断 值为 0：不允许该中断

如果 bit0 设置成 1，一旦有数据可以被读取，则会产生中断；如果 bit1 设置成 1，一旦可以发送数据，则会产生中断；如果 bit2 设置成 1，数据出错会产生中断；关于 bit3（调制解调器状态改变引发中断使能），本章不会使用。

（2）中断识别寄存器

中断识别寄存器用于识别中断的来源，这些来源包括：有数据可读取、可以写数据、数据出错、调制解调器状态改变。中断识别寄存器的中断来源对应了中断允许寄存器的各中断使能位。只有在中断允许寄存器设置了某中断被允许响应，中断识别寄存器才会产生相应的中断来源。寄存器详细信息如表 8-3 所示。

表 8-3　中断识别寄存器

位	名称	备注
bit3～bit7	—	值恒为 0
bit0～bit2	中断来源	值为 001：无中断 值为 110：接收数据发生错误，读通信线状态寄存器可复位 值为 100：收到数据引发中断，读接收缓存寄存器可复位 值为 010：发送缓存寄存器为空，写发送缓存寄存器可复位 值为 000：调制解调器状态改变，读调制解调状态寄存器可复位

寄存器的 bit0～bit2 对应中断来源，解释如下。

● 值为 001（十进制的 1）：没有中断产生。

● 值为 110（十进制的 6）：中断由接收数据错误产生。此时如果读取通信线状态寄存器，则该中断将被复位，即此时若再次读取该寄存器，中断来源不会再是由接收数据错误产生，直到下一次产生接收数据错误中断。

● 值为 100（十进制的 4）：中断由接收到数据产生，此时可以从接收缓存寄存器读取数据。读完数据后该中断将被复位，直到下一次收到数据。

● 值为 010（十进制的 2）：中断由发送缓存寄存器为空产生，此时可以发送数据，写发送缓存寄存器可复位该中断。

● 值为 000（十进制的 0）：中断由调制解调器状态改变产生，本章暂不关心该状态。

（3）调制解调器控制寄存器

关于调制解调器控制寄存器，本章只会用到其 bit3，这是串口中断的使能总开关。如果该位为 1，则中断使能。如果为 0，即使配置了中断允许寄存器的相关位，则还是不会产生相应中断。

8.2.2　相关接口

中断相关的接口定义于内核源码的 include/linux/interrupt.h 头文件中，本节将用到的接口如下：

```
int  request_irq(unsigned int irq, irq_handler_t handler, unsigned long flags,
const char *name, void *dev)
```

申请中断。第一个参数 irq 是申请的硬件中断号；第二个参数 handler 是中断处理函数，其类型 irq_handler_t 定义是 typedef irqreturn_t (*irq_handler_t)(int, void *)，是一个函数指针，该函数指针的第一个参数是硬件中断号，第二个参数是产生中断的设备指针，函数返回值可以是 IRQ_NONE，表示不是本设备中断或中断未处理，IRQ_HANDLED 表示中断已处理；request_irq 函数的第三个参数 flags 是标志，常用的 IRQF_SHARED 表示多个设备共享同一硬件中断号；第四个参数 name 是中断名称；第五个参数 dev 是设备指针，该参数可自定义，一般在中断共享时用到。函数返回值是 0 表示申请中断成功，非 0 表示失败。

```
const void *free_irq(unsigned int irq, void *dev)
```

释放中断。第一个参数 irq 是将要释放的硬件中断号；第二个参数 dev 是设备指针。该函数的返回值是中断的名称，对应 request_irq 的第四个参数。

8.2.3 示例程序

在第 7.2.4 节的示例程序 serial_cdev.c（源码 7-5）中，读取数据时需要通过 inb(0x2fd) 读取通信线状态寄存器的值，再根据该值判断是否可以读取数据，有数据可读则读取数据。本节将通过中断的方式读取数据，步骤如下。

① 将中断允许寄存器的 bit0 置 1。将该位置 1 后，接收到数据会引发中断。

② 将调制解调器控制寄存器的 bit3 置 1，打开串口中断总开关。

③ 通过 request_irq 申请串口设备中断，并绑定中断处理函数。

④ 在中断处理函数中，读取中断识别寄存器的值，并判断中断是否由接收到数据产生，如果是，读取接收缓存寄存器的数据。

根据以上步骤，在源码 serial_cdev.c（源码 7-5）的基础上做修改，通过串口中断的方式读取数据，得到源码 8-1。

源码 8-1 serical_cdev_int.c

```
......
#include <linux/interrupt.h>        //使用中断相关接口需要引入该头文件

static char my_int_name[16] = "my_serial_int"; //中断名称
static int buf_pos = 0;             //该变量用于保存读取到缓存中的数据长度
static char rcv_buf[256];           //该变量是读数据的缓存
static struct cdev my_cdev;
static dev_t dev;
//字符设备的读函数
ssize_t cdev_file_read(struct file *file, char __user *buf, size_t size, loff_t
*ppos)
{
    int read_len = 0;         //该变量用于保存实际读取的数据长度
    if(buf_pos > 0)           //缓存中的数据长度大于 0，表示从串口读到过数据
    {
        copy_to_user(buf, rcv_buf, buf_pos); //将数据从缓存中拷贝到用户空间
    }
    read_len = buf_pos;
    buf_pos = 0;              //读取完数据后，将缓存中的数据长度清 0
    return read_len;
}
......
//中断处理函数
static irqreturn_t my_serial_interrupt(int irq, void *dev)
{
    volatile unsigned char irq_src = 0;    //该变量用于保存中断识别寄存器的值
    //读取中断识别寄存器，并判断中断来源是否是接收到数据
    while((irq_src = inb(0x2fa) & 0x4) != 0)
    {
        rcv_buf[buf_pos] = inb(0x2f8);    //从接收缓存寄存器读取数据并缓存
```

```
        buf_pos++;                          //读取 1 字节数据后，缓存的数据长度加 1
    }
    return IRQ_HANDLED;
}
......
static int my_serial_cdev_init(void)
{
    int ret = 0;
    dev = MKDEV(201,0);
    ......
    outb(0x3, 0x2fb);                        //将数据位设置为 8 位
    outb(0x1, 0x2f9);                        //将中断允许寄存器的 bit0 置 1
    outb(0x8, 0x2fc);                        //将调制解调器控制寄存器的 bit3 置 1
    //申请中断，中断号是 3，3 是串口 2 的硬件中断号
    if( (ret = request_irq(3, my_serial_interrupt, 0, my_int_name, NULL)) != 0 )
    {
        printk("request irq failed\n");
        cdev_del(&my_cdev);
        unregister_chrdev_region(dev, 1);
        return -1;
    }
    return 0;
}
//卸载函数
static void my_serial_cdev_exit(void)
{
    ......
    free_int_name = free_irq(3, NULL);       //释放申请的中断
    printk("free irq:%s\n", free_int_name);
}
......
```

　　源码在加载函数中通过 outb(0x1, 0x2f9)将中断允许寄存器的 bit0 置 1，又通过 outb(0x8, 0x2fc)将调制解调器控制寄存器的 bit3 置 1，执行完后，串口有数据可读时将会产生中断。然后，通过 request_irq(3, my_serial_interrupt, 0, my_int_name, NULL)申请了串口中断，对于串口 2，硬件中断号是 3，中断处理函数设置为函数 my_serial_interrupt，一旦有串口中断产生，将会执行这个函数。

　　在函数 my_serial_interrupt 中，读取了中断识别寄存器，并判断中断来源是否是接收到数据，根据中断识别寄存器（见表 8-3）的定义，最低 3 位是 100（十进制 4），则表示中断由接收到数据产生。如果中断来源由接收到数据产生，则通过 inb(0x2f8)从接收缓存寄存器读取数据并缓存到数组变量 rcv_buf 中，而变量 buf_pos 保存了 rcv_buf 中已经缓存的数据长度。

　　在字符设备文件的读函数 cdev_file_read 中，通过 copy_to_user 将缓存的数据拷贝给用户空间，完成数据拷贝后，将 buf_pos 变量清 0，此时接收缓存 rcv_buf 被清空。

　　编译该模块后，按照第 7.2.4 节的方式搭建两台虚拟机作为测试环境，一台虚拟机（虚拟机 A）将使用示例程序的串口驱动，另一台虚拟机（虚拟机 B）将使用 Linux 自带的串口驱动。在虚拟机 A 上加载示例程序编译后的内核模块，并通过 mknod 命令创建字符设备文件（假设文件名为 first_cdv），在虚拟机 B 上通过 echo 命令向/dev/ttyS1 写入数据，然后在虚拟

机 A 上通过 cat 命令查看字符设备文件中的数据。图 8-2 展示的是在虚拟机 B 上向串口写入字符串，图 8-3 展示的是在虚拟机 A 上通过 cat 命令查看示例程序创建的字符设备文件。可以发现，能够正常收到串口数据。

```
[root@localhost ~]# echo "abc" > /dev/ttyS1
[root@localhost ~]# echo "def" > /dev/ttyS1
```

图 8-2　虚拟机 B 向串口写入数据

```
[root@localhost ~]# cat /dev/first_cdv
abc
def
```

图 8-3　虚拟机 A 从示例程序创建的字符设备文件读数据

示例程序 serial_cdev_int.c（源码 8-1）存在一个问题：在虚拟机 A 上第一次加载编译后的内核模块 serial_cdev_int.ko 后，通过虚拟机 B 向串口设备文件/dev/ttyS1 写入数据，在虚拟机 A 上通过命令 cat　/dev/first_cdv 能够成功读取到数据，就像图 8-3 的执行结果一样。但是，如果先通过 rmmod 卸载虚拟机 A 上的 serial_cdev_int 模块，然后在虚拟机 B 上再次向/dev/ttyS1 写入数据，写入完成后再次加载 serial_cdev_int.ko。加载完成后，在虚拟机 B 上又向/dev/ttyS1 写入数据，在虚拟机 A 上通过命令 cat　/dev/first_cdv 读取字符设备文件，不能够成功读取到数据。即是说，重新加载 serical_cdev_int.ko 后虚拟机 A 就再也不能收到串口数据。

产生该现象的原因是：在卸载 serial_cdev_int.ko 模块后，对串口相关的设置并没有清除，中断允许寄存器 bit0 的值和调制解调器控制寄存器 bit3 的值都还是 1。此时虚拟机 B 向串口写入数据后，实际上触发了串口的中断，中断识别寄存器的值被置成了 100（十进制 4），表示接收到数据引发中断。如果中断识别寄存器的值没有被复位，串口不会再次产生中断。而根据第 8.2.1 节表 8-3 的描述，需要读取接收缓存寄存器后中断识别寄存器才会被复位。因此，再次加载 serial_cdev_int.ko 模块后，需要先对中断识别寄存器复位，才能正常接收中断。

现在对源码 8-1 进行完善，通过定时器定期检查中断识别寄存器的值，如果产生的中断没有被处理，则将中断识别寄存器复位，修改后的程序如源码 8-2 所示。

源码 8-2　serial_cdev_reset.c

```
......
#include <linux/timer.h>
......
static struct timer_list my_timer;  //定时器用于检查中断识别寄存器是否被复位
//定时器周期处理函数
static void my_check_int(struct timer_list *timer)
{
    volatile unsigned char irq_src = 0;
    //判断中断识别寄存器是否有中断未被处理，即是否未被复位
    while((irq_src = inb(0x2fa) & 0x4) != 0)
    {
        printk("timer: irq src 0x%x\n", irq_src);
        //若中断未被处理，则通过读取接收缓存寄存器来复位中断识别寄存器
        rcv_buf[buf_pos] = inb(0x2f8);
        buf_pos++;
    }
```

```
            mod_timer(&my_timer, jiffies + 3 * HZ);  //周期3秒再次执行定时器处理函数
        }
        ......
        static int my_serial_cdev_init(void)
        {
            ......
            //将定时器的处理函数设置为函数my_check_int
            my_timer.function = my_check_int;
            my_timer.expires = jiffies + 3 * HZ;      //3秒后执行定时器的处理函数
            add_timer(&my_timer);                      //启动定时器
            return 0;
        }
        //卸载函数
        static void my_serial_cdev_exit(void)
        {
            ......
            del_timer(&my_timer);                      //删除定时器
        }
```

源码增加了一个定时器，该定时器的作用是：周期检查中断识别寄存器的值，如果中断识别寄存器的值没有被复位，并且中断是由接收到数据引起，则通过读取接收缓存寄存器来复位中断识别寄存器。复位完成后，串口就能够再次触发中断。编译、加载该模块后，前述问题将得到解决。

8.3 中断底半部

外部中断会打断内核中进程的调度和运行，所以系统希望中断服务程序尽可能短小，但是实际上中断到来时要完成的工作量并不会太小，有可能包含大量的耗时操作。为了平衡这个矛盾，Linux 把硬件中断的处理分为两个半部：顶半部和底半部（或称为上半部和下半部）。顶半部在中断处理函数中处理，需要完成尽可能少但比较紧急的任务；底半部用于完成除顶半部以外中断处理程序的所有事情。中断底半部通常通过三种方式实现：工作队列、tasklet和软中断（softirq）。这里提到的软中断和第 5 章使用的软件中断不是同一个概念，第 5 章使用的软件中断是一种内部中断，而软中断是一种中断的底半部机制，具体内容将在第 8.3.3 节介绍。

8.3.1 工作队列

工作队列在第 3.7 节中已经做了较为详细的介绍，本节将通过工作队列来实现中断处理的底半部。第 8.2 节的示例程序在中断处理函数中进行串口数据的读取操作，由于数据读取操作较为耗时，可以放在中断底半部来处理。

下面在源码 8-2 的基础上做修改，将数据读取操作放在工作队列中处理，修改后的程序如源码 8-3 所示。

```
......
static struct  work_struct  work;          //工作队列中的工作
//工作的处理函数
static void my_work(struct work_struct *work)
{
    volatile unsigned char irq_src = 0;
    //读取中断识别寄存器的值，并判断中断是否由接收到数据产生
    while((irq_src = inb(0x2fa) & 0x4) != 0)
    {
        //如果中断由接收到数据产生，从接收缓存寄存器读取数据
        rcv_buf[buf_pos] = inb(0x2f8);
        buf_pos++;
    }
}
......
//中断处理函数，执行中断顶半部
static irqreturn_t my_serial_interrupt(int irq, void *dev)
{
    schedule_work(&work);                //启动工作的执行
    return IRQ_HANDLED;
}
......
static int my_serial_cdev_init(void)
{
    ......
    INIT_WORK(&work, my_work);
    return 0;
}
......
```

源码声明了工作队列的工作 struct work_struct work，在初始化函数中将该工作和处理函数 my_work 绑定，my_work 函数的处理和之前示例程序中读取串口数据的逻辑一致，不再详细描述。在中断处理函数中，不再进行读取数据的操作，而是通过 schedule_work(&work)启动工作后直接返回，这样降低了中断顶半部的执行时间，把读取数据的操作放在工作队列中执行。编译、加载该模块后，同样能够成功读取串口数据。

8.3.2　tasklet

tasklet 基于软中断（详见第 8.3.3 节）实现，其结构体类型是 struct tasklet_struct，定义于内核源码的 include/linux/interrupt.h 头文件中，结构体定义如源码 8-4 所示。

源码 8-4　struct tasklet_struct 结构体定义

```
struct tasklet_struct
{
    struct tasklet_struct *next;       //多个 tasklet 通过该字段串联成链表
    ......
    bool use_callback;                 //是否用 callback 函数
```

```
    union {
        void (*func)(unsigned long data);      //func 执行函数
        void (*callback)(struct tasklet_struct *t); //callback 执行函数
    };
    unsigned long data;                   //私有数据，可自定义
};
```

关于该结构体的成员变量解释如下。
- next：下一个 tasklet_struct 指针，多个 tasklet 通过该变量串联成一个链表。
- use_callback：是否使用 callback 函数。该变量和下面将介绍的执行函数 func 和 callback 配合使用，如果该值为 true，则启用 callback 函数，否则启用 func 函数。
- func：tasklet 的执行函数，参数 data 是 tasklet 的私有数据。
- callback：tasklet 的执行函数，参数 t 指向当前的 tasklet。因为 func 和 callback 同属一个联合体，在 tasklet 执行时到底使用 func 还是 callback 是由 use_callback 的值决定的，如果 use_callback 的值为 true，则启用 callback 函数，否则启用 func 函数。
- data：私有数据，可自定义。如果 use_callback 是 false，则在执行 tasklet 时将执行 func 函数，data 将作为参数传入函数 func。

tasklet 的使用方式和工作队列相似，使用时需要进行初始化、绑定执行函数以及调度执行 tasklet 几步操作。相关的接口如下。

```
DECLARE_TASKLET(name, _callback)
```

声明一个 tasklet 并将其和执行函数绑定。第一个参数 name 是 tasklet 的变量名；第二个参数 _callback 是 tasklet 的执行函数，其类型是 void (*callback)(struct tasklet_struct *t)，这个函数将会被内核执行，其参数 struct tasklet_struct *t 是绑定该执行函数的 tasklet。执行完该接口后，tasklet 的结构体成员变量 use_callback 将被赋值为 true，callback 将被赋值为传入的参数 _callback。DECLARE_TASKLET 的定义如源码 8-5 所示。

源码 8-5　DECLARE_TASKLET 的定义

```
#define DECLARE_TASKLET(name, _callback)        \
struct tasklet_struct name = {                  \
    ......
    .callback = _callback,                      \
    .use_callback = true,                       \
}
```

```
void tasklet_setup(struct tasklet_struct *t, void (*callback)(struct tasklet_struct *)
```

将 tasklet 和执行函数 callback 绑定。该函数的作用和 DECLARE_TASKLET 类似，不同之处在于使用该接口需要首先定义一个 struct tasklet_struct 结构体变量，再将该变量传入该函数。而如果使用 DECLARE_TASKLET 则不需要单独定义 struct tasklet_struct 结构体变量，因为 DECLARE_TASKLET 内部定义了 struct tasklet_struct 结构体变量。

```
void tasklet_schedule(struct tasklet_struct *t)
```

调度执行 tasklet，函数参数 t 是将要被执行的 tasklet。执行该函数后，tasklet 的执行函数

将会被调度执行。

本节在源码 8-3 的基础上做修改，删除工作队列的相关逻辑，将中断底半部的实现方式从工作队列改为 tasklet，修改后的程序如源码 8-6 所示。

源码 8-6   serial_cdev_tasklet.c

```
......
static void my_callback(struct tasklet_struct *t);  //声明 tasklet 的执行函数
//声明 tasklet 变量 my_tasklet 并将其与执行函数绑定
DECLARE_TASKLET(my_tasklet, my_callback);
//tasklet 的执行函数实现
static void my_callback(struct tasklet_struct *t)
{
    volatile unsigned char irq_src = 0;
    //读取中断识别寄存器的值，并判断中断是否由接收到数据产生
    while((irq_src = inb(0x2fa) & 0x4) != 0)
    {
        //如果中断由接收到数据产生，从接收缓存寄存器读取数据
        rcv_buf[buf_pos] = inb(0x2f8);
        buf_pos++;
    }
}
......
static irqreturn_t my_serial_interrupt(int irq, void *dev)
{
    tasklet_schedule(&my_tasklet);        //调度执行 tasklet
return IRQ_HANDLED;
}
......
```

源码通过 DECLARE_TASKLET(my_tasklet, my_callback)声明了 tasklet 并将其和执行函数 my_callback 绑定，my_callback 函数用于读取串口数据，它的实现和之前读取串口数据的逻辑一致。在中断处理函数 my_serial_interrupt 中，通过 tasklet_schedule(&my_tasklet)启动 tasklet 的执行。编译、加载该源码后，能够正常收到串口数据。

上述源码通过 DECLARE_TASKLET 将 tasklet 变量和函数绑定。之前提到，通过该接口会将 struct tasklet_struct 结构体的成员变量 use_callback 设置为 true，会使用 struct tasklet_struc 结构体中的 callback 函数。如果要使用 func 函数则需要用到另外的接口，这个接口如下：

```
void tasklet_init(struct tasklet_struct *t, void (*func)(unsigned long), unsigned
long data)
```

初始化 tasklet，绑定 func 函数和私有数据。第一个参数 t 是需要初始化的 tasklet 结构体指针变量；第二个参数 func 是将要绑定的执行函数，该函数将被赋值给 struct tasklet 结构体的 func 成员变量；第三个参数 data 是私有数据，将被赋值给 struct tasklet 的 data 成员变量。tasklet_init 函数会将参数 t 的成员变量 use_callback 设置为 false，同时将执行函数 func 作为传入的参数。

8.3.3　软中断

软中断（softirq）是一种中断的底半部机制，执行时机通常是顶半部返回的时候，内核

也可以创建软中断线程来处理底半部。在命令行执行 ps -A 命令，进程名以 ksoftirqd 开头的就是软中断线程，如图 8-4 所示。

```
[root@localhost ~]# ps -A | grep ksoftirqd
   11 ?        00:00:00 ksoftirqd/0
   18 ?        00:00:00 ksoftirqd/1
```

图 8-4　软中断线程

在 Linux5.10.179 内核中，共有 10 个软中断，包括 Tasklet、定时器处理、网络数据的收发等，每个软中断会绑定对应的处理函数。例如对于网络数据的接收，中断顶半部只做了基本状态的判断及必要的寄存器操作，数据接收的主要逻辑在中断底半部的执行函数中实现。软中断的所有类型定义于内核源码的 include/linux/interrupt.h 头文件中，定义如源码 8-7 所示。

源码 8-7　软中断类型定义

```
enum
{
    HI_SOFTIRQ=0,        //高优先级的 tasklet 软中断
    TIMER_SOFTIRQ,       //定时器软中断
    NET_TX_SOFTIRQ,      //网络数据发送软中断
    NET_RX_SOFTIRQ,      //网络数据接收软中断
    BLOCK_SOFTIRQ,       //块设备请求处理完成软中断
    IRQ_POLL_SOFTIRQ,    //块设备中断轮询软中断
    TASKLET_SOFTIRQ,     //低优先级的 tasklet 软中断
    SCHED_SOFTIRQ,       //进程调度软中断
    HRTIMER_SOFTIRQ,     //高精度定时器软中断
    RCU_SOFTIRQ,         //RCU 处理软中断
    NR_SOFTIRQS          //值为 10，表示软中断数量
};
```

内核中定义了一个数组来存放软中断的处理函数，这个数组变量定义于内核源码的 kernel/softirq.c 源文件中，该数组的声明是：struct softirq_action softirq_vec[NR_SOFTIRQS]，其中 NR_SOFTIRQS 的值是 10。数组的每一个元素结构体类型是 struct softirq_action，该结构体定义于内核源码的 include/linux/interrupt.h 头文件中，定义如源码 8-8 所示。

源码 8-8　struct softirq_action 结构体定义

```
struct softirq_action
{
    void  (*action)(struct softirq_action *);  //软中断执行函数
};
```

该结构体仅包括一个成员函数 action，成员函数的参数类型也是 struct softirq_action 的指针，该指针将指向对应的软中断。

本节将要用到的软中断的相关接口如下。

```
void open_softirq(int nr, void (*action)(struct softirq_action *))
```

注册软中断。第一个参数 nr 是软中断的编号，这个编号和源码 8-7 的软中断类型对应；第二个参数是软中断的执行函数。

```
void raise_softirq(unsigned int nr)
```

启动软中断，参数 nr 是软中断的编号。例如要启动网络收包软中断的执行，可以通过 raise_softirq (NET_TX_SOFTIRQ)实现。

以上两个函数在 Linux5.10.179 内核中并没有暴露给内核模块使用，如果要在内核模块中使用这两个函数，需要在内核源码中通过 EXPORT_SYMBOL 导出。同时，为了演示如何增加一个软中断，本节将在内核源码中新增一个软中断类型，然后实现一个内核模块来演示如何使用新增的软中断。完成本节的示例程序需要的步骤如下。

① 新增软中断类型。在内核源码 include/linux/interrupt.h 头文件的软中断类型定义中，新增一个软中断类型，假设新增的软中断类型名称是 MY_SOFTIRQ，将该类型加到类型 RCU_SOFTIRQ 后面，新增后的软中断类型如源码 8-9 所示。

源码 8-9　新增后的软中断类型

```
enum
{
    HI_SOFTIRQ=0,
    ......
    MY_SOFTIRQ,          //新增的软中断类型
    NR_SOFTIRQS
};
```

② 从内核源码导出软中断注册函数 open_softirq 以及软中断启动函数 raise_softirq。在内核源码文件 kernel/softirq.c 中，找到函数 open_softirq 以及 raise_softirq 的实现处，并增加代码，使用 EXPORT_SYMBOL 接口将这两个函数导出，如源码 8-10 所示。

源码 8-10　导出 open_softirq 及 raise_softirq

```
......
//raise_softirq 的实现
void raise_softirq(unsigned int nr)
{
    unsigned long flags;

    local_irq_save(flags);
    raise_softirq_irqoff(nr);
    local_irq_restore(flags);
}
EXPORT_SYMBOL(raise_softirq);          //通过 EXPORT_SYMBOL 导出 raise_softirq
......
//open_softirq 的实现
void open_softirq(int nr, void (*action)(struct softirq_action *))
{
    softirq_vec[nr].action = action;
}
EXPORT_SYMBOL(open_softirq);          //通过 EXPORT_SYMBOL 导出 open_softirq
......
```

将这两个函数导出后，重新编译、安装内核。内核安装完成后，重启操作系统。

③ 编写内核模块使用新的软中断。下面在源码 8-6 的基础上做修改，删除 tasklet 的相关逻辑，将中断底半部的实现方式从 tasklet 改为软中断，修改后的程序如源码 8-11 所示。

源码 8-11　serial_cdev_softirq.c

```
......
//软中断执行函数，用于读取串口数据
static void my_action(struct softirq_action *a)
{
    volatile unsigned char irq_src = 0;

    while((irq_src = inb(0x2fa) & 0x4) != 0)
    {
        rcv_buf[buf_pos] = inb(0x2f8);
        buf_pos++;
    }
}
......
//中断处理函数
static irqreturn_t my_serial_interrupt(int irq, void *dev)
{
    raise_softirq(MY_SOFTIRQ);          //启动软中断
    return IRQ_HANDLED;
}
......
static int my_serial_cdev_init(void)
{
    ......
    open_softirq(MY_SOFTIRQ, my_action); //注册软中断
}
......
```

源码在加载函数中，通过 open_softirq 注册了类型是 MY_SOFTIRQ 的软中断，将其执行函数设置为 my_action。函数 my_action 的作用是读取串口中的数据。在中断处理函数中，通过 raise_softirq(MY_SOFTIRQ) 启动类型为 MY_SOFTIRQ 的软中断，启动后将执行函数 my_action 读取串口数据。

8.4　常用接口

本节将介绍一些和外部中断相关的常用接口，这些接口如下。

（1）屏蔽/使能中断

- void disable_irq(unsigned int irq)：屏蔽中断，参数 irq 是将要屏蔽的硬件中断号。
- disable_irq_nosync(unsigned int irq)：屏蔽中断，该函数的作用和 disable_irq 一致。区别在于如果使用 disable_irq 屏蔽某一个中断，需要等待正在处理的中断完成后函数才会返回，而 disable_irq_nosync 不会等待正在处理的中断完成。
- void enable_irq(unsigned int irq)：使能中断，irq 是需要使能的硬件中断号。

- local_irq_disable()：屏蔽当前 CPU 的所有中断。
- local_irq_save(flags)：该接口作用和 local_irq_disable 一致，都是屏蔽当前 CPU 的所有中断。不同之处在于，使用该接口会将当前标志寄存器的值保存到参数 flags 中，然后再屏蔽中断。对于 x86 的 64 位处理器，flags 为 unsigned long 类型。
- local_irq_enable()：允许当前 CPU 产生中断，和 local_irq_disable 的功能相反。
- local_irq_restore(flags)：该接口作用和 local_irq_enable 一致，都是允许当前 CPU 产生中断。不同之处在于，该接口在允许中断的同时恢复标志寄存器。该接口和 local_irq_save 配合使用，local_irq_save(flags)会将标志寄存器的值保存在 flags 中，而 local_irq_restore(flags) 会将 flags 的值恢复到标志寄存器。

（2）屏蔽/使能中断底半部
- void local_bh_disable(void)：屏蔽中断底半部。
- void local_bh_enable(void)：使能中断底半部。

（3）自旋锁相关接口
- void spin_lock_irq(spinlock_t *lock)：加锁并屏蔽本 CPU 的中断。
- void spin_unlock_irq(spinlock_t *lock)：解锁并使能本 CPU 的中断，该接口和 spin_lock_irq 配合使用。
- void spin_lock_irqsave(spinlock_t *lock, unsigned long f)：加锁、屏蔽本 CPU 的中断并保存标志寄存器的值到参数 f 中。其作用相当于使用了 spin_lock(lock) + local_irq_save(f) 两个接口。
- void spin_unlock_irqrestore(spinlock_t *lock, unsigned long f)：加锁、使能本 CPU 的中断并恢复标志寄存器的值，和 spin_lock_irqsave 配合使用。其作用相当于使用了 spin_unlock(lock) + local_irq_restore(f)两个接口。
- void spin_lock_bh(spinlock_t *lock)：加锁并屏蔽中断底半部。其作用相当于使用了 spin_lock(lock) + local_bh_disable()两个接口。
- void spin_unlock_bh(spinlock_t *lock)：解锁并使能中断底半部，和 spin_lock_bh 配合使用。其作用相当于使用了 spin_unlock(lock) + local_bh_enable()两个接口。

（4）读写锁相关接口
- read_lock_irq(lock)：加读锁并屏蔽本 CPU 的中断。
- read_unlock_irq(lock)：解读锁并使能本 CPU 的中断，和 read_lock_irq 配合使用。
- read_lock_irqsave(lock, flags)：读加锁、屏蔽本 CPU 的中断并保存标志寄存器的值到参数 flags 中。其作用相当于使用了 read_lock(lock) + local_irq_save(flags)两个接口。
- read_unlock_irqrestore(lock, flags)：读解锁、使能本 CPU 的中断并恢复标志寄存器的值，和 read_lock_irqsave 配合使用。其作用相当于使用了 read_unlock (lock) + local_irq_restore(f)两个接口。
- read_lock_bh(lock)：读加锁并屏蔽中断底半部。
- read_unlock_bh(lock)：读解锁并使能中断底半部，和 read_lock_bh 配合使用。
- write_lock_irq(lock)：加写锁并屏蔽本 CPU 的中断。
- write_unlock_irq(lock)：解写锁并使能本 CPU 的中断，和 write_lock_irq 配合使用。
- write_lock_irqsave(lock, flags)：加写锁、屏蔽本 CPU 的中断并保存标志寄存器的值到参数 flags 中。其作用相当于使用 write_lock(lock) + local_irq_save(flags)两个接口。

● write_unlock_irqrestore(lock, flags)：解写锁、使能本 CPU 的中断并恢复标志寄存器的值，和 write_lock_irqsave 配合使用。其作用相当于使用 write_unlock(lock) + local_irq_restore (f)两个接口。

● write_lock_bh(lock)：加写锁并屏蔽中断底半部。

● write_unlock_bh(spinlock_t *lock)：解写锁并使能中断底半部，和 write_lock_bh 配合使用。

第**9**章
文件操作

每一个文件系统都有对应的文件操作，而这些文件操作都由 struct file_operations 结构体变量定义（见源码 7-2）。对于不同的文件系统，file_operations 的操作各不相同。本章将描述 file_operations 中各操作的作用以及通过实例展示不同操作的使用方式。

9.1 虚拟文件系统（VFS）

磁盘上的文件、设备以及虚拟文件在底层的访问方式各有不同。例如 proc 文件系统对于文件的操作和字符设备驱动文件是不一样的。如果没有一个统一的访问方式，操作起来将相当复杂。虚拟文件系统（VFS）的作用就是为这些文件、设备的访问提供统一的接口，使得应用程序编写起来相当简单（一切皆是文件，可以使用访问文件的方式来访问设备）。

VFS 用来兼容各种不同的文件系统，使得应用程序可以调用同一套接口（open、read、write、close、ioctl 等）来访问不同的文件系统，它是一个软件中间层。无论是访问磁盘文件、虚拟文件、设备，都可以使用同一套系统调用来操作文件。例如可以使用 read 系统调用来读取磁盘文件、proc 文件系统的虚拟文件、/dev 目录下的设备。VFS 在系统中的位置如图 9-1 所示。

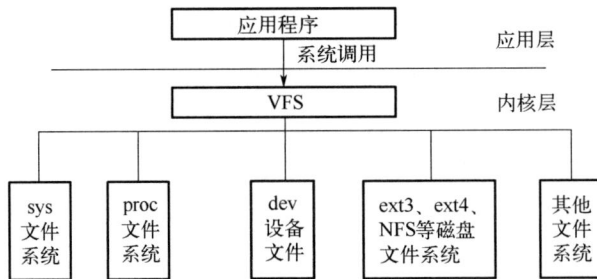

图 9-1　VFS 是一个软件中间层

之前提到的 struct file_operations 结构体定义了文件操作函数集合。对于不同的文件系统 file_operations 各不相同。在应用程序调用 read 系统调用的时候，操作系统会根据不同的文件系统执行对应 file_operations 变量中的 read 操作。

9.1.1　read 系统调用的执行过程

本小节将描述从应用程序执行 read 系统调用到最终执行到 file_operations 的 read 操作的整个流程。

在第 5 章描述系统调用的时候，提到系统中有一张系统调用表，位于内核源码的 arch/x86/entry/syscalls/syscall_64.tbl。在这张表中，read 系统调用的系统调用号是 0，执行函数是 sys_read，当应用程序执行 read 系统调用时内核空间将调用该函数。sys_read 函数定义在内核源码的 fs/read_write.c 源文件中，其定义如源码 9-1 所示。

源码 9-1　read 系统调用的执行函数

```
SYSCALL_DEFINE3(read, unsigned int, fd, char __user *, buf, size_t, count)
{
    return ksys_read(fd, buf, count);
}
```

上述函数有三个参数，文件描述符 fd、数据缓存 buf、数据长度 count，这三个参数和 read 系统调用的参数一致。上述源码调用的 ksys_read 函数定义如源码 9-2 所示。

源码 9-2　函数 ksys_read 定义

```
ssize_t ksys_read(unsigned int fd, char __user *buf, size_t count)
{
    ......
    ret = vfs_read(f.file, buf, count, ppos);
    ......
}
```

ksys_read 执行了函数 vfs_read，而 vfs_read 最终会执行对应文件系统 file_operations 的 read 操作。vfs_read 定义如源码 9-3 所示。

源码 9-3　vfs_read

```
ssize_t vfs_read(struct file *file, char __user *buf, size_t count, loff_t *pos)
{
    ......
    if (file->f_op->read)
      //执行对应文件系统 file_operations 的 read 操作
      ret = file->f_op->read(file, buf, count, pos);
    else if (file->f_op->read_iter)
      ret = new_sync_read(file, buf, count, pos);
    else
      ret = -EINVAL;
    ......
    return ret;
}
```

在字符设备驱动章节，示例程序实现了字符设备文件的 read 操作，作为字符设备文件操作集合 file_operations 的一个成员变量。如果此时访问的是字符设备，执行到上述源码的 ret = file->f_op->read(file, buf, count, pos)这一行后，将会调用到字符设备驱动的读函数。

9.1.2　VFS 管理的对象

VFS 管理 4 个对象：inode（节点）、file（文件）、dentry（目录）、super_block（超级块）。其中 inode 保存了文件的管理信息，如文件的大小、创建/修改时间、属性等，而 inode 对应的结构体是 struct inode（见第 2.7 节）。file 是打开的文件，其结构体类型是 struct file（见第 2.5 节），该结构体包含文件操作函数集合 file_operations。dentry 是文件的路径信息，其结构体类型是 struct dentry（见第 2.7 节）。super_block 代表一个已经安装的文件系统，它在文件系统安装时建立，并且在文件系统卸载时删除。一个文件系统被 mount（挂载）到操作系统后，super_block 将被创建，文件系统被 umount（卸载）后，文件系统的 super_block 将被删除。

在每个文件系统被挂载后，超级块（super_block）就已经存在，dentry 和 inode 在文件要使用时由内核创建，file 在文件打开时（应用程序执行 open 系统调用）由内核创建。inode 和 dentry 是一对多的关系，即一个 inode 可能会对应多个 dentry（文件存在链接的情况）。super_block 含有文件系统的属性信息，同时包含一组创建、销毁 inode 的成员函数，inode 的创建和销毁通过这一组成员函数实现。关于超级块（super_block），将在第 12 章详细介绍。

9.2　write_iter 操作

在讲解 proc 文件的操作时，描述了 read_iter 操作（见第 3.5 节），该操作主要用于散布读或异步读。struct file_operations 结构体同样包含了 read_iter 操作，该操作和 proc 文件的 read_iter 操作类似，参数和使用方法也一致，本节不再介绍。在 file_operations 中有一个 write_iter 操作，这个操作主要用于散布写或异步写。需要注意的是，在没有实现 file_operations 中 write 操作的情况下，执行 write 系统调用时，内核会执行 write_iter；同样，在没有实现 file_operations 中 read 操作的情况下，执行 read 系统调用时，内核会执行 read_iter。本节将描述散布写操作。

第 3.5 节介绍的散布读可以实现从文件中读取数据到多个缓冲区之中，免除了多次执行 read 系统调用或复制数据的开销。而散布写可以将多个缓冲区之中的数据写入到文件中作为连续的数据，免除了多次执行 write 系统调用或复制数据的开销。散布写可以通过系统调用 writev 来实现，函数原型如下。

```
ssize_t writev(int fd, const struct iovec *iov, int iovcnt)
```

函数的第一个参数 fd 是文件描述符；第二个参数 iov 是数据将要读到的缓冲区，用 struct iovec 结构体（见源码 3-9）来描述；第三个参数 iovcnt 是 iov 的个数。函数返回值是实际写入的字节数，函数执行出错则返回−1。源码 9-4 展示了 writev 的用法。

源码 9-4　test_writev.c

```
#include <stdio.h>
#include <sys/stat.h>
#include <sys/types.h>
#include <fcntl.h>
#include <unistd.h>
#include <string.h>
#include <sys/uio.h>

int main(int argc, char *argv[])
```

```
{
    //这三个 buf 的数据将通过 writev 写入文件
    char buf1[32] = "hello", buf2[32] = "test", buf3[32] = "abc";
    int len = 0;
    //该数组将作为 writev 的参数，需要写入文件的数据将放入该数组中
    struct iovec iovecs[3];
    //打开文件，文件路径通过命令行传入
    int fd = open(argv[1], O_RDWR);
    if(fd < 0)
    {
        printf("open file error!\n");
        return -1;
    }
    iovecs[0].iov_base = buf1;    //iovecs 数组的第一个元素将保存 buf1 的数据
    iovecs[0].iov_len = 5;        //buf1 中的数据长度是 5 字节
    iovecs[1].iov_base = buf2;    //iovecs 数组的第二个元素将保存 buf2 的数据
    iovecs[1].iov_len = 4;        //buf2 中的数据长度是 4 字节
    iovecs[2].iov_base = buf3;    //iovecs 数组的第三个元素将保存 buf3 的数据
    iovecs[2].iov_len = 3;        //buf3 中的数据长度是 3 字节
    //通过 writev 将数据写入文件，iovecs 数组的长度是 3
    len = writev(fd , iovecs , 3);
    close(fd);
    return 0;
}
```

源码通过 writev 系统调用将三个缓存（buf1、buf2、buf3）的数据写入文件的连续位置，共写入 12 个字节的数据。创建一个文件并通过上述源码向文件写入数据后，文件中的数据应该是字符串"hellotestabc"，测试过程如图 9-2 所示。

```
[root@localhost 10-4_test_writev]# touch test.txt
[root@localhost 10-4_test_writev]# ./test_writev test.txt
[root@localhost 10-4_test_writev]# cat test.txt
```

图 9-2　通过 writev 写文件

在应用程序执行 writev 系统调用时，将会执行内核模块定义的 file_operations 中的 write_iter 操作，write_iter 函数原型如下。

```
ssize_t (*write_iter) (struct kiocb *iocb, struct iov_iter *iter)
```

第一个参数 iocb 保存了文件信息、读取位置及一些私有信息等；第二个参数 iter 是一个迭代器，其结构体类型是 struct iov_iter（结构体定义见源码 3-11），该迭代器和 struct iovec 结构体（见源码 3-12）配合使用，用于遍历多个 struct iovec 结构体变量。write_iter 的返回值是实际写入的数据长度。

下面将实现一个字符设备驱动，该字符设备驱动实现了 write_iter 操作，如源码 9-5 所示。

源码 9-5　cdev_write_iter.c

```
#include <linux/module.h>
#include <linux/cdev.h>
```

```c
#include <linux/fs.h>
#include <linux/uio.h>    //源码将使用 struct iovec 结构体，所以要引入该头文件

static struct cdev my_cdev;
static dev_t dev;
static char kbuf[256];    //该变量用于缓存写入到字符设备文件的数据
static int len = 0;        //该变量保存保存到 kbuf 中的数据长度
//字符设备的读操作
ssize_t cdev_file_read(struct file *file, char __user *buf, size_t size, loff_t
*ppos)
{
    int res = len;
    if(res > 0)
    {
        copy_to_user(buf, kbuf, len);   //将字符设备文件中的数据拷贝给用户空间
        len = 0;                        //拷贝完成后，将数据长度设置为 0
        return res;
    }
    return 0;
}
//字符设备的 write_iter 操作
ssize_t my_write_iter(struct kiocb *kio, struct iov_iter *iov)
{
    int i = 0;
    len = 0;
    memset(kbuf, 0, sizeof(kbuf));
    //iov->nr_segs 保存了 struct iovec 数组的个数
    for(i = 0; i < iov->nr_segs; i++)
    {
        //将数据从用户空间拷贝到 kbuf 中，iov->iov[i].iov_base 是该 iovec 的
        //数据缓存，数据长度保存在 iov->iov[i].iov_len 中
        copy_from_user(&kbuf[len], iov->iov[i].iov_base,
                       iov->iov[i].iov_len);
        len += iov->iov[i].iov_len;   //拷贝完成后，数据长度增加拷贝的长度
    }
    return len;                        //返回实际写入的数据长度
}
//字符设备的文件操作集合
static const struct file_operations cdev_file_ops = {
    .read = cdev_file_read,
    .write_iter = my_write_iter,
};
//加载函数
static int my_cdev_init(void)
{
    dev = MKDEV(201,0);                //字符设备的主设备号是 201，次设备号是 0
    //申请设备号
    if(register_chrdev_region(dev, 1, "my_first_cdev") != 0)
    {
        printk("error register\n");
        return -1;
```

```
    }
    //将文件操作集合和字符设备 my_cdev 绑定
    cdev_init(&my_cdev, &cdev_file_ops);
    if(cdev_add(&my_cdev, dev, 1) != 0)   //添加字符设备
    {
        unregister_chrdev_region(dev, 1);
        printk("err add\n");
        return -1;
    }
    return 0;
}
//卸载函数
static void my_cdev_exit(void)
{
    cdev_del(&my_cdev);
    unregister_chrdev_region(dev, 1);
}
module_init(my_cdev_init);
module_exit(my_cdev_exit);
```

　　源码将文件操作函数集合的 write_iter 函数赋值为函数 my_write_iter，将 read 函数赋值为函数 cdev_file_read。其中函数 cdev_file_read 用于将变量 kbuf 中的数据拷贝给用户空间。函数 write_iter 的作用是将应用程序写入的数据放入 kbuf 中。

　　编译、加载该模块后，通过 mknod 创建文件/dev/first_cdv，然后使用 test_writev.c（见源码 9-4）编译后的可执行文件来测试字符设备驱动。首先通过命令./test_writev /dev/first_cdv 将数据写入字符设备文件，再通过命令 cat /dev/first_cdv 查看字符设备文件的内容，执行结果如图 9-3 所示。

```
[root@localhost ~]# ./test_writev /dev/first_cdv
[root@localhost ~]# cat /dev/first_cdv
hellotestabc[root@localhost ~]#
```

图 9-3　测试 write_iter 操作

9.3　flush 操作

　　flush 操作用于文件关闭前的刷盘等操作。如果在文件关闭前，需要进行刷盘或是其他操作，由 flush 完成。在应用程序调用 close 关闭文件时，flush 和 release 操作都将得到执行，flush 在 release 操作之前执行。flush 操作在 struct file_operations 中的函数原型如下。

```
int (*flush) (struct file *file, fl_owner_t id)
```

　　第一个参数 file 是将要关闭的文件；第二个参数 id 可自定义，其类型 fl_owner_t 的定义是 typedef void *fl_owner_t，是一个指针。如果执行系统调用 close，id 是当前进程打开的所有文件信息。close 系统调用的系统调用号是 3，通过查看内核源码的系统调用表 arch/x86/entry/syscalls/syscall_64.tbl，其对应的执行函数是 sys_close。对于 x86 的 64 位系统，在编译内核时，编译脚本会给函数名称加上前缀 "__x64_"，即内核最终声明的执行函数是 __x64_sys_close。

在内核源码的 fs/open.c 中，借助宏 SYSCALL_DEFINE1 对函数__x64_sys_close 进行了实现，如源码 9-6 所示。关于宏 SYSCALL_DEFINEx 的描述，见第 5.3 节。

源码 9-6　close 系统调用在内核中的执行函数

```
//SYSCALL_DEFINE1()展开后包含了函数__x64_sys_close 的实现
SYSCALL_DEFINE1(close, unsigned int, fd)
{
    //current->files 保存了当前进程打开的所有文件
    int retval = __close_fd(current->files, fd);
    ......
    return retval;
}
```

上述函数调用了__close_fd(current->files, fd)，其中函数__close_fd 实现如源码 9-7 所示。

源码 9-7　__close_fd 的实现

```
int __close_fd(struct files_struct *files, unsigned fd)
{
    struct file *file;
    ......
    /*
    *调用 file_close 函数，传入该函数的第一个参数 file 是当前将要关闭的文件，
    *第二个参数 files 是当前进程打开的所有文件
    */
    return filp_close(file, files);
}
```

从以上源码可以看出，__close_fd 调用了函数 filp_close(file, files)执行关闭操作。传入 filp_close 的第一个参数 file 是当前将要关闭的文件，第二个参数 files 是当前进程打开的所有文件。函数 filp_close 的实现如源码 9-8 所示。

源码 9-8　filp_close 函数的实现

```
int filp_close(struct file *filp, fl_owner_t id)
{
    ......
    //调用 file_operations 中的 flush 操作
    if (filp->f_op->flush)
        retval = filp->f_op->flush(filp, id);
    ......
}
```

filp_close 最终调用了 file_operations 中的 flush 函数，而传入 flush 函数的第一个参数 filp 是当前将要关闭的文件，第二个参数 id 是当前进程打开的所有文件，该参数作为 filp_close 函数的第二个参数传入。在函数__close_fd 调用 filp_close 函数时传入的第二个参数 files，其结构体类型是 struct files_struct，该结构体定义于内核源码的 include/linux/fdtable.h 头文件中，定义如源码 9-9 所示。

源码 9-9   struct files_struct 结构体定义

```
struct files_struct {
    atomic_t count;                    //结构体变量的使用计数
    bool resize_in_progress;           //文件描述符表是否正在扩展，如果正在扩展，该值为true
    wait_queue_head_t resize_wait;     //等待队列头，用于等待文件描述表扩展完成
    struct fdtable __rcu *fdt;         //文件描述符表
    ......
};
```

关于 struct files_struct 结构体，最需要关注的变量是 fdt，代表文件描述符表，其保存了进程打开的文件。其结构体类型是 struct fdtable，该结构体定义如源码 9-10 所示。

源码 9-10   struct fdtable 结构体定义

```
struct fdtable {
    unsigned int max_fds;              //文件描述符最大数量
    struct file __rcu **fd;            //所有打开的文件信息
    ......
    unsigned long *open_fds;           //打开的文件位图
    ......
};
```

该结构体各成员变量解释如下。

- max_fds：文件描述符的最大数量，进程打开的文件个数一定不大于该值。
- fd：所有打开的文件信息，它是一个二维数组，数组元素的个数不大于 max_fds。数组中的 fd[0]、fd[1]…fd[n]分别表示文件描述符是 0、1…n 的文件。
- open_fds：打开的文件位图，描述哪些文件描述符对应的文件被打开，它是一个数组，这个数组的每一位代表一个文件是否被打开。如图 9-4 所示。

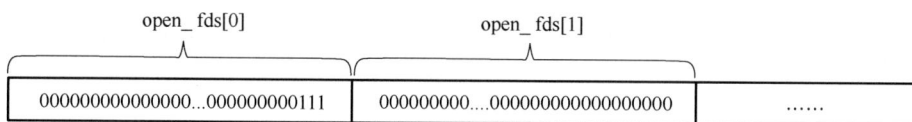

图 9-4   open_fds 数组

open_fds 数组是一个 unsigned long 的数组，每一个元素是 unsigned long 的类型，对于 64 位 Linux 操作系统，一个 unsigned long 有 64 位（8 字节）。如果某一位是 1，表示这一位对应的文件被打开。图 9-4 中 open_fds[0]的最低 3 位是 1，即 bit0 到 bit2 都是 1。bit0 对应文件描述符是 0 的文件，bit1 对应文件描述符是 1 的文件，bit2 对应文件描述符是 2 的文件。这三位都是 1，表示文件描述符 0、1、2 对应的三个文件被打开。在 Linux 中，文件描述符 0、1、2 分别对应标准输入、标准输出和标准错误输出，说明这三个文件被打开。综合以上描述，open_fds[0]对应了文件描述符 0 到 63 的打开情况，open_fds[1]对应了文件描述符 64 到 127 的打开情况……

本节在第 9.2 节的示例程序 cdev_write_iter.c（见源码 9-5）的基础上增加 flush 操作函数，

在 flush 函数中，打印出进程打开的所有文件信息，修改后的程序如源码 9-11 所示。

源码 9-11　cdev_flush.c

```
......
#include <linux/fdtable.h>                //要使用文件描述符表，需要引入该头文件
......
int my_flush(struct file *file, fl_owner_t id)     //自定义的 flush 函数
{
    //获取进程打开的所有文件
    struct files_struct *all_files = (struct files_struct *)id;
    struct fdtable  *fdt = all_files->fdt;         //获取文件描述符表
    int i, j = 0;
    printk("flush\n");
    //for 循环用于遍历文件位图信息，并打印出被打开文件的文件描述符和文件名
    for(;;)
    {
        unsigned long set;
        //BIT_PER_LONG 表示类型 long 的长度，64 位系统下该值是 64
        i = j * BITS_PER_LONG;
        //变量 i 表示文件描述符，不会超过最大的文件描述符的值
        if(i >= fdt->max_fds)
            break;
        set = fdt->open_fds[j++];              //获取文件位图信息
        while(set)                             //遍历文件位图
        {
            if(set & 1)            //如果文件位图的某一位是 1，表明这个文件被打开
            {
                //获取文件描述符是 i 的文件信息
                struct file *fd_file = fdt->fd[i];
                //打印出进程打开文件的文件描述符和名称
                printk("fd=%d, name=%s opened\n", i,
                        fd_file->f_path.dentry->d_iname);
            }
            //右移一位，将下一位放到最低位，最低位将会和 1 相与判定文件是否被打开
            set >>= 1;
            i++;
        }
    }
    return 0;
}
//字符设备的文件操作集合
static const struct file_operations cdev_file_ops = {
    ......
    .flush = my_flush,
};
......
```

源码实现了 my_flush 函数并将该函数赋值给 file_operations 变量的 flush 成员函数。my_flush 函数从传入的参数中获取文件描述符表，然后遍历文件描述符表的文件位图信息，如果位图中的某一位是 1，表示文件被打开，此时就打印出文件对应的文件描述符和文件名。

在 struct file 结构体中，成员变量 f_path 保存了文件的路径信息（见第 2.5 节源码 2-9），f_path 的结构体类型是 struct path，定义见第 6.3.1 节源码 6-11。

编译、加载示例程序，创建字符设备文件，通过 cat 命令查看文件（cat 命令首先打开文件，然后读取文件数据，最后会执行 close 系统调用关闭文件），然后执行命令 dmesg -c 查看内核模块打印信息，将打印出 cat 进程所有打开的文件信息，如图 9-5 所示。

```
[root@localhost ~]# cat /dev/first_cdv
[root@localhost ~]# dmesg -c
[27870.128212] flush
[27870.128215] fd=0, name=2 opened
[27870.128216] fd=1, name=2 opened
[27870.128217] fd=2, name=2 opened
```

图 9-5　查看打开的文件信息

9.4　flock 操作

flock 系统调用（file lock）用于对文件进行加锁和解锁，其函数原型如下：

```
int flock(int fd, int operation)
```

第一个参数 fd 是文件描述符。第二个参数 operation 是对文件加锁的类型，其值可以是 LOCK_SH、LOCK_EX、LOCK_UN 或 LOCK_NB。其中，LOCK_SH 是共享锁，允许多个进程对文件进行读操作，但不能进行写操作；LOCK_EX 是独占锁，只允许一个进程对文件进行写操作，其他进程无法对文件进行访问；LOCK_UN 用于解锁，释放之前对文件的锁定，此时允许其他进程对文件进行读取和写入操作；LOCK_NB 是非阻塞模式加锁，如果无法对文件加锁，则不会阻塞进程，而是立即返回。如果加锁成功，函数返回 0，失败则返回−1。源码 9-12 展示了 flock 系统调用的使用方式。

源码 9-12　test_flock.c

```
#include <sys/file.h>
#include <unistd.h>
#include <stdio.h>
#include <sys/types.h>
#include <sys/stat.h>
#include <fcntl.h>

int main(int argc, char *argv[])
{
    int res = 0;
    int fd = open(argv[1], O_RDWR);    //文件路径通过命令行传入

    if(fd < 0)
    {
        printf("error open %s\n", argv[1]);
        return -1;
    }
    res = flock(fd, LOCK_EX);          //对文件加独占锁
    printf("res=%d\n", res);           //打印 flock 的返回值
```

```
        getchar();                              //等待键盘敲击事件
        flock(fd, LOCK_UN);                     //解锁
        close(fd);
        return 0;
    }
```

flock 系统调用在内核模块中会执行 file_operations 中的 flock 成员函数，该成员函数原型如下：

```
int (*flock) (struct file *filp, int cmd, struct file_lock * flock)
```

第一个参数 filp 是打开的文件，表示将要对哪个文件加锁或解锁；第二个参数 cmd 是命令号，F_SETLKW 表示加锁可引起睡眠，F_SETLK 表示加锁不能引起睡眠，LOCK_UN 表示解锁；第三个参数 flock 是文件锁，其结构体类型是 struct file_lock，该结构体定义于内核源码的 include/linux/fs.h 头文件中，定义如源码 9-13 所示。

源码 9-13　struct file_lock 结构体定义

```
struct file_lock {
    ......
    fl_owner_t fl_owner;        //锁的拥有者，一般指向打开的文件
    unsigned int fl_flags;      //标志信息
    unsigned char fl_type;      //锁类型
    unsigned int fl_pid;        //进程 id
    ......
    struct file *fl_file;       //指向打开的文件
    loff_t fl_start;            //加锁的开始区域
    loff_t fl_end;              //加锁的结束区域
    ......
}
```

该结构体各成员变量解释如下。

● fl_owner：锁的拥有者，fl_owner 类型是 void *，是一个指针。该变量一般指向打开的文件，即文件对应的 struct file 结构体变量的地址将会赋值给这个变量。

● fl_flags：标志信息。如果该值是 FL_POSIX，表示该文件锁由 fcntl 系统调用创建；如果该值是 FL_FLOCK，表示该文件锁由 flock 系统调用创建。

● fl_type：文件锁的类型，该变量的值可以是 F_RDLCK、F_WRLCK、F_UNLCK。如果应用程序执行 flock 系统调用传入的锁类型是共享锁，则会将 F_RDLCK 赋值给该变量，表示这是一个读锁；如果执行 flock 系统调用传入的锁类型是独占锁，则会将 F_WRLCK 赋值给该变量，表示这是一个写锁；如果执行 flock 系统调用解锁，则会将 F_UNLCK 赋值给该变量。

● fl_pid：进程 id，对应加锁/解锁的进程。

● fl_file：该变量指向打开的文件。

● fl_start、fl_end：fl_start 是加锁开始的位置，fl_end 是加锁结束的位置。如果要使用文件锁来锁定文件的某一部分，可以使用 fl_start 和 fl_end 来指明加锁开始和结束的位置。

下面将实现一个示例程序展示如何实现文件加锁和解锁操作，该示例程序将在第 9.3 节源码 9-11 的基础上，增加 file_operations 的 flock 函数操作。在 flock 函数中，如果一个进程已经给字符设备文件加了独占锁，在解锁之前，另一个进程要对同一字符设备文件加锁时，进程将阻塞。直到前一个加锁成功的进程解锁后，阻塞的进程才会退出阻塞状态并成功加锁。示例程序如源码 9-14 所示。

源码 9-14 cdev_flock.c

```
......
static DECLARE_WAIT_QUEUE_HEAD(waitq_head); //等待队列头，用于以阻塞方式加锁
static int is_locked = 0;                    //该变量用于标识文件是否被加锁
......
//flock操作函数，将被赋值给 file_operations 中的 flock 成员函数
int my_flock(struct file *filp, int cmd, struct file_lock * flock)
{
    if(flock->fl_type == F_UNLCK)           //判断是否是解锁操作
    {
        is_locked = 0;              //如果是解锁操作，将变量 is_locked 设置为0
        wake_up(&waitq_head);               //唤醒因加锁未成功而阻塞的进程
    }
    wait_event(waitq_head, is_locked == 0); //阻塞等待文件锁被释放

    if(flock->fl_type == F_WRLCK)              //判断是否加写锁（独占锁）
    {
        is_locked = 1;              //如果是加独占锁，将 is_locked 变量设置为1
    }
    return 0;
}
//字符设备文件操作集合
static const struct file_operations cdev_file_ops = {
    ......
    .flock = my_flock,                //将 flock 成员函数设置为函数 my_lock
};
......
```

源码实现了函数 my_flock，这个函数将赋值给变量 struct file_operations cdev_file_ops 的 flock 成员函数。在 my_flock 函数中，首先通过 if(flock->fl_type == F_UNLCK)判断应用程序是否传入的是解锁操作，如果是，将变量 is_locked 设置为 0，然后通过 wake_up(&waitq_head) 唤醒等待加锁的进程。如果应用程序传入的是加锁操作，则首先通过 wait_event(waitq_head, is_locked == 0)来等待变量 is_locked 变为 0，is_locked 为 0 才能够进行加锁操作，否则进程将被阻塞；如果 is_locked 是 0，进程将退出阻塞状态，然后通过 if(flock->fl_type == F_WRLCK)判断应用程序传入的操作是否是加独占锁，如果加独占锁，则将变量 is_locked 的值设置为 1，表示当前已加锁。

编译、加载上述内核模块，创建字符设备文件/dev/first_cdv，然后通过 test_flock.c（源码 9-12）来测试该内核模块。首先在命令行中输入命令：./test_flock /dev/first_cdv 对字符设备文件加锁，将打印出字符串"res=0"，表示加锁成功，此时进程会等待键盘敲击事件，当

敲击键盘后才会解锁，执行过程如图 9-6 所示。

```
[root@localhost ~]# ./test_flock /dev/first_cdv
res=0
```

图 9-6　测试加文件锁

在对字符设备文件解锁前，另外打开一个终端，尝试对字符设备文件/dev/first_cdv 加锁。由于还未解锁文件，此时进程阻塞，如图 9-7 所示。

```
[root@localhost ~]# ./test_flock /dev/first_cdv
```

图 9-7　在文件已加锁情况下再次尝试加锁

在加锁成功的那一个终端敲击键盘，进程将解锁文件并退出，此时被阻塞的终端将加锁成功。

9.5　lock 操作

和 flock 操作类似，lock 操作也用于文件加锁/解锁。与 flock 操作不同之处在于，lock 操作通过系统调用 fcntl 来执行。通过 fcntl 系统调用对文件进行加锁/解锁，比起通过 flock 系统调用加锁/解锁，可以配置更多的参数。fcntl 系统调用原型如下：

```
int fcntl(int fd, int cmd, ... )
```

第一个参数 fd 是文件描述符。第二个参数 cmd 是命令号，命令号可以是：F_GETLK、F_SETLK、F_SETLKW 等。F_GETLK 用于获取文件锁的信息，而 F_SETLK 和 F_SETLKW 用于对文件加锁或解锁。F_SETLKW 将在不能加锁的情况下阻塞当前进程，而 F_SETLK 不会造成进程阻塞。fcntl 的其余参数是命号对应的参数，不同的命令号参数各不相同。如果 fcntl 执行成功，返回值为 0，否则返回−1。

系统调用 fcntl 不仅仅可以在对文件加锁时使用，对于文件的其他控制也可以通过 fcntl 实现，这些控制包括：创建文件描述符副本、设置/获取文件的属性（只读、只写、读写等）、设置/获取套接字属性等。源码 9-15 演示了如何通过 fcntl 系统调用对文件进行加锁/解锁操作。

源码 9-15　test_lock.c

```c
#include <sys/file.h>
#include <unistd.h>
#include <stdio.h>
#include <sys/types.h>
#include <sys/stat.h>
#include <fcntl.h>
#include <string.h>

int main(int argc, char *argv[])
{
    struct flock flock;
```

```
//要执行加锁/解锁操作的文件路径通过命令行传入
int fd = open(argv[1], O_RDWR);
int res = 0;
memset(&flock, 0, sizeof(flock));

if(fd < 0)
{
    printf("error open %s\n", argv[1]);
    return -1;
}
flock.l_type = F_WRLCK;          //将要对文件加独占锁
flock.l_whence = SEEK_SET;       //从文件起始位置加锁
flock.l_start = 0;
flock.l_len = 0;  //flock.l_start 和 flock.l_len 同时为 0 表示对整个文件加锁
res = fcntl(fd, F_SETLKW, &flock); //通过 fcntl 系统调用对文件加锁
printf("lock res=%d\n", res);    //打印函数返回值
getchar();                       //等待键盘敲击事件
flock.l_type = F_UNLCK;          //设置解锁
res = fcntl(fd, F_SETLK, &flock); //通过 fcntl 进行解锁
printf("unlock res = %d\n", res); //打印出函数返回值
close(fd);
return 0;
}
```

上述源码实现的效果和第 9.4 节源码 9-12 一致，都是先尝试给文件加独占锁，如果不能加锁则阻塞当前进程直到能够成功加锁。加锁完成后，通过 getchar()等待键盘敲击事件，然后进行解锁操作。与源码 9-12 不同的是，上述源码先设置了变量 struct flock flock，然后将变量 flock 作为参数传入 fcntl 系统调用。struct flock 结构体定义如源码 9-16 所示。

源码 9-16　struct flock 结构体定义

```
struct flock {
    //锁的类型，可以是 F_WRLCK（独占锁）、F_UNLCK（解锁）、F_RDLCK（共享锁）
    short int l_type;
    short int l_whence; //决定 l_start 的位置，可以是 SEEK_SET、SEEK_CUR、SEEK_END
    off_t l_start;      //锁定区域的开头位置
    off_t l_len;        //锁定区域的大小
    pid_t l_pid;        //执行锁定操作的进程
}
```

如果要对文件的某一个区域加锁/解锁，可以通过设置成员变量 l_whence、l_start 和 l_len 来实现。l_whence 决定了加锁的起始位置，如果设置为 SEEK_SET，表示从文件开头进行加锁/解锁；如果设置为 SEEK_CUR，表示从文件当前位置进行加锁/解锁；如果设置为 SEEK_END，表示从文件结尾位置开始加锁/解锁。而 l_start 和 l_len 表示加锁/解锁区域的开始位置和长度。例如如果 l_whence 是 SEEK_SET，l_start 是 10，那么加锁/解锁的位置就是从文件开头偏移 10 字节。如果要对整个文件加锁/解锁，l_whence 需要设置为 SEEK_SET，同时 l_start 和 l_len 设置为 0。综合以上说明可以看出，示例程序 test_lock.c（源码 9-15）的

作用是对整个文件加锁/解锁。

对于内核模块，lock 操作对应 file_operations 中的 lock 函数，该函数原型如下：

```
int (*lock) (struct file *filp, int cmd, struct file_lock * flock)
```

第一个参数 filp 是将要加锁/解锁的文件，第二个参数 cmd 是命令号，第三个参数 flock 是文件锁。该函数的参数和 file_operations 的 flock 函数参数（见第 9.4 节）是一致的。

下面将在第 9.4 节源码 9-14 的基础上，增加 lock 操作的处理函数，该函数的作用是根据 fcntl 系统调用进行加锁/解锁操作。如源码 9-17 所示。

源码 9-17　cdev_lock.c

```
......
//lock 操作函数，将被赋值给 file_operations 的 lock 函数
int my_lock(struct file *filp, int cmd, struct file_lock *flock)
{
    if(flock->fl_type == F_UNLCK)   //判断是否是解锁操作
    {
        is_locked = 0;                    //如果是解锁操作，将 is_locked 变量设置为 0
        wake_up(&waitq_head);          //唤醒阻塞的进程
    }
    else if(flock->fl_type == F_WRLCK)   //判断是否是加锁操作
    {
        if(cmd == F_SETLKW)              //判断是否是以阻塞方式加锁
        {
            //如需以阻塞方式加锁，则通过 wait_event 等待 is_locked 变为 0 才能加锁
            wait_event(waitq_head, is_locked == 0);
        }
        if(is_locked == 1)    //若 is_locked 是 1，表示已经加锁，则不能再次加锁
        {
            printk("is locked\n");
            return -1;
        }
        is_locked = 1;  //若 is_locked 是 0，将 is_locked 设置为 1，表示加锁成功
    }
    return 0;
}
//字符设备文件操作集合
static const struct file_operations cdev_file_ops = {
    ......
    .lock = my_lock,
};
......
```

源码实现的函数 my_lock 被赋值到 struct file_operations cdev_file_ops 的成员变量 lock 中，如果应用程序执行 fcntl 系统调用进行加锁/解锁时，将会调用到该函数。my_lock 函数的实现和第 9.4 节源码 9-14 中 flock 函数的实现几乎一样，都是通过变量 is_locked 来表示文件是否已加锁，is_locked 是 1 表示文件已加锁。

my_lock 函数与源码 9-14 中 flock 函数不同之处在于，该函数不仅实现了以阻塞方式加

锁，也实现了非阻塞方式加锁。具体做法是在加锁时通过命令号 cmd 来判断加锁方式，如果命令号是 F_SETLKW，表示需要以阻塞方式加锁，此时通过 wait_event(waitq_head, is_locked == 0) 来等待变量 is_locked 变为 0 才能加锁。如果命令号不是 F_SETLKW（例如命令号是 F_SETLK），则在不能加锁的情况下无需等待，直接返回加锁失败。

编译、加载该内核模块后，通过示例程序 test_lock.c（见源码 9-15）来加锁/解锁文件，其结果应该和第 9.4 节的测试效果一致。

9.6　splice_read 和 splice_write

9.6.1　splice 系统调用

在 Linux 中，splice_read 和 splice_write 操作通过系统调用 splice 来完成，该系统调用借助管道实现两个文件描述符间的数据传输。splice 系统调用原型如下：

```
ssize_t splice(int fd_in, loff_t *off_in, int fd_out, loff_t *off_out, size_t len,
unsigned int flags)
```

第一个参数 fd_in 是输入的文件描述符，表示数据的源头，从哪一个文件或管道读取数据；第二个参数 off_in 是输入数据在文件中的偏移，该参数决定了从 fd_in 对应文件的哪一个位置开始读取数据；第三个参数 fd_out 是输出的文件描述符，是数据目标，表示将数据写到哪一个文件或管道；第四个参数 off_out 是输出的数据在文件中的偏移，该参数决定了将数据写入到 fd_out 对应文件的哪一个位置；第五个参数 len 是传输数据的长度；第六个参数 flags 是标志信息，例如 SPLICE_F_MOVE 表示移动数据而不是拷贝数据、SPLICE_F_NONBLOCK 表示以非阻塞方式调用 splice 系统调用。函数将返回实际传输的数据长度，如果函数执行出错将返回 −1。

使用 splice 系统调用时，文件描述符 fd_in 和 fd_out 不能同时是文件，可以一个是管道一个文件或同时是管道。如果 fd_in 是文件并且 fd_out 是管道，表示从文件读取数据写入到管道中；如果 fd_in 是管道并且 fd_out 是文件，表示从管道读取数据写入到文件中。源码 9-18 展示了如何通过系统调用 splice 将数据从一个文件通过管道传输到另一个文件。

源码 9-18　test_splice.c

```
#define _GNU_SOURCE
#include <stdio.h>
#include <sys/stat.h>
#include <sys/types.h>
#include <fcntl.h>
#include <unistd.h>
#include <string.h>

int main(int argc, char *argv[])
{
    int pipefd[2];
    int fd_in, fd_out;
    int len = 0;
    //打开两个文件，fd_in 作为数据的源头，fd_out 作为数据的去处
```

```
//数据将从 fd_in 传输到 fd_out
fd_in = open(argv[1], O_RDWR);
fd_out = open(argv[2], O_RDWR);
if(fd_in < 0 || fd_out < 0)
{
    printf("open file error!\n");
    return -1;
}
//创建管道
if(pipe(pipefd) < 0)
{
    printf("pipe error\n");
    return -1;
}
//将数据从 fd_in 对应的文件传输到管道，数据长度 5 字节
len = splice(fd_in, NULL, pipefd[1], NULL, 5, 0);
//将数据从管道传到 fd_out 对应的文件，数据长度 5 字节
len = splice(pipefd[0], NULL, fd_out, NULL, 5, 0);
close(fd_in);
close(fd_out);
return 0;
}
```

源码执行了两次 splice 系统调用，第一次执行 splice 系统调用将数据从文件传输到管道中，第二次执行系统调用将数据从管道传输给另一个文件。最终的结果是将数据从一个文件传输给了另一文件。图 9-8 展示了示例程序的执行过程。

```
[root@localhost ~]# echo "abcdef" > 1.txt
[root@localhost ~]# touch 2.txt
[root@localhost ~]# ./test_splice 1.txt 2.txt
[root@localhost ~]# cat 2.txt
abcde[root@localhost ~]#
```

图 9-8　示例程序的执行过程

图 9-8 中首先通过 echo 命令向文件 1.txt 中写入字符串"abcdef"，然后创建了一个空文件 2.txt，再通过示例程序将文件 1.txt 中的数据传输到文件 2.txt 中。通过打印文件 2.txt 的内容，发现传输的数据是"abcde"5 个字节，因为执行 splice 系统调用时传入的数据长度参数是 5 字节。

9.6.2　相关结构体和接口

在内核模块中，splice 系统调用将会执行 file_operations 中的 splice_read 函数和 splice_write 函数。splice_read 用于将数据从文件传输到管道中，而 splice_write 用于将数据从管道写入文件，这两个函数的关系如图 9-9 所示。

图 9-9　splice_read 和 splice_write 的关系

splice_read 和 splice_write 函数原型如下：

```
ssize_t (*splice_read)(struct file *in, loff_t *ppos, struct pipe_inode_info *pipe,
size_t len, unsigned int flags)
ssize_t (*splice_write)(struct pipe_inode_info *pipe, struct file *out, loff_t *ppos,
size_t len, unsigned int flags)
```

splice_read 用于从文件向管道输入数据。第一参数 in 是输入的文件，对应 splice 系统调用的参数 fd_in；第二个参数 ppos 是输入文件的数据偏移，表示从文件的哪一个位置开始读数据，对应 splice 系统调用的参数 off_in；第三个参数 pipe 是管道信息，对应 splice 系统调用的参数 fd_out；第四个参数 len 是数据长度，对应 splice 系统调用的参数 len；第五个参数 flags 是标志信息，对应 splice 系统调用的参数 flags。

splice_write 用于从管道向文件输出数据。其第一个参数 pipe 是管道信息；第二个参数 out 是输出的文件；第三个参数 ppos 是输出文件的数据偏移，表示从文件的哪一个位置开始写数据；第四个参数 len 是数据长度；第五个参数 flags 是标志信息。

splice_read 的第三个参数和 splice_write 的第一个参数是管道信息，其结构体类型是 struct pipe_inode_info，定义于内核源码的 include/linux/pipe_fs.h 头文件中，该结构体定义如源码 9-19 所示。

源码 9-19　struct pipe_inode_info 结构体定义

```
struct pipe_inode_info {
    ......
    unsigned int head;        //数据头索引
    unsigned int tail;        //数据尾索引
    unsigned int max_usage;   //一般和 ring_size 相同
    unsigned int ring_size;   //缓存总个数
    ......
    //当前管道读进程的数量（有多少个进程在读这个管道的数据）
    unsigned int readers;
    //当前管道写进程的数量（有多少个进程在向这个管道写数据）
    unsigned int writers;
    unsigned int files;       //管道关联的文件数
    ......
    struct pipe_buffer *bufs; //缓存数组，用于存放数据
}
```

对于该结构体，本节主要讨论 head、tail、ring_size、max_usage、bufs 这几个成员变量。其中 bufs 是数据缓存，写入管道的数据会存在该变量中；ring_size 是数据缓存的总个数，在管道中存储的数据总个数不能超过 ring_size 的大小；max_usage 的大小一般和 ring_size 相同；head 和 tail 分别表示数据头和数据尾的索引，head 表示数据头的索引，tail 表示数据尾的索引，新插入数据时从数据头的位置插入。如果 head 和 tail 相等，表示管道中没有数据；如果 head-tail 大于或等于最大缓存长度，表示数据已满；每向管道中插入一个数据，head 的值将加 1，而每从管道中读取一个数据，tail 的值将加 1；如果管道中有数据，则管道中第一个数据是 bufs[tail & (ring_size - 1)]，最后一个数据是 bufs[(head - 1) & (ring_size - 1)]。

举一个例子来说明这几个变量的关系。假设 ring_size 和 max_usage 的值都是 4，表示 bufs

这个缓存数组最多有 4 个元素：bufs[0]、bufs[1]、bufs[2]、bufs[3]。管道信息初始化完成后，head 和 tail 的值都是 0，如图 9-10（a）所示。这时如果要向管道中插入一个数据 a，会将数据保存到 bufs[0]，完成后 head 的值加 1，如图 9-10（b）所示。如果要向管道中再插入一个数据 b，会将数据保存到 bufs[1]，完成后 head 的值加 1，如图 9-10（c）所示，此时 head 的值为 2，缓存 bufs 中有两个数据。然后又向缓存 bufs 依次插入数据 c 和 d，如图 9-10（d）所示，此时缓存 bufs 已满，head 的值为 4，此时不能再向 bufs 插入数据，除非有数据被读取。

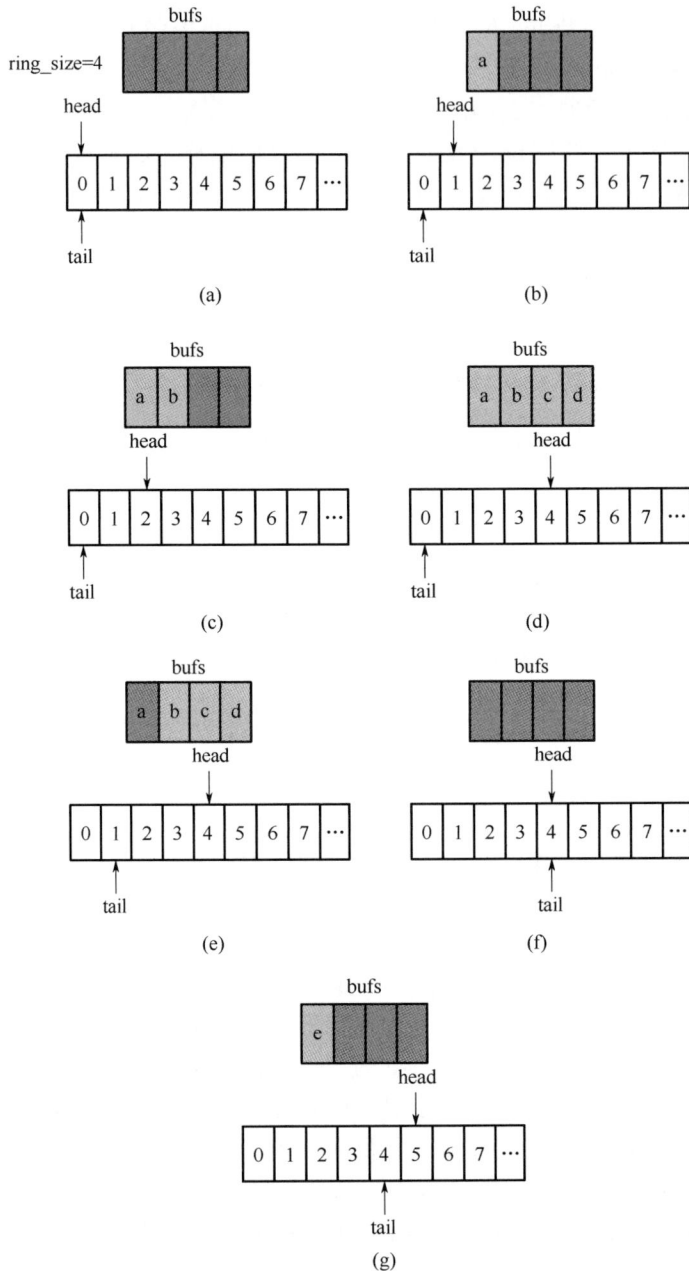

图 9-10　struct pipe_inode_info 结构体中各成员变量的关系

现在要从缓存 bufs 中读取一个数据，读数据时从 tail 指向的位置开始读取，tail 是 0，从 bufs[0]读取数据，读取完成后，tail 将加 1，bufs[0]空闲，可以再次放入数据，如图 9-10（e）所示。这时再从缓存 bufs 依次读取数据，首先读取 bufs[1]的数据，tail 的值加 1；再读取 bufs[2]的数据，tail 的值加 1；最后读取 bufs[3]的数据，tail 再加 1。读取完所有数据后，tail 的值是 4，和 head 相等，表示缓存 bufs 中没有数据，如图 9-10（f）所示。

如果需要再向缓存 bufs 中插入一个新的数据 e，会将数据保存到 bufs[0]中，完成后 head 的值加 1，如图 9-10（g）所示。

综合以上描述，新的数据将会插入到 bufs[head & (ring_size-1)]的位置，最先插入的数据在 bufs[tail & (ring_size-1)]。比如，图 9-10（f）中，如果要插入数据，由于此时 head 的值是 4，ring_size 的值也是 4，数据将会保存到 bufs[head & (ring_size-1)]=buf[0]中，插入数据后，head 的值加 1，和图 9-10（g）展示的一致；如果在图 9-10（g）中要读取数据，将会从 bufs[tail & (ring_size-1)]=bufs[0]（tail 的值是 4，ring_size 的值也是 4）读取数据，读取数据后，tail 的值加 1。

成员变量 bufs 的结构体类型是 struct pipe_buffer，用于保存管道中的数据，该结构体定义于内核源码的 include/linux/pipe_fs_i.h 头文件中，定义如源码 9-20 所示。

源码 9-20　struct pipe_buffer 结构体定义

```
struct pipe_buffer {
    struct page *page;              //数据所在的页
    unsigned int offset, len;       //offset 是数据在页中的偏移，len 是数据长度
    const struct pipe_buf_operations *ops;   //数据操作的函数集合
    unsigned int flags;             //标志信息
    unsigned long private;          //私有数据
};
```

上述结构体各成员变量解释如下。

- page：数据所在的页。
- offset：数据在页中的偏移，page 所代表的页的基地址+offset 是数据存放的地址。
- len：数据的长度。
- ops：管道数据的操作函数集合，内核将调用该成员变量中的函数来执行验证、释放、占有数据、获取数据的引用操作，其结构体 struct pipe_buf_operations 定义如源码 9-21 所示。

源码 9-21　struct pipe_buf_operations 结构体定义

```
struct pipe_buf_operations {
    //验证数据
    int (*confirm)(struct pipe_inode_info *, struct pipe_buffer *);
    //释放数据
    void (*release)(struct pipe_inode_info *, struct pipe_buffer *);
    //尝试占有数据
    bool (*try_steal)(struct pipe_inode_info *, struct pipe_buffer *);
    //获取数据的引用
    bool (*get)(struct pipe_inode_info *, struct pipe_buffer *);
};
```

struct pipe_buf_operations 结构体各函数的第一个参数是管道信息，第二个参数是管道中的数据信息。

- flags：标志信息，每一位代表一个标志，多个标志可以组合使用。本节对该变量不做讨论。
- private：私有数据，不同的内核模块用法不同。

内核提供一组接口来判断管道中的缓存数组是否为空、已满，以及剩余多少缓存可以使用，这些接口定义在 include/linux/pipe_fs_i.h 头文件中，如下所示。

```
bool pipe_empty(unsigned int head, unsigned int tail)
```

用于判断管道中是否为空，返回 true 表示管道中没有数据。第一个参数 head 是管道信息的数据头索引，一般填入 struct pipe_inode_info 结构体变量的 head 成员变量；第二个参数 tail 是管道信息的数据尾索引，一般填入 struct pipe_inode_info 结构体变量的 tail 成员变量。该函数的实现方式相当简单，仅仅判定参数 head 和 tail 是否相等，如果相等，则管道中没有数据，实现如源码 9-22 所示。

源码 9-22　函数 pipe_empty 的实现

```
static inline bool pipe_empty(unsigned int head, unsigned int tail)
{
    return head == tail;
}
```

```
unsigned int pipe_occupancy(unsigned int head, unsigned int tail)
```

获取管道中已使用的缓存的数量。第一个参数 head 是管道信息的数据头索引，第二个参数 tail 是管道信息的数据尾索引。管道中已使用的缓存数量由 head - tail 决定，如源码 9-23 所示。

源码 9-23　函数 pipe_occupancy 的实现

```
static inline unsigned int pipe_occupancy(unsigned int head, unsigned int tail)
{
    return head - tail;
}
```

```
bool pipe_full(unsigned int head, unsigned int tail, unsigned int limit)
```

判断管道中的缓存是否已占用完，即数据是否已满。第一个参数 head 是管道信息的数据头索引，第二个参数 tail 是管道信息的数据尾索引，第三个参数 limit 是管道中缓存的总数量，一般填入 struct pipe_inode_info 结构体变量的 max_usage 或 ring_size 成员变量。pipe_full 函数的实现如源码 9-24 所示。

源码 9-24　函数 pipe_full 的实现

```
static inline bool pipe_full(unsigned int head, unsigned int tail, unsigned int limit)
{
    return pipe_occupancy(head, tail) >= limit;
}
```

9.6.3 示例程序

本小节将在第 9.5 节示例程序 cdev_lock.c（源码 9-17）的基础上，增加 splice_read 和 splice_write 操作，以实现文件之间的数据拷贝。修改后的程序如源码 9-25 所示。

源码 9-25　cdev_splice.c

```
......
#include <linux/pipe_fs_i.h>   //使用管道信息需要引入该头文件
#include <linux/mm.h>          //内存操作需要引入该头文件
#include <linux/slab.h>        //使用内存分配和释放接口需要引入该头文件

static char *kbuf = NULL;   //kbuf 用于保存写入的数据，该变量在加载函数时初始化
......
//该函数用于释放管道中的数据，将被赋值到管道数据的操作函数 release
static void my_buf_release(struct pipe_inode_info *pipe, struct pipe_buffer *buf)
{
    printk("release buf\n");
}
//管道数据操作的函数集合
static struct pipe_buf_operations my_pipe_operations = {
    //将 release 操作函数设置为上面实现的 my_buf_release
    .release = my_buf_release,
};
......
//splice_read 函数，用于将数据从文件读取到管道中
ssize_t my_splice_read(struct file *in, loff_t *ppos, struct pipe_inode_info
*pipe, size_t size, unsigned int flags)
    {
        //获取数据将要插入到的缓存
        struct pipe_buffer *buf = &pipe->bufs[pipe->head & (pipe->ring_size - 1)];
        //如果管道已满，则返回-1，不能读取数据
        if(pipe_full(pipe->head, pipe->head, pipe->ring_size))
        {
            return -1;
        }
        buf->page = virt_to_page(kbuf);   //获取 kbuf 所在的页，赋值到 buf->page 中
        //获取 kbuf 所在的页内偏移
        buf->offset = ((unsigned long)kbuf & (PAGE_SIZE - 1));
        buf->len = size;              //设置缓存中的数据长度
        pipe->head++;              //将 head 后移，head 是下一个数据将要插入到的位置
        buf->ops = &my_pipe_operations;   //设置管道的数据操作函数集合
        return size;
    }
//splice_write 函数，用于将数据从管道写入文件
ssize_t my_splice_write(struct pipe_inode_info *pipe, struct file *out, loff_t
*ppos, size_t size, unsigned int flags)
    {
        int tail = pipe->tail;                   //获取管道中的第一个数据缓存
        //如果管道为空，则没有数据可以写入文件，直接返回
```

```
        if(pipe_empty(pipe->head, pipe->tail))
        {
            return -1;
        }
        //获取管道中的第一个数据缓存
        struct pipe_buffer *buf = &pipe->bufs[tail & (pipe->ring_size - 1)];
        //将数据缓存中的数据拷贝到 kbuf 中
        memcpy(kbuf, page_to_virt(buf->page) + buf->offset,
               buf->len>size?size:buf->len);
        //变量 len 保存了字符设备文件中的数据长度
        len = (buf->len>size?size:buf->len);
        return (buf->len>size?size:buf->len);
    }
    //字符设备文件的函数操作集合
    static const struct file_operations cdev_file_ops = {
        ......
        .splice_read = my_splice_read,
        .splice_write = my_splice_write,
    };
    //加载函数
    static int my_cdev_init(void)
    {
        //分配 1024 字节的缓存作为字符设备文件的缓存
        kbuf = kmalloc(1024, GFP_KERNEL);
    ......
    }
    //卸载函数
    static void my_cdev_exit(void)
    {
        ......
        kfree(kbuf);                            //释放分配的缓存
    }
    ......
```

　　源码实现了 my_splice_read 和 my_splice_write 函数，其中 my_splice_read 函数的作用是将数据从文件读取到管道中，my_splice_write 函数的作用是将文件从管道写入到字符设备文件。

　　由于 struct pipe_inode_info 结构体（见源码 9-19）的成员变量 bufs 保存的是管道的数据，其 head 成员变量保存了当前应该将数据插入到的位置，所以在函数 my_splice_read 通过 pipe->bufs[pipe->head & (pipe->ring_size - 1)]获取到了新的数据应该放入的缓存。如果管道中的数据未满，则将 buf->page 赋值为 kbuf 所在的页，将 buf->offset 和 buf-> len 分别赋值为 kbuf 的数据在页内的偏移以及 kbuf 中数据的长度，完成后将成员变量 head 的值加 1，表示下一次插入数据时新的数据应该插入到的位置。最后将管道数据 buf 的函数操作集合设置为 my_pipe_operations，该操作集合仅仅实现了 release 操作，打印出字符串"release buf"。

　　获取管道中的数据时，从 struct pipe_inode_info 结构体变量的 tail 位置处开始获取，my_splice_write 从管道中获取了数据并将数据拷贝到 kbuf 缓冲中。

　　编译、加载该模块后，通过 mknod 命令创建字符设备文件/dev/first_cdv，之后使用第 9.6.1

节的应用程序 test_splice.c（源码 9-18）进行测试。测试时，先创建一个普通文件，假设名称为 1.txt，然后向该文件写入一个字符串，再执行命令 ./test_splice 1.txt /dev/first_cdv，将文件 1.txt 中的数据传输到字符设备文件，完成后打印出字符设备文件中的内容，与文件 1.txt 的内容一致，如图 9-11 所示。

```
[root@localhost ~]# echo "12345" > 1.txt
[root@localhost ~]# ./test_splice 1.txt /dev/first_cdv
[root@localhost ~]# cat /dev/first_cdv
12345[root@localhost ~]#
```

图 9-11　将普通文件的数据传输至字符设备文件

同样，也可以通过该应用程序将字符设备文件中的数据传输到其他文件中，读者可以自行尝试。

9.7　copy_file_range 操作

9.7.1　copy_file_range 系统调用

除了上一节所介绍的，通过两次 splice 系统调用将一个文件中的数据传输到另一个文件，Linux 还提供了其他进行文件中数据传输的方式，系统调用 copy_file_range 就是其中一种。copy_file_range 用于将一个文件中的数据拷贝到另一个文件，其系统调用原型如下：

```
ssize_t copy_file_range(int fd_in, loff_t *off_in, int fd_out, loff_t *off_out,
size_t len, unsigned int flags)
```

第一个参数 fd_in 是输入的文件描述符，是文件数据拷贝的源文件；第二个参数 off_in 是数据在输入文件中的偏移，表示数据在文件中的位置；第三个参数 fd_out 是输出的文件描述符，是数据拷贝的目标文件；第四个参数 off_out 是数据在输出文件中的偏移，表示将数据写到目标文件的哪个位置；第五个参数 len 是传输的数据长度；第六个参数 flags 是标志信息，一般填 0。函数的返回值是实际拷贝的数据长度。copy_file_range 将 fd_in 所代表的文件中的数据拷贝到 fd_out 所代表的文件中，拷贝的长度是 len。

通过查看内核源码的系统调用表文件 syscall_64.tbl 可以看出，copy_file_range 的系统调用号是 326，如图 9-12 所示。

```
325 common  mlock2             sys_mlock2
326 common  copy_file_range    sys_copy_file_range
327 64      preadv2            sys_preadv2
```

图 9-12　copy_file_range 的系统调用号是 326

源码 9-26 执行了 copy_file_range 系统调用将数据从一个文件拷贝到另一个文件。

源码 9-26　test_copy_file_range.c

```
#define _GNU_SOURCE
#include <sys/syscall.h>
#include <unistd.h>
#include <sys/types.h>
```

```c
#include <sys/stat.h>
#include <fcntl.h>
#include <stdio.h>
#include <string.h>

int main(int argc, char *argv[])
{
    int src_fd,dst_fd,res;   //src_fd 和 dst_fd 变量将作为文件数据拷贝的源和目标
    loff_t src_off=0, dst_off=0;
    char buf[128];

    memset(buf, 0, sizeof(buf));
    src_fd = open(argv[1], O_RDWR); //源文件作为命令行的第一个参数传入
    dst_fd = open(argv[2], O_RDWR); //目标文件作为命令行的第二个参数传入
    if(src_fd < 0 || dst_fd < 0)
    {
        printf("open error\n");
        return -1;
    }
    write(src_fd, "12345", 5);         //向 src_fd 所代表的文件写入字符串"12345"
    //执行 copy_file_range 系统调用，将 src_fd 中的数据传输到 dst_fd 文件
    res = syscall(326, src_fd, &src_off, dst_fd, &dst_off, 5, 0);
    if(res < 0)
        perror("error:");
    read(dst_fd, buf, 5);              //读取 dst_fd 中的数据
    printf("read:%s\n", buf);          //打印出读取的数据
    close(src_fd);
    close(dst_fd);
    return 0;
}
```

由于 copy_file_range 的系统调用号是 326，上述源码通过 syscall(326, src_fd, &src_off, dst_fd, &dst_off, 5, 0) 来执行 copy_file_range 系统调用。在执行系统调用前，向 src_fd 所代表的文件写入字符串 "12345"，执行完系统调用后，目标文件中的数据也会是 "12345"，读取目标文件的数据到缓存 buf 后，打印出 buf 中的数据，最终应该打印出 "read:12345"。

在应用程序执行 copy_file_range 系统调用后，内核态会执行 struct file_operations 结构体的成员函数 copy_file_range，其原型如下：

```c
ssize_t copy_file_range(struct file *src_file, loff_t src_off, struct file
*dst_file, loff_t dst_off, size_t len, unsigned int flags)
```

struct file_operations 的成员函数 copy_file_range 和系统调用的参数是一一对应的：第一个参数 src_file 是数据拷贝的源文件；第二个参数 src_off 是数据在源文件中的偏移；第三个参数 dst_file 是数据拷贝的目标文件；第四个参数 dst_off 是目标文件的数据偏移，表示将数据拷贝到目标文件的哪个位置；第五个参数 len 是拷贝是数据长度；第六个参数 flags 是标志信息。

9.7.2　示例程序

本节将实现一个字符设备驱动。创建两个字符设备驱动文件，每个文件有各自的数据，

通过 copy_file_range 能够将数据从一个文件拷贝到另一个文件。

　　由于默认情况下，Linux 不允许字符设备文件之间的数据拷贝，因此在实现示例程序前需要对内核源码做一个简单的修改：修改内核源码的 fs/read_write.c 文件，找到函数 generic_file_rw_checks，注释掉其检查文件属性的判断，如源码 9-27 所示。

源码 9-27　函数 generic_file_rw_checks

```
int generic_file_rw_checks(struct file *file_in, struct file *file_out)
{
    ......
    if (S_ISDIR(inode_in->i_mode) || S_ISDIR(inode_out->i_mode))
        return -EISDIR;
    //注释掉以下两行
    //if (!S_ISREG(inode_in->i_mode) || !S_ISREG(inode_out->i_mode))
    //    return -EINVAL;
    ......
}
```

　　注释掉的这两行原本是用来判断文件拷贝的源文件和目标文件是否是普通文件，如果不是普通文件，则返回错误，此时通过 copy_file_range 系统调用不能进行数据拷贝。这里谈到的"普通文件"指的是磁盘或虚拟文件，不包括链接文件、目录、设备文件、管道文件或是套接字文件。完成上述操作后，需要重新编译、安装内核。

　　在第 9.6 节示例程序 cdev_splice.c（源码 9-25）的基础上，增加 copy_file_range 操作，用于将数据从一个字符设备文件拷贝到另一个字符设备文件，如源码 9-28 所示。

源码 9-28　copy_file_range.c

```
......
//读操作
ssize_t cdev_file_read(struct file *file, char __user *buf, size_t size, loff_t *ppos)
{
    int res = len;
    if(res > 0)
    {
        //将数据从私有数据缓存拷贝至用户空间
        copy_to_user(buf, file->private_data, len);
        len = 0;
        return res;
    }
    return 0;
}
//写操作
ssize_t cdev_file_write(struct file *file, const char __user *buf, size_t size,
loff_t *ppos)
{
    //将应用程序传入的数据放入私有数据缓存
    copy_from_user(file->private_data, buf, size);
    len = size;                              //变量 len 保存数据长度
    return size;
```

```
}
......
//打开文件时执行的函数
int cdev_file_open(struct inode *inode, struct file *file)
{
    //打开文件时分配 1024 字节的空间给私有数据
    file->private_data = kmalloc(1024, GFP_KERNEL);
    memset(file->private_data, 0, 1024);
    inode->i_size = 1024;                      //设置文件的大小为 1024 字节
    return 0;
}
//关闭文件执行的函数
int cdev_file_release(struct inode *inode, struct file *file)
{
    kfree(file->private_data);                 //释放私有数据占用的内存空间
    return 0;
}
//copy_file_range 操作
ssize_t my_copy_file_range(struct file *src_file, loff_t src_off, struct file
*dst_file,loff_t dst_off, size_t len, unsigned int flags)
{
    int data_len = 0;  //该变量将保存实际拷贝的数据长度
    if(src_file->private_data != NULL && dst_file->private_data != NULL)
    {
        data_len = (len < strlen(src_file->private_data)?len:strlen(
src_file->private_data));
        //将数据从源文件拷贝到目标文件
        memcpy(dst_file->private_data, src_file->private_data, data_len);
    }
    return data_len;
}
//字符设备文件函数操作集合
static const struct file_operations cdev_file_ops = {
    .read = cdev_file_read,                    //文件读操作
    .write = cdev_file_write,                  //文件写操作
    ......
    .open = cdev_file_open,                    //文件打开操作
    .release = cdev_file_release,              //文件关闭前的释放资源操作
    .copy_file_range = my_copy_file_range, //copy_file_range 操作
};
//加载函数
static int my_cdev_init(void)
{
    ......
    dev = MKDEV(201,0);                        //主设备号是 201，次设备号从 0 开始
    if(register_chrdev_region(dev, 2, "my_first_cdev") != 0) //申请 2 个设备号
    {
        printk("error register\n");
        return -1;
    }
```

```
    ......
    if(cdev_add(&my_cdev, dev, 2) != 0)        //注册字符设备，设备数量是2
    {
        unregister_chrdev_region(dev, 2);
        printk("err add\n");
        return -1;
    }
    return 0;
}
//卸载函数
static void my_cdev_exit(void)
{
    cdev_del(&my_cdev);
    unregister_chrdev_region(dev, 2);        //释放2个设备号
......
```

源码在加载函数中通过 register_chrdev_region(dev, 2, "my_first_cdev")和 cdev_add(&my_cdev, dev, 2)注册两个字符设备，其中 register_chrdev_region 函数的第二个参数是申请的设备号的数量，cdev_add 的第三参数是注册的设备数量。加载函数执行完成后，可以通过 mknod 命令创建两个主设备号是 201 的字符设备文件，其中一个设备的次设备号是 0，另一个设备的次设备号是 1。

在 cdev_file_open 函数中，给私有数据分配了 1024 字节的空间，该私有数据缓存将存放文件写入的数据，私有数据缓存将在文件关闭时执行的 cdev_file_release 函数中释放。读函数 cdev_file_read 将私有数据缓存中的数据传输给用户空间，而写函数 cdev_file_write 将应用程序传入的数据拷贝到私有数据缓存中。

在 my_copy_file_range 函数中，将源文件 src_file 的私有数据拷贝给目标文件 dst_file，执行完该操作后，目标文件的数据和源文件一致。

编译、加载该模块后，通过 mknod 分别创建两个字符设备文件：/dev/first_cdv 和/dev/second_cdv，这两个字符设备文件的主设备号都是 201，次设备号分别为 0 和 1。

通过第 9.7.1 节的应用程序 test_copy_file_range.c（源码 9-26）将 first_cdv 中的数据拷贝给 second_cdv，执行结果如图 9-13 所示。

```
[root@localhost ~]# ./test_copy_file_range /dev/first_cdv /dev/second_cdv
read:12345
```

图 9-13　测试 copy_file_range 操作

应用程序 test_copy_file_range.c 首先将数据"12345"写入/dev/first_cdv 的私有数据缓存，然后执行 copy_file_range 系统调用将 first_cdv 的数据拷贝给 second_cdv，最后读取并打印出 second_cdv 的内容，同样是"12345"。

9.7.3　remap_file_range

struct file_operation 结构体中存在一个操作函数 remap_file_range，这个函数和 copy_file_range 类似，也是用于文件间的数据传输。其函数原型如下：

```
loff_t (*remap_file_range)(struct file *file_in, loff_t pos_in, struct file
*file_out, loff_t pos_out, loff_t len, unsigned int remap_flags)
```

remap_file_range 函数的参数和 copy_file_range 一致,函数参数依次是源文件、数据在源文件中的偏移、目标文件、数据在目标文件中的偏移、数据长度以及标志信息。与 copy_file_range 不同的是,remap_file_range 一般用于文件的“克隆”,即在多个文件中共享数据。

remap_file_range 会在什么时候执行?第一种情况,如果应用程序执行了 copy_file_range 系统调用,但是 struct file_operations 的 copy_file_range 成员函数没有实现,此时如果实现了 struct file_operations 的 remap_file_range 成员函数,则会执行 remap_file_range;第二种情况,可以通过 ioctl 系统调用来执行 remap_file_range 操作,命令码是 FICLONERANGE,一般的执行方式是:ioctl(dest_fd,FICLONERANGE, arg)。ioctl 的第一个参数是目标文件对应的文件描述符;第二个参数就是命令码 FICLONERANGE;第三个参数是源文件的信息以及目标文件的偏移,其结构体类型是 struct file_clone_range *,定义如源码 9-29 所示。

源码 9-29　struct file_clone_range 结构体定义

```
struct file_clone_range {
    __s64 src_fd;       //源文件对应的文件描述符
    __u64 src_offset;   //数据在源文件的偏移
    __u64 src_length;   //数据长度
    __u64 dest_offset;  //数据在目标文件的偏移
};
```

填写好 struct file_clone_range 结构体变量后,执行 ioctl 系统调用后,内核态会执行 remap_file_range 操作。由于 remap_file_range 和 copy_file_range 类似,本节不再详细展开。

第10章

块设备驱动

字符设备可以按字节读取数据，而块设备不能。块设备读写的基本单位是"块"，其设备驱动的编写方式与字符设备驱动也有所不同。本章将描述块设备的基本概念以及如何编写块设备驱动程序。

10.1 块设备

块设备（block device）是一种具有一定结构的随机存取设备，与字符设备不同的是，对这种设备的读写是按块进行的，如磁盘、U 盘、SD 卡、Flash 存储器都是典型的块设备。在 Linux 中，执行命令 ls -l /dev/，以 b 开头的设备是块设备，如图 10-1 所示。

```
[root@localhost ~]# ls -l /dev | grep brw
brw-rw----. 1 root disk  253,   0 Feb 5 20:02 dm-0
brw-rw----. 1 root disk  253,   1 Feb 5 20:02 dm-1
brw-rw----. 1 root disk    2,   0 Feb 5 20:02 fd0
brw-rw----. 1 root disk    8,   0 Feb 5 20:02 sda
brw-rw----. 1 root disk    8,   1 Feb 5 20:02 sda1
brw-rw----. 1 root disk    8,   2 Feb 5 20:02 sda2
brw-rw----+ 1 root cdrom  11,   0 Feb 5 20:02 sr0
```

图 10-1　块设备

一般来说，访问块设备的最小单位是扇区（sector），这些扇区在块设备上依次排列，如图 10-2 所示。

扇区1	扇区2	扇区3	......	扇区N

图 10-2　扇区在块设备上依次排列

常见的块设备如磁盘：1 个扇区的大小为 512 字节。可以选择某个扇区进行读写，比如：如果读取扇区 3 的数据，则会返回 512 字节的数据，这些数据属于扇区 3。

对于机械磁盘来说，扇区号由小到大顺序读写可以提高存取效率。因此，Linux 系统对扇区的读写会进行重排序。例如本来应该读取扇区的顺序依次是扇区 4、扇区 3、扇区 1、扇区 2，在处理时，Linux 系统会将扇区读取顺序调整为扇区 1、扇区 2、扇区 3、扇区 4。

对于块设备，扇区是硬件对数据处理的基本单元（最小单位，块设备一次最少处理 1 个扇区），常见的块设备如磁盘 1 个扇区的大小一般是 512 字节；块（block）由一个或多个扇区组成；段（segments）由若干个相邻的块组成。

10.2　相关概念

10.2.1　通用磁盘结构体 gendisk

（1）gendisk 结构体定义

在块设备驱动中，一个重要的结构体类型是 struct gendisk，该结构体用来表示一个独立的磁盘设备或分区，用于对底层物理磁盘进行访问。在 gendisk 中有一个类似字符设备中 file_operations 的操作函数集合，结构体类型是 block_device_operations。gendisk 结构体保存了磁盘的信息，包括设备号、请求队列、分区信息、函数操作集合、私有数据等信息，定义在内核源码的 include/linux/genhd.h 头文件中，定义如源码 10-1 所示。

源码 10-1　struct gendisk 结构体定义

```
struct gendisk {
    int major;                          //主设备号
    int first_minor;                    //第一个次设备号
    int minors;                         //次设备最大数量
    char disk_name[DISK_NAME_LEN];  //设备名称
    unsigned short events;              //支持的事件，只有支持的事件发生时才会上报
    //事件标志，用于标识是否可以通过 UEVENT 进行事件上报或是轮询事件
    unsigned short event_flags;
    struct disk_part_tbl __rcu *part_tbl;   //分区信息
    //第一个分区，即 dik->part_tbl->part[0]=&disk->part0
    struct hd_struct part0;
    const struct block_device_operations *fops;    //块设备操作函数集合
    struct request_queue *queue;                //块 I/O 请求队列
    void *private_data;                         //私有数据信息，可自定义

    int flags;                  //设备标志，标识设备是否是可移动设备、CD ROM 等
    unsigned long state;                        //设备状态
    ......
    struct disk_events *ev;                     //事件信息
    ......
};
```

关于该结构体的各成员变量解释如下。

- major：块设备的主设备号。
- first_minor：块设备的第一个设备的次设备号。
- minors：次设备的最大数量。
- disk_name：表示块设备的设备文件名称，设备文件将在/dev 目录下呈现。
- events：表示设备支持的上报事件。目前支持的事件包括 DISK_EVENT_MEDIA_

CHANGE（媒介发生改变）和 DISK_EVENT_EJECT_REQUEST（设备弹出请求），多个支持的事件可以通过或"|"连接，只有配置为支持的事件才能上报给用户空间。

● event_flags：事件标志，目前可以配置 DISK_EVENT_FLAG_POLL（轮询标志）和 DISK_EVENT_FLAG_UEVENT（UEVENT 上报标志），配置了 DISK_EVENT_FLAG_UEVENT 标志后，块设备的 UEVENT 事件才能上报给用户空间。

● part_tbl：块设备（如磁盘）一般支持分区，这个变量保存了块设备的分区信息，包含一个或多个分区。其结构体类型 struct disk_part_tbl 定义在内核源码的 include/linux/genhd.h 头文件中，定义如源码 10-2 所示。

源码 10-2　struct disk_part_tbl 结构体定义

```
struct disk_part_tbl {
    struct rcu_head rcu_head;              //用于分区被修改时的同步操作
    int len;                               //分区个数，和 part 数组的大小相同
    struct hd_struct __rcu *last_lookup;   //最近一次根据扇区号查询到的分区
    struct hd_struct __rcu *part[];        //该变量是一个数组，保存了所有分区信息
};
```

对于 struct disk_part_tbl 结构体，主要关注其成员变量 part，该变量是一个数组，数组大小和分区个数一致，保存了每一个分区的信息，其结构体类型 struct hd_struct 表示一个分区，定义于内核源码的 include/linux/genhd.h 头文件中，如源码 10-3 所示。

源码 10-3　struct hd_struct 结构体定义

```
struct hd_struct {
    sector_t start_sect;        //起始扇区
    sector_t nr_sects;          //分区中的扇区数量
    ......
    unsigned long stamp;        //处理上一个请求的时间信息
    //状态信息，包括 I/O 提交次数、时间等统计值
    struct disk_stats __percpu *dkstats;
    ......
    int policy, partno;         //policy 是分区策略，partno 是分区号
    ......
    struct rcu_work rcu_work;   //释放设备结构体使用
};
```

上述结构体的成员变量 start_sect 和 nr_sects 决定了分区包含的扇区范围，diskstats 对处理的扇区数、I/O 数、时间信息做出统计。

● part0：块设备的第一个区，part_tbl->part[0] 指向该信息。结构体 gendisk、成员变量 part_tbl 和 part0 关系如图 10-3 所示。

● fops：块设备函数操作集合，包括打开/关闭设备、设备 I/O 控制、设备数据的提交等操作。其结构体类型 struct block_device_operations 定义于内核源码的 include/linux/blkdev.h 头文件中，如源码 10-4 所示。

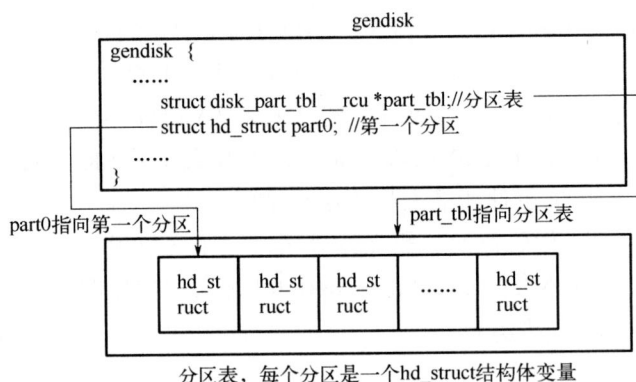

图 10-3   gendisk、part_tbl 和 part0 的关系

源码 10-4   struct block_device_operations 结构体定义

```
struct block_device_operations {
    blk_qc_t (*submit_bio) (struct bio *bio);        //向块设备提交数据
    int (*open) (struct block_device *, fmode_t);   //打开设备时的初始化工作
    //释放设备资源，在关闭设备时调用
    void (*release) (struct gendisk *, fmode_t);
    //将数据从某内存页写入到块设备或从块设备读取数据到内存页
    int (*rw_page)(struct block_device *, sector_t, struct page *, unsigned int);
    //执行 ioctl 系统调用时执行
    int (*ioctl) (struct block_device *, fmode_t, unsigned, unsigned long);
    ......
    //介质发生改变时执行，例如移动设备热插拔
    int (*revalidate_disk) (struct gendisk *);
    //获取设备信息
    int (*getgeo)(struct block_device *, struct hd_geometry *);
    ......
};
```

关于上述结构体各成员函数，将在使用时具体描述。

● queue：块 I/O 请求队列，保存了访问块设备的请求信息。每个请求队列都有一个 elevator_queue（电梯调度队列），elevator_queue 保存了 elevator_type（调度类型，也可以将其理解为调度器），elevator_type 用来决策块访问请求的先后顺序。例如多个访问连续扇区的块访问请求是否要合并成一个请求以提高访问效率、某类访问请求是否必须在某一个时间节点前完成、对访问请求的带宽是否做限制等都由 elevator_type 决策。关于 I/O 请求队列，将在使用时详细描述。

● private_data：私有数据，驱动可以自定义该字段的用法。

● flags：设备标志信息，标识设备的状态和设备类型（可移动设备、CD ROM 设备）等，可用的 flag 定义于 include/linux/genhd.h 头文件中，如源码 10-5 所示。

源码 10-5   标志信息

```
#define GENHD_FL_REMOVABLE        0x0001    //设备可移动，即设备可热插拔，如 U 盘
#define GENHD_FL_CD               0x0008    //设备是 CD 类设备
```

```
#define GENHD_FL_UP                     0x0010   //设备处于"UP"状态，即开启状态
#define GENHD_FL_SUPPRESS_PARTITION_INFO 0x0020  //隐藏分区信息
#define GENHD_FL_EXT_DEVT               0x0040   //支持扩展设备号
......
#define GENHD_FL_NO_PART_SCAN           0x0200   //禁止分区扫描
#define GENHD_FL_HIDDEN                 0x0400   //隐藏该设备（在 sysfs 不可见）
```

- state：设备的状态，例如 GD_NEED_PART_SCAN 表示分区需要重新扫描。

（2）相关接口

Linux 提供了一组操作 gendisk 的接口，这些接口包括：分配、初始化、释放 gendisk，下面列出了常用的接口：

```
struct gendisk *alloc_disk(minors)
```

该函数的返回值是一个 struct gendisk 结构体指针，其功能就是分配并初始化一个 struct gendisk 通用磁盘结构体指针。参数 minors 是子设备的数量，即分区数，如果该值是 1，表示设备不能被分区。

```
void add_disk(struct gendisk *disk)
```

向内核增加通用磁盘 gendisk 信息。执行完该操作后，可以在/dev 目录下查看到块设备驱动文件。

```
void del_gendisk(struct gendisk *disk)
```

删除分配的 gendisk。

```
void set_capacity(struct gendisk *disk, sector_t size)
```

设置磁盘容量，第二个参数 size 是将要设置的磁盘空间大小，以扇区（512 字节）为单位。

10.2.2 块设备对象 block_device

block_device 代表块设备对象，如整个硬盘或特定分区。struct block_device 定义在内核源码 include/linux/blk_types.h 的头文件中，其定义如源码 10-6 所示。

源码 10-6 struct block_device 结构体定义

```
struct block_device {
    dev_t           bd_dev;        //主、次设备号
    int             bd_openers;    //设备打开计数
    struct inode *   bd_inode;     //设备关联的 inode 节点
    struct super_block * bd_super;   //文件系统的超级块
    struct mutex     bd_mutex;     //互斥量，操作块设备时需要互斥时使用
    void *           bd_claiming;  //块设备正在声明过程中的使用者信息
    void *           bd_holder;    //块设备使用者信息
    int             bd_holders;    //块设备使用次数计数
    ......
    u8              bd_partno;     //分区号
    struct hd_struct * bd_part;     //分区属性和状态
```

```
    unsigned            bd_part_count;    //设备分区被打开的次数计数
    ......
    struct gendisk *    bd_disk;          //指向对应的gendisk结构体
    ......
};
```

关于该结构体的各成员变量解释如下。

- bd_dev：块设备对象的设备号，包含主设备号和次设备号。
- bd_openers：记录该块设备打开的次数。
- bd_inode：对于 Linux 来说，一切皆是文件，块设备也会关联一个 inode 节点，bd_inode 指向块设备关联的 inode。
- bd_super：对于每一个文件系统，都有一个超级块，用于保存文件系统的属性。bd_super 保存了块设备上文件系统的超级块信息。关于超级块，将在第 12 章详细介绍。
- bd_mutex：互斥量，在操作块设备时需要互斥的情况使用。例如设备的属性的设置、分区的新增和删除等操作。
- bd_claiming、bd_holder、bd_holders：某些情况下，块设备需要被独占访问。在块设备正在被访问时，其他的访问者不能同时访问块设备。这种情况下，bd_claiming 和 bd_holder 保存的是访问者的标识，bd_holders 保存了访问者的个数。
- bd_partno、bd_part、bd_part_count：这三个成员变量保存了分区信息。其中，bd_partno 表示块设备对象的分区号；bd_part 保存了块设备对象的分区属性和状态，其结构体类型 struct hd_struct 见第 10.2.1 节源码 10-3；bd_part_count 保存了分区被打开的次数。
- bd_disk：每一个块设备对象关联一个 gendisk，成员变量 bd_disk 指向了相关联的 gendisk。

10.2.3 I/O 处理基本单元 bio

（1）bio 结构体定义

bio 用来描述单一的 I/O 请求，它记录了一次 I/O 操作所必需的相关信息，如用于 I/O 操作的数据缓存位置、I/O 操作的块设备起始扇区、是读操作还是写操作等。bio 是块 I/O 层和驱动提交数据的最小单元。如果设备驱动不需要经过电梯算法进行调度，则驱动程序可以直接处理 bio 进行数据提交，bio 的结构体定义于内核源码的 include/linux/blk_types.h 头文件中，如源码 10-7 所示。

源码 10-7 struct bio 结构体定义

```
struct bio {
    struct bio          *bi_next;    //一个请求的多个bio通过此字段连接成链表
    //该bio关联的gendisk，即该bio将要提交到的磁盘设备
    struct gendisk      *bi_disk;
    unsigned int        bi_opf;      //请求的标志值，包含了操作信息（读/写/刷新）
    unsigned short      bi_flags;    //状态信息、bio池的序号
    unsigned short      bi_ioprio;   //I/O优先级
    unsigned short      bi_write_hint;    //写标记信息，大部分驱动不会用到
```

```
    blk_status_t         bi_status;           //bio 的处理结果
    u8                   bi_partno;           //对应磁盘的分区号
    //在链中的 bio 数量（和该 bio 相关的未处理完的 bio 数量）
    atomic_t         __bi_remaining;
    // bvec 迭代器，用于遍历 bio 的数据，包含 bio 请求的起始扇区，数据长度等信息
    struct bvec_iter  bi_iter;
    bio_end_io_t    *bi_end_io;   //函数指针，bio 提交完成后调用，用于清理数据
    void            *bi_private;           //私有信息，可自定义
    ......
    // bvec 的数量，bvec 保存了需要提交的数据，对应成员变量 bi_io_vec
    unsigned short  bi_vcnt;
    unsigned short   bi_max_vecs;         //最多可以存多少个 bio_vec
    atomic_t        __bi_cnt;              //bio 的使用计数
    struct bio_vec  *bi_io_vec;           //需要提交的数据
    struct bio_set  *bi_pool;             //内存池信息
    struct bio_vec   bi_inline_vecs[]; //bio 结构体内嵌的 bvec
};
```

需要关注的结构体成员变量如下。

● bi_next：bio 是 I/O 请求提交的最小单元，一个请求可以包含多个 bio，多个 bio 通过该字段以链表形式组织。

● bi_disk：bio 提交给哪个磁盘设备（gendisk）。

● bi_opf：该字段高 24 位为请求标志位，低 8 位为请求操作位，操作类型包括读、写、刷新缓存等。可以通过宏 bio_op 获取操作类型信息，bio_op 宏定义如源码 10-8 所示。

源码 10-8　bio_op 宏定义

```
#define REQ_OP_BITS  8                //请求操作位数为 8
//请求操作掩码是 (1<<8) - 1 = 255，表示低 8 位
#define REQ_OP_MASK ((1 << REQ_OP_BITS) - 1)
//获取请求操作，即和 255 相与，取低 8 位
#define bio_op(bio) ((bio)->bi_opf & REQ_OP_MASK)
```

从宏定义的实现可以看出，bio_op 取的是 bio 成员变量 bi_opf 的低 8 位，即低 8 位存的是请求操作类型。这些操作类型定义在内核源码的 include/linux/blk_types.h 头文件中，如源码 10-9 所示。

源码 10-9　操作类型定义

```
enum req_opf {
    REQ_OP_READ       = 0,    //从块设备读数据
    REQ_OP_WRITE      = 1,    //向块设备写数据
    REQ_OP_FLUSH      = 2,    //清空写缓存（执行刷盘操作）
    REQ_OP_DISCARD    = 3,    //丢弃数据
    REQ_OP_SECURE_ERASE= 5,    //擦除数据
    ......
};
```

- bi_ioprio：I/O 请求的优先级，块 I/O 调度器会根据优先级的不同对 bio 区别处理。
- bi_status：bio 的处理结果，其中值 BLK_STS_OK 表示处理成功，其他的值均表示处理失败，可能的值如源码 10-10 所示。

源码 10-10　bio 的处理结果

```
#define  BLK_STS_OK              0                        //处理完成
#define  BLK_STS_NOTSUPP        ((__force blk_status_t)1)   //操作不支持
#define  BLK_STS_TIMEOUT        ((__force blk_status_t)2)   //处理超时
#define  BLK_STS_NOSPC          ((__force blk_status_t)3)   //空间分配失败
#define  BLK_STS_TRANSPORT      ((__force blk_status_t)4)   //传输失败
......
#define  BLK_STS_AGAIN          ((__force blk_status_t)12)  //需要重新提交
```

- bi_iter：记录了 bio 将要提交的起始磁盘扇区，数据长度等信息，是 bvec 数组（bio 中，数据保存在 bvec 数组中，即成员变量 bi_io_vec）的迭代器。bi_iter 的结构体类型是 struct bvec_iter，定义于内核源码的 include/linux/bvec.h 头文件中，定义如源码 10-11 所示。

源码 10-11　bvec 迭代器结构体定义

```
struct bvec_iter {                    //bvec 迭代器
    sector_t            bi_sector;      //数据所在扇区号
    unsigned int        bi_size;        //剩余未遍历或处理的字节数
    unsigned int        bi_idx;         //当前迭代器数据在 bvec 中的序号
    unsigned int        bi_bvec_done;   //当前 bvec 已经完成遍历或处理的字节数
};
```

- bi_vcnt：成员变量 bi_io_vec 数组的长度。
- bi_io_vec：bvec 数组，该数组保存了 bio 的数据，数组的长度由成员变量 bi_vcnt 决定。前面描述的 bi_iter 成员变量用于遍历该数组。该数组的每一个元素结构体类型是 struct bio_vec，该结构体定义在内核源码的 include/linux/blk_types.h 头文件中，定义如源码 10-12 所示。

源码 10-12　bvec 结构体定义

```
struct bio_vec {                      //bvec
    struct page  *bv_page;             //数据所在的页
    unsigned int  bv_len;              //数据长度
    unsigned int  bv_offset;           //数据在页中的偏移
};
```

bvec 的数据保存在上述结构体的成员变量 bv_page 代表的页中，数据长度由成员变量 bv_len 决定，而成员变量 bv_offset 是数据在页中的偏移。这几个变量的关系如图 10-4 所示。

bvec 数组可以通过 struct bvec_iter 结构体变量（bvec 迭代器）遍历，图 10-5 展示了通过 bvec_iter 迭代器遍历 bio_vec 数组的过程。假设 bvec 数组有 3 个元素，序号分别为 0、1、2，数据长度分别是 100 字节、200 字节、300 字节（数组中数据总长度是 100+200+300=600 字节）。通过迭代器 bvec_iter 来遍历这个数组,遍历到 bio_vec[0]时，bvec_iter 的中剩余数据长度 bi_size 是 600，序号 bi_idx 是 0，当前已遍历的字节数是 0，如图 10-5（a）所示；遍历时，以字节为单位将 bvec_iter 迭代器向后移动，假设要向后移动 50 字节，由于 bio_vec[0]中数据长度为 100 字节，还剩余 50 字节未遍历完成，此时 bvec_iter 中的剩余数据长度是 550 字节（数据总长度 600 - bio_vec[0]已遍历字节数 50），序号 bi_idx 还是 0,已遍历字节数 bi_vec_done 是 50，如图 10-5（b）所示；如果将 bvec_iter 再次向后移动 50 字节，bio_vec[0]中的数据就被遍历完成,此时 bvec_iter 就指向了 bio_vec[1]的起始处,bvec_iter 中剩余的数据长度 bi_size 是 500（数据总长度 600 - bio_vec[0]的数据长度 100），序号 bi_idx 是 1，由于 bio_vec[1]中的数据还未被遍历，已经遍历的数据长度 bi_vec_done 是 0，如图 10-5(c)所示；此时再将 bvec_iter 向后移动 200 字节，bvec_iter 应该指向 bio_vec[2]，剩余的数据长度是 300（数据总长度 600 - bio_vec[0]的数据长度 100 - bio_vec[1]的数据长度 200），序号 bi_idx 是 2，已经遍历的数据长度是 0，如图 10-5（d）；如果再将 bvec_iter 向后移动 300 字节，整个 bvec 数组遍历完成。

图 10-4　bvec 结构体成员变量间的关系

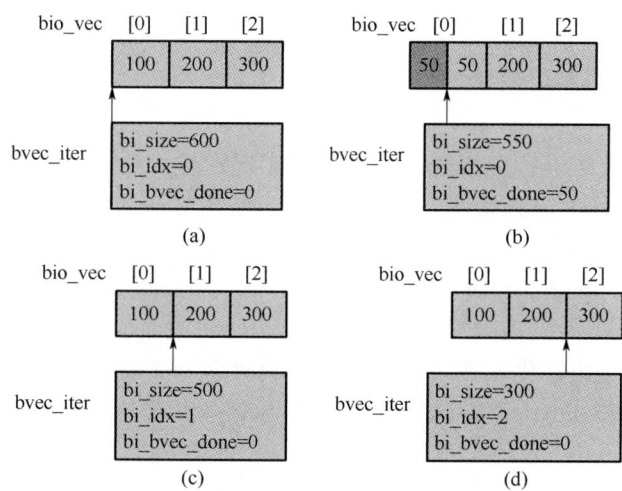

图 10-5　通过 bvec 迭代器遍历数组

● bi_pool：bio 内存的分配可以从内存池中获取，该变量指向 bio 分配的内存池。
● bi_inline_vecs：在没有使用内存池分配 bio 的情况下，成员变量 bi_io_vec 将设置为 bi_inline_vecs，即该值保存了 bio 的数据。
（2）相关接口
Linux 内核提供了一组遍历 bio 数据的接口，如下所示。

```
void bio_advance_iter(const strut bio *bio, struct bvec_iter *iter, unsigned int bytes)
```

将迭代器 iter 指向的数据后移 bytes 个字节，一般在遍历 bio 中的成员变量 bi_io_vec 中使用该函数。第一个参数 bio 是对应 bio；第二个参数 iter 是 bvec 迭代器，表示已经遍历到了 bi_io_vec 的哪个位置；第三个参数 bytes 是需要后移的字节数。

```
bio_for_each_bvec(bvl, bio, iter)
```

遍历 bio 中的 bi_io_vec 数组。第一个参数 bvl 是类型为 struct bio_vec 的变量，保存遍历到了 bi_io_vec 数组的哪一个位置；第二个参数 bio 是需要被遍历的 bio 变量；第三个参数 iter 是类型为 struct bvec_iter 的变量，是遍历过程中用到的 bvec 迭代器。该接口借助函数 bio_advance_iter 实现。

```
bio_for_each_segment(bvl, bio, iter)
```

遍历 bio 中的 bi_io_vec 数组，其参数和 bio_for_each_bvec 一致。与 bio_for_each_bvec 的不同之处在于，bio_for_each_bvec 遍历到的数据可能跨页，而 bio_for_each_segment 遍历到的数据不会跨页（必须 4096 字节对齐）。如果 bio 的成员数组 bi_io_vec 的某个元素的数据跨页，bio_for_each_segment 将会让跨页的数据分成多次遍历。

```
void *bio_data(struct bio *bio)
```

获取 bio 中的数据，返回值就是 bio 中的数据。

```
unsigned int bio_cur_bytes(struct bio *bio)
```

获取 bio 中的数据长度，返回值是 bio 中数据的长度。

10.3 第一个块设备驱动

本节将完成一个最简单的虚拟磁盘驱动，要实现这样一个驱动，需要完成如下步骤。

① 分配一块内存作为虚拟磁盘。虚拟磁盘由一块内存来模拟，因此需要预先分配一块内存作为虚拟磁盘，实际的数据读写操作就是读写该内存区域。

② 分配并初始化 gendisk。块设备驱动需要有一个 gendisk，用于描述物理设备并对其进行访问。初始化 gendisk 时，需要对其主、次设备号、块设备操作函数集合、容量、块 I/O 请求队列等成员变量进行初始化。在块设备操作函数集合中（gendisk 的成员变量 fops），需要实现其成员函数 submit_bio，用于将块 I/O 操作提交给块设备处理。对于虚拟磁盘，由于块设备由内存模拟，submit_bio 的实现是将数据提交给虚拟磁盘所在的内存。

根据以上两个步骤，实现虚拟磁盘，源码 first_virtual_bdev.c 如源码 10-13 所示。

源码 10-13　first_virtual_bdev.c

```
#include <linux/module.h>
#include <linux/genhd.h>   //使用 gendisk 需要引入该头文件
#include <linux/blk-mq.h>  //使用块 I/O 请求队列（见第 10.4 节）需要引入该头文件

#define MY_DISK_MAJOR   178           //将 gendisk 的主设备号设置为 178
#define MY_DISK_NAME    "my_disk"      //将 gendisk 的名称设置为 my_disk
#define MY_DISK_SIZE    (2 * 1024 * 1024)    //将虚拟磁盘的大小设置为 2MB

//定义块 I/O 请求队列，gendisk 中需要设置一个请求队列
```

```
static struct request_queue *my_queue = NULL;
static struct gendisk *my_gendisk = NULL;        //需要初始化的gendisk变量
static char *ram_disk_ptr = NULL;                //该指针指向虚拟磁盘所在的内存
//提交数据到虚拟磁盘
static blk_qc_t my_submit_bio(struct bio *bio)
{
    //获取bio的起始扇区在虚拟磁盘中的偏移
    unsigned long start = (bio->bi_iter.bi_sector << 9);
    char *buffer = bio_data(bio);                //获取bio中的数据地址
    int len = bio_cur_bytes(bio);                //获取bio中数据的长度

    if(bio_op(bio) == REQ_OP_READ)
    {   //如果是读操作，将虚拟磁盘中的数据拷贝到bio中
        memcpy(buffer, ram_disk_ptr + start, len);
    }
    else if(bio_op(bio) == REQ_OP_WRITE)
    {   //如果是写操作，将bio中的数据写到虚拟磁盘的相应位置
        memcpy(ram_disk_ptr + start, buffer, len);
    }
    else
    {
        printk("not support %d\n", bio_op(bio)); //该驱动程序只支持读写操作
    }

    bio_endio(bio);                 //需要调用函数bio_endio结束对bio的处理
    return BLK_QC_T_NONE;           //返回值固定填该值即可
}
//块设备操作函数集合
static struct block_device_operations my_bdev_ops = {
    .submit_bio = my_submit_bio,   //设置成员函数submit_bio为上面实现的函数
};
//加载函数
static int first_virtual_bdev_init(void)
{
    //给虚拟磁盘分配内存，内存大小为2MB
    ram_disk_ptr = kmalloc(MY_DISK_SIZE, GFP_KERNEL);
    //分配块I/O请求队列，gendisk需要一个请求队列
    my_queue = blk_alloc_queue(-1);
    my_gendisk = alloc_disk(1);               //分配gendisk
    my_gendisk->major = MY_DISK_MAJOR;        //设置主设备号
    my_gendisk->first_minor = 0;              //设置起始次设备号
    my_gendisk->fops = &my_bdev_ops;          //设置块设备函数操作集合
    sprintf(my_gendisk->disk_name, MY_DISK_NAME); //设置gendisk名称
    my_gendisk->queue = my_queue;                 //设置块I/O请求队列
    set_capacity(my_gendisk, MY_DISK_SIZE >> 9); //设置磁盘容量，以扇区为单位
    add_disk(my_gendisk);                        //向系统添加gendisk
    return 0;
}
//卸载函数
static void first_virtual_bdev_exit(void)
```

```
    {
        del_gendisk(my_gendisk);          //从系统中删除 gendisk
        blk_cleanup_queue(my_queue);      //清理块 I/O 请求队列
        kfree(ram_disk_ptr);              //释放虚拟磁盘占用的内存
    }

    module_init(first_virtual_bdev_init);
    module_exit(first_virtual_bdev_exit);
```

根据之前描述的创建虚拟磁盘的步骤，在加载函数中，首先通过 kmalloc 分配一块内存作为虚拟磁盘，内存的大小是 2MB，意味着虚拟磁盘的空间是 2MB。内存分配完成后，需要分配并初始化 gendisk。通过接口 alloc_disk 来分配 gendisk 的内存，然后设置其主、次设备号、块设备函数操作集合、gendisk 的名称、磁盘容量等信息，最后调用函数 add_disk 向系统添加这个 gendisk。

加载函数还分配了一个块 I/O 请求队列 my_queue，通过函数 blk_alloc_queue 来分配请求队列的内存，同时将 my_queue 赋值给 gendisk 的成员变量 queue。在卸载函数中通过函数 blk_cleanup_queue 来清理块 I/O 请求队列，释放相应资源。关于块 I/O 请求队列，将在下一节详细描述。

函数 my_submit_bio 是提交 bio 到虚拟磁盘的关键函数，该函数首先获取 bio 的起始扇区在虚拟磁盘中的偏移，保存到变量 start 中：bio->bi_iter.bi_sector 保存的是 bio 请求的起始扇区号，bio->bi_iter.bi_sector<<9 即 bio->bi_iter.bi_sectorx512，由于 1 个扇区大小是 512 字节，通过 bio->bi_iter.bi_sector<<9 算出来的值就是 bio 的起始扇区在虚拟磁盘中的偏移。之后通过 bio_cur_bytes 获取 bio 中数据的长度保存到变量 len 中。然后通过 bio_op 获取数据的操作类型，如果是读操作，则通过 memcpy 将虚拟磁盘对应位置的数据拷贝到 bio 中；如果是写操作，则将 bio 中的数据拷贝到虚拟磁盘的对应位置。最后，通过函数 bio_endio 来释放 bio 占用的资源。

编译、加载该模块，在/dev 目录下会生成一个设备文件 my_disk。可以像操作磁盘一样对该设备进行格式化、挂载等操作，如图 10-6 所示。

```
[root@localhost ~]# mkfs.ext2 /dev/my_disk
mke2fs 1.42.9 (28-Dec-2013)
Filesystem label=
OS type: Linux
Block size=1024 (log=0)
Fragment size=1024 (log=0)
Stride=0 blocks, Stripe width=0 blocks
256 inodes, 2048 blocks
102 blocks (4.98%) reserved for the super user
First data block=1
Maximum filesystem blocks=2097152
1 block group
8192 blocks per group, 8192 fragments per group
256 inodes per group

Allocating group tables: done
Writing inode tables: done
Writing superblocks and filesystem accounting information: done

[root@localhost ~]# mount /dev/my_disk /mnt
[root@localhost ~]# ls /mnt/
lost+found
```

图 10-6　操作虚拟磁盘

图 10-6 首先通过 mkfs.ext2 将虚拟磁盘 my_disk 格式化为 ext2 文件系统，再通过 mount 命令将虚拟磁盘挂载到/mnt 目录，此后访问/mnt 目录就可以访问到 my_disk 上的文件系统。

10.4　块 I/O 请求队列

上一节实现了一个简单的虚拟磁盘驱动，通过这种方式实现的块设备驱动不会用到内核提供的块 I/O 调度器，而是通过实现 struct block_device_operations 结构体的 submit_bio 函数直接将数据提交给设备。

如果在提交 bio 时要使用到块 I/O 调度器，则需要通过另一种方式实现块设备驱动。在此过程中，会用到块 I/O 请求队列（后续的描述简称"请求队列"）。本节需要了解两个概念：块 I/O 请求（简称"请求"）和块 I/O 请求队列。

一个或多个 bio 会构成一个请求，请求中的多个 bio 一般扇区相邻。请求是块 I/O 调度的基本单元，块 I/O 调度器会选择优先需要处理的请求提交给块设备驱动。请求队列包含了多个请求，同时请求队列还包含块 I/O 调度器信息、块设备驱动的操作以及一些属性信息等。一个请求队列和块 I/O 调度器及一个块设备驱动绑定，属于同一请求队列的多个请求由同一个块 I/O 调度器及同一个块设备驱动处理。

块 I/O 请求的结构体类型是 struct request，请求队列的结构体类型是 struct request_queue，这两个结构体定义在内核源码的 include/linux/blkdev.h 头文件中。

10.4.1　块 I/O 请求

块 I/O 请求的结构体类型 struct request 定义如源码 10-14 所示。

源码 10-14　struct request 结构体定义

```
struct request {
    struct request_queue *q;        //请求所在的队列
    struct blk_mq_ctx *mq_ctx;      //请求的软件队列上下文
    struct blk_mq_hw_ctx *mq_hctx;  //请求的硬件队列上下文
    ......
    int tag;                        //该请求在预分配的块 I/O 请求池中的编号
    int internal_tag;               //和 tag 的作用类似
    unsigned int __data_len;        //总的数据长度
    sector_t __sector;              //数据所在的扇区号
    struct bio *bio;                //请求中的 bio 链表头
    struct bio *biotail;            //请求中的 bio 链表尾
    struct list_head queuelist;     //多个请求通过该字段形成链表
    union {
        //以哈希表的形式组织多个请求，请求合并时，用于快速查找
        struct hlist_node hash;
        ......
    };
    union {
        struct rb_node rb_node;     //以红黑树组织多个请求
        ......
```

```
    };
    ......
    struct gendisk *rq_disk;          //请求对应的块设备
    struct hd_struct *part;           //请求对应的块设备分区
    ......
    u64 start_time_ns;                //请求的分配时间
    u64 io_start_time_ns;             //请求提交给设备的时间
    ......
    enum mq_rq_state state;           //请求的状态信息
    ......
    unsigned long deadline;           //请求的截止时间
    ......
};
```

该结构体的成员变量解释如下。

- q：请求所在的请求队列，请求队列将在下一节介绍。
- mq_ctx：请求的软件队列上下文。块 I/O 调度有软件队列和硬件队列的概念，目前需要知道的是提交给块 I/O 层的请求会插入到这两种队列之一，软件队列和 CPU 绑定，硬件队列和块设备绑定。
- mq_hctx：请求的硬件队列上下文。
- tag、internal_tag：这两个变量都表示请求在预分配的块 I/O 请求池中的编号。两个变量的不同之处在于，internal_tag 在指定了具体块 I/O 调度器时使用，而 tag 在其余情况下使用。
- __data_len：请求中数据的总长度。
- __sector：请求中数据的起始扇区号。
- bio：请求中的 bio 链表头。由于一个请求可能包含多个 bio，这些 bio 以链表形式组织。该变量表示 bio 链表的头部，即链表中的第一个 bio。
- biotail：bio 链表的尾部，即 bio 链表的最后一个 bio。
- queuelist：请求队列中的多个请求以链表形式组织，通过该字段形成链表。
- hash：多个请求可以通过哈希表的形式组织，哈希表的键值是紧邻该请求的扇区号。为了提高数据的提交效率，块 I/O 层会尝试将扇区相邻的多个请求合并，以哈希表组织这些请求可以提高查询效率。
- rb_node：多个请求也可以通过红黑树组织，红黑树以起始扇区或其他方式排列，由块 I/O 调度器具体使用。
- rq_disk：rq_disk 是请求将要提交给哪一个块设备。
- part：块设备的分区。
- start_time_ns：bio 提交后，会分配请求来容纳 bio，该时间是请求的分配时间。
- io_start_time_ns：请求提交给块设备的时间。
- state：请求的状态。各状态定义如源码 10-15 所示。

源码 10-15　请求的状态

```
enum mq_rq_state {
    MQ_RQ_IDLE      = 0,    //空闲
    MQ_RQ_IN_FLIGHT = 1,    //请求正在被处理
```

```
    MQ_RQ_COMPLETE = 2,      //请求处理完成
};
```

- deadline：请求的截止时间。如果请求在截止时间到期时未完成处理，将进入超时处理流程。

10.4.2　请求队列

请求队列的结构体类型 struct request_queue 的定义如源码 10-16 所示。

源码 10-16　struct request_queue 结构体定义

```
struct request_queue {
    struct request *last_merge; //上一次合并的请求,多个请求可合并成一个请求
    struct elevator_queue  *elevator;  //绑定的块I/O调度队列
    ......
    const struct blk_mq_ops *mq_ops;        //请求队列操作函数集合
    struct blk_mq_ctx __percpu *queue_ctx;  //软件队列上下文
    ......
    struct blk_mq_hw_ctx  **queue_hw_ctx; //硬件队列上下文,这是一个指针数组
    unsigned int        nr_hw_queues;       // queue_hw_ctx数组元素的个数
    ......
    void            *queuedata;         //请求队列的私有数据
    unsigned long    queue_flags;       //队列的标志信息
    ......
    int                 id;             //队列的标识
    ......
    unsigned long    nr_requests;       //队列的最大请求数量
    ......
    unsigned int     rq_timeout;        //请求的截止时间
    ......
    struct queue_limits  limits;        //请求队列的限制信息
    unsigned int  required_elevator_features; //请求队列的特征
    ......
    struct list_head    requeue_list;   //重新入队链表
    spinlock_t          requeue_lock;   //用于访问requeue_list的互斥操作
    struct delayed_work  requeue_work;   //延迟任务
    ......
    struct blk_mq_tag_set *tag_set;     //请求队列要素集合
    struct list_head  tag_set_list;     //关联同一个tag_set的请求队列
    ......
};
```

该结构体的各成员变量解释如下。

- last_merge：上一次合并的请求。由于请求队列包含了多个请求，扇区相邻的请求可以合并成一个请求，该变量保存了最近一次合并的请求。
- elevator：块 I/O 调度队列。每一个请求队列可以绑定一个块 I/O 调度队列，块 I/O 调

度队列包含了块 I/O 调度器的信息，指定了请求队列以何种方式进行调度。

- mq_ops：请求队列操作函数集合。该操作函数集合可以由块设备驱动定义，包含了诸如提交请求到设备、初始化请求、释放请求等操作。其结构体类型 struct blk_mq_ops 定义如源码 10-17 所示。

源码 10-17　struct blk_mq_ops 结构体定义

```
struct blk_mq_ops {
    //将请求排队或是直接将请求提交给块设备
    blk_status_t (*queue_rq)(struct blk_mq_hw_ctx *, const struct blk_mq_queue_data *);
    void (*commit_rqs)(struct blk_mq_hw_ctx *);  //提交请求
    bool (*get_budget)(struct request_queue *);  //获取块设备的资源
    //释放块设备的资源，和 get_budget 配合使用
    void (*put_budget)(struct request_queue *);
    //超时处理，请求截止时间到期时没有提交到块设备，将执行该函数
    enum blk_eh_timer_return (*timeout)(struct request *, bool);
    int (*poll)(struct blk_mq_hw_ctx *);         //轮询处理请求队列中的请求
    void (*complete)(struct request *);          //标识请求处理完成
    //初始化硬件队列相关信息
    int (*init_hctx)(struct blk_mq_hw_ctx *, void *, unsigned int);
    //释放硬件队列相关信息的资源
    void (*exit_hctx)(struct blk_mq_hw_ctx *, unsigned int);
    //初始化请求，可以设置驱动的私有信息
    int (*init_request)(struct blk_mq_tag_set *set, struct request *, unsigned int,
unsigned int);
    //释放请求占用的资源
    void (*exit_request)(struct blk_mq_tag_set *set, struct request *, unsigned int);
    ......
    bool (*busy)(struct request_queue *);  //判断请求队列是否正处于忙的状态
    ......
}
```

关于该结构体各成员变量，将在使用时详细讲解。当前主要关注 queue_rq 函数，这个函数是在使用请求队列操作函数集合的情况下，块设备驱动必须实现的一个函数。函数 queue_rq 主要用于将请求进行排队或直接将请求提交给块设备驱动，其功能和第 10.3 节源码 10-13 的函数 my_submit_bio 作用类似。

- queue_ctx：软件队列上下文。一个请求队列包含两种类型的队列：软件队列和硬件队列。软件队列一般和 CPU 绑定，数量和 CPU 的数量一致，同一个请求队列的多个软件队列由不同的 CPU 处理，而硬件队列对应了某个块设备。软件队列上下文保存了软件队列的信息。
- queue_hw_ctx、nr_hw_queues：queue_hw_ctx 是硬件队列上下文指针数组，保存了硬件队列的信息。nr_hw_queues 是 queue_hw_ctx 数组元素的个数，表示有几个硬件队列上下文。
- queuedata：请求队列的私有数据，开发人员可以自定义其使用方式。
- queue_flags：请求队列的标志信息。标识请求队列是否活跃、是否静默执行等。
- id：请求队列的唯一标识。
- nr_requests：请求队列的最大请求数量。
- rq_timeout：请求队列中请求的默认截止时间。如果请求队列中的请求没有设置截止

时间，则使用该变量作为截止时间。

- limits：请求队列的限制信息。包括请求队列对应块设备的物理块、逻辑块大小等信息。
- required_elevator_features：请求队列的队列特征，用于和块 I/O 调度器类型匹配。在请求队列初始化时，如果该值和块 I/O 调度器的类型一致，则请求队列和块 I/O 调度器绑定。
- requeue_list：重新入队链表。某些请求可能会有重新进入请求队列的需求，这些请求将被暂存在该链表中。
- requeue_lock：访问 requeue_list 时，可以通过该变量进行互斥操作。
- requeue_work：该延迟任务用于处理 requeue_list 的请求。默认情况下，该任务用于将 requeue_list 的请求重新插入请求队列。
- tag_set：请求队列的要素集合。包含了请求队列的硬件队列数量以及最大请求个数，以及软件队列和硬件队列的映射关系等信息。为请求队列预分配的请求也保存在该变量中。一个 tag_set 可以被多个请求队列共享。
- tag_set_list：由于一个 tag_set 可以被多个请求队列共享，关联同一个 tag_set 的多个请求队列通过该变量形成链表。

10.4.3 相关接口

在第 10.3 节源码 10-13 的加载函数中通过函数 blk_alloc_queue 分配了一个请求队列，在卸载函数中通过函数 blk_cleanup_queue 释放了请求队列。对于源码 10-13，分配请求队列的原因是在块 I/O 层会用到请求队列的状态信息，所以即使在不进行块 I/O 调度的情况下，也要分配一个请求队列给 gendisk。分配和释放请求队列的函数声明如下。

```
struct request_queue *blk_alloc_queue(int node_id)
```

分配请求队列，主要是分配了请求队列的内存并作简单的初始化工作。参数 node_id 是 NUMA（non-uniform memory access，非一致性内存访问）架构下的内存编号。如果 node_id 是-1，表示可以从任一内存节点分配内存。

```
void blk_cleanup_queue(struct request_queue *q)
```

清理请求队列，如果请求队列没有被使用，则释放请求队列所占用的内存。参数 q 是需要清理的请求队列。

除了上述两个常用函数外，内核还提供一些其他接口来分配和初始化请求队列，这些接口如下。

```
struct request_queue *blk_mq_init_queue(struct blk_mq_tag_set *set)
```

分配并初始化请求队列。参数 set 是请求队列的要素集合，请队列会根据参数 set 进行初始化。

```
struct request_queue *blk_mq_init_queue_data(struct blk_mq_tag_set *set, void *queuedata)
```

分配并初始化请求队列。函数作用与 blk_mq_init_queue 类似，只是多了一个参数 queuedata，在初始化请求队列时，会将请求队列 struct request_queue 的成员变量 queuedata 设置为该值，该值是请求队列的私有数据。

```
struct request_queue *blk_mq_init_sq_queue(struct blk_mq_tag_set *set, const struct
blk_mq_ops *ops, unsigned int queue_depth, unsigned int set_flags)
```

该函数也用于分配并初始化请求队列。第一个参数 set 是请求队列的要素集合。第二个
参数 ops 是请求队列操作函数集合（其结构体类型见第 10.4.2 节源码 10-17），定义块设备驱
动如何处理请求。第三个参数 queue_depth 是请求队列的深度，请求队列的最大请求数由此
值决定。第四个参数 set_flags 是标志信息，常用的标志如 BLK_MQ_F_SHOULD_MERGE，
其作用是尝试将新的 bio 合并到已有请求中。

以上几个分配并初始化请求队列的函数都需要传入一个 struct blk_mq_tag_set 类型的指
针变量，struct blk_mq_tag_set 是请求队列的要素集合。在请求队列结构体变量 struct request_
queue 中，可以通过成员变量 tag_set 获取和请求队列绑定的要素集合。该结构体定义于内核
源码的 include/linux/blk-mq.h 头文件中，定义如源码 10-18 所示。

源码 10-18　struct blk_mq_tag_set 结构体定义

```
struct blk_mq_tag_set {
    //软件队列到硬件队列的映射关系
    struct blk_mq_queue_map  map[HCTX_MAX_TYPES];
    unsigned int      nr_maps;           //map 数组的元素个数
    const struct blk_mq_ops *ops;        //请求队列操作函数集合，可由驱动定义
    unsigned int  nr_hw_queues;          //硬件队列数量
    unsigned int  queue_depth;           //每个硬件队列中预先分配的请求个数
    ......
    unsigned int      flags;             //标志信息
    void      *driver_data;              //驱动私有数据
    atomic_t   active_queues_shared_sbitmap; //活跃的硬件队列计数
    //请求的位图，位图中的某一位为 1 表示请求正在被使用
    struct sbitmap_queue  __bitmap_tags;
    struct sbitmap_queue  __breserved_tags;  //预留请求的位图
    struct blk_mq_tags **tags;               //硬件队列标签
    struct mutex      tag_list_lock;         //用于互斥
    //链表头，属于同一个 blk_mq_tag_set 的请求队列链接在该变量后面
    struct list_head  tag_list;
};
```

结构体的各成员变量解释如下。

● map：一个请求队列可能包含多个软件队列和多个硬件队列，软件队列上的请求最终
会转交给某一个硬件队列，然后经由硬件队列提交给块设备处理。而该变量表示了软件队列
和硬件队列的对应关系，即某一个软件队列最终将请求提交给哪一个硬件队列。

● nr_maps：由于成员变量 map 是一个数组，nr_maps 表示数组元素的个数。

● ops：请求队列操作函数集合，可由驱动定义。在请求队列初始化时，该变量将被赋
值给请求队列结构体变量 struct request_queue 的成员变量 mq_ops。该变量定义了请求队列在
初始化请求、清理请求、提交请求到块设备等阶段的处理流程。

● nr_hw_queues：硬件队列的数量。一个请求队列可以包含多个硬件队列，该值定义了
硬件队列的个数。为简化起见，本书仅讨论硬件队列数量为 1 的情况。

- queue_depth：在 struct blk_mq_tag_set 初始化时，会为每个硬件队列预先分配一定数量的请求，相当于构建一个空闲的请求池。在 bio 提交到块 I/O 层后，会将 bio 转换为请求，而这些请求需要从这个请求池中分配。

- flags：标志信息。例如 BLK_MQ_F_NO_SCHED 表示不支持块 I/O 调度，BLK_MQ_F_BLOCKING 表示请求队列阻塞。

- driver_data：块设备驱动的私有数据，由驱动程序定义。

- active_queues_shared_sbitmap：活跃的硬件队列计数，表示有多少个硬件队列处于忙的状态。

- __bitmap_tags、__breserved_tags：struct blk_mq_tag_set 会预分配一定数量的请求作为请求池以便后续使用，不同的请求绑定不同的编号。而__bitmap_tags 和__breserved_tags 表示请求的位图，如果某一位是 1，表示这一位对应的请求正在被使用，不能从请求池中获取；如果是 0，表示该请求空闲，可以从请求池获取。

- tags：硬件队列标签，它是一个指针数组，数组元素的数量和硬件队列的数量一致，即每一个硬件队列绑定一个队列标签。其结构体类型 struct blk_mq_tags 定义如源码 10-19 所示。

源码 10-19 struct blk_mq_tags 结构体定义

```
struct blk_mq_tags {
    unsigned int nr_tags;              //队列深度，即队列中请求的总数量
    unsigned int nr_reserved_tags;  //保留的请求数量，该值小于 nr_tags 的值
    atomic_t active_queues;            //正在使用对应硬件队列的用户数量
    /*
    *保存了请求的位图，如果队列共享，则该值指向其所属的请求队列的要素集合
    *blk_mq_tag_set 的成员变量 bitmap_tags 的地址，否则指向 struct blk_mq_tags
    *中成员变量__bitmap_tags 的地址
    */
    struct sbitmap_queue *bitmap_tags;
    /*
    *保留请求的位图，如果队列共享，则该值指向其所属的请求队列的
    *要素集合 blk_mq_tag_set 的成员变量 breserved_tags 的地址，否则
    *指向 struct blk_mq_tags 中成员变量__breserved_tags 的地址
    */
    struct sbitmap_queue *breserved_tags;
    //保存了 struct blk_mq_tags 中请求的位图
    struct sbitmap_queue __bitmap_tags;
    //保存了 struct blk_mq_tags 中保留请求的位图
    struct sbitmap_queue __breserved_tags;
    struct request **rqs;           //即将处理的请求会放入这里
    struct request **static_rqs; //预分配的请求数组，即请求池，请求从该变量分配
    struct list_head page_list; //和请求相关的页放在该链表中
    spinlock_t lock;                  //用于互斥
};
```

对于该结构体，成员变量 static_rqs 是一个指针数组，数组中每一个元素是一个 struct request *的类型，代表一个请求，请求队列中预先分配的请求会保存在 static_rqs 数组中，作

为一个请求池。在块 I/O 调度流程中，如果需要分配一个空闲的请求，则从 static_rqs 中获取。预分配的请求是否空闲的标志保存在位图 bitmap_tags 和 breserved_tags 中，位图的某一位为 1 时表示对应的请求正在使用，为 0 表示对应的请求空闲。

- tag_list_lock：多个执行单元同时使用成员变量 tag_list 时需要用该变量进行互斥操作。
- tag_list：链表头，每一个链表节点是一个请求队列。多个请求队列可以绑定同一个 struct blk_mq_tag_set 变量，这些请求队列插入到该链表头的后面。在请求队列的结构体变量 struct request_queue 中，通过成员变量 tag_set_list 插入该链表。

除了请求队列的初始化函数和清理函数，在驱动程序中，也会用到内核提供的一些函数来处理请求，这些函数包括：

```
void blk_mq_start_request(struct request *rq)
```

该函数需要在处理请求前调用，标识请求处理的开始。该函数会设置一些状态信息并启动请求超时定时器。函数的参数 rq 是需要处理的请求。

```
void blk_mq_end_request(struct request *rq, blk_status_t error)
```

标识处理请求完成，需要在处理请求后调用。该函数会根据传入的错误码作相应处理。第一个参数 rq 是处理完成的请求；第二个参数 error 是错误码，如果错误码是 BLK_STS_OK 表示请求处理成功，其他值表示处理未完成。

```
sector_t blk_rq_pos(const struct request *rq)
```

获取请求中数据的起始扇区号。该函数返回的是 rq->__sector，即请求的起始扇区。

```
unsigned int blk_rq_bytes(const struct request *rq)
```

获取请求中数据的长度，该函数返回的是 rq->__data_len。

```
int blk_rq_cur_bytes(const struct request *rq)
```

获取请求中当前 bio 的数据长度，函数返回的是 rq->bio 的数据长度。

```
rq_data_dir(rq)
```

这是一个宏，用于返回请求的数据传输方向。如果返回 READ，表示这是一个读请求，返回 WRITE 表示这是一个写请求。

10.5 在块设备驱动中使用请求队列

在第 10.3 节的虚拟磁盘驱动中没有用到请求队列的任何操作，而是通过实现 struct block_device_operations 结构体的 submit_bio 函数直接将数据提交给设备，这种方式在块 I/O 层不会执行块 I/O 调度的流程。如果要使用块 I/O 调度流程，需要对请求队列做一些初始化工作，并且至少需要实现请求队列操作函数集合（结构体 struct blk_mq_ops，源码 10-17）中的 queue_rq 函数，该函数原型如下。

```
blk_status_t (*queue_rq)(struct blk_mq_hw_ctx *, const struct blk_mq_queue_data *)
```

本节将会用到该函数的第二个参数，该参数保存了需要处理的请求，其结构体类型 struct blk_mq_queue_data 定义如源码 10-20 所示。

```
struct blk_mq_queue_data {
    struct request *rq;              //需要处理的请求
    bool last;                       //该请求是否是最后一个待处理的请求
};
```

在驱动程序中，可以通过该参数获取请求并作相应处理（如将请求提交给块设备）。本节将在第 10.3 节源码 10-13 的基础上做修改，实现 queue_rq 函数来提交请求，修改后的程序如源码 10-21 所示。

源码 10-21　my_virtual_disk.c

```
......
static struct blk_mq_tag_set tag_set;  //该变量在初始化请求队列时作为参数传入
//块设备函数操作集合，没有实现任何操作
static struct block_device_operations my_bdev_ops = {
};
//请求队列操作函数集合中的 queue_rq 函数的实现
static blk_status_t my_queue_rq(struct blk_mq_hw_ctx *hctx, const struct
blk_mq_queue_data *bd)
{
    struct request *rq = bd->rq;             //获取需要处理的请求
    //获取请求的起始扇区在虚拟磁盘中的偏移
    unsigned long start = (blk_rq_pos(rq) << 9);
    unsigned long len = 0;
    struct bio *bio = NULL;
    blk_mq_start_request(rq);                //标识请求处理的开始
    for(bio = rq->bio; bio; bio = bio->bi_next)  //遍历请求中的所有 bio
    {
        char *buffer = bio_data(bio);        //获取当前 bio 的数据缓存
        len = bio_cur_bytes(bio);            //获取当前 bio 的数据长度

        if(start + len > MY_DISK_SIZE)
        {   //如果 bio 中的数据所在扇区越界，则返回错误
            printk("length error!\n");
            return BLK_STS_IOERR;
        }

        if(rq_data_dir(rq) == READ)
        {   //如果是读操作，将数据从虚拟磁盘拷贝到 bio 中
            memcpy(buffer, ram_disk_ptr + start, len);
        }
        else
        {   //如果是写操作，将数据从 bio 拷贝到虚拟磁盘对应位置
            memcpy(ram_disk_ptr + start, buffer, len);
        }
        start += len;                        //将起始位置后移拷贝的数据长度
    }

    blk_mq_end_request(rq, BLK_STS_OK);  //标识请求处理完成
```

```
    return BLK_STS_OK;
}
//请求队列的函数操作集合，只实现了成员函数 queue_rq
static const struct blk_mq_ops my_mq_ops = {
    .queue_rq = my_queue_rq
};
//加载函数
static int my_virtual_disk_init(void)
{
    ......
    //分配并初始化请求队列，此时需要传入变量 tag_set 的地址
    my_queue = blk_mq_init_sq_queue(&tag_set, &my_mq_ops, 16, BLK_MQ_F_SHOULD_MERGE);
    ......
}
//卸载函数
static void my_virtual_disk_exit(void)
{
    ......
    blk_mq_free_tag_set(&tag_set);          //释放请求队列的要素集合 tag_set
}
module_init(my_virtual_disk_init);
module_exit(my_virtual_disk_exit);
```

在加载函数中，通过 blk_mq_init_sq_queue 分配并初始化请求队列，此时需要传入请求队列的要素集合 tag_set，该变量将在函数 blk_mq_init_sq_queue 的初始化流程中用到。blk_mq_init_sq_queue 的第二个参数是请求队列的函数操作集合，块 I/O 调度流程会执行函数操作集合中的函数。第三个参数是请求队列的深度，决定了队列中最大的请求数，这里传入 16。第四个参数是标志信息，BLK_MQ_F_SHOULD_MERGE 表示在请求队列中，允许 bio 合并到请求中，同时允许请求队列的请求进行合并。一般的合并规则是：如果某个请求和新提交的 bio 扇区相邻，则进行合并；如果两个请求扇区相邻，则进行合并。

在卸载函数中，通过 blk_mq_free_tag_set 释放请求队列的要素集合 tag_set。

源码中比较关键的函数是 my_queue_rq，该函数定义了请求的提交过程，块 I/O 调度流程在处理请求时会调用到该函数。函数遍历请求中的 bio，对于每一个 bio：如果是读操作，就将虚拟磁盘中的数据拷贝给 bio；如果是写操作，将 bio 中的数据拷贝给虚拟磁盘。这个函数的实现和第 10.3 节源码 10-13 的函数 my_submit_bio 类似。不同之处在于，函数 my_submit_bio 处理的是单个 bio，而函数 my_queue_rq 处理的是请求。

编译、加载该模块后，会生成设备文件/dev/my_disk。之后，可以像操作其他块设备文件一样对这个设备文件进行格式化、挂载等操作。

第 11 章

块 I/O 调度

如果使用了请求队列，内核对 bio 的处理会进入块 I/O 调度流程。块 I/O 调度是块 I/O 层的核心流程。本章将描述块 I/O 调度的主要流程并且将动手完成一个简单的块 I/O 调度器，之后会详细描述 Linux 自带的 Mq-Deadline 调度器的实现。

11.1 块 I/O 调度流程

如果使用了块 I/O 调度算法处理 bio，则 bio 进入块 I/O 层后会经历的处理过程如图 11-1 所示。

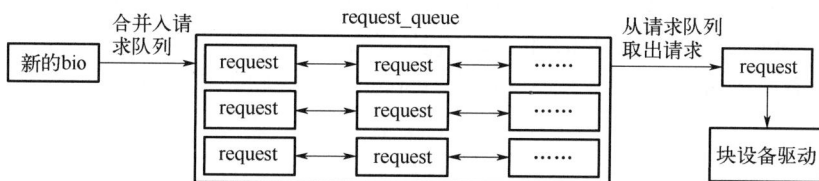

图 11-1 bio 的处理流程

新的 bio 被提交到块 I/O 层后，Linux 的块 I/O 调度模块会首先尝试将 bio 合并入请求队列的某个请求中。如果不能合并，会将 bio 转换成一个新的请求然后插入请求队列。在需要处理请求时，块 I/O 调度模块会将某个需要优先处理的请求从请求队列中取出，之后交给块设备驱动处理。

（1）bio 合并入请求队列

尝试将 bio 合并到请求队列前，需要检查 bio 是否具有合并的资格，该步骤通过内核提供的接口 bool bio_mergeable(struct bio *bio)实现，该函数返回 true 表示 bio 有资格合并，否则不能合并。函数 bio_mergeable 通过判断 bio 的成员变量 bi_opf 是否设置了对应位来实现。如果 bio 本身有资格进行合并，还需要判断其将要合并入的请求以及请求队列是否支持合并。对于某一个请求，如果其操作类型仅仅是读或者写数据，则支持合并。对于请求队列，如果其标志信息（struct request_queue 结构体的 queue_flags 成员变量）设置了 QUEUE_FLAG_NOMERGES 位，则不支持合并。

默认的合并方式是：查找请求队列中的请求，如果发现某个请求中的数据和 bio 的数据所在的扇区正好相邻，且操作类型一致（都是读操作或写操作），则将 bio 和该请求合并。否则，将 bio 转换成一个新的请求。

（2）将请求插入请求队列

将 bio 转换成新请求后，需要将其插入请求队列。为简化描述，只讨论异步读取数据的情况。一个请求队列包含两种类型的队列：软件队列和硬件队列。软件队列一般和 CPU 绑定，数量和 CPU 的数量一致，同一个请求队列的多个软件队列由不同的 CPU 处理。软件队列的存在是为了提高并发处理效率。硬件队列则针对块设备，实际情况下，在数据提交给块设备时，多个软件队列中的请求可能会合并到同一个硬件队列中提交。默认情况下，新的请求插入请求队列时会将请求插入到当前 CPU 对应的软件队列中，然后启动一个延时任务来处理后续的请求提交流程。软件队列和硬件队列的关系如图 11-2 所示。

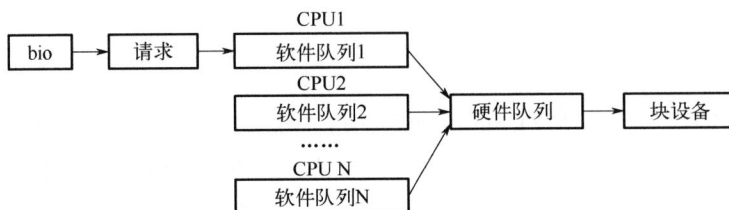

图 11-2 软件队列和硬件队列

（3）请求的提交

请求的提交指的是将请求交给块设备驱动处理，本节的描述暂不考虑提交异常的情况。默认情况下，内核会将请求队列中的多个软件队列中的请求合并到一个队列中，然后将这个队列的请求逐一提交给块设备驱动处理，提交操作通过调用块设备驱动的队列操作函数集合（struct blk_mq_ops 结构体变量）的 queue_rq 成员函数实现。

通过以上描述，可以看出，从提交请求开始，涉及的软件模块如图 11-3 所示。

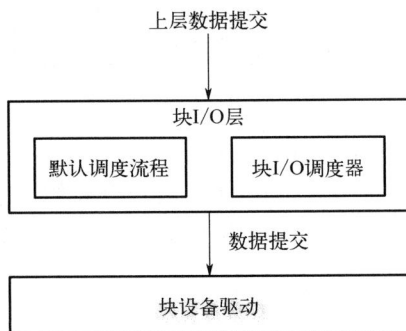

图 11-3 块 I/O 调度涉及的模块

上层数据提交给块 I/O 层后进行调度操作，如果请求队列绑定了块 I/O 调度器，则调度的关键操作由块 I/O 调度器完成，否则由内核默认的调度方式完成，块 I/O 层将数据处理完成后，将数据提交给块设备驱动，由块设备驱动控制块设备完成最终的读写操作。

11.2 块 I/O 调度相关结构体

（1）软件队列上下文

对于块 I/O 调度，软件队列的数量和 CPU 的数量相同，每个软件队列和一个 CPU 绑定。

在块 I/O 请求插入到请求队列时，如果需要将请求插入到软件队列，则插入到的软件队列是和提交 bio 进程的那一个 CPU 绑定的软件队列。和软件队列相对应的是硬件队列，硬件队列对应了某个块设备。

软件队列上下文保存了软件队列的信息，这些信息包括：软件队列链表、软件队列绑定的 CPU、软件队列所在的请求队列、软件队列对应的硬件队列上下文等信息。其结构体类型 struct blk_mq_ctx 定义在内核源码的 block/blk-mq.h 头文件中，定义如源码 11-1 所示。

源码 11-1   struct blk_mq_ctx 结构体定义

```
struct blk_mq_ctx {
    struct {
        spinlock_t      lock;                    //用于互斥
        struct list_head rq_lists[HCTX_MAX_TYPES]; //请求插入到的软件队列链表
    } ____cacheline_aligned_in_smp;

    unsigned int    cpu;                      //软件队列所在的 CPU 编号
    unsigned short  index_hw[HCTX_MAX_TYPES]; //软件队列在对应硬件队列中的编号
    struct blk_mq_hw_ctx  *hctxs[HCTX_MAX_TYPES]; //硬件队列上下文
    unsigned long    rq_dispatched[2];         //进入请求队列的请求计数
    unsigned long    rq_merged;                //进行合并的 bio 计数
    //已完成处理的请求计数
    unsigned long    ____cacheline_aligned_in_smp rq_completed[2];
    struct request_queue *queue;              //软件队列所在的请求队列
    struct blk_mq_ctxs    *ctxs;              //软件队列所在的软件上下文集合
    ......
} ____cacheline_aligned_in_smp;
```

该结构体各成员变量解释如下。

• rq_lists：请求将要插入到的软件队列链表，HCTX_MAX_TYPES 的值为 3，表示有三种类型的链表。为了简化描述，本章只考虑序号为 0 的这种类型的链表，即 rq_lists[0]。这是请求在默认情况下需要插入的链表。

• cpu：软件上下文对应的 CPU 编号。每一个软件队列和某个 CPU 绑定，该变量表示和软件队列绑定的 CPU 的编号。

• index_hw：软件队列在对应硬件队列中的编号，HCTX_MAX_TYPES 的值为 3，本章只考虑序号为 0 的情况。由于硬件队列的数量一般情况下会小于软件队列的数量，因此一个硬件队列可能会对应多个软件队列。多个软件队列对应同一个硬件队列的情况下，每个软件队列在硬件队列中有一个编号，这个编号从 0 开始。

• hctxs：软件队列对应的硬件队列所在的上下文。

• rq_dispatched：进入请求队列的请求计数，这是一个数组，有两个元素，分别对应同步操作和异步操作。每当一个请求进入请求队列，该值会加 1。

• rq_completed：已完成处理的请求计数，数组的两个元素分别对应同步操作和异步操作。每当一个请求被处理完成，该值会加 1。

• queue：一个请求队列会包含软件队列和硬件队列两种队列，该变量表示软件队列所在的请求队列。

- **ctxs**：一个请求队列包含一个或多个软件队列，每个软件队列对应一个软件队列上下文。该变量保存了同一个请求队列的软件上下文的集合，即同一个请求队列的所有软件队列上下文可以通过该变量获取。

（2）硬件队列上下文

硬件队列对应了某个块设备，用于提交请求给某个设备，对于同一个请求队列，硬件队列的数量一般小于软件队列的数量。一般情况下，硬件队列的数量是 1，为简化起见，本章也只考虑数量为 1 的情况。

硬件队列上下文保存了硬件队列的状态以及队列信息，这些信息包括请求所在的分发队列、处理队列中请求的延时任务、硬件队列在哪个 CPU 上处理等信息。其结构体类型 struct blk_mq_hw_ctx 定义在内核源码的 include/linux/blk-mq.h 头文件中，定义如源码 11-2 所示。

源码 11-2　struct blk_mq_hw_ctx 结构体定义

```
struct blk_mq_hw_ctx {
    struct {
        spinlock_t  lock;              //用于互斥
        struct list_head  dispatch;  //分发队列，保存了需要优先提交给设备驱动的请求
        unsigned long  state;          //硬件队列的状态
    } ____cacheline_aligned_in_smp;

    struct delayed_work  run_work;  //延时任务，用于处理硬件队列的请求
    cpumask_var_t  cpumask;             //CPU 掩码，标识硬件队列可以在哪些 CPU 上处理
    int  next_cpu;                      //下一次处理硬件队列请求的 CPU 编号
    int  next_cpu_batch;                //在某个 CPU 上剩余的执行次数

    unsigned long  flags;               //队列的标志信息
    void  *sched_data;                  //调度器私有数据，由各块 I/O 调度器自定义
    struct request_queue  *queue;  //硬件队列所在的请求队列
    ......
    void  *driver_data;                 //由设备驱动传入的私有数据，由块设备驱动定义
    //软件队列位图，如果某位是 1，表示对应软件队列包含未处理的请求
    struct sbitmap  ctx_map;
    //如请求队列没有绑定块 I/O 调度器，则需将请求从软件队列分发
    struct blk_mq_ctx  *dispatch_from;
    ......
    unsigned short  type;               //硬件队列类型
    unsigned short  nr_ctx;             //硬件队列关联的软件队列数量
    struct blk_mq_ctx  **ctxs;          //软件队列上下文数组
    ......
    struct blk_mq_tags  *tags;          //硬件队列绑定的队列标签，由块设备驱动使用
    struct blk_mq_tags  *sched_tags;  //硬件队列绑定的队列标签，由块 I/O 调度器使用
    unsigned long  queued;              //进入队列的请求数量
    unsigned long  run;                 //已处理请求的次数
    ......
    unsigned int  queue_num;            //硬件队列的编号，该值从 0 开始
    ......
};
```

该结构体的各成员变量解释如下。

- dispatch：分发队列，保存了需要优先提交给设备驱动的请求。块 I/O 层在初次将某个请求提交给块设备驱动时，如果请求提交失败，则需要将请求插入该队列中，下次再处理请求时，该队列的请求需要优先得到处理。

- state：硬件队列状态，可能的状态定义在内核源码的 include/linux/blk-mq.h 头文件中，源码 11-3 列出了各状态的值。

源码 11-3　状态信息

```
enum {
    ......
    BLK_MQ_S_STOPPED   = 0,     //队列停止执行，标识硬件队列的请求不能被处理
    BLK_MQ_S_TAG_ACTIVE= 1,     //硬件队列处于活跃状态，此时可以向队列插入请求
    BLK_MQ_S_SCHED_RESTART= 2,  //标识硬件队列中的请求处理需要再次启动
    BLK_MQ_S_INACTIVE  = 3,     //硬件队列处于不活跃状态，此时不能向队列插入请求
    ......
};
```

- run_work：延时任务，用于处理请求队列中的请求。该延时任务的作用是从请求队列中取出请求并将请求提交给块设备驱动处理。

- cpumask：CPU 掩码，如果某一位或几位是 1，则请求可以在这些 CPU 上进行处理，提交给块设备驱动。

- next_cpu：延时任务 run_work 一般采用轮询的方式在 CPU 上运行。例如 run_work 在 CPU1 上运行一定次数后，会转到 CPU2 上运行，再运行一定次数后，会转到 CPU3 上运行。next_cpu 保存了延时任务下一次将在哪个 CPU 上运行。

- next_cpu_batch：延时任务 run_work 在一个 CPU 上运行的最大次数。run_work 在某个 CPU 上运行了 next_cpu_batch 次后，会转到其他 CPU 上运行。

- flags：队列标志信息，常用的标志如源码 11-4 所示。

源码 11-4　队列标志信息

```
enum {
    BLK_MQ_F_SHOULD_MERGE= 1 << 0,     //标识允许新的 bio 合并到请求队列的请求中
    BLK_MQ_F_TAG_QUEUE_SHARED= 1 << 1,//标识队列共享
    ......
    BLK_MQ_F_TAG_HCTX_SHARED= 1 << 3, //标识各队列共享请求位图
    BLK_MQ_F_BLOCKING  = 1 << 5,      //队列是阻塞类型
    BLK_MQ_F_NO_SCHED  = 1 << 6,      //队列不支持块 I/O 调度器处理
    ......
}
```

- queue：一个请求队列包含一个或多个硬件队列，该变量标识硬件队列属于哪一个请求队列。

- ctx_map：软件队列位图。由于一个硬件队列可以对应一个或多个软件队列，每一个

软件队列在该变量中占用一位，如果某一位是 1，标识该软件队列有未处理的请求。

- dispatch_from：如果请求队列没有绑定块 I/O 调度器，则将请求从软件队列分发，该变量是软件队列上下文。
- nr_ctx：硬件队列关联的软件队列数量。软件队列和硬件队列是多对一的关系，一个硬件队列可以关联多个软件队列。
- ctxs：软件队列上下文数组。数组元素的个数和成员变量 nr_ctx 一致。
- tags：硬件队列绑定的队列标签，其结构体类型见第 10.4.3 节源码 10-19，该变量由块设备驱动使用。

（3）块 I/O 调度队列

对于每一个请求队列，如果使用了块 I/O 调度流程，将会有一个块 I/O 调度队列和该请求队列绑定。块 I/O 调度队列包含了块 I/O 调度器，定义了请求如何接受块 I/O 层调度。块 I/O 调度队列的结构体类型是 struct elevator_queue，定义于内核源码的 include/linux/elevator.h 头文件中，如源码 11-5 所示。

源码 11-5　struct elevator_queue 结构体定义

```
struct elevator_queue
{
    struct elevator_type *type;  //块 I/O 调度类型
    void *elevator_data;   //块 I/O 调度队列私有数据，可由块 I/O 调度器定义用法
    ......
};
```

上述结构体的成员变量 type 是块 I/O 调度类型，可以将其理解为块 I/O 调度器，该变量中定义了一组操作函数集合，这组集合定义了块 I/O 调度的关键操作。该成员变量的结构体类型 struct elevator_type 定义如源码 11-6 所示。

源码 11-6　struct elevator_type 结构体定义

```
struct elevator_type
{
    ......
    struct elevator_mq_ops ops;      //块 I/O 调度操作函数集合
    ......
    const char *elevator_name;       //块 I/O 调度器的名称
    const char *elevator_alias;      //块 I/O 调度器的别名
    const unsigned int elevator_features; //块 I/O 调度器特征，用于匹配请求队列
    ......
    struct list_head list;           //所有块 I/O 调度器通过该变量形成链表
};
```

需要关注该结构体的成员变量 ops，涉及块 I/O 调度的关键操作由该成员变量定义。该成员变量结构体类型是 struct elevator_mq_ops，定义在内核源码的 include/linux/elevator.h 头文件中，如源码 11-7 所示。

```
struct elevator_mq_ops {
    //初始化调度器私有数据
    int (*init_sched)(struct request_queue *, struct elevator_type *);
    void (*exit_sched)(struct elevator_queue *);  //销毁调度器的私有数据
    //初始化硬件队列上下文
    int (*init_hctx)(struct blk_mq_hw_ctx *, unsigned int);
    //销毁硬件队列上下文的私有数据
    void (*exit_hctx)(struct blk_mq_hw_ctx *, unsigned int);
    void (*depth_updated)(struct blk_mq_hw_ctx *); //更新硬件队列上下文
    //判断 bio 是否可以合并到请求队列的请求中
    bool (*allow_merge)(struct request_queue *, struct request *, struct bio *);
    //合并 bio 到请求队列的请求中
    bool (*bio_merge)(struct request_queue *, struct bio *, unsigned int);
    //返回 bio 合并操作的类型
    int (*request_merge)(struct request_queue *q, struct request **, struct bio *);
    //在 bio 合并到请求后进行的操作
    void (*request_merged)(struct request_queue *, struct request *, enum elv_merge);
    //在同一个请求队列的两个请求合并后进行的操作
    void (*requests_merged)(struct request_queue *, struct request *, struct request *);
    ......
    void (*prepare_request)(struct request *);        //初始化请求时执行
    //请求处理完成后将要被回收时执行的函数，和 prepare_request 配合使用
    void (*finish_request)(struct request *);
    //将请求插入队列
    void (*insert_requests)(struct blk_mq_hw_ctx *, struct list_head *, bool);
    //分发请求，即取出需要优先执行的请求
    struct request *(*dispatch_request)(struct blk_mq_hw_ctx *);
    bool (*has_work)(struct blk_mq_hw_ctx *);   //判断是否队列中有请求待处理
    //请求处理完成时在回收前执行，用于执行和时间相关的操作
    void (*completed_request)(struct request *, u64);
    void (*requeue_request)(struct request *); //重新将请求插入请求队列时执行
    //获取请求队列的前一个请求
    struct request *(*former_request)(struct request_queue *, struct request *);
    //获取请求队列的后一个请求
    struct request *(*next_request)(struct request_queue *, struct request *);
    ......
};
```

上述结构体的各成员函数解释如下。

● init_sched：初始块 I/O 调度器的私有数据，该函数在初始化请求队列时执行。函数的第一个参数是请求队列，第二个参数是块 I/O 调度类型。

● exit_sched：销毁块 I/O 调度器的私有数据，该函数在请求队列初始化失败或替换调度器时执行。调度器被替换后，请求队列不会再使用该调度器。函数的参数是块 I/O 调度队列。

● init_hctx：初始化硬件队列上下文，该函数在初始化请求队列时执行。函数第一个参数是硬件队列上下文，第二个参数是硬件队列上下文在请求队列中的序号。

● exit_hctx：销毁硬件队列上下文的私有数据，该函数在请求队列初始化失败或替换调度器时执行。函数第一个参数是硬件队列上下文，第二个参数是硬件队列上下文在请求队列中的序号。

● depth_updated：更新硬件队列上下文，该函数在更新请求队列最大请求数量时执行，用于改变硬件队列上下文的私有数据。该函数在通过配置/sys/block/<块设备名称>/queue/nr_requests 文件来改变请求队列最大请求数量时执行。函数参数是硬件队列上下文。

● allow_merge：判断 bio 是否可以合并到请求队列的请求中，在 bio 插入请求队列前执行，一般和当前已有请求数据扇区相邻且操作类型一致（同样是读操作或写操作）的 bio 可以合并到对应请求中。如果 bio 能够合并到现有的请求中，则不需要再创建一个新的请求。函数的第一个参数是请求所在的请求队列，第二个参数是 bio 将要合并到哪一个请求中，第三个参数是 bio。如果能够合并，函数返回 true，否则返回 false。

● bio_merge：合并 bio 到请求队列的请求中，用于执行实际的 bio 合并操作。函数的第一个参数是 bio 将要合并到的请求队列，第二个参数是 bio，第三个参数是数据段的个数。

● request_merge：返回 bio 合并操作的类型，函数的三个参数和 allow_merge 一致。bio 合并操作类型如源码 11-8 所示。

源码 11-8　bio 合并操作类型

```
enum elv_merge {
    ELEVATOR_NO_MERGE      = 0, //不进行合并
    ELEVATOR_FRONT_MERGE   = 1, //将 bio 合并到请求的前面
    ELEVATOR_BACK_MERGE    = 2, //将 bio 合并到请求的后面
    ELEVATOR_DISCARD_MERGE = 3, //放弃 bio 的合并操作
};
```

着重关注以上枚举类型的 ELEVATOR_FRONT_MERGE 和 ELEVATOR_BACK_MERGE。如果 bio 数据所在的扇区在请求的前面，则一般返回 ELEVATOR_FRONT_MERGE；如果 bio 数据所在的扇区在请求的后面，则一般返回 ELEVATOR_BACK_MERGE。在成员函数 bio_merge 中可以根据该返回结果来进行实际的合并操作。

● request_merged：bio 合并到请求后进行的操作。第一个参数是请求队列，第二个参数是 bio 合并到的请求，第三个参数是合并操作的类型。

● requests_merged：同一个请求队列的两个请求合并后进行的操作。在 bio 合并到请求队列中的请求后，块 I/O 调度模块还会判定请求队列相邻的两个请求是否能够进行合并。如果能够合并，在两个请求合并后将执行该函数。函数的第一个参数是请求队列，第二个和第三个参数是两个合并的请求。

● prepare_request：在 bio 转换为请求前将会分配一个请求，该函数在初始化请求时执行，用于分配请求的资源。

● finish_request：一般和 prepare_request 函数配合使用，用于请求处理完成后的资源销毁操作。

● insert_requests：将请求插入队列，块 I/O 调度器会从队列中取出请求处理。函数的第一个参数是硬件队列上下文；第二个参数是请求所在的链表；第三个参数是插入位置，如果值为 true 表示从队列头部插入，否则从队列尾部插入。

- dispatch_request：该函数用于分发请求，即取出应最先执行的请求。取出请求后，块 I/O 层将调用请求队列操作集合的成员函数 queue_rq 处理该请求。函数参数是硬件队列上下文。

- has_work：判断队列中是否有请求待处理，函数参数是硬件队列上下文。如果函数返回 true 表示有请求需要处理，否则没有待处理的请求。

- completed_request：请求处理完成时，执行和时间相关的操作（如定时器）。函数的第一个参数是处理完成的请求；第二个参数是当前的时间，单位纳秒（通过内核接口 ktime_get_ns 获取的开机时间）。

- requeue_request：重新将请求插入请求队列时执行。由于某些情况下（例如请求处理失败）请求会重新插入请求队列，此过程中将执行该函数，该函数一般由驱动程序间接调用。函数的参数就是将要重新插入请求队列的请求。

- former_request：获取请求队列的前一个请求。函数的第一个参数是请求队列，第二个参数是当前请求，返回值是当前请求在请求队列的前一个请求。函数在合并请求时用到。

- next_request：获取请求队列的后一个请求，参数和 former_request 一致，返回值是当前请求在请求队列的后一个请求。函数在合并请求时用到。

对于 struct elevator_mq_ops 结构体中的成员函数，执行的流程如下。

① 在初始化请求队列时，会依次执行函数 init_sched 和 init_hctx 用于块 I/O 调度器私有数据的初始化。在请求队列初始化失败或替换调度器时会依次执行函数 exit_hctx 和 exit_sched 用于销毁调度器的私有数据。

② Linux 的 /sys/block/<块设备名称>/queue/nr_requests 文件用于配置块设备的请求队列最大请求数，在配置该文件时，将执行函数 depth_updated。

③ 对于 bio 将要插入到请求队列前的合并操作，会调用 bio_merge，bio_merge 可能会间接调用 allow_merge、request_merge、requests_merged 及 request_merged。在合并请求的过程中，会调用 former_request 或 next_request 获取当前请求的前一个请求或后一个请求来进行合并。

④ 如果 bio 没有合并入请求队列，块 I/O 层会分配并初始化一个新的请求，在此过程中会执行 prepare_request。将 bio 转换成请求后，会执行 insert_reqest 将请求插入队列中。

⑤ 内核在处理队列中的请求时，会先通过函数 has_work 判断是否有请求待处理，然后会调用函数 dispatch_request 将最先需要处理的请求从队列中取出，待请求处理完成后会先执行 completed_request 处理和时间相关的工作，再执行 finish_request 完成对请求的回收。如果请求处理失败，驱动程序可能间接地调用 requeue_request 将请求重新插入请求队列。

11.3 写一个块 I/O 调度器

本节将动手完成一个简单的块 I/O 调度器模块。完成这样一个模块，需要经历以下几个步骤。

① 实现一个块 I/O 调度类型。块 I/O 调度类型 struct elevator_type 结构体（见源码 11-6）包含了块 I/O 调度的关键函数，需要实现这些函数来定义块 I/O 调度器的操作。

② 注册块 I/O 调度类型。在内核模块的加载函数中，需要注册块 I/O 调度类型。完成注

册后，请求队列才能绑定该块 I/O 调度器。注册和注销块 I/O 调度类型的函数如下。

```
int elv_register(struct elevator_type *e)
```

注册块 I/O 调度类型，该函数在内核源码的 include/linux/elevator.h 头文件中声明。

```
void elv_unregister(struct elevator_type *e)
```

注销块 I/O 调度类型，该函数在内核源码的 include/linux/elevator.h 头文件中声明。

请求队列需要和某个块 I/O 调度类型绑定，在请求队列结构体 struct request_queue 中（见第 10.4.2 节源码 10-16），成员变量 elevator 是请求队列绑定的块 I/O 调度队列，该变量包含了块 I/O 调度类型。因此，在块 I/O 调度器中，需要分配并初始化一个块 I/O 调度队列，并将该调度队列的块 I/O 调度类型设置为模块自定义的块 I/O 调度类型。分配并初始化块 I/O 调度队列的函数为：

```
struct elevator_queue *elevator_alloc(struct request_queue *q, struct elevator_type *e)
```

该函数同样在内核源码的 include/linux/elevator.h 头文件中声明，函数的第一个参数 q 是请求队列，第二个参数 e 是块 I/O 调度类型。函数会将新分配的块 I/O 调度队列的调度类型设置为 e。

根据上述步骤，实现一个块 I/O 调度器，调度器的名称是"my_elevator"，如源码 11-9 所示。

源码 11-9　my_elevator.c

```
#include <linux/module.h>
#include <linux/blk-mq.h>      //使用块 I/O 调度相关结构体和函数需要引入该头文件
//块 I/O 调度器私有链表，所有需要块 I/O 调度器处理的请求保存在该变量中
static struct list_head my_list;
static spinlock_t my_lock;    //用于访问 my_list 变量时的互斥操作
//私有数据初始化函数
static int my_init_queue(struct request_queue *q, struct elevator_type *e)
{
    struct elevator_queue *eq;
    //分配并初始化块 I/O 调度队列，该队列需要绑定块 I/O 调度类型 e
    eq = elevator_alloc(q, e);
    if(!eq)
        return -ENOMEM;
    //将请求队列的块 I/O 调度队列成员变量设置为分配的块 I/O 调度队列
    q->elevator = eq;
    return 0;
}
//私有数据清理函数，这里不做任何处理
static void my_exit_queue(struct elevator_queue *e)
{
}
//将请求插入请求队列
static void my_insert_requests(struct blk_mq_hw_ctx *hctx, struct list_head
*list, bool at_head)
{
    spin_lock(&my_lock);
```

```
        //需要将链表 list 中的请求插入到块 I/O 调度器私有队列 my_list 中
        while (!list_empty(list)) {
            struct request *rq;
            //从链表 list 中获取第一个请求
            rq = list_first_entry(list, struct request, queuelist);
            list_del_init(&rq->queuelist);          //将请求从链表 list 中删除
            list_add_tail(&rq->queuelist, &my_list);  //将请求插入私有队列 my_list
        }
        spin_unlock(&my_lock);
    }
//从请求队列取出需要优先处理的请求
static struct request *my_dispatch_request(struct blk_mq_hw_ctx *hctx)
{
    struct request *rq = NULL;
    //如果链表 my_list 非空，表示有请求要处理，则从链表中取出请求
    if (!list_empty(&my_list)) {
        spin_lock(&my_lock);
        //从链表 my_list 中获取第一个请求
        rq = list_first_entry(&my_list, struct request, queuelist);
        list_del_init(&rq->queuelist);              //将请求从链表 my_list 中删除
        spin_unlock(&my_lock);
    }
    return rq;                                      //返回获取到的请求
}
//判断请求队列中是否有请求需要处理
static bool my_has_work(struct blk_mq_hw_ctx *hctx)
{
    //如果链表 my_list 不为空，表示有请求需要处理
    return !list_empty_careful(&my_list);
}
//块 I/O 调度类型
static struct elevator_type my_elevator = {
    .ops = {                                        //块 I/O 调度函数操作集合
        //将初始化调度器私有数据函数设置为 my_init_queue
        .init_sched      = my_init_queue,
        //将销毁调度器的私有数据函数设置为 my_exit_queue
        .exit_sched      = my_exit_queue,
        .insert_requests = my_insert_requests,  //将请求插入队列的函数
        .dispatch_request = my_dispatch_request, //从队列中取出将要处理的请求
        .has_work        = my_has_work           //判断是否有请求要处理
    },
    .elevator_name = "my_elevator",         //调度器名称设置为 my_elevator
    .elevator_alias = "my_elevator",        //调度器别名也设置为 my_elevator
    //调度器特征为 0x10，该值将在请求队列绑定块 I/O 调度队列时用到
    .elevator_features = 0x10,
    .elevator_owner = THIS_MODULE, //块 I/O 调度器的模块拥有者填 THIS_MODULE
};
//加载函数
static int __init my_elevator_init(void)
{
```

```
    INIT_LIST_HEAD(&my_list);              //初始化处理请求的链表
    spin_lock_init(&my_lock);              //初始化自旋锁
    return elv_register(&my_elevator);     //注册块 I/O 调度类型
}
//卸载函数
static void __exit my_elevator_exit(void)
{
    elv_unregister(&my_elevator);          //注销块 I/O 调度类型
}
module_init(my_elevator_init);
module_exit(my_elevator_exit);
MODULE_LICENSE("GPL");  //使用注册、注销块 I/O 调度类型的函数，需声明 GPL 协议
```

　　源码在加载函数中通过 elv_register 注册了块 I/O 调度类型 my_elevator，my_elevator 变量中，设置了块 I/O 调度器的名称和别名都为"my_elevator"，调度器特征为 0x10，调度器的特征将在请求队列绑定块 I/O 调度队列时用到，一般可以在块设备驱动中将请求队列和块 I/O 调度队列绑定，绑定了块 I/O 调度队列，就绑定了对应的块 I/O 调度器。

　　源码实现了块 I/O 调度操作函数集合的成员函数 init_sched、exit_sched、insert_requests、dispatch_request 及 has_work。init_sched 用于初始化块 I/O 调度器私有数据，在对应的函数 my_init_queue 中，将请求队列和块 I/O 调度队列绑定。

　　成员函数 insert_requests 用于将待处理的请求保存到块 I/O 调度器的私有数据中，在对应的函数 my_insert_requests 中，将需要处理的请求插入到链表 my_list，my_list 保存了所有需要该调度器处理的请求。

　　成员函数 dispatch_request 用于从块 I/O 调度器取出需要处理的请求，在对应的函数 my_dispatch_request 中，从链表 my_list 取出第一个请求。

　　成员函数 has_work 判断是否有请求需要处理，在对应的函数 my_has_work 中判断链表 my_list 是否为空，如果不为空，则表示有请求待处理。

　　编译、加载该模块后，执行 dmesg -c 查看内核打印信息，会打印出块 I/O 调度器注册信息，如图 11-4 所示。

```
[root@localhost 12-9_my_elevator]# dmesg -c
[46318.474999] io scheduler my_elevator registered
```

图 11-4　块 I/O 调度器注册信息

　　有了块 I/O 调度器模块后，需要将请求队列和调度器绑定，这样才能使用该调度器。绑定操作可以通过在块设备驱动初始化请求队列时设置 struct request_queue 的成员变量 required_elevator_features 来实现。在第 10.5 节源码 10-21 的基础上，修改加载函数，使请求队列和实现的块 I/O 调度器绑定。修改后的程序如源码 11-10 所示（仅列出了和源码 10-21 不同的部分）。

源码 11-10　my_bind_sched.c

```
    ......
    //加载函数
    static int my_bind_sched_init(void)
```

```
{
    ......
    my_queue->required_elevator_features = 0x10; //将请求队列的特征设置为0x10
    add_disk(my_gendisk);
    return 0;
}
//卸载函数
static void my_bind_sched_exit(void)
{
    ......
}

module_init(my_bind_sched_init);
module_exit(my_bind_sched_exit);
```

上述源码和源码 10-21 唯一的不同是在调用 add_disk(my_gendisk)之前设置请求队列的特征为 0x10，而 0x10 正是块 I/O 调度器模块源码 my_elevator.c（见源码 11-9）中块 I/O 调度器类型 my_elevator 的成员变量 elevator_features 的值。在执行 add_disk 函数时，add_disk 函数会判断请求队列的特征，如果和某一个块 I/O 调度器的特征值一致，则将请求队列和块 I/O 调度器绑定。

编译、加载上述块设备驱动，生成/dev/my_disk 设备文件，对设备文件的读写等操作即可使用源码 11-9 实现的块 I/O 调度器。

11.4　Mq-Deadline 调度器

Linux 内核中，存在一个被称为 Mq-Deadline 的块 I/O 调度器。Mq-Deadline 调度器的目标是尽力确保一个 I/O 请求在规定的截止时间前执行。当一个 I/O 请求进入块 I/O 调度器时，将会分配一个截止时间（当前时间+超时时间），一旦在截止时间到达时该 I/O 请求还未执行，将优先执行该请求。

为了达到这个目的，当新的请求到达时，Mq-Deadline 调度器将新的请求分别插入到红黑树和链表中。红黑树是以请求的起始扇区进行排序，起始扇区越靠前，插入到红黑树的最左边叶子节点。链表是以截止时间进行排序，截止时间越靠前的请求在链表的最前面。如图 11-5 所示。

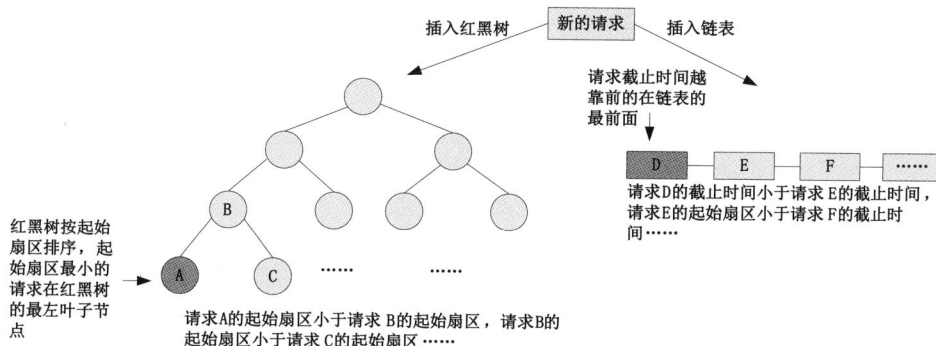

图 11-5　Mq-Deadline 调度器的结构

请求被处理时，在链表中的第一个请求未到截止时间的情况下，取红黑树的最左节点对应的请求进行处理，此时的请求按照扇区从小到大进行处理；如果链表中的请求到期（当前时间超过了截止时间），则优先处理链表中对应的请求。

关于 Mq-Deadline 调度器的相关结构体和源码解析，详见配套电子书第 6.1 节。

第 **12** 章

文件系统

文件系统是操作系统管理存储设备上数据的组织方式，它包含了对文件及数据访问的一系列操作集合和数据结构。Linux 提供了多种文件系统，每种文件系统有自身的特点，例如：proc 文件系统和 sysfs 文件系统是内存文件系统（或称为虚拟文件系统），主要用作用户和操作系统的交互；nfs 是网络文件系统，可以实现不同操作系统之间的网络文件共享；ext2/ext3/ext4 等是磁盘文件系统。

本章将自己动手实现一个虚拟文件系统及一个磁盘文件系统，在完成文件系统的同时，逐步讲解 Linux 文件系统的相关概念。

12.1 注册文件系统

在第 9.1.2 节曾简单介绍过，文件系统管理 4 个对象：inode(节点)、file(文件)、dentry(目录)、super_block(超级块)。其中 inode 保存了文件的管理信息，file 表示打开的文件，dentry 保存了文件的路径信息，super_block 代表一个已经安装的文件系统。

12.1.1 超级块

在文件系统被挂载后，超级块（super_block）就已经存在。超级块保存了文件系统的类型、属性、目录、挂载信息及文件节点的创建/销毁等操作函数。其结构体类型 struct super_block 定义在内核源码的 include/linux/fs.h 头文件中，如源码 12-1 所示。

源码 12-1　struct super_block 结构体定义

```
struct super_block {
    struct list_head    s_list;          //所有在系统中的超级块通过该变量形成链表
    dev_t               s_dev;           //设备号
    unsigned char       s_blocksize_bits; //文件系统一个块所占的位数
    unsigned long       s_blocksize;      //文件系统块大小
    loff_t              s_maxbytes;       //文件系统中文件大小的限值
    struct file_system_type *s_type;      //文件系统类型
    const struct super_operations *s_op; //超级块操作函数集合
    ......
    unsigned long       s_flags;          //文件系统标志
```

```
......
   unsigned long      s_magic;              //唯一标识一个超级块
   struct dentry     *s_root;              //文件系统根目录
   ......
   struct block_device *s_bdev;             //关联的块设备
   ......
   //同一文件系统类型的不同超级块通过该字段串联成链表
   struct hlist_node s_instances;
   ......
   void              *s_fs_info;            //文件系统私有信息，可自定义
   ......
   struct list_head   s_inodes;             //文件系统的所有 inode 节点
   ......
}
```

该结构体各成员变量解释如下。

● s_list：每挂载一个文件系统，Linux 会创建一个超级块，系统中所有超级块通过该字段以链表的形式组织。

● s_dev：设备号，如果文件系统在某个块设备上挂载，则该变量就是对应的块设备号。

● s_blocksize_bits：文件系统一个数据块的大小，以 $2^{s\_blocksize\_bits}$ 来计算。例如一个数据块的大小是 1024 字节，则该变量的值是 10。

● s_blocksize：文件系统一个块的大小，以字节为单位，s_blocksize 和 $2^{s\_blocksize\_bits}$ 相等。

● s_type：文件系统类型。该变量包含了文件系统的名称、属性、挂载/卸载操作函数等信息。

● s_op：超级块操作函数集合。包含超级块相关的一系列操作函数，包括：创建/销毁 inode、卸载超级块、文件系统同步到磁盘等。其结构体类型 struct super_operations 定义于 include/linux/fs.h 头文件中，如源码 12-2 所示。

源码 12-2　struct super_operations 结构体定义

```
struct super_operations {
    struct inode *(*alloc_inode)(struct super_block *sb); //创建 inode 时调用
    void (*destroy_inode)(struct inode *);               //销毁 inode 时调用
    void (*free_inode)(struct inode *);                  //释放 inode 内存时调用
    //标记 inode 为"脏"时调用，被标记的 inode 将会被写入存储介质
    void (*dirty_inode) (struct inode *, int flags);
    //将 inode 写入存储介质时调用
    int (*write_inode) (struct inode *, struct writeback_control *wbc);
    //drop_inode 和 evict_inode 在 inode 的引用计数被清 0 时先后调用
    int (*drop_inode) (struct inode *);
    void (*evict_inode) (struct inode *);
    void (*put_super) (struct super_block *);            //超级块被卸载时调用
    int (*sync_fs)(struct super_block *sb, int wait);    //文件系统同步时调用
    ......
};
```

- s_flags：文件系统标志，包括是否只读、是否允许文件执行等。
- s_magic：该值用于唯一标识一个超级块，不同文件系统的值各不相同。
- s_root：每个文件系统都有一个根目录，该变量为文件系统根目录。
- s_instances：同一类型的文件系统可以有多个超级块，这些超级块通过该变量以链表形式组织。
- s_fs_info：超级块的私有数据，可由开发人员自定义。
- s_inodes：超级块下的所有 inode 节点通过该变量以链表形式组织。

12.1.2　相关接口

向 Linux 系统注册和注销一个文件系统的相关接口如下所示。

（1）注册文件系统

```
int register_filesystem(struct file_system_type * fs)
```

register_filesystem 在内核源码的 include/linux/fs.h 头文件声明，用于向系统注册一个文件系统，如果函数返回值为 0 表示注册成功。函数参数 fs 是文件系统类型，fs 的结构体类型 struct file_system_type 定义如源码 12-3 所示。

源码 12-3　struct file_system_type 结构体定义

```
struct file_system_type {
    const char *name;            //文件系统名称，例如 ext3、ext4、proc
    int fs_flags;                //一些标志，如 FS_USERNS_MOUNT 表示能被用户挂载
    //文件系统安装时执行的操作
    struct dentry *(*mount) (struct file_system_type *, int, const char *, void *);
    //文件系统卸载时执行对超级块的操作，参数是对应的超级块
    void (*kill_sb) (struct super_block *);
    ......
};
```

着重关注上述结构体的成员函数 mount 和 kill_sb。mount 是文件系统挂载时将要执行的函数，而 kill_sb 是文件系统卸载时将要执行的函数。其中，mount 函数的原型是：

```
struct dentry *mount(struct file_system_type *fs_type, int flags, const char *dev_name,
void *data)
```

函数的第一个参数 fs_type 是文件系统类型。第二个参数 flags 是挂载文件系统的标志信息，如 MS_KERNMOUNT 标识由内核挂载该文件系统。第三个参数 dev_name 是设备名，标识将哪个设备进行挂载，如/dev/sda1。第四个参数 data 是私有数据，可自定义。函数的返回值是文件系统挂载后的根目录。

（2）注销文件系统

```
int unregister_filesystem(struct file_system_type * fs)
```

函数的参数 fs 表示将要注销的文件系统类型，如果函数返回值是 0，表示注销成功。

12.1.3　示例程序

下面将实现一个内核模块用于向系统注册文件系统。该内核模块由三个源文件构成：

internal.h、my_fs.c 和 root.c。其中 internal.h 用于声明文件系统的初始化和清理函数，root.c 用于实现 internal.h 声明的函数，my_fs.c 用于实现内核模块的加载和卸载函数。对于多个文件编译成内核模块使用的 Makefile，可以参见第 3.9 节源码 3-25。

头文件 internal.h 如源码 12-4 所示。

源码 12-4　internal.h

```
void my_root_init(void);      //文件系统初始化函数
void my_root_exit(void);      //文件系统清理函数
```

源文件 my_fs.c 如源码 12-5 所示。

源码 12-5　my_fs.c

```
#include <linux/module.h>
#include "internal.h"        //引入头文件 internal.h
//内核模块加载函数
static int my_fs_init(void)
{
    my_root_init();          //调用 internal.h 中声明的 my_root_init
    return 0;
}
//内核模块卸载函数
static void my_fs_exit(void)
{
    my_root_exit();          //调用 internal.h 中声明的 my_root_exit
}

module_init(my_fs_init);
module_exit(my_fs_exit);
```

my_fs.c 在内核模块加载函数中执行 my_root_init 来实现文件系统的初始化，在卸载函数中执行 my_root_exit 来清理文件系统。my_root_init 和 my_root_exit 在源文件 root.c 中实现，如源码 12-6 所示。

源码 12-6　root.c

```
#include <linux/fs.h>
//文件系统挂载时将要执行的函数，该函数实际上什么也没做，仅打印出设备名称
static struct dentry *my_mount(struct file_system_type *fs_type, int flags, const
char *dev_name, void *data)
{
    printk("dev_name=%s\n", dev_name);
    return ERR_PTR(-EINVAL);
}
//文件系统卸载时将要执行的函数
static void my_kill_sb(struct super_block *sb)
{
}
//文件系统类型
```

```
static struct file_system_type my_fs_type = {
    .name = "my_fs",               //文件系统名称设置为 my_fs
    .mount = my_mount,             //文件系统挂载时执行的函数设置为 my_mount
    .kill_sb = my_kill_sb,         //文件系统清理时执行的函数设置为 my_kill_sb
    .fs_flags = FS_USERNS_MOUNT,   //标志 FS_USERNS_MOUNT 表示能够被用户挂载
};
//文件系统初始化函数
void my_root_init(void)
{
    int err = register_filesystem(&my_fs_type);  //注册文件系统
    if(err)
    {
        printk("register error!\n");
    }
}
//文件系统清理函数
void my_root_exit(void)
{
    unregister_filesystem(&my_fs_type);          //注销文件系统
}
```

源文件 root.c 在函数 my_root_init 中通过调用 register_filesystem(&my_fs_type)注册文件系统。在变量 my_fs_type 中,设置文件系统名称为"my_fs",文件系统挂载时执行的函数是 my_mount,文件系统卸载时执行的函数是 my_kill_sb。函数 my_mount 仅仅有一条打印信息,会打印出挂载的设备名称。函数 my_kill_sb 是一个空函数。

编译、加载上述内核模块后,通过命令 mount -t my_fs <设备名> <挂载目录>来挂载该文件系统。mount 命令的选项-t 后跟的参数是文件系统名称,对应 root.c 中变量 my_fs_type 的成员变量 name。由于在文件系统的挂载函数 my_mount 返回了一个错误值,所以文件系统会挂载失败。如果此时执行 dmesg -c 命令查看内核调试信息,会打印出执行 mount 命令时传入的设备名称,如图 12-1 所示。

```
[root@localhost 13_4_creste_my_fs]# mount -t my_fs /dev/my_disk /mnt
mount: wrong fs type, bad option, bad superblock on /dev/my_disk,
       missing codepage or helper program, or other error

       In some cases useful info is found in syslog - try
       dmesg | tail or so.
[root@localhost 13_4_creste_my_fs]# dmesg -c
[70840.021939] dev_name=/dev/my_disk
```

图 12-1　挂载文件系统 my_fs

本章接下来的几节内容将逐步完善以上模块,实现一个虚拟文件系统。

12.2　创建超级块

超级块的作用及结构体类型已经在第 12.1.1 节介绍。如果要创建一个超级块,需要执行如下步骤。

① 分配并初始化超级块。可以通过内核提供的函数 sget 来分配并初始化超级块，该函数在内核源码的 include/linux/fs.h 头文件中声明。如下所示。

```
struct super_block *sget(struct file_system_type *type, int (*test)(struct super_
block *,void *), int (*set)(struct super_block *,void *), int flags, void *data)
```

函数的第一个参数 type 是文件系统类型；第二个参数 test 是测试函数，在 sget 中将调用这个函数来判断是否已经存在同样的超级块，若存在则不需要创建新的超级块，该函数可以为空，表示需要创建新的超级块；第三个参数 set 是设置函数，用于对超级块的初始化配置，该函数必须实现；第四个参数是创建超级块的标志信息，如 MS_RDONLY 标识文件系统只读；第五个参数 data 是创建文件系统传入的私有数据，可自定义，data 将在函数 sget 执行时作为第二个参数传入到函数 test 和 set 函数中。

② 向创建的超级块填入参数。新创建了一个超级块后，需要设置超级块的参数信息，包括超级块的标识、超级块的函数操作集合以及根目录信息等。其中，对于超级块的函数操作集合 struct super_operations（见源码 12-2）需要填入分配 inode 节点和释放 inode 节点时需要执行的函数 alloc_inode 和 destroy_inode 来分配和释放 inode 节点信息。在分配 inode 节点后，会对 inode 节点进行初始化，初始化 inode 节点的函数如下。

```
void inode_init_once(struct inode *inode)
```

该函数在内核源码的 include/linux/fs.h 头文件中声明，其参数是需要初始化的 inode 节点。

按照以上步骤，在第 12.1.3 节示例程序的基础上创建一个超级块，本节的示例程序将修改源文件 internal.h 和 root.c。其中，修改后的 internal.h 头文件如源码 12-7 所示。

源码 12-7　internal.h

```
#include <linux/fs.h>        //需要用到 inode 节点结构体类型，所以引入该头文件
//my_inode 结构体用于文件系统的私有 inode 节点数据
struct my_inode {
    struct inode vfs_inode;        //结构体仅包含一个 inode 节点成员变量
};
//MY_INODE 函数用于通过 struct my_inode 结构体的成员变量 vfs_inode 获取 struct
//my_inode 结构体实例
static inline struct my_inode *MY_INODE(struct inode *inode)
{
    return container_of(inode, struct my_inode, vfs_inode);
}

void my_root_init(void);
void my_root_exit(void);
```

该头文件主要增加了一个结构体 struct my_inode，这个结构体用于保存文件系统中的 inode 信息，文件系统中的每一个文件都会对应这样一个结构体变量。函数 MY_INODE 用于通过 inode 节点信息返回对应的 struct my_inode 结构体变量。

对于 root.c 源文件，需要在文件系统挂载时分配并初始化超级块，修改后的 root.c 源文件如源码 12-8 所示。

源码 12-8 root.c

```c
#include <linux/fs.h>
#include <linux/slab.h>
#include "internal.h"
//该函数用于在文件系统中分配一个 inode 节点
static struct inode *my_alloc_inode(struct super_block *sb)
{
    struct my_inode *ei;
    //分配了一个 struct my_inode 结构体指针变量
    ei = kmalloc(sizeof(struct my_inode), GFP_KERNEL);
    inode_init_once(&ei->vfs_inode);                    //初始化 inode 信息
    return &ei->vfs_inode;     //返回 struct my_inode 指针变量的 vfs_inode 成员
}
//该函数用于销毁文件系统中的 inode 节点
void my_destroy_inode(struct inode *inode)
{
    kfree(MY_INODE(inode));              //释放 struct my_inode 变量占用的内存
}
//超级块操作函数集合
static const struct super_operations my_sops = {
    //将 inode 节点的分配函数设置为函数 my_alloc_inode
    .alloc_inode = my_alloc_inode,
    //将 inode 节点的销毁函数设置为函数 my_destroy_inode
    .destroy_inode = my_destroy_inode,
};
//该函数用于填充超级块中的成员变量
static int my_fill_super(struct super_block *s)
{
    s->s_magic = 0x13140a;            //将超级块的唯一标识设置为 0x13140a
    s->s_root = NULL;                 //将文件系统根目录设置为空指针
    s->s_op = &my_sops;               //设置超级块的函数操作集合
    return -1;
}
//my_set_super 将作为参数传入 sget 函数中，用于初始化超级块，该函数无实际操作
static int my_set_super(struct super_block *sb,void *data)
{
    return 0;
}
//文件系统挂载时执行的函数
static struct dentry *my_mount(struct file_system_type *fs_type, int flags, const
char *dev_name, void *data)
{
    struct super_block *sb;
    //通过函数 sget 分配并初始化超级块，在 sget 函数中，将会执行 my_set_super
    sb = sget(fs_type, NULL, my_set_super, 0, NULL);
    //如果超级块初始化失败，直接返回错误值
    if(IS_ERR(sb))
    {
        printk("sget error!\n");
        return ERR_PTR(-EINVAL);
    }
```

```
        //如果函数 my_fill_super 的返回值小于 0，则返回错误，文件系统挂载失败
        if(my_fill_super(sb) < 0)
        {
            printk("fill super error\n");
            return ERR_PTR(-EINVAL);
        }
        return ERR_PTR(-EINVAL);
    }
    //文件系统卸载时执行的函数，当前未做任何操作
    static void my_kill_sb(struct super_block *sb)
    {
    }
    ......
```

上述源码主要实现了源码 12-6 未具体实现的函数 my_mount。在 my_mount 函数中，首先通过内核提供的 sget 函数分配并初始化了一个超级块，然后通过 my_fill_super 函数填充超级块中的内容。由于以上代码仅做演示，my_fill_super 函数会返回-1，函数 my_mount 最终会返回错误，挂载文件系统会失败。

编辑、加载上述内核模块，尝试挂载文件系统，文件系统挂载失败。此时执行 dmesg -c 查看内核打印信息，会打印出字符串"fill super error"，如图 12-2 所示。

```
[root@localhost ~]# mount -t my_fs dev1 /mnt
mount: wrong fs type, bad option, bad superblock on dev1,
       missing codepage or helper program, or other error

       In some cases useful info is found in syslog - try
       dmesg | tail or so.
[root@localhost ~]# dmesg -c
[74754.406295] fill super error
```

图 12-2　挂载文件系统 my_fs

下一节将会在上述源码的基础上，添加一个文件系统根目录。

12.3　创建根目录

每一个文件系统都有一个根目录，即文件系统的挂载目录。例如对于 proc 文件系统，根目录是/porc；对于设备文件，根目录是/dev。

在 struct super_block 结构体中（见源码 12-1），文件系统的根目录对应成员变量 s_root，其结构体类型是 struct dentry。在本书第 2.7 节描述过 dentry 和 inode，每个文件都有一个 dentry(目录项)和 inode(索引节点)结构，dentry 记录着文件名，上级目录等信息；文件的组织和管理的信息主要存放 inode 里面。文件系统的根目录也是一个文件，它也有对应的 dentry 和 inode。因此，要创建文件系统的根目录需要创建 inode 以及其对应的 dentry。

创建根目录的步骤如下。

① 创建一个新的 inode 并初始化。要创建并初始化一个 inode 节点，可以通过内核提供的函数 new_inode 来实现。该函数在内核源码的 include/linux/fs.h 头文件中声明，如下所示。

```
struct inode *new_inode(struct super_block *sb)
```

函数的参数 sb 是超级块的指针变量。当使用 new_inode 函数创建 inode 节点时，该函数会调用参数 sb 的超级块函数操作集合 s_op 中的成员函数 alloc_inode（即执行 sb->s_op->alloc_inode(sb)）来分配文件系统中的一个 inode 节点。

创建了 inode 节点后，需要设置 inode 的属性信息，例如设置 inode 的唯一标识、访问权限、文件拥有者等信息。

② 创建根目录对应的 dentry 并将其和创建的 inode 绑定。假如已经创建了一个 inode 节点，要创建和 inode 节点对应的 dentry，可以通过内核提供的函数 d_make_root 来实现。该函数在内核源码的 include/linux/dcache.h 头文件中声明，如下所示。

```
struct dentry * d_make_root(struct inode *inode)
```

d_make_root 函数根据 inode 节点来创建对应的 dentry，其参数是 inode 的指针，返回值是创建的 dentry。

③ 设置超级块的根目录。有了根目录的 dentry 后，需要设置超级块 struct super_block 结构体变量的 s_root 成员，将其设置为创建的 dentry。

根据以上步骤，在第 12.2 节源码的基础上做修改，完成文件系统根目录的创建。修改后的 internal.h 头文件如源码 12-9 所示。

源码 12-9　internal.h

```
#include <linux/fs.h>
//该结构体用于文件的基本信息
struct my_dir_entry {
    unsigned int low_ino;   //inode 标识
    umode_t mode;           //读写权限
    kuid_t uid;             //inode 节点拥有者的用户 id
    kgid_t gid;             //inode 节点拥有者的用户组 id
    const struct inode_operations *my_iops;  //inode 操作函数集合
    u8 namelen;             //文件名的长度
    char name[];            //文件名称
};
//my_inode 结构体用于存放文件系统中文件的私有信息
struct my_inode {
    struct my_dir_entry *de;      //文件的基本信息
    struct inode vfs_inode;       //文件对应的 inode 节点
};
//MY_INODE 函数用于通过 struct my_inode 结构体的成员变量 vfs_inode 获取 struct
//my_inode 结构体实例
static inline struct my_inode *MY_INODE(struct inode *inode)
{
    return container_of(inode, struct my_inode, vfs_inode);
}
//通过 inode 节点获取 struct my_dir_entry 结构体变量
static inline struct my_dir_entry *MYDE(struct inode *inode)
{
    return MY_INODE(inode)->de;
}
......
```

上述源码增加了一个结构体 struct my_dir_entry，该结构体保存了文件的基本信息。在 struct my_inode 结构体中，增加了一个类型为 struct my_dir_entry 的成员变量 de。函数 MYDE 通过 inode 节点获取 struct my_dir_entry 变量，方式是通过 inode 获取其所在的 struct my_inode 变量，再获取 struct my_inode 变量的成员变量 de。

在源文件 root.c 中，将根目录的 inode 和 dentry 进行初始化，修改后如源码 12-10 所示。

源码 12-10　root.c

```
#include <linux/fs.h>
#include <linux/slab.h>
#include "internal.h"
......
//inode 操作函数集合，当前不设置其任何成员变量
static struct inode_operations my_root_inode_operations = {
};
//根目录基本信息
static struct my_dir_entry my_root = {
    .low_ino = 1,                    //inode 的唯一标识
    .namelen = 14,                   //文件名的长度为 14 字节
    .mode = S_IRUGO | S_IFDIR,  //文件的访问权限是所有用户只读，且类型是目录文件
    //设置 inode 的操作函数集合为 my_root_inode_operations
    .my_iops = &my_root_inode_operations,
    //文件名是 my_filesystem，加上字符串的结束符 0，一共 14 个字节
    .name = "my_filesystem",
    .uid = {.val = 0},           //文件拥有者是 root 用户，0 表示 root 用户
    .gid = {.val = 0},  //文件拥有者的用户组是 root 用户组，0 表示 root 用户组
};
//函数 my_get_inode 用于返回目录的 inode 信息
struct inode *my_get_inode(struct super_block *sb, struct my_dir_entry *de)
{
    struct inode *inode= new_inode(sb); //分配并初始化 inode 节点
    //如果成功分配 inode，则设置 inode 中的信息
    if(inode != NULL)
    {
        //设置 inode 的唯一标识为参数 de 中的 low_ino 成员变量
        inode->i_ino = de->low_ino;
        //设置 inode 的权限和属性与参数 de 中的 mode 成员一致
        inode->i_mode = de->mode;
        inode->i_uid = de->uid;     //设置 inode 的拥有者 id
        inode->i_gid = de->gid;     //设置 inode 的用户组 id
        inode->i_op = de->my_iops; //设置 inode 的函数操作集合
    }
return inode;                    //返回初始化完成后的 inode
}
//设置超级块的信息
static int my_fill_super(struct super_block *s)
{
    //创建并初始化根目录的 inode 节点
    struct inode *root_inode = my_get_inode(s, &my_root);
    s->s_magic = 0x13140a;                    //设置超级块的唯一标识
```

```
        s->s_root = d_make_root(root_inode);        //设置文件系统的根目录
        s->s_op = &my_sops;                           //设置超级块的函数操作集合
        return 0;
    }
    ......
    //文件系统挂载时执行的函数
    static struct dentry *my_mount(struct file_system_type *fs_type, int flags, const
char *dev_name, void *data)
    {
        struct super_block *sb;
        //分配并初始化超级块
        sb = sget(fs_type, NULL, my_set_super, 0, NULL);

        if(IS_ERR(sb))
        {
            printk("sget error!\n");
            return ERR_PTR(-EINVAL);        //如果创建超级块失败则直接返回错误
        }
        if(my_fill_super(sb) < 0)
        {
            printk("fill super error\n");
            return ERR_PTR(-EINVAL);
        }
        return sb->s_root;                  //返回超级块的根目录
    }
    ......
```

上述源码在第 12.2 节源码 12-8 的基础上，增加了创建文件系统根目录的代码。首先增加了一个变量 struct my_dir_entry my_root 用来保存根目录的基本信息。然后增加了函数 my_get_inode，该函数用于分配并初始化 inode 节点：通过内核提供的函数 new_inode 分配了 inode 节点后，将 inode 节点的部分属性信息设置成和传入的参数 de 一致。函数 my_fill_super 调用了 my_get_inode，my_get_inode 的参数是超级块 sb 以及根目录的基本信息 my_root，执行完 my_get_inode 后，返回的 inode 节点基本信息和 my_root 中的信息一致。之后通过 s->s_root = d_make_root(root_inode)设置超级块的根目录。d_make_root(root_inode)的作用是根据变量 root_inode 分配并初始化对应的 dentry，其返回值就是根目录对应的 dentry。

编译、加载上述模块，执行 mount 命令挂载文件系统 my_fs 到某个目录，能够成功挂载。但是，如果执行 ls 查看目录下的文件，会返回失败，原因是当前源码只创建了根目录，并没有创建根目录下的文件。执行挂载并查看文件系统目录的结果如图 12-3 所示。

```
[root@localhost ~]# mount -t my_fs none /mnt
[root@localhost ~]# ls /mnt/
ls: cannot access /mnt/: Not a directory
```

图 12-3　挂载、查看文件系统 my_fs

12.4　本级目录和上级目录

在 Linux 中，每个目录下有两个特殊的文件，分别是 "." 和 ".."，其中 "." 代表本级目录，".."代表上级目录，这两个"目录"并没有相应的 dentry 结构体和 inode 结构体。如果要在文件系统下查看到本级目录和上级目录，需要完成如下步骤。

① 实现 struct inode_operations 的 lookup 函数。inode 函数操作集合结构体类型 struct inode_operations（见第 2.7 节源码 2-16）中有一个成员函数 lookup。如果实现了该函数，则操作系统会认为该 inode 节点对应了一个目录，否则会认为是一个普通文件。因为上一节并未实现该函数，所以在图 12-3 中，执行 ls 命令报错"Not a directory"，表示这不是一个目录。lookup 函数原型如下。

```
struct dentry * (*lookup) (struct inode *inode,struct dentry *dentry, unsigned int flags)
```

该函数用于查找文件的 dentry 信息。第一个参数表示将要查找的 inode 根节点，该 inode 节点对应一个目录，需要查找该目录下的某个文件；第二个参数表示将要查找的 dentry 信息，包括查找的文件名、长度等；第三个参数表示查找的标志信息，不同的文件系统对该字段的用法不一样。函数的返回值是对应文件在系统缓存中的 dentry 信息，如果该 dentry 信息不存在，返回 NULL。

② 实现文件操作函数集合 struct file_operations 的 iterate 函数。文件操作集合结构体类型 struct file_operations（第 7.1.1 节源码 7-2）中存在一个成员函数 iterate，该函数将在遍历目录时用到。应用程序在执行系统调用 getdents、getdents64、old_readdir 时会执行到该函数。该函数会向应用程序返回目录下的文件信息。iterate 函数原型如下。

```
int (*iterate) (struct file *file, struct dir_context *ctx)
```

函数的第一个参数 file 是一个打开的目录文件，表示当前遍历的目录；第二个参数 ctx 是目录上下文，包含了目录遍历过程的偏移和执行函数。参数 ctx 的结构体类型是 struct dir_context，定义于内核源码的 include/linux/fs.h 头文件中，如源码 12-11 所示。

源码 12-11　struct dir_context 结构体定义

```
struct dir_context {
    //遍历目录时会用到的操作函数，该函数一般向应用程序返回目录下的文件信息
    filldir_t actor;
    //目录的偏移量，一般来说，遍历目录下的第一个文件时，偏移量是 1,
    //遍历到目录下的第 n 个文件，偏移量就是 n
    loff_t pos;
};
```

通常情况下，如果 pos 是 0，表示目录刚开始遍历；pos 是 1，表示遍历到了本级目录；pos 是 2，表示遍历到了上级目录。

如果在遍历目录时，需要遍历到本级目录和上级目录，需要在 iterate 函数中调用 dir_emit_dots 来向应用程序返回本级目录或上级目录。dir_emit_dots 函数在内核源码的 include/linux/fs.h 头文件定义，其声明如下。

```
bool dir_emit_dots(struct file *file, struct dir_context *ctx)
```

在第一次执行该函数时，会向应用程序返回本级目录"."；第二次执行该函数时，会向应用程序返回上级目录".."。函数返回 true 表示执行成功，否则执行失败。函数的第一个参数 file 是遍历的目录，第二个参数 ctx 是目录上下文。

下面将在第 12.3 节示例程序的基础上，根据以上步骤修改代码，达到能够通过 ls 命令查看到本级目录和上级目录的目的。修改后的 internal.h 头文件如源码 12-12 所示。

源码 12-12　internal.h

```
......
//该结构体用于文件的基本信息
struct my_dir_entry {
    unsigned int low_ino;   //inode 标识
    umode_t mode;           //读写权限
    kuid_t uid;             //inode 节点拥有者的用户 id
    kgid_t gid;             //inode 节点拥有者的用户组 id
    const struct inode_operations *my_iops; //inode 操作函数集合
    const struct file_operations  *my_fops; //文件操作函数集合
    u8 namelen;             //文件名的长度
    char name[];            //文件名称
};
......
```

上述源码比第 12.3 节源码 12-9 多定义了一个文件操作函数集合 const struct file_operations *my_fops。对于文件系统中的目录，本节将实现其文件操作集合的 iterate 函数，用于目录的遍历。

修改后的 root.c 如源码 12-13 所示。

源码 12-13　root.c

```
......
//inode 操作集合的查找函数，直接返回空
static struct dentry *my_root_lookup(struct inode * dir, struct dentry * dentry,
unsigned int flags)
{
    return NULL;
}
//inode 函数操作集合
static struct inode_operations my_root_inode_operations = {
    //将 lookup 成员函数设置为 my_root_lookup
    .lookup        = my_root_lookup,
};
//文件操作集合的目录遍历函数
static int my_root_readdir(struct file *file, struct dir_context *ctx)
{
    //如果 ctx->pos>=2，表示已经遍历到了上级目录，不需要再遍历更多文件，直接返回
    if(ctx->pos >= 2)
        return 0;
    //调用 dir_emit_dots 向应用程序返回本级目录和上级目录
    if (!dir_emit_dots(file, ctx))
    {
        printk("%s:error\n",__FUNCTION__);
        return 0;
    }
```

```
    return 0;
}
//目录对应的文件操作集合
static const struct file_operations my_root_operations = {
    .iterate = my_root_readdir,  //将 iterate 成员函数设置为 my_root_readdir
};
//根目录基本信息
static struct my_dir_entry my_root = {
    .low_ino = 1,
    .namelen = 14,
    .mode = S_IRUGO | S_IFDIR,
    .my_iops = &my_root_inode_operations,
    .my_fops = &my_root_operations,      //对文件操作集合进行赋值
    .name = "my_filesystem",
    .uid = {.val = 0},
    .gid = {.val = 0},
};
//函数 my_get_inode 用于返回目录的 inode 信息
struct inode *my_get_inode(struct super_block *sb, struct my_dir_entry *de)
{
    struct inode *inode= new_inode(sb);
    if(inode != NULL)
    {
        inode->i_ino = de->low_ino;
        inode->i_mode = de->mode;
        inode->i_uid = de->uid;
        inode->i_gid = de->gid;
        inode->i_op = de->my_iops;
        if(S_ISREG(inode->i_mode))            //如果是普通文件，则暂时不做处理
            printk("file is reg\n");
        else                    //如果是目录文件，则将 inode 的文件操作集合赋值
            inode->i_fop = de->my_fops;
    }
    return inode;
}
......
```

上述源码在第 12.3 节源码 12-10 的基础上做了如下改动：

① 实现了根目录对应的 inode 操作函数集合的成员函数 lookup。如果没有实现该函数，Linux 内核会认为 inode 对应的文件不是一个目录。因此，需要实现该函数，即使该函数实际未做任何处理。

② 实现了根目录对应的 inode 的文件操作集合 i_fop。由于目录被打开后，内核会为其维护一个 struct file 结构体变量，需要有一个文件操作函数集合与之对应。如果要遍历目录，需要实现文件操作函数集合 struct file_operations 的成员函数 iterate。在该函数的实现中（函数 my_root_readdir），首先通过 if(ctx->pos > 2) 判断目录上下文的偏移是否大于 2，如果是则直接返回。这是由于目录遍历时，ctx->pos 从 0 开始，每遍历到一个文件 ctx->pos 会加 1。一般遍历到本级目录 "." 后，对应的偏移是 1；遍历到上级目录 ".." 后，对应的偏移是 2。即本级目录和上级目录是目录上下文 ctx 中偏移最小的两个文件。如果 ctx->pos 大于 2，则

表明需要遍历除本级目录和上级目录外的其他文件，本节暂时不考虑这种情况。

如果 ctx->pos 小于 2，则需要通过执行 dir_emit_dots(file, ctx) 向应用程序返回本级目录或上级目录。当 ctx->pos 是 0 时，dir_emit_dots 会向应用程序返回本级目录，然后将 ctx->pos 加 1，ctx->pos 变为 1；ctx->pos 是 1 时，dir_emit_dots 会向应用程序返回上级目录，之后将 ctx->pos 加 1，ctx->pos 变为 2。

源码 root.c（源码 12-13）的 my_get_inode 函数增加了一个判断：通过 if(S_ISREG(inode->i_mode)) 判断 inode 是否是普通文件，如果是则暂时不做处理；如果不是，则认为 inode 是一个目录文件（实际上这种判断不完全准确，这里为简化代码，暂时这样处理）。如果 inode 对应一个目录，设置 inode 的文件操作函数集合 i_fop，该操作函数集合实现了 iterate 函数，用于目录的遍历。一旦通过 ls 命令来遍历目录时，将会执行到文件操作函数集合的 iterate 函数，会遍历到本级目录和上级目录。

编译、加载上述模块，通过 mount 命令能够成功挂载文件系统"my_fs"，然后可以通过 ls 命令查看到本级目录和上级目录，如图 12-4 所示。

```
[root@localhost ~]# mount -t my_fs none /mnt
[root@localhost ~]# ls /mnt/.
[root@localhost ~]# ls /mnt/..
bin   dev   home   lib64   mnt   proc   run   srv   tmp   var
boot  etc   lib    media   opt   root   sbin  sys   usr
```

图 12-4   遍历文件系统的本级目录和上级目录

12.5   增加一个文件

当前已经可以在文件系统下查看本级目录和上级目录，但文件系统下还没有文件。在文件系统下增加一个文件，需要完成以下步骤。

① 定义文件的基本信息。文件需要有一些基本信息：文件名、inode 节点唯一标识、访问权限、文件拥有者等。同时，文件还需要操作函数集合，这样才能够访问文件。在源码中需要定义这些基本信息。

② 使文件能够被遍历到。目录文件的操作函数集合 struct file_operations 的 iterate 函数可以遍历到目录下的文件，上一节通过该函数实现了本级目录和上级目录的遍历。如果要在该函数中增加对文件的遍历，需要用到如下函数：

```
bool dir_emit(struct dir_context *ctx, const char *name, int namelen, u64 ino,
unsigned type)
```

该函数定义在内核源码的 include/linux/fs.h 头文件中，用于向应用程序返回目录下文件的信息。函数的第一个参数 ctx 是目录上下文；第二个参数 name 是需要向应用程序返回的文件名；第三个参数 namelen 是文件名的长度；第四个参数 ino 是文件的 inode 节点唯一标识。第五个参数 type 是文件类型，可选的文件类型如源码 12-14 所示。

源码 12-14   可选的文件类型

```
#define DT_UNKNOWN    0   //未知文件
#define DT_FIFO       1   //管道文件
#define DT_CHR        2   //字符设备文件
#define DT_DIR        4   //目录文件，代表一个目录
```

```
#define DT_BLK        6    //块设备文件
#define DT_REG        8    //普通文件
#define DT_LNK       10    //链接文件
#define DT_SOCK      12    //套接字文件
#define DT_WHT       14    //whiteout 文件
```

在用 dir_emit 函数向应用程序返回文件信息后，需要将目录上下文 ctx 的成员变量 pos 加 1，表示当前文件已完成遍历，下一次执行函数 iterate 时需要遍历下一个文件。第 12.4 节曾描述过，成员变量 pos 是目录上下文的偏移，保存了目录遍历的位置。

③为文件创建 inode 节点。目录对应的 struct inode_operations 变量的 lookup 函数用于查找某个文件是否已经存在于缓存中，可以在该函数中创建文件对应的 inode 节点，然后将 inode 和 dentry 进行绑定。在此过程中，需要用到如下函数：

```
void d_add(struct dentry *entry, struct inode *inode)
```

该函数在内核源码的 include/linux/dcache.h 头文件中声明，用于将 inode 和 dentry 绑定，并且会将 dentry 加入系统的缓存中。

下面在第 12.4 节源码的基础上做修改，按照上述步骤，给文件系统增加一个文件。本节仅对第 12.4 节的源文件 root.c 做修改，如源码 12-15 所示。

源码 12-15　root.c

```
......
static struct inode *my_get_inode(struct super_block *sb, struct my_dir_entry *de);
//普通文件的文件操作函数集合，当前不实现其内容
static const struct file_operations my_reg_file_ops = {
};
//普通文件的 inode 操作函数集合，当前不实现其内容
static const struct inode_operations my_file_inode_operations = {
};
//新增的普通文件信息
static struct my_dir_entry my_file = {
    .low_ino = 2,              //inode 节点唯一标识设置为 2（根目录是 1）
    .namelen = 6,              //文件名的长度是 6
    .mode = S_IRWXUGO | S_IFREG, //普通文件，访问权限是可读、可写、可执行
    .my_iops = &my_file_inode_operations, //设置文件的 inode 操作函数集合
    .my_fops = &my_reg_file_ops, //设置文件的文件操作函数集合
    .name = "hello",  //文件名是 hello，"hello"字符串加上结束符，长度为 6 字节
    .uid = {.val = 0},         //文件拥有者的用户 id 是 0，即 root 用户
    .gid = {.val = 0},         //文件拥有者的用户组 id 是 0
};
......
//查找函数，用于创建 inode 节点，并将 inode 节点和 dentry 绑定
static struct dentry *my_root_lookup(struct inode * dir, struct dentry * dentry,
unsigned int flags)
{
    struct inode *inode = NULL;
    //调用函数 my_get_inode 获取文件的 inode 节点
```

```
        inode = my_get_inode(dir->i_sb, &my_file);
        if(!inode)
        {
            printk("inode is null\n");
            return NULL;
        }
    d_add(dentry, inode);              //将 inode 节点和 dentry 绑定
        return NULL;
}
//目录对应的 inode 操作函数集合
static struct inode_operations my_root_inode_operations = {
    .lookup = my_root_lookup,          //将成员函数 lookup 设置为 my_root_lookup
};
//目录的遍历操作
static int my_root_readdir(struct file *file, struct dir_context *ctx)
{
    if(ctx->pos > 2)                   //如果目录上下文偏移大于 2，则直接返回
        return 0;
    if (!dir_emit_dots(file, ctx))           //向应用程序返回本级目录和上级目录
    {
        printk("%s:error\n",__FUNCTION__);
        return 0;
    }
    //如 ctx->pos=2，则表示已遍历了本级目录和上级目录，需遍历目录下的其他文件
    if(ctx->pos == 2)
    {
        //向应用程序返回文件 my_file 的信息
        if(!dir_emit(ctx, my_file.name, my_file.namelen, my_file.low_ino, DT_REG))
            return 0;
        ctx->pos++;          //将目录上下文的偏移加 1，表示本文件已遍历完成
    }
    return 0;
}
//根目录的文件操作函数集合
static const struct file_operations my_root_operations = {
    .iterate = my_root_readdir,   //设置目录的 iterate 函数为 my_root_readdir
};
......
//根据 struct my_dir_entry 结构体变量初始化对应的 inode 节点信息
struct inode *my_get_inode(struct super_block *sb, struct my_dir_entry *de)
{
    struct inode *inode= new_inode(sb);
    if(inode != NULL)
    {
        inode->i_ino = de->low_ino;
        inode->i_mode = de->mode;
        inode->i_uid = de->uid;
        inode->i_gid = de->gid;
        inode->i_op = de->my_iops;
        inode->i_fop = de->my_fops;   //设置 inode 节点对应的文件操作函数集合
    }
    return inode;
}
......
```

第 12 章 文件系统

源文件 root.c 增加了一个普通文件的基本信息 struct my_dir_entry my_file，在该变量中设置了文件名及一些属性信息，文件名是"hello"。

在根目录的文件操作集合的 iterate 函数中，对本级目录、上级目录以及本节新增的文件"hello"做了遍历。本级目录、上级目录的遍历还是通过函数 dir_emit_dots 来进行，当遍历了本级目录和上级目录后，目录上下文 ctx 的偏移为 2，这时通过 dir_emit(ctx, my_file.name, my_file.namelen, my_file.low_ino, DT_REG)向应用程序返回文件"hello"的信息，包括文件名、文件对应 inode 节点的唯一标识、文件属性，DT_REG 表示这是一个普通文件。之后将 ctx->pos 加 1，其值变为 3，整个目录遍历完成。

在根目录文件的 inode 操作函数集合的 lookup 函数中，通过 my_get_inode(dir->i_sb, &my_file)初始化了变量 my_file 对应的 inode 节点。函数 my_get_inode 与第 12.4 节源码的不同之处在于，无论是目录文件还是普通文件都会设置其 inode 节点对应的文件操作函数集合。在 lookup 函数退出前，通过函数 d_add 将 inode 节点和 dentry 进行绑定。

编译、加载该模块后，挂载文件系统到某个目录下，执行 ls 命令查看这个目录下的文件，可以看到文件"hello"，如图 12-5 所示。

```
[root@localhost ~]# mount -t my_fs /dev/my_disk /mnt
[root@localhost ~]# ls /mnt/
hello
```

图 12-5　查看文件 hello

12.6　增加文件的读写操作

上一节已经在根目录下增加了一个文件，但还不能对该文件进行读写。如果要对该文件进行读写，需要实现文件操作函数集合的函数。在上一节的 root.c（源码 12-15）中，变量 struct file_operations my_reg_file_ops 代表文件"hello"的文件操作函数集合，本节将定义该文件操作函数集合的打开、读、写、关闭操作，以便能够通过应用程序对文件进行读写。修改后的 root.c 如源码 12-16 所示。

源码 12-16　root.c

```
......
static char kbuf[128];                    //用于保存文件中的数据
static unsigned int data_len = 0;     //用于保存文件中数据的长度
//文件的打开操作
static int my_open(struct inode *inode, struct file *file)
{
    return 0;
}
//文件的关闭操作
static int my_release(struct inode *inode, struct file *file)
{
    return 0;
}
//文件的读操作
static ssize_t my_read(struct file *file, char __user *buf, size_t size, loff_t *offset)
```

```
    {
        int read_len = 0;
        int left = data_len - *offset;        //文件中剩余未读取的数据长度
        if(left > 0)
        {
            read_len = left>size?size:left;  //能够读取的数据长度
            copy_to_user(buf, kbuf + *offset, read_len);
            *offset += read_len;              //数据读取后，将偏移增加已读取的数据长度
        }
        return read_len;                      //返回实际读取的数据长度
    }
//文件的写操作
static ssize_t my_write(struct file *file, const char __user *buf, size_t size,
loff_t *offset)
    {
        memset(kbuf, 0, sizeof(kbuf));
        copy_from_user(kbuf, buf, size);   //将应用程序写入的数据保存到 kbuf 中
        data_len = size;                     //设置数据的长度为应用程序写入的数据长度
        return size;
    }
//文件操作函数集合
static const struct file_operations my_reg_file_ops = {
    .open = my_open,                        //将打开操作赋值为 my_open
    .release = my_release,                  //将关闭操作赋值为 my_release
    .read = my_read,                        //将读操作赋值为 my_read
    .write = my_write,                      //将写操作赋值为 my_write
};
......
```

上述源码在上一节的基础上，增加了文件操作的实现，分别实现了文件的打开、关闭、读和写操作。在写操作函数 my_write 中，通过 copy_from_user 将数据从应用程序拷贝到变量 kbuf 中，并将数据长度保存在变量 data_len 中。

在读操作函数 my_read 中，首先获取剩余未读取的数据长度，保存在变量 left 中。变量 data_len 保存了数据总长度，*offset 保存的是当前读文件的偏移，剩余的数据长度就是 data_len-*offset。由于读取的数据长度不超过应用程序传入的参数 size，所以实际读数据的长度取变量 left 和参数 size 的最小值。

编译、加载该模块后，挂载文件系统，然后可以对文件"hello"进行读写操作，如图 12-6 所示。

```
[root@localhost ~]# cd /mnt/
[root@localhost mnt]# echo "abc" > hello
[root@localhost mnt]# cat hello
abc
```

图 12-6 对文件进行读写操作

12.7 动态创建文件

在第 12.6 节中，创建了一个名为"hello"的文件，并且能够对该文件进行读写操作。但

是，该文件的基本信息是通过变量 struct my_dir_entry my_file 写死在源码中的。文件系统被挂载后，无法新增文件。如果想要通过 touch 命令创建任意名称的文件并且能够对文件读写，需要动态地创建文件信息。要达到这个目的，需要完成如下步骤。

① 实现 inode 节点的创建函数。对于目录文件，在 inode 操作函数集合 struct inode_operations（见源码 2-16）中，成员函数 create 用于创建目录下的文件，其原型如下。

```
int (*create) (struct inode *inode,struct dentry *dentry, umode_t mode, bool excl)
```

第一个参数 inode 是目录对应的 inode 节点；第二个参数 dentry 是目录下文件的 dentry，对应需要被创建的文件；第三个参数 mode 是文件访问权限；第四个参数 excl 表示如果文件存在，是否需要返回错误。在某个目录下创建新的文件时，该函数将得到执行。

在该函数中，需要为每一个文件动态分配内存来保存文件名等基本信息。同样，每一个文件的数据都是不同的，应该为每一个文件分配相应的区域来保存文件的数据。

② 读写文件时需要操作相应文件的数据。由于每一个文件的数据不同，在读写文件时需要获取对应文件的数据区，读写该数据区的内容。

③ 执行遍历操作时需要遍历缓存中每一个文件。在目录的文件操作函数集合 struct file_operations 的文件遍历函数 iterate 中，需要遍历并向应用程序返回每一个文件的信息。完成该操作后，在执行 ls 命令时，能够看到目录下的所有文件。

根据以上几个步骤，修改第 12.6 节的 internal.h 和 root.c。修改后的 internal.h 如源码 12-17 所示。

源码 12-17　internal.h

```
......
struct my_dir_entry {
    unsigned int low_ino;       //inode 标识
    umode_t mode;               //访问权限
    kuid_t uid;                 //属主用户 id
    kgid_t gid;                 //属主组 id
    const struct inode_operations *my_iops; //inode 操作函数
    const struct file_operations *my_fops;
    u8 namelen;                 //文件名长度
    char name[128];             //文件名
    char data[128];             //文件的数据，最多 128 字节
    unsigned int data_len;      //文件中数据的长度
    struct list_head list;      //文件系统下所有的文件以链表形式组织
};
......
```

头文件 internal.h 中，对于 struct my_dir_entry 结构体，增加了成员变量 data、data_len 和 list。其中，data 将用于保存文件中的数据，data_len 用于保存文件中数据的长度。文件系统中的每一个文件都对应一个 struct my_dir_entry 结构体变量，这些变量通过成员变量 list 形成一个链表。

修改后的 root.c 如源码 12-18 所示。

```
......
static LIST_HEAD(file_list);     //链表头，所有文件信息都串联在该变量之后
static int file_num = 0;          //用于保存文件个数
static int inode_id = 2;    //保存已使用的 inode 节点编号，每新增一个文件该值加 1
......
static ssize_t my_read(struct file *file, char __user *buf, size_t size, loff_t
*offset)
    {
        int read_len = 0;
        //获取文件所在的 struct my_dir_entry 结构体变量
        struct my_dir_entry *dir_entry = MYDE(file->f_inode);
        //获取对应文件剩余需要读取的字节数
        int left = dir_entry->data_len - *offset; if(left > 0)
        {
            read_len = left>size?size:left;
            //将数据从对应文件的数据区拷贝到应用程序
            copy_to_user(buf, dir_entry->data, read_len);
            *offset += read_len;
        }
        return read_len;
    }
    //写操作函数
    static ssize_t my_write(struct file *file, const char __user *buf, size_t size,
loff_t *offset)
    {
        struct my_dir_entry *dir_entry = MYDE(file->f_inode);
        memset(dir_entry->data, 0, sizeof(dir_entry->data));
        //将数据从应用程序拷贝到对应文件的数据区
        copy_from_user(dir_entry->data, buf, size);
        dir_entry->data_len = size;   //设置文件数据的长度为应用程序写入的数据长度
        return size;
    }
    ......
    static struct dentry *my_root_lookup(struct inode * dir, struct dentry * dentry,
unsigned int flags)
    {
        return NULL;
    }
    //文件的创建函数
    static int my_create(struct inode * dir, struct dentry * dentry, umode_t mode,
bool excl)
    {
        struct inode *inode = NULL;
        //为新的文件分配 struct my_dir_entry 结构体变量
        struct my_dir_entry *dir_entry = kmalloc(GFP_KERNEL, sizeof(struct dentry));

        memset(dir_entry->name, 0, sizeof(dir_entry->name));
        //保存新文件的文件名到变量 dir_entry 中
        memcpy(dir_entry->name, dentry->d_iname, strlen(dentry->d_iname));
        dir_entry->namelen = strlen(dentry->d_iname);     //设置文件名的长度
```

```
    dir_entry->mode = S_IRWXUGO | S_IFREG;              //设置访问权限和属性
    dir_entry->my_iops = &my_file_inode_operations;    //设置 inode 操作函数集合
    dir_entry->my_fops = &my_reg_file_ops;             //设置文件操作函数集合
    dir_entry->low_ino = inode_id++;                   //设置 inode 节点的唯一标识

    inode = my_get_inode(dir->i_sb, dir_entry);        //创建并初始化 inode 节点
    if(!inode)
        return -1;
    //设置 inode 节点对应的 struct my_dir_entry 结构体变量
    MY_INODE(inode)->de = dir_entry;
    d_add(dentry, inode);                              //将 dentry 和 inode 节点绑定
    list_add_tail(&dir_entry->list, &file_list);      //将新的文件加入链表
    file_num++;                                         //文件系统中文件的个数加 1
    return 0;
}
//目录对应的 inode 操作函数结合
static struct inode_operations my_root_inode_operations = {
    .lookup = my_root_lookup,
    .create = my_create,              //设置文件的创建函数为 my_create
};
//目录下文件的遍历操作
static int my_root_readdir(struct file *file, struct dir_context *ctx)
{
    int i = 0;                        //该变量用于遍历目录下的文件
    struct my_dir_entry *pos, *n;
    if(ctx->pos >= 2 + file_num)      //ctx->pos 不能大于需要遍历的文件数量
        return 0;
    if (!dir_emit_dots(file, ctx))    //遍历本级目录和上级目录
    {
        return 0;
    }
    //ctx->pos>=2 时，表示本级目录和上级目录已遍历完，需遍历目录下的其他文件
if(ctx->pos >= 2)
{
    i = 2;                //i 的值初始化为 2，是由于 ctx->pos 的值大于或等于 2
    //遍历链表中的所有文件
    list_for_each_entry_safe(pos, n, &file_list, list)
    {
        //如果 ctx->pos 和 i 的值相等，则向应用程序返回对应的文件信息
        if(ctx->pos == i)
        {   //向应用程序返回文件名、文件名的长度及唯一标识
            if(!dir_emit(ctx, pos->name, pos->namelen, pos->low_ino, DT_REG))
            {
                return 0;
            }
            break;
        }
        i++;
    }
    ctx->pos++;           //遍历一个文件后，ctx->pos 需要加 1
}
```

```
        return 0;
    }
    ......
```

上述源码对目录的 inode 操作函数集合 struct inode_operations my_root_inode_operations 中的成员函数 create 赋值为 my_create 函数。每当在文件系统根目录下执行 touch 命令（或是 open 系统调用）创建文件时，将会执行到该函数。my_create 函数首先为新增的文件创建一个 struct my_dir_entry 结构体指针变量 dir_entry 用于保存文件的基本信息，将文件名从 dentry-> d_iname 拷贝到该变量中，my_create 函数的参数 dentry 保存了需要创建的文件基本信息。然后，对变量 dir_entry 的其他成员变量进行赋值。dir_entry 的成员变量 low_ino 是文件唯一标识，需要保证每个文件的值不相同。完成对变量 dir_entry 的赋值后，通过之前实现的函数 my_get_inode 来创建 inode 节点，通过内核提供的函数 d_add 将 inode 节点和 dentry 进行绑定。最后将变量 dir_entry 加入到链表中以作缓存，并且将文件的数量 file_num 加 1，变量 file_num 保存了文件系统中的文件总数量。

对于文件操作函数集合 struct file_operations my_reg_file_ops，修改了其读函数 my_read 和写函数 my_write。在写操作函数 my_write 中，先通过 internal.h 头文件中的函数 MYDE 获取文件对应的 struct my_dir_entry 结构体指针变量 dir_entry，再将应用程序写入的数据拷贝到 dir_entry 的成员变量 data 中，data 保存的是文件的数据。同时将 dir_entry 的成员变量 data_len 设置为实际的数据长度。

在读操作函数 my_read 中，同样先通过函数 MYDE 获取文件对应的 struct my_dir_entry 结构体指针变量 dir_entry，再将 dir_entry 中的数据拷贝至应用程序的缓存。

在根目录的文件遍历操作函数 my_root_readdir 中，首先通过 if(ctx->pos >= 2 + file_num) 判断目录下的所有文件是否已经遍历完成，变量 file_num 保存了目录下的文件个数。当 ctx->pos 等于 2 时，表示本级目录和上级目录遍历完成；ctx->pos 大于 2 时，才会遍历目录下除本级目录和上级目录外的其他文件。因此，2+file_num 表示应该遍历的文件总数量。然后，函数 my_root_readdir 通过 if(ctx->pos >= 2) 来判断是否遍历到了除本级目录和上级目录外的其他文件。如果是，则通过 list_for_each_entry_safe 查找链表中本次应该获取的文件信息，并通过函数 dir_emit 向应用程序返回文件信息。完成后，需要将 ctx->pos 加 1，下一次进入该函数时，会遍历下一个文件。

函数 my_root_lookup 中，直接返回 NULL，这和之前的源码 12-15 不同。源码 12-15 在文件系统下创建了一个名为"hello"的文件，并没有通过 struct inode_operations 中的 create 函数动态创建文件。在遍历目录下的文件时，需要在 my_root_lookup 中创建了文件"hello"对应的 inode 节点，并将 inode 节点和 dentry 绑定。而当前的源码由于是动态创建文件，通过 touch 命令或 open 系统调用创建文件时会执行到目录对应的 inode 操作函数集合的 create 函数，因此可以把 inode 的创建操作移到了 my_create 函数中。

编译、加载该模块后，挂载文件系统，可以在文件系统下通过 touch 命令（或 open 系统调用）创建多个文件，并可以对这些文件写入不同的数据并成功读取，如图 12-7 所示。

```
[root@localhost ~]# mount -t my_fs none /mnt
[root@localhost ~]# cd /mnt/
[root@localhost mnt]# touch 1.txt 2.txt
[root@localhost mnt]# ls
1.txt  2.txt
[root@localhost mnt]# echo "abc" > 1.txt
[root@localhost mnt]# echo "123" > 2.txt
[root@localhost mnt]# cat 1.txt
abc
[root@localhost mnt]# cat 2.txt
123
```

图 12-7　创建多个文件并进行读写

12.8　文件的删除操作

如果在某个目录下，通过 rm 命令删除文件，内核会调用目录对应的 inode 操作函数集合 struct inode_operations（见源码 2-16）的 unlink 函数，该函数原型如下。

```
int (*unlink) (struct inode *dir,struct dentry *dentry)
```

函数的第一个参数 dir 是目录对应的 inode 节点；第二个参数 dentry 对应需要删除的文件。函数返回值为 0 表示函数执行成功，否则函数执行失败。在 Linux 命令行中执行 rm 命令时，rm 命令会通过 unlink 系统调用来删除文件。应用程序执行 unlink 系统调用时，会执行到 inode 操作函数集合的 unlink 函数。

本节将在上一节源码的基础上进一步修改 root.c，实现文件的删除操作。修改后的 root.c 如源码 12-19 所示。

源码 12-19　root.c

```
......
//文件的删除函数
static int my_unlink(struct inode *dir, struct dentry *dentry)
{
    struct inode *inode = dentry->d_inode; //获取将要删除文件对应的 inode 节点
    //获取 inode 节点对应的 struct my_dir_entry 结构体变量
    struct my_dir_entry *dir_entry = MYDE(inode);
    //从链表中删除对应的 struct my_dir_entry 结构体变量
    list_del(&dir_entry->list);
    file_num--;                          //将文件个数减 1
    kfree(dir_entry);                    //释放内存
    return 0;
}
//根目录对应的 inode 操作函数集合
static struct inode_operations my_root_inode_operations = {
    .lookup = my_root_lookup,
    .create = my_create,
    .unlink = my_unlink,        //将成员函数 unlink 设置为这里实现的 my_unlink
};
......
```

源码在之前的基础上增加了 inode 操作函数集合的 unlink 函数。unlink 函数是 create 函数的逆操作，在该函数中获取了需要被删除文件对应的 struct my_dir_entry 结构体指针变量 dir_entry，然后将该变量从链表缓存中删除。删除完成后，将文件系统的文件总个数减 1 并释放其占用的内存。

编译、加载该模块后，挂载文件系统并在文件系统下创建文件，可以通过 rm 命令删除创建的文件，如图 12-8 所示。

```
[root@localhost ~]# mount -t my_fs none /mnt
[root@localhost ~]# cd /mnt/
[root@localhost mnt]# touch 1.txt 2.txt 3.txt
[root@localhost mnt]# ls
1.txt  2.txt  3.txt
[root@localhost mnt]# rm -f 1.txt 2.txt
[root@localhost mnt]# ls
3.txt
```

图 12-8　删除文件

12.9　写一个磁盘文件系统

到目前为止，我们完成了一个虚拟文件系统，所有文件的信息及数据都保存在内存中，系统重启后，这些信息都会被清除。本节将完成一个磁盘文件系统，文件系统中的文件信息及数据能够持久保存在磁盘中，系统重启后，文件不会被清除。

12.9.1　磁盘文件系统

磁盘/块设备能够持久化保存和读取数据。保存在磁盘/块设备的数据需要以一定形式或结构组织，解析软件才能从约定的组织结构中提取需要的数据。磁盘文件系统以约定的结构将文件和数据保存在磁盘或块设备中，用户通过文件系统解析软件以约定的格式访问磁盘中的文件或数据，达到操作文件的目的。

对于文件系统，目录、文件及访问方式是关键要素。解析文件系统需要关注：
- 目录的名称、属性、上下级结构等信息。
- 文件的名称、所在的目录、数据存放位置、数据长度等信息。
- 目录和文件的读写方式、属性更改。

为简化描述，本节在不考虑存在目录的情况下，介绍一个简单的磁盘文件系统示例。

不妨假设一个磁盘大小为 16KB，在这个磁盘上构建一个文件系统。假设整个磁盘上只有一个文件，通过只有一个文件的文件系统组织磁盘中的数据（图 12-9）。

该文件系统将这 16KB 的空间分为三部分：文件大小、文件名和文件数据。其中文件大小占用 4 字节，文件名最长为 16 字节，文件数据最长可以达到 16×1024−16−4=16364 字节，文件数据的长度由文件大小决定。文件系统解析软件按以上结构解析磁盘后，能够访问到文件信息及数据。

如果要保存多个文件，可以对以上文件系统做一个改进，将磁盘分为一个个大小相同的"块"。假设每块大小为 512 字节，则可得到如图 12-10 所示多个文件的文件系统组织结构。

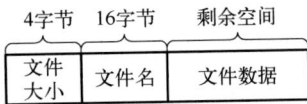

图 12-9　只有一个文件的文件系统

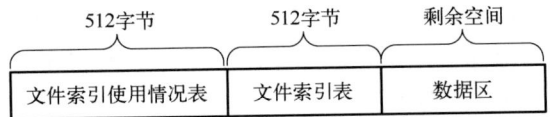

图 12-10　多个文件的文件系统组织结构

该文件系统将磁盘分为三部分：512 字节的文件索引使用情况表，512 字节的文件索引表以及数据区。文件索引使用情况表和文件索引表各占用 1 个块的空间，分别使用第 1 个块（块序号为 0）和第 2 个块（块序号为 1）。数据区占用多个块的空间（即块序号为 2 及之后的块保存文件数据）。其中，文件索引表中有多个文件索引项，每一项对应一个文件，其结构可以按如图 12-11 所示的文件索引项方式组织。

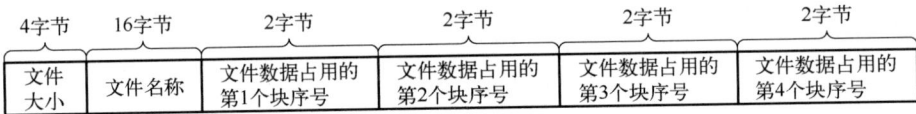

图 12-11　文件索引项

可见，每个文件索引项占用 28 字节的空间，除了文件大小和文件名称，还有 4 个表示文件数据所占的块的序号（各 2 字节）。文件数据占用的第 1 个块序号对应了文件的第 1～512 字节的数据，第 2 个块序号对应了文件的第 513～1024 字节的数据……假设文件数据占用的第 1 个块序号是 2，文件数据占用的第 2 个块序号是 5，同时文件大小是 600 字节，则该文件的数据保存在磁盘的第 3 个块（块序号 2）和第 6 个块（块序号 5）中。其中，第 3 个块保存了 512 字节的数据，第 6 个块保存了 88 字节的数据。

可以看出，按照以上方式组织文件系统，则每个文件最多可以占用 4 个块，文件最大长度为 4×512=2048 字节。而文件索引表占 1 个块共 512 字节，其能够保存 512/28=18 个文件索引项，因此该文件系统最多保存 18 个文件。

磁盘的第 1 个块保存了文件索引使用情况表，该块的每一个字节对应了文件索引表中索引项的使用情况，为 1 表示索引项在使用，为 0 则索引项没有使用。即如果第 1 字节为 1，表示文件索引表的第 1 个文件索引项被使用，其对应的文件存在于磁盘中；第 n 字节为 0，表示文件索引表的第 n 个文件索引项没有使用，对应的文件不存在。由于该文件系统最多有 18 个文件索引项，因此文件索引使用情况表仅仅用了前 18 个字节。

如果要遍历以上文件系统的所有文件及数据，需要按照以下方式执行。

① 访问文件索引使用情况表，查看前 18 个字节哪些字节的值为 1，找到正在使用的文件索引项序号。

② 根据第 1 步找到的文件索引项序号，访问文件索引表的每一个正在使用的文件索引项。

③ 展示文件索引项中的文件名称，再根据文件大小和文件数据占用的块序号访问到文件的数据。

以上描述介绍了一个最简单的磁盘文件系统应该具备的要素。实际上，现代的 Linux 磁盘文件系统包括 ext2/ext3/ext4、xfs、jffs 等文件系统，对于磁盘/块设备上文件属性及数据的组织要复杂得多。

下面将以一个简单的文件系统为例子，阐述如何编写一个磁盘文件系统，将要编写的文件系统按如下数据结构组织。

① 将磁盘划分为多个块，每一个块的大小为 1024 字节。

② 文件系统划分为五个部分：文件系统标识、块使用情况表、文件索引使用情况表、文件索引表以及数据区，如图 12-12 所示。

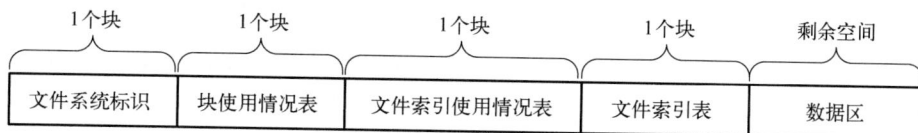

图 12-12　文件系统结构

文件索引使用情况表、文件索引表和数据区的作用和本小节的前一个示例一致。文件系统标识用于唯一标识一个文件系统，在挂载文件系统时，需要检查文件系统标识是否正确，如果正确，文件系统才能被挂载。块使用情况表用于标识磁盘中块的使用情况，该表的每一个字节对应了一个块，为 1 表示对应的块正在被使用，为 0 表示对应的块空闲。例如块使用情况表的第 5 个字节和第 10 个字节都为 1，表示文件系统的第 5 个块和第 10 个块正在被使用，这两个块都在数据区，保存了文件的数据。

③ 对于文件索引表，每个文件索引项的结构与之前的示例稍有不同，本例采用的文件索引项的结构如图 12-13 所示。

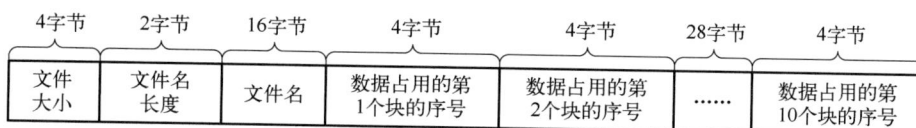

图 12-13　文件索引项

每一个索引项占用 64 字节空间，包含文件 4 字节文件大小、2 字节文件名长度、16 字节文件名以及 10 个数据占用的块序号（即文件数据最多占用 10 个块）。由于一个块大小 1KB，所以一个文件的最大长度 10KB。而文件索引项的最大数量是 1024/64=16，即该文件系统最多支持 16 个文件。

本章的后续几个小节将实现这个文件系统。

12.9.2　注册并创建超级块

在 Linux 中，对于磁盘文件系统，注册并创建超级块的方式与第 12.1.2 节和第 12.2 节的方式大体相似，不同之处在于，由于本节的示例需要将磁盘空间划分为 1024 字节大小的块，所以需要设置文件系统的块大小为 1024 字节。并且，文件系统的第 1 个块保存了文件系统标识，在挂载文件系统时，需要对文件系统标识作判定，来识别文件系统是否正确。为简化起见，将文件系统标识设置为 0x1，只占用 1 字节。判定文件系统标识时，只判断第 1 个块的第 1 个字节是否是 0x1，如果是，则认为这个文件系统是我们当前实现的文件系统，允许挂载，否则不允许挂载。

本小节将要用到的接口如下。

```
int sb_set_blocksize(struct super_block *sb, int size)
```

该函数在内核源码的 include/linux/fs.h 头文件中声明，用于设置文件系统的块大小。第一个参数 sb 是文件系统的超级块，第二个参数 size 是将要设置的块大小，单位字节。由于本节的示例文件系统每一块占用 1KB，需要将 size 设置为 1024。函数的返回值如果是设置的块大小，则执行成功；如果是 0，表示执行失败。

```
struct buffer_head *sb_bread(struct super_block *sb, sector_t block)
```

该函数定义在内核源码的 include/linux/buffer_head.h 头文件中，用于获取磁盘中一个块的数据。第一个参数 sb 是文件系统对应的超级块；第二个参数是块的序号，从 0 开始，由于本节的块大小为 1024 字节，因此磁盘的第 0～1023 字节对应序号 0，第 1024～2047 字节对应序号 2……

函数的返回值的结构体类型是 struct buffer_head*，这个结构体保存了文件系统中某一块的信息，该结构体定义于内核源码的 include/linux/buffer_head.h 头文件中，定义如源码 12-20 所示。

源码 12-20　struct buffer_head 结构体定义

```
struct buffer_head {
    unsigned long b_state;           //状态信息，按位划分，每一位表示一个状态
    struct buffer_head *b_this_page; //属于同一页的 buffer 通过该字段形成链表
    struct page *b_page;             //指向 buffer 所属的页

    sector_t b_blocknr;              //buffer_head 对应磁盘块的序号
    size_t b_size;                   //buffer_head 中数据的长度
    char *b_data;                    //指向 buffer_head 保存的数据

    struct block_device *b_bdev;     //对应的块设备
    bh_end_io_t *b_end_io;           //块 I/O 操作完成后执行的函数
    void *b_private;                 //私有信息
    ......
    atomic_t b_count;                //使用计数
    ......
};
```

用户在读写块设备上的文件时，并不是每次读写都直接和块设备交互，而是有一个中间层，用于缓存块设备数据，而块设备数据缓存以 buffer_head 来组织。

buffer_head 是磁盘块的一个抽象，一个 buffer_head 对应一个磁盘块，buffer_head 中保存了对应的块序号；buffer_head 把内存页与磁盘块联系起来，由于内存页和磁盘块的大小可能不一样，所以一个内存页可能管理多个 buffer_head。

buffer_head 和页的关系如图 12-14 所示（假设块大小为 1024 字节）。

属于同一页的 buffer_head 通过成员变量 b_this_page 串联形成链表，而 buffer_head 的成员变量 b_data 指向页的数据区。对于不同的块，b_data 指向的地址不同。对于 buffer_head，本节需要关注其成员变量 b_data，这个变量保存了当前块的数据。

```
void brelse(struct buffer_head *bh)
```

该函数定义在内核源码的 include/linux/buffer_head.h 头文件中，用于释放 buffer_head，需要与和函数 sb_bread 配合使用。其参数 bh 就是需要释放的 buffer_head。

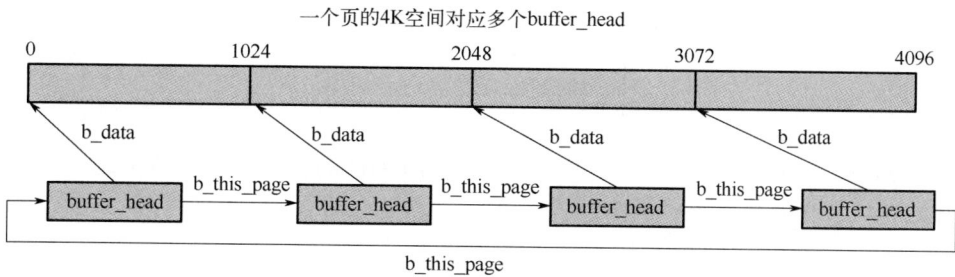

一个页的4K空间对应多个buffer_head

图 12-14　buffer_head 和页的关系

```
struct dentry *mount_bdev(struct file_system_type *fs_type, int flags, const char
*dev_name, void *data, int (*fill_super)(struct super_block *, void *, int))
```

该函数在内核源码的 include/linux/fs.h 头文件中声明，在挂载磁盘文件系统时使用。第一个参数 fs_type 是文件系统类型（见源码 12-3）；第二个参数 flags 是文件系统挂载时的标志信息，每一位对应一个标志，例如 SB_RDONLY 表示以只读方式挂载文件系统，SB_NOEXEC 表示禁止运行文件系统下的可执行文件；第三个参数 dev_name 表示设备名称，标识挂载哪个设备，如/dev/sda1；第四个参数 data 是私有数据，可自定义；第五个参数 fill_super 是超级块的填充函数，用于填充超级块的信息，fill_super 的第一个参数就是需要填充的超级块。第二个参数和第三个参数在本小节不会用到。

mount_bdev 函数的返回值是文件系统挂载后的根目录对应的 dentry 信息。在执行函数 mount_bdev 时，该函数会通过参数 fill_super 来填充超级块的信息，对超级块进行初始化。

介绍了本小节要使用的函数后，下面将实现一个内核模块，用于磁盘文件系统的注册。和第 12.1.3 节的示例程序类似，本小节的内核模块也由三个源文件组成，分别是：internal.h、my_fs.c 和 root.c。其中 internal.h 用于声明文件系统的初始化和清理函数，root.c 用于实现 internal.h 声明的函数，my_fs.c 用于实现内核模块的加载和卸载函数。其中 my_fs.c 的实现和第 12.1.3 节的示例程序一致，internal.h 的实现如源码 12-21 所示。

源码 12-21　internal.h

```
#include <linux/fs.h>
//文件索引项结构体
struct my_dir_entry {
    unsigned short file_len;      //文件大小
    unsigned short low_ino;       //文件的唯一标识
    unsigned short namelen;       //文件名长度
    unsigned char name[16];       //文件名
    //文件占用的块序号数组，每个文件数据最多占用 10 个块
    unsigned int  data_block[10];
};

void my_root_init(void);
void my_root_exit(void);
```

头文件 internal.h 主要定义了结构体 struct my_dir_entry，这个结构体用于描述文件索引项，而文件索引项的内容和第 12.9.1 节的图 12-13 一致。

root.c 的实现如源码 12-22 所示。

源码 12-22　root.c

```
#include <linux/fs.h>
#include <linux/slab.h>                //使用内存分配和释放接口需要引入该头文件
//使用 struct buffer_head 结构体及相关函数需引入该头文件
#include <linux/buffer_head.h>
#include "internal.h"
//分配 inode 节点
static struct inode *my_alloc_inode(struct super_block *sb)
{
    struct inode *inode;
    inode = kmalloc(sizeof(struct inode), GFP_KERNEL);
    inode_init_once(inode);
    return inode;
}
//释放 inode 节点
void my_destroy_inode(struct inode *inode)
{
    kfree(inode);
}
//超级块函数操作集合
static const struct super_operations my_sops = {
    //将成员函数 alloc_inode 设置为函数 my_alloc_inode
    .alloc_inode = my_alloc_inode,
    //将成员函数 destroy_inode 设置为函数 my_destroy_inode
    .destroy_inode = my_destroy_inode,
};
//文件的操作函数集合
static const struct file_operations my_reg_file_ops = {
};
//文件对应的 inode 操作函数集合
static struct inode_operations my_file_inode_operations = {
};
//根目录的 inode 操作函数集合
static struct inode_operations my_root_inode_operations = {
};
//根目录的文件操作函数结合
static const struct file_operations my_root_operations = {
};
//根目录的信息
static struct my_dir_entry my_root = {
    .low_ino = 1,                //根目录唯一标识
    .namelen = 14,               //根目录名称长度
    .name = "my_filesystem",     //根目录名称
};
//创建 inode 节点
struct inode *my_get_inode(struct super_block *sb, struct my_dir_entry *de)
{
    //通过函数 new_inode 创建一个 inode 节点
    struct inode *inode= new_inode(sb);
```

```
    if(inode != NULL)
    {
        inode->i_ino = de->low_ino;             //设置 inode 的唯一标识
        //文件唯一标识为 1 表示这是根目录，其他值则是根目录下的文件
        if(de->low_ino == 1)
        {
            //设置访问权限和属性，S_IFDIR 表示这是一个目录
            inode->i_mode = S_IRUGO | S_IFDIR;
            //设置根目录的 inode 操作函数集合
            inode->i_op = &my_root_inode_operations;
            //设置根目录的文件操作函数集合
            inode->i_fop = &my_root_operations;
        }
        else
        {
            //设置访问权限和属性，S_IFREG 表示这是一个文件
            inode->i_mode = S_IRUGO | S_IFREG;
            //设置文件的 inode 操作函数集合
            inode->i_op = &my_file_inode_operations;
            //设置文件对应的文件操作函数集合
            inode->i_fop = &my_reg_file_ops;
        }
    }
    return inode;
}
//填充超级块信息
static int my_fill_super(struct super_block *sb, void *data, int silent)
{
    struct buffer_head * bh = NULL;
    struct inode *root_inode = NULL;
    sb_set_blocksize(sb, 1024);     //设置文件系统的块大小为 1024 字节
    sb->s_op = &my_sops;            //设置文件系统超级块的操作函数集合为 my_sops
    sb->s_magic = 0x01;             //文件系统的标识设置为 0x01
    root_inode = my_get_inode(sb, &my_root); //获取根目录对应的 inode 节点
    sb->s_root = d_make_root(root_inode);    //设置文件系统的根目录信息
    //获取磁盘上序号为 0 的块（即第 1 个块）对应的 buffer_head，其保存了块中的数据
    if (!(bh = sb_bread(sb, 0))) {
        return -1;
    }
    //判断块中数据的第 1 个字节是否为 0x01，如是则认为合法，否则文件系统不能被挂载
    if(bh->b_data[0] != 0x01)
    {
        brelse(bh);
        return -1;
    }
    brelse(bh);                     //释放由 sb_bread 获取的 buffer_head
    return 0;
}
//文件系统挂载函数
static struct dentry *my_mount(struct file_system_type *fs_type, int flags, const
char *dev_name, void *data)
```

第 12 章　文件系统　　**301**

```
{
    //挂载文件系统时，执行函数 my_fill_super 填充超级块
    return mount_bdev(fs_type, flags, dev_name, data, my_fill_super);
}
//文件系统卸载函数
static void my_kill_sb(struct super_block *sb)
{
}
//文件系统类型定义
static struct file_system_type my_fs_type = {
    .name = "block_fs",                 //文件系统名称设置为 block_fs
    .mount = my_mount,                  //文件系统挂载函数设置为实现的 my_mount
    .kill_sb = my_kill_sb,              //文件系统卸载函数设置为实现的 my_kill_sb
    .fs_flags = FS_USERNS_MOUNT,        //标识文件系统能被用户挂载
};
//注册文件系统
void my_root_init(void)
{
    register_filesystem(&my_fs_type);   //注册文件系统 my_fs_type
}
//注销文件系统
void my_root_exit(void)
{
    unregister_filesystem(&my_fs_type); //注销文件系统 my_fs_type
}
```

root.c 的实现和之前创建虚拟文件系统类似，在函数 my_root_init 与 my_root_exit 中分别注册和注销文件系统。文件系统类型变量 my_fs_type 中定义了文件系统的名称是 block_fs，在执行 mount 命令挂载文件系统时，-t 选项的参数需要填入该名称。文件系统挂载时，执行的函数是 my_mount，my_mount 通过 mount_bdev(fs_type, flags, dev_name, data, my_fill_super) 来对超级块进行初始化，并通过函数 my_fill_super 来填充超级块的信息。

函数 my_fill_super 首先通过 sb_set_blocksize(sb, 1024) 将文件系统的块大小设置为 1024 字节，然后设置超级块的操作函数集合以及唯一标识，分别设置为 my_sops 和 0x01。之后通过 my_get_inode(sb, &my_root) 获取根目录的 inode 节点。在函数 my_get_inode 的实现中，判断 inode 节点的唯一标识，如果是 1，表示这是根目录，否则是普通文件，之后根据文件类型设置文件相应的属性和操作函数集合。

在获取了根目录的 inode 节点后，函数 my_fill_super 设置了超级块的根目录信息，然后通过 sb_bread(sb, 0) 获取了磁盘的第 1 个块对应的 buffer_head。由于第 1 个块保存了文件系统的标识，本文件系统的标识是 0x01，占用块中的第 1 个字节。因此通过 if(bh->b_data[0] != 0x01) 判断块中的第 1 个字节是否是 1，如果是 1，则允许文件系统挂载，否则返回错误。在函数退出前，需要执行 brelse(bh)，释放由 sb_bread 获取的 buffer_head。

root.c 的超级块操作函数集合 struct super_operations my_sops 设置了分配 inode 节点的函数 my_alloc_inode 以及释放 inode 节点的函数 my_destroy_inode。在函数 my_alloc_inode 中通过 kmalloc 对 inode 节点的内存进行分配，而 my_destroy_inode 函数中通过 kfree 来释放 inode 节点。

本节实现的 root.c 暂未考虑对文件进行操作，因此未实现根目录的 inode 操作函数集合 my_root_inode_operations、根目录的文件操作函数集合 my_root_operations、普通文件的 inode 操作函数集合 my_file_inode_operations 以及普通文件对应的文件操作函数集合 my_reg_file_ops 中的成员函数。

编译、加载该模块后，创建一个磁盘镜像，将磁盘镜像的第 1 个字节设置为 1，其他所有数据都设置为 0（磁盘的第 1 个字节设置为 1 的原因是当前实现的磁盘文件系统需要通过判定磁盘的第 1 个字节是否为 1 来判断文件系统的合法性）。创建磁盘镜像的方式如下（下面将创建一个大小为 2MB 的磁盘镜像）。

① 通过 dd 命令创建一个大小为 2MB，数据全 0 的文件。执行命令：

dd if=/dev/zero of=disk.img bs=2M count=1，该命令用于创建一个名称为 disk.img、大小为 2MB 并且数据全 0 的文件，如图 12-15 所示。

```
[root@localhost ~]# dd if=/dev/zero of=disk.img bs=2M count=1
1+0 records in
1+0 records out
2097152 bytes (2.1 MB) copied, 0.00319668 s, 656 MB/s
[root@localhost ~]# ls -alh disk.img
-rw-r--r--. 1 root root 2.0M Mar 24 20:49 disk.img
```

图 12-15　创建大小为 2MB 且数据全 0 的文件

② 通过 vim 编辑器将文件的第 1 字节设置为 0x01。首先通过 vim 命令打开文件 disk.img，执行命令：vim -b disk.img。打开文件后，文件中的数据全是乱码，输入 ":%!xxd" 然后回车，进入十六进制编辑模式，如图 12-16 所示。

```
0000000: 0000 0000 0000 0000 0000 0000 0000 0000
0000010: 0000 0000 0000 0000 0000 0000 0000 0000
0000020: 0000 0000 0000 0000 0000 0000 0000 0000
0000030: 0000 0000 0000 0000 0000 0000 0000 0000
0000040: 0000 0000 0000 0000 0000 0000 0000 0000
0000050: 0000 0000 0000 0000 0000 0000 0000 0000
0000060: 0000 0000 0000 0000 0000 0000 0000 0000
0000070: 0000 0000 0000 0000 0000 0000 0000 0000
0000080: 0000 0000 0000 0000 0000 0000 0000 0000
0000090: 0000 0000 0000 0000 0000 0000 0000 0000
00000a0: 0000 0000 0000 0000 0000 0000 0000 0000
:%!xxd
```

图 12-16　vim 的十六进制编辑模式

图 12-16 中的每一行代表 16 个字节，第 1 列是文件的偏移地址，每一行冒号的后面就是 16 字节的数据，以十六进制形式表示。例如第 2 行文件偏移地址是 0x10，即十进制的 16，表示数据从文件的第 17 个字节开始。文件偏移地址后面就是 16 个字节的数据，一个数占用 4 位的空间，共有 32 个 0，即这 16 个字节的数据全是 0。

在 vim 的十六进制编辑模式下，输入字母 "i" 以插入的方式编辑文件，将文件的第 1 个字节从 0x00 改成 0x01，如图 12-17 所示。

```
0000000: 0100 0000 0000 0000 0000 0000 0000 0000
0000010: 0000 0000 0000 0000 0000 0000 0000 0000
0000020: 0000 0000 0000 0000 0000 0000 0000 0000
```

图 12-17　修改文件的第 1 个字节

修改完成后，在 vim 编辑器中首先敲击键盘的"Esc"键退出编辑，然后输入":%!xxd -r"后敲击回车退出十六进制编辑模式，文件中的数据又变为了乱码，如图 12-18 所示。

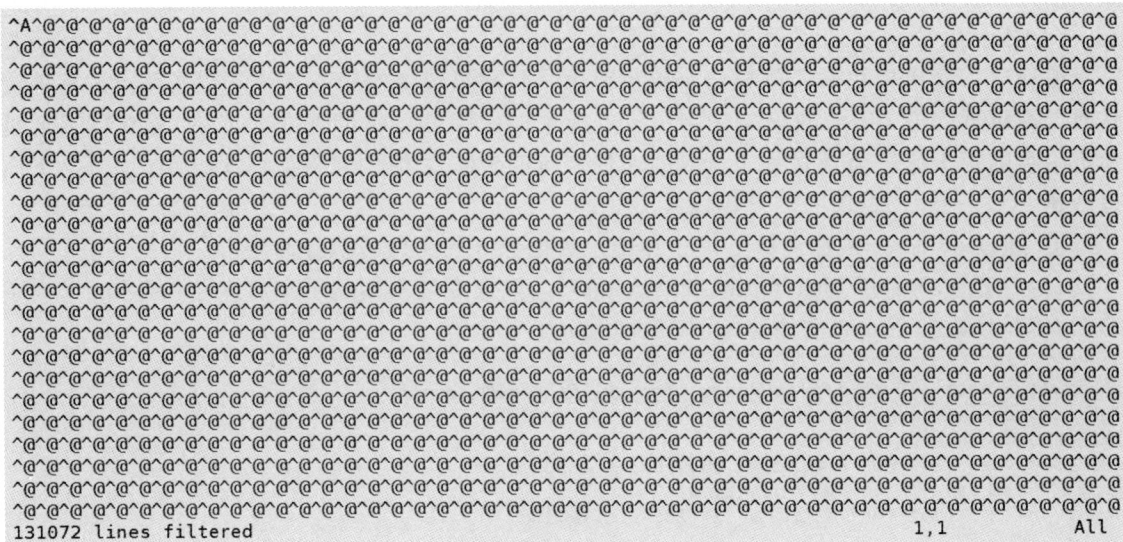

```
^A^@^@^@^@^@^@^@^@^@^@^@^@^@^@^@^@^@^@^@^@^@^@^@^@^@^@^@^@^@^@^@^@^@^@^@^@^@^@^@^@^@^@
^@^@^@^@^@^@^@^@^@^@^@^@^@^@^@^@^@^@^@^@^@^@^@^@^@^@^@^@^@^@^@^@^@^@^@^@^@^@^@^@^@^@
^@^@^@^@^@^@^@^@^@^@^@^@^@^@^@^@^@^@^@^@^@^@^@^@^@^@^@^@^@^@^@^@^@^@^@^@^@^@^@^@^@^@
^@^@^@^@^@^@^@^@^@^@^@^@^@^@^@^@^@^@^@^@^@^@^@^@^@^@^@^@^@^@^@^@^@^@^@^@^@^@^@^@^@^@
^@^@^@^@^@^@^@^@^@^@^@^@^@^@^@^@^@^@^@^@^@^@^@^@^@^@^@^@^@^@^@^@^@^@^@^@^@^@^@^@^@^@
^@^@^@^@^@^@^@^@^@^@^@^@^@^@^@^@^@^@^@^@^@^@^@^@^@^@^@^@^@^@^@^@^@^@^@^@^@^@^@^@^@^@
^@^@^@^@^@^@^@^@^@^@^@^@^@^@^@^@^@^@^@^@^@^@^@^@^@^@^@^@^@^@^@^@^@^@^@^@^@^@^@^@^@^@
^@^@^@^@^@^@^@^@^@^@^@^@^@^@^@^@^@^@^@^@^@^@^@^@^@^@^@^@^@^@^@^@^@^@^@^@^@^@^@^@^@^@
^@^@^@^@^@^@^@^@^@^@^@^@^@^@^@^@^@^@^@^@^@^@^@^@^@^@^@^@^@^@^@^@^@^@^@^@^@^@^@^@^@^@
^@^@^@^@^@^@^@^@^@^@^@^@^@^@^@^@^@^@^@^@^@^@^@^@^@^@^@^@^@^@^@^@^@^@^@^@^@^@^@^@^@^@
^@^@^@^@^@^@^@^@^@^@^@^@^@^@^@^@^@^@^@^@^@^@^@^@^@^@^@^@^@^@^@^@^@^@^@^@^@^@^@^@^@^@
^@^@^@^@^@^@^@^@^@^@^@^@^@^@^@^@^@^@^@^@^@^@^@^@^@^@^@^@^@^@^@^@^@^@^@^@^@^@^@^@^@^@
^@^@^@^@^@^@^@^@^@^@^@^@^@^@^@^@^@^@^@^@^@^@^@^@^@^@^@^@^@^@^@^@^@^@^@^@^@^@^@^@^@^@
^@^@^@^@^@^@^@^@^@^@^@^@^@^@^@^@^@^@^@^@^@^@^@^@^@^@^@^@^@^@^@^@^@^@^@^@^@^@^@^@^@^@
^@^@^@^@^@^@^@^@^@^@^@^@^@^@^@^@^@^@^@^@^@^@^@^@^@^@^@^@^@^@^@^@^@^@^@^@^@^@^@^@^@^@
131072 lines filtered                                          1,1            All
```

图 12-18　退出十六进制编辑模式后

退出十六进制编辑模式后，在 vim 编辑器中输入":wq"保存文件并退出。这样，就创建了一个大小为 2MB，第 1 个字节为 1，其余数据全是 0 的磁盘镜像文件 disk.img。

磁盘镜像文件 disk.img 创建完成后，就可以挂载本小节实现的文件系统 block_fs。执行命令：mount -t block_fs -o loop disk.img /mnt，该命令用于将磁盘镜像文件 disk.img 挂载到/mnt 目录下，文件系统类型为 block_fs。执行过程如图 12-19 所示。

```
[root@localhost ~]# mount -t block_fs -o loop disk.img /mnt
[root@localhost ~]# ls /mnt/
ls: cannot access /mnt/: Not a directory
```

图 12-19　挂载文件系统 block_fs

可以发现，虽然文件系统能够成功挂载，但是文件系统下没有任何文件，原因是当前源码只创建了根目录，并没有创建根目录下的文件。

12.9.3　目录下文件的遍历

在第 12.4 节曾描述过，要遍历目录下的文件，需要实现目录对应的 inode 操作函数集合 struct inode_operations 的 lookup 函数，以及目录文件操作函数集合 struct file_operations 的 iterate 函数。其中文件操作函数集合的 iterate 函数用于向应用程序返回文件的名称和唯一标识等信息，而 inode 操作函数集合的 lookup 函数用于创建文件对应的 inode 节点。对于磁盘文件系统，如果要遍历目录下的文件也需要实现这两个函数，这两个函数需要完成如下功能。

对于文件操作函数集合的 iterate 函数，除了遍历本级目录和上级目录外，还需要读取文件系统的文件索引使用情况表和文件索引表（即磁盘的第 3 个块和第 4 个块，块序号分别为 2 和 3）。首先通过文件索引使用情况表查看哪些索引项被使用，然后查看文件索引表中的对应索引项，向应用程序返回这些索引项的信息。

在文件索引使用情况表查找索引项时，由于文件索引使用情况表占用 1 个块，大小为 1024 字节，每一个字节代表一个文件索引项的使用情况，如果某字节的值为 1，则表示对应的索引项正在使用。例如：文件索引使用情况表的第 1 个字节为 1，代表文件索引项的第 1 项正在使用，则需要获取文件索引表的第 1 项，向应用程序返回文件索引项中保存的文件名、文件唯一标识等信息。文件索引使用情况表和文件索引表的对应关系如图 12-20 所示。

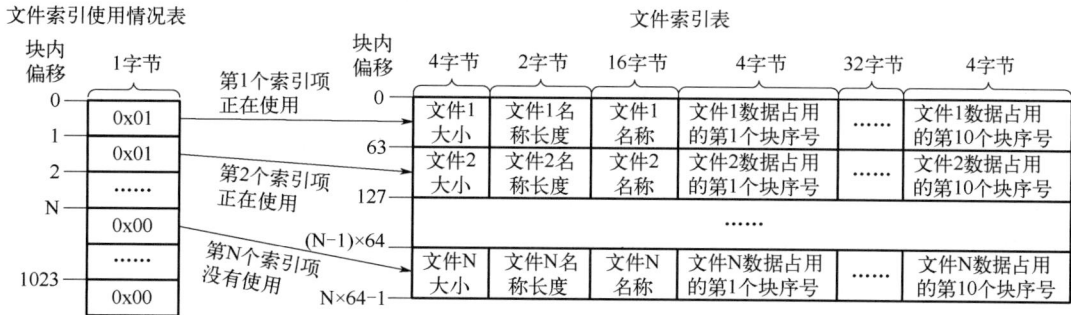

图 12-20　文件索引使用情况表和文件索引表的对应关系

文件索引表占据 1024 字节，每一个索引项占用 64 字节的空间，意味着文件系统最多能保存 1024/64=16 个文件，对应的文件索引使用情况表只有前 16 个字节生效。所以在遍历文件索引使用情况表时，可以只遍历前 16 个字节。

对于 inode 操作函数集合的 lookup 函数，同样需要读取文件系统的文件索引使用情况表和文件索引表，查看正在使用的文件索引项，然后创建这些索引项对应的 inode 节点。

根据以上描述，在上一小节源码的基础上做修改，实现文件系统根目录下文件的遍历。仅需要修改源文件 root.c，增加根目录 inode 节点操作函数集合的 lookup 函数以及根目录对应文件操作函数集合的 iterate 函数，修改后的 root.c 如源码 12-23 所示。

源码 12-23　root.c

```
......
//查找根目录下的文件，对应 inode 节点操作函数集合的 lookup 函数
static struct dentry *my_root_lookup(struct inode * dir, struct dentry * dentry,
unsigned int flags)
{
    int i = 0;
    //bh_free 将指向磁盘的第 3 个块，bh_inode 将指向磁盘的第 4 个块
    struct buffer_head *bh_free = NULL, *bh_inode = NULL;
    struct inode *inode = NULL;
    struct my_dir_entry *dir_entry = NULL;
    //获取磁盘的第 3 个块（块序号是 2，对应文件索引使用情况表）
    if (!(bh_free = sb_bread(dir->i_sb, 2)))
        return NULL;    //磁盘块数据获取失败，直接退出
    //获取磁盘的第 4 个块（块序号是 3，对应文件索引表）
    if (!(bh_inode = sb_bread(dir->i_sb, 3)))
        goto out;       //磁盘块数据获取失败，直接退出
    //文件索引使用情况表只有前 16 个字节生效，遍历其中每一个字节
    for(i = 0; i < 16; i++)
```

```
        {   //每一个字节是否为 1 表示对应索引项是否在使用
            if(bh_free->b_data[i] == 1)
            {   //如果文件索引在使用，则获取对应文件索引项的信息
                dir_entry = (struct my_dir_entry *)bh_inode->b_data + i;
                //判断文件名是否和查找的文件一致
                if(strcmp(dir_entry->name, dentry->d_iname) == 0)
                {
                    //创建文件的 inode 节点
                    inode = my_get_inode(dir->i_sb, dir_entry);
                    //将 inode 节点和 dentry 绑定
                    d_add(dentry, inode);
                    break;
                }
            }
        }
    brelse(bh_inode);
out:
    brelse(bh_free);
    return NULL;
}
//根目录的 inode 操作函数集合
static struct inode_operations my_root_inode_operations = {
    .lookup = my_root_lookup,    //将 lookup 函数设置为函数 my_root_lookup
};
//遍历根目录下的文件，对应文件操作函数集合的 iterate 函数
static int my_root_readdir(struct file *file, struct dir_context *ctx)
{
    //变量 file_num 用于保存文件系统下文件的总数量
    int i = 0, index = 0, file_num = 0;
    //bh_free 将指向磁盘的第 3 个块，bh_inode 将指向磁盘的第 4 个块
    struct buffer_head *bh_free = NULL, *bh_inode = NULL;
    struct my_dir_entry *dir_entry = NULL;
    unsigned int file_index[16];       //该变量用于保存正在使用的文件索引项的序号

    memset(file_index, 0, sizeof(file_index));
    //获取磁盘的第 3 个块（块序号为 2，对应文件索引使用情况表）
    if (!(bh_free = sb_bread(file->f_inode->i_sb, 2)))
        return 0;
    //遍历文件索引使用情况表，找出正在使用的索引项
    for(i = 0; i < 16; i++)
    {
        if(bh_free->b_data[i] == 1)
        {
            file_index[index] = i;
            index++;
            file_num++;        //索引项正在使用，表示对应文件存在，文件数量加 1
        }
    }
    //需要遍历的文件总数量是文件系统中文件的数量加上本级目录和上级目录
    if(ctx->pos >= 2 + file_num)
        goto out;
```

```
        if (!dir_emit_dots(file, ctx))    //遍历本级目录和上级目录
            goto out;
        //获取磁盘的第 4 个块（块序号是 3，对应文件索引表）
        if (!(bh_inode = sb_bread(file->f_inode->i_sb, 3)))
            goto out;
        //获取将要返回的文件索引项信息
        dir_entry = (struct my_dir_entry *)bh_inode->b_data + file_index[ctx->pos - 2];
        //向应用程序返回对应的文件信息
        dir_emit(ctx, dir_entry->name, dir_entry->namelen, dir_entry->low_ino, DT_REG);
        ctx->pos++;       //将目录上下文的偏移加 1，下一次遍历时才会指向下一个文件
        brelse(bh_inode);
out:
    brelse(bh_free);
    return 0;
}
//根目录的文件操作函数集合
static const struct file_operations my_root_operations = {
    .iterate = my_root_readdir,  //将 iterate 设置为函数 my_root_readdir
};
......
```

对于文件操作函数集合的成员函数 iterate，在实现函数 my_root_readdir 中，首先通过 sb_bread(file->f_inode->i_sb, 2)获取了磁盘的第 3 个块（块序号为 2）的信息，该块保存了文件索引使用情况表。由于文件索引使用情况表仅前 16 个字节有效，每一个字节保存了对应文件索引项的使用情况，因此遍历文件索引使用情况表的前 16 个字节，判断某字节是否为 1，如果是 1，则对应文件索引项有效。此时文件索引项对应的文件存在于文件系统中，将文件索引项的序号保存在数组 file_index 中，同时将文件数量 file_num 加 1。

获取了文件数量后，通过 if(ctx->pos >= 2 + file_num)判断目录下的所有文件是否都遍历完成，ctx->pos 是目录上下文偏移，表示当前已经遍历的文件数量。变量 file_num 是目录下普通文件的数量，即正在使用的文件索引项数量，2 代表两个特殊的文件：本级目录和上级目录。因此 2+file_num 就是需要遍历的所有文件的数量。在 ctx->pos 为 0 或 1 的情况下，通过 dir_emit_dots 遍历本级目录和上级目录。

在遍历了本级目录和上级目录后，通过 sb_bread(file->f_inode->i_sb, 3)获取磁盘的第 4 个块，该块保存了文件索引表。之后通过 dir_entry = (struct my_dir_entry *)bh_inode->b_data + file_index [ctx->pos - 2]将当前遍历到的文件索引项保存在变量 dir_entry 中。由于 ctx->pos 是当前已经遍历的文件数量，包括了本级目录和上级目录两个特殊文件，因此 ctx->pos - 2 才是文件系统中普通文件的序号。然后通过 dir_emit 向应用程序返回 dir_entry 中保存的文件信息。

在 my_root_lookup 中，首先分别获取了文件索引使用情况表和文件索引表。如果文件索引使用情况表的某字节为 1，表示对应文件索引项正在被使用，通过 if(strcmp(dir_entry->name, dentry->d_iname) == 0)判断需要查找的文件的文件名和文件索引项中的文件名是否一致，如果一致，则文件被找到，然后通过函数 my_get_inode 为文件创建 inode 节点，并将 inode 节点和 dentry 进行绑定。

编译、加载上述模块，然后通过第 12.9.2 节的方式挂载文件系统。文件系统挂载后，由于未在文件系统下创建任何普通文件，因此还不能够查看到除本级目录和上级目录外的其他文件。

12.9.4 在根目录下创建文件

在第 12.7 节曾描述过，在文件系统下动态创建文件需要实现目录对应的 inode 节点的创建函数。对于磁盘文件系统，动态创建文件时需要完成如下操作。

① 获取未被使用的文件索引项并填入新创建的文件信息。需要读取文件系统的文件索引使用情况表，查看表中是否存在值为 0 的字节，为 0 表示对应的文件索引项空闲。这时再读取文件索引表，获取对应的空闲索引项，将新创建文件的信息填入该文件索引项。

② 将文件索引项中的数据写入到磁盘中。将新创建文件的信息填入文件索引项后，需要通过如下的接口将数据写到磁盘中：

```
void set_buffer_dirty (struct buffer_head *bh)
```

将 buffer_head 设置为脏缓存，意味着 buffer_head 中的数据发生改变。该函数在修改 buffer_head 中的数据后调用。

```
void write_dirty_buffer(struct buffer_head *bh, int op_flags)
```

该函数用于将 buffer_head 中的数据写入到磁盘/块设备中，函数在内核源码的 include/linux/buffer_head.h 头文件中声明。第一个参数 bh 是需要同步的 buffer_head；第二个参数 op_flags 是标志信息，常用的标志 REQ_SYNC 表示将数据以同步方式写入到磁盘/块设备中。该函数会首先判定 buffer_head 是否为脏缓存，如果是脏缓存，则将数据提交给块 I/O 层处理。因此，该函数需要在执行函数 set_buffer_dirty 后调用。函数 set_buffer_dirty 和 write_dirty_buffer 均在内核源码的 include/linux/buffer_head.h 头文件中声明。

③ 创建文件对应的 inode 节点。在 Linux 中，每个文件有一个 inode 节点，因此要为新文件创建一个 inode 节点，并且 inode 节点需要绑定一个 dentry。

根据以上描述，在上一小节源码的基础上做修改，实现文件系统根目录下文件的创建。仅需要修改源文件 root.c，增加根目录 inode 对应操作函数集合的 create 函数，修改后的 root.c 如源码 12-24 所示。

源码 12-24 root.c

```
......
//该函数用于创建文件
static int my_create(struct inode * dir, struct dentry * dentry, umode_t mode,
bool excl)
{
    int i = 0;
    //bh_free 将指向文件索引使用情况表，bh_inode 将指向文件索引表
    struct buffer_head *bh_free = NULL, *bh_inode = NULL;
    struct inode *inode = NULL;
    struct my_dir_entry *dir_entry = NULL;
    //获取文件索引使用情况表
    if (!(bh_free = sb_bread(dir->i_sb, 2)))
        return -1;
    //遍历文件索引使用情况表，找到空闲的文件索引项
    for(i = 0; i < 16; i++)
    {
```

```
                    //文件索引使用情况表某一项为 0，表示对应索引项空闲
            if(bh_free->b_data[i] == 0)
                break;
        }
        //如果 i 是 16，表示查找完文件索引使用情况表后，没有空闲项，文件系统已满
        if(i == 16)
        {
            printk("filesystem is full\n");
            goto out;
        }
        //获取文件索引表
        if (!(bh_inode = sb_bread(dir->i_sb, 3)))
            goto out;
        //获取文件索引表中空闲的文件索引项
        dir_entry = (struct my_dir_entry *)bh_inode->b_data + i;
        memset(dir_entry, 0, sizeof(*dir_entry));
        //设置文件唯一标识，由于 1 是根目录唯一标识，所以文件唯一标识应从 2 开始
        dir_entry->low_ino = i + 2;
        dir_entry->namelen = strlen(dentry->d_iname);  //设置文件名长度
        //设置文件名
        memcpy(dir_entry->name, dentry->d_iname, strlen(dentry->d_iname));
        //将文件索引使用情况表对应项设置为 1，表示该索引项已被使用
        bh_free->b_data[i] = 1;
        set_buffer_dirty(bh_inode);  //由于文件索引项已被改变，所以将其设置为脏缓存
        set_buffer_dirty(bh_free);   //文件索引使用情况表已被改变，将其设置为脏缓存
        write_dirty_buffer(bh_inode, 0);  //将文件索引表写入磁盘
        write_dirty_buffer(bh_free, 0);   //将文件索引使用情况表写入磁盘
        inode = my_get_inode(dir->i_sb, dir_entry);  //创建文件对应的 inode 节点
        d_add(dentry, inode);                        //将 inode 节点和 dentry 绑定
        brelse(bh_inode);
out:
        brelse(bh_free);
        return 0;
    }
    //根目录对应的 inode 操作函数集合
    static struct inode_operations my_root_inode_operations = {
        .lookup = my_root_lookup,
        .create = my_create,            //将成员函数 create 设置为 my_create
    };
    ......
```

在文件创建函数 my_create 中，首先通过 bh_free = sb_bread(dir->i_sb, 2)获取文件索引使用情况表，查找其中空闲的文件索引项。找到空闲的文件索引项后，将文件索引项的编号保存在变量 i 中。通过 bh_inode = sb_bread(dir->i_sb, 3)获取文件索引表，然后通过 dir_entry = (struct my_dir_entry *)bh_inode->b_data + i 将对应的索引项保存在变量 dir_entry 中，并设置 dir_entry 中的文件名、唯一标识等信息。之后需要将文件索引使用情况表对应项设置为 1，表示该索引项已被使用。完成后，需要将文件索引使用情况表和文件索引表设置为脏缓存，再通过 write_dirty_buffer 将文件索引使用情况表和文件索引表写入磁盘。写入完成后，磁盘

中的文件索引使用情况表和文件索引表得到更新。最后，需要创建文件对应的 inode 节点并将其和 dentry 绑定。

编译、加载上述模块，然后通过第 12.9.2 节的方式挂载文件系统。文件系统挂载后，可以通过 touch 命令，在文件系统下创建新的文件。新的文件创建后，可以通过 ls 命令查看到，如图 12-21 所示。

```
[root@localhost ~]# mount -t block_fs -o loop disk.img /mnt
[root@localhost ~]# cd /mnt/
[root@localhost mnt]# touch 1.txt
[root@localhost mnt]# ls
1.txt
```

图 12-21　在文件系统中创建文件

操作系统重启后，再次挂载文件系统，文件同样存在，表明文件已经写入到磁盘中。

12.9.5　读取文件数据

文件索引项结构体 struct my_dir_entry（见第 12.9.2 节源码 12-21）有一个成员变量 data_block，这个变量是一个数组，数组的每一个元素保存了文件数据所在块的序号，数组长度是 10，表示文件最多占用 10 个块，即文件最多保存 10KB 数据。data_block[0]的值是数据占用的第 1 个块的序号，该块保存了文件数据的第 1～1024 字节；data_block[1]的值是数据占用的第 2 个块的序号，该块保存了文件数据的第 1025～2048 字节……data_block[9]的值是数据占用的第 10 个块的序号，该块保存了文件数据的第 9217～10240 字节。

要读取某个文件的数据，需要在文件索引表中找到文件的索引项，然后获取文件索引项中文件数据所在的块序号。获取了数据所在块序号后，读取对应的块，从中取出文件的数据。如果文件数据保存在多个块中，则依次取出这些块中的文件数据。

本小节在上一小节源码的基础上做修改，增加文件系统中文件的读操作函数。仅需修改 root.c 源文件，修改后的 root.c 如源码 12-25 所示。

源码 12-25　root.c

```
......
/*
*该函数用于获取文件对应的文件索引项，各参数的意义如下
*sb：文件系统的超级快
*ino：文件的唯一标识
*private_data：私有数据，将在写操作中用到，本小节传入 0
*set_dir_entry：文件索引项的处理函数，将在写操作中用到，本小节传入 NULL
*/
static struct my_dir_entry *get_file_entry(struct super_block *sb, unsigned short
        ino, unsigned int private_data, struct my_dir_entry* (*set_dir_entry)
        (struct super_block *, struct my_dir_entry *, unsigned int))
{
    int i = 0;
    struct buffer_head *bh_free = NULL, *bh_inode = NULL;
    struct my_dir_entry *dir_entry = NULL, *res_entry = NULL;
    //读取文件索引使用情况表，保存在变量 bh_free 中
    if (!(bh_free = sb_bread(sb, 2)))
```

```
        return NULL;
    //读取文件索引表，保存在变量 bh_inode 中
    if (!(bh_inode = sb_bread(sb, 3)))
        goto out;
    //遍历文件索引使用情况表的前16字节，查找正在使用的文件索引项
    for(i = 0; i < 16; i++)
    {
        if(bh_free->b_data[i] == 1) //若文件索引项正在使用，则获取对应的索引项
        {
            dir_entry = (struct my_dir_entry *)bh_inode->b_data + i;
            //判断索引项中的文件唯一标识是否和传入的 ino 相同
            if(dir_entry->low_ino == ino)
            {
                //如果参数中的 set_dir_entry 函数不为空，则执行该函数
                if(set_dir_entry != NULL)
                {
                    dir_entry = set_dir_entry(sb, dir_entry, private_data);
                    //执行了 set_dir_entry 函数后，将文件索引表写入磁盘
                    set_buffer_dirty(bh_inode);
                    write_dirty_buffer(bh_inode, 0);
                }
                break;  //找到文件标识和传入的 ino 相同的文件索引项，则跳出循环
            }
            dir_entry = NULL;
        }
    }
    if(dir_entry != NULL)
    {   //若找到文件标识和传入的 ino 相同的文件索引项，将其拷贝到变量 res_entry
        res_entry = kmalloc(sizeof(*dir_entry), GFP_KERNEL);
        memcpy(res_entry, dir_entry, sizeof(*dir_entry));
    }
    brelse(bh_inode);
out:
    brelse(bh_free);
    return res_entry; //返回获取的文件索引项
}
//文件的打开操作
static int my_open(struct inode *inode, struct file *file)
{
    return 0;
}
//文件的关闭操作
static int my_release(struct inode *inode, struct file *file)
{
    return 0;
}
//文件的读操作
static ssize_t my_read(struct file *file, char __user *buf, size_t size, loff_t
*offset)
{
    int len = 0, read_len = 0;
    //变量 block_index 保存了数据在文件中以块为单位的偏移
```

```
        //offset_in_block 是块内的数据偏移
        unsigned int left = size, block_index = *offset/1024, offset_in_block = *offset
% 1024;
        struct buffer_head *bh = NULL;
        //获取文件对应的文件索引项，参数 file->f_inode->i_ino 是 inode 的唯一标识
        struct my_dir_entry *dir_entry = get_file_entry(file->f_inode->i_sb, file->
f_inode->i_ino, 0, NULL);
        //如果要读取的数据长度是 0 或没有成功获取文件索引项，直接返回
        if(size == 0 || dir_entry == NULL)
            return 0;
        if(left + *offset > dir_entry->file_len)
            left = dir_entry->file_len - *offset; //读取的数据长度不应超过文件边界
        while(left > 0) //变量 left 保存了剩余未读取的字节数
        {
            //如果文件数据对应的块序号是 0，表示没有数据，则直接返回
            if(dir_entry->data_block[block_index] == 0)
            {
                *offset += read_len;
                kfree(dir_entry);
                return read_len;
            }
            //读取文件数据所在的块
            if (!(bh = sb_bread(file->f_inode->i_sb,
                              dir_entry->data_block[block_ index])))
            {
                kfree(dir_entry);
                return read_len;
            }
            //需要读取的数据长度为：数据块中未读取的数据长度和剩余应数据长度的最小值
            len = left + offset_in_block>1024?1024 - offset_in_block:left;
            //将数据从块中拷贝给用户空间
            copy_to_user(buf + read_len, &bh->b_data[offset_in_block], len);
            brelse(bh);
            left -= len;        //剩余需要读取的数据长度应减去本次拷贝的数据长度
            block_index++;      //准备读取文件的下一个数据块
            offset_in_block = 0;
            read_len += len;
        }
        *offset += read_len;     //文件偏移应加上本次读取的数据长度
        kfree(dir_entry);
        return read_len;
    }
    //文件的写操作函数，本小节直接返回 0，下一小节将实现该操作
    static ssize_t my_write(struct file *file, const char __user *buf, size_t size, loff_t
*offset)
    {
        return 0;
    }
    //文件操作函数集合
    static const struct file_operations my_reg_file_ops = {
        .open = my_open,            //文件的打开函数设置为 my_open
```

```
        .release = my_release,  //文件的关闭函数设置为 my_release
        .read = my_read,          //文件的读函数设置为 my_read
        .write = my_write,        //文件的写函数设置为 my_write
    };
    ......
```

上述源码中，函数 get_file_entry 用于获取文件在磁盘中的索引项，该函数共有四个参数：第一个参数 sb 是文件系统的超级块；第二个参数 ino 是文件的唯一标识，对应文件索引项中的文件标识，该标识和文件对应的 inode 节点唯一标识一致；第三个参数 private_data 是传入的私有数据，这个参数和第四个参数 set_dir_entry 配合使用，将作为 set_dir_entry 的参数传入；第四个参数 set_dir_entry 是一个函数指针，实现该函数指针，可以在改变文件索引项后将其写入磁盘，本小节不会用到该参数。

get_file_entry 首先获取了文件索引使用情况表和文件索引表，然后查找正在使用的文件索引项，判断文件的唯一标识是否和传入的参数一致，如果一致，表明查找到了文件索引项。此时如果传入的参数 set_dir_entry 为空，函数会返回查找到的文件索引项。如果 set_dir_entry 不为空，则执行该函数设置文件索引项，set_dir_entry 执行完成后，将文件索引表写入磁盘。需要注意的是，如果参数 set_dir_entry 不为空，函数将返回 set_dir_entry 的执行结果。

在文件的读操作函数 my_read 中，变量 block_index 保存的是以块为单位的文件数据的偏移，由于读数据的起始偏移是函数参数*offset，每一块的大小是 1024，所以 block_index 初始值为*offset/1024。变量 offset_in_block 保存了块内的数据偏移，初始值为*offset%1024。变量 left 表示本次读操作剩余需要读取的字节数，初始值为应用程序需要读取的字节数。函数通过 if(left + *offset > dir_entry->file_len)判断读取的字节数是否已经超过文件边界，如果超过文件边界，则将变量 left 设置为文件中剩余未读取的字节数。

函数 my_read 中的变量 dir_entry 保存了文件索引项，dir_entry->data_block 保存的是文件数据所在的块序号，通过这个变量可以获取到文件数据所在的块，进而得到文件的数据，然后将数据拷贝给应用程序。

编译、加载该模块后，能够通过 cat 命令读取到文件数据。由于此时并未向文件中写入数据，所以文件中的数据为空。

12.9.6　向文件写入数据

在上一小节中，文件的写操作函数 my_write 直接返回 0，并没有进行实际的写操作。本小节将实现该函数，向文件写入数据，同时数据将被写入磁盘/块设备。

要实现这个功能，需要通过文件索引项获取到文件数据所在的块，向块中写入数据。如果原有的块已经写满，需要新的磁盘块来保存数据，则需要通过块使用情况表来查找未使用的块并将数据写入该块中，块使用情况表是文件系统的第 2 个块（见第 12.9.1 节图 12-12）。数据写入后，由于文件的长度和使用的磁盘块发生改变，需要更新块使用情况表以及文件索引表。

本小节在上一小节源码的基础上做修改，增加文件系统中文件的写操作函数的逻辑。修改后的 root.c 如源码 12-26 所示。

```
......
//该函数用于获取磁盘中未使用的块序号
static int get_free_block_index(struct super_block *sb)
{
    int i = 0;
    struct buffer_head *bh = NULL;
    if (!(bh = sb_bread(sb, 1)))     //获取块使用情况表，块使用情况表的块序号是1
        return -1;
    /*
    *由于磁盘的前4个块分别用于文件系统唯一标识、块使用情况表、文件索引使用情
    *况表和文件索引表，因此需要从第5个块开始查看是否有空闲，第5个块的序号是4
    */
    for(i = 4; i < 1024; i++)
    {    //若块使用情况表的某字节为0，表示对应的块空闲，变量i保存空闲的块序号
        if(bh->b_data[i] == 0)
            break;
    }
    brelse(bh);
    if(i == 1024)    //如果变量i的值是1024，表示没有空闲的块，返回-1
        return -1;
    return i;         //返回空闲的块序号
}
/*
*设置块使用情况表的某一块已被占用或空闲，参数index是块序号。参数is_used如果
*为1，表示设置该块已被占用，为0表示设置该块空闲
*/
static void set_block_used(struct super_block *sb, unsigned int index, unsigned
int is_used)
{
    struct buffer_head *bh = NULL;
    if (!(bh = sb_bread(sb, 1)))     //获取块使用情况表
        return;
    bh->b_data[index] = is_used;     //设置块的使用情况为传入的参数is_used
    //将修改后的块使用情况表写回到磁盘
    set_buffer_dirty(bh);
    write_dirty_buffer(bh, 0);
    brelse(bh);
}
//设置文件索引项的文件大小
struct my_dir_entry* set_file_len(struct super_block *sb, struct my_dir_entry
*dir_entry, unsigned int private_data)
{
    //将文件索引项的文件大小设置为传入的参数private_data
    dir_entry->file_len = private_data;
    return NULL;
}
//设置文件索引项的文件数据占用的块序号
struct my_dir_entry* set_write_dir_entry(struct super_block *sb, struct my_dir_
entry *dir_entry, unsigned int private_data)
{
```

```
        int index = -1;
        //若文件数据的第 private_data+1 个块占用序号为 0，将其设置为一个空闲块的序号
        if(dir_entry->data_block[private_data] == 0)
        {
            index = get_free_block_index(sb);          //获取磁盘中的空闲块
            if(index == -1)
                return NULL;
            //设置文件数据的第 private_data+1 个块占用的块序号
            dir_entry->data_block[private_data] = index;
            set_block_used(sb, index, 1);              //将对应的磁盘块设置为已被使用
        }
        return dir_entry;
    }
    //清除文件数据占用的块
    struct my_dir_entry* set_clean_dir_data(struct super_block *sb, struct my_dir_entry
*dir_entry, unsigned int private_data)
    {
        //如果文件数据的第 private_data+1 个块占用序号不为 0，表示该块保存了文件数据
        if(dir_entry->data_block[private_data] != 0)
        {
            //设置块使用情况表的对应字节为 0，表示该块被回收，可以被其他数据使用
            set_block_used(sb, dir_entry->data_block[private_data], 0);
            //设置文件数据的第 private_data+1 个块占用序号为 0，即该块没有数据
            dir_entry->data_block[private_data] = 0;
        }
        return NULL;
    }
    //文件的写操作
    static ssize_t my_write(struct file *file, const char __user *buf, size_t size,
loff_t *offset)
    {
        int len = 0, write_len = 0;
        //block_index 表示数据在文件中以块为单位的偏移
        //offset_in_block 是块内的数据偏移
        unsigned int left = size, block_index = *offset/1024, offset_in_block = *offset
% 1024;
        struct buffer_head *bh = NULL;
        struct my_dir_entry *dir_entry = NULL;
        //如果将要写入的数据长度为 0，直接返回
        if(size == 0)
            return 0;
        while(left > 0)   //变量 left 表示剩余应写入文件的字节数
        {   //获取文件对应的文件索引项
            dir_entry = get_file_entry(file->f_inode->i_sb,  file->f_inode->i_ino,
block_index, set_write_dir_entry);
            if(dir_entry == NULL)
                goto out_write;
            //获取文件数据对应的块，保存在变量 bh 中
            if  (!(bh = sb_bread(file->f_inode->i_sb,  dir_entry->data_block[block_
index])))
            {
                kfree(dir_entry);
```

```
            goto out_write;
        }
        //要写入的数据长度为：剩余应写入的字节数和当前块剩余的大小两者的最小值
        len = left + offset_in_block>1024?1024 - offset_in_block: left;
        //将数据写入对应磁盘块
        copy_from_user(&bh->b_data[offset_in_block], buf + write_len, len);
        set_buffer_dirty(bh);
        write_dirty_buffer(bh, 0);
        brelse(bh);
        left -= len;
        block_index++;           //当前块写满后，应该写入下一个块
        offset_in_block = 0;
        write_len += len;        //变量 write_len 保存了写入的总字节数
        kfree(dir_entry);
    }
    //清理文件数据未使用的磁盘块
    for(; block_index < 10; block_index++)
    {
        get_file_entry(file->f_inode->i_sb, file->f_inode->i_ino, block_index,
set_clean_dir_data);
    }
out_write:
    //设置文件索引项中的文件大小为*offset+write_len
    get_file_entry(file->f_inode->i_sb,    file->f_inode->i_ino,    *offset    +
write_len, set_file_len);
    *offset += write_len;   //将文件偏移后移 write_len 个字节
    return write_len;
}
......
```

除了文件的写操作函数 my_write 外，源文件 root.c 实现了五个函数：get_free_block_index、set_block_used、set_file_len、set_write_dir_entry 和 set_clean_dir_data，这五个函数的作用分别如下。

● get_free_block_index：该函数用于获取磁盘中未使用的块序号，函数的参数 sb 是文件系统的超级块信息。该函数通过 bh = sb_bread(sb, 1)获取了块使用情况表，由于磁盘中块使用情况表保存了每一个块的使用情况，所以该函数通过遍历块使用情况表的每一个字节来查找未使用的块，并返回对应的块序号。

● set_block_used：该函数用于设置磁盘中某一块的使用情况。第一个参数 sb 是文件系统的超级块信息；第二个参数 index 是块序号；第三个参数 is_used 用于设置块的使用情况，1 表示设置该块被使用，0 表示设置该块空闲。该函数通过设置块使用情况表的对应字节来实现。

● set_file_len：该函数用于设置文件索引项中的文件大小。第一个参数 sb 是文件系统的超级块信息；第二个参数 private_data 是将要设置的文件大小。函数通过 dir_entry->file_len = private_data 设置文件大小。

● set_write_dir_entry：该函数用于设置文件索引项中文件数据占用的块。由于文件数据占用的块序号保存在文件索引项结构体 struct my_dir_entry（见第 12.9.2 节源码 12-21）的成

员数组 data_block 中，因此最多可以保存 10 个块的序号。设置了块序号后，文件中的数据可以保存在对应块中。例如在 data_block[0]=5、data_block[1]=10、data_block[n]=0(n=2、3、…、9)的情况下，由于 data_block[0]和 data_block[1]不为 0，所以文件占用 2 个块，第 1 个块的序号是 5（磁盘的第 6 个块），第 2 个块的序号是 10（磁盘的第 11 个块）。如果此时文件大小为 1025 字节，则第 1 个块的 1024 字节被数据占用满，第 2 个块只占用了 1 字节。如果向文件写入更多的数据，可以向第 2 个块写入。当第 2 个块写满后，需要找到一个空闲的块，假设空闲块的序号是 k，设置 data_block[2]=k，就可以向序号为 k 的块写入文件数据。

函数 set_write_dir_entry 的第一个参数 sb 是文件系统的超级块信息；第二个参数 dir_entry 是文件索引项；第三个参数 private_data 是需要设置的 dir_entry->data_block 数组元素的编号，即 dir_entry->data_block[private_data]。函数先通过 if(dir_entry->data_block[private_data] == 0) 判定 dir_entry->data_block[private_data]是否在使用，如果为 0，表示没有被使用。然后获取一个空闲的块，将 dir_entry->data_block[private_data]设置为对应块序号，此时就可以向这个块中写入文件数据。设置了文件数据占用的块序号后，通过 set_block_used 将块设置为已被使用。

- set_clean_dir_data:该函数的作用和 set_write_dir_entry 相反，用于清除文件索引项中文件数据占用的块。函数参数和 set_write_dir_entry 一致，不同之处在于，第三个参数 private_data 是需要清理的 dir_entry->data_block 数组元素的编号。函数通过 dir_entry->data_block[private_data] = 0 清除文件第 private_data 块的数据。同时，通过 set_block_used 将块设置为空闲。将块设置为空闲后，如果执行函数 get_free_block_index，就可以获取到空闲块的序号。

介绍了以上五个函数后，再来理解文件的写操作函数 my_write。在 my_write 中，变量 block_index 保存的是以块为单位的文件数据的偏移，由于写数据的起始偏移是函数参数 *offset，每一块的大小是 1024，所以 block_index 初始值为*offset/1024。变量 offset_in_block 保存了块内的数据偏移，初始值为*offset%1024。变量 left 表示本次写操作剩余需要写入的字节数，初始值为函数参数 size。函数通过 while(left > 0)判断剩余的字节数是否大于 0，如果大于 0，则表示还有数据没有写入。此时，通过 get_file_entry(file->f_inode->i_sb, file->f_inode-> i_ino, block_index, set_write_dir_entry)获取文件的索引项。get_file_entry 传入的第四个参数 set_write_dir_entry 表示找到了文件索引项后，需要执行函数 set_write_dir_entry 来设置文件数据占用的块序号。然后通过 bh = sb_bread(file->f_inode->i_sb, dir_entry->data_block[block_ index])获取数据占用的块，将数据写入这个块中。

在写入数据时，由于一个块最多可以保存 1024 字节的数据，如果写入的数据长度超过块的边界，则需要再次获取空闲的块，将多余的数据写入空闲块中。例如：一个块中已经被数据占用了 1000 字节，此时剩余 200 字节没有写入，则这个块只能写入 24 字节，剩余的 176 字节需要写入一个新的空闲块中。

在数据写入完成后，通过 get_file_entry(file->f_inode->i_sb, file->f_inode->i_ino, *offset + write_len, set_file_len)设置文件的总长度为*offset + write_len。其中变量*offset 是文件写入数据前的偏移量，变量 write_len 是本次写入的数据长度。最后，将*offset 自增 write_len 个字节，以便下一次执行 my_write 函数时将数据写入到文件的末尾。

编译、加载该模块后，通过第 12.9.2 节的方式挂载文件系统。文件系统挂载后，可以通过 echo 命令向文件写入数据，然后通过 cat 命令打印出写入的数据，如图 12-22 所示。

```
[root@localhost ~]# mount -t block_fs -o loop disk.img /mnt
[root@localhost ~]# cd /mnt/
[root@localhost mnt]# echo "abc" > 1.txt
[root@localhost mnt]# echo "123" > 2.txt
[root@localhost mnt]# cat 1.txt
abc
[root@localhost mnt]# cat 2.txt
123
```

图 12-22　读写文件系统中的文件

第 **13** 章

文件数据的管理

因为磁盘/块设备的读写速度远远低于内存的读写速度，对于磁盘文件系统中的文件数据，如果每次读写时都直接读取或写入磁盘/块设备，则效率极低。因此操作系统采用的方式是将最近读写的数据缓存在内存中，用户直接读写内存中的数据，而内存中未被写入到磁盘的数据将在合适的时候被写入磁盘，这样可以大大提高文件数据的读写效率。

本章首先介绍 Linux 中磁盘文件系统的数据管理方式，然后完善上一章编写的磁盘文件系统，增加对文件数据的缓存，以便让读者对文件系统有更加深入的认识。

13.1　地址空间

地址空间是 Linux 内核的关键数据结构之一。对于文件系统，其缓存了文件的数据，并且提供一组操作函数指定了文件数据缓存和物理设备（块/磁盘）的映射方式。文件的读写操作都要通过地址空间来完成。

13.1.1　数据结构

地址空间的结构体类型 address_space 定义在内核源码的 include/linux/fs.h 头文件中，定义如源码 13-1 所示。

源码 13-1　address_space 的定义

```
struct address_space {
    struct inode      *host;            //地址空间的拥有者
    struct xarray      i_pages;          //数据缓存
    ......
    struct rw_semaphore  i_mmap_rwsem;    //互斥量，用于数据读写时的互斥
    unsigned long     nrpages;          //缓存页的总数
    ......
    const struct address_space_operations *a_ops; //地址空间操作函数集合
    unsigned long     flags;            //标志信息
    rrseq_t     wb_err;            //错误码，记录最近发生一次的错误信息
    spinlock_t     private_lock;        //自旋锁，用于保护数据的访问
    struct list_head  private_list;       //私有数据链表
```

```
        void       *private_data;              //地址空间的私有数据
    };
```

关于结构体的各成员变量解释如下。

● host：地址空间拥有者。一般对应文件的 inode 节点或是块设备的 inode 节点。

● i_pages：数据缓存。文件数据会被缓存在内存页中，这些页以 XArray 结构组织（关于 XArray，见第 1.4.4 节）。

● nrpages：地址空间中，缓存数据的页的总数。

● a_ops：地址空间操作函数集合，包含一组函数。在文件系统中，这一组函数用于将缓存中的数据写入到磁盘或是从磁盘中读取数据到缓存等一系列操作。该成员变量将在第 13.1.2 节介绍。

● flags：标志信息，按位定义。常用的标志定义如源码 13-2 所示。

源码 13-2　标志信息

```
enum mapping_flags {
    AS_EIO    = 0,      //异步 I/O 错误
    AS_ENOSPC = 1,      //空间不足
    ......
};
```

● wb_err：错误码，保存了最近一次发生的错误。常用的错误码如-EIO 表示 I/O 错误。

● private_lock、private_list、private_data：用于地址空间中私有数据的访问。对于磁盘文件系统，private_list 一般保存的是文件的 inode 元数据信息，如文件大小、属性、数据位置等，需要写入到磁盘的元数据脏缓存会插入到该链表中以便将这些缓存同步到磁盘/块设备。private_data 保存的是 buffer_head 所在的地址空间，而 private_lock 用于保护这些 buffer_head 的访问。

13.1.2　地址空间操作函数

地址空间结构体 struct address_space 包含一个操作函数集合 a_ops，在文件系统中，这个操作函数集合用于将文件数据和磁盘/块设备中的数据同步。其结构体类型 struct address_space_operations 定义如源码 13-3 所示。

源码 13-3　struct address_space_operations 结构体定义

```
struct address_space_operations {
    //将缓存页的数据写入到磁盘
    int (*writepage)(struct page *page, struct writeback_control *wbc);
    //从磁盘中读取数据到缓存页
    int (*readpage)(struct file *file, struct page *page);
    //将地址空间的一个或多个脏页写入磁盘，脏页指缓存页中的数据已发生变化
    int (*writepages)(struct address_space *mapping, struct writeback_control *wbc);
    int (*set_page_dirty)(struct page *page);          //设置某页为脏页
    //从磁盘中读取一个或多个页到缓存中
```

```
        int (*readpages)(struct file *filp,struct address_space *mapping,struct list_
head *pages,unsigned nr_pages);
        //预读取文件数据到缓存页
        void (*readahead)(struct readahead_control * rac);
        //在数据写操作之前执行
        int (*write_begin)(struct file *file, struct address_space *mapping, loff_t
pos, unsigned len, unsigned flags, struct page **pagep, void **fsdata);
        //在数据写操作之后执行，和 write_begin 配合使用
        int (*write_end)(struct file *file, struct address_space *mapping, loff_t pos,
unsigned len, unsigned copied, struct page *page, void *fsdata);
        //在地址空间查找数据所在的块编号
        sector_t (*bmap)(struct address_space *mapping, sector_t block);
        ......
        //直接读写访问，直接和块设备交互
        ssize_t (*direct_IO)(struct kiocb * iocb, struct iov_iter *iter);
        ......
    };
```

关于 struct address_space_operations 的各成员函数解释如下。

● writepage：用于将地址空间某一页的数据写入到磁盘。如果地址空间缓存中的数据发生改变，需要通过该函数将缓存写入到磁盘/块设备。函数的第一个参数 page 是地址空间的缓存页；第二个参数 wbc 保存了数据写入磁盘时的控制参数（即回写控制参数），其结构体类型 struct writeback_control 定义如源码 13-4 所示。

源码 13-4　struct writeback_control 结构体定义

```
struct writeback_control {
    long nr_to_write;           //要写入到块设备的页的个数
    long pages_skipped;         //没有成功写到块设备的页的个数
    loff_t  range_start;        //要写入块设备数据的起始偏移
    loff_t  range_end;          //要写入块设备数据的结束偏移
    //写入模式，WB_SYNC_NONE 表示异步写入，WB_SYNC_ALL 表示同步写入
    enum writeback_sync_modes sync_mode;
    //周期回写标志，内核会周期回写脏页，该标志置 1 表示写操作由周期回写执行
    unsigned for_kupdate:1;
    //后台回写标志，内核会检查脏页的比例是否超出某一范围，然后通过后台回写方式
    //将脏页写入块设备
    unsigned for_background:1;
    ......
};
```

如果要将某一文件的第 0 到 4095 字节从缓存中同步写入到块设备，对于 writepage 的参数 wbc，其成员变量 range_start 值应该是 0，range_end 的值是 4095，并且 sync_mode 的值是 WB_SYNC_ALL。

● readpage：用于将块设备的数据读取到缓存页。第一个参数 file 是打开的文件，第二个参数 page 是对应的缓存页。该函数将参数 file 对应的文件数据从块设备读取到参数 page 对应的缓存页中。

- writepages：作用和 writepage 类似，不同之处在于该函数可以一次将多个缓存页写入到块设备中。第一个参数 mapping 是地址空间，第二个参数 wbc 用于回写控制。函数可以将 mapping 中多个页的数据写入到块设备中，而写入的位置和长度由 wbc 控制。

- set_page_dirty：地址空间中缓存页的数据和块设备的数据不一致时，会通过该函数设置某一页为脏页。其参数 page 就是需要设置的页。

- readpages：作用和 readpage 类似，不同之处在于该函数可以一次从块设备读取多个页到地址空间中。函数的第一个参数 filp 是打开的文件；第二个参数 mapping 是文件数据所在的地址空间；第三个参数 pages 是需要将数据读取到的多个页，这些页以链表形式组织；第四个参数 nr_pages 是需要读取的页的个数。

- readahead：预读取数据到缓存页。通常在从块设备读取数据到缓存页时，内核会在读取数据时尝试预读取一些多余的数据到缓存中。例如：假设应用程序打开某文件后，一开始没有任何数据被缓存在地址空间中，此时应用程序想要读取文件的第 0～4095 字节，即数据的第一页。内核在从块设备读数据时，通常不会仅仅只读一页数据，而是将连续的若干页的数据都读取到地址空间中。如果应用程序下一次想要读取文件的第 4096～8191 字节，这时由于第二页的数据已经预读取到了地址空间中，因此直接从地址空间缓存取出数据即可，预读取机制提高了数据的读取效率。函数的参数 rac 作用是设置预读取的数据位置以及需要读取的长度等信息。其结构体 struct readahead_control 定义如源码 13-5 所示。

源码 13-5　struct readahead_control 结构体定义

```
struct readahead_control {
    struct file *file;              //文件信息
    struct address_space *mapping;  //需要读取的数据所在地址空间
    pgoff_t _index;                 //需要预读取的页在地址空间的编号
    unsigned int _nr_pages;         //需要预读取的页的数量
    //一次从块设备读取的页的数量，该变量不大于_nr_pages
    unsigned int _batch_count;
};
```

如果要预读取某个文件的第 0～8191 字节的数据到地址空间，即文件数据的第一页和第二页，执行 readahead 函数时，函数参数 rac 的成员变量_index 的值会设置为 0，_nr_pages 的值会设置为 2。

- write_begin：在数据写操作之前执行，一般用于获取数据所在缓存页。第一个参数 file 是打开的文件；第二个参数 mapping 是文件所在的地址空间；第三个参数 pos 是数据相对于文件的偏移；第四个参数 len 是数据的长度；第五个参数 flags 是标志信息，不同的文件系统对该变量的处理不同；第六个参数 pagep 是一个二维指针，用于返回缓存页，之后在写操作时数据将会被写入该缓存页；第七个参数 fsdata 是文件系统的私有数据，不同的文件系统对该变量的使用方式不同。write_begin 需要和接下来将要描述的 write_end 函数配合使用。write_begin 在实际的写操作之前执行，write_end 在写操作之后执行。

- write_end：在数据写操作之后执行，一般用于释放缓存页，设置文件属性等操作。第一个参数 file 是打开的文件；第二个参数 mapping 是文件所在的地址空间；第三个参数 pos 是数据相对于文件的偏移；第四个参数 len 是数据的长度；第五个参数 copied 是写操作实际写入成功的数据长度；第六个参数 page 是数据所在的缓存页，该缓存页在执行 write_begin 时被获取，作为 write_begin 的第六个参数 pagep 返回；第七个参数 fsdata 是文件系统的私有数据。

- bmap：在地址空间中查找数据所在的块编号。第一个参数 mapping 是地址空间，第二个参数 block 是数据所在块的偏移，例如：假设文件系统中块大小为 1024 字节，如果 block 是 1，则表示需要查找文件中 1024～2047 字节的数据所在的块编号。函数的返回值是数据所在块设备中的块编号。

- direct_IO：直接读写访问。使用该函数不会使用到地址空间的缓存页，而是直接和块设备交互。函数的第一个参数 iocb 保存了文件信息、读取位置及一些私有信息等；第二个参数 iter 保存了数据相关的信息，其结构体类型 struct iov_iter 的定义见第 3.5 节源码 3-11。

关于 struct address_space_operations 中的各操作函数，在文件系统中的执行过程如下。

① 在读取文件中的数据时，首先从地址空间中查找数据所在的缓存页，如果查找到缓存页并且缓存页中的数据已是最新，则直接读取缓存页的数据；如果查找缓存页失败，则需要尝试通过 readahead、readpage 或 readpages 将块设备的数据读取到地址空间的缓存页中。

② 数据写入文件时，会先执行 write_begin 获取数据需要写入的缓存页，然后将数据写入该缓存页中，之后再执行 write_end 释放资源或修改文件属性。需要注意的是，此时缓存页中的数据不一定和块设备上的数据一致。

③ 在数据需要回写到块设备的时候，会通过 writepage 或 writepages 将数据从地址空间同步到块设备，这时块设备上的数据和地址空间中缓存页的数据一致。

④ 在需要绕过缓存机制时，需要通过 direct_IO 直接读写块设备中的数据。

13.1.3　文件数据的缓存

对于文件系统的每一个 inode 节点，有一个成员变量 i_mapping（见第 2.7 节源码 2-14），保存了 inode 的地址空间。这个地址空间中保存了文件中的数据，一旦文件有数据要被读取或写入，会首先尝试从地址空间获取数据缓存。如果此时对应的数据没有在地址空间中，则需要分配一个新的缓存页并将该缓存页插入到地址空间中，并建立缓存页和磁盘/块设备的映射关系。在执行写操作时，需要更新缓存页并将数据同步写入到磁盘/块设备。在执行读操作时，如果缓存中的数据不是最新的，则需要将磁盘中的数据读取到地址空间的缓存中，然后再从地址空间拷贝数据到目的缓存。

对于文件系统中每一个打开的文件，其结构体变量 struct file 中存在一个成员变量 f_mapping（见第 2.5 节源码 2-9），保存了被打开文件地址空间。当文件被打开时，Linux 会将文件对应 inode 节点的成员变量 i_mapping 赋值给这一个变量。

对于每一个地址空间，插入到地址空间的基本数据结构是一个缓存页。由于 buffer_head 是磁盘块的一个抽象，一个 buffer_head 对应一个磁盘块，磁盘块的大小往往小于一页的大小，因此对于每一个缓存页，一般包含多个 buffer_head。综合以上描述，一个或多个 buffer_head 构成了一个缓存页，多个缓存页构成了地址空间的缓存，而地址空间又属于某一个文件。地址空间、缓存页、buffer_head 的构成关系如图 13-1 所示。

地址空间中，缓存以 XArray 结构组织。XArray 的每一个叶子节点保存的数据是 struct page 的指针变量（关于结构体 struct page，见第 3.2.5 节源码 3-4），某个内存页在 XArray 中的编号是该页对应的文件数据在文件中以页为单位的偏移。例如：如果每一页的大小是 4096 字节，图 13-1 中 Page1 的编号是 0，则保存的是文件中 1～4096 字节的数据；Page2 的编号是 1，保存的是文件中 4097～8192 字节的数据……

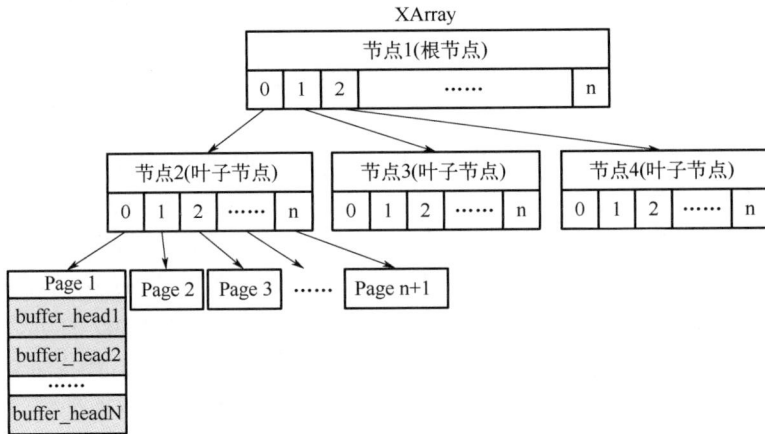

图 13-1　地址空间、缓存页、buffer_head 的构成关系

每一页中的数据又通过 buffer_head 组织，如果文件系统的块大小为 1024 字节，则一个缓存页包含 4 个 buffer_head，每个 buffer_head 对应块设备上的 1024 字节的空间。属于同一页的 buffer_head 构成了一个链表，在第 12.9.2 节的图 12-14 已经有所描述。buffer_head 的链表头保存在缓存页对应的 struct page 结构体变量（见第 3.2.5 节源码 3-4）的成员变量 private 中。

13.2　在文件系统中使用地址空间

在第 12.9.6 节的示例程序中，读取文件系统的数据时，通过函数 sb_bread 来读取数据所在的块，sb_bread 函数的底层也用到了地址空间。对于每一个块设备，在系统中存在一个 inode 节点与之对应。相应地，inode 节点的成员变量 i_mapping 表示块设备的地址空间，通过 sb_bread 读取到的 buffer_head 将会保存在该地址空间中。如果地址空间中已经存在某个 buffer_head，再次读取同样编号的 buffer_head 时，将直接从地址空间获取。当地址空间不存在对应 buffer_head 时，才会和块设备交互，读取块设备中的数据。在块大小为 1024 字节的情况下，地址空间中编号为 0 的页保存了块设备的第 1～4096 字节，对应 4 个 buffer_head；编号为 1 的页保存了块设备的第 4097～8192 字节……

块设备的地址空间保存了块设备的数据。对于文件系统的每一个文件，由于文件大小远小于块设备的大小，每次去块设备的地址空间读取数据效率较低，因此每一个文件应存在一个地址空间，仅用于缓存文件自身的数据。本节将修改第 12.9.6 节的示例程序，利用文件的地址空间缓存数据。

13.2.1　相关接口

内核已经提供了一整套接口来进行文件数据的缓存。包括：地址空间的读写、文件数据同步到块设备等，本节将要使用到的接口如下。

```
ssize_t generic_file_read_iter(struct kiocb *iocb, struct iov_iter *iter)
```

文件通用读取函数，可用于文件操作函数集合 struct file_operations 的 read_iter 函数，函数的参数以及返回值和文件操作函数集合的 read_iter 函数一致。该函数在内核源码的 include/linux/fs.h 头文件声明，其作用是读取文件的数据。对于地址空间的管理以及和块设备的交互在该函数中执行。函数在执行过程中会调用文件地址空间操作函数集合 struct address_space_operations（见第 13.1.2 节源码 13-3）的 readahead、readpage 或 readpages 从块设备读取数据到缓存页。

```
ssize_t generic_file_write_iter(struct kiocb *iocb, struct iov_iter *from)
```

文件通用写函数，可用于文件操作函数集合 struct file_operations 的 write_iter 函数，函数的参数以及返回值和文件操作函数集合的 write_iter 函数一致。该函数在内核源码的 include/linux/fs.h 头文件声明，其作用是向文件写入数据。对于地址空间的管理以及缓存页的更新在该函数中执行。如果需要直接访问块设备，函数在执行过程中会调用文件地址空间操作函数集合 struct address_space_operations（见第 13.1.2 节源码 13-3）的 direct_IO 函数将数据写入到块设备；如果无需直接访问设备，函数会首先调用文件地址空间操作函数集合的函数 write_begin 获取数据需要写入的缓存页，然后会将数据写入缓存页中，之后再执行 write_end 释放资源或修改文件属性，此时如果写操作没有设置同步标志，数据不会立刻写入到块设备中。

```
int generic_file_fsync(struct file *file, loff_t start, loff_t end, int datasync)
```

文件通用刷盘函数，该函数在内核源码的 include/linux/fs.h 头文件声明，其作用是将文件中的数据同步到块设备。第一个参数 file 是打开的文件。第二个参数 start 和第三个参数 end 决定文件数据的起始偏移和结束偏移，函数会将起始偏移到结束偏移这一片数据同步到块设备。第四个参数 datasync 表示是否只同步文件数据，如果是 1，表示只同步文件数据到块设备；如果是 0，在同步文件数据后，也会同步文件的 inode 元数据信息（文件大小、属性、数据位置等）到块设备。

对于文件操作函数集合 struct file_operations，有一个成员函数 fsync（见第 7.1.1 节源码 7-2），该函数一般用于同步地址空间的数据到块设备。函数 fsync 的声明如下。

```
int (*fsync) (struct file *file, loff_t start, loff_t end, int datasync)
```

在应用程序执行系统调用 fsync、fdatasync 或 sync_file_range 时，函数 fsync 将得到调用。fsync 的四个参数和函数 generic_file_fsync 的四个参数定义一致，在 fsync 中可以直接调用 generic_file_fsync 完成刷盘操作。函数 generic_file_fsync 会执行文件地址空间操作函数集合的函数 writepage 或 writepages 将地址空间的数据写入到块设备。

```
int mpage_readpage(struct page *page, get_block_t get_block)
```

读取块设备中的数据到缓存页中，该函数可以用于文件地址空间操作函数集合的 readpage 函数。函数在内核源码的 include/linux/mpage.h 头文件中声明，函数的第一个参数 page 是地址空间的缓存页，第二个参数 get_block 是一个类型为 get_block_t 的函数指针，类型 get_block_t 定义如下。

```
typedef int (get_block_t)(struct inode *inode, sector_t iblock, struct buffer_head
*bh_result, int create)
```

这个函类型用于获取文件数据所在块的信息。第一个参数 inode 是文件对应的 inode 节点；第二个参数 iblock 是数据从文件起始位置开始的块编号，该编号从 0 开始；第三个参数 bh_result 是需要返回的 buffer_head 信息；第四个参数 create 表示在文件的数据块不存在的情况下是否需要为文件数据在块设备中预留新的块。函数的返回值是成功获取信息的块个数，小于 0 表示函数执行失败。

举一个例子来说明该函数的作用：假设文件系统的块大小为 1024 字节，如果要获取某个文件中块编号为 0 的块信息，传入该函数的参数 iblock 值应为 0，参数 bh_result 的成员变量 b_size 的值是 1024；如果成功获取块的信息，则执行函数后，bh_result 的成员变量 b_bdev 是文件系统所在的块设备，b_blocknr 是文件中编号为 0 的块在块设备上的块编号；由于文件中数据的块编号是相对于文件起始的偏移，所以 bh_result 的成员变量 b_blocknr 和函数传入的参数 iblock 不是一个值，如图 13-2 所示。

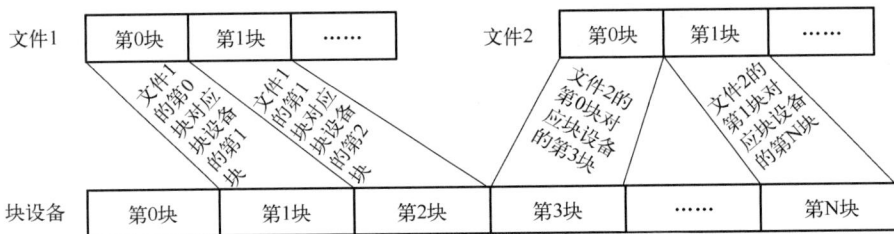

图 13-2　文件的数据块和块设备中块编号的对应关系

在图 13-2 中，假设要获取文件 1 的第 0 块信息，由于文件 1 的第 0 块映射到了块设备的第 1 块，函数执行后，bh_result 的成员变量 b_blocknr 的值是 1。

```
int block_write_full_page(struct page *page, get_block_t *get_block, struct writeback_
control *wbc)
```

通用缓存页写入函数，用于将缓存页中的数据写入到块设备，该函数在内核源码的 include/linux/buffer_head.h 头文件中声明。函数的第一个参数 page 是地址空间中的缓存页；第二个参数 get_block 是函数指针，用于获取文件中数据块的信息，其作用和函数 mpage_readpage 的第二个参数一致；第三个参数 wbc 用于回写控制。block_write_full_page 函数会尝试将缓存页 page 中的数据写入到块设备中，在写入过程中，会调用 get_block 函数获取文件数据所在的块信息。

```
int block_write_begin(struct address_space *mapping, loff_t pos, unsigned len,
unsigned flags, struct page **pagep, get_block_t *get_block)
```

该函数在内核源码的 include/linux/buffer_head.h 头文件中声明，一般在写操作前调用，用于获取需要写入的缓存页。第一个参数 mapping 是地址空间；第二个参数 pos 是数据在文件中的偏移；第三参数 len 是数据的长度；第四个参数 flags 是标志信息，不同的文件系统对该变量的处理不同；第五个参数 pagep 用于返回缓存页；第六个参数 get_block 是函数指针，用于获取文件数据所在的块信息。函数返回值为 0 表示执行成功，否则执行失败。

block_write_begin 可以用于文件地址空间操作函数集合的 write_begin 函数。在 block_

write_begin 的执行过程中，会首先尝试获取地址空间中的缓存页，如果缓存页不存在，会创建新的缓存页。若缓存页中的数据不是最新的，则会尝试读取块设备中的数据到缓存页中。在此过程中会调用函数 get_block 来获取数据块的信息。

```
int  generic_write_end(struct file *file, struct address_space *mapping, loff_t pos,
unsigned len, unsigned copied, struct page *page, void *fsdata)
```

该函数在内核源码的 include/linux/buffer_head.h 头文件中声明，一般在写操作后调用，用于文件属性的修改以及设置脏缓存等操作。函数的第一个参数 file 是对应的文件；第二个参数 mapping 是文件的地址空间；第三个参数 pos 是数据在文件中的偏移；第四个参数 len 是数据长度；第五个参数 copied 是写操作后，实际写入成功的数据长度；第六个参数 page 是数据所在的缓存页，该缓存页在执行 write_begin 时获取，作为 write_begin 的第六个参数 pagep 返回；第七个参数 fsdata 是文件系统的私有数据。generic_write_end 可以用于文件地址空间操作函数集合的 write_end 函数。

```
void  map_bh(struct buffer_head *bh, struct super_block *sb, sector_t block)
```

设置 buffer_head 的映射信息。函数的第一个参数 bh 是将要设置的 buffer_head；第二个参数 sb 是文件系统的超级块；第三个参数 block 是块设备的中块的编号。该函数的实现比较简单，首先将 bh 设置为已映射状态，表示该 bh 已经和地址空间的某一缓存页关联；然后设置 bh 的成员变量 b_bdev 为文件系统的块设备，设置 bh 的成员变量 b_blocknr 为传入的块编号，同时设置 bh 的成员变量 b_size 为文件系统的块大小。函数实现如源码 13-6 所示。

源码 13-6　函数 map_bh 的实现

```
static inline void map_bh(struct buffer_head *bh, struct super_block *sb, sector_t
block)
{
    set_buffer_mapped(bh);
    bh->b_bdev = sb->s_bdev;
    bh->b_blocknr = block;
    bh->b_size = sb->s_blocksize;
}
```

```
int  write_inode_now(struct inode *inode, int sync)
```

将文件的数据写入到块设备。第一个参数 inode 是文件对应的 inode 节点；第二个参数 sync 表示是否进行同步写入，为 1 表示同步写入。该函数执行时，除了会将文件数据写入到块设备外，还会调用到超级块的操作函数集合中的 write_inode 函数将 inode 信息写入块设备。

13.2.2　示例程序

本小节将基于第 12.9.6 节的示例程序做修改，在 root.c 中增加文件操作函数集合的 write_iter、read_iter 和 fsync 函数。其中，write_iter 将调用 generic_file_write_iter 实现写操作；read_iter 将调用 generic_file_read_iter 实现读操作；fsync 将调用 generic_file_fsync 实现文件的同步操作。同时，需要定义一个变量用于保存文件地址空间的操作函数集合，实现地址空间操作函数集合的函数 readpage、writepage、write_begin 和 write_end。函数 read_page 会在

generic_file_read_iter 函数中被调用；函数 writepage 会在 generic_file_fsync 函数中被调用；函数 write_begin 和 write_end 会在 generic_file_write_iter 函数中被调用。

修改后的root.c源文件如源码13-7所示（仅列出了和第12.9.6节的示例程序的不同之处）。

源码 13-7　root.c

```
......
#include <linux/mpage.h>  //要使用函数 mpage_readpage 需要引入该头文件
//以下几个函数在第 12.9.6 节的示例程序中已实现
struct inode *my_get_inode(struct super_block *sb, struct my_dir_entry *de);
static struct my_dir_entry *get_file_entry(struct super_block *sb, unsigned short
ino, unsigned int private_data, struct my_dir_entry* (*set_dir_entry)(struct
super_block *, struct my_dir_entry *, unsigned int));
    struct my_dir_entry* set_file_len(struct super_block *sb, struct my_dir_entry
*dir_entry, unsigned int private_data);
    ......
//修改文件的大小
static int my_write_inode(struct inode *inode, struct writeback_control *wbc)
{
    //通过第 12.9.6 节实现的函数 get_file_entry 设置文件的数据长度
    get_file_entry(inode->i_sb, inode->i_ino, inode->i_size, set_file_len);
    return 0;
}
//超级块函数操作集合
static const struct super_operations my_sops = {
    ......
    //将 inode 节点的写入函数设置为 my_write_inode
    .write_inode = my_write_inode,
};
......
//文件的打开操作
static int my_open(struct inode *inode, struct file *file)
{
    struct my_dir_entry *dir_entry = get_file_entry(file->f_inode->i_sb, file->
f_inode->i_ino, 0, NULL);
    //设置 inode 节点的大小为文件的数据长度
    if(dir_entry != NULL)
        inode->i_size = dir_entry->file_len;
    return 0;
}
//文件的关闭操作
static int my_release(struct inode *inode, struct file *file)
{
    write_inode_now(inode, 1);              //同步文件数据到块设备
    return 0;
}
......
//函数 my_file_read_iter 将被赋值给文件操作函数集合的 read_iter
static ssize_t my_file_read_iter(struct kiocb *iocb, struct iov_iter *to)
{
    //调用 generic_file_read_iter 实现读操作
    return generic_file_read_iter(iocb, to);
```

```
    }
    //下面的函数 my_file_write_iter 将被赋值给文件操作函数集合的 write_iter
    static ssize_t my_file_write_iter(struct kiocb *iocb, struct iov_iter *from)
    {
        //调用 generic_file_write_iter 实现写操作
        return generic_file_write_iter(iocb, from);
    }
    //下面的函数 my_fsync 将被赋值给文件操作函数集合的 fsync
    static int my_fsync(struct file *file, loff_t start, loff_t end, int datasync)
    {
        //调用 generic_file_fsync 实现文件的同步操作
        return generic_file_fsync(file, start, end, datasync);
    }
    //文件操作函数集合
    static const struct file_operations my_reg_file_ops = {
        .open = my_open,
        .release = my_release,
        //将 read_iter 设置为实现的函数 my_file_read_iter
        .read_iter = my_file_read_iter,
        //将 write_iter 设置为实现的函数 my_file_write_iter
        .write_iter= my_file_write_iter,
        .fsync = my_fsync,                    //将 fsync 设置为实现的函数 my_fsync
    };
    //获取文件数据所在的块信息
    int my_get_block(struct inode *inode, sector_t iblock, struct buffer_head *bh_
result, int create)
    {
        //通过超级块和文件唯一标识获取文件索引项
        struct my_dir_entry *dir_entry = get_file_entry(inode->i_sb, inode->i_ino, 0,
NULL);

        if(dir_entry == NULL)
            return -1;
        //如果文件数据对应的块序号是 0,表示没有数据
        if(dir_entry->data_block[iblock] == 0)
        {
            kfree(dir_entry);
            //设置文件索引项的文件数据占用的块序号
            dir_entry = get_file_entry(inode->i_sb, inode->i_ino, iblock, set_write_
dir_entry);
            if(dir_entry == NULL)
                return -1;
    }
    //设置 buffer_head 的映射信息
        map_bh(bh_result, inode->i_sb, dir_entry->data_block[iblock]);
        //设置 buffer_head 的数据长度为 1024,即一块的大小
        bh_result->b_size = 1024;
        kfree(dir_entry);
        return 0;
    }
    //将数据从块设备读取到缓存页中
```

```
static int my_readpage(struct file *file, struct page *page)
{
    //调用函数 mpage_readpage 将数据从块设备读到缓存页,最后一个参数传入函
    //数 my_get_block,my_get_block 用于获取文件的块信息
    return mpage_readpage(page, my_get_block);
}
//函数 my_write_begin 将在写数据前调用
static int my_write_begin(struct file *file, struct address_space *mapping, loff_t
pos, unsigned len, unsigned flags, struct page **pagep, void **fsdata)
{
    //调用函数 block_write_begin 获取需要写入的缓存页,最后一个参数传入函
    //数 my_get_block
    return block_write_begin(mapping, pos, len, flags, pagep, my_get_block);
}
//函数 my_write_end 将在写数据后调用
static int my_write_end(struct file *file, struct address_space *mapping,
                        loff_t pos, unsigned len, unsigned copied,
                        struct page *page, void *fsdata)
{
    //调用函数 generic_write_end 进行文件属性的修改以及设置脏缓存等操作
    return generic_write_end(file, mapping, pos, len, copied, page, fsdata);
}
//函数 my_writepage 用于将缓存页的数据写入块设备
static int my_writepage(struct page *page, struct writeback_control *wbc)
{
    //调用函数 block_write_full_page 将缓存页的数据写入块设备,第二个参数传入函
    //数 my_get_block
    return block_write_full_page(page, my_get_block, wbc);
}
//地址空间操作函数集合
const struct address_space_operations my_aops = {
    .readpage    = my_readpage,  //将函数 readpage 设置为实现的 my_readpage
    .write_begin = my_write_begin,//将函数 write_begin 设置为 my_write_begin
    .write_end   = my_write_end,  //将函数 write_end 设置为 my_write_end
    .writepage   = my_writepage,  //将函数 write_page 设置为 my_write_page
};
......
struct inode *my_get_inode(struct super_block *sb, struct my_dir_entry *de)
{
    ......
    if(inode != NULL)
    {
        inode->i_ino = de->low_ino;
        if(de->low_ino == 1)
        {
            ......
        }
        else
        {
            ......
            //设置地址空间操作函数集合为 my_aops
```

```
                    inode->i_mapping->a_ops = &my_aops;
               }
          }
          ......
     }
     ......
```

和第 12.9.6 节的示例程序相比，上述源码主要有如下不同。

① 定义了地址空间操作函数集合 my_aops。在变量 my_aops 中，定义了 readpage、write_begin、write_end、writepage 四个函数。

在 write_begin 的实现函数 my_write_begin 中，直接通过 block_write_begin(mapping, pos, len, flags, pagep, my_get_block)来获取文件中偏移量为 pos 的数据所在的缓存页，保存在变量 pagep 中。在函数执行过程中，如果缓存页中的 buffer_head 没有映射到块设备，需要通过函数 my_get_block 来获取文件数据对应的块信息并设置 buffer_head 和块设备的映射关系。

函数 my_get_block 用于获取文件数据所在的块信息，该函数首先通过第 12.9.5 节实现的函数 get_file_entry 获取文件索引项，判断文件索引项中第 iblock 块的块编号是否为 0。如果为 0，表示文件数据的第 iblock 块没有映射到块设备，此时需要通过 get_file_entry(inode->i_sb, inode->i_ino, iblock, set_write_dir_entry)来获取块设备上空闲的块，设置文件数据的第 iblock 块为该空闲块。之后通过函数 map_bh 来设置 buffer_head 和块设备的映射关系。

在 write_end 的实现函数 my_write_end 中，通过函数 generic_write_end 完成文件属性的修改以及设置脏缓存等操作。

在 readpage 的实现函数 my_readpage 中，通过函数 mpage_readpage 将数据从块设备读到缓存页。此时需要将函数 my_get_block 作为参数传入 mpage_readpage 中，因为在从块设备读取数据到缓存页的过程中，也需要获取文件数据所在的块信息，才能知道应该从块设备中的哪一块读取数据。

在 writepage 的实现函数 my_writepage 中，通过函数 block_write_full_page 将缓存页的数据写入块设备，同样也需要将函数 my_get_block 作为参数传入 mpage_readpage 中，以获取文件数据所在的块信息。

定义了地址空间操作函数集合 my_aops 后，在函数 my_get_inode 中，通过 inode->i_mapping->a_ops = &my_aops 设置文件地址空间操作函数集合。设置完成后，如果要操作文件地址空间的缓存页，内核就会调用 my_aops 的相应函数。

② 定义了文件操作函数集合 my_reg_file_ops 的函数 read_iter、write_iter 和 fsync。在 read_iter 的实现函数 my_file_read_iter 中，通过函数 generic_file_read_iter 读取数据。在此过程中，会调用到地址空间操作函数集合的 readpage。

在 write_iter 的实现函数 my_file_write_iter 中，通过函数 generic_file_write_iter 写入数据。在此过程中，会先后调用到地址空间操作函数集合的 write_begin、write_end。

在 fsync 的实现函数 my_fsync 中，通过函数 generic_file_fsync 将数据同步到块设备。在此过程中，会调用到地址空间操作函数集合的 writepage。

编译、加载该模块后，通过第 12.9.2 节的方式挂载文件系统。文件系统挂载后，可以正常创建文件、读写文件数据。并且在操作系统重启后再次挂载文件系统，文件系统的数据不会丢失。

③ 实现了超级块操作函数集合的 write_inode。在 write_inode 的实现函数 my_write_inode 中，通过 get_file_entry(inode->i_sb, inode->i_ino, inode->i_size, set_file_len)将文件长度写入到块设备的文件索引项中。为简化起见，在文件关闭时，函数 my_release 会调用 write_inode_now 将文件数据同步到块设备，此时会调用到超级块操作函数集合的 write_inode。

13.3 小结

应用程序从执行系统调用访问文件开始，到访问文件系统，再到磁盘/块设备的数据读写，涉及的内核机制包括：系统调用、虚拟文件系统（VFS）、磁盘文件系统、地址空间缓存、块 I/O 调度、块设备驱动，这些内核机制在之前已经逐步描述。现在，我们可以按照已经了解的知识画一张文件系统相关的架构图，如图 13-3 所示。

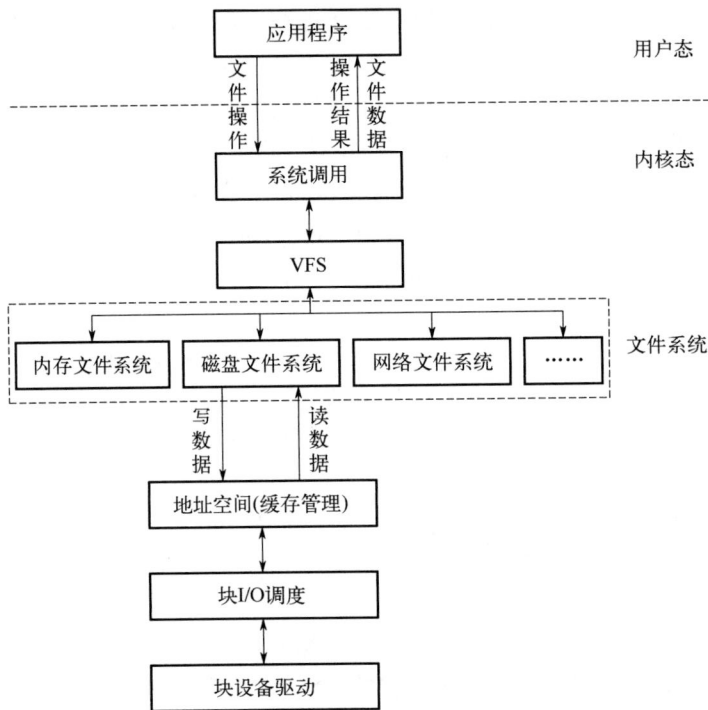

图 13-3　文件访问架构图

要访问磁盘/块设备上的一个文件，一般由应用程序发起。应用程序通过系统调用进入内核态，访问 VFS 的通用接口。VFS 再根据文件所在的文件系统，执行相应文件系统的操作。对于磁盘文件系统，一般需要通过地址空间对数据进行缓存以提高数据的访问效率。地址空间中的文件数据同步到块设备时，需要通过块 I/O 调度层，由特定的块 I/O 调度器将文件访问操作提交给块设备驱动处理。最终，块设备驱动访问块设备，写入或读取到相应的数据。

除了本章的示例外，在配套电子书第 6.2 节对 Linux 的 Ext2 文件系统做了详细的剖析，感兴趣的读者可以自行阅读。

第14章

进程调度

对于单核处理器，同一时刻只能有一个进程运行。而在多核处理器上，能并发运行的进程数量和 CPU 的核数相同。进程调度需要考虑如下情况：

- 在同一 CPU 上运行的多个进程，在某一时刻，通过进程调度算法选择合适的一个进程运行；
- 对于多核处理器，需要考虑在进程足够多的情况下尽可能不让某一个 CPU 空闲，最大化地利用 CPU 资源。同时，允许进程从一个 CPU 迁移到另一个 CPU 上运行。

本章将描述进程调度的数据结构及基本调度算法，同时实现一个进程调度器，以加深对进程调度的理解。

14.1 基本概念

14.1.1 进程调度器

进程调度器的作用是根据调度策略选择合适的进程，让其在 CPU 上运行。传统的调度策略如下。

- 先进先出：所有可运行的进程都放在一个队列中，调度器从队列头的进程开始，依次让队列中的每一个进程按入队的先后顺序调度到 CPU 上运行。
- 时间片轮转：为系统中的每一个可运行的进程分配一个时间片，在 CPU 上运行的进程会消耗自身的时间片。待时间片消耗完后，调度器会使该进程让出 CPU，让其等待下一次运行，同时会从等待运行的进程中选择一个合适的进程在 CPU 上运行，直至新选择的进程时间片耗尽。
- 优先级调度：用户为每一个进程分配一个优先级，调度器会偏向选择优先级最高的进程运行。待高优先级的进程运行完成后，再选择另一个高优先级的进程运行。

Linux 的调度策略是以上几种方式的集合体，调度策略的执行者是调度器。Linux 操作系统默认有五种调度器：空闲调度器（idle scheduler）、公平调度器（fair scheduler）、实时调度器（rt scheduler）、deadline 调度器、stop 调度器，其中空闲调度器优先级最低，stop 调度器优先级最高，即 stop 类型的进程将最先被调度执行。这五种调度器的特点如下。

① 空闲调度器。优先级最低，只有当 CPU 上没有其他进程执行时，才会调用空闲调度器管理的进程执行。接受空闲调度器调度的进程是 idle 进程。

② 公平调度器。Linux 操作系统中最复杂的一个调度器，基于进程优先级和时间片进行调度，应用于普通进程，其保证为每一个普通进程都分到时间片（即使该进程优先级较低，都能够得到运行）。

对于公平调度器的每一个进程，进程的优先级在 100 到 139 之间，可以通过 nice 系统调用设置优先级，Linux 也提供 nice 和 renice 命令来设置进程优先级，nice 值的范围为-20 到 19，-20 对应优先级 100，19 对应优先级 139，Linux 会将 nice 值转换为进程优先级。例如执行命令 renice -10 3000 可以将进程 ID 为 3000 的进程 nice 值设置为-10，该进程的优先级将被设置为 110。

③ 实时调度器。实时进程的优先级在 0 到 99 之间，高于普通进程，当系统中同时存在实时进程和普通进程时，Linux 总是先执行实时进程。操作系统中不存在实时进程时，才会选择普通进程执行。

实时进程有两种调度策略：时间片轮转（SCHED_RR）和先入先出（SCHED_FIFO）。时间片轮转有点类似于普通进程的调度：进程在运行时，会设置一个时间片，时间片到期后，调度器将会调度其他实时进程运行；先入先出则是进程一旦被调度运行，则会一直运行直到进程退出。

对于实时调度器，有 100 个链表对应不同的优先级（0 到 99），同一优先级的所有实时进程都保存在同一个链表中，调度器优先选择优先级较高的链表中的进程运行。优先级队列结构如图 14-1 所示。

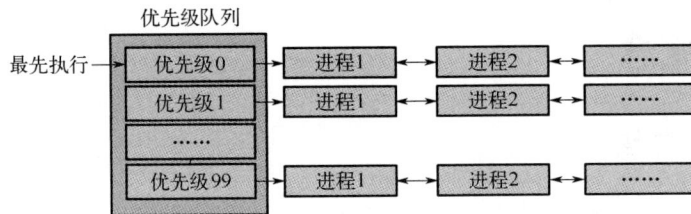

图 14-1 实时调度器的优先级队列

在图 14-1 中，实时调度器应优先选择优先级为 0 的进程运行，然后会选择优先级为 1 的进程运行，最次会选择优先级为 99 的进程运行。

④ deadline 调度器。deadline 进程的优先级小于 0，高于实时进程，当系统中同时存在实时进程和 deadline 进程时，Linux 会优先执行 deadline 进程。deadline 调度器为进程分配一个运行时间（runtime）、一个截止时间（deadline）和一个运行周期（period），运行时间一般小于截止时间，而截止时间小于运行周期。在一个运行周期内，调度器需要保证进程能够在截止时间前执行，而执行的时间长度是一个运行时间。如图 14-2 所示。

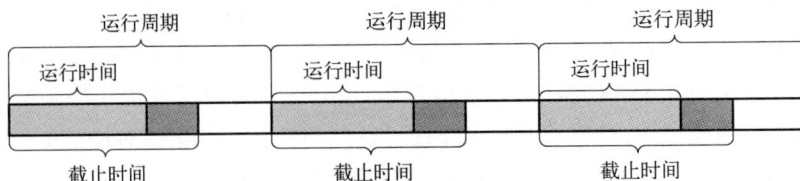

图 14-2 deadline 调度器各时间的关系

deadline 调度器的调度方式是：earliest deadline first（EDF，即最小截止时间优先调度），保证截止时间最靠前的进程能够尽早运行。

⑤ stop 调度器。用于最紧急的任务，被 stop 调度器管理的进程优先级最高，将最先被调度执行。

Linux 通过通用的结构体类型 sched_class 来管理调度器，该结构体包含了调度器的通用操作函数，操作系统在进程调度时执行相应调度器的操作函数来操作调度器。sched_class 定义于 kernel/sched/sched.h 头文件中，定义如源码 14-1 所示。

源码 14-1　struct sched_class 结构体定义

```
struct sched_class {
    ......
    //将进程插入运行队列
    void (*enqueue_task) (struct rq *rq, struct task_struct *p, int flags);
    //将进程从运行队列移除
    void (*dequeue_task) (struct rq *rq, struct task_struct *p, int flags);
    //让当前进程在下次调度时放弃 CPU，运行队列的其他进程在下次调度时被选择执行
    void (*yield_task)  (struct rq *rq);
    //运行队列在下次调度时让指定进程被选中执行
    bool (*yield_to_task)(struct rq *rq, struct task_struct *p);
    //用新的进程抢占当前进程
    void (*check_preempt_curr)(struct rq *rq, struct task_struct *p, int flags);
    //选择下一个将要在 CPU 上运行的进程
    struct task_struct *(*pick_next_task)(struct rq *rq);
    //处理上一个运行的进程
    void (*put_prev_task)(struct rq *rq, struct task_struct *p);
    //设置进程属性
    void (*set_next_task)(struct rq *rq, struct task_struct *p, bool first);
#ifdef CONFIG_SMP
    //将其他 CPU 的进程迁移到当前 CPU 运行
    int (*balance)(struct rq *rq, struct task_struct *prev, struct rq_flags *rf);
    //获取较为空闲的 CPU，进程将被调度至该 CPU 上运行
    int (*select_task_rq)(struct task_struct *p, int task_cpu, int sd_flag, int
flags);
    //迁移进程到指定 CPU 上时运行
    void (*migrate_task_rq)(struct task_struct *p, int new_cpu);
    //进程被唤醒后的执行函数
    void (*task_woken)(struct rq *this_rq, struct task_struct *task);
    //设置进程允许运行的 CPU
    void  (*set_cpus_allowed)(struct  task_struct  *p,  const  struct  cpumask
*newmask);
    //rq_online 和 rq_offline 分别用于设置运行队列处于活跃状态或不活跃状态
    void (*rq_online)(struct rq *rq);
    void (*rq_offline)(struct rq *rq);
#endif
    //周期执行函数
    void (*task_tick)(struct rq *rq, struct task_struct *p, int queued);
    //在进程 fork 时执行的函数
    void (*task_fork)(struct task_struct *p);
    //进程将被销毁时执行的函数
```

```
    void (*task_dead)(struct task_struct *p);
    //switched_from 和 switched_to 皆在进程调度器发生变化时执行
    void (*switched_from)(struct rq *this_rq, struct task_struct *task);
    void (*switched_to)  (struct rq *this_rq, struct task_struct *task);
    //在进程优先级发生变化而调度器没发生变化时执行
    void (*prio_changed) (struct rq *this_rq, struct task_struct *task, int
oldprio);
    //返回调度的时间片长度
    unsigned int (*get_rr_interval)(struct rq *rq, struct task_struct *task);
    //更新运行队列属性
    void (*update_curr)(struct rq *rq);
} __aligned(STRUCT_ALIGNMENT);
```

上述结构体的各成员变量解释如下。

● enqueue_task：进程进入可运行状态或运行队列发生改变后，该函数将会把进程插入运行队列。每个 CPU 都有一个运行队列（或称为就绪队列），所有状态为运行态的进程都在这个队列中，等待被调度到 CPU 上执行。函数的第一个参数 rq 是将要插入的运行队列（运行队列将在第 14.1.5 节介绍），第二个参数 p 是进程控制块指针（关于进程控制块，将在第 14.1.4 节介绍），第三个参数是 flags 标志信息，用于进程进入或退出运行队列的操作标识，可选的标志如源码 14-2 所示。

源码 14-2　标志信息

```
#define DEQUEUE_SLEEP       0x01      //进程以休眠状态从运行队列出队
/*
*DEQUEUE_SAVE 一般和 ENQUEUE_RESTORE 配合使用，在进程出运行队列时保存某
*些信息，不同调度器用法不同
*/
#define DEQUEUE_SAVE        0x02
//和 ENQUEUE_MOVE 配合使用，目前 Linux 很少用该标志
#define DEQUEUE_MOVE        0x04
#define DEQUEUE_NOCLOCK     0x08   //进程出运行队列时不更新运行队列时间
//进程变为可运行状态进入运行队列，对应 DEQUEUE_SLEEP
#define ENQUEUE_WAKEUP      0x01
//一般和 DEQUEUE_SAVE 配合使用，出运行队列时保存某些信息，入队时恢复
#define ENQUEUE_RESTORE     0x02
//和 DEQUEUE_MOVE 配合使用，目前 Linux 很少用该标志
#define ENQUEUE_MOVE        0x04
#define ENQUEUE_NOCLOCK     0x08   //进程入运行队列时不更新运行队列时间
//实时调度器使用，将进程插入运行队列头
#define ENQUEUE_HEAD        0x10
//deadline 调度器使用，推迟到期时间
#define ENQUEUE_REPLENISH   0x20
//多核处理器下进程被唤醒时发生了核间迁移
#ifdef CONFIG_SMP
#define ENQUEUE_MIGRATED    0x40
#else
#define ENQUEUE_MIGRATED    0x00
#endif
```

- dequeue_task：进程进入睡眠状态或运行队列发生改变，该函数把进程从运行队列中移除，函数的参数和 enqueue_task 相同。

- yield_task：让运行队列的当前执行进程在下次调度时放弃 CPU，运行队列的其他进程在下次调度时被选择执行，函数的参数 rq 为运行队列。

- yield_to_task：运行队列在下次调度时让指定进程被选中执行。函数的第一个参数 rq 为运行队列，第二个参数 p 为指定将要运行的进程。

- check_preempt_curr：用新的进程抢占当前运行队列上运行的进程。函数的第一个参数 rq 为运行队列，第二个参数 p 为新的进程，第三个参数 flags 为标志信息。

- pick_next_task：在运行队列中选择一个需要被运行的进程（一般指优先级最高的进程），函数的参数 rq 为运行队列。

- put_prev_task：一般在 dequeue_task 后调用，处理上一个运行的进程。函数的第一个参数 rq 为运行队列，第二个参数 p 为将要处理的进程。

- set_next_task：设置当前运行的进程信息。函数的第一个参数 rq 为运行队列，第二个参数 p 为当前运行的进程，第三个参数 first 在目前的 Linux 调度流程里固定为 false。

- balance：将其他 CPU 的进程迁移到当前 CPU 运行。函数的第一个参数 rq 表示当前 CPU 的运行队列；第二个参数 prev 表示当前 CPU 上运行的进程，该进程即将被切换成其他进程；第三个参数 rf 是运行队列标志，其结构体类型 struct rq_flags 定义如源码 14-3 所示。

源码 14-3　struct rq_flags 结构体定义

```
struct rq_flags {
    //改变进程状态时加锁并禁止中断，将状态寄存器的值保存到该变量
    unsigned long flags;
    struct pin_cookie cookie; //用于检测锁是否被意外释放
    ......
};
```

rq_flags 的作用是：进程状态发生改变时（例如改变进程的优先级），会执行类似 spin_lock_irqsave 的操作，禁止中断并且保存状态寄存器的值。此时状态寄存器的值会保存到 rq_flags 的成员变量 flags 中，以便进程状态改变后将该值恢复到状态寄存器。在对进程加锁后，会通过类似 lockdep_pin_lock（见配套电子书第 3.6 节）的接口检测锁是否被意外释放，而 cookie 就是对应的唯一标识。

- select_task_rq：获取较为空闲的 CPU，将进程调度到该 CPU 上运行。函数的第一个参数 p 是将要被调度的进程；第二个参数 task_cpu 是进程之前运行的 CPU 编号；第三个参数 sd_flags 是调度域标志，关于调度域，将在第 14.1.3 节介绍；第四个参数 flags 是进程唤醒标志，在进程被唤醒时传入，常用的唤醒标志 WF_SYNC 表示同步唤醒进程，意味着被唤醒的进程更倾向于被调度到唤醒者所在的 CPU 运行。函数的返回值是 CPU 编号，表示进程将被调度到哪一个 CPU 上运行。

- migrate_task_rq：迁移进程到指定的 CPU 时运行。第一个参数 p 是将要迁移的进程；第二个参数 nw_cpu 是 CPU 编号，表示需要将进程迁移到哪一个 CPU。该函数并不一定执行实际的进程迁移操作，主要更新进程的运行时间等统计信息。

- task_woken：进程被唤醒后的执行函数。第一个参数 this_rq 是进程所在的运行队列，

第二个参数 task 是被唤醒的进程。对于实时进程和 deadline 进程，task_woken 函数尝试将运行队列 this_rq 的其他进程迁移到其他 CPU 上运行。

● set_cpus_allowed：设置进程被允许运行的 CPU，也被称为设置进程的 CPU"亲和性"。函数的第一个参数 p 是进程；第二个参数 newmask 是 CPU 掩码，每一位代表一个 CPU，例如最低位为 1 表示进程可以在编号为 0 的 CPU 上运行，次低位为 1 表示进程可以在编号为 1 的 CPU 上运行。

● rq_online、rq_offline：rq_online 用于设置运行队列处于活跃状态，rq_offline 用于设置运行队列处于不活跃状态。这两个函数的参数 rq 是需要设置的运行队列。

● task_tick：周期执行函数，每 jiffies 执行一次，如果编译内核时 HZ 配置为 1000，则 1 毫秒执行一次。该函数的第一个参数 rq 为运行队列，第二个参数 p 为就绪队列当前运行的进程，第三个参数 queued 在编译内核时打开 CONFIG_SCHED_HRTICK 选项才会用到，在公平调度器中标识当前正在运行的进程需要重新被调度。

● task_fork、task_dead：分别在进程 fork 时和进程退出时执行，进行初始化和销毁工作。

● get_rr_interval：返回调度的时间片长度，在应用程序调用 sched_rr_get_interval 系统调用时，该函数被执行。

● update_curr：更新运行队列属性，如运行时间、CPU 带宽使用统计等。

14.1.2　调度实体

调度实体（schedule entity）是进程调度的基本单位。通常调度器不直接以进程为调度单位，是因为不同的调度器属性不同，需要定制适合于自身的调度实体。例如：deadline 调度器会为进程分配一个运行时间（runtime）、一个截止时间（deadline）和一个运行周期（period），因此其调度实体需要包含以上变量，而公平调度器、实时调度器、stop 调度器和空闲调度器则不会。

调度实体不是必需的，由于 Linux 在调度进程时只会执行调度器的通用操作函数（见第 14.1.1 节源码 14-1），这些操作函数并不需要传入调度实体。对于一些简单的调度器，也可以不需要单独的调度实体，如 stop 调度器。调度实体的存在是为了根据调度器的特点定制进程的参数和属性。

Linux 中存在一个通用调度实体（见配套电子书第 6.3.1.1 节），主要用于公平调度器，但是该调度实体类型也包含一些通用的变量，如进程起始运行时间和运行总时间，实时调度器、deadline 调度器使用这些通用的变量保存进程的统计信息。调度实体作为进程控制块的成员变量（见第 14.1.4 节），不同的调度器可以通过这个成员变量获取对应进程的调度实体。

14.1.3　调度域

（1）调度域的原理

调度域（scheduling domain）主要用于处理器多核间的负载均衡。要理解调度域，首先需要了解现代计算机系统的多处理器结构。一个计算机系统的多处理器架构如图 14-3 所示。

图 14-3 所示系统中，包含两个 NUMA 节点。NUMA（non uniform memory access），即非统一内存访问，在这种架构中，每个处理器都有自己的本地内存，但它们也可以访问其他处理器的内存，访问本地内存的速度优于访问其他处理器的内存，因此在某个 NUMA 节点

中的处理器需在分配或使用内存时，需要尽可能从本节点的内存中分配或使用。

图 14-3 所示 NUMA 节点 1 中，有两个处理器，分别为处理器 1 和处理器 2，每个处理器又由多个核构成（multi-core，多核）。如果处理器采用了 SMT（单核多线程）技术，一个物理核中，可以包含多个逻辑核（如图中的逻辑核 1 和逻辑核 2，它们同属于物理核 1），这些逻辑核可以同时运行不同的进程。属于同一个物理核的多个逻辑核使用的硬件缓存（cache）、内存等资源完全共享；属于同一个处理器的多个物理核共享内存资源，但它们一般都会有独立的 L1 cache（一级硬件缓存），它们的 L2 cache（二级硬件缓存）可能共享；属于同一个 NUMA 节点的不同处理器内存资源共享，但都有独立的硬件缓存。

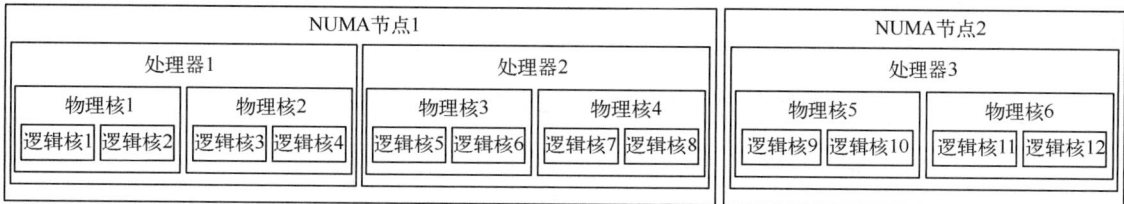

图 14-3　计算机系统的多处理器架构

根据以上描述，在处理器需要负载均衡时，应优先在同一物理核的多个逻辑核间进行负载均衡，其次在同一个处理器的多个物理核间进行负载均衡，最坏的情况才需要在 NUMA 节点间做负载均衡。由此，Linux 引入了"调度域"。

调度域是具有相同属性的 CPU 的集合，例如图 14-3 的逻辑核 1 和逻辑核 2 同属于物理核 1，它们可以属于同一个调度域 A；物理核 1 和物理核 2 同属于处理器 1，它们也属于一个调度域 B，调度域 B 应是调度域 A 的父调度域。从层次结构来看，调度域 A 包含的逻辑核是调度域 B 包含的逻辑核的子集。所有 CPU 构成了调度域 C，调度域 C 是调度域 B 的父调度域。可以看出，调度域构成了多核系统中处理器的层级结构，这种层级结构如图 14-4 所示。

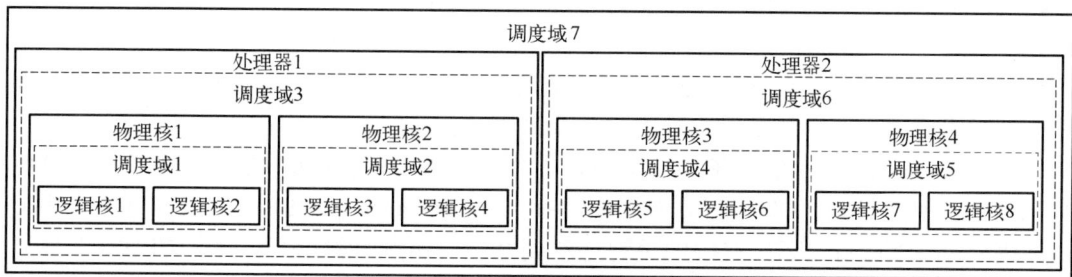

图 14-4　调度域的层级关系

图 14-4 所示调度域共有三层（在 Linux 中，最多有三层调度域），最底层的调度域由属于同一物理核的多个逻辑核构成，第二层的调度域由属于同一个处理器的多个物理核构成，最顶层的调度域由所有处理器构成。例如图 14-4 中的逻辑核 1 和逻辑核 2 组成了调度域 1，逻辑核 3 和逻辑核 4 组成了调度域 2；调度域 1 和调度域 2 的父调度域是调度域 3，调度域 3 由物理核 1 和物理核 2 组成；调度域 3 的父调度域是调度域 7，调度域 7 由系统的所有处理器组成。因为一个逻辑核就是一个虚拟的 CPU，在本节中的所有描述中，CPU 等价于逻辑核。

每一个调度域包含一个或多个"调度组"，每个调度组包含一个或多个 CPU，每一个调度组的 CPU 是其所在调度域中 CPU 的子集。调度域进行负载均衡的目的是要保证其内部各个调度组之间的负载均衡。以图 14-4 为例来说明调度组：调度域 1 包含两个调度组，其中一个调度组包含逻辑核 1，另一个调度组包含逻辑核 2；同样调度域 2 也包含两个调度组，分别包含逻辑核 3 和逻辑核 4；调度域 3 包含两个调度组，其中一个调度组包含逻辑核 1 和逻辑核 2，即调度域 1 中的所有 CPU，另一个调度组包含逻辑核 3 和逻辑核 4，即调度域 2 的所有 CPU。

（2）调度域的数据结构

调度域的结构体类型 struct sched_domain 定义在内核源码的 include/linux/sched/topology.h 头文件中，定义如源码 14-4 所示。

源码 14-4　struct sched_domain 结构体定义

```
struct sched_domain {
    struct sched_domain __rcu *parent;    //父调度域
    struct sched_domain __rcu *child;      //子调度域
    struct sched_group *groups;            //属于该调度域的调度组
    ......
    //负载均衡门限值，负载超过该值时，则需要进行负载均衡操作
    unsigned int imbalance_pct;
    ......
    int  flags;                            //调度域标志信息
    ......
    unsigned long span[];                  //属于调度域的所有 CPU，以掩码形式表示
}
```

上述结构体中，各成员变量解释如下。

● parent、child：分别表示当前调度域的父调度域和子调度域，构成了调度域的层级结构。

● groups：属于该调度域的调度组，一个调度域可以包含多个调度组，这些调度组通过循环链表形式组织，该变量是调度组的第一个链表节点。

● imbalance_pct：负载均衡的门限值，如果调度域中调度组的 CPU 算力除以调度组中 CPU 的使用率小于该值，即 CPU 算力/CPU 使用率<imbalance_pct/100，则表示调度域中的调度组过载，需要尝试将该调度组中的进程迁移到空闲的调度组中运行。关于 CPU 使用率，将在第 14.3.2 节介绍。

● flags：调度域的标志信息，常用的标志包括：SD_BALANCE_WAKE 表示进程被唤醒时进行负载均衡操作，此时需要给被唤醒的进程选择一个合适的 CPU 运行；SD_WAKE_AFFINE 表示进程被唤醒时使用 Wake Affine 机制（Wake Affine 机制将在第 14.3.4 节介绍）。

● span：属于调度域的所有 CPU，以掩码形式表示，例如如果最低位为 1，则编号为 0 的 CPU 属于该调度域。

调度组的数据类型 struct sched_group 定义如源码 14-5 所示。

```
struct sched_group {
    struct sched_group  *next;   //属于同一个调度域的所有调度组构成一个循环链表
    atomic_t ref;                //调度组的使用计数
    unsigned int group_weight;   //调度组权重，即有多少个 CPU 属于该调度组
    //调度组可使用的 CPU 算力，主要用于公平调度器
    struct sched_group_capacity *sgc;
    int asym_prefer_cpu;         //调度组中优先级最大的 CPU 编号
    //调度组的 CPU 掩码，每一位表示一个 CPU 是否属于该调度组
    unsigned long   cpumask[];
}
```

上述结构体的成员变量 sgc 表示调度组可使用的 CPU 算力，算力越大，意味着调度组中 CPU 的能力越强，在相同时间内能够执行更多的进程。调度组的算力是该调度组的各 CPU 的算力之和，调度组的各 CPU 算力越强，调度组的算力越强。变量 sgc 的结构体类型 struct sched_group_capacity 定义如源码 14-6 所示。

源码 14-6　struct sched_group_capacity 结构体定义

```
struct sched_group_capacity {
    atomic_t         ref;             //使用计数
    unsigned long    capacity;        //调度组的算力
    unsigned long    min_capacity;    //调度组中 CPU 的最小算力
    unsigned long    max_capacity;    //调度组中 CPU 的最大算力
    //下一次更新时间，每隔一定时间，会更新一次调度组的 CPU 算力
    unsigned long    next_update;
    int              imbalance;       //如果为 1 表示调度组没有达到均衡状态
    ......
    unsigned long    cpumask[];       //调度组的 CPU 掩码，表示可用于负载均衡的 CPU
};
```

在公平调度器中，对于每一个调度域，会定期进行负载均衡操作。负载均衡的目的是让调度域中的每一个调度组尽可能平均分配进程，以避免 CPU 过于忙碌或过于空闲。

负载均衡时，需要在调度域中找到最忙碌的调度组，然后从调度组中找到最忙碌的 CPU，再将该 CPU 的进程迁移到调度域中空闲的 CPU 上执行。在这个过程中，需要根据调度组的负载情况以及调度组的算力判断调度组是否忙碌。

14.1.4　进程控制块

进程控制块是进程管理和调度的核心组件，记录了进程基本信息、进程状态、优先级、调度策略、内存布局等信息，进程调度的最小单位就是进程控制块。调度函数获取将要运行的进程控制块，根据其信息将进程的上下文还原在 CPU 上运行。Linux 下进程控制块结构体定义于 include/linux/sched.h 头文件中，如源码 14-7 所示。

源码 14-7　struct task_struct 结构体定义

```
struct task_struct {
    ......
    volatile long   state;          //进程状态：0 运行，>0 非运行状态
    ......
    void            *stack;         //内核态栈指针
    refcount_t      usage;          //结构体变量使用计数
    unsigned int    flags;          //进程标志信息
    ......
#ifdef CONFIG_SMP
    int             on_cpu;         //1 表示进程正在 CPU 上运行，0 表示进程没有运行
    ......
    unsigned int    wakee_flips;        //当前进程唤醒其他进程的次数
    unsigned long   wakee_flip_decay_ts;    //上一次 wakee_flips 衰减的时间
    struct task_struct *last_wakee;     //上一次唤醒的进程
    int             recent_used_cpu;    //进程最近使用的 CPU
    int             wake_cpu;           //进程被唤醒后运行的 CPU
#endif
    int             on_rq;          //进程在运行队列的状态
    int             prio;           //有效优先级
    int             static_prio;    //静态优先级
    int             normal_prio;    //普通优先级
    unsigned int    rt_priority;    //实时任务优先级，实时进程使用
    const struct sched_class *sched_class; //进程调度策略
    struct sched_entity se;         //通用调度实体，主要用于公平调度器
    struct sched_rt_entity rt;      //实时进程的调度实体
#ifdef CONFIG_CGROUP_SCHED
    struct task_group *sched_task_group; //组调度使用
#endif
    struct sched_dl_entity dl;      //deadline 任务调度实体
    ......
    unsigned int    policy;         //调度策略
    int             nr_cpus_allowed; //多核处理器下,进程可以在几个 CPU 上运行
    const cpumask_t *cpus_ptr;      //一般指向 cpus_mask
    cpumask_t       cpus_mask;      //进程可运行的 CPU 掩码
    ......
    struct list_head tasks;         //Linux 系统下的所有进程通过该字段串联成链表
    ......
    pid_t           pid;            //进程 id
    pid_t           tgid;           //线程组 id
    ......
    struct task_struct __rcu *real_parent; //真实父进程
    struct task_struct __rcu *parent;      //父进程
    struct list_head children;      //子进程列表
    struct list_head sibling;       //兄弟进程列表
    struct task_struct *group_leader; //线程组组长，其 pid 和 tid 一样
    ......
    u64             utime;          //进程在用户态的运行时间
```

```
u64              stime;          //进程在内核态的运行时间
......
unsigned long    nvcsw;          //主动放弃 CPU 的进程切换次数
unsigned long    nivcsw;         //进程被动切换的次数
u64              start_time;     //进程开始时间：不包括系统睡眠时间
u64              start_boottime; //进程开始时间：包括系统睡眠时间
......
char             comm[TASK_COMM_LEN]; //进程名
......
};
```

对于上述结构体，部分成员变量解释如下。

- state：运行状态，可用的运行状态定义于 include/linux/sched.h 中，常用的状态见第 3.6.1 节表 3-1。

- flags：进程标志，可用的进程标志定义于 include/linux/sched.h 中，常用的标志如源码 14-8 所示。

源码 14-8　常用的标志信息

```
#define PF_VCPU        0x00000001  //进程运行在虚拟 CPU 上
#define PF_IDLE        0x00000002  //进程空闲
#define PF_EXITING     0x00000004  //进程将要退出
#define PF_IO_WORKER   0x00000010  //进程是一个 IO worker
#define PF_WQ_WORKER   0x00000020  //进程是一个工作队列 worker
#define PF_FORKNOEXEC  0x00000040  //进程在 fork 后没有执行 exec
```

- wakee_flips：当前进程唤醒其他进程的次数，当前每唤醒一次其他进程，该值加 1。同时，该值会以一秒为周期衰减，每过一秒，该值减少一半。

- wakee_flip_decay_ts：由于 wakee_flips 以一秒为周期进行衰减，wakee_flip_decay_ts 记录了上一次进行衰减的时间，wakee_flip_decay_ts 的值加 1 秒就是下一次 wakee_flips 进行衰减的时间。

- last_wakee：当前进程有可能会唤醒其他进程，last_wakee 指向最近一次唤醒的进程。

- recent_used_cpu：进程最近运行的 CPU 编号。睡眠的进程在被唤醒后，会尝试在最近运行的 CPU 上运行（最终在哪个 CPU 上运行，由 CPU 的选择算法决定，见第 14.3.4 节）。

- on_rq：进程在 CPU 运行队列的状态，0 表示不在 CPU 运行队列上，1 表示在 CPU 运行队列上，2 表示进程正在被迁移。在进程调度时，会从运行队列中选择合适的进程在 CPU 上运行。

- prio、static_prio、normal_prio、rt_priority 均表示优先级，其中静态优先级 static_prio 和实时优先级 rt_priority 是用户可以设置的优先级，可通过 sched_setscheduler、sched_setattr、setpriority 或 nice 等系统调用进行设置。普通优先级 normal_prio 是根据当前的调度策略、static_prio 和 rt_priority 计算出的优先级，而有效优先级 prio 由调度器使用。deadline 任务的优先级小于 0，实时任务的优先级为 1 到 99，普通任务的优先级为 100 到 139。

- sched_class：进程的调度器。Linux 调度器包含空闲调度器（idle scheduler）、公平调度器（fair scheduler）、实时调度器（rt scheduler）、deadline 调度器、stop 调度器，调度器的优先顺序由低到高。
- policy：调度策略，决定了使用哪种调度器及调度方式，可选的调度策略定义于 include/uapi/linux/sched.h 头文件中，如源码 14-9 所示。

源码 14-9　可选的调度策略

```
#define SCHED_NORMAL    0   //普通任务，受公平调度器调度
#define SCHED_FIFO      1   //先入先出实时任务，受实时调度器或 stop 调度器调度
#define SCHED_RR        2   //时间片轮转实时任务，受实时调度器调度
#define SCHED_BATCH     3   //批处理任务，受公平调度器调度
#define SCHED_IDLE      5   //空闲任务，受公平调度器调度
#define SCHED_DEADLINE  6   //deadline 任务，受 deadline 调度器调度
```

- cpus_ptr、cpus_mask：多核处理器下，进程可以在哪些 CPU 上运行，用掩码表示，例如只能在第一个CPU上运行，cpus_mask 为 1，可以在第一、第二两个CPU上运行，cpus_mask 为 3。cpus_mask 用二进制表示，其中 1 的个数和 nr_cpus_allowed 的值相等，而 cpus_ptr 一般指向 cpus_mask 的地址。
- pid、tgid：进程 id 和线程组 id。Linux 中每一个线程都对应一个 struct task_struct。当创建一个新的进程的时候，pid 和 tgid 是一样的，如果在这个进程下创建线程，线程会关联一个新的 pid，而 tgid 不变，即同一个进程下的所有线程 tgid 一样，而 pid 不一样。
- real_parent、parent：父进程。大多数情况下，real_parent 和 parent 是一致的。进程在被调试时，变量 parent 指向调试进程。
- children、sibling：分别表示子进程和兄弟进程链表。子进程的 sibling 字段将会加入父进程的 children 链表，parent、children、sibling 的关系如图 14-5 所示。

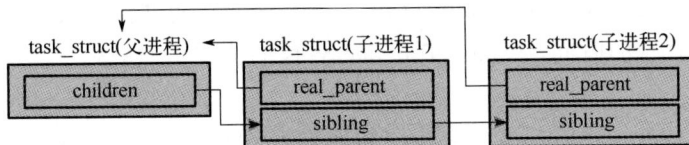

图 14-5　parent、children 和 sibling 的关系

- nvcsw、nivcsw：进程的切换次数，nvcsw 表示进程主动放弃 CPU 的情况下的进程切换次数，如调用可能引起阻塞的系统调用时,该值可能会增加；nivcsw 表示进程被动切换的次数。nvcsw+nivcsw 是进程总的切换次数。

14.1.5　运行队列

每个 CPU 都有一个运行队列（或称为就绪队列、调度队列），队列上包含的是某个 CPU 上处于运行状态（TASK_RUNNING）的进程。运行队列结构体类型 struct rq 定义于 kernel/sched/sched.h 头文件中，如源码 14-10 所示。

```
struct rq {
    raw_spinlock_t  lock;              //用于互斥
    unsigned int    nr_running;        //运行队列上的进程数
    ......
    u64             nr_switches;       //运行队列进程切换次数
    ......
    struct cfs_rq   cfs;               //公平调度器队列
    struct rt_rq    rt;                //实时调度器队列
    struct dl_rq    dl;                //deadline 调度器队列
    ......
    struct task_struct __rcu *curr;    //当前正在 CPU 上执行的进程
    struct task_struct *idle;          //空闲进程
    struct task_struct *stop;          //stop 进程
    ......
#ifdef CONFIG_SMP
    ......
    struct sched_domain __rcu *sd;     //运行队列所属的调度域
    unsigned long   cpu_capacity;      //CPU 剩余算力, 随着 CPU 的运行情况而变化
    ......
    int             active_balance;    //是否正在进行主动负载均衡
    int             push_cpu;          //需要将进程迁移到的 CPU 编号
    ......
    int             cpu;               //运行队列所在的 CPU 编号
    int             online;            //运行队列是否处于活跃状态
    struct list_head cfs_tasks;        //接受公平调度器调度的调度实体, 以链表形式组织
    struct sched_avg avg_rt;           //实时进程负载情况
    struct sched_avg avg_dl;           //deadline 进程负载情况
    ......
#endif
    ......
    unsigned int    clock_update_flags; //时间更新标志
    u64             clock;              //运行队列的时钟
    u64             clock_task ____cacheline_aligned; //运行队列任务的时钟
    ......
}
```

struct rq 的部分成员变量解释如下。

● cfs、rt、dl：分别表示公平调度器队列、实时调度器队列、deadline 调度器队列，每个运行队列中的进程可能包含普通任务、实时任务或 deadline 任务，不同类型的任务放在不同的调度器队列中。

● idle、stop：分别表示运行队列上的空闲进程和 stop 进程，空闲进程由 idle 调度器调度，stop 进程由 stop 进程调度，stop 进程在整个运行队列中优先执行，而 idle 进程则在没有其他进程被执行时才能够执行。

● sd：运行队列所属的调度域。运行队列和 CPU 一一对应，每个 CPU 都属于某个调度域，该变量保存的是运行队列对应 CPU 所属的调度域。

- active_balance：如果该变量为 1，表示正在进行主动负载均衡。
- push_cpu：在进行负载均衡的过程中，需要将进程迁移到较为空闲的 CPU 上运行，该变量表示需要将进程迁移到的 CPU 编号。
- cpu：运行队列对应的 CPU 编号。一般来说，一个 struct rq 运行队列对应一个 CPU，运行队列上的进程在该 CPU 上运行。
- avg_rt、avg_dl：avg_rt 表示运行队列中的实时进程负载和 CPU 使用情况，avg_dl 表示 deadline 进程的负载和 CPU 使用情况。关于这两个变量的结构体 struct sched_avg 参见配套电子书第 6.3.1.1 节。
- clock_update_flags：运行队列时间更新标志。运行队列会记录本队列上进程的运行时间，在调度过程中，会更新运行时间，如果在调度时不希望更新该时间，则该字段将被打上相应标志。
- clock、clock_task：分别表示运行队列的时钟和运行队列中进程的时钟，后者不包括中断处理的时间；如果内核编译时没有配置 CONFIG_IRQ_TIME_ACCOUNTING 和 CONFIG_PARAVIRT_TIME_ACCOUNTING 选项，则 clock 和 clock_task 相同。

14.1.6　进程调度流程

出现以下几种情况会发生进程调度。

① 进程主动放弃 CPU。某些情况下，进程需要等待资源或是进入睡眠状态，会发生进程调度。例如：执行可能引起睡眠的系统调用（select、read、recv 等）时，如果资源没有获取成功，进程会主动放弃 CPU；在内核模块中执行 schedule 系列函数（如第 3.6.2 节使用内核线程的情况）主动放弃 CPU；使用信号量、互斥体时，如果不能获取资源，也会主动放弃 CPU；执行 sched_yield 系统调用时，会执行调度器操作函数（第 14.1.1 节源码 14-1）中的 yield_task 函数，该函数也会使进程主动放弃 CPU。

② 周期性调度。Linux 会以 jiffies 为周期，进入时钟中断处理函数。在中断处理函数中，会执行进程调度器的 task_tick 函数（见第 14.1.1 节源码 14-1），该函数一般会更新进程的运行时间、CPU 负载等信息。如果某个进程的运行时间片已使用完，公平调度器和实时调度器还会设置调度标志，使得系统能够尽快完成进程切换操作。对于公平调度器，会周期进行负载均衡操作，使得调度域中各调度组不会处于过于忙碌或闲置的状态。

③ 进程被创建/唤醒。在进程新创建或是从睡眠状态被唤醒时，Linux 会将该进程设置为运行态，并帮助进程选择一个合适的 CPU，将进程放入该 CPU 的运行队列中等待运行。同时，会根据当前 CPU 上进程的运行情况判断是否要让当前 CPU 上运行的进程退出运行，如果是，则将当前 CPU 上运行的进程标志设置为需要重新调度（TIF_NEED_RESCHED），设置了此标志后，系统会尽快执行进程切换。

④ 进程优先级发生改变。如果进程的优先级发生改变（如通过 nice 系统调用设置进程优先级），进程会重新被插入到 CPU 运行队列，此时 CPU 上进程运行的顺序可能会发生改变。

无论是周期性调度、进程被创建/唤醒还是进程优先级发生改变，这些过程不会直接发生进程上下文切换。进程上下文切换是指让当前在 CPU 上运行的进程退出运行，将新的进程放置在 CPU 上运行。在此过程中，进程相关的寄存器、栈以及内存映射都会发生切换。系统会最终执行__schedule 函数完成进程的切换，__schedule 函数是 Linux 进程调度的核心函数，实现了任务的选择和切换逻辑。

__schedule 函数定义于 kernel/sched/core.c 文件中，函数主要实现了以下过程。

● 获取当前 CPU 的运行队列和当前运行进程，更新运行队列的统计信息（包括运行队列的标志、运行时间等信息）。更新运行队列运行时间的方式是：首先计算当前时间和运行队列的 clock 字段的差，假设该值为 delta，如果该值大于 0，则运行队列的 clock 字段增加 delta，如果 Linux 内核在编译时没有配置 CONFIG_IRQ_TIME_ACCOUNTING 和 CONFIG_PARAVIRT_TIME_ACCOUNTING 选项，clock_task 字段也会增加 delta。

● 选择系统中应该最先被调度运行的进程。选择方式是：对于运行队列中的所有任务，按照 stop、deadline、实时任务、普通任务、idle 任务的顺序进行选择，每一种任务具有私有的任务选择函数（进程调度器的 pick_next_task 函数），内核通过执行选择函数来选择下一个任务。

● 如果选择的进程和当前运行进程不是一个进程，进行进程上下文切换操作，让当前的进程放弃 CPU，将选择的进程放在 CPU 上运行。

除了在内核模块中主动调用 schedule 完成进程切换外，Linux 还会在一些固定的时机尝试进行进程切换，这些时机如下。

● 系统调用返回用户空间前。在内核态执行完系统调用返回用户空间前，会检查当前进程标志是否被设置为需要重新调度（TIF_NEED_RESCHED），如果是，则需要执行 schedule 函数进行进程切换。

● 中断处理返回前。在中断处理完成后，可能返回用户空间或内核空间继续执行。在返回前，会检查当前进程标志是否被设置为需要重新调度（TIF_NEED_RESCHED），如果是，则需要执行 schedule 函数进行进程切换。

● 禁止内核抢占结束。进程抢占，指的是在 CPU 运行某个进程时，如果系统中存在更高优先级的进程，允许打断当前进程的运行，切换到更高优先级的进程运行的机制。早期的 Linux 内核只支持用户态抢占，只能在系统调用或是中断返回用户空间前完成进程抢占过程。此时，如果某个进程阻塞在内核态，进程不能被抢占。

Linux 内核在 2.6 版本后引入了内核抢占。内核抢占指的是处在内核态执行的进程允许被抢占，即某个进程在内核态运行时也能够被其他进程抢占。此时进程切换的时机是中断处理返回内核态之前。引入内核抢占可以降低系统的延迟，但在一定程度上会减小系统的吞吐率。内核提供了如下接口来禁止和使能内核抢占。

● preempt_disable()：禁止内核抢占。

● preempt_enable()：使能内核抢占，该接口和 preempt_disable 配合使用。

在需要禁止内核抢占的代码中，首先执行 preempt_disable 禁止内核抢占；退出这段代码时，需要执行 preempt_enable 使能内核抢占。preempt_enable 会判断当前是否处于可抢占状态，如果是，则会调用__schedule 函数尝试进行进程切换。

14.2 动手实现进程调度器

在第 14.1.1 节描述了进程调度器，进程调度器的结构体类型 struct sched_class（见第 14.1.1

节源码 14-1）包含了一系列的处理函数，这些处理函数在进程调度的不同流程中用到。本节将实现一个简单的调度器，这个调度器将进程放到一个队列中，优先选择队列中最靠前的进程运行，即进程的调度满足先入先出策略。要实现这样一个调度器，需要声明一个 struct sched_class 结构体变量，并实现其内部各成员函数，完成这个调度器的步骤如下。

① 声明一个队列。因为调度器需要将进程放入一个队列中，所以需要首先声明一个队列，可以使用 struct list_head 链表作为队列保存进程。当一个进程需要运行时，将进程插入到链表中。

② 实现 struct sched_class 结构体变量的 dequeue_task 函数。在 struct sched_class 结构体中，进程进入睡眠状态或运行队列发生改变，dequeue_task 函数将把进程从运行队列中移除。进程从队列移除后，不会在 CPU 上运行。

③ 实现 struct sched_class 结构体变量的 enqueue_task 函数。在 struct sched_class 结构体中，进程进入可运行状态或运行队列发生改变后，该函数会把进程插入运行队列，所有在队列中的进程将依次占用 CPU 执行。

④ 实现 struct sched_class 结构体变量的 pick_next_task 函数。在 Linux 进程调度的核心函数 __schedule 中，将会从运行队列中选择一个最优先被执行的进程放到 CPU 上运行，pick_next_task 函数正是用于此目的。由于本节将要实现的调度器将所有进程放在一个队列中，队列头的进程优先执行，因此本节需要实现的 pick_next_task 函数应从链表头取出进程。

⑤ 实现 struct sched_class 结构体变量的其他函数。作为一个简单的调度器，其他函数的实现可以为空。如果是多核处理器，在进程新创建或是被唤醒时，会执行 struct sched_class 结构体变量的 select_task_rq 函数，该函数为进程选择一个合适的 CPU 运行。本节将使用函数 task_cpu 为被唤醒的进程选择上一次所在的 CPU 运行。函数 task_cpu 在内核源码的 include/linux/sched.h 头文件中声明，如下所示。

```
unsigned int task_cpu(const struct task_struct *p)
```

该函数的作用是获取进程运行的 CPU 编号，参数 p 是对应的进程。

⑥ 将调度器加入内核源码。调度器需要作为内核的一部分编译，此时需要将调度器源文件放入内核源码下并修改内核源码的 Makefile 文件，或者通过内核补丁的方式将源码作为补丁加入内核。本节采用直接将源码放入内核并修改 Makefile 的方式，具体操作将在下文描述。

根据上面描述的几个步骤，首先在内核源码的 kernel/sched 目录下实现一个名为 easy_sched.c 的源文件，如源码 14-11 所示。

源码 14-11　easy_sched.c

```
#include "sched.h"        //要使用 struct sched_class 结构体，需要引入该头文件
//自定义结构体 task_data 用于将进程插入链表
    struct task_data {
    struct task_struct *task;    //进程信息
    struct list_head list;        //用于将进程串联成链表
};

static LIST_HEAD(task_list);      //该链表用于保存需要运行的进程
//函数 enqueue_task_easy 用于将进程插入运行队列
static void enqueue_task_easy(struct rq *rq, struct task_struct *p, int flags)
```

```
{
    //为 struct task_data 变量分配内存
    struct task_data *data = kmalloc(sizeof(struct task_data), GFP_ATOMIC);
    if(data == NULL)
        return;
    data->task = p;          //将进程赋值到 struct task_data 变量的成员 task 中
    //打印将要插入运行队列的进程名
    printk("enqueue task %s\n", data->task->comm);
    list_add_tail(&data->list, &task_list);          //将进程插入到链表尾部
}
//函数 dequeue_task_easy 用于将进程从运行队列移除
static void dequeue_task_easy(struct rq *rq, struct task_struct *p, int flags)
{
    struct task_data *pos = NULL, *n = NULL;
    //遍历链表中的进程，若链表中某个进程与参数 p 是同一进程，则将进程从链表移除
    list_for_each_entry_safe(pos, n, &task_list, list)
    {
        if(p == pos->task)    //判断链表中的进程和需要移除的进程是否是同一进程
        {
            //打印将要移除的进程名
            printk("dequeue task %s\n", pos->task->comm);
            list_del(&pos->list);          //从链表中移除进程
            kfree(pos);                    //释放分配的 struct task_data 变量
            break;
        }
    }
}
//函数 pick_next_task_easy 用于选择需要最先放到 CPU 上运行的进程
static struct task_struct *pick_next_task_easy(struct rq *rq)
{
    struct task_data *data = NULL;
    //如果链表中存在进程，则选择链表中最靠前的进程并返回
    if(!list_empty(&task_list))
    {
        //获取链表头的 struct task_data 变量
        data = container_of(task_list.next, struct task_data, list);
        printk("pick task %s\n", data->task->comm);  //打印选择的进程名
        return data->task;                           //返回选择的进程
    }
    return NULL;
}
//其他函数实现为空
static void put_prev_task_easy(struct rq *rq, struct task_struct *p)
{
}
static void set_next_task_easy(struct rq *rq, struct task_struct *stop, bool first)
{
}

#ifdef CONFIG_SMP          //CONFIG_SMP 是内核定义的宏，用于标识多核处理器
```

```
//函数 select_task_rq_easy 用于选择 CPU, 进程将被放置在选择的 CPU 上运行
static int select_task_rq_easy(struct task_struct *p, int cpu, int sd_flag, int
flags) {
    return task_cpu(p);
}

static int balance_easy(struct rq *rq, struct task_struct *prev, struct rq_flags
*rf)
{
    return 0;
}
#endif

static void task_tick_easy(struct rq *rq, struct task_struct *curr, int queued)
{
}

static void switched_to_easy(struct rq *rq, struct task_struct *p)
{
}

static void prio_changed_easy(struct rq *rq, struct task_struct *p, int oldprio)
{
}

static void update_curr_easy(struct rq *rq)
{
}

static void check_preempt_curr_easy(struct rq *rq, struct task_struct *p, int
flags)
{
}
/*
*声明调度器, 调度器名称是 easy_sched_class, __section("__easy_sched_class")
*的作用是将变量 easy_sched_class 放入自定义的段中, 段名称为__easy_sched_class,
*最终 easy_sched_class 将保存在编译出的内核镜像的__easy_sched_class 段中
*/
const struct sched_class easy_sched_class __section("__easy_sched_class") = {
    .dequeue_task    = dequeue_task_easy,
    .enqueue_task    = enqueue_task_easy,
    .pick_next_task  = pick_next_task_easy,
    .put_prev_task   = put_prev_task_easy,
    .set_next_task   = set_next_task_easy,
#ifdef CONFIG_SMP
    .balance         = balance_easy,
    .select_task_rq  = select_task_rq_easy,
    .set_cpus_allowed = set_cpus_allowed_common,
#endif
    .task_tick       = task_tick_easy,
    .prio_changed    = prio_changed_easy,
    .switched_to     = switched_to_easy,
    .update_curr     = update_curr_easy,
```

```
        .check_preempt_curr= check_preempt_curr_easy,
    };
    //将变量easy_sched_class导出，以便在内核模块中使用
    EXPORT_SYMBOL(easy_sched_class);
```

实现了 easy_sched.c 后，还需要修改内核源码的 include/asm-generic/vmlinux.lds.h 文件，加入 __easy_sched_class 段，如图 14-6 所示。

```
#define SCHED_DATA                               \
        STRUCT_ALIGN();                          \
        __begin_sched_classes = .;               \
        *(__idle_sched_class)                    \
        *(__fair_sched_class)                    \
        *(__rt_sched_class)                      \
        *(__dl_sched_class)                      \
        *(__stop_sched_class)                    \
        *(__easy_sched_class)                    \
        __end_sched_classes = .;
```

图 14-6　加入 __easy_sched_class 段

在 include/asm-generic/vmlinux.lds.h 文件加入了 __easy_sched_class 段后，内核编译完成后，变量 easy_sched_class 将被放入这个段中。从图 14-6 可以看到，vmlinux.lds.h 文件中存在 __idle_sched_class 段、__fair_sched_class 段、__rt_sched_class 段、__stop_sched_class 段，分别用于存放空闲调度器、公平调度器、实时调度器、stop 调度器，这几个调度器的变量在内存中的地址从低到高，即空闲调度器变量所在的地址小于公平调度器、公平调度器变量所在的地址小于实时调度器，在加入了本节实现的调度器后，新增的调度器在内存中的地址大于其他所有调度器。

在 Linux 进程调度的核心函数 __schedule 中，会执行各调度器的 pick_next_task 函数，执行的顺序是先执行高地址调度器变量的 pick_next_task 函数，再执行低地址调度器变量的 pick_next_task 函数。把本节的调度器变量放在高地址会保证优先选择本调度器的进程执行。

修改了文件 vmlinux.lds.h 后，还需要修改 kernel/sched/Makefile 文件，将 easy_sched.c 编译进内核，修改后的 Makefile 如图 14-7 所示。

```
obj-y += core.o loadavg.o clock.o cputime.o
obj-y += idle.o fair.o rt.o deadline.o easy_sched.o
obj-y += wait.o wait_bit.o swait.o completion.o
```

图 14-7　修改 kernel/sched/Makefile

重新编译、安装内核，重启操作系统。然后，需要让进程和本节实现的调度器绑定。下面将实现一个内核模块，该内核模块创建两个内核线程，让这两个线程接受本节实现的调度器调度。内核模块源文件 test_easy_sched.c 如源码 14-12 所示。

源码 14-12　test_easy_sched.c

```
#include <linux/module.h>
#include <linux/kthread.h>
//导入调度器变量 easy_sched_class
extern const struct sched_class easy_sched_class;
```

```
//my_task1、my_task2 将分别保存两个内核线程的进程控制块
static struct task_struct *my_task1 = NULL;
static struct task_struct *my_task2 = NULL;
//my_thread 是内核线程的执行函数,该函数每 3 秒打印一次进程名
static int my_thread(void *thread_param)
{
    while(!kthread_should_stop())
    {
        printk("thread name=%s\n", current->comm); //打印进程名
        set_current_state(TASK_INTERRUPTIBLE); //设置进程状态为可中断睡眠态
        schedule_timeout(3000);                 //睡眠 3 秒再次接受调度
    }
    return 0;
}
//加载函数
static int test_kthread_init(void)
{
    //创建两个进程,进程名分别为 kmythread1 和 kmythread2
    my_task1 = kthread_create(my_thread, NULL, "kmythread1");
    my_task2 = kthread_create(my_thread, NULL, "kmythread2");
    if(!IS_ERR(my_task1))
    {
        //将进程 my_task1 的调度器设置为 easy_sched_class
        my_task1->sched_class = &easy_sched_class;
        wake_up_process(my_task1);
    }
    if(!IS_ERR(my_task2))
    {
        //将进程 my_task2 的调度器设置为 easy_sched_class
        my_task2->sched_class = &easy_sched_class;
        wake_up_process(my_task2);
    }
    return 0;
}
//卸载函数
static void test_kthread_exit(void)
{
    kthread_stop(my_task1);
    kthread_stop(my_task2);
}

module_init(test_kthread_init);
module_exit(test_kthread_exit);
```

上述源码创建了两个内核线程,内核线程(进程)名称分别为 kmythread1 和 kmythread2,这两个内核线程都执行同一个函数 my_thread,函数的作用是每隔 3 秒打印一次进程名称。

编译、加载该内核模块,多次执行命令 dmesg -c,会发现两个内核线程均接受本节实现的调度器调度。内核线程被创建并唤醒后,内核会先执行调度器的 enqueue_task 函数将内核线程插入运行队列等待运行。进程在运行前内核会执行调度器的 pick_next_task 函数,该函数用于选择将要放在 CPU 上执行的进程。之后,进程被放到 CPU 上运行。进程在 CPU 上运行时会

执行内核模块 test_easy_sched.c 的函数 my_thread 中的 printk 语句打印出进程名。打印出进程名后，由于函数 my_thread 会执行 schedule_timeout(3000) 让进程进入睡眠态，所以内核会执行调度器的 dequeue_task 函数将进程移出运行队列。再过 3 秒进程被唤醒，内核又会再次执行调度器的 enqueue_task 函数将进程插入运行队列，如此周而复始。整个执行过程如图 14-8 所示。

```
[root@localhost ~]# dmesg -c
[ 6661.997469] enqueue task kmythread1
[ 6661.997482] enqueue task kmythread2
[root@localhost ~]# dmesg -c
[ 6662.948260] pick task kmythread1
[ 6662.948273] thread name=kmythread1
[ 6662.948280] dequeue task kmythread1
[ 6662.948285] pick task kmythread2
[ 6662.948367] thread name=kmythread2
[ 6662.948374] dequeue task kmythread2
```

图 14-8　内核模块打印信息

14.3　公平调度器分析

Linux 的公平调度器（fair scheduler）是 Linux 操作系统中最复杂的一个调度器，基于进程优先级和时间片进行调度，应用于普通进程，进程的优先级在 100 到 139 之间。公平调度器保证为每一个普通进程都分到时间片（即使该进程优先级较低，都能够得到运行）。为了简化描述，本节将不考虑公平调度器的组调度和带宽控制。

公平调度器为每个 CPU 维护一个运行队列，运行队列以红黑树结构体组织，红黑树的每一个节点是一个调度实体。进程按优先级和已运行时间插入该红黑树对应位置，一般优先级越高，插入到红黑树的位置越靠左；运行时间越长，再次插入红黑树的位置越靠右。调度器优先考虑运行红黑树最左边的叶子节点，将该叶子节点对应的进程运行一段时间后，再次根据优先级和运行时间将该节点插入到红黑树对应位置，并选择当前最左边的叶子节点，运行对应的进程。如图 14-9 所示。

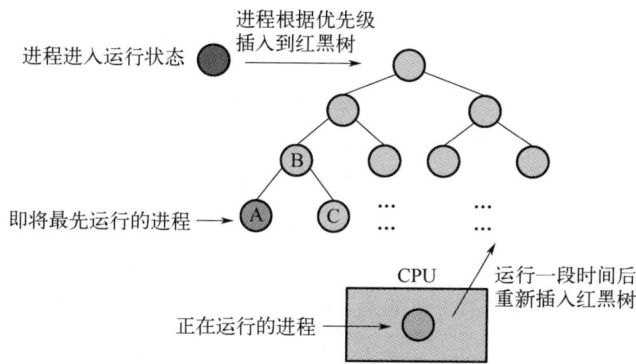

图 14-9　运行队列以红黑树结构体组织

14.3.1　权重和虚拟运行时间

每一个进程（在不考虑组调度的情况下，进程和调度实体是一对一的关系，本节对进程的描述也适用于调度实体）都对应一个权重，该权重和进程的优先级对应，优先级越高的进程，权重越大，占用 CPU 的时间也会越长。一般来说，权重越大或优先级越高的进程，会插入到红黑树的越靠左的位置。但是进程插入红黑树的键值并不是权重或优先级，而是虚拟运行时间。

"虚拟运行时间"是公平调度器为每个进程维护的一个时钟，是由进程的实际运行时间和进程的权重计算得出。进程的虚拟运行时间越小，会插入到红黑树越左的位置。

进程虚拟运行时间的计算方式为：如果实际运行时间是 delta 纳秒，并且当前进程的权重为 NICE_0_LOAD（值为 1L << NICE_0_LOAD_SHIFT，32 位系统下 NICE_0_LOAD_SHIFT 的值为 10），则虚拟时间和实际时间相同，为 delta；如果当前进程的权重不等于 NICE_0_LOAD，虚拟时间的计算方式为(delta * NICE_0_LOAD /进程的当前权重)，即实际时间和进程当前权重会影响进程的虚拟运行时间，进程当前权重越大，则虚拟运行时间越小，进程会接受更多的调度，实际的优先级越高。

在内核源码中，维护了一张权重表，每个优先级对应了权重表的一个值，优先级越高，权重越大。权重表的定义在内核源码的 kernel/sched/core.c 文件中，变量名为 const int sched_prio_to_weight[40]，是一个全局数组，数组的第一项对应优先级为 100 的进程权重，数组的最后一项对应优先级为 139 的进程权重。优先级为 100 对应的 nice 值为-20，优先级为 139 对应的 nice 值为 19，如源码 14-13 所示。

源码 14-13　进程权重表

```
const int sched_prio_to_weight[40] = {
    /*nice 值-20 */      88761,     71755,     56483,     46273,     36291,
    /*nice 值-15*/       29154,     23254,     18705,     14949,     11916,
    /*nice 值-10 */      9548,      7620,      6100,      4904,      3906,
    /*nice 值-5*/        3121,      2501,      1991,      1586,      1277,
    /*nice 值 0*/        1024,      820,       655,       526,       423,
    /*nice 值 5*/        335,       272,       215,       172,       137,
    /*nice 值 10*/       110,       87,        70,        56,        45,
    /*nice 值 15*/       36,        29,        23,        18,        15,
};
```

假设一个普通进程 A，优先级为 120，内核会根据优先级设置该进程的权重。从源码 14-13 可以看出，优先级 120 对应的权重值为 1024。权重设置完成后，设置进程的初始化虚拟运行时间，假设为 0，此时若运行队列为空，进程 A 会接受调度器调度运行。在运行过程中，系统会每隔一个周期计算进程的虚拟运行时间，计算方式为：当前虚拟运行时间 + 本次运行时间(单位纳秒) × NICE_0_LOAD /进程的当前权重。假设 NICE_0_LOAD 为 1024，进程运行了 1 毫秒（1000000 纳秒），进程的权重为 1024，虚拟运行时间为 1×1000000×1024/1024 = 1000000。此时如果一个新的进程 B 被创建，假设优先级为 121，对应的权重值为 820，进程的初始化虚拟运行时间和当前进程 A 的虚拟运行时间一致，为 1000000，该进程插入到红黑树中。假设 1 毫秒进行一次调度，下一次发生调度时，进程 A 又运行了 1 毫秒，虚拟运行时间变为 2000000，此时 B 进程的虚拟运行时间为 1000000，B 的虚拟运行时间小于 A，进程 B 运行；再一次发生调度时，进程 B 的虚拟运行时间变为 1000000 + 1×1000000×1024/820 = 2248780，A 的虚拟运行时间小于 B 的虚拟运行时间，进程 A 运行……多个周期之后，A 的运行时间比 B 多了约 10%。在 Linux 中，优先级每提高 1，则表示多了 10%的 CPU 占用率。权重的值保证了进程优先级每增加 1，该进程在 CPU 的运行时间多 10%。

除了进程的权重外，Linux 为每一个运行队列也设置了一个权重值。运行队列的权重值是所有在运行队列中进程的权重值之和。

14.3.2 负载的计算

除了周期计算进行的虚拟运行时间外，公平调度器还会计算各 CPU 的负载情况，通过负载情况来判断 CPU 是否忙碌。如果 CPU 忙碌，则进行进程迁移，将进程从忙碌的 CPU 迁移到相对空闲的 CPU 运行。计算 CPU 负载的方式被称为 PELT（per-entity load tracking，调度实体负载跟踪）算法。该算法计算了每一个调度实体以及 CPU 的负载和使用率，其中负载用于进行进程迁移，CPU 使用率用于 CPU 调频。如果某个 CPU 的负载过大，会将进程迁移到负载较小的 CPU 运行；如果 CPU 使用率过高，会对 CPU 进行提频操作，以提升 CPU 的算力。

PELT 算法评估了历史负载对当前负载的影响，它基于这样一种思想：将时间划分为以 1024 微秒（约 1 毫秒）为一个周期，越靠近当前时间的周期对负载和 CPU 使用率的影响越大，距离当前时间越久的周期对负载和 CPU 使用率的影响越小。负载的减小随着时间的推移成指数衰减，当经过 32 个周期，负载衰减 50%。图 14-10 展示了负载随着时间的衰减情况。

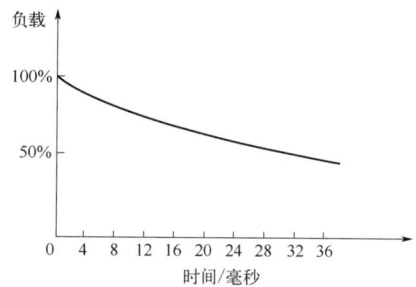

图 14-10 负载随着时间衰减

在图 14-10 中，在第 0 毫秒时刻负载为 100，这一时刻的负载在第 32 个周期时衰减为了原来的一半，即在第 32 毫秒处，负载值为 50。用一个公式来表示：$y^{32}=0.5$，y 的值为 $\sqrt[32]{0.5}=0.97857$。即某一时刻的负载在经过第一个周期（1024 微秒）后，负载变为原来的 0.97857；经过第二个周期后，负载变为原来的 $0.97857^2=0.9576$；经过第三个周期后，负载变为原来的 $0.97857^3=0.9371$……

要计算当前的负载，需要累加当前时间之前的所有周期对负载的贡献值。Linux 内核将时间分为三个阶段：d1、d2、d3，如图 14-11 所示。

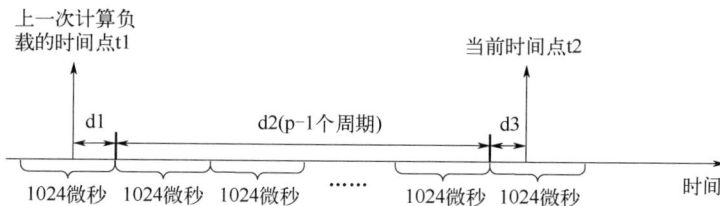

图 14-11 计算负载的三个时间阶段

以 1024 微秒为周期计算负载的贡献值，大多数情况下，计算的时间点并不是恰好在周期的开始或结束。在图 14-11 中，上一次计算负载的时间点 t1 距离周期结束还剩 d1 微秒；当前时间点 t2 距离周期的开始是 d3 微秒；d2 是周期对齐的，正好是 1024 微秒的整数倍[假设 d2 共包含 p–1 个周期，时间为(p–1)×1024 微秒]。令 contrib 表示 t2～t1 时间段（起始时间点为 t1，结束时间点为 t2）对负载贡献的累加值，contrib 的计算方式如式（14-1）所示。

$$\text{contrib} = d3 \times 0.97857^0 + 1024 \times \sum_{n=1}^{p-1} 0.97857^n + d1 \times 0.97857^p \qquad （14\text{-}1）$$

式（14-1）综合了每个周期对负载的贡献，越靠近当前时间，对负载的贡献越大。式中的 0.97857 的意义是：如果当前时间点距离上一次计算负载的时间点超过 32 个周期，则时间最早的这个周期对负载的贡献将衰减一半以上。由于 d3 是当前还未执行完的周期，对负载的贡献最大，其贡献值为 $d3 \times 0.97857^0 = d3$；d1 距离当前时间最久，其所在周期为当前时间点往前数的第 p 个周期，贡献值为 $d1 \times 0.97857^p$；d2 阶段共有 p-1 个周期，这 p-1 个周期中，每个周期的贡献值不同，最靠近 d3 的周期对负载的贡献值为 1024×0.97857，前一个周期调度实体对负载的贡献值为 1024×0.97857^2，再前一个周期的贡献值为 1024×0.97857^3……式中的 $1024 \times \sum_{n=1}^{p-1} 0.97857^n$ 是这 p-1 个周期的累加值。

对于调度实体，会在每次计算上述负载的贡献值后进行累加，得出一个总的贡献值。假设在时间点 t1 时刻，经过计算后，调度实体对负载的贡献值为 load_sum1；到了时间点 t2，按照式（14-1）计算出时间段 t2～t1 的贡献值 contrib 后，调度实体对总负载的贡献值变为：

$$\text{load\_sum1} \times 0.97857^p + \text{contrib} \qquad （14\text{-}2）$$

式（14-2）中的 p 是时间段 t2～t1 跨越的周期数（1024 微秒为一个周期）。这时，可以根据调度实体的权重和总负载的贡献值计算出调度实体在 CPU 上的平均负载，计算方式如下。

$$\frac{\text{调度实体权重} \times \text{调度实体对CPU总负载的贡献值}}{1024 \times \left(\sum_{n=0}^{\infty} 0.97857^n \right) - 1024 + d3} \qquad （14\text{-}3）$$

在不考虑组调度的情况下，调度实体的权重等价于进程的权重。式（14-3）中的 d3 和式（14-1）中的 d3 表示的内容一致，是当前时间点距离本周期开始的时间。对于式（14-3）中的 $1024 \times \left(\sum_{n=0}^{\infty} 0.97857^n \right)$，在内核中有一个宏定义 LOAD_AVG_MAX 表示该值，LOAD_AVG_MAX 定义于内核源码的 kernel/sched/sched-pelt.h 头文件中，定义为：#define　LOAD_AVG_MAX　47742，即 47742 是 $1024 \times \left(\sum_{n=0}^{\infty} 0.97857^n \right)$ 计算后的值。

调度实体的 CPU 使用率计算方式和负载的计算类似：在计算负载的时候会同时计算调度实体的 CPU 使用率。在通过式（14-1）计算出 t2～t1 时间段调度实体对负载贡献的累加值 contrib 后，假设在时间点 t1 调度实体的 CPU 总使用率为 util_sum1，则在 t2 时刻计算出调度实体的 CPU 使用率如式（14-4）所示。

$$\text{util\_sum1} \times 0.97857^p + 1024 \times \text{contrib} \qquad （14\text{-}4）$$

式（14-4）中的 p 是时间段 t2～t1 跨越的周期数。调度实体在 CPU 的平均使用率如下所示。

$$\frac{\text{调度实体的总CPU使用率}}{1024 \times \left(\sum_{n=0}^{\infty} 0.97857^n \right) - 1024 + d3} \qquad （14\text{-}5）$$

为调度实体计算负载和 CPU 使用率的作用是评估调度实体需要的 CPU 算力，以便让调度实体对应的进程选择合适的 CPU 运行。除此之外，Linux 还会对系统中的每一个 CPU 计算负载和使用率，来判断 CPU 的繁忙程度，以便将进程从繁忙的 CPU 迁移到空闲的 CPU 上运行。CPU 负载和使用率的计算和调度实体类似，同样需要通过式（14-1）计算出 t2～t1 时间段对负载贡献的累加值 contrib。假设在时间点 t1 时刻，经过计算后，CPU 的总负载为 load_sum1，总使用率为 util_sum1，则在时间点 t2 时，CPU 的总负载如式（14-6）所示。

$$\text{load\_sum1} \times 0.97857^p + \text{contrib} \times \text{运行队列权重} \tag{14-6}$$

式（14-6）中，p 是时间段 t2～t1 跨越的周期数，运行队列是当前 CPU 所关联的运行队列，所有在该 CPU 上处于运行态的进程都在这个运行队列中。运行队列的权重是所有在运行队列中进程的权重值之和。CPU 的总使用率为 $\text{util\_sum1} \times 0.97857^p + 1024 \times \text{contrib}$。

CPU 的平均负载计算方式如式（14-7）所示，CPU 平均使用率的计算方式如式（14-8）所示：

$$\text{CPU平均负载} = \frac{\text{CPU总负载}}{1024 \times \left(\sum_{n=0}^{\infty} 0.97857^n\right) - 1024 + d3} \tag{14-7}$$

$$\text{CPU平均使用率} = \frac{\text{CPU总使用率}}{1024 \times \left(\sum_{n=0}^{\infty} 0.97857^n\right) - 1024 + d3} \tag{14-8}$$

调度实体和 CPU 的负载和使用率计算方式类似，但是计算的时机不同。在调度实体对应的进程处于运行态时才会计算调度实体的负载值；调度实体真正在 CPU 上运行时才会计算其 CPU 使用率。CPU 的总负载计算时，只要 CPU 上有进程在运行队列中，则会计算其总负载；CPU 上有进程真正运行时，会计算 CPU 的使用率。

14.3.3　进程的迁移

Linux 会周期性地执行负载均衡操作。执行负载均衡操作时，对于当前正在执行负载均衡流程的 CPU，获取其所在调度域信息（关于调度域的概念，参见第 14.1.3 节），尝试从调度域中选择最为忙碌的调度组，再从最为忙碌的调度组中找到最为忙碌的 CPU，进程将从这个 CPU 中迁移出来。查找最为忙碌的 CPU 的步骤如下。

（1）查找最为忙碌的调度组

对于当前正在执行负载均衡流程的 CPU，遍历与该 CPU 属于同一调度域的调度组，计算调度组的算力、当前负载、当前 CPU 使用率、正在运行的进程个数等统计信息，再根据这些统计信息给调度组分类，可用的调度组类型定义在内核源码 kernel/sched/fair.c 源文件中，如源码 14-14 所示。

源码 14-14　调度组的类型

```
enum group_type {
    group_has_spare = 0,   //调度组有剩余算力运行更多的进程，值为 0
    group_fully_busy,      //调度组满负荷运行，没有剩余算力，值为 1
    group_misfit_task,     //由于 CPU 算力不足，进程不适合在当前 CPU 上运行，值为 2
```

```
    group_asym_packing,    //进程需要调度到更高优先级的 CPU 运行，值为 3
    group_imbalanced,      //调度组处于负载不均衡的状态，值为 4
    group_overloaded       //调度组过载，值为 5
};
```

调度组分类完成后，从调度域中按照规则挑选最为忙碌的调度组，挑选规则如下。

● 调度组的类型值越大，表示调度组越繁忙，例如类型为 group_fully_busy 的调度组忙于类型为 group_has_spare，类型为 group_overloaded 的调度组最为忙碌。

● 如果调度组的类型相同：类型为 group_overloaded 或 group_fully_busy 时，负载越大的调度组越忙碌，调度组的负载为属于该调度组的所有 CPU 的负载之和；类型为 group_asym_packing 时，优先级越低的 CPU 越忙碌；类型为 group_has_spare 时，空闲 CPU 越少的调度组越忙碌，如果空闲的 CPU 数量相同，运行进程越多的调度组越忙碌；类型为 group_misfit_task 时，表示 CPU 运行了超过其算力的进程，此时进程对 CPU 的负载越大则 CPU 越忙碌。

（2）判断是否需要进行进程迁移

假设当前正在执行负载均衡流程的 CPU 所在的调度组是 group1，查找到的最为繁忙的调度组是 group2，group1 和 group2 所属调度域的负载均衡门限值（见第 14.1.3 节 struct sched_domain 结构体的 imbalance_pct 变量）是 imbalance_pct，需要判断是否将 group2 的进程迁移到当前执行负载均衡流程的 CPU 上运行。当然，如果当前 CPU 所在的调度组比查找到的调度组更繁忙，则无需进行进程迁移。判断准则如下。

● 当前 CPU 所在调度组（group1）的类型值大于查找到的调度组（group2）的类型值，无需进行进程迁移。

● 当前 CPU 所在调度组（group1）的负载不小于查找到的调度组（group2）的负载，则不进行进程迁移。

● 如果当前 CPU 所在调度组（group1）的类型值是 group_overloaded，此时若满足：$100 \times$ group2 的负载 $\leqslant$ imbalance_pct $\times$ group1 的负载，则无需进程迁移。

● 如果当前 CPU 所在调度组（group1）的类型值不是 group_overloaded，此时若当前 CPU 不空闲，则不进行进程迁移；如果 group2 包含不止一个 CPU，group1 的空闲 CPU 数量小于 group2 的空闲 CPU 数量加 2，则不进行进程迁移；如果 group2 上只有一个进程在运行，没有其他进程等待运行，无需进程迁移。

（3）设置迁移类型和过载程度

在进程迁移前，需要设置迁移类型和过载程度。迁移类型用于决定以何种方式来选择目的 CPU，进程将迁移到目的 CPU 上运行；过载程度用于决定最终需要迁移的进程数量，一般来说，过载程度越大，所迁移的进程数量越大（或者所迁移的进程对应的负载越大）。迁移类型定义在内核源码的 kernel/sched/fair.c 文件中，定义如源码 14-15 所示。

源码 14-15　迁移类型定义

```
enum migration_type {
    migrate_load = 0,   //以 CPU 负载情况选择最为忙碌的 CPU
    migrate_util,   //以 CPU 使用率选择最为忙碌的 CPU
    migrate_task,   //以 CPU 上运行的进程数选择最为忙碌的 CPU，进程数越多 CPU 越忙
```

```
    migrate_misfit //以 CPU 上运行的超过 CPU 算力的进程负载情况选择最为忙碌的 CPU
};
```

假设当前正在执行负载均衡流程的 CPU 所在的调度组是 group1，查找到的最为繁忙的调度组是 group2，设置迁移类型和过载程度的规则如下。

● 如果 group2 的类型是 group_misfit_task，则设置迁移类型为 migrate_misfit，同时设置过载程度为 1，即需要迁移一个进程。

● 如果 group2 的类型是 group_asym_packing 或 group_imbalanced，则设置迁移类型为 migrate_task，设置过载程度为调度组中所有进程的数量，此时需要迁移所有进程。

● 如果 group2 的类型是 group_imbalanced，则设置迁移类型为 migrate_task，同时设置过载程度为 1。

● 如果 group1 的类型是 group_has_spare，在不考虑 NUMA 架构的情况下会根据 group2 的负载情况和调度域的标志信息将迁移类型设置为 migrate_util 或 migrate_task。如果迁移类型是 migrate_util，则过载程度会设置为 group1 的剩余算力；如果迁移类型是 migrate_task，过载程度会设置为需要迁移的进程数量。

● 其余情况设置迁移类型为 migrate_load，此时需要按式（14-9）计算过载程度：

$$\min\begin{pmatrix}(\text{group2的平均负载}-\text{调度域的平均负载})\times\text{group2的算力},\\(\text{调度域的平均负载}-\text{group1的平均负载})\times\text{group1的算力}\end{pmatrix} \quad (14\text{-}9)$$

迁移的过程是让 group2 的负载降低到接近调度域平均负载，或是让 group1 的负载提高到调度域的平均负载。

（4）查找最为忙碌的 CPU

找到了最为忙碌的调度组后，需要在这个调度组中查找最为忙碌的 CPU，进程需要从最为忙碌的 CPU 迁移出来。查找这个 CPU 的方式如下。

● 如果迁移类型是 migrate_load，则根据 CPU 上运行队列的负载选择最为忙碌的 CPU，负载越大，CPU 越忙碌。

● 如果迁移类型是 migrate_util，则根据 CPU 的使用率选择最为忙碌的 CPU，CPU 使用率越大，CPU 越忙碌。

● 如果迁移类型是 migrate_task，则根据 CPU 上运行的进程数量选择 CPU，进程数量越大，CPU 越忙碌。

● 如果迁移类型是 migrate_misfit，则根据 CPU 上运行的超过 CPU 算力的进程负载情况选择 CPU，负载越大，CPU 越忙碌。

（5）实现进程迁移

找到了调度域中最为忙碌的 CPU 后，如果此时该 CPU 上运行的进程数量大于 1，则需要尝试将多余的进程迁移出该 CPU。迁移时，从运行队列的末尾处尝试将进程移出运行队列，每移出一个进程，将之前计算出的过载程度减去相应值：如果迁移类型为 migrate_load，则过载程度需要减去被移出进程的负载值；如果迁移类型为 migrate_util，则过载程度需要减去被移出进程的 CPU 使用率；如果迁移类型为 migrate_task，则过载程度需要减 1，即每移出一个进程，过载程度减 1；如果迁移类型为 migrate_misfit，直接将过载程度设置为 0。当过载程度减少到 0 后，不再从 CPU 移出进程，因为此时这个 CPU 已经不再繁忙。在将进程移出最为忙碌的 CPU 后，需要将这些进程迁移到当前正在执行负载均衡流程的 CPU 上，把进程插入到对应的运行队列。此后，这些进程将在新的 CPU 上被调度执行。

14.3.4 为新进程/被唤醒进程选择合适的 CPU

进程在新创建或由睡眠态被唤醒时，调度器会选择一个合适的 CPU 运行这个进程，此时，内核会执行进程调度器 sched_class（见第 14.1.1 节源码 14-1）的函数 select_task_rq 来执行选择操作。为进程选择一个合适的 CPU 需要考虑到如下情况。

假设被唤醒的进程是 wakee，唤醒 wakee 的进程是 waker，waker 和 wakee 极大可能会出现数据共享的情况，因此应优先考虑将 wakee 放在和 waker 硬件缓存（cache）共享的 CPU 上运行，这样能提高 cache 命中率。例如如果处理器采用了 SMT（单核多线程）技术，一个物理核中，可以包含多个逻辑核，属于同一个物理核的多个逻辑核使用的硬件缓存共享。如果由于负载过重等原因，没有选择到共享硬件缓存的 CPU，则需要在调度域中查找空闲的调度组，再从空闲调度组中选择空闲的 CPU，让唤醒的进程在这个 CPU 上运行。

在进程控制块结构体 struct task_struct 中（见第 14.1.4 节源码 14-7），有一个成员变量 wakee_flips，该变量记录了当前进程唤醒其他进程的次数。同时，该变量会以一秒为周期衰减，每过一秒，变量值变为原来的一半，如果当前进程在一定时间内没有唤醒其他进程，该值会减少为 0。Linux 借助该变量通过一种被称为 Wake Affine 的机制来为被唤醒的进程选择合适的 CPU 运行。Wake Affine 尝试将 waker 和 wakee 放置在硬件缓存共享的 CPU 上运行。要使用 Wake Affine 机制，需要满足如下条件：

假设 waker 所在的 CPU 为 CPU1，和 CPU1 共享硬件缓存的 CPU 个数为 factor，waker 对应的进程控制块的成员变量 wakee_flips 的值是 master，wakee 的成员变量 wakee_flips 的值是 slave，master 和 slave 两者的最大值为 max，最小值为 min。如果 min < factor 或 max < min × factor，则使用 Wake Affine 机制，否则不使用 Wake Affine。要理解这样做的原因，需要了解进程的唤醒模型：

- 1:1 模型：系统中有两个进程，这两个进程会互相唤醒对方。
- 1:N 模型：系统中有一个 waker 和 N 个 wakee，waker 会不断地唤醒这 N 个 wakee。
- M:N 模型：系统中存在多个 waker 和 wakee，一个 wakee 还有可能是另外一个关系中的 waker。

在 1:1 模型中，让 waker 和 wakee 放置在硬件缓存共享的 CPU 上运行能够提升运行效率。在 1:N 模型中，如果要将 N 个 wakee 放在和 waker 共享硬件缓存的 CPU 上，需要考虑极端情况：系统中的每个 CPU 都不共享硬件缓存，此时若强行将这 1+N 个进程都放在同一个 CPU 上运行，其他 CPU 可能会空闲，导致运行这 1+N 个进程的 CPU 过度繁忙。同理，如果和 waker 共享硬件缓存的 CPU 的数量和进程的数量差距过大，则不能将这 1+N 个进程全部放在和 waker 共享硬件缓存的 CPU 上运行，M:N 模型也是一样。因此，需要满足以上描述的条件，才能使用 Wake Affine。为使用 Wake Affine，CPU 所在调度域的 struct sched_domain 结构体（见第 14.1.3 节源码 14-4）的成员变量 flags 需要设置 SD_WAKE_AFFINE 标志。Wake Affine 选择 CPU 的流程如下。

① 优先选择 waker 和 wakee 中空闲 CPU。如果 waker 运行的 CPU 是 CPU1，wakee 之前运行的 CPU 是 CPU2，如果 CPU1 和 CPU2 共享硬件缓存并且有一个 CPU 空闲，则优先选择

空闲的那一个 CPU。如果 CPU1 和 CPU2 都不空闲，但是 CPU1 只有 waker 进程在运行，且 waker 进程即将进入睡眠态，则选择 CPU1。

② 根据负载情况选择 waker 或 wakee 所在 CPU 其中之一。若通过步骤①没有找到最优的 CPU，则需要根据 waker 和 wakee 的负载情况选择 CPU。如果 waker 所在 CPU 的负载小于 wakee 之前运行的 CPU 负载，则尝试选择 waker 所在的 CPU，否则选择 wakee 之前运行的 CPU。

③ 根据 CPU 算力和负载情况选择 CPU。根据步骤①和步骤②找到了一个备选的 CPU，但是最终是否使用该 CPU 还会由 CPU 的负载情况而定。假设 wakee 之前运行的 CPU 编号是 prev，根据步骤①和步骤②找到的备选 CPU 编号是 target。如果 target 对应的 CPU 空闲并且其剩余算力能够运行 wakee，则使用 target 对应的 CPU 运行 wakee。如果 target 对应的 CPU 算力不足，但是 prev 对应的 CPU 和 target 对应的 CPU 共享硬件缓存，而且 prev 对应的 CPU 空闲并且算力足够，则使用 prev 对应的 CPU 运行 wakee。

如果上面的条件都不满足，则获取进程 wakee 上一次运行的 CPU（该 CPU 保存在进程控制块 struct task_struct 结构体的成员变量 recent_used_cpu），判断该 CPU 是否空闲并且和 target 对应的 CPU 共享硬件缓存。如果是，并且该 CPU 算力足够，则使用该 CPU 运行 wakee。否则，再尝试从与 target 对应 CPU 共用高速缓存的 CPU 中找到一个空闲的 CPU 来运行 wakee。如果还是没有找到 CPU，则最终用 target 对应的 CPU 来运行 wakee。

④ 从调度域找到最为空闲的 CPU。如果不使用 Wake Affine 机制去选择 CPU，假设 waker 所在的调度域为 sd1，如果 sd1 对应的调度域结构体 struct sched_domain（见第 14.1.3 节源码 14-4）的成员变量 flags 和进程调度器 sched_class 函数 select_task_rq 的第三个参数 sd_flags 包含同样的标志信息，则内核会尝试从调度域中找到一个最为空闲的 CPU 来运行 wakee。

查找调度域中最为空闲 CPU 的方式和第 14.3.3 节查找最为忙碌的 CPU 方式类似，不同之处在于，第 14.3.3 节的方式是查找负载最高的 CPU，而本节需要查找负载低的 CPU。查找过程中，会首先根据调度域中各调度组中的负载情况，找到最为空闲的调度组，再从这个调度组中找到最为空闲的 CPU。

关于公平调度器的源码解析，详见配套电子书第 6.3 节。

第 15 章

网络数据包过滤

网络数据包过滤是指对进入或离开 Linux 主机/设备的网络数据包进行接收、丢弃或修改等操作。网络数据包过滤的典型应用就是防火墙。本章将介绍 Linux 网络数据包过滤框架 Netfilter 以及 Iptables 防火墙的原理和使用方式，让读者能够运用 Netfilter 和 Iptables 进行网络数据的处理。

本书并不是一本专门描述计算机网络的书籍，但是为了让读者能够更好地理解 Linux 的网络数据包过滤框架，在配套电子书第 7.1 节和第 7.2 节对计算机网络基础和常用的网络协议做了较为详细的描述。

15.1 Netfilter 原理

当一个数据包进入 Linux 网络协议栈后，Linux 网络协议栈会对数据包进行一系列的处理，在这些处理过程中，会有一些钩子点，这些钩子点暴露给模块开发者，Linux 开发人员可截获数据包并调用相应接口对数据包进行一些额外处理，例如根据条件丢弃或接收数据包（包过滤）、更改数据包内容（DNAT 或 SNAT）等。这种基于钩子点的数据包处理框架被称为 Netfilter，Linux 的防火墙 Iptables 就是基于 Netfilter 实现。

在 Linux 5.10.179 内核中，Netfilter 不仅仅局限于过滤 IP 数据包，同样可以过滤 ARP 数据包、DECnet 数据包、穿过网桥的数据包等多种协议和路径。由于 IPv4 数据包的过滤最为常用，本节主要以 IPv4 数据包的过滤来描述 Netfilter 原理。

终端在收到 IP 数据包后，会将数据包交给网络层处理。数据包进入网络层后，会进行路由操作。如果数据包的目的地址是本终端，则数据包会交给上层协议处理；否则，将根据路由表转发数据包到对应终端或路由器。

数据包进入网络层在进行路由操作之前，Linux 网络协议栈会对其进行一些处理，这里用 PREROUTING（路由前）来表示在路由操作前的处理过程；在查到路由表之后，数据包可能进入传输层，也可能被转发，数据包进入传输层之前，也会进行一些处理，这些处理用 INPUT（传送给传输层）来表示；数据包在被转发的时候同样会进行一些处理，用 FORWARD（转发）来表示。

如果是终端从应用层发送数据包到其他终端，在数据包进入网络层之后也会对其进行处理，用 OUTPUT（发送）来表示；无论是需要转发的数据包还是终端本身发出的数据包，在网络层处理完成后，数据将会传给数据链路层处理，在此之前 Linux 会对数据包进行 POSTROUTING（路由后）处理。整个处理过程如图 15-1 所示。

图 15-1 中箭头的方向表示可能的数据流向。在收到数据包后，数据链路层处理完成后将数据交给 Linux 网络层处理，Linux 首先对其进行 PREROUTING 处理，之后进行路由操作。如果数据发送给本终端，则进行 INPUT 处理后将数据包交给传输层处理；如果数据包要被转发，则首先进行 FORWARD 处理，然后在进行 POSTROUING 处理后将数据交给数据链路层。

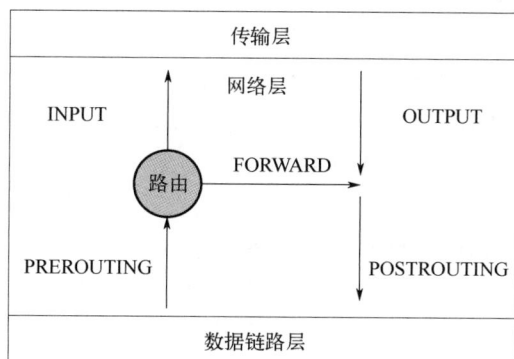

图 15-1　网络层的数据处理

终端应用发送数据包时，应用数据经传输层传给网络层处理，Linux 在网络层首先对其进行 OUTPUT 处理，再进行 POSTROUTING 处理，完成后将数据交给数据链路层。

INPUT、OUTPUT、FORWARD、PREROUTING、POSTROUTING 被称为 Netfilter 的五条链。在这些链上，开发人员可以挂上自定义的函数对网络数据包进行处理，这些由开发人员自定义的函数被称为钩子函数。

15.2　实现最简单的 Netfilter 模块

本节将实现一个自定义钩子函数，该函数的功能是丢弃所有 IP 数据包。该函数会挂在 INPUT 链上。实现该功能后，所有进入终端的 IP 数据包将会被丢弃，其他终端将再也不能访问这台终端。要实现该功能，需要进行如下操作。

（1）自定义一个钩子函数，该函数的功能是丢弃所有数据包

钩子函数的类型为 nf_hookfn，该类型定义在内核源码的 include/linux/netfilter.h 头文件中，定义如下。

```
typedef unsigned int nf_hookfn(void *priv, struct sk_buff *skb, const struct nf_
hook_state *state)
```

函数的返回值是对数据包的处理结果，即是否丢弃或接收数据包。内核定义了一组宏来表示网络协议栈对数据包的处理结果，这些值定义在内核源码的 include/uapi/linux/netfilter.h 文件中，如源码 15-1 所示。

```
#define NF_DROP   0      //丢弃数据包
#define NF_ACCEPT 1    //接收数据包，继续下一个钩子函数的处理
//将数据包从 Linux 网络协议栈中移除，网络协议栈不再处理该数据包
#define NF_STOLEN 2
//将数据包传给应用程序处理，前提是应用程序会接收并处理 NF_QUEUE 传递过来的数据包
#define NF_QUEUE  3
#define NF_REPEAT 4   //再次执行同样的钩子函数
//效果类似于 NF_ACCEPT，但是不会继续下一个钩子函数的处理，而是直接进入下一个环节
#define NF_STOP   5
#define NF_MAX_VERDICT NF_STOP
```

对于上述处理结果，最好理解的就是 NF_DROP 和 NF_ACCEPT。如果函数返回 NF_DROP，表示丢弃数据包，Linux 内核得到该返回值后会将数据包丢弃；NF_ACCEPT 是接收数据包，Linux 内核得到返回值 NF_ACCEPT 后会将数据包交给下一个流程处理。对于其他处理结果，将在使用时再做描述。

除了返回值外，nf_hookfn 函数的第一个参数 priv 为私有数据信息，该值可由开发人员自定义并被传入函数；第二个参数 skb 为网络数据包，该参数的结构体类型 struct sk_buff 是网络数据包的核心结构体，保存了数据包中的数据和属性信息，该结构体将在下一节介绍；第三个参数 state 是 Netfilter 钩子点的状态信息，包括钩子点的协议、挂载链、进接口（从哪个网卡进入）、出接口（将从哪个网卡发送）、网络命名空间等信息，结构体定义在内核源码的 include/linux/netfilter.h 文件中，如源码 15-2 所示。

源码 15-2　struct nf_hook_state 的定义

```
struct nf_hook_state {
    unsigned int hook;       //该钩子在哪条链上
    u_int8_t pf;             //协议信息
    struct net_device *in;   //入网络接口
    struct net_device *out;  //出网络接口
    struct sock *sk;         //套接字信息
    struct net *net;         //网络命名空间
    //如果所有钩子函数都顺利通过，最后执行的函数
    int (*okfn)(struct net *, struct sock *, struct sk_buff *);
};
```

该结构体的各成员变量解释如下。

● hook：该钩子函数挂在哪条链上。对于 IPv4 数据包过滤，共有五条链：INPUT、OUTPUT、FORWARD、PREROUTING、POSTROUTING。这些链定义在内核源码的 include/uapi/linux/netfilter.h 头文件中，定义如源码 15-3 所示。

源码 15-3　IPv4 中各链的定义

```
enum nf_inet_hooks {
    //PREROUTING 链，在路由操作前处理的所有钩子函数需要注册到该链上
    NF_INET_PRE_ROUTING,
```

```
    //INPUT 链，将要进入本地传输层处理之前的钩子函数需要注册到该链上
    NF_INET_LOCAL_IN,
    NF_INET_FORWARD,        //FORWARD 链，路由转发时，内核会执行该链上的函数
    NF_INET_LOCAL_OUT,      //OUTPUT 链，本地发出的数据包将会通过该链
    //POSTROUITING 链，数据包在进入数据链路层前，会执行该链上的函数
    NF_INET_POST_ROUTING,
    NF_INET_NUMHOOKS,
    ......
};
```

● **pf**：协议信息。如果是 IPv4 数据包过滤，该字段值为 NFPROTO_IPV4；如果是 IPv6 数据包过滤，该字段值为 NFPROTO_IPV6；ARP 数据包过滤，该字段为 NFPROTO_ARP；网桥上的数据包过滤，该字段为 NFPROTO_BRIDGE。

● **in、out**：这两个变量是网卡信息，in 表示数据包从哪个网卡进入，out 表示数据包将要从哪个网卡发出。

● **sk**：如果该链的处理与套接字关联，该变量表示对应的网络套接字信息。

● **net**：网络命名空间（network namespace）。命名空间是 Linux 提供的一种轻量级的虚拟化技术，网络命名空间允许系统建立隔离的网络环境，不同的网络命名空间拥有独立的网络资源及处理流程。可以为不同的网络命名空间分配不同网卡，创建不同的路由表、防火墙规则等。系统在启动时，定义了一个默认的网络命名空间，这个变量为 struct net init_net。如果系统启动后，不额外创建网络命名空间，则 init_inet 就是 Linux 中唯一的网络命名空间，所有网络数据包都在 init_net 命名空间处理。

● **okfn**：Netfilter 的某条链上所有的钩子函数都执行完成且返回数据包被接收，将执行该函数。该函数的第一个参数是网络命名空间；第二个参数是网络套接字信息；第三个参数是对应的网络数据包。其中，第三个参数 struct sk_buff 结构体在网络数据包处理中尤为重要，它包含了一个网络数据包的所有信息。

（2）将自定义函数注册到 INPUT 链上

定义好钩子函数后，需要将函数注册到 Netfilter 的某条链上，数据包经过这条链时，才会被自定义钩子函数处理。要完成钩子函数的注册，需要了解如下的接口：

```
int nf_register_net_hooks(struct net *net, const struct nf_hook_ops *reg, unsigned int n)
```

该函数用于注册钩子函数。通过调用这个函数将自定义的钩子函数注册到 Netfilter 中，可以一次性注册多个钩子函数。函数的第一个参数 net 表示该钩子函数应该注册到的网络命名空间；第二个参数 reg 为注册的操作函数集合，是一个数组，这个接口允许一次注册多个钩子函数；第三个参数 n 为需要注册的钩子函数的个数，是第二个参数 reg 数组中元素的个数。其中，第二个参数 reg 的结构体 struct nf_hook_ops 定义在 Linux 内核源码的 include/linux/netfilter.h 文件中，如源码 15-4 所示。

源码 15-4　struct nf_hook_ops 结构体定义

```
struct nf_hook_ops {
    nf_hookfn *hook;           //钩子函数指针
    struct net_device *dev;   //网卡设备
    void *priv;  //私有数据，用户可自定义，将被作为第一个参数传入 nf_hookfn 函数
```

```
    u_int8_t pf;                    //协议类型，NFPROTO_IPV4 表示 IPv4
    unsigned int hooknum;           //该函数挂载到哪条链上
    int priority;                   //该函数的优先级，数值越小，优先级越高
};
```

在 IPv4 中，上述结构体的成员变量 hooknum 可以为：NF_INET_PRE_ROUTING、NF_
INET_FORWARD、NF_INET_LOCAL_IN、NF_INET_LOCAL_OUT、NF_INET_POST_ROUTING，
分别对应 Netfilter 的 PREROUTING、FORWARD、INPUT、OUTPUT、POSTROUTING 链；
变量 priority 为函数的优先级，数值越小，越早被执行。

Linux 操作系统维护了多张钩子函数表，对于每一种协议类型在内存中均存在一张或
多张钩子函数表。对于 IPv4，Linux 系统共维护了五张表，分别对应 INPUT、OUTPUT、
PREROUTING、POSTROUTING、FORWARD 五条链，每条链维护一张表，如图 15-2 所示。

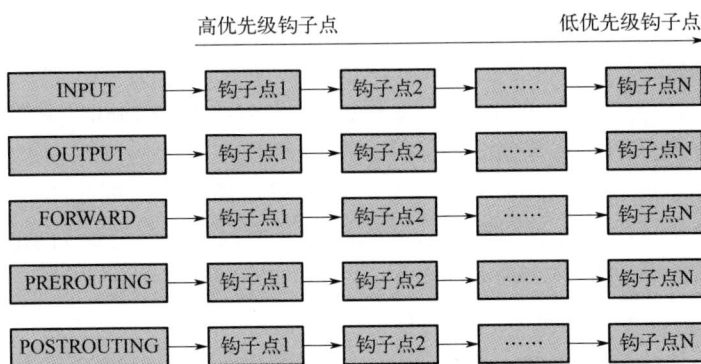

图 15-2　Netfilter 的每条链维护一张钩子函数表

在每张表中，越靠前的钩子点优先级越高，在整条链中越先执行，优先级由 struct　nf_
hook_ops 结构体的 priority 成员决定。关于 IPv4 协议的优先级定义在内核源码的 include/
uapi/linux/netfilter_ipv4.h 头文件中，值越小代表优先级越高，具体定义如源码 15-5 所示。

源码 15-5　钩子函数优先级定义

```
enum nf_ip_hook_priorities {
    NF_IP_PRI_FIRST = INT_MIN,          //该优先级最高，对应的钩子函数最先执行
    NF_IP_PRI_RAW_BEFORE_DEFRAG = -450,
    NF_IP_PRI_CONNTRACK_DEFRAG = -400,
    ......
    NF_IP_PRI_CONNTRACK_HELPER = 300,
    NF_IP_PRI_CONNTRACK_CONFIRM = INT_MAX,  //该优先级最低
    NF_IP_PRI_LAST = INT_MAX,
};
```

```
    void nf_unregister_net_hooks(struct net *net, const struct nf_hook_ops *reg,
unsigned int hookcount)
```

该函数用于注销钩子函数。函数参数与注册函数的参数一致，第一个参数 net 表示该钩
子函数应该注册到的网络命名空间，init_net 表示初始网络命名空间；第二个参数 reg 为钩子

函数集合；第三个参数 hookcount 为需要注销的钩子函数的个数。

下面将实现一个最简单的 Netfilter 模块，该模块的作用是在 INPUT 连上丢弃所有 IP 数据包。源文件 netfilter_drop_all.c 如源码 15-6 所示。

源码 15-6　netfilter_drop_all.c

```
#include <linux/module.h>
#include <linux/netfilter_ipv4.h>
//将要注册的钩子函数，作用是丢弃所有数据包
static unsigned int drop_all_input(void *priv, struct sk_buff *skb, const struct
nf_hook_state *state)
{
    //返回 NF_DROP 丢弃数据包
    return NF_DROP;
}
//钩子操作数组，只有一个成员，用于在 INPUT 链上丢弃数据包
static const struct nf_hook_ops netfilter_mod_ops[] = {
    {
        .hook = drop_all_input,          //将要注册的钩子函数
        .pf = NFPROTO_IPV4,              //协议为 IPv4
        .hooknum = NF_INET_LOCAL_IN,     //注册在 INPUT 链上
        .priority = NF_IP_PRI_FIRST,     //该操作在 INPUT 链上优先级最高
    },
};
//内核模块初始化函数
static int netfilter_drop_all_init(void)
{
    //调用 nf_register_net_hooks 注册钩子函数数组，ARRAY_SIZE 用于获取数组的大小
    return nf_register_net_hooks(&init_net, netfilter_mod_ops,
                                ARRAY_SIZE(netfilter_mod_ops));
    return 0;
}
//内核模块卸载函数
static void netfilter_drop_all_exit(void)
{
    //注销 netfilter 钩子函数数组
    nf_unregister_net_hooks(&init_net, netfilter_mod_ops,
                                ARRAY_SIZE(netfilter_ mod_ops));
}

module_init(netfilter_drop_all_init);
module_exit(netfilter_drop_all_exit);
```

上述源码的数组变量 netfilter_mod_ops 就是需要注册的钩子函数集合，该数组中只有一个数组元素，即注册的钩子函数只有一个。其中协议 pf 为 NFPROTO_IPV4，表示需要过滤 IPv4 数据包；钩子点 hooknum 是 NF_INET_LOCAL_IN，表示函数需要挂在 INPUT 链上；优先级 priority 为 NF_IP_PRI_FIRST，通过源码 15-5 可以看出，该优先级是最高优先级，在数据包进入 INPUT 链后，会最先执行示例中挂载的钩子函数；钩子函数 hook 为 drop_all_input，在该函数的实现中，仅仅返回了 NF_DROP，表示进入 INPUT 链的所有数据包都将被丢弃。

在内核模块初始化函数中，通过 nf_register_net_hooks 注册了钩子函数，传入的第一个参数 init_net 是默认的网络命名空间，只要在系统启动后，不额外创建网络命名空间，init_net 就是唯一的网络命名空间。在内核模块卸载函数中，通过 nf_unregister_net_hooks 注销了钩子函数，模块卸载后，钩子函数不再起作用。

对模块进行编译后，先不加载。通过 ifconfig 命令查看将要加载该模块的终端 IP 地址，如图 15-3 所示。

```
[root@localhost ~]# ifconfig
ens33: flags=4163<UP,BROADCAST,RUNNING,MULTICAST>  mtu 1500
        inet 192.168.126.146  netmask 255.255.255.0  broadcast 192.168.126.255
        ether 00:0c:29:57:e3:aa  txqueuelen 1000  (Ethernet)
        RX packets 29647  bytes 2410290 (2.2 MiB)
        RX errors 0  dropped 0  overruns 0  frame 0
        TX packets 29800  bytes 8595005 (8.1 MiB)
        TX errors 0  dropped 0 overruns 0  carrier 0  collisions 0
```

图 15-3　查看终端 IP 地址

可以看到，终端的 IP 地址是 192.168.126.146。此时在局域网另一台终端上执行命令：ping 192.168.126.146，该命令用于查看与终端 192.168.126.146 的连通性，执行结果如图 15-4 所示。

```
C:\Users\SEELE>ping 192.168.126.146

正在 Ping 192.168.126.146 具有 32 字节的数据:
来自 192.168.126.146 的回复: 字节=32 时间<1ms TTL=64
来自 192.168.126.146 的回复: 字节=32 时间<1ms TTL=64
来自 192.168.126.146 的回复: 字节=32 时间<1ms TTL=64
来自 192.168.126.146 的回复: 字节=32 时间<1ms TTL=64
```

图 15-4　通过 ping 查看与 192.168.126.146 的连通性

图 15-4 的结果表示另一台终端和 192.168.126.146 这台终端能够连通，ping 命令执行成功。然后在 192.168.126.146 上加载编译好的内核模块，再次在另一台终端上执行相同的 ping 命令，发现 ping 操作失败，如图 15-5 所示。

```
C:\Users\SEELE>ping 192.168.126.146

正在 Ping 192.168.126.146 具有 32 字节的数据:
请求超时。
请求超时。
请求超时。
请求超时。
```

图 15-5　ping 命令执行失败

ping 命令执行失败的原因是：在执行 ping 命令时，将会向 192.168.126.146 这台终端发送 IP 数据包。数据包到达 192.168.126.146 这台终端后，会通过数据链路层的处理到达网络层。到达网络层后，会首先执行 Netfilter 的 PREROUTING 链上的处理。IP 数据包穿过 PREROUTING 链后进行路由操作，由于数据包的目的 IP 地址是 192.168.126.146，这个 IP 就是终端自身的 IP，此时内核会把数据包交给 INPUT 链处理。数据包到达 INPUT 链后，最先执行的函数就是示例程序中的钩子函数 drop_all_input，该函数返回 NF_DROP，会丢弃所有数据包，因此数据包被丢弃，ping 操作失败。卸载内核模块后，ping 操作能再次成功。

尝试将 drop_all_input 函数的返回值改为 NF_ACCEPT，数据包将不再被丢弃。如果将返回值改为 NF_STOLEN，表示该数据包不再进行后续 Linux 网络协议栈的处理，数据包被"偷走"。此时应注意返回前需要释放数据包的内存空间，如源码 15-7 所示。

源码 15-7　返回 NF_STOLEN 前要释放数据包

```
static unsigned int drop_all_input(void *priv, struct sk_buff *skb, const struct
nf_hook_state *state)
{   //关于结构体 sk_buff 和相关接口，将在下一节介绍
    kfree_skb(skb);   //释放数据包内存
    return NF_STOLEN;
}
```

如果编译加载上述源码，效果和返回 NF_DROP 类似，因为数据包将不再进行后续处理，数据到不了网络协议栈的后续流程。函数中的 kfree_skb(skb) 用于释放网络数据包占用的内存空间，如果不释放，会造成内存泄漏。而返回 NF_DROP 不用进行释放操作的原因是：返回 NF_DROP 后，Linux 内核会主动释放数据包占用的内存。

读者可以尝试将 netfilter_mod_ops 变量的 hooknum 成员分别改为 NF_INET_PRE_ROUTING、NF_INET_FORWARD、NF_INET_LOCAL_OUT、NF_INET_POST_ROUTING（分别对应 PREROUTING 链、FORWARD 链、OUTPUT 链、POSTROUTING 链）后进行加载：在该变量设置为 NF_INET_PRE_ROUTING 时，数据包在路由操作前将被丢弃；设置为 NF_INET_LOCAL_OUT 时，数据包将在发送时丢弃；设置为 POSTROUTING 时，数据包将在发送到数据链路层前丢弃；设置为 FORWARD 时，数据包将在查找路由表后进行转发时丢弃，此时如果目的 IP 地址是本终端，数据包将不会进入 FORWARD 链（数据包将会传给 INPUT 链处理），此时其他终端上能够成功执行 ping 命令。

15.3　sk_buff

15.3.1　结构体介绍

Netfilter 钩子函数的第二个参数为 struct sk_buff *skb，该参数为实际的网络数据包，对该参数进行操作即是对数据包进行操作，其结构体类型 struct sk_buff 定义在内核源码的 include/linux/skbuff.h 头文件中，定义如源码 15-8 所示。

源码 15-8　struct sk_buff 结构体定义

```
struct sk_buff {
    union {
        struct {
            /*
            *数据包根据进入网卡的先后顺序通过链表连接起来,
            *next 和 prev 分别表示下一个数据包和上一个数据包
            */
            struct sk_buff    *next;
```

```
            struct sk_buff      *prev;
            union {
                struct net_device *dev; //数据包关联的网络接口(网卡)
                ......
            };
        };
        //在需要红黑树结构体时用到，如分片重组、流量控制
        struct rb_node        rbnode;
        //skbuff 可通过链表连接
        struct list_head      list;
    };
    union {
        struct sock    *sk;              //数据包相关的套接字
        int       ip_defrag_offset;    //IP 分片偏移
    };
    //数据包的时间戳
    union {
        ktime_t     tstamp;
        u64        skb_mstamp_ns;
    };
    //控制缓存，网络的每一层的用法不同
    char          cb[48] __aligned(8);
    union {
        struct {
            unsigned long _skb_refdst;            //数据包目的信息
            //skbuff 释放前需要执行的函数操作
            void (*destructor)(struct sk_buff *skb);
        };
        ......
    };

#if defined(CONFIG_NF_CONNTRACK) || defined(CONFIG_NF_CONNTRACK_MODULE)
    unsigned long    _nfct;   //与数据包关联的连接跟踪信息
#endif
    unsigned int   len,          //数据包的总长度
                   data_len;    //非线性数据区长度
    __u16         mac_len,      //MAC 头长度
                   hdr_len;     //数据包头长度
    ......
    __u8          cloned:1,     //数据包是否被克隆
                   nohdr:1,     //表示该 skb 中是否包含头
    ......
    __u8          pkt_type:3; //数据包类型
    ......
    __u32         priority;    //数据包优先级
    int           skb_iif;     //数据包的进入接口编号，即网卡的编号
    __u32         hash;        //数据包摘要信息
    __be16        vlan_proto;  //VLAN 协议的上层协议信息
    __u16         vlan_tci;    //VLAN 协议的 TCI 信息
    ......
```

```
#ifdef CONFIG_NETWORK_SECMARK
    __u32          secmark;      //安全标志
#endif
    union {
        __u32          mark;                //数据包标志，不同协议含义不同
        __u32          reserved_tailroom;   //预留的数据包尾部空间大小
    };
    ......
    __be16          protocol;          //协议类型
    __u16           transport_header;  //传输层头偏移
    __u16           network_header;    //网络层头偏移
    __u16           mac_header;        //MAC 头偏移
    ......
    sk_buff_data_t  tail;          //对于 64 位系统，该变量是数据载荷尾部相对于 head 指针的偏移
    sk_buff_data_t  end;           //对于 64 位系统，该变量是数据载荷缓冲区的长度
    unsigned char   *head,         //数据载荷缓冲区起始地址
                    *data;         //实际数据起始地址
    unsigned int    truesize;      //skbuff 结构体加数据的总长度
    refcount_t      users;         //该 skbuff 的使用计数
    ......
};
```

这是一个相当庞大的结构体，不仅包含了实际的网络数据，也包含了很多属性信息。我们来理解一下 struct sk_buff 结构体的一些常用成员变量。

（1）data、head、tail、end

对于 32 位系统，struct sk_buff 结构体缓存的是网络数据包，网络数据包的数据存在 data 指针指向的地址中，而 tail 指向数据的末尾。由于为 sk_buff 中数据分配的内存长度可能大于实际数据包的实际长度，head 和 end 分别指向实际分配的内存区域的起始和终止，这四个成员变量的关系如图 15-6 所示。

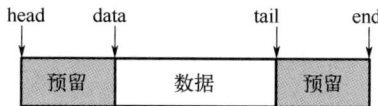

图 15-6　head、data、tail、end 的关系

head 与 data 之间，tail 与 end 之间的区域可以扩展成数据区。如果新的数据附加在 data 指针前面，则 data 指针需要前移；新的数据附加在 tail 后面，tail 指针需要后移，data 和 tail 之间存的就是网络数据包的数据。

对于 64 位系统，tail 和 end 都是相对于 head 的偏移，head+tail 指向数据尾部（即 32 位系统下 tail 指向的位置），head+end 指向内存区域的尾部（即 32 位系统下 end 指向的位置）。

（2）len、datalen、truesize

len 为数据区的总长度，如果数据包没有非线性数据区，len 指的是 data 和 tail 指针之间的内存区域的长度。datalen 代表非线性数据区的数据长度，要理解 sk_buff 的非线性数据区，还需要介绍一个结构体：struct skb_shared_info，该结构体用于存放非线性数据，定义在内核源码的 include/linux/skbuff.h 头文件中，定义如源码 15-9 所示。

源码 15-9 struct skb_shared_info 结构体定义

```
struct skb_shared_info {
    ......
    __u8  nr_frags;  //共使用了多少个内存碎片存放数据，表示 frags 数组长度
    ......
    struct sk_buff *frag_list;          //分片数据包链表
    atomic_t  dataref;                  //使用计数
    ......
    skb_frag_t  frags[MAX_SKB_FRAGS];  //利用内存碎片存放的数据
};
```

　　该结构体的成员变量 frags 是一个数组，数组的大小 MAX_SKB_FRAGS 跟内存页大小相关，如果内存页大小为 4096 字节，则 MAX_SKB_FRAGS 的值为 16。frags 的类型 skb_frag_t 定义为：typedef struct bio_vec skb_frag_t，关于结构体 struct bio_vec，在第 10.2.3 节的源码 10-12 做了介绍。bio_vec 中保存的数据存放在内存页中，而 sk_buff 在某些情况下，也会将网络数据包的数据保存在内存页中，用变量 frags 指向这些内存页。在 struct skb_shared_info 结构体中，变量 nr_frags 保存了实际正在使用的 frags 个数。保存在 struct skb_shared_info 结构体中的数据被称为非线性数据区。

　　每个 sk_buff 均包含一个 struct skb_shared_info 结构体变量，可以使用 skb_shinfo 宏来进行访问。skb_shinfo 宏定义如下。

```
#define skb_shinfo(SKB) ((struct skb_shared_info *)(skb_end_pointer(SKB)))
```

　　上述宏的参数 SKB 就是 sk_buff 结构体变量。在该宏的实现中，skb_end_pointer 返回的是 sk_buff 的 end 指针，指向 sk_buff 数据缓冲区的尾部，因此 struct skb_shared_info 变量存储在 sk_buff 的 end 指针指向的位置，如图 15-7 所示。

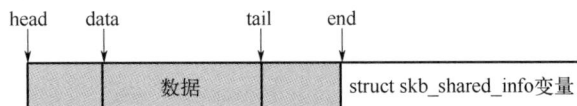

图 15-7　sruct skb_shared_info 位于指针 end 处

　　如果数据包是 IP 数据包且有分片（数据包的长度超过 MTU 将会进行分片，通常情况下，MTU 是 1500 字节），即一个数据包由多个 struct sk_buff 结构体变量共同组成，每一个 struct sk_buff 结构体变量为其中一个分片，接收方收到多个分片数据包后，将进行分片重组操作。数据包的每个分片保存在一个 struct sk_buff 结构体变量中，分片首包 skb_shared_info 变量中的 frag_list 指针指向下一个分片包的 struct sk_buff 结构体变量，而剩下的数据包通过 sk_buff 结构体的 next 指针连接在一起，如图 15-8 所示。

　　图 15-8 中每一帧的数据区指 data 到 tail 指针之间存放的信息，第二帧及之后的数据属于整个数据的非线性数据，首帧的数据属于线性数据。在没有利用内存碎片存放数据的前提下（即未使用 struct skb_shared_info 的 frags 字段，此时 nr_frags 值为 0），首帧的 struct sk_buff 结构体变量中的 len 值为所有帧的数据区总长度，即所有帧 data 到 tail 之间的这片数据区的长度之和；首帧的 data_len 值为从第二帧到最后一帧的所有数据区的长度之和；第二帧及之后的 struct sk_buff 结构体变量中的 len 值为相应帧的数据区的数据长度，data_len 为 0。

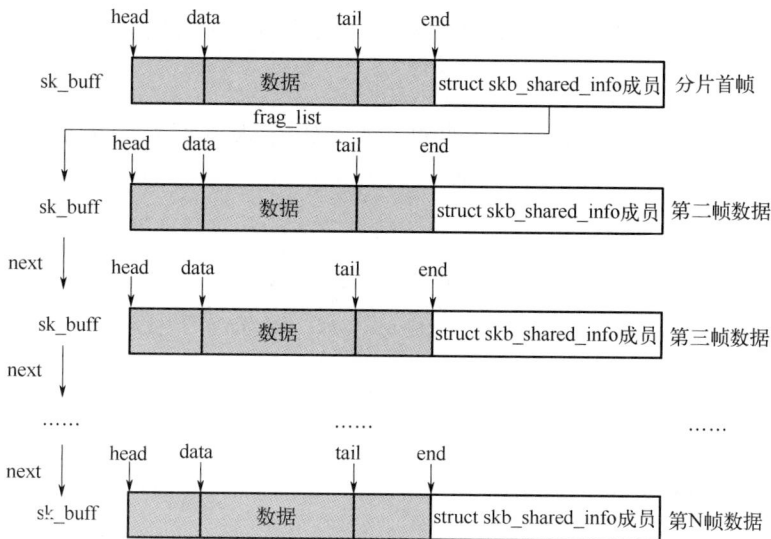

图 15-8　分片数据包的组织结构

如果 sk_buff 使用了内存碎片存放数据，此时 struct skb_shared_info 变量的 nr_frags 值不为 0，对应的数据存放在 frags 字段中，此时 len 的值需要加上 frags 字段中的数据长度，而 data_len 的值也需要加上 frags 字段中的数据长度。len 表示数据包的数据总长度（包括线性数据和非线性数据的长度之和），data_len 表示数据包存放在非线性数据区的数据长度。

sk_buff 中成员变量 truesize 的值为数据的总长度与 sk_buff 结构体本身（包括其内部的 struct sk_shared_info 结构体）所占用的长度总和。

（3）transport_header、network_header、mac_header

通常一个网络数据包有 MAC 头、网络层头（IP 头），传输层头（TCP/UDP 头）。struct sk_buff 结构体的 mac_header、network_head 和 transport_header 分别是 MAC 头、IP 头、传输层头相对于 sk_buff 的成员变量 head 的偏移，如图 15-9 所示。

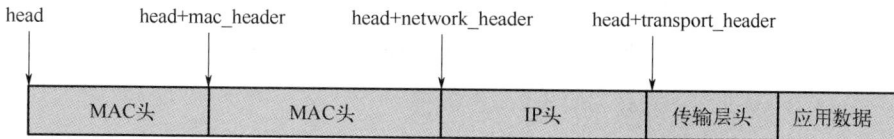

图 15-9　mac_header、network_header、transport_header

15.3.2　常用接口

内核提供了一系列接口来操作 sk_buff，包括创建、销毁 sk_buff，获取、设置 sk_buff 中的属性信息，这些接口大多在内核源码的 include/linux/skbuff.h 头文件中声明，少部分接口在各协议层的头文件中声明。常用接口如下所示。

（1）分配和释放 sk_buff

```
struct sk_buff *alloc_skb(unsigned int size, gfp_t priority)
```

分配 sk_buff 结构体变量的内存。函数的第一个参数 size 是需要分配的数据区的大小；第二个参数 priority 是内存分配的标志，值和 kmalloc 的第二个参数一致，例如可以使用

GFP_KERNEL 和 GFP_ATOMIC。函数返回值是分配的 sk_buff 结构体指针。

```
void kfree_skb(struct sk_buff *skb)
```

释放 sk_buff 占用的空间，参数 skb 即为需要释放的 sk_buff 结构体指针。

（2）获取和操作各网络协议头部信息

```
unsigned char *skb_network_header(const struct sk_buff *skb)
```

获取 skb 的网络层头，返回值为指向网络层头的指针。

```
void skb_reset_network_header(struct sk_buff *skb)
```

设置网络层头为 skb->data 指针指向的地址。

```
void skb_set_network_header(struct sk_buff *skb, const int offset)
```

设置网络层头为 skb->data+offset。

```
int skb_network_offset(const struct sk_buff *skb)
```

获取网络层头相对 skb->data 的偏移量，即(skb->data+函数返回值)指向网络层头部。

```
unsigned char *skb_mac_header(const struct sk_buff *skb)
```

获取 MAC 头信息，函数返回值为指向 MAC 头的指针。

```
int skb_mac_offset(const struct sk_buff *skb)
```

获取 MAC 头对 skb->data 的偏移量，即(skb->data+函数返回值)指向 MAC 头。

```
u32 skb_mac_header_len(const struct sk_buff *skb)
```

获取 MAC 头的长度。

```
unsigned char *skb_transport_header(const struct sk_buff *skb)
```

获取传输层头，返回值为指向传输层头的指针。

```
int skb_transport_offset(const struct sk_buff *skb)
```

获取传输层头对 skb->data 的偏移量，即(skb->data+函数返回值)指向传输层头。

```
struct iphdr *ip_hdr(const struct sk_buff *skb)
```

如果数据包是 IP 数据包，该函数用于获取 IP 头，返回的指针结构体类型是 struct iphdr，即 IP 头结构体，该结构体定义在内核源码的 include/uapi/linux/ip.h 文件中，定义如源码 15-10 所示。

源码 15-10　struct iphdr 结构体定义

```
//IP 头定义
struct  iphdr {
#if defined(__LITTLE_ENDIAN_BITFIELD)  //小端平台
    __u8  ihl:4,          //IP 头长度
        version:4;      //版本
#elif defined (__BIG_ENDIAN_BITFIELD)  //大端平台
    __u8  version:4,      //版本
```

```
            ihl:4;              //IP 头长度
    #else
    #error    "Please fix <asm/byteorder.h>"
    #endif
        __u8    tos;            //服务类型
        __be16  tot_len;        //IP 数据包的总长度
        __be16  id;             //IP 数据包标识
        __be16  frag_off;       //分片信息
        __u8    ttl;            //生存时间
        __u8    protocol;       //上层协议
        __sum16 check;          //IP 头校验和
        __be32  saddr;          //源 IP 地址
        __be32  daddr;          //目的 IP 地址
    };
```

该结构体的定义与计算机网络的 IP 头结构一致。

（3）操作 sk_buff

```
void skb_dump(const char *level, const struct sk_buff *skb, bool full_pkt)
```

打印 sk_buff 结构体信息，一般用作调试。函数的第一个参数 level 是打印级别，第二个参数 skb 是需要打印的 sk_buff 结构体指针，第三个参数 full_pkt 表示是否要打印整个数据包信息。其中，打印级别参数 level 和 printk 的打印级别参数一致，详见第 1.2 节的源码 1-8。

```
struct sk_buff *skb_clone(struct sk_buff *skb, gfp_t gfp_mask)
```

克隆 sk_buff 结构体，函数会分配一个新的 sk_buff 结构体，并将旧的 sk_buff 结构体的属性信息复制到新的 sk_buff 中，但是数据区不会复制。意味着 data、tail、end、head 将和克隆前的 sk_buff 结构体变量指向同一片内存区域。该函数的第一个参数 skb 是需要被克隆的 sk_buff 结构体变量，第二个参数 gfp_mask 是克隆过程中分配内存的标志，函数返回值为克隆后的 sk_buff 结构体变量。

```
struct sk_buff *skb_copy(const struct sk_buff *skb, gfp_t gfp_mask)
```

拷贝 sk_buff 结构体，与 skb_clone 不同的是，该函数不仅要分配新的 sk_buff 结构体，同时也要对数据区做拷贝，包括线性数据区和非线性数据区。该函数的第一个参数 skb 是将要拷贝的 sk_buff 结构体变量，第二个参数 gfp_mask 是拷贝过程中分配内存的标志。函数返回值是拷贝后的 sk_buff 结构体变量。

```
struct sk_buff *pskb_copy(struct sk_buff *skb, gfp_t gfp_mask)
```

拷贝 sk_buff 结构体及数据区，与 skb_copy 不同的是，该函数仅拷贝线性数据区。该函数的第一个参数 skb 是需要被拷贝的 sk_buff 结构体变量，第二个参数 gfp_mask 是拷贝过程中分配内存的标志。函数返回值是拷贝后的 sk_buff 结构体变量。

```
int pskb_expand_head(struct sk_buff *skb, int nhead, int ntail, gfp_t gfp_mask)
```

扩展 sk_buff 结构体中 head 指针到 end 指针之间的区域。函数的第一个参数 skb 是将要扩展的 sk_buff 结构体变量，第二个参数 nhead 是在原 head 指针前扩展的长度，第三个参数 ntail 是在原 end 指针后扩展的长度，第四个参数 gfp_mask 是扩展过程中分配内存的标志。函数返回值为 0 表示成功，其他为失败。

```
struct sk_buff *skb_copy_expand(const struct sk_buff *skb, int newheadroom, int
newtailroom, gfp_t priority)
```

拷贝并扩展 sk_buff 结构体。与 pskb_expand_head 函数不同的是该函数会做拷贝操作，而原 sk_buff 结构体变量不变。函数的第一个参数 skb 是将要被拷贝并扩展的 sk_buff 结构体变量；第二个参数 newheadroom 是拷贝后的 head 空闲空间，即 data-head 的长度（head 到 data 的区域长度）；第三个参数 newtailroom 是拷贝后的 end 空闲空间，即 end-tail 的长度（tail 到 end 的区域长度）；第四个参数 priority 是拷贝过程中分配内存的标志。函数返回值是拷贝后的 sk_buff 结构体变量。

```
void *skb_put(struct sk_buff *skb, unsigned int len)
```

将 sk_buff 结构体变量的 tail 指针后移，len 增加，即增加 data 指针到 tail 指针之间的长度。函数的第一个参数 skb 是需要操作的 sk_buff 结构体变量，第二个参数 len 是将要增加的长度。返回值是函数在执行前 tail 指针指向的地址。函数执行完成后，skb->tail+=len，skb->len+=len。

```
void *pskb_put(struct sk_buff *skb, struct sk_buff *tail, int len)
```

函数作用和 skb_put 类似，与 skb_put 的不同是，该函数可以操作 sk_buff 的非线性区，例如存在多个分片时，第一个参数 skb 是分片的首帧，第二个参数 tail 可以是分片帧也可以是首帧，第三个参数 len 是将要增加的长度，返回值是函数执行前 sk_buff 结构体变量的 tail 指针指向的地址。在执行该函数时，如果参数 skb 和 tail 相同，则会执行 skb_put(tail, len)；如果参数 skb 和 tail 不相同，则会将 skb->data_len 和 skb->len 都加上 len，然后执行 skb_put(tail, len)。函数的实现如源码 15-11 所示。

源码 15-11　函数 pskb_put 的实现

```
void *pskb_put(struct sk_buff *skb, struct sk_buff *tail, int len)
{
    if (tail != skb) {
        skb->data_len += len;
        skb->len += len;
    }
    return skb_put(tail, len);
}
```

```
void *skb_pull(struct sk_buff *skb, unsigned int len)
```

将 data 指针向后移动，并将长度减小，即减少 data 到 tail 间的区域长度。函数的第一个参数 skb 是需要操作的 sk_buff 结构体指针，第二个参数 len 是 data 需要后移的长度。函数返回值是 data 指针。函数执行完成后，skb->len-=len，skb->data+=len。

```
void *pskb_pull(struct sk_buff *skb, unsigned int len)
```

函数作用和 skb_pull 类似，与 skb_pull 不同的是，如果 skb 的 data 区（data 到 tail 间的区域）长度小于 len，则将从非线性数据区再减少不足的长度。

```
void skb_reserve(struct sk_buff *skb, int len)
```

增加头部空闲区的长度，将 data 和 tail 后移。函数的第一个参数 skb 是将要操作的 sk_buff 结构体变量，第二个参数 len 是 data 和 tail 将要后移的长度。函数执行后，skb->data+=len，skb->tail+=len，skb->head 和 skb->data 之间的区域长度增加 len。

15.3.3 示例程序

介绍了 sk_buff 结构体和相关接口后，本节将实现一个内核模块，这个模块将做如下工作。

① 在/proc 目录下创建一个文件 filter_ip，用来配置一个指定的 IP 地址，如果配置了某个地址，来自这个 IP 地址的所有数据包将被丢弃。

② 在 INPUT 链上挂一个钩子函数，该钩子函数的作用是丢弃源 IP 地址是指定 IP（配置在/proc/filer_ip 文件中的 IP 地址）的数据包，并打印出数据包的传输层协议类型（TCP/UDP）和端口信息。要打印传输层协议的端口信息，需要了解传输层头部结构，其中 TCP 头定义于内核源码的 include/uapi/linux/tcp.h 头文件中（源码 15-12），UDP 头定义于内核源码的 include/uapi/linux/udp.h 头文件中（源码 15-13）。

源码 15-12　TCP 头结构体定义

```
struct tcphdr {
    __be16  source;        //源端口号
    __be16  dest;          //目的端口号
    __be32  seq;           //序列号
    __be32  ack_seq;       //确认号
    __u16   res1:4,        //保留字段
            doff:4,        //TCP 头长度，4 字节单位，最多 60 字节
            fin:1,         //结束位
            syn:1,         //同步报文位(用于建立连接请求)
            rst:1,         //重置 TCP 连接位
            psh:1,         //提示接收端的应用程序应立即从 TCP 接收缓冲区中读走数据
            ack:1,         //标识确认号是否有效
            urg:1,         //表示紧急指针是否有效
            ece:1,         //ece 和 cwr 用于拥塞控制
            cwr:1;
    __be16  window;        //窗口大小
    __sum16 check;         //校验和
    __be16  urg_ptr;       //紧急指针
};
```

源码 15-13　UDP 头结构体定义

```
struct udphdr {
    __be16  source;        //源端口号
    __be16  dest;          //目的端口号
    __be16  len;           //数据长度
    __sum16 check;         //UDP 数据校验和
};
```

上述的 TCP 头与 UDP 头结构体的定义和计算机网络的 TCP、UDP 头结构一致。

示例程序中，仅会用到 TCP 头和 UDP 的 source 和 dest 字段，代表源端口号和目的端口号，示例程序源码 test_drop_ip.c 如源码 15-14 所示。

源码 15-14   test_drop_ip.c

```
#include <linux/module.h>
#include <linux/netfilter_ipv4.h>  //使用 Netfilter 需要引入该头文件
#include <linux/ip.h>              //使用 IP 头结构体需要引入该头文件
#include <uapi/linux/tcp.h>        //使用 TCP 头结构体需要引入该头文件
#include <uapi/linux/udp.h>        //使用 UDP 头结构体需要引入该头文件
#include <linux/proc_fs.h>         //创建 proc 文件需要引入该头文件

static unsigned int filter_ip = 0;   //该变量保存将要过滤掉的 IP 地址
//proc 文件的打开文件操作，什么也不做
static int proc_file_open(struct inode *inode, struct file *file)
{
    return 0;
}
//proc 文件的读操作
static ssize_t proc_file_read(struct file *file, char __user *buffer, size_t len,
loff_t *offset)
{
    unsigned char kbuf[32];
    static int read_count = 0;

    if(read_count != 0)
    {
        read_count = 0;
        return 0;
    }

    memset(kbuf, 0, sizeof(kbuf));
    //将 filter_ip 转换为字符串保存在变量 kbuf 中
    sprintf(kbuf, "filter ip:0x%x\n", filter_ip);
    copy_to_user(buffer , kbuf , strlen(kbuf));   //将 kbuf 拷贝给用户空间
    read_count++;
    return strlen(kbuf);                          //返回读取的数据长度
}
//proc 文件的写操作
static ssize_t proc_file_write(struct file *file, const char __user *buffer,
size_t len, loff_t *offset)
{
    unsigned char kbuf[32];
    memset(kbuf, 0, sizeof(kbuf));
    copy_from_user(kbuf , buffer , len);    //将用户传入的信息拷贝到 kbuf 变量中
    //用户传入的字符串转换为整型数据保存在 filter_ip 中
    filter_ip = simple_strtoul(kbuf, NULL, 16);
    return len;
}
//proc 文件的释放操作
```

```
int proc_file_release(struct inode *inode, struct file *file)
{
    return 0;
}
//proc 文件的操作函数集合
static const struct proc_ops proc_file_ops = {
    .proc_open  = proc_file_open,      //打开文件操作
    .proc_read  = proc_file_read,      //读文件操作
    .proc_write = proc_file_write,     //写文件操作
    .proc_release = proc_file_release, //关闭文件的释放操作
};
//将要注册的钩子函数
static unsigned int hook_input(void *priv, struct sk_buff *skb, const struct
nf_hook_state *state)
{
    struct iphdr *iph = NULL;

    iph = ip_hdr(skb);    //获取 IP 头
    //如果 IP 头的源 IP 地址和配置的需要过滤的 IP 地址一致，丢弃该数据包
    if(ntohl(iph->saddr) == filter_ip)
    {
        //打印源 IP 地址、目的 IP 地址
        printk("filter:source ip=0x%x, dest ip=0x%x\n", ntohl(iph->saddr), ntohl
(iph->daddr));
        if(iph->protocol == IPPROTO_TCP)
        {
            //如果 IP 报文的上层协议是 TCP 协议，获取 TCP 头
            struct tcphdr *tcp_hdr = (struct tcphdr *)skb_transport_header(skb);
            //打印 TCP 源端口和目的端口
            printk("tcp:source port=%d, dest port=%d\n", ntohs(tcp_hdr->source),
ntohs(tcp_hdr->dest));
        }
        else if(iph->protocol == IPPROTO_UDP)
        {
            //如果 IP 报文的上层协议是 UDP 协议，获取 UDP 头
            struct udphdr *udp_hdr = (struct udphdr *)skb_transport_header(skb);
            //打印 UDP 源端口和目的端口
            printk("udp:source port=%d, dest port=%d\n", ntohs(udp_hdr->source),
ntohs(udp_hdr->dest));
        }
        return NF_DROP;  //丢弃数据包
    }
    return NF_ACCEPT;    //接收所有其他数据包
}
//钩子操作数组，用于在注册在 INPUT 链上
static const struct nf_hook_ops netfilter_mod_ops[] = {
    {
        .hook = hook_input,            //将要注册的钩子函数
        .pf = NFPROTO_IPV4,            //协议为 IPv4
        .hooknum = NF_INET_LOCAL_IN,   //注册在 INPUT 链上
        .priority = NF_IP_PRI_FIRST,   //该操作在 INPUT 链上优先级最高
```

```
    },
};
//内核模块初始化函数
static int test_drop_ip_init(void)
{
    //创建文件/proc/filter_ip
    proc_create_data("filter_ip", 0644, NULL, &proc_file_ops, NULL);
    //调用 nf_register_net_hooks 注册钩子函数数组
    return nf_register_net_hooks(&init_net, netfilter_mod_ops,
                         ARRAY_SIZE(netfilter_mod_ops));
}
//内核模块卸载函数
static void test_drop_ip_exit(void)
{
    remove_proc_entry("filter_ip", NULL);  //删除文件/proc/filter_ip
    //注销 netfilter 钩子函数数组
    nf_unregister_net_hooks(&init_net, netfilter_mod_ops,
                         ARRAY_SIZE(netfilter_ mod_ops));
}
module_init(test_drop_ip_init);
module_exit(test_drop_ip_exit);
```

① 模块的加载函数和卸载函数。该源码在模块加载函数 test_drop_ip_init 中首先调用 proc_create_data 接口创建了/proc/filter_ip 文件，然后调用 nf_register_net_hooks 接口注册了钩子函数数组 netfilter_mod_ops；卸载函数做了加载函数的逆操作，即首先调用 remove_proc_entry 接口删除/proc/filter_ip 文件，再调用 nf_unregister_net_hooks 注销钩子函数数组。

② /proc/filtr_ip 文件的函数操作。变量 proc_file_ops 是/proc/filter_ip 的文件操作函数集合，保存了文件的打开、关闭、读、写操作函数，其中文件打开函数 proc_file_open 和文件关闭函数 proc_file_release 的实现中未做任何操作直接返回；文件写函数 proc_file_write 首先通过 copy_from_user 接口将用户空间数据拷贝到内核空间的 kbuf 变量中，再调用 simple_strtoul 将字符串转换为整型数据存在 filter_ip 变量中；文件读操作函数 proc_file_read 的作用是将 filter_ip 变量中的数据发送到用户空间。

③ 钩子函数数组 netfilter_mod_ops。netfilter_mod_ops 包含一个数组元素，该元素的钩子函数注册到了 INPUT 链上（hooknum 为 NF_INET_LOCAL_IN），函数操作在 hook_input 函数中实现，hook_input 的作用是丢弃源 IP 地址和 filter_ip 匹配的数据包。该函数首先通过 ip_hdr 接口获取 IP 头，通过 if(ntohl(iph->saddr) == filter_ip)判断 IP 头中的源 IP 地址是否和 filter_ip 变量相等，如果相等，则根据 IP 头的协议字段(iph->protocol)判断该 IP 数据包是 TCP 还是 UDP 数据包，并通过 skb_transport_header 获取传输层头指针，然后打印数据包的源端口号和目的端口号，最后返回 NF_DROP 丢弃数据包。如果 IP 头的源 IP 地址和 filter_ip 变量不相等，则返回 NF_ACCEPT 接收该数据包，此后 Linux 网络协议栈会对数据包做进一步处理。

在判断 IP 头的源 IP 地址和 filter_ip 变量是否相等时，使用了 ntohl 接口，该接口的作用是将 4 字节数据的字节序从网络字节序转换为本地字节序。因为数据包在从网口进入时，数据是网络字节序，网络字节序是大端字节序，如果终端使用的 CPU 是小端字节序（如 X86 的 CPU），则必须做此转换后 IP 地址才能被正确识别。同样的道理，在打印源端口和目的端口时，调用 ntohs 接口将 2 字节的网络字节序转换为主机字节序（端口号长度为 2 字节）。

编译、加载该模块，在/proc 目录下生成了 filter_ip 文件。在本例中，安装该模块的 Linux 终端 IP 地址为 192.168.126.146，远程终端的 IP 地址为 192.168.126.150。在进行通信前，需要在终端 192.168.126.146 上创建一个 UDP 服务端，在终端 192.168.126.150 上创建一个 UDP 客户端。UDP 服务端和客户端通过网络套接字实现，其中，UDP 服务端的测试应用程序 udp_server.c 如源码 15-15 所示。

源码 15-15　udp_server.c

```
#include <stdio.h>
#include <sys/socket.h>
#include <stdlib.h>
#include <string.h>
#include <netinet/in.h>
#include <arpa/inet.h>

int  main(int argc, char *argv[])
{
    struct sockaddr_in local;
    char buffer[1024];
    int sock = 0;

    memset(&local, 0, sizeof(local));
    memset(buffer, 0, sizeof(buffer));
    local.sin_family = AF_INET;
    local.sin_port = htons(atoi(argv[1]));//UDP 服务端监听的端口号从命令行传入
    local.sin_addr.s_addr=INADDR_ANY;      //UDP 服务端绑定任意 IP 地址
    printf("bind port=%s\n", argv[1]);    //打印出绑定的端口号

    sock = socket(AF_INET, SOCK_DGRAM, 0); //创建 UDP 套接字
    if (sock < 0)                          //返回值小于 0，表示套接字创建失败
    {
        printf("create socket error\n");
        return -1;
    }
    //绑定套接字到指定端口和 IP
    if(bind(sock, (struct sockaddr *)&local, sizeof(local)) < 0)
    {
        printf("bind error\n");
        return -1;
    }

    while (1)
    {
        struct sockaddr_in peer;
        socklen_t sockaddr_len = sizeof(peer);
        //接收其他网络终端发送过来的数据
        ssize_t len = recvfrom(sock, buffer, sizeof(buffer), 0, (struct sockaddr
*)&peer, &sockaddr_len);
        if(len > 0) //如果接收的数据长度大于 0，则打印出数据内容以及源 IP 地址
        {
```

```
                printf("Get Data:%s,from %s\n", buffer, inet_ntoa(peer.sin_addr));
                memset(buffer, 0, sizeof(buffer));
            }
        }
        return 0;
    }
```

通过命令 gcc -o udp_server udp_server.c 编译上述源码后，由于该测试程序监听的 UDP 端口通过命令行传入，如果需要在终端 192.168.126.146 上建立 UDP 服务端并绑定 5000 端口，执行命令./udp_server 5000 启动 UDP 服务端，如图 15-10 所示。

```
[root@localhost ~]# ./udp_server 5000
bind port=5000
```

图 15-10　UDP 服务端监听端口 5000

UDP 客户端测试应用程序 udp_client.c 如源码 15-16 所示。

源码 15-16　udp_client.c

```
#include <stdio.h>
#include <sys/types.h>
#include <sys/socket.h>
#include <stdlib.h>
#include <string.h>
#include <linux/in.h>

int  main(int argc, char *argv[])
{
    struct sockaddr_in server;
    char buffer[1024];
    int sock = 0;

    memset(&server, 0, sizeof server);
    server.sin_family = AF_INET;
    //套接字发送的目的端口号通过命令行的第二个参数传入
    server.sin_port = htons(atoi(argv[2]));
    //套接字发送的目的 IP 通过命令行的第一个参数传入
    server.sin_addr.s_addr = inet_addr(argv[1]);
    //打印出命令行传入的三个参数，分别是目的 IP、目的端口号和发送的数据
    printf("ip=%s,port=%s,data=%s\n", argv[1], argv[2], argv[3]);

    sock = socket(AF_INET, SOCK_DGRAM, 0);   //创建 UDP 套接字
    if(sock < 0)          //如果返回值小于 0，表示创建套接字失败
    {
        printf("create socket error\n");
        return -1;
    }

    while (1)
    {
        printf("send data\n");
```

```
        //发送 UDP 数据包到指定服务端，argv[3]是发送的数据，通过命令行传入
        sendto(sock, argv[3], strlen(argv[3]), 0, (struct sockaddr *)&server,
sizeof(server));
        sleep(3);              //睡眠 3 秒再次发送数据包
    }
    return 0;
}
```

通过命令 gcc -o udp_client udp_client.c 编译上述源码后，由于该测试程序发送数据包的目的 IP、端口号以及数据均需要通过命令行传入，如果需要在终端 192.168.126.150 上建立 UDP 客户端并向 192.168.126.146 的 5000 端口发送数据，假设数据内容是 "abcdef"，执行命令./udp_client "192.168.126.146" 5000 "abcdef"启动 UDP 客户端，如图 15-11 所示。

```
[root@localhost linuxlinux]# ./udp_client "192.168.126.146" 5000 "abcdef"
ip=192.168.126.146,port=5000,data=abcdef
send data
```

图 15-11　启动 UDP 客户端

在终端 192.168.126.150 上启动客户端后，如果终端 192.168.126.146 已经监听了 5000 端口，则会收到客户端发送的数据，并打印出数据内容和发送方的 IP 地址，如图 15-12 所示。

```
[root@localhost ~]# ./udp_server 5000
bind port=5000
Get Data:abcdef,from 192.168.126.150
```

图 15-12　UDP 服务端打印

在终端 192.168.126.146 加载了源码 15-14 的内核模块后，将 IP 地址 192.168.126.150 配置到/proc/filter_ip 文件中，如图 15-13 所示。

```
[root@localhost ~]# echo 0xc0a87e96 > /proc/filter_ip
```

图 15-13　配置过滤的 IP 地址

0xc0a87e96 为 IP 地址 192.168.126.150 的十六进制表示，将该地址配置到/proc/filter_ip 文件的目的是使内核模块将来自 192.168.126.150 的数据包丢弃。此时通过远程终端（IP 地址 192.168.126.150）再次向终端 192.168.126.146 发送 UDP 数据包，UDP 数据包将不会被接收。此时执行 dmesg -c 命令，会打印出访问的源 IP 地址和目的 IP 地址、传输层协议类型和端口信息，如图 15-14 所示。

```
[root@localhost ~]# dmesg -c
[89315.733760] filter:source ip=0xc0a87e96, dest ip=0xc0a87e92
[89315.733835] udp:source port=38022, dest port=5000
```

图 15-14　调试打印

图 15-14 数据包的源 IP 地址是 0xc0a87e96，目的 IP 地址是 0xc0a87e92，转换为点分十进制表示分别为 192.168.126.150 和 192.168.126.146，即数据包从终端 192.168.126.150 发出，目的是终端 192.168.126.146。UDP 的源端口号是 38022，目的端口号是 5000，目的端口号正是服务端监听的端口号。

15.4　IP 数据处理的五条链

在之前的示例程序中，我们用到了 Netfilter 的 INPUT 链。顾名思义，INPUT 为输入，代表将要进入本地套接字的数据，如果数据是 TCP 或 UDP 数据包，在 INPUT 链上没有被丢弃，并且有 Linux 应用程序通过套接字监听该数据，则数据将上传到应用程序进行处理。下面我们逐一介绍 Netfilter 处理 IP 数据包的五条链。

15.4.1　PREROUTING 链

PREROUTING 链是数据包到达网络层后最早进入的一条链，在进行路由操作前执行。除了可以自定义钩子函数进行数据包处理外，Linux 网络协议栈自身也在 PREROUTING 链上挂了一系列钩子函数，这些函数的功能及执行顺序如图 15-15 所示。

① IP 数据包分片重组。发送方在 IP 数据包的长度超过 MTU 时将数据包拆成多个分片后传输，接收方收到这些分片后需要将数据包还原，让分片数据包组合成原始数据包，这个过程被称为分片重组。

② Iptables 的 raw 表数据包过滤。Iptables 是 Linux 系统的包过滤防火墙，使用 Iptables 命令可以添加、删除防火墙中的包过滤规则，Iptables 将在第 15.7 节详细介绍。现在需要了解 Iptables 有五张表，分别为：raw 表、mangle 表、nat 表、filter 表和 security 表，五张表的作用分别如下。

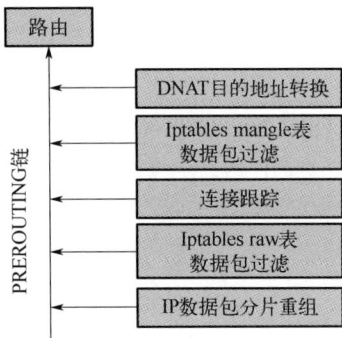

图 15-15　PREROUTING 链的处理

- filter 表：控制数据包是否允许进出及转发，可以控制的链有：INPUT、FORWARD 和 OUTPUT。
- nat 表：控制数据包中地址转换（NAT），可以控制的链有：PREROUTING、INPUT、OUTPUT 和 POSTROUTING。
- mangle 表：修改数据包中的数据信息，可以控制的链有：PREROUTING、INPUT、OUTPUT、FORWARD 和 POSTROUTING。
- raw 表：控制连接跟踪机制的启用状况，可以控制的链有：PREROUTING、OUTPUT。Iptables 的 raw 表在 PREROUTING 链上的过滤规则将在 IP 数据包分片重组后执行。
- security 表：用于强制访问控制策略，可以控制的链有 INPUT、OUTPUT、FORWARD，该表一般较少使用。

③ 连接跟踪。Linux 操作系统通过网络访问其他终端或被访问时，会维护一张网络连接表，标识网络连接的建立状态，这张表包括了网络协议、源地址、目的地址、访问端口等信息。在 Linux 命令行下执行 cat /proc/net/nf_conntrack 可以查看连接状态，如图 15-16 所示。

可以看到，第二条连接信息的连接协议是 TCP，连接状态是 ESTABLISHED（连接已建立），发起连接方向的源 IP 地址是 192.168.43.142，目的 IP 地址是 192.168.43.134，源端口是 65456，目的端口是 22；接受连接方向正好相反，源 IP 地址是 192.168.43.134，目的 IP 地址是

192.168.43.142，源端口时 22，目的端口是 65456。以上描述中，发起连接方向指的是源地址是连接发起者（对于 TCP 协议，发起者是 TCP 客户端），目的地址是提供服务的终端（对于 TCP 协议，部署服务的终端是监听服务端口，接受 TCP 访问的终端）；接受连接方向指的是源地址是连接的接收者（对于 TCP 协议，接收者是 TCP 服务端），目的地址是连接的发起者。

```
[root@localhost ~]# cat /proc/net/nf_conntrack
ipv4      2 unknown  2 323 src=192.168.43.134 dst=224.0.0.22 [UNREPLIED] src=224.0.0.22 dst=192
.168.43.134 mark=0 zone=0 use=2
ipv4      2 tcp      6 299 ESTABLISHED src=192.168.43.142 dst=192.168.43.134 sport=65456 dport=
22 src=192.168.43.134 dst=192.168.43.142 sport=22 dport=65456 [ASSURED] mark=0 zone=0 use=2
```

图 15-16 查看网络连接跟踪表

连接跟踪表是基于网络连接状态的数据包过滤、网络地址转换（NAT）功能的基础。关于连接跟踪机制，将在第 15.5 节详细介绍。

④ Iptables mangle 表数据包过滤。Iptables 的 mangle 表在 PREROUTING 链上的过滤规则会在连接跟踪操作后执行。

⑤ DNAT 目的地址转换。网络地址转换（NAT）分为目的地址转换（DNAT）和源地址转换（SNAT）。DNAT 的作用是将 IP 数据包的目的地址进行转换，根据转换规则将 IP 数据包的目的 IP 地址转换成相应 IP 地址的行为，如图 15-17 所示。

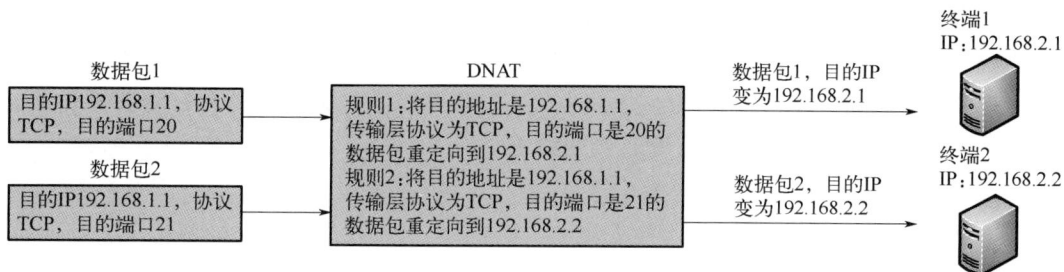

图 15-17 DNAT

图 15-17 所示 Linux 终端上有两条规则，第一条规则是将目的地址为 192.168.1.1，协议为 TCP，目的端口是 20 的数据包的目的 IP 地址转换为 192.168.2.1。进入系统的数据包匹配上该规则后，DNAT 模块会对数据包进行更改，将目的 IP 地址转换成 192.168.2.1。数据包通过 DNAT 模块后，操作系统会根据目的 IP 地址对数据包进行路由，将数据包转发给对应终端。

源地址转换（SNAT）的作用是将 IP 数据包的源地址进行转换，根据转换规则将 IP 数据包的源 IP 地址转换成相应 IP 地址的行为。

NAT 在现实中的应用相当广泛：从安全性考虑，NAT 功能可以提供 IP 地址的隐藏和伪装；从节省公网 IP 地址考虑，公司或家用路由器中的 NAT 功能将数据包的私有 IP 地址转换为公有 IP 地址以访问互联网。

15.4.2 INPUT 链

数据包在通过 PREROUTING 链后，将进行路由，如果路由结果是需要本地接收该数据包，则数据包将进入 INPUT 链处理。Linux 网络协议栈自身也在 INPUT 链上挂了一系列钩子函数，这些函数的功能及执行顺序如图 15-18 所示。

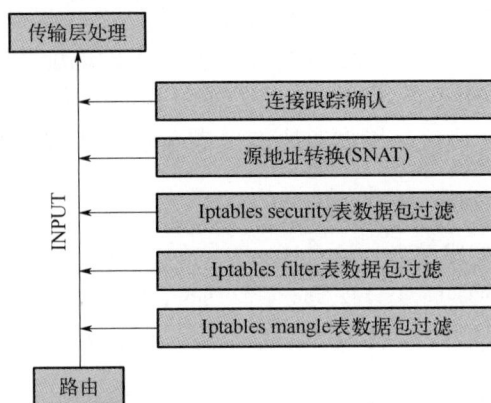

图 15-18　INPUT 链的处理

① Iptables 的 mangle 表数据包过滤。

② Iptables 的 filter 表数据包过滤。

③ Iptables 的 security 表数据包过滤。

④ 源地址转换（SNAT）。如果在 INPUT 链上设置了源地址转换（SNAT）规则，则会根据转换规则将 IP 数据包的源 IP 地址转换成相应 IP 地址。

⑤ 连接跟踪确认。数据包首次进入协议栈后，在 PREROUTING 链上对数据包进行了连接跟踪操作，创建了新的连接。此时该连接并没有保存到系统连接跟踪表，而是保存到了数据包中。连接跟踪确认操作用于将连接加入系统连接跟踪表。如果数据包在连接跟踪确认操作前被丢弃，该连接不会被加入系统连接跟踪表。

15.4.3　FORWARD 链

数据包在通过 PREROUTING 链后，将进行路由，如果路由结果是需要转发数据包给其他终端，则数据包将进入 FORWARD 链进行处理。Linux 网络协议栈自身也在 FORWARD 链上挂了一系列钩子函数，这些函数的功能及执行顺序如图 15-19 所示。

15.4.4　OUTPUT 链

数据包在通过本地套接字发出后，将进行路由，如果路由成功，则数据包将进入 OUTPUT 链进行处理。Linux 网络协议栈自身也在 OUTPUT 链上挂了一系列钩子函数，这些函数的功能及执行顺序如图 15-20 所示。

① Iptables 的 raw 表数据包过滤。

② 连接跟踪。数据包进入 Linux 系统时，连接跟踪操作在 PREROUTING 链上执行，而从本地发出时，连接跟踪操作在 OUTPUT 链上执行。

③ Iptables 的 mangle 表数据包过滤。

④ 目的地址转换（DNAT）。数据包进入 Linux 系统时，目的地址转换操作在 PREROUTING 链上执行，而从本地发出时，目的地址转换操作在 OUTPUT 链上执行。

⑤ Iptables 的 filter 表数据包过滤。

⑥ Iptables 的 security 表数据包过滤。

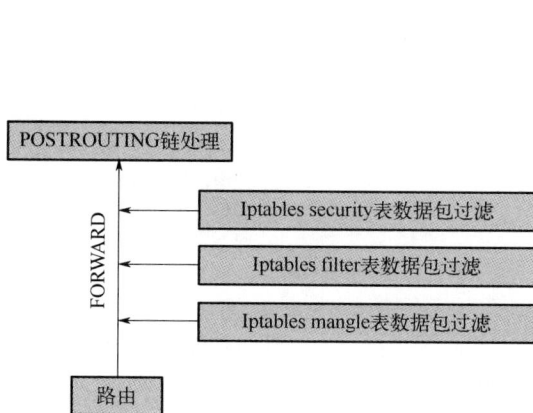

图 15-19　FORWARD 链的处理

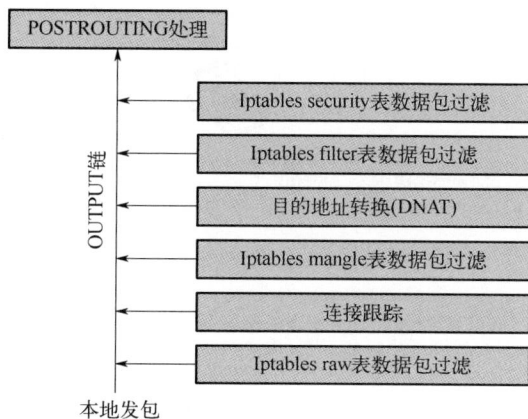

图 15-20　OUTPUT 链的处理

15.4.5　POSTROUTING 链

数据包在穿过 FORWARD 或 OUTPUT 链后，将进入 POSTROUTING 链进行处理。Linux 网络协议栈自身也在 POSTROUTING 链上挂了一系列钩子函数，这些函数的功能包括 Iptables 的 mangle 表数据包过滤、源地址转换（SNAT）、连接跟踪确认，如图 15-21 所示。

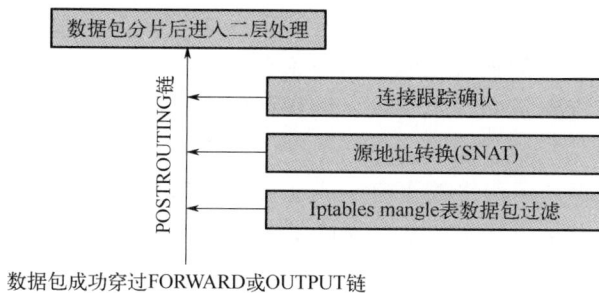

图 15-21　POSTROUTING 链的处理

① Iptables 的 mangle 表数据包过滤。

② 源地址转换（SNAT）。数据包被本地接收时，源地址转换操作在 INPUT 链上执行，而数据包从本地发出或转发时，源地址转换操作在 POSTROUTING 链上执行。

③ 连接跟踪确认。数据包被本地接收时，连接跟踪确认操作在 INPUT 链上执行，而数据包从本地发出或转发时，连接跟踪确认操作在 POSTROUTING 链上执行。

15.5　连接跟踪机制

连接跟踪机制用于维护网络连接状态。这里的连接，指的是对网络层的虚拟连接，而不是传输层的 TCP 连接。例如 UDP 协议本身是一个无连接协议。当通信的某一方发起 UDP 通信时，Linux 连接跟踪模块会存储数据包的五元组信息（五元组指源 IP 地址、目的 IP 地址、协议、源端口号、目的端口号，如果配置了网络地址转换 NAT，还会记录转换前和转换后的 IP 地址）到连接跟踪表并认为这是一个"新连接"。通信的另一方有数据发送给通信的发起方后，更新连接跟踪表，并认为这是一个"已经建立的连接"。如图 15-22 所示。

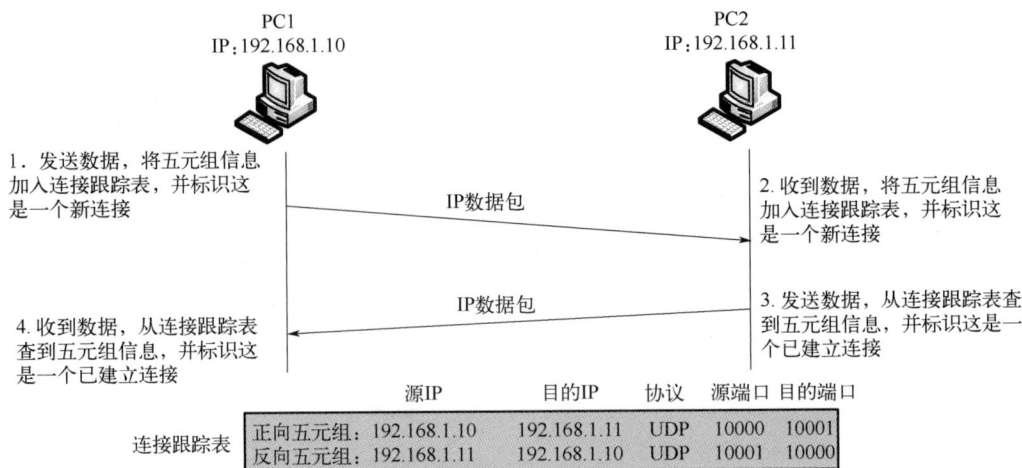

图 15-22   连接跟踪流程

图 15-22 中，假设数据首先由 PC1 发送给 PC2，发送的是 UDP 数据包，源端口是 10000，目的端口是 10001。连接跟踪模块将记录数据包的正向五元组和反向五元组，正向五元组指的是数据流的发起方发送数据包的五元组信息，反向五元组指的是数据流的接收方（应答方）发送数据包的五元组信息。PC1 将数据发送给 PC2，连接跟踪模块首先在 PC1 上记录正向和反向五元组，并标识该连接为新连接。数据包到了 PC2 后，将记录同样的信息。当 PC2 有数据包要发送给 PC1 时，PC2 的连接跟踪表将查询到该连接信息，并将该连接状态由新连接标识为连接已建立；数据包到了 PC1 后，PC1 同样能够查询到该连接，并将该连接标识为连接已建立。

Linux 操作系统为每一条网络数据流生成连接跟踪信息并记录其连接状态。连接跟踪是网络地址转换（NAT）和基于状态的防火墙的基础。例如采用 DNAT 进行目的地址转换时，数据包通过网络协议栈后目的 IP 地址将发生改变，发出去的数据包 IP 地址和进入网络协议栈的 IP 地址不一样，该连接信息将会被记入连接跟踪表（包括转换前和转换后的 IP 地址）。假设一个 IP 数据包的目的 IP 地址是 IP1，数据包进入系统，然后通过 DNAT 转换后发出，从系统发出的数据包目的 IP 变为 IP2。该数据包被发出前，连接跟踪表会记录转换前的 IP1 和转换后的 IP2。数据包被发出后，系统接收到另一个数据包，该数据包的源 IP 地址是 IP2。这个数据包进入网络协议栈后，会从连接跟踪表查找源 IP 地址是 IP2 的连接是否存在，最终会发现源 IP 地址是 IP2 的数据包是经过 DNAT 转换的数据连接的反向数据流。然后系统会将该数据包的源 IP 地址改为 IP1，DNAT 借助连接跟踪机制就能正常工作。

连接跟踪表在内核源码中以哈希链表的结构存储，HASH 表的索引根据五元组信息计算，有了新的连接或是查找连接时，首先根据数据包的五元组信息计算出索引值，找到对应的一条链表，再进行新连接的插入或连接的查询，如图 15-23 所示。

对于连接跟踪表中的每一条连接，保存了一个预留字段，该预留字段用于辅助连接跟踪模块建立或删除连接跟踪信息。IP 协议的每一种上层协议都会有一些私有信息，例如 TCP 协议需要三次握手才能认为连接已建立，建立 TCP 连接时，将三次握手的状态存在预留字段中，来辅助连接跟踪模块建立连接信息。这种辅助建立或删除连接跟踪信息的手段一般每种协议都会单独实现一个模块，作为连接跟踪的子模块之一，辅助连接跟踪模块维护连接跟踪表。

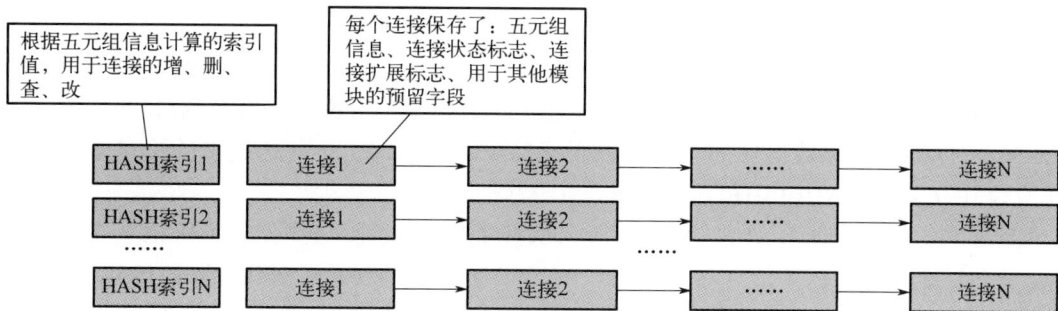

图 15-23　连接跟踪表以 HASH 链表的结构组织

下面以 TCP 三次握手和四次挥手过程来详细说明连接跟踪过程。

（1）三次握手

TCP 连接的建立是通过三次握手来完成。TCP 的三次握手对应的连接跟踪状态如图 15-24 所示。

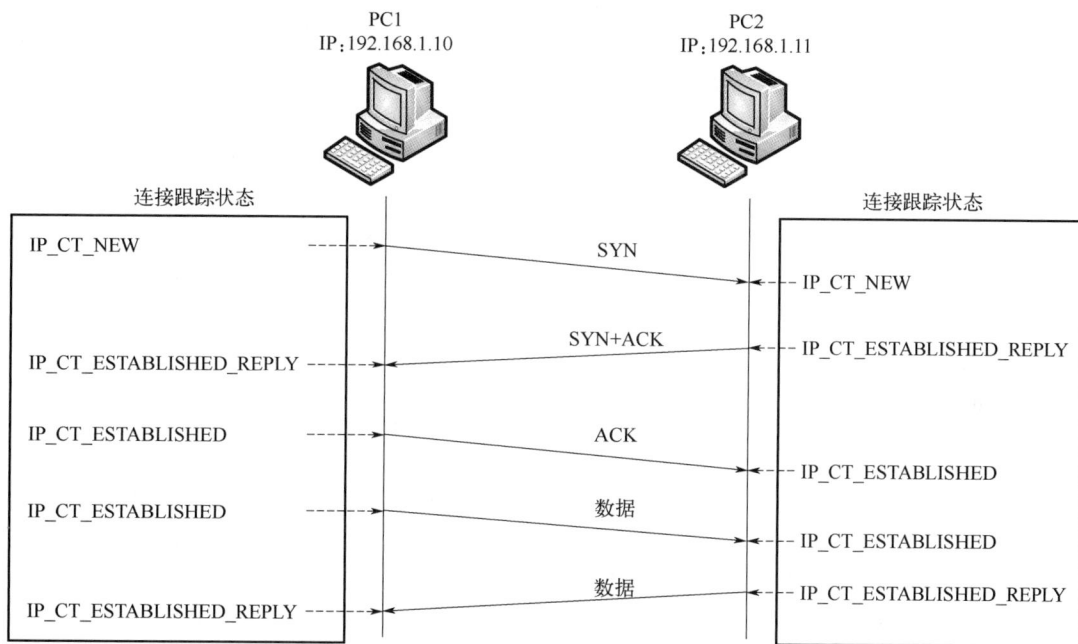

图 15-24　TCP 三次握手的连接跟踪状态

Linux 的连接跟踪模块对三次握手进行了跟踪与状态记录。图 15-24 中连接发起的方向是从 PC1 到 PC2。源是 PC1，目的是 PC2 的方向被称为连接的正方向（IP_CT_DIR_ORIGINAL）；反之，源是 PC2，目的是 PC1 的方向被称为连接的反方向（IP_CT_DIR_REPLY）。

PC1 发起连接进行第一次握手时，会发送 SYN 包，此时由于是新建立的连接，数据包通过 PC1 的连接跟踪模块后，该数据包的连接跟踪状态被设置为新连接（IP_CT_NEW），根据五元组建立新的连接项并插入到连接跟踪表。PC2 收到 SYN 包，通过 PC2 的连接跟踪模块后，该数据包在 PC2 的连接跟踪状态也被设置为新连接（IP_CT_NEW），同时也会建立新的连接跟踪项。

PC2 的 TCP 模块收到 SYN 包后，将发送 SYN+ACK 报文进行第二次握手，第二次握手报文通过 PC2 的链接跟踪模块后，根据该数据包的五元组查询连接跟踪项，查到后，原状态为 IP_CT_NEW（新连接）的连接跟踪项的状态将被设置为 IP_CT_ESTABLISHED_REPLY（连接建立且数据包方向为连接反方向）。PC1 收到 PC2 的第二次握手报文，通过 PC1 的连接跟踪模块后，也会通过该数据包的五元组查到连接跟踪项，PC1 上对该连接的连接跟踪状态也被设置为 IP_CT_ESTABLISHED_REPLY。

PC1 的 TCP 模块收到 SYN+ACK（第二次握手报文）后，会发送 ACK 报文完成第三次握手，ACK 报文通过 PC1 的连接跟踪模块后，根据数据包五元组查找连接跟踪项，查到后，其连接跟踪状态被设置为连接建立（IP_CT_ESTABLISHED）。PC2 收到 ACK 包，通过 PC2 的连接跟踪模块后，该数据包在 PC2 的连接跟踪状态也被设置为连接建立。

完成三次握手后进行 TCP 数据传输，此时每当 PC1 发送或 PC2 接收到一个连接正方向（源地址是 PC1，目的地址是 PC2）的数据包时，该数据包的连接跟踪状态将被设置为连接建立（IP_CT_ESTABLISHED）；每当 PC2 发送或 PC1 接收到一个连接反方向（源地址是 PC2，目的地址是 PC1）的数据包时，该数据包的连接跟踪状态将被设置为 IP_CT_ESTABLISHED_REPLY（连接建立且数据包方向为连接反方向）

上面描述的几个状态：IP_CT_NEW、IP_CT_ESTABLISHED_REPLY 和 IP_CT_ESTABLISHED，指的是数据包的连接跟踪状态，无论是 TCP、UDP 或是 ICMP 等协议，均在发送第一包时连接跟踪状态被设置为 IP_CT_NEW；有应答包返回，状态被设置为 IP_CT_ESTABLISHED_REPLY；再有数据包正向发送时，状态被设置为 IP_CT_ESTABLISHED，直到该连接被关闭。

在 TCP 连接建立的过程中，TCP 协议本身也维护一个连接状态，该连接状态存储在连接跟踪项的预留字段中，维护该字段的内核模块为 nf_conntrack_proto_tcp，它是连接跟踪模块的子模块。PC1 发送 SYN 包时，PC1 的 TCP 的连接状态被设置为 TCP_CONNTRACK_SYN_SENT（SYN 包已发送）。

PC2 的 TCP 模块收到 SYN 包后，发送 SYN+ACK 报文，此时 PC2 的 TCP 连接状态被设置为 TCP_CONNTRACK_SYN_RECV（SYN 包已被接收）。

PC1 发送 ACK 报文完成第三次握手，此时 PC1 的 TCP 连接状态被设置为 TCP_CONNTRACK_ESTABLISHED（连接已建立）。PC2 收到 ACK 包后也将该 TCP 连接的状态设置为 TCP_CONNTRACK_ESTABLISHED（连接已建立）。

需要注意的是：本节的所有状态描述指的是 Linux 连接跟踪模块维护的网络连接状态，和网络套接字状态无关。

（2）四次挥手

四次挥手用于终止 TCP 连接。假设存在 PC1 和 PC2 两台终端，第一次挥手由 PC1 向 PC2 发起。在 PC1 发送 FIN 包进行第一次挥手时，通过连接跟踪模块后，PC1 的 TCP 连接状态（由 nf_conntrack_proto_tcp 模块维护）从 TCP_CONNTRACK_ESTABLISHED（TCP 连接建立）被设置为 TCP_CONNTRACK_FIN_WAIT（FIN 等待）；PC2 收到 FIN 包后，发送 ACK 应答报文，此时 PC2 的 TCP 连接状态被连接跟踪模块设置为 TCP_CONNTRACK_CLOSE_WAIT（关闭等待）；PC2 发送 FIN+ACK 报文后，TCP 连接状态被设置为 TCP_CONNTRACK_LAST_ACK（等待最后的 ACK）；PC1 收到 PC2 发送的 FIN+ACK 报文后，发送 ACK 应答，此时 TCP 连接状态被设置为 TCP_CONNTRACK_TIME_WAIT（超时等待），等待一定超时时间后，TCP 连接被连接跟踪模块释放。

关于连接跟踪机制源码解析以及通过连接跟踪机制进行数据包过滤的示例程序，见配套电子书第 7.3 节。

15.6 NF Queue

15.6.1 将数据包传递给应用程序

除了在内核模块处理数据包，Linux 还支持将数据包传输至应用程序，通过应用程序处理网络数据包。在第 15.2 节的源码 15-1 曾介绍过，内核定义了一组宏来表示网络协议栈对数据包的处理结果。其中，有一个处理结果的值为 NF_QUEUE，在 Netfilter 钩子函数中，如果返回值是 NF_QUEUE，内核会将数据包传给应用程序处理。应用程序可以通过被称为 NF Queue 的套接字接收内核传递上来的数据包，解析数据包的内容，并决定是否接收、丢弃或修改数据包。流程如图 15-25 所示。

NF Queue 套接字是 Netlink 套接字的一种，Netlink 套接字是内核和应用程序通信的一种方式，它基于套接字实现，数据的发送、接收均通过套接字的通信接口实现。NF Queue 支持多个队列，内核通过 Netfilter 内核模块的返回值来决定将数据包插入哪一个队列中，应用程序可以根据不同的队列做出不同的处理。此时 Netfilter 内核模块的返回值分为三部分：最低 8 位是 NF_QUEUE，第 9～16 位是标志信息，第 17～32 位是队列编号。例如：假设在 Netfilter 内核模块中，钩子函数的返回值是(NF_QUEUE | NF_VERDICT_FLAG_QUEUE_BYPASS | 1 << 16)，其中的 NF_QUEUE 的值是 3，对应低 8 位，表示需要将数据包通过 NF Queue 套接字传给应用程序处理；NF_VERDICT_FLAG_QUEUE_BYPASS 的值是 0x8000，对应 9～16 位，该标志表示如果应用程序没有监听对应套接字，则数据包将被接收；1<<16 对应第 17～32 位，表示队列编号是 1。

本节将实现一个示例程序，在 INPUT 链上注册一个钩子函数，函数的作用是将 ICMP 数据包通过 NF QUEUE 传递给应用程序处理，如源码 15-17 所示（源码仅列出了注册到 INPUT 链上的钩子函数）。

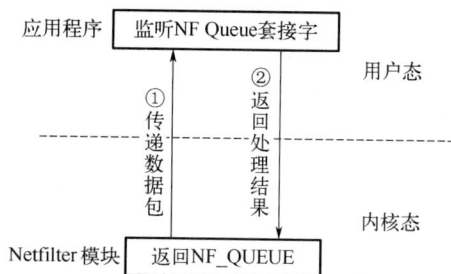

图 15-25　通过 NF Queue 处理数据包

源码 15-17　nfqueue_test.c

```
......
//将要在 INPUT 链上注册的钩子函数
static unsigned int hook_input(void *priv, struct sk_buff *skb, const struct
nf_hook_state *state)
{
    struct iphdr *iph = NULL;
    iph = ip_hdr(skb);          //获取 IP 头
    //如果 IP 头的协议字段是 ICMP，则将数据包传递给应用程序处理
    if(iph->protocol == IPPROTO_ICMP)
    {
        printk("icmp packet\n");
```

```
            return (NF_QUEUE | NF_VERDICT_FLAG_QUEUE_BYPASS | 1 << 16);
    }
    //接收所有其他数据包
    return NF_ACCEPT;
}
......
```

函数中判断 IP 数据包的上层协议是否是 ICMP，如果是，则返回(NF_QUEUE | NF_VERDICT_FLAG_QUEUE_BYPASS | 1 << 16)，将数据包插入队列编号为 1 的 NF Queue 队列。

编译、加载该模块后，还需要一个应用程序通过 NF Queue 套接字来监听队列号为 1 的 NF Queue 队列，如果收到 ICMP 数据包，则对其做相应处理。

15.6.2 创建并监听 NF Queue 套接字

要实现一个应用程序来监听 NF Queue 的消息，需要完成如下步骤。

（1）创建 NF Queue 套接字

NF Queue 套接字是 Netlink 套接字的一种类型，可以通过如下方式创建 NF Queue 套接字：

```
int fd = socket(AF_NETLINK, SOCK_RAW, NETLINK_NETFILTER)
```

系统调用 socket 用于创建套接字。函数的第一个参数是协议族类型，AF_NETLINK 表示创建 Netlink 套接字，其他常用到的协议类型还包括：AF_INET 表示创建 IPv4 套接字，AF_INET6 表示创建 IPv6 套接字，AF_UNIX 表示创建域套接字；第二个参数是套接字类型，对于 Netlink 套接字，类型可以填 SOCK_RAW 或 SOCK_DGRAM；第三个参数表示协议类型，NETLINK_NETFILTER 表示这是一个 NF Queue 套接字。

（2）给套接字发送绑定命令

应用程序可以通过给 NF Queue 套接字发送命令进行参数配置、返回数据处理结果。绑定命令是 NF Queue 参数配置命令的一种，该命令中带有队列编号，给 NF Queue 套接字发送绑定命令的作用是创建相应编号的 NF Queue 队列并和套接字绑定。一旦这个队列有数据，内核会将数据发送给应用程序。

一个 NF Queue 绑定命令报文包含三个部分：Netlink 消息头、NF Queue 消息参数、Netlink 属性信息，如图 15-26 所示。

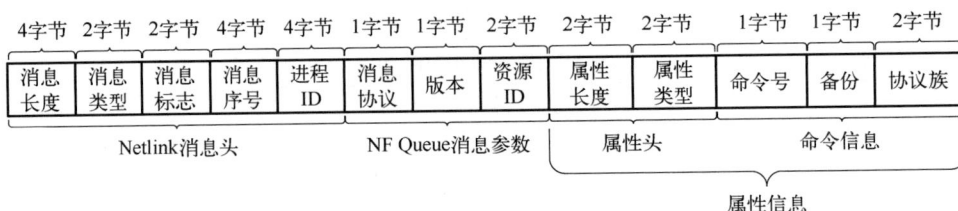

图 15-26　NF Queue 绑定命令

- Netlink 消息头：Netlink 消息头是所有 Netlink 套接字通信必不可少的部分，其包含的消息长度是整个 Netlink 消息的总长度；消息类型表示消息的作用是什么；消息标志表示该消息的一些额外属性，例如消息是一个请求消息、应答消息或是回传消息；消息序号为消息的编号，一般每发送一个消息，该值加 1；进程 ID 一般指使用 Netlink 套接字的进程 ID。

Netlink 消息头的结构体类型定义在内核源码的 include/uapi/linux/netlink.h 头文件中，如源码 15-18 所示。

源码 15-18　结构体 struct nlmsghdr 的定义

```
struct nlmsghdr {
    __u32       nlmsg_len;    //消息长度
    __u16       nlmsg_type;   //消息类型
    __u16       nlmsg_flags;  //消息标志
    __u32       nlmsg_seq;    //消息序号
    __u32       nlmsg_pid;    //进程 ID
};
```

结构体中的 nlmsg_flags 是消息标志，常用的消息标志定义在内核源码的 include/uapi/linux/netlink.h 头文件中，如源码 15-19 所示。

源码 15-19　常用的消息标志

```
/*
*请求标志，用于标识该消息为请求消息，通常由用户空间发往内核，要求内核执行某个操作
*或返回数据
*/
#define NLM_F_REQUEST   0x01
/*
*对于分成多个数据包的 Netlink 信息，NLM_F_MULTI 标志位将被设置，
*最后一个包的消息头标志需要设置为 NLMSG_DONE，NLMSG_DONE 的值为 0x3
*/
#define NLM_F_MULTI     0x02
//应答标志，如果应用程序发送的消息需要内核应答，需要加上该标志
#define NLM_F_ACK       0x04
//回传标志，用于将某些通知消息从内核传递给应用程序
#define NLM_F_ECHO      0x08
......
```

● NF Queue 消息参数：该字段只在 NF Queue 套接字中使用，其中消息协议一般填 AF_UNSPEC；版本代表 Netlink 版本，填 NFNETLINK_V0 即可；资源 ID 表示要配置的队列编号。NF Queue 消息参数的结构体定义在内核源码的 include/uapi/linux/netfilter/nfnetlink.h 头文件中，定义如源码 15-20 所示。

源码 15-20　结构体 struct nfgenmsg 的定义

```
struct nfgenmsg {
    __u8     nfgen_family;    //消息协议
    __u8     version;         //版本
    __be16   res_id;          //资源 ID
};
```

● 属性信息：每一个 Netlink 数据包中一般都包含属性信息，不同的 Netlink 报文属性信息不同，但每一种属性都会有同样格式的属性头，属性头中的属性长度指的是整个属性信

息的数据长度，属性头中的属性类型用于标识不同的属性。属性头结构体定义于内核源码的 include/uapi/linux/netlink.h 头文件中，其如源码 15-21 所示。

源码 15-21　结构体 struct nlattr 的定义

```
struct nlattr {
    __u16        nla_len;  //属性长度
    __u16        nla_type; //属性类型
};
```

对于 NF Queue 绑定命令，属性头中的属性类型填写 NFQA_CFG_CMD，表示这是一个配置命令，属性头后的数据是 NF Queue 命令信息。命令信息中的命令号标识不同的命令，NF Queue 绑定命令的命令号是 NFQNL_CFG_CMD_BIND；命令信息中的协议族填写 AF_INET。命令信息的结构体类型定义于内核源码的 include/uapi/linux/netfilter/nfnetlink_queue.h 头文件中，定义如源码 15-22 所示。

源码 15-22　结构体 struct nfqnl_msg_config_cmd 的定义

```
struct nfqnl_msg_config_cmd {
    __u8   command;    //命令号
    __u8   _pad;       //备份
    __be16 pf;         //协议族
};
```

在应用程序中，要给 NF Queue 套接字发送绑定命令，可以使用如源码 15-23 所示程序。

源码 15-23　给套接字发送绑定命令示例程序

```
......
/*
*该函数用于创建将要发送的绑定命令报文，第一个参数 buf 传入的是缓冲区，组装后的
*数据包将存入该缓存；第二个参数 command 是命令号，将被填入命令信息中；第三个参
*数 queue_num 是 NF Queue 的队列编号，表示创建编号为 queue_num 的 NF Queue 队列并
*将该队列和套接字绑定
*/
static struct nlmsghdr *nfq_build_cfg_request(char *buf, unsigned char command,
int queue_num)
{
    //将 Netlink 消息头指向缓冲区
    struct nlmsghdr *nlh = (struct nlmsghdr *)buf;
    struct nfgenmsg *nfg;                      //用于保存 NF Queue 消息参数
    struct nlattr *attr;                       //用于保存 Netlink 属性头
    struct nfqnl_msg_config_cmd cmd = {        //用于保存命令信息
        .command = command,                    //命令号通过函数参数传入
        //协议族为 AF_INET，发送给套接字前，需要通过 htons 转为网络字节序
        .pf = htons(AF_INET),
    };
    /*
    *填充 Netlink 消息头，消息长度为 Netlink 消息头的长度+NF Queue 消息参数的长
```

```
   *度+Netlink 属性头的长度+命令信息的长度
   */
   nlh->nlmsg_len = sizeof(*nlh) + sizeof(*nfg) + sizeof(*attr) + sizeof(cmd);
   //对于绑定命令，消息类型填(NFNL_SUBSYS_QUEUE << 8) | NFQNL_MSG_CONFIG
   nlh->nlmsg_type = (NFNL_SUBSYS_QUEUE << 8) | NFQNL_MSG_CONFIG;
   //将消息头的标志填为 NLM_F_REQUEST，这样内核模块才会处理
   nlh->nlmsg_flags = NLM_F_REQUEST;
   //填充 NF Queue 消息参数
   //NF Queue 消息参数在 Netlink 消息头的后面
   nfg = (struct nfgenmsg *)(nlh + 1);
   nfg->nfgen_family = AF_UNSPEC;          //将消息协议填为 AF_UNSPEC
   nfg->version = NFNETLINK_V0;            //将版本号填为 NFNETLINK_V0
   //要配置队列编号 queue_num 从函数参数传入，需要将该数据转换为网络字节序
   nfg->res_id = htons(queue_num);
   //填充 Netlink 属性头
   //Netlink 属性头在 NF Queue 消息参数的后面
   attr = (struct nlattr *)(nfg + 1);
   //属性长度为属性头的长度+命令信息的长度
   attr->nla_len = sizeof(*attr) + sizeof(cmd);
   //属性类型填 NFQA_CFG_CMD，表示这是一个配置命令
   attr->nla_type = NFQA_CFG_CMD;
   memcpy(attr + 1, &cmd, sizeof(cmd));     //将命令信息填写到属性头的后面
   return nlh;
}
//应用程序主函数
int main()
{
   unsigned char send_buf[4096]; //用于保存将要发送给 Netlink 套接字的消息
   struct nlmsghdr *nlh;          //用于保存 Netlink 消息头
   ......
   //构造 NF Queue 绑定命令报文，队列编号为 1
   nlh = nfq_build_cfg_request(send_buf, NFQNL_CFG_CMD_BIND, 1);
   //发送消息给 NF Queue 套接字，发送前，需要先创建 NF Queue 套接字
   send(fd, nlh, nlh->nlmsg_len, 0);
   ......
}
```

在上述源码的 main 函数中，调用函数 nfq_build_cfg_request 构造 NF Queue 绑定命令报文前，需要先创建 NF Queue 套接字。报文构造完成后，通过 send 函数将数据包发送给内核。

（3）配置 NF Queue 套接字接收网络数据

如果需要内核通过 NF Queue 套接字将网络数据发送给应用程序，需要对套接字进行配置，配置报文格式如图 15-27 所示。

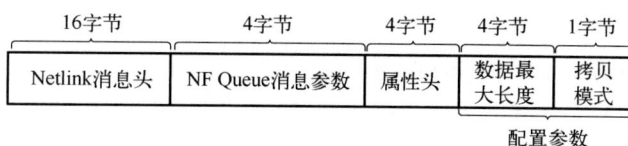

图 15-27　配置报文

Netlink 消息头、NF Queue 消息参数以及属性头的格式与图 15-26 一致。属性头中的属性
类型应填 NFQA_CFG_PARAMS，表示这是一条配置参数。属性头的长度值填 9，这是属性
头+配置参数的总长度。配置参数中有两个参数可以配置：数据最大长度和拷贝模式。如果
需要内核将网络数据报文中的数据传递给应用程序处理，拷贝模式应填写 NFQNL_COPY_
PACKET，此时数据最大长度是内核每次可以传递给应用程序的数据的最大长度。配置参数
结构体定义于内核源码的 include/uapi/linux/netfilter/nfnetlink_queue.h 头文件中，定义如源
码 15-24 所示。

源码 15-24　struct nfqnl_msg_config_params 的定义

```
struct nfqnl_msg_config_params {
    __be32  copy_range;        //数据最大长度
    __u8    copy_mode;         //拷贝模式
} __attribute__ ((packed));
```

可以配置的拷贝模式也定义在内核源码的 include/uapi/linux/netfilter/nfnetlink_queue.h 头
文件中，定义如源码 15-25 所示。

源码 15-25　可选的拷贝模式

```
enum nfqnl_config_mode {
    NFQNL_COPY_NONE,
    NFQNL_COPY_META,          //拷贝数据包中的元数据给应用程序
    NFQNL_COPY_PACKET,        //拷贝数据包中的数据给应用程序
};
```

如果拷贝模式是 NFQNL_COPY_NONE，则内核不会向应用程序发送数据包信息。如果
拷贝模式是 NFQNL_COPY_META，则内核会将数据包的元数据拷贝给应用程序（元数据指
的是：网络数据包的协议和编号、连接跟踪信息、从哪个网卡进入、哪个网卡发出、源 MAC
地址、时间戳等信息）。如果拷贝模式是 NFQNL_COPY_PACKET，内核不仅会将数据包的元
数据拷贝给应用程序，也会将数据包中的数据拷贝给应用程序处理。

在应用程序中，要构造配置报文，可以使用如源码 15-26 所示源码。

源码 15-26　构造 NF Queue 套接字的配置报文

```
/*
*函数用于构造 NF Queue 套接字配置报文，第一个参数 buf 是保存配置报文的缓存，第二
*个参数 mode 是配置报文中的拷贝模式，第三个参数 range 是配置报文中的数据最大长度，
*第四个参数 queue_num 是 NF Queue 队列编号
*/
static struct nlmsghdr * nfq_build_cfg_params(char *buf, uint8_t mode, int range,
int queue_num)
{
    //Netlink 消息头指向 buf 的起始位置
    struct nlmsghdr *nlh = (struct nlmsghdr *)buf;
    struct nlattr *attr;
    struct nfqnl_msg_config_params params = {    //配置参数定义
```

```
                //数据最大长度配置为传入的参数 range，需要转换为网络字节序
                .copy_range = htonl(range),
                .copy_mode = mode,          //拷贝模式配置为传入的参数 mode
        };
        struct nfgenmsg *nfg;
        //填充 Netlink 消息头，消息长度为整个 Netlink 消息的总长度
        nlh->nlmsg_len = sizeof(*nlh) + sizeof(*attr) + sizeof(*nfg) + sizeof(params);
        //配置报文的消息类型为(NFNL_SUBSYS_QUEUE << 8) | NFQNL_MSG_CONFIG
        nlh->nlmsg_type = (NFNL_SUBSYS_QUEUE << 8) | NFQNL_MSG_CONFIG;
        //将消息头的标志填为 NLM_F_REQUEST，这样内核模块才会处理
        nlh->nlmsg_flags = NLM_F_REQUEST;
        //填充 NF Queue 消息参数，消息参数位于 Netlink 消息头的后面
        nfg = (struct nfgenmsg *)(nlh + 1);
        nfg->nfgen_family = AF_UNSPEC;
        nfg->version = NFNETLINK_V0;
        nfg->res_id = htons(queue_num);  //填写要配置的队列编号，需转换为网络字节序
        //填充 Netlink 属性头
        attr = (struct nlattr *)(nfg + 1);
        attr->nla_len = sizeof(*attr) + sizeof(params);
        //对于配置报文，属性头的类型为 NFQA_CFG_PARAMS
        attr->nla_type = NFQA_CFG_PARAMS;
        //将配置参数拷贝到 Netlink 属性头的后面
        memcpy(attr + 1, &params, sizeof(params));

        return nlh;                      //返回可以通过套接字发送的 Netlink 数据指针
    }
```

通过上述函数 nfq_build_cfg_params 构造了配置报文后，将报文通过 send 系统调用发送给 NF Queue 套接字，就可以完成相应配置。

（4）从 NF Queue 套接字接收并处理数据

配置完成后，就可以从对应的 NF Queue 套接字接收并处理数据。从 NF Queue 套接字收到的数据格式如图 15-28 所示。

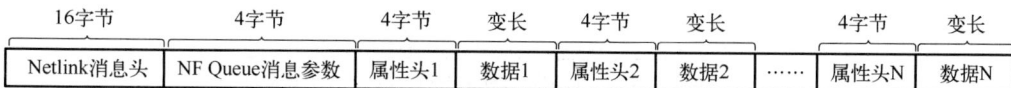

16字节	4字节	4字节	变长	4字节	变长		4字节	变长
Netlink消息头	NF Queue消息参数	属性头1	数据1	属性头2	数据2	……	属性头N	数据N

图 15-28　NF Queue 套接字数据格式

对于从 NF Queue 套接字接收到的数据包：前 16 字节是 Netlink 消息头，通过消息头的类型字段可以判断出内核发给应用程序的消息是什么报文，对于内核模块传递给应用程序的网络数据包，类型字段的值为(NFNL_SUBSYS_QUEUE << 8) | NFQNL_MSG_PACKET；紧接着 Netlink 消息头的 4 字节是 NF Queue 消息参数；再之后是多个 Netlink 属性信息，每一个属性头中的长度字段表示当前属性的属性头+数据的长度，而属性头中的类型字段定义了当前属性中数据的类型。对于接收到的 NF Queue 数据，常用的属性类型如源码 15-27 所示。

源码 15-27　　NF Queue 数据的属性类型

```
enum nfqnl_attr_type {
    NFQA_UNSPEC,
    NFQA_PACKET_HDR,       //数据包头信息，包括协议、Netfilter 钩子点和数据包编号
    NFQA_VERDICT_HDR,      //该属性由应用程序发送给内核模块，表示数据包的处理结果
    NFQA_MARK,             //数据包的标志
    NFQA_TIMESTAMP,        //数据包的时间戳
    NFQA_IFINDEX_INDEV,    //数据包的进入网口编号
    NFQA_IFINDEX_OUTDEV,   //数据包将要发出的网口编号
    NFQA_IFINDEX_PHYSINDEV,  //数据包进入的物理网口编号
    NFQA_IFINDEX_PHYSOUTDEV, //数据包将要发出的物理网口编号
    NFQA_HWADDR,           //数据包的源 MAC 地址
    NFQA_PAYLOAD,          //数据包中的数据
    NFQA_CT,               //数据包的连接跟踪信息
    NFQA_CT_INFO,          //数据包对应连接的连接状态
    NFQA_CAP_LEN,          //数据包的实际数据长度
    NFQA_SKB_INFO,         //数据包的信息
    ......
    NFQA_UID,              //套接字所属的用户 ID
    NFQA_GID,              //套接字所属的用户组 ID
    ......
};
```

从上面的定义可以看出，如果要获取 NF Queue 消息中的网络数据，需要从数据包中获取属性类型为 NFQA_PAYLOAD 的属性数据。属性类型为 NFQA_PACKET_HDR 的属性数据也比较重要，其包含了数据包的 ID。应用程序在处理完数据包后，需要向内核模块发送处理结果来决定是否接收或丢弃该数据包，而发送处理结果时，需要带上数据包的 ID，内核模块根据这个 ID 来确定应用程序处理的是哪一个网络数据包。

（5）向 NF Queue 套接字发送数据包的处理结果

应用程序接收来自 NF Queue 套接字的网络数据包并处理完成后，需要向 NF Queue 套接字发送数据包的处理结果。数据包处理结果报文如图 15-29 所示。

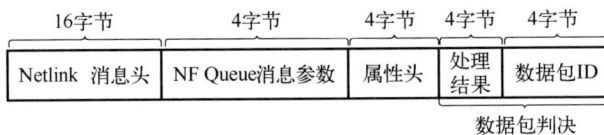

图 15-29　数据包处理结果

对于数据包处理结果报文，Netlink 消息头的消息类型字段应填写(NFNL_SUBSYS_QUEUE << 8) | NFQNL_MSG_VERDICT；Netlink 属性头的属性类型字段应填写 NFQA_VERDICT_HDR，表示这条属性是对数据包的判决结果，属性头后就是对数据包的判决，共包含 8 个字节，前 4 字节是处理结果，后 4 字节是数据包的 ID。可选的处理结果与第 15.2 节的源码 15-1 一致，数据包的 ID 是从 NF Queue 套接字接收到的数据包中获取，属性类型为 NFQA_PACKET_HDR。数据包判决字段的结构体类型定义在内核源码的 include/uapi/linux/netfilter/nfnetlink_queue.h 头文件中，定义如源码 15-28 所示。

源码 15-28　结构体 struct nfqnl_msg_verdict_hdr 的定义

```
struct nfqnl_msg_verdict_hdr {
    __be32 verdict;   //处理结果
    __be32 id;        //数据包 ID
};
```

可以使用如源码 15-29 所示的程序构建一个数据包处理结果报文。

源码 15-29　构建数据包处理结果报文

```
/*
*该函数用于构建数据包处理结果报文，第一个参数 buf 是保存报文的缓存，第二个参数
*id 是数据包 ID，第三个参数 queue_num 是队列编号，第四个参数 verd 是处理结果
*/
static struct nlmsghdr *nfq_build_verdict(char *buf, int id, int queue_num,
uint32_t verd)
{
    //Netlink 消息头指向 buf 的起始位置
    struct nlmsghdr *nlh = (struct nlmsghdr *)buf;
    struct nlattr *attr;
    struct nfgenmsg *nfg;
    struct nfqnl_msg_verdict_hdr vh = {       //数据包判决定义
        //处理结果设置为传入的参数 verd，需要转换成网络字节序
        .verdict = htonl(verd),
        //数据包 ID 设置为传入的参数 id，需要转换成网络字节序
        .id = htonl(id),
    };
    //填充 Netlink 消息头
    nlh->nlmsg_len = sizeof(*nlh) + sizeof(*attr) + sizeof(*nfg) + sizeof(vh);
    //消息类型需要填写成(NFNL_SUBSYS_QUEUE << 8) | NFQNL_MSG_VERDICT
    nlh->nlmsg_type = (NFNL_SUBSYS_QUEUE << 8) | NFQNL_MSG_VERDICT;
    nlh->nlmsg_flags = NLM_F_REQUEST;
    //填充 NF Queue 消息参数
    nfg = (struct nfgenmsg *)(nlh + 1);
    nfg->nfgen_family = AF_UNSPEC;
    nfg->version = NFNETLINK_V0;
    //资源 ID 填写成队列编号，需要转换成网络字节序
    nfg->res_id = htons(queue_num);
    //填充 Netlink 属性
    attr = (struct nlattr *)(nfg + 1);
    attr->nla_len = sizeof(*attr) + sizeof(vh);
    attr->nla_type = NFQA_VERDICT_HDR;   //属性类型为 NFQA_VERDICT_HDR
    memcpy(attr + 1, &vh, sizeof(vh));   //将数据包判决拷贝到属性头的后面

    return nlh;
}
```

通过上述函数返回的数据包处理结果报文可以直接发送到 NF Queue 套接字。

15.6.3　示例程序

（1）获取网络数据包的数据

在第 15.6.1 节的源码 15-17 中，对于 ICMP 数据包将直接返回(NF_QUEUE ｜ NF_VERDICT_FLAG_QUEUE_BYPASS | 1 << 16)。其中，NF_QUEUE 表示内核会将数据包通过 NF Queue 套接字发送给应用程序处理；NF_VERDICT_FLAG_QUEUE_BYPASS 表示如果应用程序没有监听对应套接字，则数据包将被接收；1<<16 表示 NF Queue 的队列编号是 1。

本节将实现一个应用程序来监听源码 15-17 对应内核模块捕获到的 ICMP 数据包，打印出数据包的内容，并将数据包的处理结果设置为接收该数据包。源文件 test_nfqueue_sock.c 如源码 15-30 所示。

源码 15-30　test_nfqueue_sock.c

```
#include <stdio.h>
#include <sys/types.h>
#include <sys/socket.h>
#include <string.h>
#include <arpa/inet.h>
#include <linux/netlink.h>
#include <linux/netfilter/nfnetlink_queue.h>
#include <linux/netfilter.h>
#include <unistd.h>
//该函数用于创建将要发送的配置命令报文，函数实现见第 15.6.2 节源码 15-23
static struct nlmsghdr *nfq_build_cfg_request(char *buf, unsigned char command,
int queue_num)
{
    ......
}
//该函数用于构造 NF Queue 套接字配置报文，函数实现见第 15.6.2 节源码 15-26
static struct nlmsghdr * nfq_build_cfg_params(char *buf, uint8_t mode, int range,
int queue_num)
{
    ......
}
//该函数用于构建数据包处理结果报文，函数实现见第 15.6.2 节源码 15-29
static struct nlmsghdr *nfq_build_verdict(char *buf, int id, int queue_num,
uint32_t verd)
{
    ......
}
//应用程序主函数
int main()
{
    unsigned char send_buf[4096];  //向套接字发送数据的缓存
    unsigned char recv_buf[4096];  //从套接字接收数据的缓存
    unsigned char *payload = NULL;
    int fd = 0, len = 0, left = 0, i = 0;
    unsigned int queue_num = 1;    //该变量表示 NF Queue 队列编号，设置为 1
    struct nlmsghdr *nlh = NULL;
```

```
struct nlattr *nla = NULL;
struct nfqnl_msg_packet_hdr *pmsg = NULL;
unsigned int packet_id = 0;     //该变量保存处理的数据包 ID

memset(send_buf, 0, sizeof(send_buf));
memset(recv_buf, 0, sizeof(recv_buf));

//创建 NF Queue 套接字
fd = socket(AF_NETLINK, SOCK_RAW, NETLINK_NETFILTER);
if(fd < 0)                      //fd < 0 表示创建失败，直接返回
{
    printf("create socket error\n");
    return -1;
}
//构造 NF Queue 绑定命令报文，保存在 send_buf 变量中，绑定的队列编号为 1
nlh = nfq_build_cfg_request(send_buf, NFQNL_CFG_CMD_BIND, queue_num);
//发送构造的 NF Queue 绑定命令给套接字
if(send(fd, nlh, nlh->nlmsg_len, 0) < 0)
{
    perror("error");
    return -1;
}
/*
*构造 NF Queue 套接字配置报文，传入的拷贝模式是 NFQNL_COPY_PACKET，表示内
*核需要将网络数据包的数据传给应用程序处理；最大数据长度是 0xFFFF，即 65535，
*表示内核单次传递给应用程序的最大数据长度是 65535
*/
nlh = nfq_build_cfg_params(send_buf, NFQNL_COPY_PACKET, 0xFFFF, queue_num);
//发送构造的 NF Queue 套接字配置报文给套接字
if(send(fd, nlh, nlh->nlmsg_len, 0) < 0)
{
    perror("error");
    return -1;
}
//循环接收 NF Queue 套接字的消息并处理
while(1)
{
    memset(recv_buf, 0, sizeof(recv_buf));
    //接收 NF Queue 套接字的消息
    len = recv(fd, recv_buf, sizeof(recv_buf), 0);
    if(len <= 0)
    {
        continue;
    }
    nlh = (struct nlmsghdr *)recv_buf;      //获取收到的 Netlink 消息头
    //获取收到的 Netlink 属性头
    nla = (struct nlattr *)(recv_buf + sizeof(*nlh) + sizeof(struct nfgenmsg));
    //变量 left 保存了除了 Netlink 消息头及 NF Queue 消息参数外的数据长度
    left = nlh->nlmsg_len - sizeof(*nlh) - sizeof(struct nfgenmsg);
    /*
    *如果消息类型不是(NFNL_SUBSYS_QUEUE << 8) | NFQNL_MSG_PACKET，则表示
```

```
        *该报文不是内核发给应用程序的网络数据包，不进行处理
        */
        if(nlh->nlmsg_type != (NFNL_SUBSYS_QUEUE << 8) | NFQNL_MSG_PACKET)
        {
            continue;
        }
        //处理剩余的数据直到所有数据处理完成
        while(left > 0)
        {
            //由于报文中有多个属性，根据不同的属性做不同的处理
            switch(nla->nla_type)
            {   //属性类型为 NFQA_PACKET_HDR 时，属性中带有数据包 ID，记录
                //该 ID 到变量 packet_id
                case NFQA_PACKET_HDR:
                    pmsg = (struct nfqnl_msg_packet_hdr *)(nla + 1);
                    packet_id = ntohl(pmsg->packet_id); //需要转换成主机字节序
                    printf("packet_id=%d\n", packet_id);
                    break;
                //类型为 NFQA_PAYLOAD，表示这是一个数据报文，打印出数据内容
                case NFQA_PAYLOAD:
                    payload = (char *)(nla + 1);
                    for(i = 0; i < nla->nla_len - sizeof(*nla); i++)
                    {
                        printf("%02x ", payload[i]);
                        if((i+1)%16 == 0)
                            printf("\n");
                    }
                    printf("\n");
                    break;
            }
            //剩余的数据长度需要减去属性头的属性长度
            left -= NLA_ALIGN(nla->nla_len);
            //获取下一个属性头
            nla = (struct nlattr *)((char *)nla + NLA_ALIGN(nla->nla_len));
        }
        //构建数据包处理结果报文，填入对应数据包 ID，队列编号为 1，处理结果
        //为 NF_ACCEPT
        nlh = nfq_build_verdict(send_buf, packet_id, 1, NF_ACCEPT);
        //发送数据包处理结果报文给套接字
        if(send(fd, nlh, nlh->nlmsg_len, 0) < 0)
        {
            printf("send verdict error\n");
        }
    }
    close(fd);  //程序退出前关闭套接字
    return 0;
}
```

上述源码在配置了 NF Queue 套接字后，在 while(1)循环中通过 recv 函数接收套接字的数据，并将数据保存在变量 recv_buf 中。之后从 recv_buf 中获取 Netlink 消息头，并判断消息类型是否是(NFNL_SUBSYS_QUEUE << 8) | NFQNL_MSG_PACKET)，如果不是，表示报

文并不是网络数据包，不进行处理。如果报文是网络数据包，则遍历报文中的 Netlink 属性，每次遍历的 Netlink 属性头保存在变量 nla 中。

然后对属性头的属性类型进行判断：如果属性类型是 NFQA_PACKET_HDR，表示属性中保存了数据包头的信息，该属性的变量类型是 struct nfqnl_msg_packet_hdr，这个结构体定义在内核源码的 include/uapi/linux/netfilter/nfnetlink_queue.h 头文件中，定义如源码 15-31 所示。

源码 15-31　结构体 struct nfqnl_msg_packet_hdr 的定义

```
struct nfqnl_msg_packet_hdr {
    __be32      packet_id;   //数据包 ID，即数据包在 NF Queue 队列中的唯一编号
    __be16      hw_protocol; //数据包的协议编号
    __u8        hook;        //Netfilter 钩子点
} __attribute__ ((packed));
```

源文件 test_nfqueue_sock.c 通过执行 packet_id = ntohl(pmsg->packet_id)将数据包 ID 保存到了变量 packet_id 中。

如果属性类型是 NFQA_PAYLOAD，表示属性中保存了网络数据包的数据，通过 payload = (char *)(nla + 1)将数据指针保存在变量 payload 中，并打印出数据内容。

数据包处理完成后，通过 nfq_build_verdict(send_buf, packet_id, 1, NF_ACCEPT)构造数据包处理结果报文，保存在变量 send_buf 中。数据包处理结果报文中的数据包 ID 就是从 NFQA_PACKET_HDR 属性中获取的数据包 ID；队列编号为通过 nfq_build_cfg_request 构造的 NF Queue 绑定报文的队列编号，为 1；处理结果字段填 NF_ACCEPT，表示接收该数据包，这样数据包就会被正常接收。构造了数据包后，通过 send 函数将数据包发送给 NF Queue 套接字。

上述应用程序源码需要和第 15.6.1 节的源码 15-17 对应的内核模块配合使用。先加载 15.6.1 节源码 15-17 对应的内核模块后，再执行上述源码编译后的可执行文件。假设该示例程序在 IP 地址为 192.168.126.146 的终端上运行，在局域网另一台 IP 地址为 192.168.126.1 的终端执行 ping 192.168.126.146，源码 15-30 编译出的应用程序就会打印出 IP 数据包的内容。同时，在应用程序中，处理结果字段填的是 NF_ACCEPT，ping 命令能够执行成功。应用程序在收到 ping 数据包后的打印结果如图 15-30 所示。

```
packet_id=1
45 00 00 3c 04 42 00 00 40 01 f8 9a c0 a8 7e 01
c0 a8 7e 92 08 00 4d 59 00 01 00 02 61 62 63 64
65 66 67 68 69 6a 6b 6c 6d 6e 6f 70 71 72 73 74
75 76 77 61 62 63 64 65 66 67 68 69
```

图 15-30　收到 ping 数据包后的打印结果

图 15-30 中首先打印出了数据包 ID，然后是数据包从 IP 头开始的内容。数据包的前 20 个字节是 IP 头，上层协议为 1，表示这是一个 ICMP 报文（对于 IP 头的描述，见配套电子书第 7.2.2 节）。紧接着 IP 头的就是 ICMP 头，ICMP 的报文类型是 8，代码是 0，表示这是一个回送请求（对于 ICMP 的描述，见配套电子书第 7.2.3 节）。

读者可以尝试将源码 15-30 中的 nfq_build_verdict(send_buf, packet_id, 1, NF_ACCEPT)

最后一个参数 NF_ACCEPT 改为 NF_DROP，此时也能够打印出数据包的内容，但是数据包将被丢弃，ping 命令会执行失败。

（2）修改数据包内容

NF Queue 支持应用程序对数据包内容进行修改。要修改数据包内容，应用程序需要在向 NF Queue 套接字发送的数据包处理结果报文中增加一个属性，属性类型是 NFQA_PAYLOAD，该属性的内容就是修改后的数据。示例应用程序 test_change_data.c 如源码 15-32 所示。

源码 15-32　test_change_data.c

```
......
/*
*修改 nfq_build_verdict 函数，增加 NFQA_PAYLOAD 属性，同时增加两个参数，参数
*data 表示修改后的数据，参数 data_len 表示数据长度
*/
static struct nlmsghdr *nfq_build_verdict(char *buf, int id, int queue_num,
uint32_t verd, char *data, int data_len)
{
    struct nlmsghdr *nlh = (struct nlmsghdr *)buf;
    struct nlattr *attr;
    struct nfgenmsg *nfg;
    struct nfqnl_msg_verdict_hdr vh = {
        .verdict = htonl(verd),
        .id = htonl(id),
    };
    //填充 Netlink 头，方式和之前一致，Netlink 消息头的长度需要加上
    //属性 NFQA_PAYLOAD 的长度
    nlh->nlmsg_len = sizeof(*nlh) + 2 * sizeof(*attr) + sizeof(*nfg) + sizeof(vh)
+ data_len;
    nlh->nlmsg_type = (NFNL_SUBSYS_QUEUE << 8) | NFQNL_MSG_VERDICT;
    nlh->nlmsg_flags = NLM_F_REQUEST;
    //填充 NF Queue 消息参数，方式和之前一致
    nfg = (struct nfgenmsg *)(nlh + 1);
    nfg->nfgen_family = AF_UNSPEC;
    nfg->version = NFNETLINK_V0;
    nfg->res_id = htons(queue_num);
    //填充第一个属性，类型为 NFQA_VERDICT_HDR，表示数据包处理结果
    attr = (struct nlattr *)(nfg + 1);
    attr->nla_len = sizeof(*attr) + sizeof(vh);
    attr->nla_type = NFQA_VERDICT_HDR;
    memcpy(attr + 1, &vh, sizeof(vh));
    //增加属性 NFQA_PAYLOAD，放在属性 NFQA_VERDICT_HDR 的后面，用于修改数据
    attr = (struct nlattr *)((char *)attr + attr->nla_len);
    //该属性的数据长度是属性头的长度+数据长度
    attr->nla_len = sizeof(*attr) + data_len;
    attr->nla_type = NFQA_PAYLOAD;               //设置属性类型
    memcpy(attr + 1, data, data_len);            //将数据拷贝到属性头的后面
    return nlh;
}
//应用程序主函数
int main()
```

```
{
    ......
    //变量 payload_len 用于保存数据长度
    unsigned int packet_id = 0, payload_len = 0;
    ......
    while(1)
    {
        ......
        while(left > 0)
        {
            switch(nla->nla_type)
            {
                case NFQA_PACKET_HDR:
                    ......
                case NFQA_PAYLOAD:
                    payload = (char *)(nla + 1);
                    //获取数据长度，保存在变量 payload_len 中
                    payload_len = nla->nla_len - sizeof(*nla);
                    ......
            }
            ......
        }
        payload[0] = 0xAA; //将数据的第一个字节改为 0xAA
        nlh = nfq_build_verdict(send_buf, packet_id, 1, NF_ACCEPT,
                                payload, payload_len);
        //发送数据包处理结果报文
        if(send(fd, nlh, nlh->nlmsg_len, 0) < 0)
        {
            ......
        }
    }
    ......
}
```

上述源码在源码 15-30 的基础上，修改了函数 nfq_build_verdict，在 Netlink 消息中增加了属性 NFQA_PAYLOAD，并将修改后的数据放入该属性中。在主函数中，通过 payload[0] = 0xAA 将数据的第一个字节修改成 0xAA，然后调用 nfq_build_verdict 构造数据处理结果报文，处理结果中带上了修改后的数据，内核收到该数据后，会修改缓存的数据包内容。

（3）获取数据包其他信息

对于接收到的 NF Queue 数据，不仅包含属性为 NFQA_PACKET_HDR 的数据包头、属性为 NFQA_PAYLOAD 的数据负载，也包含数据包的网络接口、时间戳、连接跟踪、源 MAC 地址、套接字拥有者等属性信息，这些信息的属性类型各不相同，具体的属性类型值见第 15.6.2 节的源码 15-27。对于属性类型为网络接口（类型值为 NFQA_IFINDEX_INDEV、NFQA_IFINDEX_OUTDEV、NFQA_IFINDEX_PHYSINDEV 或 NFQA_IFINDEX_PHYSOU-TDEV）、数据包的实际长度（类型值为 NFQA_CAP_LEN）、套接字拥有者的用户 ID（类型值为 NFQA_UID）和组 ID（类型值为 NFQA_GID）等信息，属性的数据类型是一个 4 字节的无符号数；对于数据包的源 MAC 地址（类型值为 NFQA_HWADDR），属性数据的结构体类型 struct nfqnl_msg_packet_hw 定义于内核源码的 include/uapi/linux/netfilter/nfnetlink_queue.h

头文件中，定义如源码 15-33 所示。

源码 15-33　结构体 struct nfqnl_msg_packet_hw 的定义

```
struct nfqnl_msg_packet_hw {
    __be16  hw_addrlen;    //数据包的最大长度
    __u16   _pad;          //备份
    __u8    hw_addr[8];    //MAC 地址
};
```

对于数据包的时间戳（属性类型值为 NFQA_TIMESTAMP），属性数据的结构体类型 struct nfqnl_msg_packet_timestamp 定义如源码 15-34 所示。

源码 15-34　结构体 struct nfqnl_msg_packet_timestamp 的定义

```
struct nfqnl_msg_packet_timestamp {
    __aligned_be64  sec;    //秒
    __aligned_be64  usec;   //微秒
};
```

对于数据包的连接跟踪信息（属性类型值为 NFQA_CT），属性数据较为复杂，该属性数据包含了连接跟踪相关的 IP 地址、网络协议号等内部属性，属性数据的格式分层组织，如图 15-31 所示。

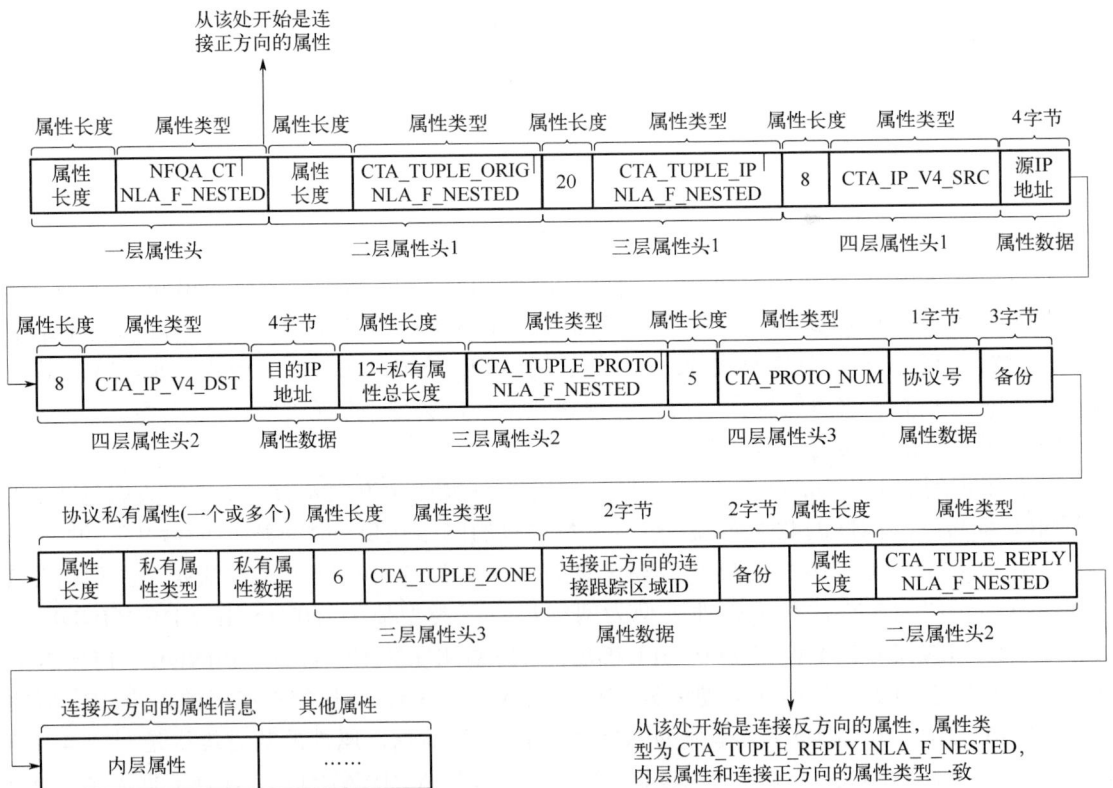

图 15-31　连接跟踪的属性信息

可以看出，对于连接跟踪的 Netlink 属性，其内部又有多层属性，从最外层到最内层分别为一层属性、二层属性、三层属性和四层属性。最内层的属性才会有属性数据，其他层的属性头后是更内层的属性头，内层属性是外层属性的子属性。如果不是最内层属性，属性头的属性类型字段要附加上类型值 NLA_F_NESTED，表示还有内层属性。NLA_F_NESTED 的定义为：#define NLA_F_NESTED （1 << 15），即如果属性类型的第 16 位置为 1 表示还有内层属性。

在图 15-31 中，最外层属性头（一层属性头）的属性类型是 NFQA_CT|NLA_F_NESTED，NLA_F_NESTED 表示还有内层属性，而属性头的属性长度是该属性头加上其内层所有属性信息的长度。其内层的第一个属性头（二层属性头 1）的属性类型是 CTA_TUPLE_ORIG|NLA_F_NESTED，CTA_TUPLE_ORIG 表示这是网络连接正方向的属性，NLA_F_NESTED 表示这一层属性还有内层属性。二层属性头 1 的第一个内层属性头（三层属性头 1）的属性类型是 CTA_TUPLE_IP| NLA_F_NESTED，CTA_TUPLE_IP 表示该属性的数据是 IP 地址，NLA_F_NESTED 表示该属性也包含内层属性。三层属性头 1 的第一个内层属性头（四层属性头 1）的属性类型是 CTA_IP_V4_SRC，表示该属性保存了源 IP 地址，其后的数据就是 4 字节的源 IP 地址。四层属性头 1 的属性长度是属性头+源 IP 地址的长度，共 8 字节。源 IP 地址后面是三层属性头 1 的第二个内层属性头（四层属性头 2），其属性类型是 CTA_IP_V4_DST，其后的数据是 4 字节的目的 IP 地址，其属性长度为 8 字节，是属性头+目的 IP 地址的长度。四层属性头 1 和四层属性头 2 均是三层属性头 1 的内层属性，三层属性头 1 的属性长度是 20 字节，正好是三层属性头 1 的属性头长度+四层属性头 1 的属性长度+四层属性头 2 的属性长度。

紧接着，目的 IP 地址的是另一个三层属性头（三层属性头 2），属性类型是 CTA_TUPLE_PROTO | NLA_F_NESTED，CTA_TUPLE_PROTO 表示该属性保存的是协议信息。三层属性头 2 的第一个内层属性（四层属性头 3）的属性类型是 CTA_PROTO_NUM，表示该属性保存的是协议号（例如 ICMP 协议的协议号是 1，UDP 协议的协议号是 17），属性头后就是 1 字节的协议号，协议号的后面是 3 字节的备份。Linux 要求 Netlink 属性需要 4 字节对齐，3 字节的备份是为字节对齐考虑，备份字段不会加到属性头的属性长度中，因此四层属性头 3 的属性长度是 5 字节。在 3 字节备份字段后面是多个四层属性，是各协议的私有属性信息，对于不同的网络协议具有不同的私有属性，这些四层属性同属于三层属性头 2。三层属性头 2 中的属性长度是三层属性头的长度+四层属性头 3 的属性长度+3 字节的备份+所有私有属性的长度。

私有属性数据的后面是另一个属性头（三层属性头 3），属性类型是 CTA_TUPLE_ZONE，属性长度是 6 字节，该属性没有内层属性，保存的是连接跟踪区域 ID。由于连接跟踪区域 ID 的长度是 2 字节，而 Netlink 属性需要 4 字节对齐，所以连接跟踪区域 ID 是 2 字节的备份字段。至此，二层属性头 1 所包含的全部属性已介绍完，二层属性头 1 中的属性长度是属性头的长度（4 字节）+内层所有属性的长度。

二层属性头 2 中的数据是属于 NFQA_CT|NLA_F_NESTED 属性（一层属性头）的另一个内层属性，其属性类型是 CTA_TUPLE_REPLAY|NLA_F_NESTED，CTA_TUPLE_REPLAY 表示这是网络连接反方向的属性。该属性的内层属性的类型和长度与二层属性头 1 一致。

如果要通过 NF Queue 套接字获取数据包的连接跟踪信息，需要在编译 Linux 内核时打开 CONFIG_NETFILTER_NETLINK_GLUE_CT 选项，打开方式是：在执行 make menuconfig

进行编译配置时，选择"Networking support"，在子菜单选择"Networking options"，再选择"Network packet filtering framework (Netfilter)"，最后选择"Core Netfilter Configuration"。在菜单中勾选"NFQUEUE and NFLOG integration with Connection Tracking"，如图 15-32 所示。之后需要重新编译、安装内核，重启操作系统。

```
<M> Connection tracking netlink interface
<M> Connection tracking timeout tuning via Netlink
< > Connection tracking helpers in user-space via Netlink (NEW)
[*] NFQUEUE and NFLOG integration with Connection Tracking
-M- Network Address Translation support
<M> Netfilter nf_tables support
```

图 15-32 打开 CONFIG_NETFILTER_NETLINK_GLUE_CT 选项

编译、安装内核后，应用程序就可以通过 NF Queue 套接字获取数据包的连接跟踪信息。在获取连接跟踪信息前，需要通过 NF Queue 配置命令打开连接跟踪上报开关。打开连接跟踪上报开关的方式是在 NF Queue 配置报文中增加两个属性：NFQA_CFG_FLAGS 和 NFQA_CFG_MASK，属性数据都需要设置为 NFQA_CFG_F_CONNTRACK。下面将修改第 15.6.2 节的源码 15-23 的函数 nfq_build_cfg_request，在创建绑定命令报文的同时，将属性 NFQA_CFG_FLAGS 和 NFQA_CFG_MASK 加入报文中，以打开连接跟踪上报开关，如源码 15-35 所示。

源码 15-35 打开连接跟踪上报开关

```c
    static struct nlmsghdr *nfq_build_cfg_request(char *buf, unsigned char command,
int queue_num)
    {
    ......
    //NFQA_CFG_FLAGS 和 NFQA_CFG_MASK 属性的数据，用于打开连接跟踪上报开关
    unsigned int data = htonl(NFQA_CFG_F_CONNTRACK);
    //Netlink 消息头的长度需要加上 NFQA_CFG_FLAGS 和 NFQA_CFG_MASK 属性的长度
    nlh->nlmsg_len = sizeof(*nlh) + 3*sizeof(*attr) + sizeof(*nfg) + sizeof(cmd)
+ 2*sizeof(data);
    ......
    //填充 NFQA_CFG_CMD 属性，表示这是一个配置命令
    attr = (struct nlattr *)(nfg + 1);
    attr->nla_len = sizeof(*attr) + sizeof(cmd);
    attr->nla_type = NFQA_CFG_CMD;
    memcpy(attr + 1, &cmd, sizeof(cmd));
    //填充 NFQA_CFG_FLAGS 属性，属性数据为 NFQA_CFG_F_CONNTRACK
    attr = (struct nlattr *)((char *)attr + attr->nla_len);
    //属性长度是属性头的长度+属性数据长度
    attr->nla_len = sizeof(*attr) + sizeof(data);
    attr->nla_type = NFQA_CFG_FLAGS;
    memcpy(attr + 1, &data, sizeof(data));
    //填充 NFQA_CFG_MASK 属性，属性数据为 NFQA_CFG_F_CONNTRACK
    attr = (struct nlattr *)((char *)attr + attr->nla_len);
    attr->nla_len = sizeof(*attr) + sizeof(data);
    attr->nla_type = NFQA_CFG_MASK;
    memcpy(attr + 1, &data, sizeof(data));
    return nlh;
    }
```

源码在绑定命令报文的尾部增加了属性 NFQA_CFG_FLAGS 和 NFQA_CFG_MASK，属性数据都设置为 htonl(NFQA_CFG_F_CONNTRACK)。由于增加了属性，Netlink 消息头的长度需要在原来的基础上加上这两个属性的长度。

源码 15-32 能够从 NF Queue 套接字获取网络数据包并进行处理，在此基础上修改源码，获取网络数据包的连接跟踪信息及数据包的源 MAC 地址，修改后的源文件 test_get_nfattr.c 如源码 15-36 所示。

源码 15-36　test_get_nfattr.c

```
......
//要使用连接跟踪相关属性，需要引入该头文件
#include <linux/netfilter/nfnetlink_conntrack.h>
//该函数的实现见源码 15-35
static struct nlmsghdr *nfq_build_cfg_request(char *buf, unsigned char command,
int queue_num)
{
    ......
}
......
int main()
{
    ......
    while(1)
    {
        ......
        while(left > 0)
        {   /*
            *属性类型中可能包含 NLA_F_NESTED，表示有内层属性，此处的
            *nla->nla_type*& (~NLA_F_NESTED)表示需要将 NLA_F_NESTED 所在的
            *位设置为 0，才能判断实际属性
            */
            switch(nla->nla_type & (~NLA_F_NESTED))
            {
                ......
                case NFQA_HWADDR: //该属性为源 MAC 地址
                {    //获取 MAC 地址属性并打印
                    struct nfqnl_msg_packet_hw *phw = (struct nfqnl_msg_packet_hw *)
(nla + 1);
                    printf("macaddr:");
                    for(i = 0; i < 6; i++)
                    {
                        printf("%02x:", phw->hw_addr[i]);
                    }
                    printf("\n");
                    break;
                }
                case NFQA_CT: //该属性为连接跟踪信息
                {
                    struct nlattr *inner_nla = nla;
                    // NLA_ALIGN 作用是 4 字节对齐
                    int inner_left = NLA_ALIGN(nla->nla_len);
```

```c
//该变量保存当前的属性层级，0 表示第一层属性
unsigned short level = 0;
//该数组保存外层属性类型，最多 4 层属性
unsigned short outer_type[4];
//该数据保存外层属性长度，最多 4 层属性
unsigned short outer_len[4];
unsigned int data = 0;    //用于保存连接跟踪消息中的 IP 地址
unsigned char proto = 0; //用于保存连接跟踪消息中的协议号

memset(outer_type, 0, sizeof(outer_type));
memset(outer_len, 0, sizeof(outer_len));

while(inner_left > 0)
{
    //如果有内层属性，则记录属性层级
    if(inner_nla->nla_type & NLA_F_NESTED)
    {
        if(level >= 4)        //最多 4 层属性
        {
            printf("level error\n");
            return -1;
        }
        //记录当前层级的属性类型
        outer_type[level] = (inner_nla->nla_type & (~NLA_F_NESTED));
        //若属性类型是 CTA_TUPLE_ORIG，表示是连接正向的属性
        if(outer_type[level] == CTA_TUPLE_ORIG && level == 1)
            printf("original direction\n");
        //若属性类型是 CTA_TUPLE_REPLY，表示是连接反向的属性
        else if(outer_type[level] == CTA_TUPLE_REPLY && level == 1)
            printf("reply direction\n");
        //记录当前层级属性的总长度
        outer_len[level] = inner_nla->nla_len;
        inner_nla += 1;    //将属性头后移，指向内层属性
        //剩余属性长度减去属性头的长度
        inner_left -= sizeof(*inner_nla);
        level++;        //由于有内层属性，属性层级加 1
        //由于属性头后移，所有外层的属性长度减去后移的长度
        for(i = 0; i < level; i++)
            outer_len[i] -= sizeof(*inner_nla);
        continue;    //如果有内层属性，继续内层属性头的判断
    }
    /*
    *如果属性层级是 3，表示是第四层属性，外层属性类型是
    *CTA_TUPLE_IP，即第三层属性的类型是 CTA_TUPLE_IP，
    *表示属性内容是 IP 地址
    */
    if(level == 3 && outer_type[2] == CTA_TUPLE_IP)
    {    //根据当前属性获取 IP 地址
        switch(inner_nla->nla_type)
        {
            case CTA_IP_V4_SRC: //获取源 IP 地址并打印
```

```
                                    data = *(unsigned int *)(inner_nla + 1);
                                    printf("source ip:0x%x\n", ntohl(data));
                                    break;
                                case CTA_IP_V4_DST: //获取目的 IP 地址并打印
                                    data = *(unsigned int *)(inner_nla + 1);
                                    printf("dstination ip:0x%x\n", ntohl(data));
                                    break;
                            }
                        }
                        /*
                        *如果属性层级是 3、外层属性类型是 CTA_TUPLE_PROTO，表示
                        *属性内容是协议信息，此时若当前属性类型是 CTA_PROTO_NUM,
                        *表示内容是协议号
                        */
                        else if(level == 3 && outer_type[2] == CTA_TUPLE_PROTO &&
inner_nla->nla_type == CTA_PROTO_NUM)
                        {   //获取并打印出协议号
                            proto = *(unsigned char *)(inner_nla + 1);
                            printf("proto number:%d\n", proto);
                        }
                        //已遍历完当前属性，剩余的属性长度减去当前属性长度
                        inner_left -= NLA_ALIGN(inner_nla->nla_len);
                        if(level > 0)
                        {   //对当前属性，记录的外层属性长度应减去遍历的属性长度
                            for(i = level - 1; i >= 0; i--)
                            {
                                outer_len[i] -= NLA_ALIGN(inner_nla->nla_len);
                                //若记录的外层属性长度减小为 0，表示外层属性已遍
                                //历完，层级减一
                                if(outer_len[i] == 0)
                                    level--;
                            }
                        }
                        //遍历下一个属性
                        inner_nla = (struct nlattr *)((char *)inner_nla + NLA_ALIGN
(inner_nla->nla_len));
                    }
                    break;
                }
            }
            ......
        }
        ......
    }
    ......
}
```

    源码通过 nla->nla_type 判断最外层属性类型，如果类型为 NFQA_HWADDR，表示 Netlink 属性中保存的是源 MAC 地址，此时打印出 MAC 地址。

    如果属性类型为 NFQA_CT，表示该属性保存了连接跟踪信息，此时根据图 15-31 逐层遍历属性内容：如果二层属性类型是 CTA_TUPLE_ORIG，表示这是连接正方向的连接跟踪

信息，此时打印字符串 "original direction"；如果二层属性类型是 CTA_TUPLE_REPLY，表示这是连接反方向的连接跟踪信息，打印字符串 "reply direction"；如果当前属性是四层属性，并且三层属性类型是 CTA_TUPLE_IP，此时若属性值是 CTA_IP_V4_SRC 则打印出源 IP 地址，属性值是 CTA_IP_V4_DST 则打印出目的 IP 地址；如果当前属性是四层属性并且属性类型是 CTA_PROTO_NUM，若对应的三层属性类型是 CTA_TUPLE_PROTO，表示该属性保存的是协议号，打印出协议号。

编译该源文件后，需要先加载第 15.6.1 节的源码 15-17 对应的内核模块后，再执行上述源码编译后的可执行文件。此时在另一台终端上执行 ping 命令向运行该可执行文件的终端发送 ping 报文，打印如图 15-33 所示。

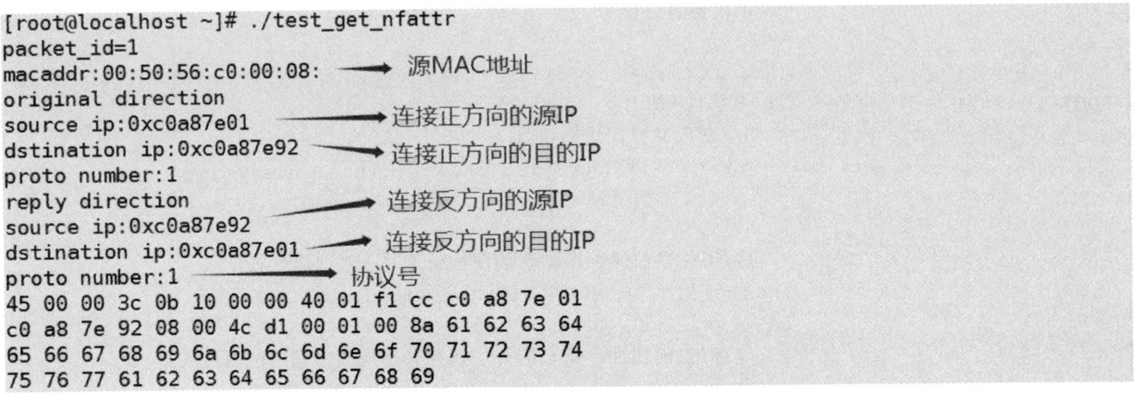

图 15-33　通过 NF Queue 套接字收到数据包后的打印

可执行文件不仅打印出之前的数据包 ID 及网络数据信息，同时打印出数据包的源 MAC 地址、连接跟踪的 IP 地址信息和协议号。其中连接正方向的源 IP 指的是 ping 命令发起方的 IP 地址，连接正方向的目的 IP 指的是 ping 命令目的终端的 IP 地址；连接反方向的源 IP 和目的 IP 正好相反；协议号 1 表示数据包是 ICMP 协议，ping 命令发送的是 ICMP 报文。

15.7　Iptables

Linux 的 Iptables 是基于 Netfilter 的包过滤防火墙，其底层利用 Netfilter 实现 raw、mangle、nat、filter 和 security 五张表，分别挂在 Netfilter 五条链的各处，通过 Iptables 命令行配置工具向表中加入过滤规则，数据包到达过滤规则时做相应处理。其中 filter 表用于控制数据包是否允许进出及转发，nat 表用于控制数据包的地址转换（NAT），mangle 表用于修改数据包中的数据信息，raw 表用于控制连接跟踪机制的启用状况，security 表用于强制访问控制策略。

关于 Iptables 的详细介绍以及 Iptables 模块的编写，见配套电子书第 7.4 节。

15.8　ARP 数据包过滤

Netfilter 框架不仅仅可以实现 IP 数据包的过滤，还可以过滤 ARP 数据包、DECnet 数据包等。本节将描述 ARP 数据包的过滤。

与 IP 数据包的过滤不同，ARP 数据包过滤仅存在三条链：IN 链、OUT 链和 FORWARD 链，分别对应 ARP 数据包的进入、发出和转发。这几条链的值在内核源码的 uapi/linux/netfilter_arp.h 头文件中定义，如源码 15-37 所示。

源码 15-37 ARP 数据处理的三条链

```
#define NF_ARP_IN        0  //IN 链
#define NF_ARP_OUT       1  //OUT 链
#define NF_ARP_FORWARD   2  //FORWARD 链
```

可以在这几条链上注册钩子函数来过滤 ARP 数据包。注册和注销的方式和第 15.2 节描述的一致，只是需要将注册时参数的协议信息配置成 NFPROTO_ARP，链信息配置成上述三条链中的一条。一个最简单的 ARP 数据包过滤示例如源码 15-38 所示。

源码 15-38 test_drop_arp.c

```
#include <linux/module.h>
#include <uapi/linux/netfilter_arp.h>  //需引入该头文件以用于过滤 ARP 数据包
//将要注册的钩子函数
static unsigned int hook_input(void *priv, struct sk_buff *skb, const struct
nf_hook_state *state)
{
    return NF_DROP;   //丢弃所有的 ARP 数据包
}

//钩子操作数组，只有一个成员，用于注册在 INPUT 链上
static const struct nf_hook_ops netfilter_mod_ops[] = {
    {
        .hook    = hook_input,   //钩子函数
        //需要将协议配置为 NFPROTO_ARP，表示过滤 ARP 数据包
        .pf      = NFPROTO_ARP,
        .hooknum = NF_ARP_IN,    //钩子函数挂在 IN 链上
        .priority = 1,           //优先级配置为 1
    },
};
//内核模块加载函数
static int test_drop_arp_init(void)
{
    //调用 nf_register_net_hooks 注册钩子函数数组
    return nf_register_net_hooks(&init_net, netfilter_mod_ops,
                        ARRAY_SIZE(netfilter_ mod_ops));
    return 0;
}
//内核模块卸载函数
static void test_drop_arp_exit(void)
{
    //注销 netfilter 钩子函数数组
    nf_unregister_net_hooks(&init_net, netfilter_mod_ops, ARRAY_SIZE(netfilter_
mod_ops));
}
```

```
module_init(test_drop_arp_init);
module_exit(test_drop_arp_exit);
```

上述源码的实现和第 15.2 节源码 15-6 类似，只不过源码 15-6 的作用是丢弃进入 INPUT 链上的 IP 数据包，而本节的源码丢弃的是进入 IN 链的 ARP 数据包。本节描述的 IN 链、OUT 链和 FORWARD 链只能处理 ARP 协议，而第 15.4 节描述的 IP 数据处理的五条链处理的是 IP 协议。

第 **16** 章

Linux 安全模块

Linux 安全模块（Linux security module，LSM）是 Linux 内核的一个轻量级通用访问控制框架。不同的访问控制模型能够通过 LSM 以内核模块的方式实现，用户可以根据需求选择相应的访问控制模型加载，具有极大的灵活性及易用性。

虽然 LSM 是一个轻量级的访问控制框架，但是可控制的对象涵盖了几乎 Linux 操作系统的方方面面，包括文件、目录、文件系统、系统日志、进程、消息队列、套接字、共享内存、信号量、内核模块加载、调试（ptrace）等。本章首先介绍 LSM 的原理，然后尝试动手编写几类 LSM 模块。此外，配套电子书的第 8 章介绍了 Yama 模块的实现。

16.1 LSM 的实现原理

LSM 框架在内核代码中插入了许多钩子(hook)函数，这些钩子函数可以被程序员自定义。当用户需要访问系统中的某个资源，在访问资源之前，Linux 内核会调用对应的钩子函数对访问操作进行仲裁，即"是否允许该访问执行"。

以读文件为例。用户读文件时会调用 read 系统调用，X86_64 系统下 read 的系统调用号是 0，在内核态执行的是系统调用表中系统调用号为 0 的函数，即 sys_read 函数。在该函数内部，会执行 LSM 的钩子函数，如果该钩子函数已经被程序员自定义，则钩子函数将按照自定义的处理逻辑对 read 操作进行仲裁，即允许还是拒绝该读操作。如果允许，用户就能够正常读数据；反之，用户读操作将返回错误信息，读取数据失败。如图 16-1 所示。

整个流程的步骤是：

① 应用程序调用 read 系统调用进行数据读取；

② 系统调用进入内核态执行系统调用表中的函数 sys_read；

③ sys_read 函数中将执行 security_file_permission 函数，该函数内会执行钩子函数，钩子函数逻辑可由用户自定义；

④ 钩子函数执行后，返回执行结果，如果不允许用户读数据，则后续的读操作将不被执行。

与读文件操作类似，用户的其他操作如套接字创建、进程创建、文件系统访问等操作在内核态也会调用对应的 LSM 钩子函数，程序员可自定义这些钩子函数来决定用户是否能够访问相应资源。

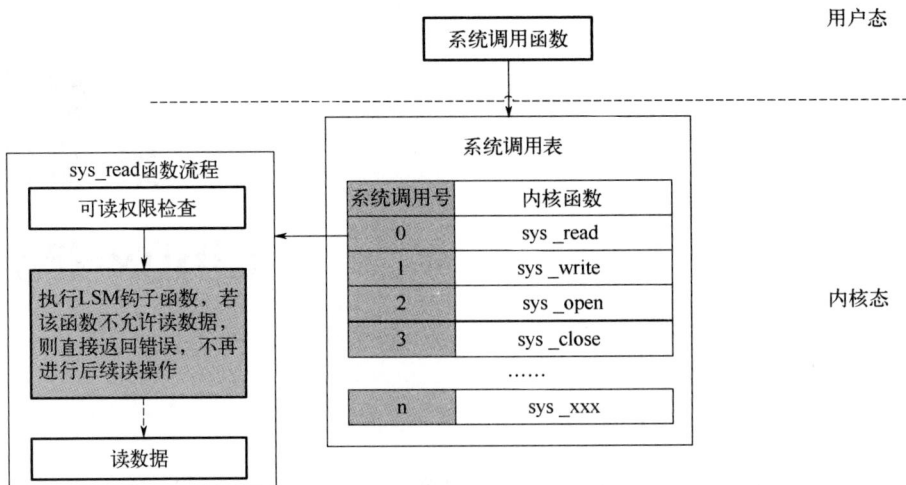

图 16-1 读操作的访问控制

　　所有可被用户自定义的钩子定义于内核源码的 include/linux/lsm_hook_defs.h，总共有数百个之多，源码 16-1 将本书所用到的钩子列举出来，后续用到时将逐一说明。

源码 16-1　内核定义的 LSM 钩子

```
......
//调用 ptrace 系统调用时检查 ptrace 权限的钩子
LSM_HOOK(int, 0, ptrace_access_check, struct task_struct *child, unsigned int
mode)
//ptrace 系统调用选项为 PTRACE_TRACEME 时的钩子
LSM_HOOK(int, 0, ptrace_traceme, struct task_struct *parent)
......
#ifdef CONFIG_SECURITY_PATH
......
//创建目录时调用的钩子
LSM_HOOK(int, 0, path_mkdir, const struct path *dir, struct dentry *dentry, umode_t
mode)
//删除目录时调用的钩子
LSM_HOOK(int, 0, path_rmdir, const struct path *dir, struct dentry *dentry)
......
//重命名目录时调用的钩子
LSM_HOOK(int, 0, path_rename, const struct path *old_dir, struct dentry
*old_dentry, const struct path *new_dir, struct dentry *new_dentry)
......
#endif /* CONFIG_SECURITY_PATH */
......
//删除链接调用的钩子
LSM_HOOK(int, 0, inode_unlink, struct inode *dir, struct dentry *dentry)
//创建符号链接调用的钩子
LSM_HOOK(int, 0, inode_symlink, struct inode *dir, struct dentry *dentry, const
char *old_name)
......
//判断访问 inode 节点权限时调用的钩子
LSM_HOOK(int, 0, inode_permission, struct inode *inode, int mask)
```

```
......
//打开文件执行的钩子
LSM_HOOK(int, 0, file_open, struct file *file)
......
//进程释放时执行的钩子
LSM_HOOK(void, LSM_RET_VOID, task_free, struct task_struct *task)
......
//执行 prctl 系统调用时要执行的钩子
LSM_HOOK(int, -ENOSYS, task_prctl, int option, unsigned long arg2, unsigned long
arg3, unsigned long arg4, unsigned long arg5)
......
```

上述源码中，LSM_HOOK 是一个宏，在不同的使用场景下该宏的实现不同。如果是定义钩子函数类型，该宏定义如下。

```
#define LSM_HOOK(RET, DEFAULT, NAME, ...) RET (*NAME)(__VA_ARGS__);
```

根据宏 LSM_HOOK 的定义，钩子函数类型 LSM_HOOK(int, 0, file_open, struct file *file) 展开后如下所示。

```
int  (*file_open)(struct file *file);
```

如果实现了类型为 file_open 的函数并进行了注册，在应用程序执行 open 系统调用时将执行到该函数。函数的参数 file 就是将要打开的文件。

16.2 编写一个简单的 LSM 模块

16.2.1 打内核补丁

LSM 模块目前需要直接编译在内核中，为了能够方便的作为可加载内核模块进行测试，需要给内核打一个补丁文件，补丁文件内容如源码 16-2 所示。

源码 16-2 lsm_test.patch

```
--- security.c.bak  2024-06-16  09:46:54.921341958 +0800
+++ security.c 2024-06-16  09:59:35.532143325 +0800
@@ -71,7 +71,8 @@
    [LOCKDOWN_CONFIDENTIALITY_MAX] = "confidentiality",
 };

-struct security_hook_heads security_hook_heads __lsm_ro_after_init;
+struct security_hook_heads security_hook_heads;
+EXPORT_SYMBOL(security_hook_heads);
 static BLOCKING_NOTIFIER_HEAD(blocking_lsm_notifier_chain);

 static struct kmem_cache *lsm_file_cache;
@@ -476,7 +477,7 @@
  /*
   * Each LSM has to register its hooks with the infrastructure.
   */
```

```
-void __init security_add_hooks(struct security_hook_list *hooks, int count,
+void security_add_hooks(struct security_hook_list *hooks, int count, char *lsm)
 {
     int i;
@@ -495,7 +496,7 @@
             panic("%s - Cannot get early memory.\n", __func__);
     }
 }
-
+EXPORT_SYMBOL(security_add_hooks);
 int call_blocking_lsm_notifier(enum lsm_event event, void *data)
 {
     return blocking_notifier_call_chain(&blocking_lsm_notifier_chain,
```

该补丁修改了内核源码的 security/security.c 文件，主要做了如下工作。

① 去掉 security_hook_heads 变量的 __lsm_ro_after_init 修饰符后，导出该变量。变量 security_hook_heads 在内核源码的 security/security.c 中声明，表示钩子函数链表的头节点，所有 LSM 钩子函数都会插入 security_hook_heads 对应的链表中。security_hook_heads 数据类型为 struct security_hook_heads 结构体，该结构体在 include/linux/lsm_hooks.h 中定义，如源码 16-3 所示。

源码 16-3　结构体 struct security_hook_heads 的定义

```
struct security_hook_heads {
    #define LSM_HOOK(RET, DEFAULT, NAME, ...) struct hlist_head NAME;
    #include "lsm_hook_defs.h"
    #undef LSM_HOOK
}
```

第 16.1 节曾介绍过，LSM_HOOK 宏在不同的使用场景下实现不同。struct security_hook_heads 中的 LSM_HOOK 宏用于声明 hlist 链表头。同时，结构体包含了 lsm_hook_defs.h 头文件 include/linux/lsm_hook_defs.h，展开后，struct security_hook_heads 定义如源码 16-4 所示。

源码 16-4　struct security_hook_heads 展开后的定义

```
struct security_hook_heads {
    ......
    //调用 ptrace 系统调用时检查 ptrace 权限的钩子链表
    struct hlist_head ptrace_access_check;
    //ptrace 系统调用选项为 PTRACE_TRACEME 时的钩子链表
    struct hlist_head ptrace_traceme;
    ......
    struct hlist_head path_mkdir;  //创建目录时的钩子链表
    struct hlist_head path_rmdir;  //删除目录时的钩子链表
    ......
};
```

可以看出，结构体定义了一系列的链表，每一个钩子点就是一个链表，意味着一个钩子点可以在链表中插入多个函数。

在补丁文件中，lsm_ro_after_init 修饰符的作用是：在内核初始化完成后，其修饰的变量为只读状态，可加载内核模块不能改变该变量的值；去掉该修饰符并导出后，就可以在可加载内核模块中改变该变量的值。这意味着可以在内核模块中动态改变 LSM 钩子函数。

② 去掉 security_add_hooks 函数 __init 修饰符，并用 EXPORT_SYMBOL 导出该函数。security_add_hooks 函数用于注册 LSM 钩子函数。__init 修饰符的作用是：在内核初始化完成后，其修饰的函数所在内存区域会被释放，可加载内核模块不能访问该函数；去掉该修饰符并导出后，就可以在可加载内核模块中使用该函数。

将补丁文件放在内核源码根目录下，执行 cd 命令切换到内核源码根目录下，再执行命令：patch -p0 < lsm_test.patch，就可以成功打上该补丁。然后重新编译、安装内核，启动操作系统。

需要注意的是，该补丁会降低 Linux 内核的安全性，应仅在调试环境中使用。如果不采用补丁的方式，可以直接修改 security/security.c 文件后编译安装。

16.2.2　编写 LSM 模块

要编写一个 LSM 内核模块，主要有步骤如下。

（1）自定义 LSM 钩子函数

根据第 16.1 节源码 16-1 的钩子函数类型自定义钩子函数，不同的钩子函数参数不同。对于文件打开钩子函数 file_open，其参数就是将要打开的文件。钩子函数的返回值如果是 0，表示仲裁成功，允许执行；非 0，表示仲裁失败，不允许执行相应操作。

（2）注册 LSM 模块

通过函数 security_add_hooks 注册 LSM 模块，该函数在内核源码的 security/security.c 中定义，函数声明如下。

```
void  security_add_hooks(struct security_hook_list *hooks, int count, char *lsm)
```

函数的第一个参数 hooks 是 LSM 钩子函数链表数组，一次可注册多个钩子函数；第二个参数 count 是钩子函数链表数组的元素个数；第三个参数 lsm 是钩子的名称，可自定义。参数 hooks 的结构体类型 struct security_hook_list 定义于内核源码的 include/linux/lsm_hooks.h 头文件中，如源码 16-5 所示。

源码 16-5　结构体 struct security_hook_list 的定义

```
struct security_hook_list {
    struct hlist_node list;      //钩子函数链表的节点，用于向链表中插入钩子函数
    struct hlist_head *head;     //钩子函数链表头节点
    union security_list_options hook;  //函数指针，指向具体的钩子函数
    char *lsm;                        //该钩子的名称，可自定义
} __randomize_layout;
```

union security_list_options 定义了可自定义的钩子函数类型集合，其定义如源码 16-6 所示。

源码 16-6　union security_list_options 的定义

```
union security_list_options {
    #define LSM_HOOK(RET, DEFAULT, NAME, ...) RET (*NAME)(__VA_ARGS__);
    //可自定义的钩子函数集合,详见内核源码 include/linux/lsm_hook_defs.h
    #include "lsm_hook_defs.h"
    #undef LSM_HOOK
};
```

在该联合体中,LSM_HOOK 定义了钩子函数类型。同时,联合体包含了 lsm_hook_defs.h 头文件。展开后,可见该联合体的定义如源码 16-7 所示。

源码 16-7　union security_list_options 的定义

```
union security_list_options {
    //执行 ptrace 系统调用时检查 ptrace 权限的钩子函数类型
    int (*ptrace_access_check)( struct task_struct *child, unsigned int mode);
    //ptrace 系统调用选项为 PTRACE_TRACEME 时的钩子函数类型
    int (*ptrace_traceme)(struct task_struct *parent);
    ......
    //创建目录时将要执行的钩子函数类型
    int (*path_mkdir)(const struct path *dir, struct dentry *dentry, umode_t mode);
    //删除目录时将要执行的钩子函数类型
    int (*path_rmdir)(const struct path *dir, struct dentry *dentry);
    ......
};
```

在调用 security_add_hooks 函数注册 LSM 模块前,需要填充 struct security_hook_list 结构体数组,如果要注册多个钩子函数,数组中应该有多个 struct security_hook_list 结构体变量。填充该数组时,常用 LSM_HOOK_INIT 宏来定义数组中的每一个钩子。LSM_HOOK_INIT 这个宏的作用是赋值 struct security_hook_list 结构体变量,定义如源码 16-8 所示。

源码 16-8　LSM_HOOK_INIT 宏定义

```
#define LSM_HOOK_INIT(HEAD, HOOK) \
    { .head = &security_hook_heads.HEAD, .hook = { .HEAD = HOOK } }
```

该宏有两个参数,第一个参数 HEAD 是 security_hook_heads 中链表的名称,表示钩子函数属于哪一个链表;第二个参数 HOOK 是自定义的钩子函数。LSM_HOOK_INIT 将 security_hook_list 结构体变量的 head 成员赋值为&security_hook_heads.HEAD,security_hook_heads 变量是第 16.2.1 节提到的钩子函数的链表头节点。LSM_HOOK_INIT 同时又将 hook 对应的钩子函数设置为传入的参数 HOOK。例如 LSM_HOOK_INIT(ptrace_access_check, test_ptrace) 展开后为{.head = &security_hook_heads. ptrace_access_check, .hook = {.ptrace_access_check = test_ptrace }},表示将执行 ptrace 系统调用时执行的钩子函数设置为自定义函数 test_ptrace。

本节将实现一个简单的 LSM 模块,该模块将在创建目录时执行钩子函数,打印出创建的目录名。如源码 16-9 所示。

```c
#include <linux/module.h>
#include <linux/lsm_hooks.h>  //要注册 LSM 钩子函数需要引入该头文件
/*
*创建目录钩子函数，在执行 mkdir 时内核将调用该函数。函数的第一个参数 dir 是父
*目录的 inode 信息，第二个参数 dentry 是将要创建的目录项信息，第三个参数 mode
*是访问权限
*/
static int my_path_mkdir(const struct path *dir, struct dentry *dentry, umode_t
mode)
{
    //打印将要创建的目录名
    printk("create dir %s\n", dentry->d_iname);
    return 0;
}
//自定义钩子函数数组
static struct security_hook_list my_lsm_hooks[] = {
    //将创建目录时调用的钩子函数设置为自定义函数 my_path_mkdir
    LSM_HOOK_INIT(path_mkdir, my_path_mkdir),
};
//内核模块加载函数
static int test_lsm_mkdir_init(void)
{
    //调用 security_add_hooks 注册钩子函数数组
    security_add_hooks(my_lsm_hooks, ARRAY_SIZE(my_lsm_hooks), "my_lsm_hooks");
    return 0;
}
//内核模块卸载函数
static void test_lsm_mkdir_exit(void)
{
    int i = 0;

    //清理注册的钩子函数
    for(i = 0; i < ARRAY_SIZE(my_lsm_hooks); i++)
    {
        hlist_del_rcu(&my_lsm_hooks[i].list);
    }
}

module_init(test_lsm_mkdir_init);
module_exit(test_lsm_mkdir_exit);
MODULE_LICENSE("GPL");
```

上述源码定义了 struct security_hook_list my_lsm_hooks[]数组，该数组保存了将要注册的钩子，将创建目录的钩子函数 path_mkdir 设置为函数 my_path_mkdir。path_mkdir 这个钩子点在注册后会在创建目录时由内核执行，因此在创建目录时执行的就是 my_path_mkdir 函数。在 my_path_mkdir 函数中，仅仅打印了创建的目录名。

在加载函数中，通过 security_add_hooks(my_lsm_hooks, ARRAY_SIZE(my_lsm_hooks), "my_lsm_hooks")注册自定义的钩子函数，将钩子的名称设置为 "my_lsm_hooks"。注册之后，

在命令行中执行 mkdir 命令创建目录时，会打印出创建的目录名。卸载函数执行的是加载函数的逆操作。在卸载函数中，通过 hlist_del_rcu 将注册的钩子函数中链表中移除。

编译、加载该模块后，执行 mkdir test 命令创建一个名为 test 的目录，然后执行 dmesg -c 将打印出创建的目录名 "test"，如图 16-2 所示。

```
[root@localhost ~]# mkdir test
[root@localhost ~]# dmesg -c
[  409.151492] create dir test
```

图 16-2　创建目录

通过这个例子再次理解 LSM 钩子函数的执行过程，在执行 mkdir 命令时，mkdir 命令会执行 mkdir 系统调用创建目录。在 mkdir 系统调用的实现中，会执行变量 security_hook_heads（见第 16.2.1 节源码 16-3）的 path_mkdir 链表中的所有函数。源码的 my_lsm_hooks 数组中，通过 LSM_HOOK_INIT(path_mkdir, my_path_mkdir) 将 path_mkdir 链表中的函数定义为 my_path_mkdir。此时会执行函数 my_path_mkdir，打印出创建的目录名。整个过程如图 16-3 所示。

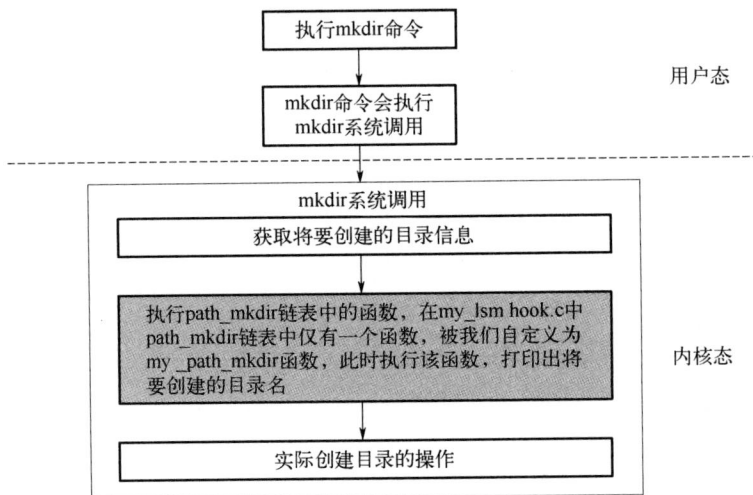

```
┌─────────────────────┐
│    执行mkdir命令      │
└──────────┬──────────┘
           ↓                              用户态
┌─────────────────────┐
│  mkdir命令会执行      │
│  mkdir系统调用        │
└──────────┬──────────┘
- - - - - - - - - - - - - - - - - - - - - - - - - - - -
┌────────────────────────────────────────┐
│            mkdir系统调用                  │
│  ┌──────────────────────────────────┐  │
│  │      获取将要创建的目录信息          │  │
│  └──────────────────────────────────┘  │
│  ┌──────────────────────────────────┐  │
│  │ 执行path_mkdir链表中的函数，在my_lsm │  │
│  │ hook.c中path_mkdir链表中仅有一个函数， │  │  内核态
│  │ 被我们自定义为my_path_mkdir函数，此时 │  │
│  │ 执行该函数，打印出将要创建的目录名     │  │
│  └──────────────────────────────────┘  │
│  ┌──────────────────────────────────┐  │
│  │        实际创建目录的操作           │  │
│  └──────────────────────────────────┘  │
└────────────────────────────────────────┘
```

图 16-3　LSM 钩子函数的执行过程

16.2.3　控制目录的创建

若要在上一节的源码 16-9 中增加这样的一个处理逻辑：如果创建目录的用户名是 root 用户，则允许其创建目录；如果用户名是 john，则不允许创建目录。

要实现以上功能，首先执行命令 useradd　john 创建一个名为 john 的用户，然后执行 cat /etc/passwd，可以看到 jonh 的用户 ID。本例子中，用户 id 为 1001，图 16-4 标出的部分就是用户 john 的 ID。

```
tcpdump:x:72:72::/:/sbin/nologin
linuxlinux:x:1000:1000:linuxlinux:/home/linuxlinux:/bin/bash
john:x:1001:1001::/home/john:/bin/bash
```

图 16-4　查看用户 id

本节将实现上面描述的处理逻辑，程序如源码 16-10 所示。

```
#include <linux/module.h>
#include <linux/lsm_hooks.h>    //要注册 LSM 钩子函数，需要引入该头文件
//定义权限信息
enum PERMISSIONS
{
    PERM_MKDIR = 0x0001    //创建目录权限
};
//以下结构体定义了用户 ID 和访问权限的对应关系
struct user_perm
{
    unsigned int user_id;    //用户 ID
    unsigned int perm;       //权限
};
//变量 user_perms 数组保存了每一个用户的访问权限信息
static struct user_perm user_perms[] = {
    {0, PERM_MKDIR},    //root 用户具有创建目录权限,用于 ID 为 0 表示 root 用户
    {1001, 0}           //john 用户不具有任何权限(john 在本例中的用户 ID 为 1001)
};
//验证用户是否具有对应权限，参数 user_id 表示用户 id，参数 perm 表示权限
static int permission_cred(unsigned int user_id, enum PERMISSIONS perm)
{
    int i = 0;
    //遍历 user_perms 数组，判断用户是否有访问权限
    for(i = 0; i < sizeof(user_perms)/sizeof(struct user_perm); i++)
    {
        if(user_id == user_perms[i].user_id)
        {
            //判断用户是否具有相应权限，这里用与操作来判定
            if(user_perms[i].perm & perm)
            {
                return 1;    //返回 1 表示具有相应权限
            }
            else
            {
                break;       //如果用户没有对应权限，则跳出循环
            }
        }
    }
    printk("forbid mkdir,user %d\n",user_id); //打印被拒绝创建目录的用户 id
    return 0;                //返回 0 表示不具有相应权限
}
//创建目录钩子函数，在执行命令 mkdir 时内核将调用该函数
static int my_path_mkdir(const struct path *dir, struct dentry *dentry, umode_t mode)
{
    //获取用户 ID
    unsigned int user_id = current_uid().val;
    //判断该用户是否具有创建目录的权限
    if(permission_cred(user_id, PERM_MKDIR) == 0)
    {
```

```
        //若该用户不具有创建目录的权限，则禁止创建目录，返回-EPERM表示操作不允许
        return -EPERM;
    }
    return 0;
}
//钩子函数数组
static struct security_hook_list my_lsm_hooks[] = {
    LSM_HOOK_INIT(path_mkdir, my_path_mkdir),
};
//内核模块加载函数
static int test_control_mkdir_init(void)
{
    ......
}

//内核模块卸载函数
static void test_control_mkdir_exit(void)
{
    ......
}
module_init(test_control_mkdir_init);
module_exit(test_control_mkdir_exit);
MODULE_LICENSE("GPL");
```

和第 16.2.2 节源码 16-9 相比，该源文件主要有几处更改。

① 源文件首先定义了一个枚举类型 PERMISSIONS 表示权限，目前只有创建目录权限的定义。同时定义了结构体 struct user_perm，表示用户 ID 和权限的对应关系，即某个用户具有某项权限。

② 源文件定义了 struct user_perm user_perms[]数组，该数组定义了用户 ID 和权限的对应关系；root 用户 ID 为 0，具有创建目录的权限；john 的用户 ID 为 1001（根据/etc/passwd 文件可以查看 john 用户的 ID），不具有任何权限。

③ 在 my_path_mkdir 函数中增加判断逻辑，判断当前创建目录的用户是否具有权限；如果有权限，则返回 0；没有权限则返回-EPERM，-EPERM 表示不允许进行该操作。my_path_mkdir 函数通过内核提供的 current_uid().val 接口获取当前创建目录的用户 ID，current_uid()接口返回值类型是 kuid_t，kuid_t 在内核源码的 include/linux/uidgid.h 文件定义，如源码 16-11 所示。

源码 16-11　类型 kuid_t 的定义

```
typedef struct {
    uid_t  val;  //用户 ID 的值，uid_t 类型的定义是 unsigned int
} kuid_t;
```

从 kuid_t 定义可以看出，current_uid().val 即为当前用户 ID 的值，和 current_uid 类似的一组接口如下所示。

- current_gid()：获取当前的用户组 id。
- current_euid()：获取当前的有效用户 id。

- current_egid()：获取当前的有效用户组 id。

编译加载该模块后，首先以 root 用户登录系统，执行 mkdir 命令创建目录，目录能够成功创建；再以 john 用户登录系统，执行 mkdir 命令创建目录，目录创建失败，并显示"Operation not permitted"。如图 16-5 所示。

```
[root@localhost john]# mkdir test  ——▶ root用户创建目录
[root@localhost john]# su john
[john@localhost ~]$ mkdir test1  ——▶ 用户john创建目录
mkdir: cannot create directory 'test1': Operation not permitted
```

图 16-5　分别用 root 和 john 创建目录

16.3　理解 LSM 框架

目前为止，本章对 LSM 框架做了简单介绍并且完成了两个示例程序，本节将会描述 LSM 框架的一些细节。

在上一节的示例中，应用程序在调用 mkdir 系统调用后，内核实际执行的函数是 SYSCALL_DEFINE2(mkdir, const char __user *, pathname, umode_t, mode)，该函数定义于内核源码的 fs/namei.c 文件中，定义如源码 16-12 所示。

源码 16-12　mkdir 系统调用在内核的执行函数

```
SYSCALL_DEFINE2(mkdir, const char __user *, pathname, umode_t, mode)
{
    return do_mkdirat(AT_FDCWD, pathname, mode);
}
```

该函数执行了 return do_mkdirat(AT_FDCWD, pathname, mode)，do_mkdirat 函数同样定义于 fs/namei.c 文件中，主要代码如源码 16-13 所示。

源码 16-13　函数 do_mkdirat 的实现

```
static long do_mkdirat(int dfd, const char __user *pathname, umode_t mode)
{
    struct dentry *dentry;
    struct path path;
    int error;
    unsigned int lookup_flags = LOOKUP_DIRECTORY;
retry:
    //第一步：获取 dentry 目录项
    dentry = user_path_create(dfd, pathname, &path, lookup_flags);
    if (IS_ERR(dentry))
        return PTR_ERR(dentry);
    ......
    //第二步：判断是否可以创建目录
    error = security_path_mkdir(&path, dentry, mode);
    //第三步：执行创建目录操作
    ......
    return error;
}
```

上述源码中，security_path_mkdir 是需要关注的函数，用于判断是否可以创建目录。该函数定义于内核源码的 security/security.c 文件中，如源码 16-14 所示。

源码 16-14　函数 security_path_mkdir 的实现

```
int security_path_mkdir(const struct path *dir, struct dentry *dentry, umode_t
mode)
{
    ......
    return call_int_hook(path_mkdir, 0, dir, dentry, mode);
}
```

函数最终执行了 call_int_hook(path_mkdir, 0, dir, dentry, mode)，而 call_int_hook 是一个宏，也在 security/security.c 中定义，如源码 16-15 所示。

源码 16-15　call_int_hook 的实现

```
#define call_int_hook(FUNC, IRC, ...) ({            \
    int RC = IRC;                                   \
    do {                                            \
        struct security_hook_list *P;               \
        hlist_for_each_entry(P, &security_hook_heads.FUNC, list) { \
            RC = P->hook.FUNC(__VA_ARGS__);         \
            if (RC != 0)                            \
                break;                              \
        }                                           \
    } while (0);                                    \
    RC;                                             \
})
```

按照上面的宏定义将 call_int_hook(path_mkdir, 0, dir, dentry, mode) 展开后，函数 security_path_mkdir 如源码 16-16 所示。

源码 16-16　函数 security_path_mkdir 展开后的实现

```
int security_path_mkdir(const struct path *dir, struct dentry *dentry, umode_t
mode)
{
    ......
    int RC = 0;
    struct security_hook_list *P;
    //遍历以 security_hook_heads.path_mkdir 为头节点的链表
    hlist_for_each_entry(P, &security_hook_heads. path_mkdir, list) {
        //执行链表中的钩子函数，这一步执行的就是自定义的 path_mkdir 函数
        RC = P->hook.path_mkdir(dir, dentry, mode);
        if (RC != 0)
            break;
    }
    //返回执行结果
    return RC;
}
```

在第 16.2.1 节曾描述过，变量 security_hook_heads 是 LSM 钩子函数的链表头节点，所有 LSM 钩子函数都会插入 security_hook_heads 对应的链表中。函数 security_path_mkdir 将遍历以 security_hook_heads.path_mkdir 为头节点的链表并执行链表中的钩子函数。在第 16.2.2 节源码 16-9 的内核模块加载函数 test_lsm_mkdir_init 中，执行的操作 security_add_hooks 就是将自定义钩子函数 my_path_mkdir 插入到链表 security_hook_heads.path_mkdir 中。在执行了 security_add_hooks 之后，security_hook_heads 链表里的节点如图 16-6 所示。

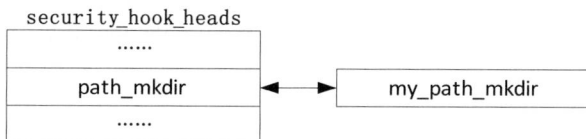

图 16-6　将自定义钩子函数插入链表

变量 secuirty_hook_heads 的 path_mkdir 链表的第一个节点的钩子函数就是源码 16-9 中自定义的 my_path_mkdir 函数，内核在执行 security_path_mkdir 函数时，将遍历 path_mkdir 链表并执行对应的函数，最终会执行到 my_path_mkdir 函数。

16.4　目录访问控制

在第 16.2.3 节描述了对目录创建操作的控制，除了目录的创建，LSM 框架也支持其他的目录访问控制操作。本节将描述对目录删除、重命名的访问控制。这两个操作在 LSM 框架中对应的钩子函数类型如源码 16-17 所示。

源码 16-17　删除、重命名目录的钩子函数类型

```
//删除目录时调用的钩子函数
int (*path_rmdir)( const struct path *dir, struct dentry *dentry);
//重命名目录时调用的钩子函数
int (*path_rename)( const struct path *old_dir, struct dentry *old_dentry, const
struct path *new_dir, struct dentry *new_dentry);
```

（1）删除目录

删除目录时调用的钩子函数类型 pah_rmdir 有两个参数：第一个参数 dir 表示删除目录的父目录信息，第二个参数 dentry 表示将要删除的目录项。

本节需要实现这样一个功能：让 root 用户不具有删除目录的权限，同时让 john 用户具有创建和删除目录的权限，即 root 用户不能删除任何目录，john 用户既能创建也能删除目录。在第 16.2.3 节源码 16-10 的基础上做修改，修改后的程序如源码 16-18 所示。

源码 16-18　test_control_dir.c

```
......
enum PERMISSIONS
{
    PERM_MKDIR = 0x0001,    //创建目录权限
```

```
        PERM_RMDIR = 0x0002,    //删除目录权限
};
......
//该数组保存了每一个用户的访问权限信息
static struct user_perm user_perms[] = {
        {0, PERM_MKDIR}, //root用户具有创建目录权限，但没有删除目录的权限
        //john用户具有创建和删除目录的权限(john在本例中john的用户id为1001)
        {1001, PERM_MKDIR | PERM_RMDIR},
};
//验证用户是否具有对应权限，参数user_id表示用户id，参数perm表示权限
static int permission_cred(unsigned int user_id, enum PERMISSIONS perm)
{
    ......
    printk("forbid user %d\n",user_id); //返回前打印出不具有权限的用户ID
    return 0;                            //返回0表示不具有相应权限
}
//删除目录钩子函数
static int my_path_rmdir(const struct path *dir, struct dentry *dentry)
{
    unsigned int user_id = current_uid().val;    //获取用户id
    //判断该用户是否具有删除目录的权限
    if(permission_cred(user_id, PERM_RMDIR) == 0)
    {
        //如果该用户不具有删除目录的权限，则禁止删除目录
        return -EPERM;
    }
    return 0;
}
......
//将要使用的钩子函数数组
static struct security_hook_list my_lsm_hooks[] = {
    LSM_HOOK_INIT(path_mkdir, my_path_mkdir), //创建目录的钩子
    LSM_HOOK_INIT(path_rmdir, my_path_rmdir), //删除目录的钩子
};
......
```

源码首先在枚举类型 PERMISSIONS 中增加删除目录的权限值 PERM_RMDIR，如果某个用户配置了该权限值，表示用户可以删除目录。在数组 user_perms 中，用户 john 的权限配置为 PERM_MKDIR | PERM_RMDIR，表示用户 john 既能创建目录，又能删除目录。同时，在 my_lsm_hooks 数组中增加钩子函数 my_path_rmdir，该函数会在删除目录时执行。my_path_rmdir 会验证用户是否具有删除目录权限，如果禁止删除目录，函数会返回-EPERM，这样删除操作将执行失败。

编译、加载该内核模块后，首先以 root 用户登录，执行 rm 命令删除任一目录，会删除失败。此时，执行 dmesg -c，会打印出用户 ID，如图 16-7 所示。

```
[root@localhost ~]# rm -rf test
rm: cannot remove 'test': Operation not permitted
[root@localhost ~]# dmesg -c
[21689.836327] forbid user 0
```

图 16-7　使用 root 用户删除目录

以 john 用户登录，首先在/home/john 目录下创建一个目录 test，再将该目录删除，能够成功操作，如图 16-8 所示。

```
[john@localhost ~]$ cd /home/john/
[john@localhost ~]$ mkdir test
[john@localhost ~]$ rm -rf test
```

图 16-8　使用 john 用户删除目录

需要注意的是，以 john 用户登录后不能在/root 等其他用户目录下创建或删除目录，因为此时仍然受限于 Linux 系统的 DAC 机制（自主访问控制）。

（2）重命名目录

重命名目录对应的钩子函数类型是 path_rename，有四个参数：重命名前目录的父目录信息、重命名前的目录信息、重命名后目录的父目录信息以及重命名后的目录信息。

Linux 系统中，/etc 目录及子目录一般存储的是操作系统的配置信息，假设要实现这样一个功能：控制/etc 目录及其子目录的所有目录不能被重命名。此时，需要实现重命名目录的钩子函数并进行注册。在源码 16-18 的基础上增加这个功能，修改后的程序如源码 16-19 所示。

源码 16-19　test_control_dir.c

```
......
/*
*重命名目录的钩子函数，第一个参数 old_dir 是重命名前目录的父目录信息，第二个参
*数 old_dentry 是重命名前的目录信息，第三个参数 new_dir 是重命名后目录的父目录信
*息，第四个参数 new_dentry 是重命名后的目录信息
*/
static int my_path_rename(const struct path *old_dir, struct dentry *old_dentry,
const struct path *new_dir, struct dentry *new_dentry)
{
    struct dentry *child_dentry = old_dentry;        //当前需要重命名的目录项
    //需要重命名的目录的父目录项
    struct dentry *parent_dentry = old_dentry->d_parent;
    //从当前要重命名的目录向上遍历，如果父目录是根目录则退出循环
    while(strcmp(parent_dentry->d_iname, "/") != 0)
    {
        child_dentry = parent_dentry;
        //获取父目录项
        parent_dentry = child_dentry->d_parent;
    }
    //如果是/etc 目录或其子目录，则禁止重命名
    if(strcmp(child_dentry->d_iname, "etc") == 0)
    {
        return -EPERM;
    }
    return 0;
}
//钩子函数数组
static struct security_hook_list my_lsm_hooks[] = {
    LSM_HOOK_INIT(path_mkdir, my_path_mkdir),
    LSM_HOOK_INIT(path_rmdir, my_path_rmdir),
```

```
        LSM_HOOK_INIT(path_rename, my_path_rename),  //重命名目录的钩子
    };
    ......
```

上述源码实现了重命名目录时执行的钩子函数 my_path_rename 并将其放入了数组 my_lsm_hooks 中。函数 my_path_rename 首先获取了需要重命名的目录保存到变量 child_dentry 中，然后通过 while 循环逐级目录向上遍历，直到遍历到根目录 '/'，此时根目录的子目录保存在变量 child_dentry。再判断 child_dentry 的目录名是否为 "etc"，如果是，表示重命名的是/etc 目录，返回-EPERM 禁止该操作。

编译、加载该模块后，通过 mv 命令尝试重命名/etc 目录下的任何目录，操作将被禁止，如图 16-9 所示。

```
[root@localhost ~]# mv /etc/java /etc/java.bak
mv: cannot move '/etc/java' to '/etc/java.bak': Operation not permitted
```

图 16-9　重命名/etc 下的目录

16.5　inode 节点访问控制

第 2.7 节的源码 2-16 描述了 inode 节点操作集合对应的结构体 struct inode_operations，操作集合中保存了对 inode 的节点的所有操作。LSM 框架几乎对所有的 inode 节点操作都进行了访问控制，本节以创建符号链接和删除链接来说明。

在 inode 节点操作函数结构体 struct inode_operations 中，创建符号链接和删除链接的成员函数分别如下。

- int (*symlink) (struct inode *inode,struct dentry *dentry,const char *name)：创建符号链接。
- int (*unlink) (struct inode *inode,struct dentry *dentry)：删除链接或文件。

其中，创建符号链接函数 symlink 的第一个参数 inode 是目录的 inode 信息，第二个参数 dentry 是符号链接的目录项，第三个参数是将要链接的旧的文件名称；删除链接函数 unlink 的第一个参数 inode 是目录的 inode 信息，第二个参数 dentry 是将要删除的链接或文件的目录项。在 LSM 框架中，这两个函数的钩子函数类型分别如下。

- int (*inode_symlink)(struct inode *dir, struct dentry *dentry, const char *old_name)：控制符号链接的创建。
- int (*inode_unlink)(struct inode *dir, struct dentry *dentry)：控制链接或文件的删除。

inode_symlink 和 inode_unlink 的参数和 inode 节点的操作函数 symlink 与 unlink 是一致的。要增加这两个钩子，需要实现对应的钩子函数并进行注册。

在第 16.4 节源码 16-19 的基础上做修改，增加创建符号链接与删除链接的控制，如源码 16-20 所示。

源码 16-20　test_inode_control.c

```
    ......
    enum PERMISSIONS
    {
        PERM_MKDIR = 0x0001,    //创建目录权限
```

```
    PERM_RMDIR  =  0x0002,      //删除目录权限
    PERM_SYMLINK = 0x0004,   //创建符号链接权限
    PERM_UNLINK =  0x0008,      //删除链接权限
};
......
//定义各用户的访问权限
static struct user_perm user_perms[] = {
        {0, PERM_MKDIR | PERM_UNLINK}, //root 用户具有创建目录和删除链接的权限
        //john 用户具有创建、删除目录以及创建符号链接的权限
        {1001, PERM_MKDIR | PERM_RMDIR | PERM_SYMLINK},
};
......
//创建符号链接的钩子函数
int  my_inode_symlink(struct inode *dir,  struct dentry *dentry, const char *old_name)
{
    unsigned int user_id = current_uid().val;  //获取用户 ID
    //判断该用户是否具有创建符号链接的权限
    if(permission_cred(user_id, PERM_SYMLINK) == 0)
    {
        //如果该用户不具有创建符号链接的权限，则禁止创建符号链接
        return -EPERM;
    }
    return 0;
}
//删除链接的钩子函数
static int my_inode_unlink(struct inode *dir, struct dentry *dentry)
{
    unsigned int user_id = current_uid().val;  //获取用户 ID
    //判断该用户是否具有删除链接的权限
    if(permission_cred(user_id, PERM_UNLINK) == 0)
    {
        //如果该用户不具有删除链接的权限，则禁止删除链接
        return -EPERM;
    }
    return 0;
}
......
//钩子数组
static struct security_hook_list my_lsm_hooks[] = {
    LSM_HOOK_INIT(path_mkdir, my_path_mkdir),
    LSM_HOOK_INIT(path_rmdir, my_path_rmdir),
    LSM_HOOK_INIT(path_rename, my_path_rename),
    LSM_HOOK_INIT(inode_symlink, my_inode_symlink), //创建符号链接的钩子
    LSM_HOOK_INIT(inode_unlink, my_inode_unlink),   //删除链接的钩子
};
......
```

源码增加了创建符号链接与删除链接的权限定义：PERM_SYMLINK 和 PERM_UNLINK，然后在 user_perms 数组中设置 root 用户具有删除链接的权限，john 用户具有创建符号连接的权限。在钩子数组 my_lsm_hooks 中插入了创建符号链接的钩子以及删除链接的钩子，对应

的钩子函数分别是 my_inode_symlink 和 my_inode_unlink。

在创建符号链接的钩子函数 my_inode_symlink 中，首先获取用户 ID，然后判断用户是否有创建符号链接的权限，如果没有该权限，则返回-EPERM，禁止符号链接的创建。删除链接钩子函数 my_inode_unlink 的实现也类似，只不过判断的是删除链接的权限。

编译、加载该模块后，首先用 root 用户登录，尝试通过 ln -sf 命令创建符号链接，创建失败，如图 16-10 所示。

```
[root@localhost ~]# ln -sf /bin/ls /root/ls_test
ln: failed to create symbolic link '/root/ls_test': Operation not permitted
```

图 16-10 使用 root 用户创建符号链接

再以 john 用户登录，在/home/john 目录下尝试创建符号链接，能够创建成功。然后再尝试通过 rm 命令删除创建的符号链接，删除失败，如图 16-11 所示。

```
[john@localhost ~]$ cd /home/john
[john@localhost ~]$ ln -sf /bin/ls ls_test
[john@localhost ~]$ rm -f ls_test
rm: cannot remove 'ls_test': Operation not permitted
```

图 16-11 使用 john 用户创建符号链接后删除

16.6 文件访问控制

Linux 内核中，结构体 struct file_operations（见第 7.1.1 节源码 7-2）保存了文件操作函数集合。文件打开、读、写、关闭等操作函数保存在该结构体中。LSM 框架几乎对所有的文件操作都进行了访问控制，本节以控制文件打开操作来说明。

在 LSM 框架中，打开文件操作的钩子函数类型为：

```
int  (*file_open)(struct file *file)
```

函数的参数 file 是将要开的文件，开发人员可以根据该参数对文件打开操作进行控制。

本节将实现文件黑名单功能，如果某个文件被配置在文件黑名单中，则该文件不能被访问。要实现该功能，需要在打开文件的时候，判断该文件是否在黑名单中，如果在则禁止文件打开操作。在第 16.5 节源码 16-20 的基础上增加这个功能，修改后的程序如源码 16-21 所示。

源码 16-21 test_file_control.c

```
......
//文件黑名单
static char *black_list[] = {
    "/usr/bin/ls"        //将/usr/bin/ls 文件放入文件黑名单
};
//文件打开钩子函数
int  my_file_open(struct  file  *file)
{
    char file_path[256];                        //该变量将保存文件路径
    char *p = NULL;
```

```
    int len = 0, i = 0;
    struct dentry *dentry = file->f_path.dentry;  //获取文件对应的目录项

    memset(file_path, 0, sizeof(file_path));
    //指针 p 将指向将要打开的文件全路径
    p = &file_path[255];
    //从文件向上遍历文件路径，直到遍历到根目录，如果目录是根目录则退出循环
    while(strcmp(dentry->d_iname, "/") != 0)
    {
        len = strlen(dentry->d_iname);                 //获取文件名的长度
        p -= len;

        if(p <= file_path)
        {
            break;                          //内存越界处理
        }
        //拷贝文件名到指针 p 指向的位置
        memcpy(p, dentry->d_iname, strlen(dentry->d_iname));
        p--;
        *p = '/';          //在文件名前加'/'，表示路径
        dentry = dentry->d_parent; //获取当前文件或目录的父目录
    }
    //遍历文件黑名单，查看文件是否存在于黑名单中
    for(i = 0; i < sizeof(black_list)/sizeof(char *);i++)
    {
        //判断文件路径是否在黑名单中，如果是则禁止访问
        if(strcmp(p, black_list[i]) == 0)
        {
            return -EPERM;
        }
    }
    return 0;
}
......
//钩子函数数组
static struct security_hook_list my_lsm_hooks[] = {
    ......
    LSM_HOOK_INIT(file_open, my_file_open),    //打开文件的钩子
};
......
```

源码在钩子数组 my_lsm_hooks 中插入了打开文件的钩子，对应的钩子函数是 my_file_open。在 my_file_open 中，首先获取文件的全路径，保存在指针 p 的位置。然后查看文件路径是否存在于文件黑名单中，如果存在，则返回-EPERM，禁止文件打开操作。本例禁止打开的文件是/usr/bin/ls，这个文件是 ls 命令的可执行文件。

编译、加载该模块后，执行 ls 命令将会失败，如图 16-12 所示。

```
[root@localhost ~]# ls
bash: /usr/bin/ls: Operation not permitted
```

图 16-12　执行 ls 命令失败

16.7 小结

LSM 的主要原理是在 Linux 内核函数中插入可由开发人员自主实现的钩子函数，访问这些 Linux 内核函数时将执行对应的钩子函数进行访问控制。本章仅描述了 LSM 所有钩子函数的一小部分，所有可供实现的钩子函数在内核源码的 include/linux/lsm_hook_defs.h 头文件中声明，对于开发人员来说，需要花时间了解 LSM 钩子函数在 Linux 中的对应位置以便进行正确的访问控制。

在 Linux 内核源码中，有一些通过 LSM 实现的模块，如 Yama，其作用是对进程调试进行访问控制。关于 Linux Yama 模块的介绍，见配套电子书第 8 章。